PROBLEMAS RESUELTOS DE ÁLGEBRA LINEAL

PROBLEMAS RESUELTOS DE ÁLGEBRA LINEAL

JORGE ARVESÚ CARBALLO • FRANCISCO MARCELLÁN ESPAÑOL • JORGE SÁNCHEZ RUIZ

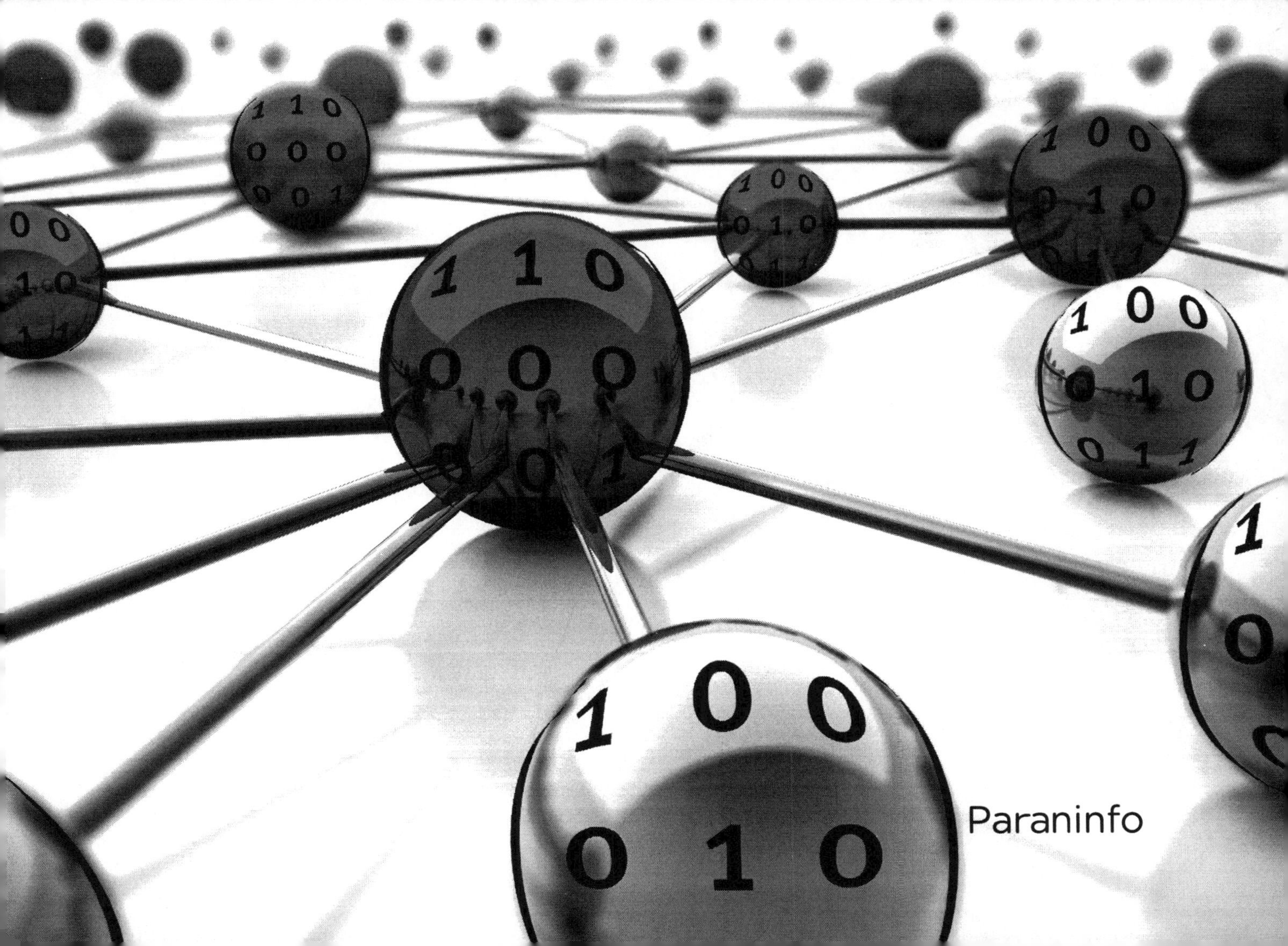

Paraninfo

Paraninfo

Problemas resueltos de álgebra lineal

© Jorge Arvesú Carballo, Francisco Marcellán Español y Jorge Sánchez Ruiz

Gerente Editorial:
María José López Raso

Equipo Técnico Editorial:
Alicia Cerviño González
Paola Paz Otero

Editora de Adquisiciones:
Carmen Lara Carmona

Producción:
Nacho Cabal

Diseño de cubierta:
Ediciones Nobel

Impresión:
Ediciones Digitales

© 2015 Ediciones Paraninfo, S.A.
C/. Velázquez, 31, 3º dcha. / 28001 Madrid, ESPAÑA
Teléfono: 902 995 240 / Fax: 914 456 218
clientes@paraninfo.es / www.paraninfo.es

ISBN: 978-84-283-3526-3
Depósito legal: M-4606-2015

Impreso en España / Printed in Spain

Índice general

Prólogo de la edición abreviada

La monografía que presentamos es fruto de la experiencia docente de los autores en la enseñanza del Álgebra Lineal dirigida a estudiantes de Ingeniería Industrial, Telecomunicación e Informática, y constituye una versión revisada de un texto previo que hemos debido reformular a causa de la acomodación al Espacio Europeo de Educación Superior. Este proceso no sólo se ha traducido en una reducción sustantiva de los contenidos matemáticos en los grados de ingeniería (que alcanza hasta un 50% en algunos casos), sino que también ha significado una revisión de las formas de aprendizaje, en las que se requiere un mayor compromiso y actividad por parte de los alumnos.

Nuestra finalidad es proporcionar un texto de apoyo para el aprendizaje en un área de las Matemáticas que ha conocido un desarrollo espectacular en la segunda mitad del siglo XX, debido a su necesidad como instrumento de trabajo en numerosas áreas de la ciencia y la tecnología. Constituye un buen ejemplo de la inevitable presencia de las Matemáticas en todos los dominios de la actividad científica y técnica con un doble uso: el tratamiento de problemas que surgen de la vida real, para los cuales las Matemáticas constituyen la herramienta de validación y que, además, nutren el propio desarrollo de la Matemática, y, por otra parte, el carácter prospectivo de la Matemática como una disciplina que se adelanta a necesidades científicas en base a su propia lógica de crecimiento autónomo. Al margen de la explícita componente matemática en muchos dominios como Teoría de la Señal, Redes Eléctricas, Mecánica de Medios Continuos, Teoría de Sistemas, etc., consideramos necesario que los futuros ingenieros dispongan de elementos matemáticos que faciliten su formación rigurosa como tecnólogos, a través de la resolución de problemas de diferente calado conceptual y motivados, en buena parte de los casos, por esas necesidades anteriormente señaladas. Pensamos que la utilidad de nuestro trabajo se proyecta en la consecución de una formación sólida y el desarrollo del espíritu científico en los estudiantes, absolutamente necesario para abordar sus futuros retos como profesionales.

El contenido de los capítulos se ajusta a una filosofía del aprendizaje del Álgebra Lineal a través de problemas que, además de contrastar conocimientos específicos, posibilita la interacción con otras áreas de la Matemática. Se enfatizan las cuestiones relacionadas con el análisis matricial desde una perspectiva algorítmica, frente a los tradicionales enfoques basados en la estructura de espacio vectorial y de aplicación lineal. En esa dirección, los tres objetivos básicos del Álgebra Lineal Aplicada como son la resolución de sistemas de ecuaciones lineales, el estudio de valores y vectores propios y los problemas de mínimos cuadrados, se analizan de una manera complementaria teniendo presentes no sólo los fundamentos teóricos, sino también la implementación de algoritmos y técnicas numéricas que permitan abordarlos de manera satisfactoria. Insistimos en las cuestiones relacionadas con la factorización de matrices en la perspectiva de la resolución, mediante métodos directos, de sistemas de ecuaciones lineales a través de la factorización LU (Capítulo 3), y de problemas de mínimos cuadrados mediante la factorización QR (Capítulo 9). El tratamiento de problemas de autovalores usando la factorización de Schur (Capítulo 10) permite analizar el espectro de las matrices normales y, en particular, de las matrices hermitianas y unitarias que constituyen los modelos de mayor utilidad en aplicaciones.

Cada capítulo consta de una introducción teórica, una colección de veinticinco problemas resueltos, y veinticinco problemas propuestos. En todos los capítulos se presentan los conceptos básicos de una manera detallada con la finalidad de que el lector pueda partir de unos prerrequisitos mínimos para su auto-aprendizaje. Hemos incorporado un índice de materias y otro de notaciones, así como una lista bibliográfica en la que figuran monografías recientemente aparecidas junto con otras más clásicas, que pueden servir de apoyo teórico complementario a los contenidos que hemos seleccionado. De cara a la elaboración del texto, hemos aprendido de nuestros alumnos en base a sus propias dificultades y a la reacción despertada en ellos por nuestras propuestas docentes; creemos que es labor de todo profesor centrar su atención en estimular en los estudiantes actitudes como la curiosidad ante lo desconocido y el sentido del esfuerzo en la búsqueda de soluciones no estandarizadas, alternativas creativas al saber normalizado.

Finalmente, queremos reconocer la permanente colaboración de nuestros compañeros del Departamento de Matemáticas de la Universidad Carlos III de Madrid por las discusiones sobre los contenidos del texto. En ese sentido, queremos resaltar que en nuestro Departamento existe uno de los grupos de referencia en Algebra Lineal Numérica de nuestro país, con una relevante proyección internacional y de cuyos miembros hemos aprendido y actualizado los conocimientos que reflejamos en nuestra actividad cotidiana como docentes. Nuestro Departamento es un buen ejemplo de que una docencia excelente está vinculada a una exigente actividad investigadora. Somos, asimismo, deudores de las recomendaciones del *Linear Algebra Curriculum Study Group*, que han servido para generar una nueva actitud en la comunidad matemática internacional frente a los retos que plantea el aprendizaje de este dominio científico.

Capítulo 1

Nociones básicas sobre conjuntos. El conjunto de los números complejos

A lo largo de siglos las matemáticas han desarrollado una simbología propia para designar conceptos, elementos y, en ocasiones, frases de nuestra propia lengua. Por ejemplo, los símbolos "$\forall$" (cuantificador universal) y "$\exists$" (cuantificador existencial) se emplean para designar las frases "para todo" y "existe", respectivamente. Además, los dos puntos "$:$" dentro de expresiones matemáticas se entienden como un equivalente del símbolo "$|$" que designa la frase "tal que".

Otras expresiones que designamos mediante símbolos son:

- "Implica" se denota mediante $\Longrightarrow$.
- "Si y sólo si" (implicación en ambos sentidos) se denota mediante $\Longleftrightarrow$.
- "Por definición igual" se designa como $\stackrel{\text{def}}{=}$. Esto es, si un objeto matemático tiene dos maneras diferentes de representarse, que designamos por ejemplo mediante las letras A y B, entonces se escribe $A \stackrel{\text{def}}{=} B$.

En este capítulo nos centraremos en la exposición de las propiedades básicas de la teoría de conjuntos, así como en la notación que emplearemos a lo largo del libro. Dado que el concepto de conjunto es considerado como primario, no daremos una definición formal del mismo. Sin embargo, los ejemplos que mostraremos serán suficientes para adquirir una noción precisa del término.

Un *conjunto* es una colección de elementos descritos explícitamente o mediante una propiedad común a todos ellos. En el primer caso tenemos una definición constructiva o extensiva del conjunto, mientras que en el segundo caso tenemos una definición comprensiva. Denotaremos los conjuntos mediante letras mayúsculas, por ejemplo, $\mathbb{A}$. De esta forma, la expresión $a \in \mathbb{A}$ se lee "a pertenece al conjunto $\mathbb{A}$" o "a es un elemento del conjunto $\mathbb{A}$". Alternativamente, la notación $\mathbb{A} \ni a$ indica que el conjunto $\mathbb{A}$ contiene al elemento a. Por el contrario, si el elemento a no pertenece al conjunto $\mathbb{A}$, esto es, no es un elemento de $\mathbb{A}$, se escribe $a \notin \mathbb{A}$.

Asimismo, para referirse a cualquier elemento a de $\mathbb{A}$ se utiliza la notación $\forall\, a \in \mathbb{A}$. Si existe un elemento a del conjunto $\mathbb{A}$ para el que se verifica una determinada condición "*cond*" escribimos $\exists\, a \in \mathbb{A}\ :$ "*cond*" se cumple.

En este manual se considera como prerrequisito para su lectura el conocimiento de ciertos conjuntos numéricos así como su definición axiomática, por ejemplo:

(a) El conjunto de los números naturales $\mathbb{N}$, que indicado explícitamente mediante $\{1, 2, 3, \dots\}$ constituye una definición extensiva de dicho conjunto.

(b) El conjunto $\mathbb{N}_n = \{1, 2, \ldots, n\}$ tiene por elementos los n primeros números naturales, donde n representa un natural cualquiera mayor o igual que 1.

(c) El conjunto de los números enteros $\mathbb{Z} = \{\ldots, -3, -2, -1, 0, 1, 2, 3, \ldots\}$.

(d) El conjunto de los enteros no negativos $\mathbb{Z}^+ = \{0, 1, 2, \ldots\}$, o equivalentemente, $\mathbb{Z}^+ = \{p \in \mathbb{Z} \,:\, p \geq 0\}$. Esta última expresión se lee: $\mathbb{Z}^+$ es el conjunto formado por los elementos p que pertenecen a $\mathbb{Z}$, tales que p es mayor o igual que cero. Nótese que los dos puntos designan la frase "tal que".

(e) El conjunto de los números racionales $\mathbb{Q}$ formado por números de la forma p/q, con $p \in \mathbb{Z}$ y $q \in \mathbb{N}$, esto es,

$$\mathbb{Q} = \left\{ \frac{p}{q} \,:\, p \in \mathbb{Z}, \quad q \in \mathbb{N} \right\}.$$

(f) El conjunto de los números irracionales $\mathbb{I}$.

(g) El conjunto de los números reales $\mathbb{R}$.

Otra notación empleada en este texto la podemos introducir a partir de la expresión $1 + 2 + 3 + \cdots + n$, que se designa de manera abreviada utilizando el símbolo de sumatorio,

$$\sum_{k=1}^{n} k = \frac{n(n+1)}{2}. \tag{1.1}$$

En general, este símbolo se emplea para expresar la suma de elementos pertenecientes a un conjunto determinado, por ejemplo,

$$\sum_{\lambda_k \in \mathbb{B}} \lambda_k, \tag{1.2}$$

que indica el sumatorio de los elementos λ_k pertenecientes al conjunto $\mathbb{B}$. Esta suma puede contener o bien un número finito de elementos como en (1.1), o bien infinitos elementos. Así, cuando $\mathbb{B}$ es el conjunto de los números racionales $\mathbb{Q}$ y $\lambda_1 = 1$, $\lambda_2 = \frac{1}{2^2}$, ..., $\lambda_n = \frac{1}{n^2}$, ..., la expresión (1.2) equivale a

$$\sum_{k=1}^{\infty} \frac{1}{k^2} = \frac{\pi^2}{6} \overset{\text{def}}{=} \zeta(2), \quad \text{donde} \quad \frac{\pi^2}{6} \in \mathbb{I}.$$

■ DEFINICIÓN 1.1 Un conjunto se dice finito si consta de un número finito de elementos distintos. Por el contrario, el conjunto se dice infinito cuando está constituido por infinitos elementos. El número de elementos distintos de un conjunto se denomina cardinal.

Por ejemplo, los conjuntos $\mathbb{N}$ y $\mathbb{Z}$ son conjuntos infinitos, mientras que $\mathbb{N}_9$ es un conjunto finito cuyo cardinal es igual a 9.

■ DEFINICIÓN 1.2 Dos conjuntos $\mathbb{A}$ y $\mathbb{B}$ se dicen iguales cuando tienen el mismo cardinal, todo elemento de $\mathbb{A}$ pertenece a $\mathbb{B}$ y todo elemento de $\mathbb{B}$ pertenece a $\mathbb{A}$. En este caso se emplea la notación $\mathbb{A} = \mathbb{B}$.

■ EJEMPLO 1.1 Si $\mathbb{A} = \{a \in \mathbb{Z}^+ \,:\, a > 5\}$ y $\mathbb{B} = \{b \in \mathbb{N} \,:\, b > 5\}$, entonces $\mathbb{A} = \mathbb{B}$.

✎ Si un conjunto carece de elementos se denomina *conjunto vacío*, denotándose mediante $\emptyset$.

■ DEFINICIÓN 1.3 Si todo elemento de un conjunto $\mathbb{A}$ es elemento de otro conjunto $\mathbb{B}$, diremos que $\mathbb{A}$ es un subconjunto de $\mathbb{B}$ y se escribe $\mathbb{A} \subset \mathbb{B}$.

La expresión $\mathbb{A} = \mathbb{B}$ equivale a que $\mathbb{A} \subset \mathbb{B}$ y $\mathbb{B} \subset \mathbb{A}$. Cuando $\mathbb{A} \subset \mathbb{B}$, también se dice que $\mathbb{A}$ está contenido en $\mathbb{B}$ o, equivalentemente, que $\mathbb{B}$ contiene a $\mathbb{A}$, lo cual se escribe como $\mathbb{B} \supset \mathbb{A}$.

Por ejemplo, los números racionales están contenidos en el conjunto de los números reales, $\mathbb{Q} \subset \mathbb{R}$. Otro ejemplo sencillo lo constituye el conjunto de los números pares $\{2, 4, 6, \ldots, 2n, \ldots\}$ que está contenido en $\mathbb{N}$, $\mathbb{Z}^+$, $\mathbb{Z}$, $\mathbb{Q}$, $\mathbb{R}$, etc.

✎ Si $\mathbb{A} \subset \mathbb{B}$ y, además, en el conjunto $\mathbb{B}$ existen elementos que no pertenecen a $\mathbb{A}$, se dice que $\mathbb{A}$ es un *subconjunto propio* de $\mathbb{B}$.

■ DEFINICIÓN 1.4 Fijados un conjunto $\mathbb{A}$ y dos subconjuntos $\mathbb{A}_1$ y $\mathbb{A}_2$ de $\mathbb{A}$, se denomina intersección de los conjuntos $\mathbb{A}_1 \subset \mathbb{A}$ y $\mathbb{A}_2 \subset \mathbb{A}$, al conjunto formado por los elementos comunes a $\mathbb{A}_1$ y $\mathbb{A}_2$, denotándose mediante $\mathbb{A}_1 \cap \mathbb{A}_2$. Esto es, el elemento x pertenece a $\mathbb{A}_1 \cap \mathbb{A}_2$ si $x \in \mathbb{A}_1$ y $x \in \mathbb{A}_2$.

Nótese que si $\mathbb{A}_1$ es un subconjunto de $\mathbb{A}$, la intersección $\mathbb{A}_1 \cap \mathbb{A}$ coincide con $\mathbb{A}_1$. Por ejemplo, $\mathbb{Q} \cap \mathbb{R} = \mathbb{Q}$.

■ EJEMPLO 1.2 La intersección de los números racionales y los números irracionales es el conjunto vacío. Es decir, $\mathbb{Q} \cap \mathbb{I} = \emptyset$, siendo $\mathbb{Q} \subset \mathbb{R}$ e $\mathbb{I} \subset \mathbb{R}$.

■ DEFINICIÓN 1.5 Fijados un conjunto $\mathbb{A}$ y dos subconjuntos $\mathbb{A}_1$ y $\mathbb{A}_2$ de $\mathbb{A}$, se define la unión de los conjuntos $\mathbb{A}_1 \subset \mathbb{A}$ y $\mathbb{A}_2 \subset \mathbb{A}$ como el conjunto formado por todos los elementos de $\mathbb{A}_1$ y $\mathbb{A}_2$, denotándose mediante $\mathbb{A}_1 \cup \mathbb{A}_2$. Es decir, si $x \in \mathbb{A}_1 \cup \mathbb{A}_2$, entonces $x \in \mathbb{A}_1$ o $x \in \mathbb{A}_2$.

Por ejemplo, el conjunto de los números reales $\mathbb{R}$ se puede representar como la unión de los números racionales e irracionales, esto es, $\mathbb{R} = \mathbb{Q} \cup \mathbb{I}$. Otro caso sencillo lo constituye $\mathbb{Z}^+ = \mathbb{N} \cup \{0\}$, de hecho, $\mathbb{N}_0 \stackrel{\text{def}}{=} \mathbb{Z}^+$.

✎ Si $\mathbb{E} = \mathbb{F} \cup \mathbb{G}$ y $\mathbb{F} \cap \mathbb{G} = \emptyset$ se escribe $\mathbb{E} = \mathbb{F} \sqcup \mathbb{G}$.

■ DEFINICIÓN 1.6 Sean $\mathbb{A}_1$ y $\mathbb{A}_2$ subconjuntos de $\mathbb{A}$. Se denomina diferencia de $\mathbb{A}_1$ y $\mathbb{A}_2$, denotándose mediante $\mathbb{A}_1 \setminus \mathbb{A}_2$, al conjunto formado por los elementos de $\mathbb{A}_1$ que no pertenecen a $\mathbb{A}_2$.

A lo largo del libro, encontraremos con frecuencia expresiones como $x \in \mathbb{A} \setminus \{y\}$, que indica que x pertenece al conjunto $\mathbb{A}$, siendo x distinto de y. En particular, para el denominador del número racional $x = p/q$, se verifica que $q \in \mathbb{Z}^+ \setminus \{0\}$.

✎ La familia (sistema) de conjuntos formada por todos los subconjuntos de un conjunto $\mathbb{A}$ se denomina *conjunto potencia* de $\mathbb{A}$ y se denota mediante $\mathcal{P}(\mathbb{A})$.

■ DEFINICIÓN 1.7 Una familia de conjuntos Ω se denomina semianillo si verifica las siguientes propiedades:

(i) $\emptyset \in \Omega$.

(ii) Para dos conjuntos cualesquiera $\mathbb{A}, \mathbb{B} \in \Omega$ se tiene que $\mathbb{A} \cap \mathbb{B} \in \Omega$.

(iii) Si $\mathbb{A}, \mathbb{A}_1 \in \Omega$ y $\mathbb{A}_1 \subset \mathbb{A}$, entonces existe un número finito de conjuntos $\mathbb{A}_2, \mathbb{A}_3, \ldots, \mathbb{A}_n \in \Omega$ tales que $\mathbb{A} = \mathbb{A}_1 \sqcup \mathbb{A}_2 \sqcup \cdots \sqcup \mathbb{A}_n$.

■ DEFINICIÓN 1.8 El conjunto $\mathbb{E} \subset \Omega$ se dice unidad de Ω si $\forall \mathbb{A} \in \Omega$, $\mathbb{E} \cap \mathbb{A} = \mathbb{A}$.

■ EJEMPLO 1.3 Sean $a, b \in \mathbb{R}$, con $a \leq b$. El conjunto formado por todos los intervalos contenidos en $[a, b]$ es un semianillo con unidad $\mathbb{E} = [a, b]$.

■ Definición 1.9 Una familia no vacía de conjuntos Ω se denomina anillo si de $\mathbb{A}, \mathbb{B} \in \Omega$ se sigue que $\mathbb{A} \cap \mathbb{B} \in \Omega$ y $(\mathbb{A} \setminus \mathbb{B}) \cup (\mathbb{B} \setminus \mathbb{A}) \in \Omega$.

■ Definición 1.10 Un anillo Ω con unidad se denomina álgebra.

■ Definición 1.11 Dados dos conjuntos $\mathbb{A}_1$, $\mathbb{A}_2$, se define el producto cartesiano $\mathbb{A}_1 \times \mathbb{A}_2$ como el conjunto formado por los pares ordenados de la forma (a_1, a_2), donde la primera componente $a_1 \in \mathbb{A}_1$ y la segunda $a_2 \in \mathbb{A}_2$.

Una vez introducidos los anteriores conceptos pasamos a considerar relaciones entre conjuntos.

■ Definición 1.12 Dados dos conjuntos $\mathbb{A}$ y $\mathbb{B}$, una aplicación f de $\mathbb{A}$ en $\mathbb{B}$ es una correspondencia que asocia a cada elemento a de $\mathbb{A}$ un único elemento b de $\mathbb{B}$. Se emplea la notación $f(a) = b$, o equivalentemente, se escribe $f : \mathbb{A} \longmapsto \mathbb{B}$. b se denomina imagen mediante f de a y se dice que a es la preimagen mediante f de b.

El conjunto $\mathbb{A}$ se denomina *dominio* de definición (o conjunto de partida) de la aplicación f, mientras que el conjunto $\mathbb{B}$ se denomina *codominio* (o conjunto de llegada) de la aplicación f. El subconjunto de $\mathbb{B}$ formado por todas las imágenes mediante f de elementos de $\mathbb{A}$ se denomina *imagen* de f, y se denota mediante $\operatorname{Im} f$.

Obsérvese que toda aplicación f tiene asociadas parejas de elementos en $\mathbb{A} \times \mathbb{B}$, donde la primera componente es un elemento de $\mathbb{A}$ y la segunda es la imagen del mismo por la aplicación f. El subconjunto de $\mathbb{A} \times \mathbb{B}$ descrito de esta manera se denomina *grafo* o *gráfica* de la aplicación, denotándose mediante $\operatorname{graf}(f)$.

■ Definición 1.13 Una aplicación f de $\mathbb{A}$ en $\mathbb{B}$ se denomina inyectiva siempre que elementos distintos de $\mathbb{A}$ tengan imágenes distintas mediante f.

■ Definición 1.14 Una aplicación f de $\mathbb{A}$ en $\mathbb{B}$ se dice sobreyectiva cuando el subconjunto imagen coincide con todo $\mathbb{B}$, esto es, cuando $\operatorname{Im} f = \mathbb{B}$.

■ Definición 1.15 Una aplicación f de $\mathbb{A}$ en $\mathbb{B}$ es biyectiva si es inyectiva y sobreyectiva.

Si f es una aplicación de $\mathbb{A}$ en $\mathbb{B}$ y $\mathbb{A}_1 \subset \mathbb{A}$, denotamos por $f(\mathbb{A}_1) = \{f(a) \in \mathbb{B} : a \in \mathbb{A}_1\}$ el conjunto formado por todas las imágenes mediante f de elementos del subconjunto $\mathbb{A}_1$. Nótese que $f(\mathbb{A}_1) \subset \mathbb{B}$. Asimismo, si $\mathbb{B}_1 \subset \mathbb{B}$, denotamos por $f^{-1}(\mathbb{B}_1) = \{a \in \mathbb{A} : f(a) \in \mathbb{B}_1\}$ el conjunto de todas las preimágenes de $\mathbb{B}_1$. Obsérvese que si $\mathbb{B}_1$ está constituido por un único elemento b, o sea, $\mathbb{B}_1 = \{b\}$, el conjunto $f^{-1}(\mathbb{B}_1)$ puede tener más de un elemento o incluso ser el conjunto vacío.

■ Definición 1.16 Si f es una aplicación biyectiva de $\mathbb{A}$ en $\mathbb{B}$, la correspondencia que asocia a cada $b \in \mathbb{B}$ el único elemento $a \in \mathbb{A}$ tal que $f(a) = b$, se denomina aplicación inversa de f y se denota por f^{-1}.

En particular, si $\mathbb{B} = \mathbb{N}$, el conjunto $\mathbb{A}$ se denomina *numerable*.

✎ Si f y g denotan aplicaciones de $\mathbb{A}$ en $\mathbb{B}$ y de $\mathbb{B}$ en $\mathbb{C}$, respectivamente, podemos definir la aplicación h de $\mathbb{A}$ en $\mathbb{C}$ del modo siguiente:

$$h(a) = g\big(f(a)\big), \quad \forall\, a \in \mathbb{A}.$$

La aplicación h se denota mediante $g \circ f$ y se denomina *composición* o *producto* de las aplicaciones f y g, leyéndose como "g compuesta con f".

■ Definición 1.17 Una relación de orden en un conjunto $\mathbb{A}$ es una aplicación f de $\mathbb{A}$ en $\mathbb{A}$ tal que los elementos de su grafo verifican las siguientes condiciones:

(i) Cualquiera que sea $a \in \mathbb{A}$, $(a,a) \in \text{graf}(f)$ (reflexividad).

(ii) Si $(a,b) \in \text{graf}(f)$ y $(b,a) \in \text{graf}(f)$, entonces los elementos a y b coinciden, esto es, $a = b$ (antisimetría).

iii) Si $(a,b) \in \text{graf}(f)$ y $(b,c) \in \text{graf}(f)$, entonces $(a,c) \in \text{graf}(f)$ (transitividad).

En lo sucesivo denotaremos la relación de orden del modo siguiente: si $(a,b) \in \text{graf}(f)$, entonces $a \leq b$. Una relación de orden es total si cualquiera que sea $(a,b) \in \mathbb{A} \times \mathbb{A}$ es $(a,b) \in \text{graf}(f)$ o $(b,a) \in \text{graf}(f)$.

Finalmente, en un conjunto $\mathbb{A}$ podemos definir una operación interna "$*$" a través de una aplicación que asocia a cada pareja de elementos en $\mathbb{A} \times \mathbb{A}$ un elemento de $\mathbb{A}$. En particular, la operación interna $*$ se dice *conmutativa* si $a*b = b*a$, $\forall\, a,b \in \mathbb{A}$, y *asociativa* si $(a*b)*c = a*(b*c)$, $\forall\, a,b,c \in \mathbb{A}$. Un elemento e de $\mathbb{A}$ se dice que es *neutro a derecha* respecto a la operación interna $*$ si $a * e = a$, para todo $a \in \mathbb{A}$. Dado un elemento $a \in \mathbb{A}$, si asumimos la existencia del elemento neutro a derecha e respecto a $*$, diremos que $b \in \mathbb{A}$ es un *elemento recíproco* o *inverso a derecha* de a cuando $a * b = e$. De manera análoga se definen los conceptos de elemento neutro a izquierda y elemento recíproco o inverso a izquierda.

■ DEFINICIÓN 1.18 Un conjunto de elementos $\mathbb{A}$ se dice que está totalmente ordenado si existe una relación de orden que denotaremos "$\leq$" tal que:

(i) Para todo $a \in \mathbb{A}$, $a \leq a$ (propiedad reflexiva).

(ii) Si $a \leq b$ y $b \leq a$, entonces $a = b$ (propiedad antisimétrica).

(iii) Si $a \leq b$ y $b \leq c$, entonces $a \leq c$ (propiedad transitiva).

(iv) Cualesquiera sean a, $b \in \mathbb{A}$, o bien $a \leq b$, o bien $b \leq a$.

El conjunto de los números complejos es de especial importancia para el álgebra lineal. Por ello, dedicamos la mayor parte de este capítulo al estudio de sus propiedades algebraicas.

■ DEFINICIÓN 1.19 Sea $\mathbb{K}$ un conjunto no vacío de elementos en el que se introducen las operaciones internas "$+$" y "$\cdot$", denominadas suma y multiplicación, respectivamente. Esto es, $\forall\, a,b \in \mathbb{K}$, $a + b \in \mathbb{K}$ y $a \cdot b \in \mathbb{K}$. El conjunto $\mathbb{K}$ se dice que es un cuerpo algebraico si verifica las siguientes propiedades:

1. Para la suma.

   1.1. $(a+b)+c = a+(b+c)$, $\quad \forall\, a,b,c \in \mathbb{K}$ (asociatividad).

   1.2. Existe un elemento $e \in \mathbb{K}$ tal que para todo $a \in \mathbb{K}$, $a + e = e + a = a$ (existencia del elemento neutro de la suma o elemento nulo).

   1.3. Dado $a \in \mathbb{K}$, existe un elemento $(-a) \in \mathbb{K}$ tal que $(-a) + a = a + (-a) = e$ (existencia del elemento inverso respecto de la suma o elemento opuesto).

   1.4. $a + b = b + a$, $\quad \forall\, a,b \in \mathbb{K}$ (conmutatividad).

2. Para la multiplicación.

   2.1. $(a \cdot b) \cdot c = a \cdot (b \cdot c)$, $\quad \forall\, a,b,c \in \mathbb{K}$ (asociatividad)

   2.2. Existe un elemento $1 \in \mathbb{K}$ tal que para todo $a \in \mathbb{K}$, $a \cdot 1 = 1 \cdot a = a$ (existencia del elemento neutro de la multiplicación o elemento unidad).

   2.3. Dado $a \in \mathbb{K} \setminus \{e\}$, existe un elemento $a^{-1} \in \mathbb{K}$ tal que $(a^{-1}) \cdot a = a \cdot (a^{-1}) = 1$ (existencia del elemento inverso respecto de la multiplicación).

   2.4. $a \cdot b = b \cdot a$, $\quad \forall\, a,b \in \mathbb{K}$ (conmutatividad).

3. Para la suma y la multiplicación.

   3.1. $a \cdot (b + c) = a \cdot b + a \cdot c, \quad \forall\, a, b, c \in \mathbb{K}$ (distributividad).

■ EJEMPLO 1.4 El conjunto de los números reales $\mathbb{R}$, con las operaciones usuales de suma y multiplicación, es un cuerpo algebraico.

■ DEFINICIÓN 1.20 Un cuerpo algebraico $\mathbb{K}$ se dice ordenado si existe una relación de orden tal que:

(i) Cualquiera sea $c \in \mathbb{A}$, si $a \leq b$, entonces $a + c \leq b + c$.

(ii) Si $0 \leq a$ y $0 \leq b$, entonces $0 \leq a \cdot b$.

■ DEFINICIÓN 1.21 Sea $\mathbb{R}^2 = \{(x, y),\ x, y \in \mathbb{R}\}$ el conjunto de todos los pares ordenados de números reales. Todo elemento (x, y) de $\mathbb{R}^2$ se dice que es un número complejo, denotándose mediante $z = (x, y)$. Además, para dos números complejos arbitrarios $z_1 = (x_1, y_1)$ y $z_2 = (x_2, y_2)$, denominaremos suma "+" y multiplicación "·" de ambos, respectivamente, a los elementos

$$z_1 + z_2 = (x_1 + x_2, y_1 + y_2), \qquad z_1 \cdot z_2 = (x_1\, x_2 - y_1\, y_2, x_1\, y_2 + y_1\, x_2). \tag{1.3}$$

■ PROPOSICIÓN 1.1 El conjunto $\mathbb{R}^2$, dotado con las operaciones internas de suma y multiplicación (1.3), tiene estructura de cuerpo algebraico.

A lo largo del texto nos referiremos a dicho cuerpo algebraico como el conjunto de los números complejos y se denotará mediante $\mathbb{C}$.

✎ Nótese que para todo número complejo $z = (x, y)$, su elemento inverso respecto a la operación de suma es $(-x, -y)$, mientras que el elemento nulo del cuerpo es $(0, 0)$. En cuanto a la operación de multiplicación, tenemos que el elemento unidad del cuerpo es $(1, 0)$, mientras que el elemento inverso para $z = (x, y) \neq (0, 0)$ es

$$z^{-1} = \left(\frac{x}{x^2 + y^2}, -\frac{y}{x^2 + y^2} \right).$$

Luego, si $z_1 = (x_1, y_1)$ y $z_2 = (x_2, y_2)$, el cociente de estos números es

$$\frac{z_1}{z_2} = z_1 \cdot z_2^{-1} = (x_1, y_1) \cdot \left(\frac{x_2}{x_2^2 + y_2^2}, -\frac{y_2}{x_2^2 + y_2^2} \right) = \left(\frac{x_1 x_2 + y_1 y_2}{x_2^2 + y_2^2}, \frac{y_1 x_2 - x_1 y_2}{x_2^2 + y_2^2} \right). \tag{1.4}$$

Basándonos en las operaciones internas de suma y multiplicación definidas en el conjunto de los números complejos, tenemos que

$$z = (x, y) = (x, 0) + (0, y) = (x, 0) + (y, 0) \cdot (0, 1), \quad \forall\, z \in \mathbb{C}. \tag{1.5}$$

Si denotamos mediante i al número $(0, 1)$, y consideramos que las operaciones de suma y multiplicación entre números complejos de la forma $z_1 = (x_1, 0)$ y $z_2 = (x_2, 0)$ coinciden con las de los números reales, entonces, de (1.5) se sigue la denominada *representación binomial*

$$z = (x, y) = x + i \cdot y. \tag{1.6}$$

El número complejo i se denomina *unidad imaginaria.* Además,

$$i^2 = i \cdot i = (0, 1) \cdot (0, 1) = (-1, 0).$$

La expresión anterior es solución de la ecuación algebraica $x^2 + 1 = 0$, ya que $(0, 1) \cdot (0, 1) + (1, 0) = (0, 0)$.

A efectos prácticos, de cara a la realización de las operaciones de suma, resta, multiplicación y división de números complejos, se emplea la representación binomial (1.6). Además, se omite el signo "·" para la multiplicación de números complejos, por ejemplo,

$$i^2 i = i^3 = -i, \quad i^3 i = i^4 = 1, \quad i^4 i = i^5 = i.$$

■ DEFINICIÓN 1.22 Dado el número complejo $z = (x, y) = x + iy$, se dice que x es la parte real de z e y la parte imaginaria de z, que denotamos mediante $x = \Re z$ e $y = \Im z$, respectivamente. Los números complejos con parte real nula se denominan imaginarios puros.

■ DEFINICIÓN 1.23 El número $\overline{z} = x - iy \in \mathbb{C}$ se denomina complejo conjugado de $z = (x, y) = x + iy \in \mathbb{C}$.

Para $z \in \mathbb{C}$, la operación de conjugación $\overline{z}$ asocia a cada número z otro número complejo con la misma parte real que z y la parte imaginaria cambiada de signo. En particular, $z \in \mathbb{R}$ si y sólo si $z = \overline{z}$.

■ DEFINICIÓN 1.24 Se denomina módulo del número complejo $z = x + iy$ al número real no negativo $|z| = \sqrt{z\overline{z}} = \sqrt{x^2 + y^2}$.

■ PROPOSICIÓN 1.2 Sean z, z_1, z_2 números complejos. Entonces,

(i) $|\Re z| \leq |z|$, $|\Im z| \leq |z|$, $\forall\, z \in \mathbb{C}$.

(ii) $|z| = 0$, si y sólo si $z = 0$.

(iii) $|z| = |\overline{z}|$, $\forall\, z \in \mathbb{C}$.

(iv) $|z_1 \cdot z_2| = |z_1| \cdot |z_2|$, $\forall\, z_1, z_2 \in \mathbb{C}$.

(v) $|z_1 + z_2| \leq |z_1| + |z_2|$, $\forall\, z_1, z_2 \in \mathbb{C}$.

(vi) $\big||z_1| - |z_2|\big| \leq |z_1 - z_2|$, $\forall\, z_1, z_2 \in \mathbb{C}$.

✎ Obsérvese que el apartado (i) de la proposición anterior establece que $\left|\frac{\Re z}{z}\right| \leq 1$ y $\left|\frac{\Im z}{z}\right| \leq 1$, para todo $z \in \mathbb{C} \setminus \{(0,0)\}$. Esto implica la existencia de un conjunto constituido por infinitos valores $\theta \in \mathbb{R}$, tales que $\cos\theta = \frac{\Re z}{|z|}$ y $\operatorname{sen}\theta = \frac{\Im z}{|z|}$. Además, si θ y θ' pertenecen a ese conjunto, entonces existe un número entero k tal que $\theta - \theta' = 2k\pi$. Dicho conjunto, dado que depende de z, se representa mediante $\mathbb{A}(z)$.

■ DEFINICIÓN 1.25 $\mathbb{A}(z)$ se denomina conjunto de argumentos del número complejo z. El único elemento de $\mathbb{A}(z)$ perteneciente al intervalo $[-\pi, \pi)$ se denomina argumento principal de z y lo denotaremos por $\arg(z)$.

De las definiciones 1.24 y 1.25 se sigue que para todo $z \in \mathbb{C}$ existe un número real $\theta \in \mathbb{A}(z)$ tal que

$$\Re z = |z| \cos\theta, \quad \Im z = |z| \operatorname{sen}\theta,$$

de donde, al utilizar (1.6) y la definición 1.22, se obtiene

$$z = x + iy = \Re z + i\Im z = |z|(\cos\theta + i \operatorname{sen}\theta). \tag{1.7}$$

Esta expresión se conoce como *representación polar* del número complejo o *fórmula de Moivre*.

Si $z_1 = |z_1|(\cos\theta_1 + i \operatorname{sen}\theta_1)$ y $z_2 = |z_2|(\cos\theta_2 + i \operatorname{sen}\theta_2)$ son dos números complejos arbitrarios, entonces de (1.7) utilizando resultados básicos de trigonometría se obtiene que

$$z_1 \cdot z_2 = |z_1 \cdot z_2| \big[\cos(\theta_1 + \theta_2) + i \operatorname{sen}(\theta_1 + \theta_2)\big],$$

$$\frac{z_1}{z_2} = \left|\frac{z_1}{z_2}\right| \big[\cos(\theta_1 - \theta_2) + i \operatorname{sen}(\theta_1 - \theta_2)\big], \quad z_2 \in \mathbb{C} \setminus \{(0,0)\}.$$

■ DEFINICIÓN 1.26 Para todo $\phi \in \mathbb{R}$, se define la siguiente función exponencial,

$$e^{i\phi} = \cos\phi + i \operatorname{sen}\phi. \tag{1.8}$$

Esta expresión se denomina fórmula de Euler.

Una importante conclusión que sacamos de la fórmula de Euler es que

$$z = x + iy = |z|(\cos\theta + i \operatorname{sen}\theta) = |z|e^{i\theta}, \quad \forall z \in \mathbb{C}.$$

Así pues, diremos que z está expresado en *forma trigonométrica* cuando viene dado mediante la expresión $z = |z|(\cos\theta + i \operatorname{sen}\theta)$, y diremos que z está expresado en *forma exponencial* cuando $z = |z|e^{i\theta}$.

Una generalización de la definición 1.26 se recoge a continuación.

■ DEFINICIÓN 1.27 Se denomina función exponencial de variable compleja $z \in \mathbb{C}$, a la función

$$e^{z} = e^{\Re z}\big[\cos(\Im z) + i \operatorname{sen}(\Im z)\big].$$

En ocasiones también se utiliza la notación $\exp(z)$ como representación equivalente de e^z.

■ DEFINICIÓN 1.28 Dado un número complejo z, llamaremos potencia enésima de z, y se denotará mediante z^n, al número complejo definido inductivamente del modo siguiente:

$$\begin{aligned} z^1 &= z, \\ z^2 &= z \cdot z, \\ z^n &= z \cdot z^{n-1}, \quad n \geq 3. \end{aligned}$$

■ PROPOSICIÓN 1.3 Para todo $z \in \mathbb{C}$ se verifica que

$$|z^n| = |z|^n, \qquad \mathbb{A}(z^n) = \{n\theta \ : \ \theta \in \mathbb{A}(z)\} \stackrel{\text{def}}{=} n\mathbb{A}(z).$$

✎ La proposición anterior establece que si $|z|$ y θ son el módulo y el argumento de z, respectivamente, entonces

$$z^n = |z|^n(\cos n\theta + i \operatorname{sen} n\theta) = |z|^n e^{in\theta}. \tag{1.9}$$

Esta expresión se conoce como *fórmula de Moivre* para las enésimas potencias.

■ PROPOSICIÓN 1.4 Toda ecuación de la forma $w^n - z = 0$ tiene exactamente n soluciones en el conjunto de los números complejos $\mathbb{C}$. Más aún, dichas soluciones $w_k = \sqrt[n]{z}$, $k = 0, 1, ..., n-1$, que llamaremos también raíces enésimas del número complejo z, son:

$$\begin{aligned} w_k &= \sqrt[n]{z} = \sqrt[n]{|z|}e^{\frac{\theta + 2k\pi}{n}i} \\ &= \sqrt[n]{|z|}\left(\cos\frac{\theta + 2k\pi}{n} + i \operatorname{sen}\frac{\theta + 2k\pi}{n}\right), \quad k = 0, 1, ..., n-1, \end{aligned} \tag{1.10}$$

donde θ es el argumento principal de z. Además,

$$|w_k| = |z|^{\frac{1}{n}}, \quad \mathbb{A}(w_k) = \left\{\frac{\theta + 2k\pi}{n} + 2m\pi, \ m \in \mathbb{Z}\right\}, \quad k = 0, 1, ..., n-1.$$

Una extensión de la proposición anterior se recoge en el resultado siguiente, que trata sobre la existencia de soluciones generales para una ecuación algebraica de grado n; sin embargo, no proporciona una metodología para el cálculo de las raíces.

■ TEOREMA 1.1 Toda ecuación algebraica de grado n con coeficientes en $\mathbb{C}$,

$$z^n + a_{n-1}z^{n-1} + \cdots + a_1 z + a_0 = 0,$$

admite exactamente n raíces en $\mathbb{C}$.

Este resultado se conoce como *Teorema Fundamental del Álgebra.*

Problemas Resueltos

1.1 Probar que $(\mathbb{E} \cup \mathbb{F}) \cap \mathbb{G} = (\mathbb{E} \cap \mathbb{G}) \cup (\mathbb{F} \cap \mathbb{G})$.

Resolución. Sea $x \in (\mathbb{E} \cup \mathbb{F}) \cap \mathbb{G}$. Esto significa que x pertenece a $\mathbb{G}$ y también a la unión $\mathbb{E} \cup \mathbb{F}$, por lo que está contenido, al menos, en $\mathbb{E}$ o en $\mathbb{F}$. Luego x pertenece, al menos, a $\mathbb{E} \cap \mathbb{G}$ o a $\mathbb{F} \cap \mathbb{G}$, esto es, $x \in (\mathbb{E} \cap \mathbb{G}) \cup (\mathbb{F} \cap \mathbb{G})$. Recíprocamente, si $x \in (\mathbb{E} \cap \mathbb{G}) \cup (\mathbb{F} \cap \mathbb{G})$, entonces $x \in (\mathbb{E} \cap \mathbb{G})$ o $x \in (\mathbb{F} \cap \mathbb{G})$, lo que implica que x pertenece a $\mathbb{G}$ y, además, está contenido en $\mathbb{E}$ o en $\mathbb{F}$, esto es, $x \in \mathbb{E} \cup \mathbb{F}$. Por tanto, $x \in (\mathbb{E} \cup \mathbb{F}) \cap \mathbb{G}$.

1.2 Sea $\mathcal{P}(\mathbb{A})$ el conjunto potencia de $\mathbb{A}$ y $(\mathbb{A}_\nu)_\nu$ un sistema de subconjuntos de $\mathbb{A}$, esto es, $(\mathbb{A}_\nu)_\nu \in \mathcal{P}(\mathbb{A})$. Demostrar el siguiente principio de dualidad:

$$\mathcal{P}(\mathbb{A}) \setminus \bigcup_\nu \mathbb{A}_\nu = \bigcap_\nu (\mathcal{P}(\mathbb{A}) \setminus \mathbb{A}_\nu).$$

Resolución. Si $x \in \mathcal{P}(\mathbb{A}) \setminus \bigcup_\nu \mathbb{A}_\nu$, entonces $x \notin \bigcup_\nu \mathbb{A}_\nu$, lo que implica que x no pertenece a ningún conjunto $\mathbb{A}_\nu$, esto es, x está contenido en cada uno de los conjuntos $\mathcal{P}(\mathbb{A}) \setminus \mathbb{A}_\nu$. Así pues, $x \in \bigcap_\nu (\mathcal{P}(\mathbb{A}) \setminus \mathbb{A}_\nu)$. Recíprocamente, si $x \in \bigcap_\nu (\mathcal{P}(\mathbb{A}) \setminus \mathbb{A}_\nu)$, entonces x está contenido en $\mathcal{P}(\mathbb{A}) \setminus \mathbb{A}_\nu$, esto es, x no pertenece a ninguno de los conjuntos $\mathbb{A}_\nu$. En consecuencia, x no pertenece a la unión $\bigcup_\nu \mathbb{A}_\nu$, luego $x \in \mathcal{P}(\mathbb{A}) \setminus \bigcup_\nu \mathbb{A}_\nu$.

1.3 Sea $f : \mathbb{A} \longmapsto \mathbb{B}$ una aplicación y $\mathbb{B}_1$, $\mathbb{B}_2$ subconjuntos de $\mathbb{B}$. Estudiar la relación entre $f^{-1}(\mathbb{B}_1) \cap f^{-1}(\mathbb{B}_2)$ y $f^{-1}(\mathbb{B}_1 \cap \mathbb{B}_2)$.

Resolución. Sea $x \in f^{-1}(\mathbb{B}_1) \cap f^{-1}(\mathbb{B}_2)$. Esto significa que $f(x) \in \mathbb{B}_1 \cap \mathbb{B}_2$, o, equivalentemente, $f(x) \in \mathbb{B}_1$ y $f(x) \in \mathbb{B}_2$. Por tanto, $x \in f^{-1}(\mathbb{B}_1)$ y $x \in f^{-1}(\mathbb{B}_2)$, esto es, $x \in f^{-1}(\mathbb{B}_1) \cap f^{-1}(\mathbb{B}_2)$. Recíprocamente, si $x \in f^{-1}(\mathbb{B}_1) \cap f^{-1}(\mathbb{B}_2)$, entonces $x \in f^{-1}(\mathbb{B}_1)$ y $x \in f^{-1}(\mathbb{B}_2)$, o sea, $f(x)$ pertenece tanto a $\mathbb{B}_1$ como a $\mathbb{B}_2$. De aquí concluimos que $f(x) \in \mathbb{B}_1 \cap \mathbb{B}_2$, o, equivalentemente, $x \in f^{-1}(\mathbb{B}_1 \cap \mathbb{B}_2)$. Así pues,

$$f^{-1}(\mathbb{B}_1 \cap \mathbb{B}_2) = f^{-1}(\mathbb{B}_1) \cap f^{-1}(\mathbb{B}_2).$$

1.4 Sea $f : \mathbb{A} \longmapsto \mathbb{B}$ una aplicación y $\mathbb{B}_1$, $\mathbb{B}_2$ subconjuntos de $\mathbb{B}$. Estudiar la relación entre $f^{-1}(\mathbb{B}_1) \cup f^{-1}(\mathbb{B}_2)$ y $f^{-1}(\mathbb{B}_1 \cup \mathbb{B}_2)$.

Resolución. Sea x un elemento del conjunto $f^{-1}(\mathbb{B}_1 \cup \mathbb{B}_2)$. Esto implica que $f(x) \in \mathbb{B}_1 \cup \mathbb{B}_2$, o sea, $f(x) \in \mathbb{B}_1$ o $f(x) \in \mathbb{B}_2$. De aquí se sigue que x pertenece a $f^{-1}(\mathbb{B}_1)$ o a $f^{-1}(\mathbb{B}_2)$, es decir, $x \in f^{-1}(\mathbb{B}_1) \cup f^{-1}(\mathbb{B}_2)$. El recíproco también se verifica. En efecto, si $x \in f^{-1}(\mathbb{B}_1) \cup f^{-1}(\mathbb{B}_2)$, entonces x está contenido en $f^{-1}(\mathbb{B}_1)$ o en $f^{-1}(\mathbb{B}_2)$, esto es, $f(x)$ pertenece a $\mathbb{B}_1$ o a $\mathbb{B}_2$. En consecuencia, $f(x) \in \mathbb{B}_1 \cup \mathbb{B}_2$, o, equivalentemente, $x \in f^{-1}(\mathbb{B}_1 \cup \mathbb{B}_2)$. Por tanto,

$$f^{-1}(\mathbb{B}_1 \cup \mathbb{B}_2) = f^{-1}(\mathbb{B}_1) \cup f^{-1}(\mathbb{B}_2).$$

1.5 Calcular las siguientes operaciones entre números complejos:

$$(5,1)+(2,-8), \quad (4,3)\cdot(5,-4), \quad (5,3)/(2,-1).$$

Resolución. Un cálculo sencillo, empleando las fórmulas (1.3) y (1.4), nos conduce a los resultados siguientes:

$$\begin{aligned}(5,1)+(2,-8)&=(7,-7),\\(4,3)\cdot(5,-4)&=(32,-1),\\(5,3)/(2,-1)&=\left(\frac{7}{5},\frac{11}{5}\right).\end{aligned}$$

Otra alternativa consiste en emplear la representación (1.6), que nos permite reescribir las anteriores operaciones entre números complejos como sigue,

$$(5+i)+(2-8i), \quad (4+3i)(5-4i), \quad \frac{(5+3i)}{(2-i)},$$

de donde al agrupar términos se obtiene que

$$\begin{aligned}(5+i)+(2-8i)&=(5+2)+(-8+1)i=7-7i,\\(4+3i)(5-4i)&=20-16i+15i-12i^2=32-i,\\\frac{(5+3i)}{(2-i)}&=\frac{(5+3i)(2+i)}{(2-i)(2+i)}=\frac{(10+5i+6i+3i^2)}{(2^2-i^2)}=\frac{7+11i}{5}\\&=\frac{7}{5}+\frac{11}{5}i.\end{aligned}$$

1.6 Hallar los números reales x e y tales que $\dfrac{43+yi}{x-5i}=4+3i$.

Resolución. La igualdad del enunciado es equivalente a

$$43+iy=(4+3i)(x-5i)=4x+15+(3x-20)i\,.$$

Igualando partes reales y partes imaginarias, encontramos que

$$\begin{aligned}&4x+15=43\Longrightarrow 4x=28\Longrightarrow x=7\,,\\&y=3x-20\Longrightarrow y=1\,.\end{aligned}$$

1.7 Hallar el valor del número real a para que el cociente $z=\dfrac{3-2ai}{4-3i}$ sea real, y calcular para dicho valor el cociente indicado.

Resolución. Multiplicando el numerador y el denominador de z por el conjugado del denominador, teniendo en cuenta que $a\in\mathbb{R}$, vemos que

$$z=\frac{3-2ai}{4-3i}=\left(\frac{3-2ai}{4-3i}\right)\left(\frac{4+3i}{4+3i}\right)=\frac{(6a+12)+(9-8a)i}{25}\,.$$

Por tanto, $z\in\mathbb{R}$ si y sólo si

$$\frac{9-8a}{25}=0\Longleftrightarrow 9-8a=0\Longleftrightarrow a=\frac{9}{8}\,.$$

Por último, para este valor de a se tiene que

$$z = \frac{1}{25}\left(6 \cdot \frac{9}{8} + 12\right) = \frac{1}{25}\left(\frac{27}{4} + 12\right) = \frac{1}{25} \cdot \frac{75}{4} \Longrightarrow z = \frac{3}{4}\,.$$

1.8 Probar que la operación de conjugación $\overline{z}$ satisface las siguientes propiedades:

(a) $\overline{\overline{z}} = z$, $\forall\, z \in \mathbb{C}$.

(b) $\overline{z_1 + z_2} = \overline{z_1} + \overline{z_2}$, $\forall\, z_1, z_2 \in \mathbb{C}$.

(c) $\overline{z_1 \cdot z_2} = \overline{z_1} \cdot \overline{z_2}$, $\forall\, z_1, z_2 \in \mathbb{C}$.

(d) $\overline{\left(\dfrac{z_1}{z_2}\right)} = \dfrac{\overline{z_1}}{\overline{z_2}}$, $\forall\, z_1, z_2 \in \mathbb{C}$, con $z_2 \neq 0$.

(e) $\Re\, z = \dfrac{z + \overline{z}}{2}$, $\Im z = \dfrac{z - \overline{z}}{2i}$, $\forall\, z \in \mathbb{C}$.

Resolución.

(a) Sea $z = x + iy$. Por definición tenemos que $\overline{z} = x - iy$, luego $\overline{\overline{z}} = \overline{x - iy} = x + iy = z$.

(b) Para todo $z_1 = x_1 + iy_1$ y $z_2 = x_2 + iy_2$ se tiene que

$$\begin{aligned}\overline{(z_1 + z_2)} &= \overline{((x_1 + iy_1) + (x_2 + iy_2))} = \overline{((x_1 + x_2) + i(y_1 + y_2))}\\ &= (x_1 + x_2) - i(y_1 + y_2) = (x_1 - iy_1) + (x_2 - iy_2)\\ &= \overline{z_1} + \overline{z_2}.\end{aligned}$$

(c) Si $z_1 = x_1 + iy_1$ y $z_2 = x_2 + iy_2$, multiplicando estos números complejos y utilizando la operación de conjugación se obtiene que

$$\begin{aligned}\overline{z_1 \cdot z_2} &= \overline{(x_1 + iy_1)(x_2 + iy_2)} = \overline{((x_1\, x_2 - y_1\, y_2) + i(x_1\, y_2 + y_1\, x_2))}\\ &= (x_1\, x_2 - y_1\, y_2) - i(x_1\, y_2 + y_1\, x_2)\\ &= (x_1 - iy_1)(x_2 - iy_2)\\ &= \overline{z_1} \cdot \overline{z_2}.\end{aligned}$$

(d) Para todo par de números complejos $z_1 = x_1 + iy_1$ y $z_2 = x_2 + iy_2$, con $z_2 \neq 0$, se tiene que

$$\begin{aligned}\overline{\left(\frac{z_1}{z_2}\right)} &= \overline{\left(\frac{(x_1 + iy_1)}{(x_2 + iy_2)}\right)} = \overline{\left(\frac{(x_1 + iy_1)(x_2 - iy_2)}{(x_2 + iy_2)(x_2 - iy_2)}\right)} = \overline{\left(\frac{x_1x_2 + y_1y_2}{x_2^2 + y_2^2} + i\frac{y_1x_2 + x_1y_2}{x_2^2 + y_2^2}\right)}\\ &= \left(\frac{x_1x_2 + y_1y_2}{x_2^2 + y_2^2} - i\frac{y_1x_2 + x_1y_2}{x_2^2 + y_2^2}\right) = \frac{(x_1 - iy_1)(x_2 + iy_2)}{(x_2 - iy_2)(x_2 + iy_2)}\\ &= \frac{\overline{z_1}}{\overline{z_2}}.\end{aligned}$$

(e) Para todo $z = x + iy \in \mathbb{C}$, se tiene que $z + \overline{z} = x + iy + x - iy = 2x = 2\Re z$ o, equivalentemente, $\Re z = \dfrac{z + \overline{z}}{2}$. Análogamente, $z - \overline{z} = x + iy - x + iy = 2iy = 2i\Im z$, es decir, $\Im z = \dfrac{z - \overline{z}}{2i}$.

1.9 Responder a los siguientes apartados:

(a) ¿Existe alguna relación de orden en el conjunto $\mathbb{C}$?

(b) ¿Es $\mathbb{C}$ un cuerpo ordenado?

Resolución.

(a) En $\mathbb{C}$ es posible indicar varias relaciones de orden. Por ejemplo, diremos que $(x_1, y_1) \leq (x_2, y_2)$ cuando, o bien $x_1 < x_2$, o bien $x_1 = x_2$ e $y_1 \leq y_2$. Este ordenamiento verifica las propiedades de la definición 1.18.

(b) Si bien en $\mathbb{C}$ es posible indicar relaciones de orden, no existe ninguna que sea compatible con su estructura de cuerpo, o sea, $\mathbb{C}$ no es un cuerpo ordenado. Este hecho se constata a través del siguiente razonamiento por reducción al absurdo.

Dado que $i \neq (0,0)$, fijada una relación de orden en $\mathbb{C}$ ha de ser o bien $i < (0,0)$ o bien $i > (0,0)$. Si $i > (0,0)$, por la propiedad (ii) de la definición 1.20, $i \cdot i > (0,0)$, luego $(-1,0) > (0,0)$ o, equivalentemente, en términos de números reales $-1 > 0$. Este ordenamiento podría asumirse como cierto en $\mathbb{C}$, dado que aún no se ha fijado qué criterio se adoptará para ordenar sus elementos. Tomemos pues dicho ordenamiento en $\mathbb{C}$, esto es, aquél en el que $i > (0,0)$. Al ser $-1 > 0$, su multiplicación a ambos miembros de una desigualdad no cambia el signo, de ahí que $-1 \cdot (-1) > 0$, de donde $1 > 0$, lo cual contradice la propiedad (iv) de la definición 1.18. Por tanto, es imposible que $i > (0,0)$. Análogamente, si asumimos la existencia de otro ordenamiento en el que i es menor que $(0,0)$ llegaremos también a una contradicción.

1.10 Hallar dos números complejos tales que su suma sea $1 + 4i$, su cociente sea imaginario puro y la parte real de uno de ellos sea -1.

Resolución. Tenemos que encontrar dos números complejos z_1, z_2 tales que

$$z_1 + z_2 = 1 + 4i \,, \tag{1.11}$$

$$\Re\left(\frac{z_1}{z_2}\right) = 0 \,, \tag{1.12}$$

$$\Re z_1 = -1 \,. \tag{1.13}$$

Escribiendo

$$z_1 = a_1 + ib_1, \quad z_2 = a_2 + ib_2,$$

la condición (1.13) es equivalente a $a_1 = -1$, mientras que la condición (1.11) da

$$(a_1 + a_2) + (b_1 + b_2)i = 1 + 4i \Longleftrightarrow a_1 + a_2 = 1 \,,\ b_1 + b_2 = 4 \,.$$

La primera de estas ecuaciones indica entonces que $a_2 = 2$. Por otro lado, la condición (1.12) nos dice que

$$\begin{aligned}\Re\left(\frac{-1+ib_1}{2+ib_2}\right) = 0 &\Longleftrightarrow \Re\left(\frac{-1+ib_1}{2+ib_2}\cdot\frac{2-ib_2}{2-ib_2}\right) = 0,\\ &\Longleftrightarrow \Re\left(\frac{-2+b_1b_2+(2b_1+b_2)i}{4+b_2^2}\right) = 0 \Longleftrightarrow \frac{-2+b_1b_2}{4+b_2^2} = 0,\\ &\Longleftrightarrow -2 + b_1b_2 = 0 \,.\end{aligned}$$

Así pues, para hallar b_1 y b_2 tenemos que resolver las ecuaciones

$$\begin{cases} b_1 + b_2 = 4, \\ b_1 \cdot b_2 = 2. \end{cases}$$

Despejando por ejemplo b_2 en la primera ecuación y sustituyéndola en la segunda, ésta queda

$$b_1(4 - b_1) = 2 \Longleftrightarrow b_1^2 - 4b_1 + 2 = 0,$$

$$\Longleftrightarrow b_1 = \frac{4 \pm \sqrt{8}}{2} = \frac{4 \pm 2\sqrt{2}}{2} = 2 \pm \sqrt{2} \Longrightarrow b_2 = 2 \mp \sqrt{2}\,.$$

En resumen, hemos encontrado que el problema tiene las soluciones

$$z_1 = -1 + (2 \pm \sqrt{2})i\ ,\ z_2 = 2 + (2 \mp \sqrt{2})i\ .$$

1.11 Determinar los números complejos z y w, tales que para $a = 2 - i$ y $b = 3 - 4i$ se verifica que

$$za = 32 - i, \quad \frac{w}{b} = -\frac{1}{25} + \frac{2}{25}i.$$

Resolución. Tomando $z = x+iy$, a partir de la expresión $za = (x+iy)(2-i) = 2x+y+i(2y-x) = 32 - i$, al igualar las partes real e imaginaria del término izquierdo de la ecuación con las partes correspondientes del término derecho, podemos plantear las ecuaciones

$$\begin{cases} 2x + y = 32, \\ 2y - x = -1, \end{cases}$$

de donde se sigue que $x = 13$ e $y = 6$. Así pues, $z = (13, 6) = 13 + 6i$.

Considerando $w = x + iy$, de la expresión $\frac{w}{b} = -\frac{1}{25} + \frac{2}{25}i$ se tiene que

$$w = x + yi = (3 - 4i)\left(-\frac{1}{25} + \frac{2}{25}i\right) = \frac{1}{5} + \frac{2}{5}i.$$

Otra manera, menos sencilla, de llegar al mismo resultado consiste en multiplicar y dividir por el conjugado de b, esto es,

$$\begin{aligned} \frac{w}{b} = \frac{x + iy}{3 - 4i} &= \frac{(x + iy)(3 + 4i)}{(3 - 4i)(3 + 4i)} \\ &= \frac{3x - 4y + i(4x + 3y)}{3^2 - 4^2 i^2} = \frac{3x - 4y}{25} + i\frac{4x + 3y}{25} = -\frac{1}{25} + \frac{2}{25}i, \end{aligned}$$

de donde se deducen las ecuaciones

$$\begin{cases} 3x - 4y = -1, \\ 4x + 3y = 2. \end{cases}$$

Luego, si multiplicamos la primera ecuación por 4 y la segunda por 3, al sumarlas obtenemos que $x = \frac{1}{5}$. Sustituyendo x en una de las ecuaciones obtenemos que $y = \frac{2}{5}$. Por tanto, $w = \frac{1}{5} + \frac{2}{5}i$.

1.12 Representar en el plano complejo los siguientes subconjuntos:

(a) $|z| \leq 1$.

(b) $\mathbb{A} = \{z \in \mathbb{C}\ :\ |z - i| = |z + i|$.

(c) $\mathbb{B} = \{z \in \mathbb{C}\ :\ |z| \leq |2z + 1|\}$.

Resolución.

(a) Escribiendo $z = x + iy$,

$$|z| \leq 1 \Longleftrightarrow |z|^2 \leq 1 \Longleftrightarrow x^2 + y^2 \leq 1\ ,$$

vemos de manera inmediata que los números complejos que cumplen esta condición son los que pertenecen al *círculo unidad* del plano complejo, es decir, al círculo de radio 1 centrado en el origen (incluida la circunferencia).

(b) Procediendo de manera análoga al apartado anterior,

$$\begin{aligned}|z-i|=|z+i| &\Longleftrightarrow |z-i|^2=|z+i|^2,\\ &\Longleftrightarrow |x+(y-1)i|^2=|x+(y+1)i|^2,\\ &\Longleftrightarrow x^2+(y-1)^2=x^2+(y+1)^2,\\ &\Longleftrightarrow y^2-2y+1=y^2+2y+1 \Longleftrightarrow 4y=0 \Longleftrightarrow y=0\,.\end{aligned}$$

Vemos por tanto que los números complejos que cumplen la condición dada son los que tienen parte imaginaria nula, es decir, los números reales, y la representación gráfica de este conjunto en el plano complejo es naturalmente el eje real.

(c) Procediendo de manera análoga a los apartados anteriores,

$$\begin{aligned}&|z|\le|2z+1| \Longleftrightarrow |z|^2\le|2z+1|^2 \Longleftrightarrow |x+yi|^2\le|(2x+1)+2yi|^2\,,\\ &\Longleftrightarrow x^2+y^2\le(2x+1)^2+4y^2 \Longleftrightarrow 4x^2+4x+1+4y^2\ge x^2+y^2\,,\\ &\Longleftrightarrow 3x^2+4x+1+3y^2\ge 0 \Longleftrightarrow 3\left(x^2+\frac{4}{3}x\right)+1+3y^2\ge 0\,,\\ &\Longleftrightarrow 3\left[\left(x+\frac{2}{3}\right)^2-\frac{4}{9}\right]+1+3y^2\ge 0 \Longleftrightarrow 3\left(x+\frac{2}{3}\right)^2-\frac{1}{3}+3y^2\ge 0\,,\\ &\Longleftrightarrow 3\left(x+\frac{2}{3}\right)^2+3y^2\ge\frac{1}{3} \Longleftrightarrow \left(x+\frac{2}{3}\right)^2+y^2\ge\frac{1}{9}\,.\end{aligned}$$

La ecuación en coordenadas cartesianas de una circunferencia de radio r con centro en el punto (x_0,y_0) es $(x-x_0)^2+(y-y_0)^2=r^2$. Por tanto, en este caso la región del plano complejo por la que nos preguntan está limitada por la circunferencia de radio $1/3$ y centro en el punto $(-2/3,0)$. Del signo de la desigualdad que la define se deduce fácilmente que la región pedida es el *exterior* de la mencionada circunferencia.

1.13 Probar que la función exponencial satisface las siguientes propiedades:

(a) $e^0=1$.

(b) $e^z\neq 0,\ \forall\, z\in\mathbb{C}$.

(c) $e^{z_1+z_2}=e^{z_1}\cdot e^{z_2},\ \forall\, z_1,z_2\in\mathbb{C}$.

(d) $|e^z|=e^{\Re z},\ \forall\, z\in\mathbb{C}$.

(e) $e^z=1$ si y sólo si $z=2k\pi i,\ \forall\, k\in\mathbb{Z}$.

(f) $e^{z_1}=e^{z_2}$ si y sólo si $z_1-z_2=2k\pi i,\ \forall\, k\in\mathbb{Z}$.

Resolución. Utilizando la definición de la función exponencial $e^z=e^{\Re z}\,[\cos(\Im\, z)+i\,\mathrm{sen}\,(\Im\, z)]$, daremos respuesta a cada uno de los apartados anteriores.

(a) Sea $z=0$. Entonces, $e^0=e^{\Re\, 0}\,[\cos(\Im\, 0)+i\,\mathrm{sen}\,(\Im\, 0)]=1\cdot[\cos 0+i\,\mathrm{sen}\, 0]=1\cdot 1=1$.

(b) Dado que la función exponencial real $e^{\Re z}\neq 0,\ \forall\, z\in\mathbb{C}$, y que las funciones seno y coseno verifican la relación $\mathrm{sen}\,\theta=\cos(\theta-\frac{\pi}{2}),\ \forall\,\theta\in\mathbb{R}$, concluimos que $\cos(\Im\, z)+i\cos(\Im\, z-\frac{\pi}{2})\neq 0$, $\forall z\in\mathbb{C}$, de donde se sigue que $e^z\neq 0,\forall\, z\in\mathbb{C}$.

(c) Para cualesquiera $z_1, z_2 \in \mathbb{C}$ se tiene que

$$\begin{aligned} e^{z_1}e^{z_2} &= e^{\Re z_1}\left[\cos(\Im z_1) + i\,\mathrm{sen}\,(\Im z_1)\right] e^{\Re z_2}\left[\cos(\Im z_2) + i\,\mathrm{sen}\,(\Im z_2)\right] \\ &= e^{\Re z_1}e^{\Re z_2}\big[\cos(\Im z_1)\cos(\Im z_2) - \mathrm{sen}\,(\Im z_1)\,\mathrm{sen}\,(\Im z_2) \\ &\quad + i\{\cos(\Im z_1)\,\mathrm{sen}\,(\Im z_2) + \mathrm{sen}\,(\Im z_1)\cos(\Im z_2)\}\big] \\ &= e^{\Re z_1 + \Re z_2}\left[\cos(\Im z_1 + \Im z_2) + i\{\mathrm{sen}\,(\Im z_1 + \Im z_2)\}\right] \\ &= e^{\Re(z_1+z_2)}\left[\cos(\Im(z_1+z_2)) + i\{\mathrm{sen}\,(\Im(z_1+z_2))\}\right] \\ &= e^{z_1+z_2}. \end{aligned}$$

(d) Para todo $z \in \mathbb{C}$, utilizando la definición 1.24 se sigue que

$$\begin{aligned} |e^z|^2 = e^z\,\overline{e^z} &= e^{\Re z}\left[\cos(\Im z) + i\,\mathrm{sen}\,(\Im z)\right] e^{\Re z}\left[\cos(\Im z) - i\,\mathrm{sen}\,(\Im z)\right] \\ &= e^{2\Re z}\left[\cos^2(\Im z) + \mathrm{sen}^2(\Im z)\right] \\ &= e^{2\Re z}. \end{aligned}$$

En ambos miembros de la igualdad anterior tenemos números reales positivos, por tanto, $|e^z| = e^{\Re z}$.

(e) Si $e^z = e^{\Re z}\left[\cos(\Im z) + i\,\mathrm{sen}\,(\Im z)\right] = 1$ esto implica, al tratarse de un número real, que el término que multiplica a i es igual a cero. Esto ocurre cuando el seno de $\Im z$ se anula, o sea, si y sólo si $z = 2k\pi i$, $\forall\, k \in \mathbb{Z}$. Además, el coseno de $2k\pi$ es igual a 1, $\forall\, k \in \mathbb{Z}$, luego utilizando el apartado (a) se sigue el resultado.

(f) Si $e^{z_1} = e^{z_2}$, multiplicamos ambos miembros de la igualdad por e^{-z_2}, esto es, $e^{z_1}e^{-z_2} = e^{z_2}e^{-z_2}$. Ahora, utilizando el resultado de los apartados (c) y (a) obtenemos que

$$e^{z_1}e^{-z_2} = e^{z_1 - z_2} = e^{z_2 - z_2} = e^0 = 1.$$

Basándonos en el apartado (e), concluimos que $z_1 - z_2 = 2k\pi i$, $\forall\, k \in \mathbb{Z}$. Recíprocamente, si $z_1 - z_2 = 2k\pi i$ tenemos que $e^{z_1 - z_2} = e^{2k\pi i} = 1$, $\forall\, k \in \mathbb{Z}$. Usando de nuevo el resultado del apartado (c), se sigue entonces que $e^{z_1}e^{-z_2} = 1$ o, equivalentemente, $e^{z_1} = e^{z_2}$.

1.14 Expresar en forma $a + bi$ los siguientes números complejos:

(a) $e^{\pi i/4} - e^{-\pi i/4}$.

(b) $\dfrac{1 - e^{\pi i/2}}{1 + e^{\pi i/2}}$.

(c) $e^{\pi i}\left(1 - e^{-\pi i/3}\right)$.

Resolución.

(a) Utilizando la fórmula de Euler,

$$\begin{aligned} e^{\pi i/4} - e^{-\pi i/4} &= \cos\frac{\pi}{4} + i\,\mathrm{sen}\,\frac{\pi}{4} - \cos\frac{\pi}{4} + i\,\mathrm{sen}\,\frac{\pi}{4} = 2i\,\mathrm{sen}\,\frac{\pi}{4} \\ &= 2i \cdot \frac{\sqrt{2}}{2} = i\sqrt{2}\,. \end{aligned}$$

Alternativamente, podemos llegar a este resultado de manera más directa recordando que $\mathrm{sen}\,\theta = (e^{i\theta} - e^{-i\theta})/(2i)$.

(b) Utilizando de nuevo la fórmula de Euler,

$$\begin{aligned}\frac{1-e^{\pi i/2}}{1+e^{\pi i/2}} &= \frac{1-\cos(\pi/2)-i\,\mathrm{sen}\,(\pi/2)}{1+\cos(\pi/2)+i\,\mathrm{sen}\,(\pi/2)} = \frac{1-i}{1+i} = \frac{1-i}{1+i}\cdot\frac{1-i}{1+i} \\ &= \frac{-2i}{2} = -i\,.\end{aligned}$$

(c) Procediendo de manera análoga a los apartados anteriores,

$$\begin{aligned}e^{\pi i}(1-e^{-\pi i/3}) &= (\cos\pi + i\,\mathrm{sen}\,\pi)\Big(1-\cos\frac{\pi}{3} + i\,\mathrm{sen}\,\frac{\pi}{3}\Big) \\ &= (-1)\left(1-\frac{1}{2}+i\frac{\sqrt{3}}{2}\right) = -\left(\frac{1+i\sqrt{3}}{2}\right) = \frac{-1-i\sqrt{3}}{2}\,.\end{aligned}$$

1.15 Calcular $(1+i)^4(1-i\sqrt{3})^2$.

Resolución. Representando ambos números en forma exponencial se tiene que

$$\begin{aligned}(1+i)^4(1-i\sqrt{3})^2 &= (\sqrt{2}e^{\pi i/4})^4(2e^{-\pi i/3})^2 = (4e^{-2i\pi/3})(4e^{i\pi}) = 16e^{i\pi/3} \\ &= 16\left(\cos\frac{\pi}{3} + i\,\mathrm{sen}\,\frac{\pi}{3}\right) = 16\left(\frac{1}{2}+i\frac{\sqrt{3}}{2}\right) \\ &= 8 + i8\sqrt{3}.\end{aligned}$$

1.16 Hallar $x, y \in \mathbb{R}$ tales que

(a) $\exp(x+iy) = -1$.

(b) $\dfrac{1+i}{1-i} = xe^{iy}$.

Resolución.

(a) Empezamos por hacer uso de la igualdad entre los módulos de los dos números,

$$e^{x+iy} = -1 \Longrightarrow |e^{x+iy}| = |-1| \Longrightarrow |e^x e^{iy}| = |e^x|\cdot|e^{iy}| = e^x = 1 \Longrightarrow x = 0\,,$$

y a continuación volvemos a la igualdad de partida, tomando ya $x=0$, para hallar y,

$$e^{iy} = -1 = e^{i\pi} \Longrightarrow y = \pi + 2\pi n\,,\ n\in\mathbb{Z}\,.$$

Alternativamente, podemos escribir la igualdad inicial en la forma

$$e^x(\cos y + i\,\mathrm{sen}\,y) = -1\,,$$

con lo que separando parte real y parte imaginaria llegamos al sistema

$$\begin{cases} e^x\cos y = -1, \\ e^x\,\mathrm{sen}\,y = 0. \end{cases}$$

La segunda ecuación implica que $\mathrm{sen}\,y = 0$ (pues $e^x > 0$, $\forall x\in\mathbb{R}$), y por tanto $y = n\pi$, $n\in\mathbb{Z}$. La primera ecuación indica, entonces, que $e^x\cos(n\pi) = (-1)^n e^x = -1$, por lo que n debe ser impar y x debe ser 0, tal y como habíamos encontrado con el método anterior.

(b) El número de la parte izquierda de la igualdad se puede expresar en forma exponencial, esto es,

$$\frac{1+i}{1-i} = \frac{1+i}{1-i} \cdot \frac{1+i}{1+i} = \frac{2i}{2} = i = e^{i\pi/2} .$$

Ahora, usando primero la igualdad de los módulos para hallar x,

$$e^{i\pi/2} = xe^{iy} \Longrightarrow |e^{i\pi/2}| = |xe^{iy}| \Longrightarrow 1 = |x| \cdot |e^{iy}| = |x| \Longrightarrow x = \pm 1 ,$$

y a continuación, hallando y para cada uno de estos dos posibles valores de x, encontramos dos familias de soluciones para el problema, la primera dada por

$$x = 1 \quad \Longrightarrow \quad e^{i\pi/2} = e^{iy} \quad \Longrightarrow \quad y = \frac{\pi}{2} + 2\pi n \ , \ n \in \mathbb{Z} ,$$

y la segunda por

$$\begin{aligned} x = -1 \quad &\Longrightarrow \quad e^{i\pi/2} = (-1) \cdot e^{iy} = e^{i\pi} e^{iy} = e^{(\pi+y)i} \\ &\Longrightarrow \quad y = -\frac{\pi}{2} + 2\pi n \ , \ n \in \mathbb{Z} . \end{aligned}$$

Alternativamente, separando parte real y parte imaginaria en la ecuación $i = xe^{iy} = x(\cos y + i \operatorname{sen} y)$ llegamos al sistema

$$\begin{cases} x \cos y = 0, \\ x \operatorname{sen} y = 1. \end{cases}$$

La segunda ecuación sólo puede cumplirse si $x \neq 0$, por lo que la primera ecuación implica que

$$\cos y = 0 \Longrightarrow y = \frac{\pi}{2} + n\pi \ , \ n \in \mathbb{Z} ,$$

y la segunda ecuación da entonces

$$x \operatorname{sen}\left(\frac{\pi}{2} + n\pi\right) = 1 \Longleftrightarrow x \cos(n\pi) = 1 \Longleftrightarrow (-1)^n x = 1 \Longrightarrow x = (-1)^n \ , \ n \in \mathbb{Z} .$$

Vemos que de esta manera hemos obtenido de manera unificada las dos familias de soluciones que nos daba el otro método.

1.17 Sea $z \in \mathbb{C} \setminus \{-1, 1\}$. Probar que $\dfrac{1+z}{1-z}$ es imaginario puro si y sólo si $|z| = 1$.

Resolución. Escribiendo $z = x + iy$, constatamos que

$$\begin{aligned} \frac{1+z}{1-z} &= \frac{(1+x)+iy}{(1-x)-iy} = \frac{(1+x)+iy}{(1-x)-iy} \cdot \frac{(1-x)+iy}{(1-x)+iy} \\ &= \frac{(1-x^2-y^2)+2iy}{(1-x)^2+y^2} . \end{aligned}$$

El denominador de esta fracción es siempre ≥ 0 y sólo es igual a 0 para $x = 1, y = 0$, es decir, para $z = 1$. Por tanto, si suponemos que $z \neq 1$, el denominador siempre es estrictamente positivo y se tiene que

$$\begin{aligned} \Re\left(\frac{1+z}{1-z}\right) = \frac{1-x^2-y^2}{(1-x)^2+y^2} = 0 &\Longleftrightarrow 1 - x^2 - y^2 = 0, \\ &\Longleftrightarrow x^2 + y^2 = 1 \Longleftrightarrow |z|^2 = 1 \Longleftrightarrow |z| = 1 . \end{aligned}$$

Nótese que la afirmación es válida también para $z = -1$, ya que $(1+z)/(1-z) = 0$, y este número puede considerarse como imaginario puro al ser su parte real nula.

1.18 Sean α, β las raíces de la siguiente ecuación de segundo grado en z:

$$\left(\operatorname{sen}^2\phi\right) z^2 - (\operatorname{sen} 2\phi) z + 1 = 0,$$

con $\operatorname{sen}\phi \neq 0$. Demostrar que para $n \in \mathbb{Z}$, $\alpha^n + \beta^n = 2(\cos n\phi)(\operatorname{cosec}^n\phi)$.

Resolución. Las soluciones de la ecuación de segundo grado indicada en el enunciado son

$$z = \frac{\operatorname{sen} 2\phi \pm \sqrt{\operatorname{sen}^2 2\phi - 4\operatorname{sen}^2\phi}}{2\operatorname{sen}^2\phi}.$$

Usando las conocidas identidades trigonométricas $\operatorname{sen} 2\phi = 2\operatorname{sen}\phi\cos\phi$ y $\operatorname{sen}^2\phi + \cos^2\phi = 1$, junto con la fórmula de Euler, se obtiene

$$\begin{aligned} z &= \frac{2\operatorname{sen}\phi\cos\phi \pm \sqrt{4\operatorname{sen}^2\phi\cos^2\phi - 4\operatorname{sen}^2\phi}}{2\operatorname{sen}^2\phi} \\ &= \frac{2\operatorname{sen}\phi\cos\phi \pm \sqrt{-4\operatorname{sen}^4\phi}}{2\operatorname{sen}^2\phi} = \frac{2\operatorname{sen}\phi\cos\phi \pm 2i\operatorname{sen}^2\phi}{2\operatorname{sen}^2\phi} \\ &= \frac{\cos\phi \pm i\operatorname{sen}\phi}{\operatorname{sen}\phi} = \frac{e^{\pm i\phi}}{\operatorname{sen}\phi}, \end{aligned}$$

de donde

$$\alpha = \frac{e^{i\phi}}{\operatorname{sen}\phi}, \quad \beta = \frac{e^{-i\phi}}{\operatorname{sen}\phi}.$$

Se tiene, por tanto, que

$$\alpha^n + \beta^n = \frac{e^{in\phi}}{\operatorname{sen}^n\phi} + \frac{e^{-in\phi}}{\operatorname{sen}^n\phi} = \frac{e^{in\phi} + e^{-in\phi}}{\operatorname{sen}^n\phi} = \frac{2\cos n\phi}{\operatorname{sen}^n\phi} = 2\cos n\phi \operatorname{cosec}^n\phi.$$

1.19 Responda a los siguientes apartados:

(a) Determinar $\cos 5\theta$, $\operatorname{sen} 5\theta$ en términos de potencias de $\operatorname{sen}\theta$ y $\cos\theta$.

(b) Deducir que $\cos\frac{\pi}{5} = \frac{1+\sqrt{5}}{4}$, $\cos\frac{2\pi}{5} = \frac{\sqrt{5}-1}{4}$.

Resolución.

(a) Usando la fórmula de Moivre para $n = 5$ y la fórmula del binomio de Newton, encontramos que

$$\begin{aligned} \cos(5\theta) + i\operatorname{sen}(5\theta) &= (\cos\theta + i\operatorname{sen}\theta)^5 \\ &= \cos^5\theta + 5i\cos^4\theta\operatorname{sen}\theta + 10i^2\cos^3\theta\operatorname{sen}^2\theta + 10i^3\cos^2\theta\operatorname{sen}^3\theta \\ &\quad + 5i^4\cos\theta\operatorname{sen}^4\theta + i^5\operatorname{sen}^5\theta \\ &= \cos^5\theta + 5i\cos^4\theta\operatorname{sen}\theta - 10\cos^3\theta\operatorname{sen}^2\theta - 10i\cos^2\theta\operatorname{sen}^3\theta \\ &\quad + 5\cos\theta\operatorname{sen}^4\theta + i\operatorname{sen}^5\theta. \end{aligned}$$

Igualando partes reales y partes imaginarias,

$$\cos(5\theta) = \cos^5\theta - 10\cos^3\theta\operatorname{sen}^2\theta + 5\cos\theta\operatorname{sen}^4\theta, \tag{1.14}$$

$$\operatorname{sen}(5\theta) = 5\cos^4\theta\operatorname{sen}\theta - 10\cos^2\theta\operatorname{sen}^3\theta + \operatorname{sen}^5\theta. \tag{1.15}$$

(b) Aplicando (1.15) con $\theta = \pi/5$ y teniendo en cuenta que $\operatorname{sen}(\pi/5) \neq 0$,

$$\operatorname{sen}\pi = 0 = 5\cos^4\frac{\pi}{5}\operatorname{sen}\frac{\pi}{5} - 10\cos^2\frac{\pi}{5}\operatorname{sen}^3\frac{\pi}{5} + \operatorname{sen}^5\frac{\pi}{5},$$

luego

$$5\cos^4\frac{\pi}{5} - 10\cos^2\frac{\pi}{5}\operatorname{sen}^2\frac{\pi}{5} + \operatorname{sen}^4\frac{\pi}{5} = 0.$$

Usando la identidad trigonométrica $\operatorname{sen}^2\theta + \cos^2\theta = 1$,

$$5\cos^4\frac{\pi}{5} - 10\cos^2\frac{\pi}{5}\left(1-\cos^2\frac{\pi}{5}\right) + \left(1-\cos^2\frac{\pi}{5}\right)^2 = 0 \Longrightarrow 16\cos^4\frac{\pi}{5} - 12\cos^2\frac{\pi}{5} + 1 = 0.$$

Tenemos así una ecuación bicuadrada para $\cos(\pi/5)$. Para el cuadrado de esta cantidad encontramos las soluciones

$$\cos^2\frac{\pi}{5} = \frac{12 \pm \sqrt{80}}{32} = \frac{12 \pm 4\sqrt{5}}{32} = \frac{3 \pm \sqrt{5}}{8},$$

cuyos valores numéricos aproximados son 0.6545 y 0.09549 para los signos + y −, respectivamente. Teniendo en cuenta que $\cos^2 x$ es una función monótona decreciente de x para $0 \leq x \leq \pi/2$, podemos acotar el valor de $\cos^2(\pi/5)$ de la manera siguiente:

$$\frac{\pi}{6} < \frac{\pi}{5} < \frac{\pi}{4} \Longrightarrow \cos^2\frac{\pi}{6} > \cos^2\frac{\pi}{5} > \cos^2\frac{\pi}{4} \Longrightarrow \frac{3}{4} > \cos^2\frac{\pi}{5} > \frac{1}{2}.$$

Vemos así que la solución correcta es

$$\cos^2\frac{\pi}{5} = \frac{3+\sqrt{5}}{8},$$

y de aquí se deduce a su vez que

$$\operatorname{sen}^2\frac{\pi}{5} = 1 - \frac{3+\sqrt{5}}{8} = \frac{5-\sqrt{5}}{8},$$

$$\cos^2\frac{\pi}{5}\operatorname{sen}^2\frac{\pi}{5} = \left(\frac{3+\sqrt{5}}{8}\right)\left(\frac{5-\sqrt{5}}{8}\right) = \frac{10+2\sqrt{5}}{64} = \frac{5+\sqrt{5}}{32},$$

$$\cos^4\frac{\pi}{5} = \left(\frac{3+\sqrt{5}}{8}\right)^2 = \frac{14+6\sqrt{5}}{64} = \frac{7+3\sqrt{5}}{32},$$

$$\operatorname{sen}^4\frac{\pi}{5} = \left(\frac{5-\sqrt{5}}{8}\right)^2 = \frac{30-10\sqrt{5}}{64} = \frac{15-5\sqrt{5}}{32}.$$

La conocida identidad trigonométrica $\cos 2\theta = \cos^2\theta - \operatorname{sen}^2\theta$ (que naturalmente puede obtenerse también mediante la fórmula de Moivre) nos dice entonces que

$$\cos\frac{2\pi}{5} = \frac{3+\sqrt{5}}{8} - \frac{5-\sqrt{5}}{8} = \frac{-2+2\sqrt{5}}{8} = \frac{-1+\sqrt{5}}{4}.$$

Por otro lado, usando (1.14) con $\theta = \pi/5$, encontramos que

$$\begin{aligned}
\cos\pi = -1 &= \left(\cos\frac{\pi}{5}\right)\left(\cos^4\frac{\pi}{5} - 10\cos^2\frac{\pi}{5}\operatorname{sen}^2\frac{\pi}{5} + 5\operatorname{sen}^4\frac{\pi}{5}\right) \\
&= \left(\cos\frac{\pi}{5}\right)\left(\frac{7+3\sqrt{5}}{32} - 10\frac{5+\sqrt{5}}{32} + 5\frac{15-5\sqrt{5}}{32}\right) \\
&= \left(\cos\frac{\pi}{5}\right)\left(\frac{7+3\sqrt{5}}{32} - \frac{25+5\sqrt{5}}{16} + \frac{75-25\sqrt{5}}{32}\right) = \left(\cos\frac{\pi}{5}\right)\left(\frac{32-32\sqrt{5}}{32}\right) \\
&= \left(\cos\frac{\pi}{5}\right)\left(1-\sqrt{5}\right),
\end{aligned}$$

de donde

$$\cos\frac{\pi}{5} = \frac{-1}{1-\sqrt{5}} = \frac{-1}{1-\sqrt{5}} \cdot \frac{1+\sqrt{5}}{1+\sqrt{5}} = \frac{1+\sqrt{5}}{4} \,.$$

1.20 Determinar las soluciones de la ecuación $z^4 + 1 = 0$.

Resolución. La expresión $z^4 + 1 = 0$ es equivalente a $z^4 = -1$. Nótese que $e^{i\pi} = -1$, luego, empleando la fórmula de Moivre (1.9) para $|z| = 1$, $\theta = \pi$ y $n = 4$, se obtiene que las raíces de la ecuación son:

$$\begin{aligned}
z_1 &= \cos\frac{\pi}{4} + i\,\mathrm{sen}\,\frac{\pi}{4} = \frac{\sqrt{2}}{2} + i\frac{\sqrt{2}}{2}, \\
z_2 &= \cos\frac{3\pi}{4} + i\,\mathrm{sen}\,\frac{3\pi}{4} = -\frac{\sqrt{2}}{2} + i\frac{\sqrt{2}}{2}, \\
z_3 &= \cos\frac{5\pi}{4} + i\,\mathrm{sen}\,\frac{5\pi}{4} = -\frac{\sqrt{2}}{2} - i\frac{\sqrt{2}}{2}, \\
z_3 &= \cos\frac{7\pi}{4} + i\,\mathrm{sen}\,\frac{7\pi}{4} = \frac{\sqrt{2}}{2} - i\frac{\sqrt{2}}{2}.
\end{aligned}$$

1.21 Demostrar que la ecuación $(z + ai)^n - (z - ai)^n = 0$, $a \in \mathbb{R} \setminus \{0\}$, tiene todas sus raíces reales. Determinarlas.

Resolución. La ecuación anterior se cumple trivialmente para todo número z si $n = 0$, mientras que para $n = 1$ no admite solución al ser equivalente a la expresión $2ai = 0$, esto es, $a = 0$. Sin embargo, en el enunciado nos dan la condición $a \neq 0$, luego hemos de suponer que $n \geq 2$. Una manera sencilla de demostrar que todas las raíces de la ecuación deben ser reales sin calcularlas explícitamente es la siguiente:

$$\begin{aligned}
(z+ai)^n - (z-ai)^n = 0 &\Longleftrightarrow (z+ai)^n = (z-ai)^n \\
&\Longrightarrow |(z+ai)^n| = |(z-ai)^n| \Longrightarrow |z+ai|^n = |z-ai|^n \\
&\Longrightarrow |z+ai| = |z-ai| \Longrightarrow |z+ai|^2 = |z-ai|^2
\end{aligned}$$

(escribiendo $z = x + iy$ con $x, y \in \mathbb{R}$)

$$\begin{aligned}
&\Longrightarrow |x + (y+a)i|^2 = |x + (y-a)i|^2 \\
&\Longrightarrow x^2 + (y+a)^2 = x^2 + (y-a)^2 \\
&\Longleftrightarrow y^2 + 2ay + a^2 = y^2 - 2ay + a^2 \\
&\Longleftrightarrow 4ay = 0 \Longleftrightarrow y = 0 \,,
\end{aligned}$$

donde en el último paso hemos tenido en cuenta que $a \neq 0$. Para hallar las soluciones volvemos a la ecuación de partida y vemos que

$$(z+ai)^n - (z-ai)^n = 0 \Longleftrightarrow (z+ai)^n = (z-ai)^n \Longleftrightarrow \left(\frac{z+ai}{z-ai}\right)^n = 1 \,,$$

por lo que $(z + ia)/(z - ia)$ debe ser una raíz enésima de la unidad,

$$\frac{z+ai}{z-ai} = e^{2\pi i k/n} \,, \qquad k = 0, 1, 2, \ldots, n-1 \,.$$

Nótese que el valor $k = 0$ debe descartarse, puesto que $(z + ia)/(z - ia) = 1 \Longleftrightarrow a = 0$ y en el enunciado dice claramente que $a \neq 0$. Así pues, la ecuación tiene en realidad $n - 1$ soluciones, como puede deducirse del Teorema Fundamental del Álgebra observando que se trata de una ecuación algebraica de grado $n-1$. Las soluciones son:

$$\begin{aligned}\frac{z+ai}{z-ai}=e^{2\pi ik/n} &\Longleftrightarrow z+ai=(z-ai)e^{2\pi ik/n}=ze^{2\pi ik/n}-aie^{2\pi ik/n}\\ &\Longleftrightarrow z(e^{2\pi ik/n}-1)=ai(e^{2\pi ik/n}+1)\\ &\Longleftrightarrow z=ai\left(\frac{e^{2\pi ik/n}+1}{e^{2\pi ik/n}-1}\right),\quad k=1,2,\dots,n-1\,.\end{aligned}$$

Resulta conveniente escribir estas soluciones de una manera alternativa que ponga de manifiesto su carácter real. Usando la fórmula de Euler y las notaciones abreviadas

$$s\overset{\text{def}}{=}\operatorname{sen}\frac{2\pi k}{n}\,,\qquad c\overset{\text{def}}{=}\cos\frac{2\pi k}{n}\,,$$

observando que $s^2+c^2=1$ tenemos que

$$\begin{aligned}z&=ai\left(\frac{(c+1)+is}{(c-1)+is}\right)=ai\left(\frac{(c+1)+is}{(c-1)+is}\right)\left(\frac{(c-1)-is}{(c-1)-is}\right)\\ &=ai\left(\frac{(s^2+c^2-1)+is(c-1-c-1)}{s^2+c^2-2c+1}\right)=ai\left(\frac{-2is}{2(1-c)}\right)\\ &=\frac{as}{1-c},\end{aligned}$$

luego

$$z=\frac{a\operatorname{sen}(2\pi k/n)}{1-\cos(2\pi k/n)}\,,\qquad k=1,2,\dots,n-1.$$

1.22 Probar que cualquier raíz de la ecuación $z^3+3z+5=0$ tiene módulo mayor que la unidad.

Resolución. Si z es una raíz de la ecuación dada, entonces

$$z^3+3z+5=0\quad\Longleftrightarrow\quad z^3+3z=-5\quad\Longrightarrow\quad |z^3+3z|=|-5|=5\,,\tag{1.16}$$

mientras que por otro lado, usando la desigualdad triangular

$$|z^3+3z|\le|z^3|+|3z|=|z|^3+3|z|\,.\tag{1.17}$$

Si suponemos que $|z|\le 1$, la ecuación (1.17) implica que

$$|z^3+3z|\le 1^3+3\cdot 1=1+3=4\,,$$

lo que resulta imposible debido a (1.16). Por tanto, la suposición debe ser falsa y demostramos así, por reducción al absurdo, que $|z|>1$.

1.23 Siendo $z=a+ib$, $a,b\in\mathbb{R}$, hallar $l,m,n\in\mathbb{R}$ tales que

$$\frac{(a^2+b^2)\,(a^2+b^2+2a+1)}{a^2-b^2+a-ib(1+2a)}=l+mz+nz^2.$$

Resolución. Una forma sencilla de resolver este problema consiste en escribir el miembro izquierdo de la igualdad como un polinomio en z. Esto puede hacerse observando que si $z=a+bi$, con $a,b\in\mathbb{R}$, entonces $a^2+b^2=|z|^2=z\overline{z}$. De aquí se tiene que

$$\begin{aligned}a^2+b^2+2a+1&=(a+1)^2+b^2=|z+1|^2=(z+1)\overline{(z+1)}\\ &=(z+1)(\overline{z}+1)\,,\\ a^2-b^2+a-(1+2a)bi&=(a-bi)+(a^2-b^2-2abi)=\overline{z}+(\overline{z})^2\\ &=\overline{z}(\overline{z}+1)\,,\end{aligned}$$

y, por tanto, constatamos que

$$\frac{(a^2+b^2)(a^2+b^2+2a+1)}{a^2-b^2+a-(1+2a)bi} = l+mz+nz^2 \iff \frac{z\overline{z}(z+1)\overline{(z+1)}}{\overline{z}(\overline{z}+1)} = l+mz+nz^2$$
$$\iff z(z+1) = l+mz+nz^2$$
$$\iff z+z^2 = l+mz+nz^2\ .$$

Si interpretamos esto como una igualdad entre polinomios, que debe cumplirse $\forall\, z \in \mathbb{C}$, concluimos que la solución del problema es

$$l=0\ ,\quad m=1\ ,\quad n=1\ .$$

1.24 Sea $p(z) = a_n z^n + a_{n-1}z^{n-1} + \cdots + a_0$ un polinomio en la variable $z \in \mathbb{C}$ con coeficientes reales. Si w es una raíz del polinomio p, ¿qué se puede decir de $\overline{w}$?

Resolución. Como consecuencia inmediata de las propiedades de la operación de conjugación enunciadas en los apartados (b) y (c) del problema resuelto 1.8, se obtiene que

$$\overline{p(z)} = \overline{(a_n z^n + a_{n-1}z^{n-1} + \cdots + a_0)} = a_n\overline{z}^n + a_{n-1}\overline{z}^{n-1} + \cdots + a_0 = p(\overline{z}).$$

Se deduce de aquí que, si w es una raíz de p, entonces $\overline{w}$ es también una raíz de p.

1.25 Sea z un número complejo y $w = \dfrac{az+b}{cz+d}$, con $a,b,c,d \in \mathbb{R}$.

(a) Probar que $w - \overline{w} = \dfrac{(ad-bc)(z-\overline{z})}{|cz+d|^2}$.

(b) Si $ad-bc>0$ y $cd \neq 0$, demostrar que las partes imaginarias de z y w tienen igual signo.

Resolución. Basándonos en las propiedades de la operación de conjugación (ver problema resuelto 1.8), si $a,b,c,d \in \mathbb{R}$ tenemos que

$$\overline{w} = \frac{a\overline{z}+b}{c\overline{z}+d}\ ,$$

luego,

$$\begin{aligned} w-\overline{w} &= \frac{az+b}{cz+d} - \frac{a\overline{z}+b}{c\overline{z}+d} = \frac{(az+b)(c\overline{z}+d)-(cz+d)(a\overline{z}+b)}{(cz+d)(c\overline{z}+d)} \\ &= \frac{ac|z|^2+adz+bc\overline{z}+bd-ac|z|^2-bcz-ad\overline{z}-bd}{(cz+d)\overline{(cz+d)}} \\ &= \frac{(ad-bc)(z-\overline{z})}{|cz+d|^2}\ . \end{aligned}$$

Finalmente,

$$w-\overline{w} = \frac{(ad-bc)}{|cz+d|^2}(z-\overline{z}) \iff 2i\Im w = \frac{(ad-bc)}{|cz+d|^2}(2i\Im z)$$
$$\iff \Im w = \frac{(ad-bc)}{|cz+d|^2}\Im z\ ,$$

de donde, para $ad-bc>0$ y $cd \neq 0$ (de manera que $|cz+d|^2>0$), el signo de $\Im w$ es el mismo que el de $\Im z$.

Problemas Propuestos

1.1 Probar que $(\mathbb{E} \cap \mathbb{F}) \cup \mathbb{G} = (\mathbb{E} \cup \mathbb{G}) \cap (\mathbb{F} \cup \mathbb{G})$.

1.2 Probar que $\mathbb{A} \subset \mathbb{B}$, $\mathbb{A}' \subset \mathbb{B}' \iff \mathbb{A} \times \mathbb{A}' \subset \mathbb{B} \times \mathbb{B}'$.

1.3 Demostrar que

(a) $\mathbb{E} \times (\mathbb{F} \cap \mathbb{G}) = (\mathbb{E} \times \mathbb{F}) \cap (\mathbb{E} \times \mathbb{G})$.

(b) $\mathbb{E} \cap (\mathbb{F} \setminus \mathbb{G}) = (\mathbb{E} \cap \mathbb{F}) \setminus (\mathbb{E} \cap \mathbb{G})$.

(c) $\mathbb{E} \cup (\mathbb{F} \setminus \mathbb{G}) \neq (\mathbb{E} \cup \mathbb{F}) \setminus (\mathbb{E} \cup \mathbb{G})$.

1.4 En $\mathcal{P}(\mathbb{A})$, el conjunto potencia de $\mathbb{A}$, se considera la operación interna

$$\mathbb{A}_1 \triangle \mathbb{A}_2 \stackrel{\text{def}}{=} (\mathbb{A}_1 \cup \mathbb{A}_2) \setminus (\mathbb{A}_1 \cap \mathbb{A}_2).$$

(a) ¿Es dicha operación conmutativa?

(b) ¿Es asociativa?

(c) ¿Posee elemento neutro?

(d) ¿Todo elemento de $\mathcal{P}(\mathbb{A})$ posee un recíproco respecto a la anterior operación interna?

1.5 Sea f una aplicación del conjunto $\mathbb{A}$ en el conjunto $\mathbb{B}$. Si $\mathbb{A}_1$ y $\mathbb{A}_2$ son subconjuntos de $\mathbb{A}$, estudiar la relación entre los siguientes subconjuntos de $\mathbb{B}$:

(a) $f(\mathbb{A}_1 \cap \mathbb{A}_2)$ y $f(\mathbb{A}_1) \cap f(\mathbb{A}_2)$.

(b) $f(\mathbb{A}_1 \cup \mathbb{A}_2)$ y $f(\mathbb{A}_1) \cup f(\mathbb{A}_2)$.

(c) $f(\mathbb{A}_1 \setminus \mathbb{A}_2)$ y $f(\mathbb{A}_1) \setminus f(\mathbb{A}_2)$.

1.6 Sean f, g aplicaciones de $\mathbb{A}$ en $\mathbb{A}$.

(a) Si f, g son inyectivas, ¿es $f \circ g$ inyectiva?

(b) Si f, g son sobreyectivas, ¿es $f \circ g$ sobreyectiva?

1.7 Sea $f : \mathbb{A} \longmapsto \mathbb{B}$ una aplicación. Probar que $f^{-1}(f(\mathbb{A})) = \mathbb{A}$. ¿Se verifica que $f^{-1}(f(\mathbb{B})) = \mathbb{B}$?

1.8 Se consideran las aplicaciones

$$\begin{array}{rcll} f : \mathbb{N} & \longmapsto & \mathbb{N}, \\ n & \longrightarrow & 2n+1, \end{array} \qquad \begin{array}{rcll} g : \mathbb{N} & \longmapsto & \mathbb{N}, \\ n & \longrightarrow & n^2+1. \end{array}$$

Describir las aplicaciones $g \circ f$ y $f \circ g$.

1.9 Sea $\mathbb{B}$ un subconjunto del conjunto $\mathbb{A}$. La aplicación $\chi_{\mathbb{B}} : \mathbb{A} \longmapsto \{0, 1\}$ dada por

$$\begin{cases} \chi_{\mathbb{B}}(x) = 1, & \text{si } x \in \mathbb{B}, \\ \chi_{\mathbb{B}}(x) = 0, & \text{si } x \in \mathbb{A} \setminus \mathbb{B}, \end{cases}$$

se denomina *función característica* de $\mathbb{B}$. Probar que, si $\mathbb{A}_1$ y $\mathbb{A}_2$ son subconjuntos de $\mathbb{A}$, entonces

$$\chi_{(\mathbb{A}_1 \cap \mathbb{A}_2)}(x) = \chi_{\mathbb{A}_1}(x) \chi_{\mathbb{A}_2}(x), \quad \forall x \in \mathbb{A}.$$

1.10 En el conjunto $\mathbb{A} = \{1, 2, 3\}$ se considera la relación cuyo grafo es

$$\{(1,1),(2,1),(2,2),(3,2),(2,3)\}.$$

¿Es una relación de orden?

1.11 En el conjunto de los números naturales se define una relación cuyo grafo viene dado por $\{(m, n) \,:\, m^2+n^2$ es el cuadrado de un número natural$\}$. Estudiar si esta relación es antisimétrica y transitiva.

1.12 Calcular

(a) $(2 + 3i) + (3 - i)$, $(2 + 2i)(1 - 2i)$ y $\dfrac{(2+i)}{(1+i)}$.

(b) $z \cdot w$ y z/w, siendo $z = 1 + i$ y $w = 1 - i$.

1.13 Probar las siguientes igualdades:

(a) $\mathbb{A}(z \cdot z') = \mathbb{A}(z) + \mathbb{A}(z')$, $\forall\, z, z' \in \mathbb{C}$.

(b) $\mathbb{A}(1/z) = -\mathbb{A}(z)$, $\forall\, z \in \mathbb{C} \setminus \{0\}$.

(c) $\mathbb{A}\left(\overline{z}\right) = -\mathbb{A}(z)$.

Las igualdades de los apartados (a) y (b) se tienen desde una perspectiva conjuntista, lo que significa que si $\mathbb{A}(z), \mathbb{A}(z') \subset \mathbb{R}$ el conjunto $\mathbb{A}(z)+\mathbb{A}(z')$ es $\{\theta+\theta' :\ \theta \in \mathbb{A}(z), \theta' \in \mathbb{A}(z')\}$, mientras que $-\mathbb{A}(z)$ significa el conjunto $\{\theta :\ -\theta \in \mathbb{A}(z)\}$.

1.14 Escribir los números complejos $z = 1+i$ y $w = 1-i$ en su forma trigonométrica y exponencial, respectivamente.

1.15 Responda a los siguientes apartados:

(a) Determinar la relación entre las partes reales e imaginarias de los complejos w y z tales que $w^3 = z$ y $w^4 = z$, respectivamente.

(b) Calcular i^n, $\sqrt[3]{1+i}$ y $(1+i)^8$.

(c) Determinar las raíces enésimas de la unidad.

Capítulo 2

Introducción al cálculo matricial

En este capítulo se estudian las operaciones aritméticas entre matrices. Además, se introduce el concepto de matriz elemental, que se emplea para el cálculo de la inversa. Las técnicas aquí descritas se aplicarán, en el capítulo siguiente, a la resolución de sistemas de ecuaciones lineales.

Una tabla rectangular de números ordenados en m filas y n columnas se denomina matriz de tamaño m por n $(m \times n)$. Por ejemplo, la tabla de números

$$\begin{matrix} 5 & 2 & 4 \\ 3 & 3 & 2 \\ 7 & 4 & 1 \\ 4 & 2 & 2 \end{matrix}$$

está constituida por 4 filas y 3 columnas, y por tanto se trata de una matriz de tamaño 4 por 3 (esto es, 4×3). Formalmente, el concepto de matriz se define como sigue:

■ DEFINICIÓN 2.1 Sea $\mathbb{N}_n = \{1, 2, \ldots, n\}$ el conjunto de los n primeros números naturales, y $\mathbb{K}$ un cuerpo que en nuestro caso será $\mathbb{R}$ o $\mathbb{C}$. La aplicación

$$\begin{array}{rcccl} \phi & : & \mathbb{N}_m \times \mathbb{N}_n & \longmapsto & \mathbb{K}, \\ & & (i,j) & \longrightarrow & a_{i,j}, \end{array}$$

define una matriz de tamaño $m \times n$ sobre el cuerpo $\mathbb{K}$. Además, se dice que el elemento $a_{i,j} \in \mathbb{K}$ es la componente o entrada (i,j) de la matriz. El conjunto de las matrices de tamaño $m \times n$ sobre $\mathbb{K}$ se denota mediante $\mathbb{K}^{(m,n)}$.

Así, una matriz se representa mediante la imagen de ϕ ordenando sus elementos del modo siguiente,

$$\mathcal{A} = \begin{pmatrix} a_{1,1} & a_{1,2} & \cdots & a_{1,n} \\ a_{2,1} & a_{2,2} & \cdots & a_{2,n} \\ \vdots & \vdots & \ddots & \vdots \\ a_{m,1} & a_{m,2} & \cdots & a_{m,n} \end{pmatrix}. \tag{2.1}$$

Resulta conveniente emplear la notación $\mathcal{A} = (a_{i,j})$. En ocasiones, y si no hay riesgo de confusión, la entrada (i,j) de la matriz $\mathcal{A}$ se denota por a_{ij} en lugar de $a_{i,j}$ a fin de simplificar la escritura.

Si $m = n$, se dice que $\mathcal{A}$ es una *matriz cuadrada de dimensión* n, y puede emplearse la notación $\mathcal{A} = (a_{i,j})_{i,j=1}^n$. La diagonal de $\mathcal{A}$ formada por los elementos $a_{1,1}, a_{2,2}, \ldots, a_{n,n}$ se denomina *diagonal principal* de $\mathcal{A}$.

■ DEFINICIÓN 2.2 La suma de los elementos de la diagonal principal de $\mathcal{A} \in \mathbb{K}^{(n,n)}$ se denomina traza de $\mathcal{A}$. Esto es,

$$\operatorname{traza} \mathcal{A} = a_{1,1} + a_{2,2} + \cdots + a_{n,n} \,.$$

Si una matriz $\mathcal{A} \in \mathbb{K}^{(n,n)}$ tiene todos sus elementos nulos salvo aquellos que se ubican en la diagonal principal, se dice que $\mathcal{A}$ es una *matriz diagonal*. Además, se emplea la notación

$$\mathcal{A} = \operatorname{diag}(a_{1,1}, a_{2,2}, \ldots, a_{n,n}) \,.$$

■ DEFINICIÓN 2.3 Dada la matriz $\mathcal{A} \in \mathbb{K}^{(m,n)}$, se denomina matriz transpuesta de $\mathcal{A}$, denotándose mediante $\mathcal{A}^{\mathrm{T}}$, a la matriz del conjunto $\mathbb{K}^{(n,m)}$ obtenida a partir de $\mathcal{A}$ al intercambiar sus filas por sus columnas. Esto es, si $\mathcal{A}$ es la matriz (2.1), entonces

$$\mathcal{A}^{\mathrm{T}} = \begin{pmatrix} a_{1,1} & a_{2,1} & \cdots & a_{m,1} \\ a_{1,2} & a_{2,2} & \cdots & a_{m,2} \\ \vdots & \vdots & \ddots & \vdots \\ a_{1,n} & a_{2,n} & \cdots & a_{m,n} \end{pmatrix} = (a_{j,i}).$$

✎ Obsérvese que si $\mathcal{A} \in \mathbb{K}^{(n,n)}$ la diagonal principal de $\mathcal{A}^{\mathrm{T}}$ coincide con la de $\mathcal{A}$, y en consecuencia $\operatorname{traza} \mathcal{A}^{\mathrm{T}} = \operatorname{traza} \mathcal{A}$.

■ DEFINICIÓN 2.4 Sea $\mathcal{A} \in \mathbb{K}^{(n,n)}$. Si $\mathcal{A} = \mathcal{A}^{\mathrm{T}}$, entonces se dice que $\mathcal{A}$ es simétrica. Cuando $\mathcal{A} = -\mathcal{A}^{\mathrm{T}}$, se dice que $\mathcal{A}$ es antisimétrica.

Ejemplos sencillos de matrices, así como de sus respectivas matrices transpuestas, los constituyen los conjuntos $\mathbb{K}^{(m,1)}$ y $\mathbb{K}^{(1,n)}$. Una matriz $\mathcal{V} \in \mathbb{K}^{(m,1)}$ tiene la estructura

$$\mathcal{V} = \begin{pmatrix} v_{1,1} \\ v_{2,1} \\ \vdots \\ v_{m,1} \end{pmatrix} = \begin{pmatrix} v_{1,1} & v_{2,1} & \cdots & v_{m,1} \end{pmatrix}^{\mathrm{T}}, \tag{2.2}$$

y se denomina *matriz columna* o *vector columna*, mientras que una matriz $\mathcal{U} \in \mathbb{K}^{(1,n)}$ tiene la forma

$$\mathcal{U} = \begin{pmatrix} u_{1,1} & u_{1,2} & \cdots & u_{1,n} \end{pmatrix} = \begin{pmatrix} u_{1,1} \\ u_{1,2} \\ \vdots \\ u_{1,n} \end{pmatrix}^{\mathrm{T}},$$

y se denomina *matriz fila* o *vector fila*. En los capítulos siguientes haremos un uso extensivo de las matrices columna (2.2). Por tanto, resulta conveniente introducir para éstas la siguiente notación abreviada,

$$\boldsymbol{v} = \begin{pmatrix} v_1 \\ v_2 \\ \vdots \\ v_m \end{pmatrix} = \begin{pmatrix} v_1 & v_2 & \cdots & v_m \end{pmatrix}^{\mathrm{T}} \stackrel{\text{def}}{=} (v_1, v_2, \ldots, v_m), \tag{2.3}$$

donde la letra que denota la matriz se escribe en negrita y, además, se omite el segundo índice al escribir las entradas de la matriz. Asimismo, el conjunto $\mathbb{K}^{(m,1)}$ se denota usualmente por $\mathbb{K}^m$.

✎ El término "vector", que aquí se ha introducido únicamente como análogo de matriz columna o fila, se estudiará de manera rigurosa en el capítulo 5, como concepto clave para los desarrollos posteriores.

La matriz (2.1) se puede considerar como constituida por n vectores columna de $\mathbb{K}^{(m,1)}$, o bien por m vectores fila de $\mathbb{K}^{(1,n)}$. Esto da pie a utilizar la siguiente notación:

$$\mathcal{A} = (\mathcal{A}_1|\mathcal{A}_2|\cdots|\mathcal{A}_n), \quad \mathcal{A}_i \in \mathbb{K}^{(m,1)}, \quad i = 1, 2, \ldots, n$$

o bien,

$$\mathcal{A} = \left(\begin{array}{c} \mathcal{A}^{(1)} \\ \hline \mathcal{A}^{(2)} \\ \hline \vdots \\ \hline \mathcal{A}^{(m)} \end{array} \right), \quad \mathcal{A}^{(i)} \in \mathbb{K}^{(1,n)}, \quad i = 1, 2, \ldots, m.$$

Nótese que en los vectores columna los índices se escriben inferiormente, mientras que en los vectores fila se escriben superiormente y entre paréntesis.

■ Definición 2.5 Sean $\mathcal{A} \in \mathbb{K}^{(m,n)}$, $\widetilde{\mathbb{M}} \subset \mathbb{N}_m$ y $\widetilde{\mathbb{N}} \subset \mathbb{N}_n$. Se denomina submatriz de $\mathcal{A}$, definida por los conjuntos $\widetilde{\mathbb{M}}$ y $\widetilde{\mathbb{N}}$, a la matriz $\widetilde{\mathcal{A}}$ que se obtiene a partir de $\mathcal{A}$ eliminando las filas que no pertenecen a $\widetilde{\mathbb{M}}$ y las columnas que no pertenecen a $\widetilde{\mathbb{N}}$. En particular, si tanto los números de $\widetilde{\mathbb{M}}$ como los de $\widetilde{\mathbb{N}}$ son consecutivos, entonces se dice que $\widetilde{\mathcal{A}}$ es un bloque de $\mathcal{A}$.

Por ejemplo, si $\mathcal{A}$ es la matriz definida en (2.1), con $m = 20$ y $n = 10$, entonces la submatriz

$$\widetilde{\mathcal{A}} = \begin{pmatrix} a_{2,2} & a_{2,3} & \cdots & a_{2,10} \\ a_{3,2} & a_{3,3} & \cdots & a_{3,10} \\ \vdots & \vdots & \ddots & \vdots \\ a_{20,2} & a_{20,3} & \cdots & a_{20,10} \end{pmatrix},$$

es la que se obtiene al eliminar la primera fila y la primera columna.

La submatriz de (2.1) formada por las k primeras filas y columnas se denomina *submatriz principal de dimensión* k, denotándose mediante $\mathcal{A}(1, 2, \ldots, k)$. Esto es,

$$\mathcal{A}(1, 2, \ldots, k) = \begin{pmatrix} a_{1,1} & a_{1,2} & \cdots & a_{1,k} \\ a_{2,1} & a_{2,2} & \cdots & a_{2,k} \\ \vdots & \vdots & \ddots & \vdots \\ a_{k,1} & a_{k,2} & \cdots & a_{k,k} \end{pmatrix}, \quad k \leq \min\{n, m\}.$$

■ Definición 2.6 Dos matrices $\mathcal{A} = (a_{i,j})$ y $\mathcal{B} = (b_{i,j})$ se dice que son iguales, escribiéndose $\mathcal{A} = \mathcal{B}$, si

(i) $\mathcal{A}$ y $\mathcal{B}$ son del mismo tamaño, esto es, $\mathcal{A}, \mathcal{B} \in \mathbb{K}^{(m,n)}$.

(ii) $a_{i,j} = b_{i,j}$ para todo $i \in \mathbb{N}_m$ y $j \in \mathbb{N}_n$.

■ Definición 2.7 Sean $\mathcal{A} = (a_{i,j}) \in \mathbb{K}^{(m,n)}$ y $\mathcal{B} = (b_{i,j}) \in \mathbb{K}^{(m,n)}$. La suma $\mathcal{A} + \mathcal{B}$ es una matriz $\mathcal{C} \in \mathbb{K}^{(m,n)}$ cuyos elementos $c_{i,j}$ se obtienen mediante la expresión

$$c_{i,j} = a_{i,j} + b_{i,j}, \quad i = 1, 2, \ldots, m, \quad j = 1, 2, \ldots, n.$$

La suma de matrices así definida es la operación interna

$$\begin{array}{rccl} \phi : & \mathbb{K}^{(m,n)} \times \mathbb{K}^{(m,n)} & \longmapsto & \mathbb{K}^{(m,n)}, \\ & (\mathcal{A}, \mathcal{B}) & \longrightarrow & \phi(\mathcal{A}, \mathcal{B}) = \mathcal{A} + \mathcal{B}, \end{array}$$

y verifica las siguientes propiedades:

(i) $\mathcal{A} + \mathcal{B} = \mathcal{B} + \mathcal{A}, \quad \forall \mathcal{A}, \mathcal{B} \in \mathbb{K}^{(m,n)}$ (conmutatividad).

(ii) $(\mathcal{A} + \mathcal{B}) + \mathcal{C} = \mathcal{A} + (\mathcal{B} + \mathcal{C}), \quad \forall \mathcal{A}, \mathcal{B}, \mathcal{C} \in \mathbb{K}^{(m,n)}$ (asociatividad).

(iii) Existe una matriz $\mathcal{O} \in \mathbb{K}^{(m,n)}$ tal que

$$\mathcal{A} + \mathcal{O} = \mathcal{O} + \mathcal{A} = \mathcal{A}, \quad \forall \mathcal{A} \in \mathbb{K}^{(m,n)} \quad \text{(existencia del elemento nulo).}$$

De la anterior definición se deduce que las componentes de $\mathcal{O}$ son nulas. Dicha matriz se denomina *matriz nula* $m \times n$, y la denotaremos $\mathcal{O}_{m,n}$.

(iv) Para toda matriz $\mathcal{A} \in \mathbb{K}^{(m,n)}$, existe una matriz $\mathcal{Z} \in \mathbb{K}^{(m,n)}$ tal que

$$\mathcal{A} + \mathcal{Z} = \mathcal{Z} + \mathcal{A} = \mathcal{O}_{m,n} \quad \text{(existencia del elemento inverso).}$$

La definición de suma de matrices garantiza que las componentes de $\mathcal{Z}$ son las de $\mathcal{A}$ multiplicadas por -1.

■ EJEMPLO 2.1

(a) La suma de las matrices $\mathcal{A} = \begin{pmatrix} 1 & 1 & 5 \\ 7 & 3 & 2 \\ 2 & 4 & -1 \end{pmatrix}$ y $\mathcal{B} = \begin{pmatrix} 3 & 1 & -7 \\ 4 & 1 & 9 \\ 3 & 8 & -5 \end{pmatrix}$ es

$$\mathcal{A} + \mathcal{B} = \begin{pmatrix} 1 & 1 & 5 \\ 7 & 3 & 2 \\ 2 & 4 & -1 \end{pmatrix} + \begin{pmatrix} 3 & 1 & -7 \\ 4 & 1 & 9 \\ 3 & 8 & -5 \end{pmatrix} = \begin{pmatrix} 4 & 2 & -2 \\ 11 & 4 & 11 \\ 5 & 12 & -6 \end{pmatrix}.$$

(b) En cambio, la suma de las matrices $\mathcal{A} = \begin{pmatrix} 1 & 1 & 0 \\ 7 & 3 & 0 \\ 0 & 0 & 0 \end{pmatrix}$ y $\mathcal{B} = \begin{pmatrix} 1 & -6 \\ 3 & 5 \\ 2 & 1 \end{pmatrix}$ no está definida, dado que $\mathcal{A}$ y $\mathcal{B}$ tienen tamaños distintos.

■ DEFINICIÓN 2.8 Sean $\alpha \in \mathbb{K}$ y $\mathcal{A} = (a_{i,j}) \in \mathbb{K}^{(m,n)}$. El producto $\alpha\mathcal{A}$ es la matriz $\mathcal{C} \in \mathbb{K}^{(m,n)}$ cuyos elementos $c_{i,j}$ se obtienen mediante la expresión

$$c_{i,j} = \alpha\, a_{i,j}, \quad i = 1, 2, \ldots, m, \quad j = 1, 2, \ldots, n.$$

De acuerdo con la definición anterior, el producto del número α por la matriz $\mathcal{A}$ es la operación

$$\begin{array}{rccl} \phi & : & \mathbb{K} \times \mathbb{K}^{(m,n)} & \longmapsto & \mathbb{K}^{(m,n)}, \\ & & (\alpha, \mathcal{A}) & \longrightarrow & \phi(\alpha, \mathcal{A}) = \alpha\mathcal{A}, \end{array}$$

y verifica las siguientes propiedades:

(i) $(\alpha + \beta)\mathcal{A} = \alpha\mathcal{A} + \beta\mathcal{A}$, $\forall\, \alpha, \beta \in \mathbb{K}$, $\mathcal{A} \in \mathbb{K}^{(m,n)}$.

(ii) $\alpha(\mathcal{A} + \mathcal{B}) = \alpha\mathcal{A} + \alpha\mathcal{B}$, $\forall\, \alpha \in \mathbb{K}$, $\mathcal{A}, \mathcal{B} \in \mathbb{K}^{(m,n)}$.

(iii) $\alpha(\beta\mathcal{A}) = (\alpha\beta)\mathcal{A}$, $\forall\, \alpha, \beta \in \mathbb{K}$, $\mathcal{A} \in \mathbb{K}^{(m,n)}$.

(iv) $1_{\mathbb{K}}\mathcal{A} = \mathcal{A}$, $\forall\, \mathcal{A} \in \mathbb{K}^{(m,n)}$, siendo $1_{\mathbb{K}}$ el elemento unidad para el producto en el cuerpo $\mathbb{K}$.

■ EJEMPLO 2.2 Sea $\alpha = 5$, y $\mathcal{A} = \begin{pmatrix} 1 & 1 & 5 \\ 7 & 3 & 2 \\ 2 & 4 & -1 \end{pmatrix}$. El producto de α por $\mathcal{A}$ es

$$\alpha\mathcal{A} = 5 \begin{pmatrix} 1 & 1 & 5 \\ 7 & 3 & 2 \\ 2 & 4 & -1 \end{pmatrix} = \begin{pmatrix} 5 & 5 & 25 \\ 35 & 15 & 10 \\ 10 & 20 & -5 \end{pmatrix}.$$

La última de las operaciones aritméticas que introducimos es el producto entre matrices, que se define mediante tres pasos:

① Dado el vector fila $\mathcal{A} \in \mathbb{K}^{(1,n)}$ (matriz $1 \times n$) y el vector columna $\mathcal{B} \in \mathbb{K}^{(n,1)}$ (matriz $n \times 1$), se define

$$\mathcal{A} \cdot \mathcal{B} = a_{1,1}b_{1,1} + a_{1,2}b_{2,1} + \cdots + a_{1,n}b_{n,1},$$

que es un número o elemento del cuerpo $\mathbb{K}$. Sin embargo, puede considerarse también como una matriz de dimensión 1, esto es, un elemento de $\mathbb{K}^{(1,1)}$.

② Dada una matriz $\mathcal{A} \in \mathbb{K}^{(m,n)}$ y un vector columna $\mathcal{B} \in \mathbb{K}^{(n,1)}$, se define

$$\mathcal{A} \cdot \mathcal{B} = \begin{pmatrix} \mathcal{A}^{(1)}\mathcal{B} \\ \hline \mathcal{A}^{(2)}\mathcal{B} \\ \hline \vdots \\ \hline \mathcal{A}^{(m)}\mathcal{B} \end{pmatrix} \in \mathbb{K}^{(m,1)},$$

donde $\mathcal{A}^{(i)} \in \mathbb{K}^{(1,n)}$ denota el i-ésimo vector fila de $\mathcal{A}$.

③ Dadas las matrices $\mathcal{A} \in \mathbb{K}^{(m,n)}$ y $\mathcal{B} \in \mathbb{K}^{(n,p)}$, definimos

$$\mathcal{A} \cdot \mathcal{B} = (\mathcal{A}\mathcal{B}_1|\mathcal{A}\mathcal{B}_2|\cdots|\mathcal{A}\mathcal{B}_p) \in \mathbb{K}^{(m,p)},$$

donde $\mathcal{B}_k \in \mathbb{K}^{(n,1)}$ denota el k-ésimo vector columna de $\mathcal{B}$, $k = 1, 2, \ldots, p$.

Nótese que el elemento ubicado en la posición (i,k) de la matriz $\mathcal{C} = \mathcal{A} \cdot \mathcal{B}$ no es otro que $\mathcal{A}^{(i)} \cdot \mathcal{B}_k$, el producto del i-ésimo vector fila de $\mathcal{A}$ y el k-ésimo vector columna de $\mathcal{B}$. Esto conduce a una definición equivalente del producto de matrices que resume las tres etapas anteriores:

■ DEFINICIÓN 2.9 Si $\mathcal{A} = (a_{i,j}) \in \mathbb{K}^{(m,n)}$ y $\mathcal{B} = (b_{j,k}) \in \mathbb{K}^{(n,p)}$, el producto $\mathcal{A} \cdot \mathcal{B}$ es una matriz $\mathcal{C} \in \mathbb{K}^{(m,p)}$ cuyos elementos $c_{i,k}$ se obtienen mediante la expresión

$$c_{i,k} = \sum_{j=1}^{n} a_{i,j}b_{j,k}, \quad i = 1, 2, \ldots, m, \quad k = 1, 2, \ldots, p. \tag{2.4}$$

El producto de matrices exige que los tamaños de éstas sean adecuados. En concreto, el producto $\mathcal{A} \cdot \mathcal{B}$ sólo está definido cuando el número de columnas de $\mathcal{A}$ coincide con el número de filas de $\mathcal{B}$. Así, el producto $\mathcal{A} \cdot \mathcal{B}$ de una matriz $\mathcal{A}$ de tamaño $m \times n$ y una matriz $\mathcal{B}$ de tamaño $n \times p$ da como resultado una matriz de tamaño $m \times p$. Análogamente, para un producto de tres matrices se tiene el siguiente esquema,

$$(m \times \underbrace{n) \cdot (n}_{\text{coincide}} \times \underbrace{p) \cdot (p}_{\text{coincide}} \times q) \longrightarrow (m \times q)\ ,$$

donde $(m \times n)$ representa una matriz de tamaño $m \times n$.

✎ Obsérvese que, si $\mathcal{A} \in \mathbb{K}^{(m,n)}$ y $\mathcal{B} \in \mathbb{K}^{(n,p)}$, el producto $\mathcal{B} \cdot \mathcal{A}$ no existe salvo cuando $m = p$. Si $\mathcal{A}$ y $\mathcal{B}$ son tales que tanto $\mathcal{A} \cdot \mathcal{B}$ como $\mathcal{B} \cdot \mathcal{A}$ están definidos, en general no se verifica que $\mathcal{A} \cdot \mathcal{B} = \mathcal{B} \cdot \mathcal{A}$. Esto es, la propiedad conmutativa no siempre es válida para el producto de matrices. De ahí que sea importante indicar claramente el orden en el que se efectúa la multiplicación entre matrices. El producto $\mathcal{A} \cdot \mathcal{B}$ se lee: "$\mathcal{A}$ multiplica a izquierda a la matriz $\mathcal{B}$", o, equivalentemente, "$\mathcal{B}$ multiplica a derecha a la matriz $\mathcal{A}$".

Si $\mathcal{A} \in \mathbb{K}^{(n,n)}$, el producto $\mathcal{A} \cdot \mathcal{A}$ se denota $\mathcal{A}^2$. En general, se define la *potencia* n-ésima de $\mathcal{A}$ como

$$\underbrace{\mathcal{A} \cdot \mathcal{A} \cdots \mathcal{A}}_{n \text{ veces}} = \mathcal{A}^n, \quad n \in \mathbb{N}.$$

A fin de evitar un uso abusivo de la notación, en lo sucesivo el producto de dos matrices $\mathcal{A} \cdot \mathcal{B}$ se denotará como $\mathcal{A}\mathcal{B}$.

■ EJEMPLO 2.3

(a) Sean el vector fila $\mathcal{A} = \begin{pmatrix} 1 & -1 & 1 \end{pmatrix}$ y el vector columna $\mathcal{B} = (2, 0, 2)$. Aplicando la definición de producto de matrices, se tiene

$$\mathcal{AB} = (4), \quad \mathcal{BA} = \begin{pmatrix} 2 \\ 0 \\ 2 \end{pmatrix} \begin{pmatrix} 1 & -1 & 1 \end{pmatrix} = \begin{pmatrix} 2 & -2 & 2 \\ 0 & 0 & 0 \\ 2 & -2 & 2 \end{pmatrix},$$

de donde se observa que en este caso el producto de matrices no es conmutativo.

(b) Dadas las matrices

$$\mathcal{A} = \begin{pmatrix} 1 & 7 & 1 \\ 2 & 3 & 1 \\ 4 & 2 & 3 \end{pmatrix}, \quad \mathcal{B} = \begin{pmatrix} 1 & 0 & 0 \\ 0 & 0 & 1 \\ 0 & 1 & 0 \end{pmatrix},$$

siguiendo los pasos ① y ② para determinar el producto $\mathcal{AB}$, se tiene

$$\mathcal{AB}_1 = \begin{pmatrix} 1 & 7 & 1 \\ 2 & 3 & 1 \\ 4 & 2 & 3 \end{pmatrix} \begin{pmatrix} 1 \\ 0 \\ 0 \end{pmatrix} = \begin{pmatrix} 1 \\ 2 \\ 4 \end{pmatrix},$$

$$\mathcal{AB}_2 = \begin{pmatrix} 1 & 7 & 1 \\ 2 & 3 & 1 \\ 4 & 2 & 3 \end{pmatrix} \begin{pmatrix} 0 \\ 0 \\ 1 \end{pmatrix} = \begin{pmatrix} 1 \\ 1 \\ 3 \end{pmatrix},$$

$$\mathcal{AB}_3 = \begin{pmatrix} 1 & 7 & 1 \\ 2 & 3 & 1 \\ 4 & 2 & 3 \end{pmatrix} \begin{pmatrix} 0 \\ 1 \\ 0 \end{pmatrix} = \begin{pmatrix} 7 \\ 3 \\ 2 \end{pmatrix}.$$

Por tanto, el paso ③ conduce a

$$\mathcal{AB} = \begin{pmatrix} 1 & 7 & 1 \\ 2 & 3 & 1 \\ 4 & 2 & 3 \end{pmatrix} \begin{pmatrix} 1 & 0 & 0 \\ 0 & 0 & 1 \\ 0 & 1 & 0 \end{pmatrix} = \begin{pmatrix} 1 & 1 & 7 \\ 2 & 1 & 3 \\ 4 & 3 & 2 \end{pmatrix}.$$

(c) Para $\mathcal{P} = \begin{pmatrix} 0 & 1 & 0 \\ 1 & 0 & 0 \\ 0 & 0 & 1 \end{pmatrix} \in \mathbb{K}^{(3,3)}$ y $\mathcal{A} \in \mathbb{K}^{(3,n)}$, usando la definición 2.9 se tiene que

$$\mathcal{PA} = \begin{pmatrix} 0 & 1 & 0 \\ 1 & 0 & 0 \\ 0 & 0 & 1 \end{pmatrix} \begin{pmatrix} a_{1,1} & a_{1,2} & \cdots & a_{1,n} \\ a_{2,1} & a_{2,2} & \cdots & a_{2,n} \\ a_{3,1} & a_{3,2} & \cdots & a_{3,n} \end{pmatrix} = \begin{pmatrix} a_{2,1} & a_{2,2} & \cdots & a_{2,n} \\ a_{1,1} & a_{1,2} & \cdots & a_{1,n} \\ a_{3,1} & a_{3,2} & \cdots & a_{3,n} \end{pmatrix},$$

$$\mathcal{A}^{\mathrm{T}}\mathcal{P} = \begin{pmatrix} a_{1,1} & a_{2,1} & a_{3,1} \\ a_{1,2} & a_{2,2} & a_{3,2} \\ \vdots & \vdots & \vdots \\ a_{1,n} & a_{2,n} & a_{3,n} \end{pmatrix} \begin{pmatrix} 0 & 1 & 0 \\ 1 & 0 & 0 \\ 0 & 0 & 1 \end{pmatrix} = \begin{pmatrix} a_{2,1} & a_{1,1} & a_{3,1} \\ a_{2,2} & a_{1,2} & a_{3,2} \\ \vdots & \vdots & \vdots \\ a_{2,n} & a_{1,n} & a_{3,n} \end{pmatrix}.$$

Obsérvese que cuando $\mathcal{P}$ multiplica a izquierda a la matriz $\mathcal{A}$ origina una permutación entre las filas primera y segunda de dicha matriz, y cuando $\mathcal{P}$ multiplica a derecha a la matriz $\mathcal{A}^{\mathrm{T}}$ origina una permutación entre las columnas primera y segunda de $\mathcal{A}^{\mathrm{T}}$.

(d) Sea $\mathcal{D} = \begin{pmatrix} \alpha & 0 & 0 \\ 0 & 1 & 0 \\ 0 & 0 & 1 \end{pmatrix}$, con $\alpha \in \mathbb{K}$, y $\mathcal{A}$ la misma matriz del apartado (c). Empleando la definición 2.9, se obtiene

$$\mathcal{D}\mathcal{A} = \begin{pmatrix} \alpha & 0 & 0 \\ 0 & 1 & 0 \\ 0 & 0 & 1 \end{pmatrix} \begin{pmatrix} a_{1,1} & a_{1,2} & \cdots & a_{1,n} \\ a_{2,1} & a_{2,2} & \cdots & a_{2,n} \\ a_{3,1} & a_{3,2} & \cdots & a_{3,n} \end{pmatrix} = \begin{pmatrix} \boxed{\alpha a_{1,1}} & \boxed{\alpha a_{1,2}} & \cdots & \boxed{\alpha a_{1,n}} \\ a_{2,1} & a_{2,2} & \cdots & a_{2,n} \\ a_{3,1} & a_{3,2} & \cdots & a_{3,n} \end{pmatrix},$$

$$\mathcal{A}^{\mathrm{T}}\mathcal{D} = \begin{pmatrix} a_{1,1} & a_{2,1} & a_{3,1} \\ a_{1,2} & a_{2,2} & a_{3,2} \\ \vdots & \vdots & \vdots \\ a_{1,n} & a_{2,n} & a_{3,n} \end{pmatrix} \begin{pmatrix} \alpha & 0 & 0 \\ 0 & 1 & 0 \\ 0 & 0 & 1 \end{pmatrix} = \begin{pmatrix} \boxed{\alpha a_{1,1}} & a_{2,1} & a_{3,1} \\ \boxed{\alpha a_{1,2}} & a_{2,2} & a_{3,2} \\ \vdots & \vdots & \vdots \\ \boxed{\alpha a_{1,n}} & a_{2,n} & a_{3,n} \end{pmatrix}.$$

Aquí, el producto $\mathcal{D}\mathcal{A}$ produce como resultado que la primera fila de $\mathcal{A}$ sea multiplicada por α, mientras que el producto $\mathcal{A}^{\mathrm{T}}\mathcal{D}$ produce como resultado que la primera columna de $\mathcal{A}^{\mathrm{T}}$ sea multiplicada por α.

A modo de conclusión, señalemos que el producto entre matrices cuadradas es una operación interna, dado que a todo par de matrices del conjunto $\mathbb{K}^{(n,n)}$ le corresponde una matriz del mismo conjunto. Formalmente,

$$\begin{array}{rccl} \phi : & \mathbb{K}^{(n,n)} \times \mathbb{K}^{(n,n)} & \longmapsto & \mathbb{K}^{(n,n)}, \\ & (\mathcal{A}, \mathcal{B}) & \longrightarrow & \phi(\mathcal{A}, \mathcal{B}) = \mathcal{A}\mathcal{B}. \end{array}$$

En ocasiones es conveniente representar las matrices mediante bloques (véase la definición 2.5). Por ejemplo, en la matriz

$$\mathcal{A} = \begin{pmatrix} -7 & 5 & 2 & 1 & -2 & 0 \\ 6 & 4 & -2 & 0 & -3 & -8 \\ 3 & 4 & -1 & 1 & 0 & 9 \end{pmatrix} \in \mathbb{K}^{(3,6)},$$

podemos elegir la siguiente partición en bloques,

$$\mathcal{A} = \left(\begin{array}{ccc|cc|c} -7 & 5 & 2 & 1 & -2 & 0 \\ 6 & 4 & -2 & 0 & -3 & -8 \\ \hline 3 & 4 & -1 & 1 & 0 & 9 \end{array}\right) = \left(\begin{array}{c|c|c} \mathcal{A}_{1,1} & \mathcal{A}_{1,2} & \mathcal{A}_{1,3} \\ \hline \mathcal{A}_{2,1} & \mathcal{A}_{2,2} & \mathcal{A}_{2,3} \end{array}\right) \stackrel{\text{def}}{=} (\mathcal{A}_{i,j}),$$

donde

$$\mathcal{A}_{1,1} = \begin{pmatrix} -7 & 5 & 2 \\ 6 & 4 & -2 \end{pmatrix}, \quad \mathcal{A}_{1,2} = \begin{pmatrix} 1 & -2 \\ 0 & -3 \end{pmatrix}, \quad \mathcal{A}_{1,3} = \begin{pmatrix} 0 \\ -8 \end{pmatrix},$$

$$\mathcal{A}_{2,1} = \begin{pmatrix} 3 & 4 & -1 \end{pmatrix}, \quad \mathcal{A}_{2,2} = \begin{pmatrix} 1 & 0 \end{pmatrix}, \quad \mathcal{A}_{2,3} = \begin{pmatrix} 9 \end{pmatrix}.$$

La notación $\mathcal{A} = (\mathcal{A}_{i,j})$ indica que ahora se consideran como entradas de $\mathcal{A}$ los bloques $\mathcal{A}_{i,j}$ ($i = 1, 2,\ j = 1, 2, 3$) en lugar de los elementos $a_{i,j}$.

Las tres operaciones aritméticas estudiadas con anterioridad se pueden formular de manera análoga cuando las matrices están expresadas mediante bloques. Así, la suma de $\mathcal{A}, \mathcal{B} \in \mathbb{K}^{(m,n)}$ se puede calcular como

$$\mathcal{A} + \mathcal{B} = \left(\begin{array}{c|c|c|c} \mathcal{A}_{1,1} & \mathcal{A}_{1,2} & \cdots & \mathcal{A}_{1,q} \\ \hline \mathcal{A}_{2,1} & \mathcal{A}_{2,2} & \cdots & \mathcal{A}_{2,q} \\ \hline \vdots & \vdots & \ddots & \vdots \\ \hline \mathcal{A}_{p,1} & \mathcal{A}_{p,2} & \cdots & \mathcal{A}_{p,q} \end{array}\right) + \left(\begin{array}{c|c|c|c} \mathcal{B}_{1,1} & \mathcal{B}_{1,2} & \cdots & \mathcal{B}_{1,q} \\ \hline \mathcal{B}_{2,1} & \mathcal{B}_{2,2} & \cdots & \mathcal{B}_{2,q} \\ \hline \vdots & \vdots & \ddots & \vdots \\ \hline \mathcal{B}_{p,1} & \mathcal{B}_{p,2} & \cdots & \mathcal{B}_{p,q} \end{array}\right)$$

$$= \left(\begin{array}{c|c|c|c} \mathcal{A}_{1,1} + \mathcal{B}_{1,1} & \mathcal{A}_{1,2} + \mathcal{B}_{1,2} & \cdots & \mathcal{A}_{1,q} + \mathcal{B}_{1,q} \\ \hline \mathcal{A}_{2,1} + \mathcal{B}_{2,1} & \mathcal{A}_{2,2} + \mathcal{B}_{2,2} & \cdots & \mathcal{A}_{2,q} + \mathcal{B}_{2,q} \\ \hline \vdots & \vdots & \ddots & \vdots \\ \hline \mathcal{A}_{p,1} + \mathcal{B}_{p,1} & \mathcal{A}_{p,2} + \mathcal{B}_{p,2} & \cdots & \mathcal{A}_{p,q} + \mathcal{B}_{p,q} \end{array}\right),$$

donde $1 \le p \le m$, $1 \le q \le n$, y los tamaños de $\mathcal{A}_{ij}$ y $\mathcal{B}_{ij}$ coinciden para todo $i = 1, 2, \ldots, p$, $j = 1, 2, \ldots, q$, de manera que la suma $\mathcal{A}_{ij} + \mathcal{B}_{ij}$ está definida. Para el producto $\alpha\mathcal{A}$, con $\alpha \in \mathbb{K}$ y $\mathcal{A} \in \mathbb{K}^{(m,n)}$, se tiene

$$\alpha\mathcal{A} = \alpha \left(\begin{array}{c|c|c|c} \mathcal{A}_{1,1} & \mathcal{A}_{1,2} & \cdots & \mathcal{A}_{1,q} \\ \hline \mathcal{A}_{2,1} & \mathcal{A}_{2,2} & \cdots & \mathcal{A}_{2,q} \\ \hline \vdots & \vdots & \ddots & \vdots \\ \hline \mathcal{A}_{p,1} & \mathcal{A}_{p,2} & \cdots & \mathcal{A}_{p,q} \end{array}\right) = \left(\begin{array}{c|c|c|c} \alpha\mathcal{A}_{1,1} & \alpha\mathcal{A}_{1,2} & \cdots & \alpha\mathcal{A}_{1,q} \\ \hline \alpha\mathcal{A}_{2,1} & \alpha\mathcal{A}_{2,2} & \cdots & \alpha\mathcal{A}_{2,q} \\ \hline \vdots & \vdots & \ddots & \vdots \\ \hline \alpha\mathcal{A}_{p,1} & \alpha\mathcal{A}_{p,2} & \cdots & \alpha\mathcal{A}_{p,q} \end{array}\right).$$

Finalmente, consideremos las matrices

$$\mathcal{A} = (\mathcal{A}_{i,j}) \in \mathbb{K}^{(m,n)}, \quad i = 1, 2, \ldots, p, \quad j = 1, 2, \ldots, q,$$
$$\mathcal{B} = (\mathcal{B}_{j,k}) \in \mathbb{K}^{(n,r)}, \quad j = 1, 2, \ldots, q, \quad k = 1, 2, \ldots, s,$$

donde $1 \le s \le r$. El producto $\mathcal{A}\mathcal{B} = \mathcal{C} \in \mathbb{K}^{(m,r)}$ se puede expresar como $\mathcal{C} = (\mathcal{C}_{i,k})$, con

$$\mathcal{C}_{i,k} = \sum_{j=1}^{q} \mathcal{A}_{i,j}\mathcal{B}_{j,k}, \quad i = 1, 2, \ldots, p, \quad k = 1, 2, \ldots, s, \tag{2.5}$$

asumiendo que los tamaños de los bloques $\mathcal{A}_{i,j}$ y $\mathcal{B}_{j,k}$ son tales que todas las operaciones de suma y producto indicadas en (2.5) están definidas. En particular, si $\mathcal{A} \in \mathbb{K}^{(m,n)}$ y $\mathcal{B} \in \mathbb{K}^{(n,r)}$ se representan como matrices bloque de n columnas y n filas, respectivamente, de (2.5) se sigue que

$$\mathcal{A}\mathcal{B} = (\mathcal{A}_1|\mathcal{A}_2|\cdots|\mathcal{A}_n) \left(\begin{array}{c} \mathcal{B}^{(1)} \\ \hline \mathcal{B}^{(2)} \\ \hline \vdots \\ \hline \mathcal{B}^{(n)} \end{array}\right) = \mathcal{A}_1\mathcal{B}^{(1)} + \mathcal{A}_2\mathcal{B}^{(2)} + \cdots + \mathcal{A}_n\mathcal{B}^{(n)}. \tag{2.6}$$

Para concluir el estudio de las operaciones de suma de matrices, producto de un número por una matriz y producto de matrices, a continuación se enuncian las siguientes propiedades:

(i) $(\mathcal{A}\mathcal{B})\mathcal{C} = \mathcal{A}(\mathcal{B}\mathcal{C})$, $\quad\forall\, \mathcal{A} \in \mathbb{K}^{(m,n)}$, $\forall\, \mathcal{B} \in \mathbb{K}^{(n,p)}$, $\forall\, \mathcal{C} \in \mathbb{K}^{(p,q)}$.

(ii) $\mathcal{A}\mathcal{O}_{n,p} = \mathcal{O}_{m,p}$ y $\mathcal{O}_{k,m}\mathcal{A} = \mathcal{O}_{k,n}$, $\quad\forall\, \mathcal{A} \in \mathbb{K}^{(m,n)}$.

(iii) $\mathcal{A}(\mathcal{B} + \mathcal{C}) = \mathcal{A}\mathcal{B} + \mathcal{A}\mathcal{C}$, $\quad\forall\, \mathcal{A} \in \mathbb{K}^{(m,n)}$, $\forall\, \mathcal{B}, \mathcal{C} \in \mathbb{K}^{(n,p)}$.

(iv) $(\mathcal{A} + \mathcal{B})\mathcal{C} = \mathcal{A}\mathcal{C} + \mathcal{B}\mathcal{C}$, $\quad\forall\, \mathcal{A}, \mathcal{B} \in \mathbb{K}^{(m,n)}$, $\forall\, \mathcal{C} \in \mathbb{K}^{(n,p)}$.

(v) $\alpha(\mathcal{A}\mathcal{B}) = (\alpha\mathcal{A})\mathcal{B}$, $\quad\forall\, \mathcal{A} \in \mathbb{K}^{(m,n)}$, $\forall\, \mathcal{B} \in \mathbb{K}^{(n,p)}$ y $\forall\, \alpha \in \mathbb{K}$.

(vi) $\mathcal{I}_m\mathcal{A} = \mathcal{A}\,\mathcal{I}_n = \mathcal{A}$, $\quad\forall\, \mathcal{A} \in \mathbb{K}^{(m,n)}$, donde $\mathcal{I}_k$ ($k \in \mathbb{N}$) denota la matriz de dimensión k dada por $\mathcal{I}_k = (\delta_{i,j})$, con $\delta_{i,j} = 0$ si $i \ne j$ y $\delta_{i,i} = 1$.

La matriz $\mathcal{I}_n$ definida en la anterior propiedad (vi),

$$\mathcal{I}_n = \begin{pmatrix} 1 & 0 & 0 & \cdots & 0 \\ 0 & 1 & 0 & \cdots & 0 \\ 0 & 0 & 1 & \ddots & \vdots \\ \vdots & \vdots & \ddots & \ddots & 0 \\ 0 & 0 & \cdots & 0 & 1 \end{pmatrix} = \operatorname{diag}(1, 1, \ldots, 1) \in \mathbb{K}^{(n,n)}, \tag{2.7}$$

se denomina *matriz identidad* $n \times n$, mientras que el símbolo

$$\delta_{i,j} = \begin{cases} 0 & \text{si } i \ne j, \\ 1 & \text{si } i = j, \end{cases} \tag{2.8}$$

es la llamada *delta de Kronecker.*

A continuación introduciremos tres tipos importantes de matrices que se construyen a partir de la matriz identidad:

(i) Si en $\mathcal{I}_m$ se permutan las filas i-ésima y j-ésima (o, equivalentemente, las columnas i-ésima y j-ésima), se obtiene la matriz

$$\begin{array}{r} \\ \\ \text{fila } i \to \\ \\ \text{fila } j \to \\ \\ \\ \end{array} \begin{pmatrix} 1 & \cdots & 0 & \cdots & 0 & \cdots & 0 \\ \vdots & \ddots & \vdots & & \vdots & & \vdots \\ 0 & \cdots & 0 & \cdots & \boxed{1} & \cdots & 0 \\ \vdots & & \vdots & \ddots & \vdots & & \vdots \\ 0 & \cdots & \boxed{1} & \cdots & 0 & \cdots & 0 \\ \vdots & & \vdots & & \vdots & \ddots & \vdots \\ 0 & \cdots & 0 & \cdots & 0 & \cdots & 1 \end{pmatrix} \stackrel{\text{def}}{=} \mathcal{P}_{i,j} \in \mathbb{K}^{(m,m)} . \qquad (2.9)$$

(ii) Si se multiplica la fila i-ésima (o, equivalentemente, la columna i-ésima) de $\mathcal{I}_m$ por $\alpha \in \mathbb{K}\backslash\{0\}$, se obtiene

$$\begin{array}{r} \\ \\ \text{fila } i \to \\ \\ \\ \end{array} \begin{pmatrix} 1 & \cdots & 0 & \cdots & 0 \\ \vdots & \ddots & \vdots & \ddots & \vdots \\ 0 & \cdots & \boxed{\alpha} & \cdots & 0 \\ \vdots & \ddots & \vdots & \ddots & \vdots \\ 0 & \cdots & 0 & \cdots & 1 \end{pmatrix} \stackrel{\text{def}}{=} \mathcal{D}_i(\alpha) \in \mathbb{K}^{(m,m)} . \qquad (2.10)$$

(iii) Sumando a la fila i-ésima de $\mathcal{I}_m$ la fila j-ésima multiplicada por $\beta \in \mathbb{K}$ (o, equivalentemente, sumando a la columna i-ésima de $\mathcal{I}_m$ la j-ésima multiplicada por $\beta \in \mathbb{K}$), se obtiene

$$\begin{array}{r} \\ \\ \text{fila } j \to \\ \\ \text{fila } i \to \\ \\ \\ \end{array} \begin{pmatrix} 1 & \cdots & 0 & \cdots & 0 & \cdots & 0 \\ \vdots & \ddots & \vdots & & \vdots & & \vdots \\ 0 & \cdots & 1 & \cdots & 0 & \cdots & 0 \\ \vdots & & \vdots & \ddots & \vdots & & \vdots \\ 0 & \cdots & \boxed{\beta} & \cdots & 1 & \cdots & 0 \\ \vdots & & \vdots & & \vdots & \ddots & \vdots \\ 0 & \cdots & 0 & \cdots & 0 & \cdots & 1 \end{pmatrix} \stackrel{\text{def}}{=} \mathcal{M}_{i,j}(\beta) \in \mathbb{K}^{(m,m)}, \quad \text{con} \quad i > j . \qquad (2.11)$$

✎ Las matrices (2.9), (2.10) y (2.11) se denominan *matrices elementales de permutación, dilatación y adición*, respectivamente.

Para cualesquiera matrices $\mathcal{A} \in \mathbb{K}^{(m,n)}$, $\mathcal{B} \in \mathbb{K}^{(n,m)}$, se verifica que:

(i) El producto $\mathcal{P}_{i,j}\mathcal{A}$ coincide con $\mathcal{A}$ salvo en sus filas i-ésima y j-ésima, que se encuentran permutadas. Análogamente, $\mathcal{B}\mathcal{P}_{i,j}$ es la matriz que resulta de permutar las columnas i-ésima y j-ésima de $\mathcal{B}$.

(ii) La matriz $\mathcal{D}_i(\alpha)\mathcal{A}$ es aquella que resulta de multiplicar por α la i-ésima fila de $\mathcal{A}$, mientras que las otras filas quedan invariantes. Análogamente, $\mathcal{B}\mathcal{D}_i(\alpha)$ es la matriz que resulta de multiplicar por α la i-ésima columna de $\mathcal{B}$.

(iii) El producto $\mathcal{M}_{i,j}(\beta)\mathcal{A}$ coincide con $\mathcal{A}$ salvo en su fila i-ésima, que resulta de sumar a la fila i-ésima de $\mathcal{A}$ la fila j-ésima multiplicada por β. Análogamente, $\mathcal{B}\mathcal{M}_{i,j}(\beta)$ es una matriz que coincide con $\mathcal{A}$ salvo en su columna j-ésima, que resulta de sumar a la columna j-ésima de $\mathcal{B}$ la columna i-ésima multiplicada por β.

■ OBSERVACIÓN 2.1 Las matrices elementales permiten, mediante multiplicaciones a izquierda, transformar cualquier matriz $\mathcal{A} \in \mathbb{K}^{(m,n)}$ en una nueva matriz $\mathcal{B} \in \mathbb{K}^{(m,n)}$ tal que $b_{i,j} = 0$ para todo $i > j$.

■ EJEMPLO 2.4 Sea

$$\mathcal{A} = \begin{pmatrix} 1 & 3 & 7 & 4 & -1 \\ 2 & 1 & -1 & 1 & 7 \\ -1 & 2 & -5 & -2 & 1 \end{pmatrix}.$$

A fin de encontrar las matrices elementales que la transforman de acuerdo con la observación anterior, se escribe la matriz por bloques

$$(\mathcal{A} \,|\, \mathcal{I}_3) = \left(\begin{array}{ccccc|ccc} 1 & 3 & 7 & 4 & -1 & 1 & 0 & 0 \\ 2 & 1 & -1 & 1 & 7 & 0 & 1 & 0 \\ -1 & 2 & -5 & -2 & 1 & 0 & 0 & 1 \end{array}\right),$$

donde la matriz identidad $\mathcal{I}_3$ tiene el objeto de reflejar las operaciones elementales que vamos a realizar. Si restamos a la segunda fila la primera multiplicada por 2, y sumamos la primera fila a la tercera, se tiene

$$\left(\begin{array}{ccccc|ccc} 1 & 3 & 7 & 4 & -1 & 1 & 0 & 0 \\ 0 & -5 & -15 & -7 & 9 & -2 & 1 & 0 \\ 0 & 5 & 2 & 2 & 0 & 1 & 0 & 1 \end{array}\right).$$

Finalmente, si sumamos la segunda fila a la tercera, se sigue

$$\left(\begin{array}{ccccc|ccc} 1 & 3 & 7 & 4 & -1 & 1 & 0 & 0 \\ 0 & -5 & -15 & -7 & 9 & -2 & 1 & 0 \\ 0 & 0 & -13 & -5 & 9 & -1 & 1 & 1 \end{array}\right) = (\mathcal{B}|\mathcal{E}),$$

donde $\mathcal{B} = (b_{i,j})$ con $b_{i,j} = 0$ para todo $i > j$. Nótese que la matriz

$$\mathcal{E} = \begin{pmatrix} 1 & 0 & 0 \\ -2 & 1 & 0 \\ -1 & 1 & 1 \end{pmatrix}$$

es el resultado de multiplicar todas las matrices elementales utilizadas en cada paso para la transformación de $\mathcal{A}$ en $\mathcal{B}$, esto es,

$$\underbrace{\begin{pmatrix} 1 & 0 & 0 \\ 0 & 1 & 0 \\ 0 & 1 & 1 \end{pmatrix}}_{\text{tercer paso}} \underbrace{\begin{pmatrix} 1 & 0 & 0 \\ 0 & 1 & 0 \\ 1 & 0 & 1 \end{pmatrix}}_{\text{segundo paso}} \underbrace{\begin{pmatrix} 1 & 0 & 0 \\ -2 & 1 & 0 \\ 0 & 0 & 1 \end{pmatrix}}_{\text{primer paso}} = \underbrace{\begin{pmatrix} 1 & 0 & 0 \\ -2 & 1 & 0 \\ -1 & 1 & 1 \end{pmatrix}}_{\mathcal{E}}.$$

Además, $\mathcal{E}$ es tal que

$$\underbrace{\begin{pmatrix} 1 & 0 & 0 \\ -2 & 1 & 0 \\ -1 & 1 & 1 \end{pmatrix}}_{\mathcal{E}} \underbrace{\begin{pmatrix} 1 & 3 & 7 & 4 & -1 \\ 2 & 1 & -1 & 1 & 7 \\ -1 & 2 & -5 & -2 & 1 \end{pmatrix}}_{\mathcal{A}} = \underbrace{\begin{pmatrix} 1 & 3 & 7 & 4 & -1 \\ 0 & -5 & -15 & -7 & 9 \\ 0 & 0 & -13 & -5 & 9 \end{pmatrix}}_{\mathcal{B}}.$$

■ EJEMPLO 2.5 De manera análoga, para la matriz

$$\mathcal{A} = \begin{pmatrix} 1 & 1 & 1 \\ 2 & 1 & -1 \\ 3 & 1 & 2 \end{pmatrix},$$

escribimos la matriz por bloques

$$(\mathcal{A} \,|\, \mathcal{I}_3) = \left(\begin{array}{ccc|ccc} 1 & 1 & 1 & 1 & 0 & 0 \\ 2 & 1 & -1 & 0 & 1 & 0 \\ 3 & 1 & 2 & 0 & 0 & 1 \end{array}\right).$$

Si sumamos a la segunda fila, la primera multiplicada por -2, y a la tercera, la primera multiplicada por -3, se obtiene

$$\left(\begin{array}{ccc|ccc} 1 & 1 & 1 & 1 & 0 & 0 \\ 0 & -1 & -3 & -2 & 1 & 0 \\ 0 & -2 & -1 & -3 & 0 & 1 \end{array}\right).$$

Finalmente, sumando a la tercera fila la segunda multiplicada por -2, la matriz anterior se transforma en

$$\left(\begin{array}{ccc|ccc} 1 & 1 & 1 & 1 & 0 & 0 \\ 0 & -1 & -3 & -2 & 1 & 0 \\ 0 & 0 & 5 & 1 & -2 & 1 \end{array}\right) = (\mathcal{B}|\mathcal{E}).$$

Obsérvese que, en el anterior ejemplo, las matrices $\mathcal{B}$ y $\mathcal{E}$ tienen estructuras muy particulares. En concreto, todos los elementos de $\mathcal{B}$ ubicados por debajo de la diagonal principal son nulos, mientras que en $\mathcal{E}$ lo son aquellos situados por encima de la diagonal principal.

De manera general, se dice que una matriz $\mathcal{A} \in \mathbb{K}^{(n,n)}$ es *triangular superior* cuando $a_{i,j} = 0$ para $i > j$, donde $i, j = 1, 2, \ldots, n$. En cambio, si $a_{i,j} = 0$ para $j > i$, se dice que $\mathcal{A} \in \mathbb{K}^{(n,n)}$ es *triangular inferior*. Esquemáticamente, estas matrices se representan como

$$\underbrace{\begin{pmatrix} * & * & * & \cdots & * \\ 0 & * & * & \cdots & * \\ 0 & 0 & * & \cdots & * \\ \vdots & \vdots & \ddots & \ddots & \vdots \\ 0 & 0 & \cdots & 0 & * \end{pmatrix}}_{\text{triangular superior}} \quad \text{y} \quad \underbrace{\begin{pmatrix} * & 0 & 0 & \cdots & 0 \\ * & * & 0 & \cdots & 0 \\ * & * & * & \ddots & \vdots \\ \vdots & \vdots & \vdots & \ddots & 0 \\ * & * & * & \cdots & * \end{pmatrix}}_{\text{triangular inferior}},$$

donde el símbolo $*$ indica un elemento, en general, no nulo.

✎ De la observación 2.1 se sigue que las matrices cuadradas se pueden transformar mediante multiplicaciones a izquierda en triangulares superiores. Análogamente, realizando multiplicaciones a derecha se pueden transformar en triangulares inferiores. Así, decimos que las matrices cuadradas son *triangularizables*.

■ DEFINICIÓN 2.10 La matriz $\mathcal{B} \in \mathbb{K}^{(n,n)}$ se denomina inversa de $\mathcal{A} \in \mathbb{K}^{(n,n)}$ si

$$\mathcal{B}\mathcal{A} = \mathcal{A}\mathcal{B} = \mathcal{I}_n.$$

En este caso, se dice que $\mathcal{A}$ es no singular, invertible o inversible. Usualmente, en lugar de $\mathcal{B}$ se escribe $\mathcal{A}^{-1}$.

■ PROPOSICIÓN 2.1 Si $\mathcal{A}, \mathcal{B} \in \mathbb{K}^{(n,n)}$ son no singulares, entonces $\mathcal{A}\mathcal{B}$ es también no singular, y además

$$(\mathcal{A}\mathcal{B})^{-1} = \mathcal{B}^{-1}\mathcal{A}^{-1}.$$

Más generalmente, si $\mathcal{A}_1, \mathcal{A}_2, \ldots, \mathcal{A}_p \in \mathbb{K}^{(n,n)}$ son no singulares, entonces $\mathcal{A}_1\mathcal{A}_2 \cdots \mathcal{A}_p$ es también no singular, y además

$$(\mathcal{A}_1\mathcal{A}_2 \cdots \mathcal{A}_p)^{-1} = \mathcal{A}_p^{-1} \cdots \mathcal{A}_2^{-1}\mathcal{A}_1^{-1}.$$

■ PROPOSICIÓN 2.2 Las matrices elementales (2.9), (2.10) y (2.11) son no singulares. Además,

(i) $[\mathcal{P}_{i,j}]^{-1} = \mathcal{P}_{i,j}$.

(ii) $[\mathcal{D}_i(\alpha)]^{-1} = \mathcal{D}_i\left(\frac{1}{\alpha}\right)$, con $\alpha \neq 0$.

(iii) $[\mathcal{M}_{i,j}(\beta)]^{-1} = \mathcal{M}_{i,j}(-\beta)$.

A continuación se describe un algoritmo, basado en operaciones elementales por filas, para el cálculo de la inversa de una matriz no singular. Dicho algoritmo se basa en el hecho de que la multiplicación a izquierda por matrices elementales, según el proceso de triangularización descrito anteriormente, transforma toda matriz $\mathcal{A} \in \mathbb{K}^{(n,n)}$ no singular en una matriz triangular superior con elementos diagonales no nulos. Esto significa que existe una matriz no singular $\mathcal{E} \in \mathbb{K}^{(n,n)}$, obtenida como un producto de matrices elementales, tal que

$$\mathcal{E}\mathcal{A} = \begin{pmatrix} 1 & \tilde{a}_{1,2} & \tilde{a}_{1,3} & \cdots & \tilde{a}_{1,n} \\ 0 & 1 & \tilde{a}_{2,3} & \cdots & \tilde{a}_{2,n} \\ 0 & 0 & 1 & \ddots & \vdots \\ \vdots & \vdots & \ddots & \ddots & \tilde{a}_{n-1,n} \\ 0 & 0 & \cdots & 0 & 1 \end{pmatrix}.$$

Por otra parte, si tomamos como referencia la última fila de $\mathcal{E}\mathcal{A}$, mediante multiplicaciones a izquierda por matrices elementales de adición podemos conseguir que los elementos $\tilde{a}_{1,n}, \ldots, \tilde{a}_{n-1,n}$ se transformen en $0, \ldots, 0$. Reiterando el proceso con la penúltima fila y demás filas precedentes, conseguimos una matriz no singular $\mathcal{M} \in \mathbb{K}^{(n,n)}$ obtenida como un producto de matrices elementales de adición, tal que

$$(\mathcal{M}\mathcal{E})\mathcal{A} = \mathcal{I}_n \quad \Longrightarrow \quad \mathcal{M}\mathcal{E} = \mathcal{A}^{-1}.$$

De la proposición 2.1 se sigue entonces que $\mathcal{A} = \mathcal{E}^{-1}\mathcal{M}^{-1}$. Así pues, toda matriz no singular $\mathcal{A} \in \mathbb{K}^{(n,n)}$ se puede representar como un producto de matrices elementales. Las matrices $\mathcal{E}$ y $\mathcal{M}$ corresponden a los denominados *procesos de triangularización hacia abajo y hacia arriba*, respectivamente.

■ EJEMPLO 2.6 Para calcular la inversa de la matriz

$$\mathcal{A} = \begin{pmatrix} 1 & 1 & 1 \\ 2 & 1 & -1 \\ 1 & 1 & 2 \end{pmatrix},$$

escribimos la matriz por bloques

$$(\mathcal{A} \,|\, \mathcal{I}_3) = \left(\begin{array}{rrr|rrr} 1 & 1 & 1 & 1 & 0 & 0 \\ 2 & 1 & -1 & 0 & 1 & 0 \\ 1 & 1 & 2 & 0 & 0 & 1 \end{array}\right).$$

Si restamos a la segunda fila, la primera multiplicada por 2, y a la tercera fila, la primera, se obtiene

$$\left(\begin{array}{rrr|rrr} 1 & 1 & 1 & 1 & 0 & 0 \\ 0 & -1 & -3 & -2 & 1 & 0 \\ 0 & 0 & 1 & -1 & 0 & 1 \end{array}\right).$$

Así, se ha completado el proceso de triangularización hacia abajo de $\mathcal{A}$, transformándola en una matriz triangular superior con elementos diagonales no nulos. De manera análoga, se hace el proceso de triangularización hacia arriba. Si a la segunda fila se le suma la tercera multiplicada por 3, y a la primera se le resta la tercera,

$$\left(\begin{array}{rrr|rrr} 1 & 1 & 0 & 2 & 0 & -1 \\ 0 & -1 & 0 & -5 & 1 & 3 \\ 0 & 0 & 1 & -1 & 0 & 1 \end{array}\right).$$

Sumando a la primera fila, la segunda,

$$\left(\begin{array}{rrr|rrr} 1 & 0 & 0 & -3 & 1 & 2 \\ 0 & -1 & 0 & -5 & 1 & 3 \\ 0 & 0 & 1 & -1 & 0 & 1 \end{array}\right).$$

Finalmente, multiplicando la segunda fila por -1, se tiene

$$\left(\begin{array}{ccc|ccc} 1 & 0 & 0 & -3 & 1 & 2 \\ 0 & 1 & 0 & 5 & -1 & -3 \\ 0 & 0 & 1 & -1 & 0 & 1 \end{array}\right) = (\mathcal{I}_3 \,|\, \mathcal{A}^{-1}).$$

Por tanto, la matriz inversa de $\mathcal{A}$ es

$$\mathcal{A}^{-1} = \begin{pmatrix} -3 & 1 & 2 \\ 5 & -1 & -3 \\ -1 & 0 & 1 \end{pmatrix}.$$

Problemas Resueltos

2.1 Sean las matrices

$$\mathcal{A} = \begin{pmatrix} 1 & -1 & 1 \end{pmatrix} \in \mathbb{R}^{(1,3)}, \quad \mathcal{B} = \begin{pmatrix} 7 \\ 0 \\ 5 \end{pmatrix} \in \mathbb{R}^{(3,1)}.$$

Determinar los productos $\mathcal{AB}$ y $\mathcal{BA}$. ¿Es el producto de $\mathcal{A}$ y $\mathcal{B}$ conmutativo?

Resolución. Aplicando la definición de producto de matrices, se tiene

$$\mathcal{AB} = \begin{pmatrix} 1 & -1 & 1 \end{pmatrix} \begin{pmatrix} 7 \\ 0 \\ 5 \end{pmatrix} = (12), \quad \mathcal{BA} = \begin{pmatrix} 7 \\ 0 \\ 5 \end{pmatrix} (1, -1, 1) = \begin{pmatrix} 7 & -7 & 7 \\ 0 & 0 & 0 \\ 5 & -5 & 5 \end{pmatrix},$$

de donde se observa que la propiedad conmutativa no es válida para el producto de estas matrices.

2.2 Dadas las matrices

$$\mathcal{A} = \begin{pmatrix} 1 & 2 \\ 5 & 2 \\ 3 & 1 \end{pmatrix}, \quad \mathcal{C} = \begin{pmatrix} 1 & -1 \\ 7 & 1 \end{pmatrix}, \quad \mathcal{V} = \begin{pmatrix} -1 \\ 1 \\ 1 \end{pmatrix}, \quad \mathcal{B} = \begin{pmatrix} 1 & -1 \\ 7 & 1 \\ 0 & 1 \end{pmatrix},$$

$$\mathcal{W} = \begin{pmatrix} 1 \\ 1 \\ 2 \end{pmatrix}, \quad \mathcal{P} = \begin{pmatrix} 0 & 1 & 0 \\ 1 & 0 & 0 \\ 0 & 0 & 1 \end{pmatrix},$$

calcular los siguientes productos:

(a) $\mathcal{AC}$.

(b) $(\mathcal{A}|\mathcal{V})\mathcal{B}$.

(c) $(\mathcal{A}|\mathcal{V})(\mathcal{B}|\mathcal{W})$.

(d) $\mathcal{P}(\mathcal{A}|\mathcal{V})(\mathcal{B}|\mathcal{W})$, sin efectuar el producto.

Resolución.

(a) Multiplicando $\mathcal{A}$ por la primera columna de $\mathcal{C}$,

$$\begin{pmatrix} 1 & 2 \\ 5 & 2 \\ 3 & 1 \end{pmatrix} \begin{pmatrix} 1 \\ 7 \end{pmatrix} = \begin{pmatrix} 15 \\ 19 \\ 10 \end{pmatrix}.$$

Procediendo análogamente con la segunda columna,

$$\begin{pmatrix} 1 & 2 \\ 5 & 2 \\ 3 & 1 \end{pmatrix}\begin{pmatrix} -1 \\ 1 \end{pmatrix} = \begin{pmatrix} 1 \\ -3 \\ -2 \end{pmatrix}.$$

Así pues,

$$\begin{pmatrix} 1 & 2 \\ 5 & 2 \\ 3 & 1 \end{pmatrix}\begin{pmatrix} 1 & -1 \\ 7 & 1 \end{pmatrix} = \begin{pmatrix} 15 & 1 \\ 19 & -3 \\ 10 & -2 \end{pmatrix}.$$

(b) Siguiendo los mismos pasos que en el apartado (a), tenemos

$$\begin{pmatrix} 1 & 2 & -1 \\ 5 & 2 & 1 \\ 3 & 1 & 1 \end{pmatrix}\begin{pmatrix} 1 \\ 7 \\ 0 \end{pmatrix} = \begin{pmatrix} 15 \\ 9 \\ 10 \end{pmatrix}, \quad \begin{pmatrix} 1 & 2 & -1 \\ 5 & 2 & 1 \\ 3 & 1 & 1 \end{pmatrix}\begin{pmatrix} -1 \\ 1 \\ 1 \end{pmatrix} = \begin{pmatrix} 0 \\ -2 \\ -1 \end{pmatrix}.$$

Así pues,

$$\begin{pmatrix} 1 & 2 & -1 \\ 5 & 2 & 1 \\ 3 & 1 & 1 \end{pmatrix}\begin{pmatrix} 1 & -1 \\ 7 & 1 \\ 0 & 1 \end{pmatrix} = \begin{pmatrix} 15 & 0 \\ 9 & -2 \\ 10 & -1 \end{pmatrix}.$$

(c) Dado que

$$(\mathcal{A}|\mathcal{V})(\mathcal{B}|\mathcal{W}) = ((\mathcal{A}|\mathcal{V})\mathcal{B} \,|\, (\mathcal{A}|\mathcal{V})\mathcal{W}),$$

sólo ha de calcularse el producto

$$(\mathcal{A}|\mathcal{V})\mathcal{W} = \begin{pmatrix} 1 & 2 & -1 \\ 5 & 2 & 1 \\ 3 & 1 & 1 \end{pmatrix}\begin{pmatrix} 1 \\ 1 \\ 2 \end{pmatrix} = \begin{pmatrix} 1 \\ 9 \\ 6 \end{pmatrix},$$

pues el producto $(\mathcal{A}|\mathcal{V})\mathcal{B}$ ya fue calculado en el apartado (b). Así pues,

$$(\mathcal{A}|\mathcal{V})(\mathcal{B}|\mathcal{W}) = \begin{pmatrix} 15 & 0 & 1 \\ 9 & -2 & 9 \\ 10 & -1 & 6 \end{pmatrix}.$$

(d) Como $\mathcal{P}$ es la matriz de permutación $\mathcal{P}_{1,2}$, el multiplicarla a izquierda por $(\mathcal{A}|\mathcal{V})(\mathcal{B}|\mathcal{W})$ tiene el efecto de intercambiar las filas primera y segunda de dicha matriz. Por tanto, usando el resultado del apartado (c),

$$\mathcal{P}(\mathcal{A}|\mathcal{V})(\mathcal{B}|\mathcal{W}) = \begin{pmatrix} 9 & -2 & 9 \\ 15 & 0 & 1 \\ 10 & -1 & 6 \end{pmatrix}.$$

2.3 Determinar si existe algún valor de la variable $t \in \mathbb{R}$ para el que se verifique $\mathcal{AB} = \mathcal{BA}$, con:

(a) $\mathcal{A} = \begin{pmatrix} 1 & 2 \\ -2 & 5 \end{pmatrix}, \quad \mathcal{B} = \begin{pmatrix} 1 & t \\ 4 & 7 \end{pmatrix}.$

(b) $\mathcal{A} = \begin{pmatrix} 1 & t \\ 2 & 3 \end{pmatrix}, \quad \mathcal{B} = \begin{pmatrix} 1 & 18 \\ 6 & 7 \end{pmatrix}.$

Resolución.

(a) No existe. Basta notar que las entradas $(\mathcal{AB})_{2,1}$ y $(\mathcal{BA})_{2,1}$ son distintas para todo $t \in \mathbb{R}$.

(b) Efectuando los productos

$$\mathcal{AB} = \begin{pmatrix} 1 & t \\ 2 & 3 \end{pmatrix} \begin{pmatrix} 1 & 18 \\ 6 & 7 \end{pmatrix} = \begin{pmatrix} 6t+1 & 7t+18 \\ 20 & 57 \end{pmatrix},$$
$$\mathcal{BA} = \begin{pmatrix} 1 & 18 \\ 6 & 7 \end{pmatrix} \begin{pmatrix} 1 & t \\ 2 & 3 \end{pmatrix} = \begin{pmatrix} 37 & t+54 \\ 20 & 6t+21 \end{pmatrix},$$

se sigue que la ecuación matricial $\mathcal{AB} = \mathcal{BA}$ equivale a

$$\left\{ \begin{array}{rcl} 6t+1 & = & 37, \\ 7t+18 & = & t+54, \\ 6t+21 & = & 57, \end{array} \right. \iff 6t = 36.$$

Así pues, el producto de $\mathcal{A}$ y $\mathcal{B}$ es conmutativo si y sólo si $t = 6$.

2.4 Sean $\boldsymbol{x}, \boldsymbol{y} \in \mathbb{K}^{(n,1)}$ y $\mathcal{A} \in \mathbb{K}^{(m,n)}$. Probar que

$$\mathcal{A}(\lambda \boldsymbol{x} + \mu \boldsymbol{y}) = \lambda \mathcal{A} \boldsymbol{x} + \mu \mathcal{A} \boldsymbol{y}\,, \quad \forall\, \lambda, \mu \in \mathbb{K}\,. \tag{2.12}$$

Resolución. Usando las propiedades del producto de matrices, se tiene que, $\forall\, \lambda, \mu \in \mathbb{K}$,

$$\mathcal{A}(\lambda \boldsymbol{x} + \mu \boldsymbol{y}) = \mathcal{A}(\lambda \boldsymbol{x}) + \mathcal{A}(\mu \boldsymbol{y}) = \lambda(\mathcal{A} \boldsymbol{x}) + \mu(\mathcal{A} \boldsymbol{y})\,.$$

Concretamente, en el primer paso se ha usado la propiedad distributiva del producto respecto de la suma,

$$\mathcal{A}(\mathcal{B} + \mathcal{C}) = \mathcal{AB} + \mathcal{AC}, \quad \forall\, \mathcal{A} \in \mathbb{K}^{(m,n)}, \quad \forall\, \mathcal{B}, \mathcal{C} \in \mathbb{K}^{(n,p)},$$

y en el segundo se ha usado la propiedad

$$\alpha(\mathcal{AB}) = (\alpha\mathcal{A})\mathcal{B}, \quad \forall\, \mathcal{A} \in \mathbb{K}^{(m,n)}, \quad \forall\, \mathcal{B} \in \mathbb{K}^{(n,p)}, \quad \forall\, \alpha \in \mathbb{K}.$$

✎ La propiedad (2.12) se conoce como *linealidad*. Este concepto se estudiará de manera más general en los capítulos 5 y 6.

2.5 Demostrar las siguientes propiedades de la traza:

(a) $\operatorname{traza}(\mathcal{A} + \mathcal{B}) = \operatorname{traza}\mathcal{A} + \operatorname{traza}\mathcal{B}, \quad \forall\, \mathcal{A}, \mathcal{B} \in \mathbb{K}^{(n,n)}$.

(b) $\operatorname{traza}(\alpha\mathcal{A}) = \alpha \operatorname{traza}\mathcal{A}, \quad \forall\, \alpha \in \mathbb{K},\ \mathcal{A} \in \mathbb{K}^{(n,n)}$.

(c) $\operatorname{traza}(\mathcal{AB}) = \operatorname{traza}(\mathcal{BA}), \quad \forall\, \mathcal{A} \in \mathbb{K}^{(m,n)},\ \mathcal{B} \in \mathbb{K}^{(n,m)}$.

Resolución.

(a) Teniendo en cuenta la definición de la suma de matrices,

$$\operatorname{traza}(\mathcal{A} + \mathcal{B}) = \sum_{i=1}^{n} (\mathcal{A} + \mathcal{B})_{i,i} = \sum_{i=1}^{n} (a_{i,i} + b_{i,i}) = \sum_{i=1}^{n} a_{i,i} + \sum_{i=1}^{n} b_{i,i} = \operatorname{traza}\mathcal{A} + \operatorname{traza}\mathcal{B}\,.$$

(b) Teniendo en cuenta la definición del producto de una matriz por un número,

$$\operatorname{traza}(\alpha\mathcal{A}) = \sum_{i=1}^{n} (\alpha\mathcal{A})_{i,i} = \sum_{i=1}^{n} \alpha\, a_{i,i} = \alpha \sum_{i=1}^{n} a_{i,i} = \alpha \operatorname{traza}\mathcal{A}\,.$$

(c) Recordando la definición del producto de matrices, el elemento (i,k)-ésimo del producto $\mathcal{A}\mathcal{B}$ viene dado por

$$(\mathcal{A}\mathcal{B})_{i,k} = \sum_{j=1}^{n} a_{i,j} b_{j,k}\,, \quad i,k = 1,2,\ldots,m\,.$$

Por tanto,

$$\operatorname{traza}(\mathcal{A}\mathcal{B}) = \sum_{i=1}^{m} (\mathcal{A}\mathcal{B})_{i,i} = \sum_{i=1}^{m}\sum_{j=1}^{n} a_{i,j} b_{j,i}\,.$$

Análogamente, el elemento (i,k)-ésimo del producto $\mathcal{B}\mathcal{A}$ es

$$(\mathcal{B}\mathcal{A})_{i,k} = \sum_{j=1}^{m} b_{i,j} a_{j,k}\,, \quad i,k = 1,2,\ldots,n\,,$$

de manera que

$$\operatorname{traza}(\mathcal{B}\mathcal{A}) = \sum_{i=1}^{n} (\mathcal{B}\mathcal{A})_{i,i} = \sum_{i=1}^{n}\sum_{j=1}^{m} b_{i,j} a_{j,i}\,.$$

Intercambiando los índices de suma i,j en esta última expresión, se sigue el resultado.

2.6 Demostrar las siguientes propiedades de la matriz traspuesta:

(a) $(\mathcal{A}^{\mathrm{T}})^{\mathrm{T}} = \mathcal{A}, \quad \forall\, \mathcal{A} \in \mathbb{K}^{(m,n)}$.

(b) $(\mathcal{A}+\mathcal{B})^{\mathrm{T}} = \mathcal{A}^{\mathrm{T}} + \mathcal{B}^{\mathrm{T}}, \quad \forall\, \mathcal{A},\mathcal{B} \in \mathbb{K}^{(m,n)}$.

(c) $(\alpha\,\mathcal{A})^{\mathrm{T}} = \alpha\,\mathcal{A}^{\mathrm{T}}, \quad \forall\, \alpha \in \mathbb{K},\ \mathcal{A} \in \mathbb{K}^{(m,n)}$.

(d) $(\mathcal{A}\mathcal{B})^{\mathrm{T}} = \mathcal{B}^{\mathrm{T}}\mathcal{A}^{\mathrm{T}}, \quad \forall\, \mathcal{A} \in \mathbb{K}^{(m,n)},\ \mathcal{B} \in \mathbb{K}^{(n,p)}$.

Resolución.

(a) Consideremos la representación de $\mathcal{A} \in \mathbb{K}^{(m,n)}$ por columnas,

$$\mathcal{A} = (\mathcal{A}_1|\mathcal{A}_2|\cdots|\mathcal{A}_n)\,, \quad \mathcal{A}_i \in \mathbb{K}^{(m,1)}, \quad i = 1,2,\ldots,n.$$

Nótese que al trasponer la matriz columna $\mathcal{A}_i$ se obtiene una matriz fila,

$$\mathcal{A}_i^{\mathrm{T}} = \begin{pmatrix} a_{i,1} \\ a_{i,2} \\ \vdots \\ a_{i,m} \end{pmatrix}^{\mathrm{T}} = \begin{pmatrix} a_{i,1} & a_{i,2} & \cdots & a_{i,m} \end{pmatrix}.$$

Por tanto, $\left(\mathcal{A}_i^{\mathrm{T}}\right)^{\mathrm{T}} = \mathcal{A}_i$, de donde se sigue que

$$\left(\mathcal{A}^{\mathrm{T}}\right)^{\mathrm{T}} = \left((\mathcal{A}_1|\mathcal{A}_2|\cdots|\mathcal{A}_n)^{\mathrm{T}}\right)^{\mathrm{T}} = \begin{pmatrix} \mathcal{A}_1^{\mathrm{T}} \\ \hline \mathcal{A}_2^{\mathrm{T}} \\ \hline \vdots \\ \hline \mathcal{A}_n^{\mathrm{T}} \end{pmatrix}^{\mathrm{T}} = \left(\left(\mathcal{A}_1^{\mathrm{T}}\right)^{\mathrm{T}} \Big| \left(\mathcal{A}_2^{\mathrm{T}}\right)^{\mathrm{T}} \Big| \cdots \Big| \left(\mathcal{A}_n^{\mathrm{T}}\right)^{\mathrm{T}}\right)$$

$$= (\mathcal{A}_1|\mathcal{A}_2|\cdots|\mathcal{A}_n) = \mathcal{A}.$$

(b) Sean $\mathcal{A} = (\mathcal{A}_1|\mathcal{A}_2|\cdots|\mathcal{A}_n) \in \mathbb{K}^{(m,n)}$ y $\mathcal{B} = (\mathcal{B}_1|\mathcal{B}_2|\cdots|\mathcal{B}_n) \in \mathbb{K}^{(m,n)}$. Si denotamos mediante $\mathcal{C}$ la suma de ambas matrices, la i-ésima columna de $\mathcal{C}$, con $i = 1, 2, \ldots, n$, se expresa como $\mathcal{C}_i = \mathcal{A}_i + \mathcal{B}_i$. Así pues,

$$\mathcal{C}_i^{\mathrm{T}} = \begin{pmatrix} c_{i,1} \\ c_{i,2} \\ \vdots \\ c_{i,m} \end{pmatrix}^{\mathrm{T}} = \begin{pmatrix} a_{i,1} + b_{i,1} \\ a_{i,2} + b_{i,2} \\ \vdots \\ a_{i,m} + b_{i,m} \end{pmatrix}^{\mathrm{T}} = \begin{pmatrix} a_{i,1} + b_{i,1} & a_{i,2} + b_{i,2} & \cdots & a_{i,m} + b_{i,m} \end{pmatrix}$$

$$= \begin{pmatrix} a_{i,1} & a_{i,2} & \cdots & a_{i,m} \end{pmatrix} + \begin{pmatrix} b_{i,1} & b_{i,2} & \cdots & b_{i,m} \end{pmatrix} = \begin{pmatrix} a_{i,1} \\ a_{i,2} \\ \vdots \\ a_{i,m} \end{pmatrix}^{\mathrm{T}} + \begin{pmatrix} b_{i,1} \\ b_{i,2} \\ \vdots \\ b_{i,m} \end{pmatrix}^{\mathrm{T}}$$

$$= \mathcal{A}_i^{\mathrm{T}} + \mathcal{B}_i^{\mathrm{T}},$$

de donde se sigue que

$$(\mathcal{A}+\mathcal{B})^{\mathrm{T}} = \big((\mathcal{A}_1|\mathcal{A}_2|\cdots|\mathcal{A}_n) + (\mathcal{B}_1|\mathcal{B}_2|\cdots|\mathcal{B}_n)\big)^{\mathrm{T}} = (\mathcal{A}_1+\mathcal{B}_1|\mathcal{A}_2+\mathcal{B}_2|\cdots|\mathcal{A}_n+\mathcal{B}_n)^{\mathrm{T}}$$

$$= (\mathcal{C}_1|\mathcal{C}_2|\cdots|\mathcal{C}_n)^{\mathrm{T}} = \begin{pmatrix} \mathcal{C}_1^{\mathrm{T}} \\ \hline \mathcal{C}_2^{\mathrm{T}} \\ \hline \vdots \\ \hline \mathcal{C}_n^{\mathrm{T}} \end{pmatrix} = \begin{pmatrix} \mathcal{A}_1^{\mathrm{T}} \\ \hline \mathcal{A}_2^{\mathrm{T}} \\ \hline \vdots \\ \hline \mathcal{A}_n^{\mathrm{T}} \end{pmatrix} + \begin{pmatrix} \mathcal{B}_1^{\mathrm{T}} \\ \hline \mathcal{B}_2^{\mathrm{T}} \\ \hline \vdots \\ \hline \mathcal{B}_n^{\mathrm{T}} \end{pmatrix}$$

$$= \mathcal{A}^{\mathrm{T}} + \mathcal{B}^{\mathrm{T}}.$$

(c) Si $\alpha \in \mathbb{K}$ y $\mathcal{A} = (\mathcal{A}_1|\mathcal{A}_2|\cdots|\mathcal{A}_n) \in \mathbb{K}^{(m,n)}$,

$$(\alpha\mathcal{A})^{\mathrm{T}} = (\alpha\mathcal{A}_1|\alpha\mathcal{A}_2|\cdots|\alpha\mathcal{A}_n)^{\mathrm{T}} = \begin{pmatrix} \alpha\mathcal{A}_1^{\mathrm{T}} \\ \hline \alpha\mathcal{A}_2^{\mathrm{T}} \\ \hline \vdots \\ \hline \alpha\mathcal{A}_n^{\mathrm{T}} \end{pmatrix} = \alpha \begin{pmatrix} \mathcal{A}_1^{\mathrm{T}} \\ \hline \mathcal{A}_2^{\mathrm{T}} \\ \hline \vdots \\ \hline \mathcal{A}_n^{\mathrm{T}} \end{pmatrix} = \alpha\,\mathcal{A}^{\mathrm{T}}.$$

(d) Sean $\mathcal{A} \in \mathbb{K}^{(m,n)}$, $\mathcal{B} \in \mathbb{K}^{(n,p)}$. Denotamos por $\mathcal{A}_i$ y $\mathcal{B}^{(i)}$ $(i = 1, 2, \ldots, n)$ las columnas de $\mathcal{A}$ y las filas de $\mathcal{B}$, respectivamente. Esto es,

$$\mathcal{A} = (\mathcal{A}_1|\mathcal{A}_2|\cdots|\mathcal{A}_n), \quad \mathcal{A}_i \in \mathbb{K}^{(m,1)}, \quad \mathcal{B} = \begin{pmatrix} \mathcal{B}^{(1)} \\ \hline \mathcal{B}^{(2)} \\ \hline \vdots \\ \hline \mathcal{B}^{(n)} \end{pmatrix}, \quad \mathcal{B}^{(i)} \in \mathbb{K}^{(1,p)}.$$

Empleando la relación

$$(\mathcal{A}_i\mathcal{B}^{(i)})^{\mathrm{T}} = \begin{pmatrix} a_{i,1}\mathcal{B}^{(i)} \\ \hline a_{i,2}\mathcal{B}^{(i)} \\ \hline \vdots \\ \hline a_{i,m}\mathcal{B}^{(i)} \end{pmatrix}^{\mathrm{T}} = \left(a_{i,1}(\mathcal{B}^{(i)})^{\mathrm{T}} \,\middle|\, a_{i,2}(\mathcal{B}^{(i)})^{\mathrm{T}} \,\middle|\, \cdots \,\middle|\, a_{i,m}(\mathcal{B}^{(i)})^{\mathrm{T}}\right)$$

$$= (\mathcal{B}^{(i)})^{\mathrm{T}}(\mathcal{A}_i)^{\mathrm{T}},$$

así como (2.6), se obtiene,

$$\begin{aligned}(\mathcal{A}\mathcal{B})^{\mathrm{T}} &= \left(\mathcal{A}_1\mathcal{B}^{(1)} + \mathcal{A}_2\mathcal{B}^{(2)} + \cdots + \mathcal{A}_n\mathcal{B}^{(n)}\right)^{\mathrm{T}} = \left(\mathcal{A}_1\mathcal{B}^{(1)}\right)^{\mathrm{T}} + \left(\mathcal{A}_2\mathcal{B}^{(2)}\right)^{\mathrm{T}} + \cdots + \left(\mathcal{A}_n\mathcal{B}^{(n)}\right)^{\mathrm{T}} \\ &= \left(\mathcal{B}^{(1)}\right)^{\mathrm{T}}(\mathcal{A}_1)^{\mathrm{T}} + \left(\mathcal{B}^{(2)}\right)^{\mathrm{T}}(\mathcal{A}_2)^{\mathrm{T}} + \cdots + \left(\mathcal{B}^{(n)}\right)^{\mathrm{T}}(\mathcal{A}_n)^{\mathrm{T}} \\ &= \mathcal{B}^{\mathrm{T}}\mathcal{A}^{\mathrm{T}}.\end{aligned}$$

✎ Obsérvese que las propiedades (b) y (d) se pueden generalizar fácilmente a un número arbitrario de matrices. En concreto, si $\mathcal{A}_1, \mathcal{A}_2, \ldots, \mathcal{A}_p$ son matrices de tamaños apropiados para que estén definidas las operaciones que se indican, entonces

$$\begin{aligned}&(\mathcal{A}_1 + \mathcal{A}_2 + \cdots + \mathcal{A}_p)^{\mathrm{T}} = \mathcal{A}_1^{\mathrm{T}} + \mathcal{A}_2^{\mathrm{T}} + \cdots + \mathcal{A}_p^{\mathrm{T}}\,, \\ &(\mathcal{A}_1\mathcal{A}_2\cdots\mathcal{A}_p)^{\mathrm{T}} = \mathcal{A}_p^{\mathrm{T}}\cdots\mathcal{A}_2^{\mathrm{T}}\mathcal{A}_1^{\mathrm{T}}\,.\end{aligned}$$

2.7 Sean los vectores columna

$$\boldsymbol{a} = \begin{pmatrix} 1 \\ 2 \\ 3 \end{pmatrix}, \quad \boldsymbol{b} = \begin{pmatrix} -1 \\ 2 \\ 1 \end{pmatrix}.$$

Calcular los productos $\boldsymbol{a}\boldsymbol{b}^{\mathrm{T}}$, $\boldsymbol{b}^{\mathrm{T}}\boldsymbol{a}$, $\boldsymbol{a}^{\mathrm{T}}\boldsymbol{b}$ y $\boldsymbol{b}\boldsymbol{a}^{\mathrm{T}}$, determinando sus respectivos tamaños.

Resolución. Aplicando la definición de producto de matrices, se tiene que

$$\begin{aligned}\boldsymbol{a}\boldsymbol{b}^{\mathrm{T}} &= \begin{pmatrix} 1 \\ 2 \\ 3 \end{pmatrix} \begin{pmatrix} -1 & 2 & 1 \end{pmatrix} = \begin{pmatrix} -1 & 2 & 1 \\ -2 & 4 & 2 \\ -3 & 6 & 3 \end{pmatrix}, \\ \boldsymbol{b}^{\mathrm{T}}\boldsymbol{a} &= \begin{pmatrix} -1 & 2 & 1 \end{pmatrix} \begin{pmatrix} 1 \\ 2 \\ 3 \end{pmatrix} = 6.\end{aligned}$$

Los dos productos restantes pueden obtenerse a partir de los dos anteriores utilizando la propiedad (d) del problema precedente,

$$\begin{aligned}\boldsymbol{a}^{\mathrm{T}}\boldsymbol{b} &= \left(\boldsymbol{b}^{T}\boldsymbol{a}\right)^{\mathrm{T}} = 6, \\ \boldsymbol{b}\boldsymbol{a}^{\mathrm{T}} &= \left(\boldsymbol{a}\boldsymbol{b}^{\mathrm{T}}\right)^{\mathrm{T}} = \begin{pmatrix} -1 & -2 & -3 \\ 2 & 4 & 6 \\ 1 & 2 & 3 \end{pmatrix}.\end{aligned}$$

Así pues, $\boldsymbol{a}\boldsymbol{b}^{\mathrm{T}}, \boldsymbol{b}\boldsymbol{a}^{\mathrm{T}} \in \mathbb{R}^{(3,3)}$, y $\boldsymbol{b}^{\mathrm{T}}\boldsymbol{a}, \boldsymbol{a}^{\mathrm{T}}\boldsymbol{b} \in \mathbb{R}^{(1,1)}$.

2.8 Demostrar que el producto de dos matrices triangulares superiores de dimensión n es también triangular superior.

Resolución. Dadas las matrices triangulares superiores

$$\mathcal{A} = \begin{pmatrix} a_{1,1} & a_{1,2} & a_{1,3} & \cdots & a_{1,n} \\ 0 & a_{2,2} & a_{2,3} & \cdots & a_{2,n} \\ 0 & 0 & a_{3,3} & \cdots & a_{3,n} \\ \vdots & \vdots & \ddots & \ddots & \vdots \\ 0 & 0 & \cdots & 0 & a_{n,n} \end{pmatrix}, \qquad \mathcal{B} = \begin{pmatrix} b_{1,1} & b_{1,2} & b_{1,3} & \cdots & b_{1,n} \\ 0 & b_{2,2} & b_{2,3} & \cdots & b_{2,n} \\ 0 & 0 & b_{3,3} & \cdots & b_{3,n} \\ \vdots & \vdots & \ddots & \ddots & \vdots \\ 0 & 0 & \cdots & 0 & b_{n,n} \end{pmatrix},$$

escribimos

$$\mathcal{AB} = \mathcal{X} = \begin{pmatrix} x_{1,1} & x_{1,2} & x_{1,3} & \cdots & x_{1,n} \\ x_{2,1} & x_{2,2} & x_{2,3} & \cdots & x_{2,n} \\ x_{3,1} & x_{3,2} & x_{3,3} & \cdots & x_{3,n} \\ \vdots & \vdots & \ddots & \ddots & \vdots \\ x_{n,1} & x_{n,2} & x_{n,3} & \cdots & x_{n,n} \end{pmatrix}.$$

Debemos comprobar que en la matriz $\mathcal{X}$ las entradas $x_{i,j}$ son nulas para $i > j$, con $i, j = 1, 2, \ldots, n$. Para ello, compararemos las columnas de los dos miembros en la igualdad anterior. Así, para la primera columna,

$$a_{1,1}b_{1,1} = x_{1,1}, \quad x_{2,1} = \cdots = x_{n,1} = 0,$$

esto es, las entradas $x_{2,1}, \ldots, x_{n,1}$ son idénticamente nulas mientras que $x_{1,1}$ es en general no nulo. Para la segunda columna,

$$a_{1,1}b_{1,2} + a_{1,2}b_{2,2} = x_{1,2}, \quad a_{2,2}b_{2,2} = x_{2,2}, \quad x_{3,2} = \cdots = x_{n,2} = 0,$$

esto es, $x_{3,2}, \ldots, x_{n,2}$ son idénticamente nulos mientras que $x_{1,2}$ y $x_{2,2}$ son en general no nulos. Continuando el proceso con las columnas restantes, para la columna j-ésima $(j \leq n-1)$ se obtiene que $x_{i,j} = 0$ cuando $i > j$, mientras que en general $x_{i,j} \neq 0$ cuando $i < j$. Finalmente, en el n-ésimo y último paso obtenemos

$$\begin{array}{rcl} a_{1,1}b_{1,n} + a_{1,2}b_{2,n} + \cdots + a_{1,n}b_{n,n} & = & x_{1,n}, \\ a_{2,2}b_{2,n} + \cdots + a_{2,n}b_{n,n} & = & x_{2,n}, \\ \ldots\ldots\ldots\ldots\ldots\ldots\ldots\ldots & & \\ a_{n,n}b_{n,n} & = & x_{n,n}, \end{array}$$

de donde, $x_{1,n}, x_{2,n}, \ldots, x_{n,n}$ son en general no nulos. Concluimos así que

$$\mathcal{AB} = \mathcal{X} = \begin{pmatrix} x_{1,1} & x_{1,2} & x_{1,3} & \cdots & x_{1,n} \\ 0 & x_{2,2} & x_{2,3} & \cdots & x_{2,n} \\ 0 & 0 & x_{3,3} & \cdots & x_{3,n} \\ \vdots & \vdots & \ddots & \ddots & \vdots \\ 0 & 0 & \cdots & 0 & x_{n,n} \end{pmatrix}.$$

✎ Se demuestra de manera análoga que el producto de dos matrices triangulares inferiores de dimensión n es también triangular inferior.

2.9 Probar que una matriz triangular superior es no singular si y sólo si todas sus entradas diagonales son no nulas, y en ese caso su inversa es también triangular superior.

Resolución. Denotemos mediante

$$\mathcal{X} = \begin{pmatrix} x_{1,1} & x_{1,2} & x_{1,3} & \cdots & x_{1,n} \\ x_{2,1} & x_{2,2} & x_{2,3} & \cdots & x_{2,n} \\ x_{3,1} & x_{3,2} & x_{3,3} & \cdots & x_{3,n} \\ \vdots & \vdots & \ddots & \ddots & \vdots \\ x_{n,1} & x_{n,2} & x_{n,3} & \cdots & x_{n,n} \end{pmatrix}$$

la inversa de la matriz triangular superior

$$\mathcal{A} = \begin{pmatrix} a_{1,1} & a_{1,2} & a_{1,3} & \cdots & a_{1,n} \\ 0 & a_{2,2} & a_{2,3} & \cdots & a_{2,n} \\ 0 & 0 & a_{3,3} & \cdots & a_{3,n} \\ \vdots & \vdots & \ddots & \ddots & \vdots \\ 0 & 0 & \cdots & 0 & a_{n,n} \end{pmatrix}.$$

Procedemos de manera análoga al problema anterior por comparación de las columnas de ambos miembros de la igualdad $\mathcal{X}\mathcal{A} = \mathcal{I}_n$,

$$\begin{pmatrix} x_{1,1} & x_{1,2} & x_{1,3} & \cdots & x_{1,n} \\ x_{2,1} & x_{2,2} & x_{2,3} & \cdots & x_{2,n} \\ x_{3,1} & x_{3,2} & x_{3,3} & \cdots & x_{3,n} \\ \vdots & \vdots & \ddots & \ddots & \vdots \\ x_{n,1} & x_{n,2} & x_{n,3} & \cdots & x_{n,n} \end{pmatrix} \begin{pmatrix} a_{1,1} & a_{1,2} & a_{1,3} & \cdots & a_{1,n} \\ 0 & a_{2,2} & a_{2,3} & \cdots & a_{2,n} \\ 0 & 0 & a_{3,3} & \cdots & a_{3,n} \\ \vdots & \vdots & \ddots & \ddots & \vdots \\ 0 & 0 & \cdots & 0 & a_{n,n} \end{pmatrix} = \begin{pmatrix} 1 & 0 & 0 & \cdots & 0 \\ 0 & 1 & 0 & \cdots & 0 \\ 0 & 0 & 1 & \ddots & \vdots \\ \vdots & \vdots & \ddots & \ddots & 0 \\ 0 & 0 & \cdots & 0 & 1 \end{pmatrix}.$$

De la comparación de las primeras columnas se sigue que

$$x_{1,1}a_{1,1} = 1, \quad x_{2,1}a_{1,1} = 0, \quad \ldots, \quad x_{n,1}a_{1,1} = 0.$$

La primera de estas igualdades implica que $a_{1,1} \neq 0$ y entonces las restantes ecuaciones implican que $x_{2,1} = \cdots = x_{n,1} = 0$. Comparando los elementos de las segundas columnas, desde el $(2,2)$ hasta el $(2,n)$, deducimos que

$$\left\{\begin{array}{lcccc} x_{2,1}a_{1,2} + x_{2,2}a_{2,2} & = & x_{2,2}a_{2,2} & = & 1, \\ x_{3,1}a_{1,2} + x_{3,2}a_{2,2} & = & x_{3,2}a_{2,2} & = & 0, \\ \multicolumn{5}{c}{\cdots\cdots\cdots\cdots\cdots\cdots\cdots\cdots} \\ x_{n,1}a_{1,2} + x_{n,2}a_{2,2} & = & x_{n,2}a_{2,2} & = & 0, \end{array}\right.$$

o sea, $a_{2,2} \neq 0$ y $x_{3,2} = \cdots = x_{n,2} = 0$. Continuando el proceso con las columnas restantes, se sigue el resultado.

✎ Al igual que en el problema anterior, se tiene un resultado análogo para matrices triangulares inferiores.

2.10 Sean $\mathcal{A}, \mathcal{B}, \mathcal{C} \in \mathbb{K}^{(m,n)}$, y $\mathcal{D} \in \mathbb{K}^{(m,m)}$ no singular, tales que

$$\mathcal{D}(\mathcal{A} + \mathcal{B} + \mathcal{C}) = \mathcal{O}_{m,n} . \tag{2.13}$$

(a) Probar que $\mathcal{A} = -(\mathcal{B} + \mathcal{C})$.

(b) Si $m = n$, $\mathcal{A}$ es la matriz nula, y $\mathcal{C}$ es no singular, probar que $\mathcal{B}$ es también no singular.

Resolución.

(a) Multiplicando a izquierda por $\mathcal{D}^{-1}$ los dos miembros de (2.13), se tiene

$$\mathcal{D}^{-1}\mathcal{D}(\mathcal{A} + \mathcal{B} + \mathcal{C}) = \mathcal{D}^{-1}\mathcal{O}_{m,n} ,$$

esto es,

$$\mathcal{I}_m(\mathcal{A} + \mathcal{B} + \mathcal{C}) = \mathcal{O}_{m,n} .$$

Por tanto, $\mathcal{A} + \mathcal{B} + \mathcal{C} = \mathcal{O}_{m,n}$, de donde se sigue el resultado.

(b) Para $m = n$, tomando $\mathcal{A} = \mathcal{O}_{m,m}$ en el resultado del apartado (a), se sigue que $\mathcal{B} = -\mathcal{C}$, con $\mathcal{C}$ no singular, luego $\mathcal{B}$ es no singular.

2.11 Determinar la inversa de la matriz por bloques

$$\mathcal{A} = \left(\begin{array}{c|c} \mathcal{I}_n & \mathcal{B} \\ \hline \mathcal{O}_{m,n} & \mathcal{I}_m \end{array}\right) \in \mathbb{K}^{(n+m,n+m)} ,$$

donde $\mathcal{B} \in \mathbb{K}^{(n,m)}$.

Resolución. Busquemos $\mathcal{X} = \left(\begin{array}{c|c} \mathcal{X}_1 & \mathcal{X}_2 \\ \hline \mathcal{X}_3 & \mathcal{X}_4 \end{array}\right) \in \mathbb{K}^{(n+m,n+m)}$ tal que $\mathcal{AX} = \mathcal{XA} = \mathcal{I}_{n+m}$, esto es,

$$\mathcal{I}_{n+m} = \left(\begin{array}{c|c} \mathcal{I}_n & \mathcal{O}_{n,m} \\ \hline \mathcal{O}_{m,n} & \mathcal{I}_m \end{array}\right) = \left(\begin{array}{c|c} \mathcal{I}_n & \mathcal{B} \\ \hline \mathcal{O}_{m,n} & \mathcal{I}_m \end{array}\right) \left(\begin{array}{c|c} \mathcal{X}_1 & \mathcal{X}_2 \\ \hline \mathcal{X}_3 & \mathcal{X}_4 \end{array}\right)$$
$$= \left(\begin{array}{c|c} \mathcal{X}_1 & \mathcal{X}_2 \\ \hline \mathcal{X}_3 & \mathcal{X}_4 \end{array}\right) \left(\begin{array}{c|c} \mathcal{I}_n & \mathcal{B} \\ \hline \mathcal{O}_{m,n} & \mathcal{I}_m \end{array}\right).$$

Así pues,

$$\left(\begin{array}{c|c} \mathcal{X}_1 + \mathcal{B}\mathcal{X}_3 & \mathcal{X}_2 + \mathcal{B}\mathcal{X}_4 \\ \hline \mathcal{X}_3 & \mathcal{X}_4 \end{array}\right) = \left(\begin{array}{c|c} \mathcal{X}_1 & \mathcal{X}_1\mathcal{B} + \mathcal{X}_2 \\ \hline \mathcal{X}_3 & \mathcal{X}_3\mathcal{B} + \mathcal{X}_4 \end{array}\right) = \left(\begin{array}{c|c} \mathcal{I}_n & \mathcal{O}_{n,m} \\ \hline \mathcal{O}_{m,n} & \mathcal{I}_m \end{array}\right),$$

de donde se sigue que

$$\mathcal{X}_3 = \mathcal{O}_{m,n}, \quad \mathcal{X}_4 = \mathcal{I}_m, \quad \mathcal{X}_1 = \mathcal{I}_n, \quad \mathcal{X}_2 = -\mathcal{B}.$$

Por tanto,

$$\mathcal{X} = \mathcal{A}^{-1} = \left(\begin{array}{c|c} \mathcal{I}_n & -\mathcal{B} \\ \hline \mathcal{O}_{m,n} & \mathcal{I}_m \end{array}\right).$$

2.12 Sean las matrices por bloques

$$\mathcal{A} = \left(\begin{array}{c|c} \mathcal{X} & \mathcal{Y} \\ \hline \mathcal{I}_n & \mathcal{O}_{n,m} \end{array}\right), \quad \mathcal{B} = \left(\begin{array}{c|c} \mathcal{I}_n & \mathcal{O}_{n,m} \\ \hline \mathcal{V} & \mathcal{W} \end{array}\right).$$

Dadas $\mathcal{X} \in \mathbb{K}^{(m,n)}$, $\mathcal{Y} \in \mathbb{K}^{(m,m)}$ no singular, determinar $\mathcal{V} \in \mathbb{K}^{(m,n)}$, $\mathcal{W} \in \mathbb{K}^{(m,m)}$ tales que

$$\mathcal{AB} = \left(\begin{array}{c|c} \mathcal{O}_{m,n} & \mathcal{I}_m \\ \hline \mathcal{I}_n & \mathcal{O}_{n,m} \end{array}\right).$$

Resolución. Realizando el producto $\mathcal{AB}$ por bloques,

$$\mathcal{AB} = \left(\begin{array}{c|c} \mathcal{X} + \mathcal{YV} & \mathcal{YW} \\ \hline \mathcal{I}_n & \mathcal{O}_{n,m} \end{array}\right) = \left(\begin{array}{c|c} \mathcal{O}_{m,n} & \mathcal{I}_m \\ \hline \mathcal{I}_n & \mathcal{O}_{n,m} \end{array}\right),$$

se sigue que

$$\begin{cases} \mathcal{X} + \mathcal{YV} = \mathcal{O}_{m,n}, \\ \mathcal{YW} = \mathcal{I}_m. \end{cases}$$

La primera de estas ecuaciones se puede escribir de forma equivalente como $\mathcal{YV} = -\mathcal{X}$. Multiplicando a izquierda ambos miembros por $\mathcal{Y}^{-1}$, se obtiene

$$\mathcal{V} = -\mathcal{Y}^{-1}\mathcal{X}.$$

De la misma manera, multiplicando a izquierda ambos miembros de la segunda ecuación por $\mathcal{Y}^{-1}$, se deduce que

$$\mathcal{W} = \mathcal{Y}^{-1}.$$

2.13 Demostrar las siguientes propiedades de la matriz inversa:

(a) La inversa de una matriz $\mathcal{A} \in \mathbb{K}^{(n,n)}$, si existe, es única.

(b) Si $\mathcal{A}, \mathcal{B} \in \mathbb{K}^{(n,n)}$ son no singulares, entonces $\mathcal{A}\mathcal{B}$ es también no singular, y además

$$(\mathcal{A}\mathcal{B})^{-1} = \mathcal{B}^{-1}\mathcal{A}^{-1} .$$

Más generalmente, si $\mathcal{A}_1, \mathcal{A}_2, \ldots, \mathcal{A}_p \in \mathbb{K}^{(n,n)}$ son no singulares, entonces $\mathcal{A}_1\mathcal{A}_2 \cdots \mathcal{A}_p$ es también no singular, y además

$$(\mathcal{A}_1\mathcal{A}_2 \cdots \mathcal{A}_p)^{-1} = \mathcal{A}_p^{-1} \cdots \mathcal{A}_2^{-1}\mathcal{A}_1^{-1} .$$

(c) Si $\mathcal{A} \in \mathbb{K}^{(n,n)}$ es no singular, entonces $\mathcal{A}^p$ ($p \in \mathbb{N}$) es también no singular, y además

$$(\mathcal{A}^p)^{-1} = \left(\mathcal{A}^{-1}\right)^p .$$

✎ Esta propiedad permite definir las potencias enteras negativas de $\mathcal{A}$ como $\mathcal{A}^{-p} = \left(\mathcal{A}^{-1}\right)^p$, $p \in \mathbb{N}$. La generalización a potencias no enteras se estudia en cursos más avanzados de álgebra lineal.

(d) Si $\mathcal{A} \in \mathbb{K}^{(n,n)}$ es no singular, entonces la matriz traspuesta $\mathcal{A}^{\mathrm{T}}$ es también no singular, y además

$$(\mathcal{A}^{\mathrm{T}})^{-1} = \left(\mathcal{A}^{-1}\right)^{\mathrm{T}} .$$

Resolución.

(a) Procediendo por reducción al absurdo, supongamos que $\mathcal{A}$ tiene dos inversas $\mathcal{B}$ y $\mathcal{C}$, con $\mathcal{B} \neq \mathcal{C}$. Al ser $\mathcal{B}$ una inversa de $\mathcal{A}$, se cumple en particular que

$$\mathcal{A}\mathcal{B} = \mathcal{I}_n .$$

Multiplicando a izquierda por $\mathcal{C}$ ambos miembros de esta igualdad, se tiene

$$\mathcal{C}\mathcal{A}\mathcal{B} = \mathcal{C}\mathcal{I}_n = \mathcal{C} .$$

Ahora bien, al ser $\mathcal{C}$ una inversa de $\mathcal{A}$ debe cumplir la condición

$$\mathcal{C}\mathcal{A} = \mathcal{I}_n ,$$

de donde se sigue que $\mathcal{B} = \mathcal{C}$, contra nuestra suposición de partida.

(b) Utilizando las propiedades del producto de matrices y la definición de la inversa, si $\mathcal{A}, \mathcal{B} \in \mathbb{K}^{(n,n)}$ son no singulares se tiene que

$$\begin{aligned}(\mathcal{A}\mathcal{B})(\mathcal{B}^{-1}\mathcal{A}^{-1}) &= \mathcal{A}(\mathcal{B}\mathcal{B}^{-1})\mathcal{A}^{-1} = \mathcal{A}\mathcal{I}_n\mathcal{A}^{-1} = \mathcal{A}\mathcal{A}^{-1} = \mathcal{I}_n ,\\ (\mathcal{B}^{-1}\mathcal{A}^{-1})(\mathcal{A}\mathcal{B}) &= \mathcal{B}^{-1}(\mathcal{A}^{-1}\mathcal{A})\mathcal{B} = \mathcal{B}^{-1}\mathcal{I}_n\mathcal{B} = \mathcal{B}^{-1}\mathcal{B} = \mathcal{I}_n .\end{aligned}$$

Por tanto, $\mathcal{B}^{-1}\mathcal{A}^{-1}$ es la matriz inversa de $\mathcal{A}\mathcal{B}$.

La generalización a un producto de p matrices se demuestra por inducción. Ya hemos demostrado que la igualdad

$$(\mathcal{A}_1\mathcal{A}_2 \cdots \mathcal{A}_p)^{-1} = \mathcal{A}_p^{-1} \cdots \mathcal{A}_2^{-1}\mathcal{A}_1^{-1}$$

es válida para $p = 2$. Por otra parte, si se verifica para $p \in \mathbb{N}$, entonces

$$\begin{aligned}(\mathcal{A}_1\mathcal{A}_2 \cdots \mathcal{A}_p\mathcal{A}_{p+1})^{-1} &= \left((\mathcal{A}_1\mathcal{A}_2 \cdots \mathcal{A}_p)\mathcal{A}_{p+1}\right)^{-1} = \mathcal{A}_{p+1}^{-1}(\mathcal{A}_1\mathcal{A}_2 \cdots \mathcal{A}_p)^{-1}\\ &= \mathcal{A}_{p+1}^{-1}\mathcal{A}_p^{-1} \cdots \mathcal{A}_2^{-1}\mathcal{A}_1^{-1} ,\end{aligned}$$

luego también se verifica para $p + 1$.

(c) Basta tomar $\mathcal{A}_1 = \mathcal{A}_2 = \cdots = \mathcal{A}_p = \mathcal{A}$ en el resultado del apartado (b).

(d) Utilizando las propiedades de la traspuesta y la definición de la inversa, si $\mathcal{A} \in \mathbb{K}^{(n,n)}$ es no singular se tiene que

$$\mathcal{A}^{\mathrm{T}}\left(\mathcal{A}^{-1}\right)^{\mathrm{T}} = \left(\mathcal{A}^{-1}\mathcal{A}\right)^{\mathrm{T}} = (\mathcal{I}_n)^{\mathrm{T}} = \mathcal{I}_n \,,$$
$$\left(\mathcal{A}^{-1}\right)^{\mathrm{T}}\mathcal{A}^{\mathrm{T}} = \left(\mathcal{A}\mathcal{A}^{-1}\right)^{\mathrm{T}} = (\mathcal{I}_n)^{\mathrm{T}} = \mathcal{I}_n \,.$$

Por tanto, $\left(\mathcal{A}^{-1}\right)^{\mathrm{T}}$ es la matriz inversa de $\mathcal{A}^{\mathrm{T}}$.

2.14 Dada una matriz $\mathcal{A} \in \mathbb{R}^{(m,n)}$ tal que $\mathcal{A}^{\mathrm{T}}\mathcal{A} \in \mathbb{R}^{(n,n)}$ es no singular, construimos $\mathcal{B} = \mathcal{A}\left(\mathcal{A}^{\mathrm{T}}\mathcal{A}\right)^{-1}\mathcal{A}^{\mathrm{T}} \in \mathbb{R}^{(m,m)}$. Demostrar que

(a) $\mathcal{B}$ es una matriz simétrica.

(b) $\mathcal{B}^2 - \mathcal{B} = \mathcal{O}_{m,m}$.

(c) $\mathcal{B}\mathcal{A} - \mathcal{A} = \mathcal{O}_{m,n}$.

Resolución.

(a) Usando las propiedades de la traspuesta (ver los problemas resueltos 2.6 y 2.13), se tiene que

$$\begin{aligned}\mathcal{B}^{\mathrm{T}} &= \left[\mathcal{A}\left(\mathcal{A}^{\mathrm{T}}\mathcal{A}\right)^{-1}\mathcal{A}^{\mathrm{T}}\right]^{\mathrm{T}} = \left(\mathcal{A}^{\mathrm{T}}\right)^{\mathrm{T}}\left[\left(\mathcal{A}^{\mathrm{T}}\mathcal{A}\right)^{-1}\right]^{\mathrm{T}}\mathcal{A}^{\mathrm{T}} = \mathcal{A}\left[\left(\mathcal{A}^{\mathrm{T}}\mathcal{A}\right)^{\mathrm{T}}\right]^{-1}\mathcal{A}^{\mathrm{T}} \\ &= \mathcal{A}\left[\mathcal{A}^{\mathrm{T}}\left(\mathcal{A}^{\mathrm{T}}\right)^{\mathrm{T}}\right]^{-1}\mathcal{A}^{\mathrm{T}} = \mathcal{A}\left(\mathcal{A}^{\mathrm{T}}\mathcal{A}\right)^{-1}\mathcal{A}^{\mathrm{T}} = \mathcal{B} \,,\end{aligned}$$

de donde se sigue el resultado.

(b) Un cálculo directo muestra que

$$\mathcal{B}^2 = \mathcal{B}\mathcal{B} = \mathcal{A}\left(\mathcal{A}^{\mathrm{T}}\mathcal{A}\right)^{-1}\mathcal{A}^{\mathrm{T}}\mathcal{A}\left(\mathcal{A}^{\mathrm{T}}\mathcal{A}\right)^{-1}\mathcal{A}^{\mathrm{T}} = \mathcal{A}\,\mathcal{I}_n\left(\mathcal{A}^{\mathrm{T}}\mathcal{A}\right)^{-1}\mathcal{A}^{\mathrm{T}} = \mathcal{A}\left(\mathcal{A}^{\mathrm{T}}\mathcal{A}\right)^{-1}\mathcal{A}^{\mathrm{T}} = \mathcal{B} \,,$$

de donde se sigue el resultado.

(c) Análogamente,

$$\mathcal{B}\mathcal{A} = \mathcal{A}\left(\mathcal{A}^{\mathrm{T}}\mathcal{A}\right)^{-1}\mathcal{A}^{\mathrm{T}}\mathcal{A} = \mathcal{A}\,\mathcal{I}_n = \mathcal{A} \,,$$

de donde se sigue el resultado.

2.15 La matriz $\mathcal{A} \in \mathbb{K}^{(n,n)}$ se denomina *nilpotente de orden* p, con $p \in \mathbb{N}$, si $\mathcal{A}^p = \mathcal{O}_{n,n}$ y $\mathcal{A}^k \neq \mathcal{O}_{n,n}$ para todo $k < p$.

(a) Probar que toda matriz nilpotente es singular.

(b) Demostrar que, si $\mathcal{A}$ es nilpotente de orden p, entonces $\mathcal{I}_n - \mathcal{A}$ es una matriz no singular, y además

$$(\mathcal{I}_n - \mathcal{A})^{-1} = \mathcal{I}_n + \mathcal{A} + \mathcal{A}^2 + \cdots + \mathcal{A}^{p-1} \,.$$

(c) Determinar todas las matrices de $\mathbb{K}^{(2,2)}$ que son nilpotentes de orden 2.

Resolución.

(a) Sea $\mathcal{A} \in \mathbb{K}^{(n,n)}$ una matriz nilpotente de orden p. Si suponemos que $\mathcal{A}$ es invertible, podemos multiplicar por $\mathcal{A}^{-1}$ ambos miembros de la igualdad $\mathcal{A}^p = \mathcal{O}_{n,n}$. Se tiene entonces que $\mathcal{A}^{p-1} = \mathcal{O}_{n,n}$, pero esto no puede ocurrir porque debe cumplirse que $\mathcal{A}^k \neq \mathcal{O}_{n,n}$ para todo $k < p$.

(b) Es inmediato comprobar que, si $\mathcal{A}^p = \mathcal{O}_{n,n}$,

$$\begin{aligned}&(\mathcal{I}_n - \mathcal{A})\left(\mathcal{I}_n + \mathcal{A} + \mathcal{A}^2 + \cdots + \mathcal{A}^{p-1}\right)\\&= \mathcal{I}_n\left(\mathcal{I}_n + \mathcal{A} + \mathcal{A}^2 + \cdots + \mathcal{A}^{p-1}\right) - \mathcal{A}\left(\mathcal{I}_n + \mathcal{A} + \mathcal{A}^2 + \cdots + \mathcal{A}^{p-1}\right)\\&= \left(\mathcal{I}_n + \mathcal{A} + \mathcal{A}^2 + \cdots + \mathcal{A}^{p-1}\right) - \left(\mathcal{A} + \mathcal{A}^2 + \mathcal{A}^3 + \cdots + \mathcal{A}^p\right)\\&= \mathcal{I}_n - \mathcal{A}^p = \mathcal{I}_n - \mathcal{O}_{n,n} = \mathcal{I}_n\,.\end{aligned}$$

Análogamente se demuestra que $\left(\mathcal{I}_n + \mathcal{A} + \mathcal{A}^2 + \cdots + \mathcal{A}^{p-1}\right)(\mathcal{I}_n - \mathcal{A}) = \mathcal{I}_n$, de donde se sigue el resultado.

(c) Sea $\mathcal{A}$ una matriz arbitraria de $\mathbb{K}^{(2,2)}$,

$$\mathcal{A} = \begin{pmatrix} \alpha & \beta \\ \gamma & \delta \end{pmatrix}.$$

Para que $\mathcal{A}$ sea nilpotente de orden 2 debe cumplir la condición $\mathcal{A}^2 = \mathcal{O}_{n,n}$, siendo $\mathcal{A} \neq \mathcal{O}_{n,n}$. Dado que

$$\mathcal{A}^2 = \begin{pmatrix} \alpha & \beta \\ \gamma & \delta \end{pmatrix}\begin{pmatrix} \alpha & \beta \\ \gamma & \delta \end{pmatrix} = \begin{pmatrix} \alpha^2 + \beta\gamma & \beta(\alpha+\delta) \\ \gamma(\alpha+\delta) & \delta^2 + \beta\gamma \end{pmatrix},$$

la ecuación matricial $\mathcal{A}^2 = \mathcal{O}_{n,n}$ equivale a las ecuaciones

$$\left\{\begin{array}{rcl} \alpha^2 + \beta\gamma & = & 0\,, \\ \beta(\alpha+\delta) & = & 0\,, \\ \gamma(\alpha+\delta) & = & 0\,, \\ \delta^2 + \beta\gamma & = & 0\,. \end{array}\right.$$

Si $\beta = 0$ y $\gamma = 0$, las ecuaciones primera y cuarta implican, respectivamente, que también $\alpha = 0$ y $\delta = 0$. Se sigue que, en este caso, $\mathcal{A} = \mathcal{O}_{n,n}$, y por tanto $\mathcal{A}$ no es nilpotente de orden 2. Así pues, al menos uno de los números β, γ debe ser distinto de 0.

Si $\beta \neq 0$, la segunda ecuación implica que $\alpha+\delta = 0$, esto es, $\delta = -\alpha$. Entonces las ecuaciones primera y cuarta coinciden, y de ellas se sigue que $\gamma = -\frac{\alpha^2}{\beta}$. Se encuentra así la familia de matrices nilpotentes de orden 2

$$\mathcal{A} = \begin{pmatrix} \alpha & \beta \\ -\frac{\alpha^2}{\beta} & -\alpha \end{pmatrix}, \quad \alpha \in \mathbb{K}, \quad \beta \in \mathbb{K} \setminus \{0\}.$$

Análogamente, si $\gamma \neq 0$, la tercera ecuación implica que $\alpha+\delta = 0$, esto es, $\delta = -\alpha$. Entonces las ecuaciones primera y cuarta coinciden, y de ellas se sigue que $\beta = -\frac{\alpha^2}{\gamma}$. Se encuentra así la familia de matrices nilpotentes de orden 2

$$\mathcal{A} = \begin{pmatrix} \alpha & -\frac{\alpha^2}{\gamma} \\ \gamma & -\alpha \end{pmatrix}, \quad \alpha \in \mathbb{K}, \quad \gamma \in \mathbb{K} \setminus \{0\}.$$

En conclusión, $\mathcal{A} \in \mathbb{K}^{(2,2)}$ es una matriz nilpotente de orden 2 si y sólo si se puede escribir en alguna de las dos formas anteriores.

2.16 Dada una matriz $\mathcal{A} \in \mathbb{K}^{(m,n)}$, se dice que $\mathcal{B} \in \mathbb{K}^{(n,m)}$ es una *inversa a izquierda* de $\mathcal{A}$ si $\mathcal{B}\mathcal{A} = \mathcal{I}_n$. Análogamente, se dice que $\mathcal{C} \in \mathbb{K}^{(n,m)}$ es una *inversa a derecha* de $\mathcal{A}$ si $\mathcal{A}\mathcal{C} = \mathcal{I}_m$.

(a) Demostrar que, si una matriz $\mathcal{A}$ tiene a la vez una inversa a izquierda $\mathcal{B}$ y una inversa a derecha $\mathcal{C}$, entonces estas dos inversas deben ser iguales.

(b) Deducir del apartado anterior que si $m \neq n$ la matriz $\mathcal{A} \in \mathbb{K}^{(m,n)}$ no puede tener a la vez una inversa a izquierda y una inversa a derecha.

Resolución.

(a) Al ser $\mathcal{B}$ una inversa a izquierda de $\mathcal{A}$, debe cumplir

$$\mathcal{B}\mathcal{A} = \mathcal{I}_n \,.$$

Multiplicando a derecha por $\mathcal{C}$ ambos miembros de la igualdad anterior, se tiene

$$\mathcal{B}\mathcal{A}\mathcal{C} = \mathcal{I}_n\mathcal{C} = \mathcal{C} \,.$$

Ahora bien, al ser $\mathcal{C}$ una inversa a derecha de $\mathcal{A}$ debe cumplir la condición

$$\mathcal{A}\mathcal{C} = \mathcal{I}_m \,,$$

de donde se sigue que $\mathcal{B} = \mathcal{C}$.

(b) Sea $\mathcal{A} \in \mathbb{K}^{(m,n)}$ una matriz que tiene tanto inversa a izquierda como inversa a derecha. Entonces, como hemos visto en el apartado (a), esas dos inversas deben ser iguales. Esto es, debe existir una matriz $\mathcal{B} \in \mathbb{K}^{(n,m)}$ tal que

$$\mathcal{B}\mathcal{A} = \mathcal{I}_n \,, \quad \mathcal{A}\mathcal{B} = \mathcal{I}_m \,.$$

Tomando trazas en ambos miembros de estas igualdades, se tiene

$$\text{traza}\,(\mathcal{B}\mathcal{A}) = n \,, \quad \text{traza}\,(\mathcal{A}\mathcal{B}) = m \,.$$

Ahora bien, por la propiedad de la traza demostrada en el problema resuelto 2.5 (c), de la anterior igualdad se sigue que $n = m$, lo que prueba el resultado.

2.17 Sea $\mathcal{A} \in \mathbb{K}^{(n,n)}$ no singular. Estudiar cómo varía la inversa de $\mathcal{A}$ cuando esta matriz se multiplica a izquierda por matrices elementales de cada uno de los tres tipos.

Resolución. Si la inversa de $\mathcal{A}$ es $\mathcal{A}^{-1}$, la inversa de $\mathcal{E}\mathcal{A}$, donde $\mathcal{E}$ es una matriz elemental, vendrá dada por $(\mathcal{E}\mathcal{A})^{-1} = \mathcal{A}^{-1}\mathcal{E}^{-1}$. Esto es, si $\mathcal{A}$ se multiplica a izquierda por una matriz elemental, la inversa de $\mathcal{A}$ queda multiplicada a derecha por una matriz elemental que es la inversa de la anterior.

(i) Si $\mathcal{E} = \mathcal{P}_{i,j}$,

$$(\mathcal{P}_{i,j}\mathcal{A})^{-1} = \mathcal{A}^{-1}\mathcal{P}_{i,j}^{-1} = \mathcal{A}^{-1}\mathcal{P}_{i,j} \,.$$

Por tanto, si $\mathcal{A}$ se multiplica a izquierda por la matriz elemental de permutación $\mathcal{P}_{i,j}$, la inversa de $\mathcal{A}$ queda multiplicada a derecha por esa misma matriz. Así pues, la inversa varía en que las columnas i-ésima y j-ésima quedan permutadas.

(ii) Si $\mathcal{E} = \mathcal{D}_i(\alpha)$,

$$\big(\mathcal{D}_i(\alpha)\mathcal{A}\big)^{-1} = \mathcal{A}^{-1}\big(\mathcal{D}_i(\alpha)\big)^{-1} = \mathcal{A}^{-1}\mathcal{D}_i\left(\frac{1}{\alpha}\right) \,.$$

Por tanto, si $\mathcal{A}$ se multiplica a izquierda por la matriz elemental de dilatación $\mathcal{D}_i(\alpha)$, la inversa de $\mathcal{A}$ queda multiplicada a derecha por $\mathcal{D}_i\left(\frac{1}{\alpha}\right)$. Así pues, la inversa varía en que la columna i-ésima queda dividida por α.

(iii) Si $\mathcal{E} = \mathcal{M}_{i,j}(\beta)$,

$$\big(\mathcal{M}_{i,j}(\beta)\mathcal{A}\big)^{-1} = \mathcal{A}^{-1}\big(\mathcal{M}_{i,j}(\beta)\big)^{-1} = \mathcal{A}^{-1}\mathcal{M}_{i,j}(-\beta) \,.$$

Por tanto, si $\mathcal{A}$ se multiplica a izquierda por la matriz elemental de adición $\mathcal{M}_{i,j}(\beta)$, la inversa de $\mathcal{A}$ queda multiplicada a derecha por $\mathcal{M}_{i,j}(-\beta)$. Así pues, la inversa varía en que a la columna i-ésima se le resta la j-ésima multiplicada por β.

2.18 Sean $\mathcal{A} \in \mathbb{K}^{(n,n)}$ y $\mathcal{B} \in \mathbb{K}^{(n,p)}$. Si la matriz por bloques $(\mathcal{A}|\mathcal{B})$ se puede transformar mediante multiplicaciones a izquierda por matrices elementales en la matriz $(\mathcal{I}_n|\mathcal{X})$, con $\mathcal{X} \in \mathbb{K}^{(n,p)}$, ¿qué relación existe entre las matrices $\mathcal{A}$, $\mathcal{B}$, $\mathcal{I}_n$ y $\mathcal{X}$?

Resolución. Mediante multiplicaciones a izquierda por matrices elementales sobre $(\mathcal{A}|\mathcal{B})$, $\mathcal{A}$ se transforma primero en una matriz triangular superior, con el proceso de triangularización hacia abajo, y después en la matriz identidad $\mathcal{I}_n$ con el proceso hacia arriba. Así, la misma secuencia de operaciones elementales por filas que transforma $\mathcal{A}$ en la matriz identidad $\mathcal{I}_n$, transforma también la matriz $\mathcal{B}$ en $\mathcal{X}$. Se tiene entonces que

$$\mathcal{I}_n = \mathcal{E}\mathcal{A}, \quad \mathcal{X} = \mathcal{E}\mathcal{B},$$

siendo $\mathcal{E}$ un producto de matrices elementales. Por tanto, $\mathcal{E} = \mathcal{A}^{-1}$, de donde se sigue que $\mathcal{X} = \mathcal{A}^{-1}\mathcal{B}$.

2.19 Calcular la inversa de la matriz

$$\mathcal{A} = \begin{pmatrix} 1 & 2 & 2 \\ 2 & 1 & -3 \\ 1 & 1 & -1 \end{pmatrix}.$$

Resolución. Siguiendo los pasos expuestos en el ejemplo 2.6, partimos de la matriz por bloques

$$(\mathcal{A} \mid \mathcal{I}_3) = \left(\begin{array}{ccc|ccc} 1 & 2 & 2 & 1 & 0 & 0 \\ 2 & 1 & -3 & 0 & 1 & 0 \\ 1 & 1 & -1 & 0 & 0 & 1 \end{array}\right).$$

A la segunda fila le restamos la primera multiplicada por 2, y a la tercera fila le restamos la primera. Así obtenemos la matriz

$$\left(\begin{array}{ccc|ccc} 1 & 2 & 2 & 1 & 0 & 0 \\ 0 & -3 & -7 & -2 & 1 & 0 \\ 0 & -1 & -3 & -1 & 0 & 1 \end{array}\right). \tag{2.14}$$

A continuación, en la matriz (2.14), a la tercera fila le sumamos la segunda multiplicada por $-\frac{1}{3}$,

$$\left(\begin{array}{ccc|ccc} 1 & 2 & 2 & 1 & 0 & 0 \\ 0 & -3 & -7 & -2 & 1 & 0 \\ 0 & 0 & -\frac{2}{3} & -\frac{1}{3} & -\frac{1}{3} & 1 \end{array}\right). \tag{2.15}$$

Una vez concluido el proceso de triangularización hacia abajo, iniciamos el proceso hacia arriba. En la matriz (2.15), a la segunda fila le sumamos la tercera multiplicada por $-\frac{21}{2}$, y a la primera fila le sumamos la tercera multiplicada por 3,

$$\left(\begin{array}{ccc|ccc} 1 & 2 & 0 & 0 & -1 & 3 \\ 0 & -3 & 0 & \frac{3}{2} & \frac{9}{2} & -\frac{21}{2} \\ 0 & 0 & -\frac{2}{3} & -\frac{1}{3} & -\frac{1}{3} & 1 \end{array}\right). \tag{2.16}$$

Ahora, en (2.16) sumamos a la primera fila la segunda multiplicada por $\frac{2}{3}$,

$$\left(\begin{array}{ccc|ccc} 1 & 0 & 0 & 1 & 2 & -4 \\ 0 & -3 & 0 & \frac{3}{2} & \frac{9}{2} & -\frac{21}{2} \\ 0 & 0 & -\frac{2}{3} & -\frac{1}{3} & -\frac{1}{3} & 1 \end{array}\right).$$

Finalmente, en esta última matriz dividimos la segunda fila por -3 y la segunda por $-\frac{2}{3}$,

$$\left(\begin{array}{ccc|ccc} 1 & 0 & 0 & 1 & 2 & -4 \\ 0 & 1 & 0 & -\frac{1}{2} & -\frac{3}{2} & \frac{7}{2} \\ 0 & 0 & 1 & \frac{1}{2} & \frac{1}{2} & -\frac{3}{2} \end{array}\right) = (\mathcal{I}_3|\mathcal{A}^{-1}),$$

de donde se sigue que la matriz inversa de $\mathcal{A}$ es

$$\mathcal{A}^{-1} = \begin{pmatrix} 1 & 2 & -4 \\ -\frac{1}{2} & -\frac{3}{2} & \frac{7}{2} \\ \frac{1}{2} & \frac{1}{2} & -\frac{3}{2} \end{pmatrix}.$$

2.20 Calcular la inversa de la matriz

$$\mathcal{A} = \begin{pmatrix} 1 & 2 & 1 \\ 1 & 1 & -1 \\ 1 & 1 & 0 \end{pmatrix}.$$

Resolución. Al igual que en el problema anterior, comenzamos con la matriz

$$(\mathcal{A}\,|\,\mathcal{I}_3) = \left(\begin{array}{ccc|ccc} 1 & 2 & 1 & 1 & 0 & 0 \\ 1 & 1 & -1 & 0 & 1 & 0 \\ 1 & 1 & 0 & 0 & 0 & 1 \end{array}\right),$$

sobre la que realizaremos operaciones elementales por filas hasta transformar el bloque de la izquierda en la matriz identidad $\mathcal{I}_3$. Si a las filas segunda y tercera les restamos la primera,

$$\left(\begin{array}{ccc|ccc} 1 & 2 & 1 & 1 & 0 & 0 \\ 0 & -1 & -2 & -1 & 1 & 0 \\ 0 & -1 & -1 & -1 & 0 & 1 \end{array}\right). \tag{2.17}$$

Ahora, en la matriz (2.17), a la tercera fila le restamos la segunda,

$$\left(\begin{array}{ccc|ccc} 1 & 2 & 1 & 1 & 0 & 0 \\ 0 & -1 & -2 & -1 & 1 & 0 \\ 0 & 0 & 1 & 0 & -1 & 1 \end{array}\right). \tag{2.18}$$

Una vez concluido el proceso de triangularización hacia abajo, iniciamos el proceso hacia arriba. En la matriz (2.18), a la segunda fila le sumamos la tercera multiplicada por 2, y a la primera fila le restamos la tercera,

$$\left(\begin{array}{ccc|ccc} 1 & 2 & 0 & 1 & 1 & -1 \\ 0 & -1 & 0 & -1 & -1 & 2 \\ 0 & 0 & 1 & 0 & -1 & 1 \end{array}\right). \tag{2.19}$$

En (2.19), sumamos a la primera fila la segunda multiplicada por 2,

$$\left(\begin{array}{ccc|ccc} 1 & 0 & 0 & -1 & -1 & 3 \\ 0 & -1 & 0 & -1 & -1 & 2 \\ 0 & 0 & 1 & 0 & -1 & 1 \end{array}\right).$$

Finalmente, en esta última matriz multiplicamos la segunda fila por -1,

$$\left(\begin{array}{ccc|ccc} 1 & 0 & 0 & -1 & -1 & 3 \\ 0 & 1 & 0 & 1 & 1 & -2 \\ 0 & 0 & 1 & 0 & -1 & 1 \end{array}\right) = \left(\mathcal{I}_3 | \mathcal{A}^{-1}\right),$$

de donde se sigue que

$$\mathcal{A}^{-1} = \begin{pmatrix} -1 & -1 & 3 \\ 1 & 1 & -2 \\ 0 & -1 & 1 \end{pmatrix}.$$

2.21 Calcular la inversa de la matriz

$$\mathcal{A} = \begin{pmatrix} 1 & 1 & 1 & 0 \\ 1 & 1 & 0 & 1 \\ 1 & 0 & 1 & 0 \\ 0 & 1 & 1 & 0 \end{pmatrix}.$$

Resolución. Partimos de la matriz

$$(\mathcal{A}|\mathcal{I}_4) = \left(\begin{array}{cccc|cccc} 1 & 1 & 1 & 0 & 1 & 0 & 0 & 0 \\ 1 & 1 & 0 & 1 & 0 & 1 & 0 & 0 \\ 1 & 0 & 1 & 0 & 0 & 0 & 1 & 0 \\ 0 & 1 & 1 & 0 & 0 & 0 & 0 & 1 \end{array}\right).$$

Empezamos por restar la primera fila a las filas segunda y tercera, lo que conduce a la matriz

$$\left(\begin{array}{cccc|cccc} 1 & 1 & 1 & 0 & 1 & 0 & 0 & 0 \\ 0 & 0 & -1 & 1 & -1 & 1 & 0 & 0 \\ 0 & -1 & 0 & 0 & -1 & 0 & 1 & 0 \\ 0 & 1 & 1 & 0 & 0 & 0 & 0 & 1 \end{array}\right).$$

A continuación intercambiamos las filas segunda y cuarta,

$$\left(\begin{array}{cccc|cccc} 1 & 1 & 1 & 0 & 1 & 0 & 0 & 0 \\ 0 & 1 & 1 & 0 & 0 & 0 & 0 & 1 \\ 0 & -1 & 0 & 0 & -1 & 0 & 1 & 0 \\ 0 & 0 & -1 & 1 & -1 & 1 & 0 & 0 \end{array}\right),$$

sumamos la segunda fila a la tercera,

$$\left(\begin{array}{cccc|cccc} 1 & 1 & 1 & 0 & 1 & 0 & 0 & 0 \\ 0 & 1 & 1 & 0 & 0 & 0 & 0 & 1 \\ 0 & 0 & 1 & 0 & -1 & 0 & 1 & 1 \\ 0 & 0 & -1 & 1 & -1 & 1 & 0 & 0 \end{array}\right),$$

y sumamos la tercera fila a la cuarta, con lo que completamos el proceso de triangularización hacia abajo,

$$\left(\begin{array}{cccc|cccc} 1 & 1 & 1 & 0 & 1 & 0 & 0 & 0 \\ 0 & 1 & 1 & 0 & 0 & 0 & 0 & 1 \\ 0 & 0 & 1 & 0 & -1 & 0 & 1 & 1 \\ 0 & 0 & 0 & 1 & -2 & 1 & 1 & 1 \end{array}\right).$$

Ahora restamos la tercera fila a las filas primera y segunda,

$$\left(\begin{array}{cccc|cccc} 1 & 1 & 0 & 0 & 2 & 0 & -1 & -1 \\ 0 & 1 & 0 & 0 & 1 & 0 & -1 & 0 \\ 0 & 0 & 1 & 0 & -1 & 0 & 1 & 1 \\ 0 & 0 & 0 & 1 & -2 & 1 & 1 & 1 \end{array}\right),$$

y, finalmente, a la primera fila le restamos la segunda,

$$\left(\begin{array}{cccc|cccc} 1 & 0 & 0 & 0 & 1 & 0 & 0 & -1 \\ 0 & 1 & 0 & 0 & 1 & 0 & -1 & 0 \\ 0 & 0 & 1 & 0 & -1 & 0 & 1 & 1 \\ 0 & 0 & 0 & 1 & -2 & 1 & 1 & 1 \end{array}\right) = (\mathcal{I}_4|\mathcal{A}^{-1}).$$

Concluimos así que

$$\mathcal{A}^{-1} = \begin{pmatrix} 1 & 0 & 0 & -1 \\ 1 & 0 & -1 & 0 \\ -1 & 0 & 1 & 1 \\ -2 & 1 & 1 & 1 \end{pmatrix}.$$

2.22 Sea la matriz

$$\mathcal{A} = \begin{pmatrix} 1 & 3 & 0 & 1 \\ 2 & 5 & 0 & 2 \\ -3 & -9 & 1 & -3 \\ -6 & -18 & 2 & -4 \end{pmatrix}.$$

(a) Hallar la matriz inversa de $\mathcal{A}$.

(b) Escribir $\mathcal{A}$ como un producto de matrices elementales.

Resolución.

(a) Partimos de la matriz

$$(\mathcal{A}|\mathcal{I}_4) = \left(\begin{array}{cccc|cccc} 1 & 3 & 0 & 1 & 1 & 0 & 0 & 0 \\ 2 & 5 & 0 & 2 & 0 & 1 & 0 & 0 \\ -3 & -9 & 1 & -3 & 0 & 0 & 1 & 0 \\ -6 & -18 & 2 & -4 & 0 & 0 & 0 & 1 \end{array}\right).$$

Empezamos por restar a la segunda fila la primera multiplicada por 2, sumar a la tercera fila la primera multiplicada por 3, y sumar a la cuarta fila la primera multiplicada por 6,

$$\left(\begin{array}{cccc|cccc} 1 & 3 & 0 & 1 & 1 & 0 & 0 & 0 \\ 0 & -1 & 0 & 0 & -2 & 1 & 0 & 0 \\ 0 & 0 & 1 & 0 & 3 & 0 & 1 & 0 \\ 0 & 0 & 2 & 2 & 6 & 0 & 0 & 1 \end{array}\right).$$

Restando a la cuarta fila la tercera multiplicada por 2, completamos el proceso de triangularización hacia abajo,

$$\left(\begin{array}{cccc|cccc} 1 & 3 & 0 & 1 & 1 & 0 & 0 & 0 \\ 0 & -1 & 0 & 0 & -2 & 1 & 0 & 0 \\ 0 & 0 & 1 & 0 & 3 & 0 & 1 & 0 \\ 0 & 0 & 0 & 2 & 0 & 0 & -2 & 1 \end{array}\right).$$

Multiplicando la segunda fila por -1 y dividiendo la cuarta por 2,

$$\left(\begin{array}{cccc|cccc} 1 & 3 & 0 & 1 & 1 & 0 & 0 & 0 \\ 0 & 1 & 0 & 0 & 2 & -1 & 0 & 0 \\ 0 & 0 & 1 & 0 & 3 & 0 & 1 & 0 \\ 0 & 0 & 0 & 1 & 0 & 0 & -1 & \frac{1}{2} \end{array}\right).$$

Finalmente, a la primera fila le restamos la segunda multiplicada por 3 y la cuarta, con lo que se obtiene la matriz

$$\left(\begin{array}{cccc|cccc} 1 & 0 & 0 & 0 & -5 & 3 & 1 & -\frac{1}{2} \\ 0 & 1 & 0 & 0 & 2 & -1 & 0 & 0 \\ 0 & 0 & 1 & 0 & 3 & 0 & 1 & 0 \\ 0 & 0 & 0 & 1 & 0 & 0 & -1 & \frac{1}{2} \end{array}\right) = \left(\mathcal{I}_4 | \mathcal{A}^{-1}\right).$$

Concluimos así que

$$\mathcal{A}^{-1} = \begin{pmatrix} -5 & 3 & 1 & -\frac{1}{2} \\ 2 & -1 & 0 & 0 \\ 3 & 0 & 1 & 0 \\ 0 & 0 & -1 & \frac{1}{2} \end{pmatrix}.$$

(b) Como sabemos, hacer una operación elemental de filas sobre una matriz equivale a multiplicarla a izquierda por la matriz elemental correspondiente. Por tanto, de la secuencia de operaciones elementales que hemos realizado sobre $(\mathcal{A}|\mathcal{I}_4)$ en el apartado anterior para obtener $\left(\mathcal{I}_4|\mathcal{A}^{-1}\right)$, se sigue que

$$\begin{aligned} \mathcal{A}^{-1} &= \mathcal{M}_{1,4}(-1)\mathcal{M}_{1,2}(-3)\mathcal{D}_4\left(\tfrac{1}{2}\right)\mathcal{D}_2(-1)\mathcal{M}_{4,3}(-2)\mathcal{M}_{4,1}(6)\mathcal{M}_{3,1}(3)\mathcal{M}_{2,1}(-2)\mathcal{I}_4 \\ &= \mathcal{M}_{1,4}(-1)\mathcal{M}_{1,2}(-3)\mathcal{D}_4\left(\tfrac{1}{2}\right)\mathcal{D}_2(-1)\mathcal{M}_{4,3}(-2)\mathcal{M}_{4,1}(6)\mathcal{M}_{3,1}(3)\mathcal{M}_{2,1}(-2). \end{aligned}$$

Así pues,

$$\begin{aligned} \mathcal{A} &= \left[\mathcal{M}_{1,4}(-1)\mathcal{M}_{1,2}(-3)\mathcal{D}_4\left(\tfrac{1}{2}\right)\mathcal{D}_2(-1)\mathcal{M}_{4,3}(-2)\mathcal{M}_{4,1}(6)\mathcal{M}_{3,1}(3)\mathcal{M}_{2,1}(-2)\right]^{-1} \\ &= [\mathcal{M}_{2,1}(-2)]^{-1}[\mathcal{M}_{3,1}(3)]^{-1}[\mathcal{M}_{4,1}(6)]^{-1}[\mathcal{M}_{4,3}(-2)]^{-1}[\mathcal{D}_2(-1)]^{-1}[\mathcal{D}_4\left(\tfrac{1}{2}\right)]^{-1}[\mathcal{M}_{1,2}(-3)]^{-1} \\ &\times [\mathcal{M}_{1,4}(-1)]^{-1}. \end{aligned}$$

Finalmente, usando las expresiones de las inversas de las matrices elementales, se tiene que

$$\mathcal{A} = \mathcal{M}_{2,1}(2)\mathcal{M}_{3,1}(-3)\mathcal{M}_{4,1}(-6)\mathcal{M}_{4,3}(2)\mathcal{D}_2(-1)\mathcal{D}_4(2)\mathcal{M}_{1,2}(3)\mathcal{M}_{1,4}(1).$$

2.23 Dada la matriz

$$\mathcal{A} = \begin{pmatrix} 1 & 1 & 1 & -1 \\ 1 & 1 & -1 & 1 \\ 1 & -1 & 1 & 1 \\ 1 & 1 & 1 & 1 \end{pmatrix},$$

(a) Calcular la matriz inversa de $\mathcal{A}$.

(b) Usar el resultado obtenido en el apartado anterior para hallar el vector $\boldsymbol{x} \in \mathbb{R}^4$ tal que $\mathcal{A}\boldsymbol{x} = \boldsymbol{b}$, donde $\boldsymbol{b} = (-1, 1, -1, 1)$.

Resolución.

(a) Partimos de la matriz

$$(\mathcal{A} \,|\, \mathcal{I}_4) = \left(\begin{array}{cccc|cccc} 1 & 1 & 1 & -1 & 1 & 0 & 0 & 0 \\ 1 & 1 & -1 & 1 & 0 & 1 & 0 & 0 \\ 1 & -1 & 1 & 1 & 0 & 0 & 1 & 0 \\ 1 & 1 & 1 & 1 & 0 & 0 & 0 & 1 \end{array}\right).$$

Restando la primera fila a cada una de las otras tres, esta matriz se transforma en

$$\left(\begin{array}{cccc|cccc} 1 & 1 & 1 & -1 & 1 & 0 & 0 & 0 \\ 0 & 0 & -2 & 2 & -1 & 1 & 0 & 0 \\ 0 & -2 & 0 & 2 & -1 & 0 & 1 & 0 \\ 0 & 0 & 0 & 2 & -1 & 0 & 0 & 1 \end{array}\right).$$

Intercambiando las filas segunda y tercera, obtenemos

$$\left(\begin{array}{cccc|cccc} 1 & 1 & 1 & -1 & 1 & 0 & 0 & 0 \\ 0 & -2 & 0 & 2 & -1 & 0 & 1 & 0 \\ 0 & 0 & -2 & 2 & -1 & 1 & 0 & 0 \\ 0 & 0 & 0 & 2 & -1 & 0 & 0 & 1 \end{array}\right),$$

con lo que hemos completado el proceso de triangularización hacia abajo. Dividiendo las filas segunda y tercera por -2, y la cuarta por 2,

$$\left(\begin{array}{cccc|cccc} 1 & 1 & 1 & -1 & 1 & 0 & 0 & 0 \\ 0 & 1 & 0 & -1 & \frac{1}{2} & 0 & -\frac{1}{2} & 0 \\ 0 & 0 & 1 & -1 & \frac{1}{2} & -\frac{1}{2} & 0 & 0 \\ 0 & 0 & 0 & 1 & -\frac{1}{2} & 0 & 0 & \frac{1}{2} \end{array}\right).$$

Sumando la cuarta fila a las otras tres filas,

$$\left(\begin{array}{cccc|cccc} 1 & 1 & 1 & 0 & \frac{1}{2} & 0 & 0 & \frac{1}{2} \\ 0 & 1 & 0 & 0 & 0 & 0 & -\frac{1}{2} & \frac{1}{2} \\ 0 & 0 & 1 & 0 & 0 & -\frac{1}{2} & 0 & \frac{1}{2} \\ 0 & 0 & 0 & 1 & -\frac{1}{2} & 0 & 0 & \frac{1}{2} \end{array}\right).$$

Finalmente, restando a la primera fila la segunda y la tercera, obtenemos

$$\left(\begin{array}{cccc|cccc} 1 & 0 & 0 & 0 & \frac{1}{2} & \frac{1}{2} & \frac{1}{2} & -\frac{1}{2} \\ 0 & 1 & 0 & 0 & 0 & 0 & -\frac{1}{2} & \frac{1}{2} \\ 0 & 0 & 1 & 0 & 0 & -\frac{1}{2} & 0 & \frac{1}{2} \\ 0 & 0 & 0 & 1 & -\frac{1}{2} & 0 & 0 & \frac{1}{2} \end{array}\right) = (\mathcal{I}_4|\mathcal{A}^{-1}),$$

de donde se sigue que

$$\mathcal{A}^{-1} = \frac{1}{2}\begin{pmatrix} 1 & 1 & 1 & -1 \\ 0 & 0 & -1 & 1 \\ 0 & -1 & 0 & 1 \\ -1 & 0 & 0 & 1 \end{pmatrix}.$$

(b) Multiplicando a izquierda por $\mathcal{A}^{-1}$ ambos miembros de la igualdad $\mathcal{A}\boldsymbol{x} = \boldsymbol{b}$, se deduce que

$$\boldsymbol{x} = \mathcal{A}^{-1}\boldsymbol{b} = \frac{1}{2}\begin{pmatrix} 1 & 1 & 1 & -1 \\ 0 & 0 & -1 & 1 \\ 0 & -1 & 0 & 1 \\ -1 & 0 & 0 & 1 \end{pmatrix}\begin{pmatrix} -1 \\ 1 \\ -1 \\ 1 \end{pmatrix} = \frac{1}{2}\begin{pmatrix} -2 \\ 2 \\ 0 \\ 2 \end{pmatrix} = \begin{pmatrix} -1 \\ 1 \\ 0 \\ 1 \end{pmatrix},$$

luego el vector pedido es $\boldsymbol{x} = (-1, 1, 0, 1)$.

2.24 Sea $\mathcal{A}$ una matriz arbitraria de $\mathbb{K}^{(2,2)}$,

$$\mathcal{A} = \begin{pmatrix} \alpha & \beta \\ \gamma & \delta \end{pmatrix}.$$

(a) Obtener una expresión general para la inversa de $\mathcal{A}$.

(b) Determinar una condición necesaria y suficiente para que $\mathcal{A}$ sea no singular.

Resolución.

(a) Consideremos la matriz por bloques

$$(\mathcal{A}\,|\,\mathcal{I}_2) = \left(\begin{array}{cc|cc} \alpha & \beta & 1 & 0 \\ \gamma & \delta & 0 & 1 \end{array}\right).$$

Si suponemos $\alpha \neq 0$, dividiendo por α la primera fila de la matriz anterior se obtiene,

$$\left(\begin{array}{cc|cc} 1 & \frac{\beta}{\alpha} & \frac{1}{\alpha} & 0 \\ \gamma & \delta & 0 & 1 \end{array}\right).$$

Restando a la segunda fila la primera multiplicada por γ,

$$\left(\begin{array}{cc|cc} 1 & \frac{\beta}{\alpha} & \frac{1}{\alpha} & 0 \\ 0 & \delta - \frac{\beta\gamma}{\alpha} & -\frac{\gamma}{\alpha} & 1 \end{array}\right) = \left(\begin{array}{cc|cc} 1 & \frac{\beta}{\alpha} & \frac{1}{\alpha} & 0 \\ 0 & \frac{\alpha\delta-\beta\gamma}{\alpha} & -\frac{\gamma}{\alpha} & 1 \end{array}\right).$$

Si ahora suponemos $\alpha\delta - \beta\gamma \neq 0$, multiplicando la segunda fila de esta matriz por $\frac{\alpha}{\alpha\delta-\beta\gamma}$,

$$\left(\begin{array}{cc|cc} 1 & \frac{\beta}{\alpha} & \frac{1}{\alpha} & 0 \\ 0 & 1 & -\frac{\gamma}{\alpha\delta-\beta\gamma} & \frac{\alpha}{\alpha\delta-\beta\gamma} \end{array}\right).$$

Finalmente, restando a la primera fila la segunda multiplicada por $\frac{\beta}{\alpha}$,

$$\left(\begin{array}{cc|cc} 1 & 0 & \frac{\delta}{\alpha\delta-\beta\gamma} & -\frac{\beta}{\alpha\delta-\beta\gamma} \\ 0 & 1 & -\frac{\gamma}{\alpha\delta-\beta\gamma} & \frac{\alpha}{\alpha\delta-\beta\gamma} \end{array}\right) = \left(\mathcal{I}_2\,|\,\mathcal{A}^{-1}\right),$$

de donde se sigue que

$$\mathcal{A}^{-1} = \frac{1}{\alpha\delta - \beta\gamma}\begin{pmatrix} \delta & -\beta \\ -\gamma & \alpha \end{pmatrix}. \tag{2.20}$$

(b) En el apartado anterior, la expresión (2.20) para la inversa de $\mathcal{A}$ se ha obtenido bajo las condiciones

(i) $\alpha \neq 0$,

(ii) $\alpha\delta - \beta\gamma \neq 0$.

La condición (ii) es necesaria para la existencia de $\mathcal{A}^{-1}$, ya que si no se cumple el miembro derecho de (2.20), no está definido. Por el contrario, la condición (i) puede eliminarse. En efecto, si $\alpha = 0$, (ii) implica que $\beta\gamma \neq 0$, esto es, $\beta \neq 0$ y $\gamma \neq 0$. Por tanto, en la matriz

$$(\mathcal{A}\,|\,\mathcal{I}_2) = \left(\begin{array}{cc|cc} 0 & \beta & 1 & 0 \\ \gamma & \delta & 0 & 1 \end{array}\right),$$

tras permutar las dos filas,

$$\left(\begin{array}{cc|cc} \gamma & \delta & 0 & 1 \\ 0 & \beta & 1 & 0 \end{array}\right),$$

podemos dividir la primera fila por γ y la segunda por β para obtener

$$\left(\begin{array}{cc|cc} 1 & \frac{\delta}{\gamma} & 0 & \frac{1}{\gamma} \\ 0 & 1 & \frac{1}{\beta} & 0 \end{array}\right).$$

Finalmente, restando a la primera fila la segunda multiplicada por $\frac{\delta}{\gamma}$,

$$\left(\begin{array}{cc|cc} 1 & 0 & -\frac{\delta}{\beta\gamma} & \frac{1}{\gamma} \\ 0 & 1 & \frac{1}{\beta} & 0 \end{array}\right).$$

Se sigue de aquí que

$$\mathcal{A}^{-1} = \frac{1}{\beta\gamma}\begin{pmatrix} -\delta & \beta \\ \gamma & 0 \end{pmatrix},$$

que coincide con el resultado dado por (2.20) para $\alpha = 0$. Concluimos así que $\alpha\delta - \beta\gamma \neq 0$ es condición necesaria y suficiente para que $\mathcal{A}$ sea no singular, y en ese caso la inversa de $\mathcal{A}$ viene dada por la fórmula (2.20).

✎ El número $\alpha\delta - \beta\gamma \neq 0$ se denomina *determinante* de $\mathcal{A}$. La generalización de este concepto a matrices cuadradas de dimensión arbitraria se estudiará en el capítulo 4.

2.25 Hallar la inversa de la matriz

$$\mathcal{A} = \begin{pmatrix} 1 & a & a^2 & \cdots & a^{n-1} \\ 0 & 1 & a & \cdots & a^{n-2} \\ 0 & 0 & 1 & \ddots & \vdots \\ \vdots & \vdots & \ddots & \ddots & a \\ 0 & 0 & \cdots & 0 & 1 \end{pmatrix} \in \mathbb{R}^{(n,n)}, \quad n \geq 2.$$

Resolución. Partimos de la matriz por bloques

$$(\mathcal{A} \,|\, \mathcal{I}_n) = \left(\begin{array}{ccccc|ccccc} 1 & a & a^2 & \cdots & a^{n-1} & 1 & 0 & 0 & \cdots & 0 \\ 0 & 1 & a & \cdots & a^{n-2} & 0 & 1 & 0 & \cdots & 0 \\ 0 & 0 & 1 & \ddots & \vdots & 0 & 0 & 1 & \ddots & \vdots \\ \vdots & \vdots & \ddots & \ddots & a & \vdots & \vdots & \ddots & \ddots & 0 \\ 0 & 0 & \cdots & 0 & 1 & 0 & 0 & \cdots & 0 & 1 \end{array}\right).$$

Restando a la primera fila la segunda multiplicada por a, la matriz anterior se transforma en

$$\left(\begin{array}{ccccc|ccccc} 1 & 0 & 0 & \cdots & 0 & 1 & -a & 0 & \cdots & 0 \\ 0 & 1 & a & \cdots & a^{n-2} & 0 & 1 & 0 & \cdots & 0 \\ 0 & 0 & 1 & \ddots & \vdots & 0 & 0 & 1 & \ddots & \vdots \\ \vdots & \vdots & \ddots & \ddots & a & \vdots & \vdots & \ddots & \ddots & 0 \\ 0 & 0 & \cdots & 0 & 1 & 0 & 0 & \cdots & 0 & 1 \end{array}\right).$$

Esto es, la primera fila de $\mathcal{A}$ se ha convertido en la primera fila de $\mathcal{I}_n$, y la entrada $(1, 2)$ de $\mathcal{I}_n$ ha pasado a ser $-a$. Si en esta nueva matriz restamos a la segunda fila la tercera multiplicada por

a, la segunda fila del bloque izquierdo se convierte en la segunda fila de $\mathcal{I}_n$, y la entrada $(2,3)$ del bloque derecho cambia de 0 a $-a$. Repitiendo el proceso de manera sucesiva para todas las demás filas, al final del mismo el bloque izquierdo de la matriz se ha transformado en $\mathcal{I}_n$, y en el bloque derecho las entradas $(k, k+1)$, con $k = 1, 2, \ldots, n-1$, han cambiado de 0 a $-a$. Se sigue entonces que la matriz inversa de $\mathcal{A}$ es

$$\mathcal{A}^{-1} = \begin{pmatrix} 1 & -a & 0 & \cdots & 0 \\ 0 & 1 & -a & \ddots & \vdots \\ 0 & 0 & 1 & \ddots & 0 \\ \vdots & \vdots & \ddots & \ddots & -a \\ 0 & 0 & \cdots & 0 & 1 \end{pmatrix}.$$

Problemas Propuestos

2.1 Dadas las matrices

$$\mathcal{A} = \begin{pmatrix} 0 & 0 & 0 & 2 \\ 3 & -1 & -1 & -2 \\ 3 & 0 & -1 & -1 \\ 3 & 0 & 1 & 1 \end{pmatrix}, \qquad \mathcal{B} = \begin{pmatrix} -2 & -2 & -2 & 3 \\ 2 & 0 & 3 & 0 \\ -1 & 2 & 2 & 3 \\ -2 & 1 & 0 & 3 \end{pmatrix},$$

realizar las siguientes operaciones:

(a) $\mathcal{A} + \mathcal{B}$

(b) $5\mathcal{A} - 3\mathcal{B}$

(c) $\mathcal{A}\mathcal{B} - \mathcal{B}\mathcal{A}$

(d) $\mathcal{A}^{\mathrm{T}}\mathcal{B} + \mathcal{B}^{\mathrm{T}}\mathcal{A}$

2.2 Se dice que una matriz $\mathcal{A} \in \mathbb{K}^{(n,n)}$ es *doblemente estocástica* si

$$a_{i,j} \geq 0 \quad \forall\, i, j = 1, 2, \ldots, n\,,$$
$$\sum_{i=1}^{n} a_{i,j} = 1 \quad \forall\, j = 1, 2, \ldots, n\,,$$
$$\sum_{j=1}^{n} a_{i,j} = 1 \quad \forall\, i = 1, 2, \ldots, n\,.$$

Demostrar que el producto de dos matrices doblemente estocásticas es otra matriz doblemente estocástica.

2.3 En $\mathbb{K}^{(n,n)}$, se definen las matrices $\mathcal{A}(\alpha, \beta)$ tales que

$$\big[\mathcal{A}(\alpha,\beta)\big]_{i,j} = \begin{cases} \alpha \text{ si } i = j, \\ \beta \text{ si } i \neq j, \end{cases} \qquad \alpha, \beta \in \mathbb{K}\,.$$

Esto es,

$$\mathcal{A}(\alpha,\beta) = \begin{pmatrix} \alpha & \beta & \beta & \cdots & \beta \\ \beta & \alpha & \beta & \cdots & \beta \\ \beta & \beta & \alpha & \ddots & \vdots \\ \vdots & \vdots & \ddots & \ddots & \beta \\ \beta & \beta & \cdots & \beta & \alpha \end{pmatrix} \in \mathbb{K}^{(n,n)}\,.$$

(a) Demostrar que $\mathcal{A}(\alpha_1, \beta_1) + \mathcal{A}(\alpha_2, \beta_2) = \mathcal{A}(\alpha_s, \beta_s)$, expresando α_s, β_s en función de α_1, β_1, α_2, β_2.

(b) Demostrar que $\mathcal{A}(\alpha_1, \beta_1)\mathcal{A}(\alpha_2, \beta_2) = \mathcal{A}(\alpha_p, \beta_p)$, expresando α_p, β_p en función de α_1, β_1, α_2, β_2.

(c) Probar que, si $\mathcal{B} \in \mathbb{K}^{(n,n)}$ es una matriz doblemente estocástica (véase el problema precedente), entonces $\mathcal{A}(\alpha, \beta)\mathcal{B} = \mathcal{B}\mathcal{A}(\alpha, \beta)$.

2.4 El *conmutador* de dos matrices $\mathcal{A}, \mathcal{B} \in \mathbb{K}^{(n,n)}$ se define como

$$[\mathcal{A}, \mathcal{B}] \stackrel{\text{def}}{=} \mathcal{A}\mathcal{B} - \mathcal{B}\mathcal{A} .$$

Demostrar que para cualesquiera matrices $\mathcal{A}, \mathcal{B}, \mathcal{C} \in \mathbb{K}^{(n,n)}$ se cumplen las siguientes propiedades:

(a) $[\mathcal{A}, \mathcal{A}] = \mathcal{O}_{n,n}$.

(b) $[\mathcal{A}, \mathcal{B}] = -[\mathcal{B}, \mathcal{A}]$ (antisimetría).

(c) $[\mathcal{A}, \mathcal{B} + \mathcal{C}] = [\mathcal{A}, \mathcal{B}] + [\mathcal{A}, \mathcal{C}]$ (propiedad distributiva).

(d) $[\mathcal{A}, \mathcal{B}\mathcal{C}] = [\mathcal{A}, \mathcal{B}]\mathcal{C} + \mathcal{B}[\mathcal{A}, \mathcal{C}]$.

(e) $\big[\mathcal{A}, [\mathcal{B}, \mathcal{C}]\big] + \big[\mathcal{B}, [\mathcal{C}, \mathcal{A}]\big] + \big[\mathcal{C}, [\mathcal{A}, \mathcal{B}]\big] = \mathcal{O}_{n,n}$ (*identidad de Jacobi*).

2.5 Utilizando las propiedades de la traza (ver el problema resuelto 2.5), demostrar que no es posible encontrar dos matrices $\mathcal{A}, \mathcal{B} \in \mathbb{K}^{(n,n)}$ tales que $[\mathcal{A}, \mathcal{B}] = \mathcal{A}\mathcal{B} - \mathcal{B}\mathcal{A} = \mathcal{I}_n$.

2.6 Demostrar que, si $\mathcal{A} \in \mathbb{K}^{(n,n)}$ es una matriz simétrica y $\mathcal{B} \in \mathbb{K}^{(n,n)}$ es una matriz antisimétrica, entonces traza$(\mathcal{A}\mathcal{B}) = 0$.

2.7 Como generalización del problema resuelto 2.5 (c), demostrar la *propiedad cíclica de la traza*: Si $\mathcal{A} \in \mathbb{K}^{(m,n)}$, $\mathcal{B} \in \mathbb{K}^{(n,p)}$, $\mathcal{C} \in \mathbb{K}^{(p,m)}$, entonces

$$\text{traza}\,(\mathcal{A}\mathcal{B}\mathcal{C}) = \text{traza}\,(\mathcal{B}\mathcal{C}\mathcal{A}) = \text{traza}\,(\mathcal{C}\mathcal{A}\mathcal{B}) .$$

2.8 La propiedad cíclica de la traza enunciada en el problema propuesto anterior establece que la traza de un producto de matrices es invariante ante permutaciones cíclicas. Por el contrario, en general la traza sí varía ante permutaciones no cíclicas, aunque existen casos especiales en que eso no sucede.

(a) Probar que, si $\mathcal{A}, \mathcal{B}, \mathcal{C} \in \mathbb{K}^{(n,n)}$ son matrices simétricas, entonces se cumple que traza$(\mathcal{A}\mathcal{B}\mathcal{C})$ es igual a traza$(\mathcal{A}\mathcal{C}\mathcal{B})$.

(b) Probar mediante un contraejemplo que para matrices $\mathcal{A}, \mathcal{B}, \mathcal{C} \in \mathbb{K}^{(n,n)}$ arbitrarias, en general, traza$(\mathcal{A}\mathcal{B}\mathcal{C}) \neq$ traza$(\mathcal{A}\mathcal{C}\mathcal{B})$.

2.9 Demostrar la validez de los siguientes enunciados referidos a matrices simétricas y antisimétricas:

(a) Si las matrices $\mathcal{A}, \mathcal{B} \in \mathbb{K}^{(n,n)}$ son simétricas, entonces la suma $\mathcal{A} + \mathcal{B}$ es también una matriz simétrica. Del mismo modo, si $\mathcal{A}, \mathcal{B} \in \mathbb{K}^{(n,n)}$ son antisimétricas, entonces $\mathcal{A} + \mathcal{B}$ es también antisimétrica.

(b) Dada una matriz cuadrada $\mathcal{A} \in \mathbb{K}^{(n,n)}$ arbitraria, $\mathcal{A} + \mathcal{A}^{\mathrm{T}}$ es siempre una matriz simétrica y $\mathcal{A} - \mathcal{A}^{\mathrm{T}}$ es siempre una matriz antisimétrica.

(c) Si una matriz $\mathcal{A} \in \mathbb{K}^{(n,n)}$ es a la vez simétrica y antisimétrica, entonces $\mathcal{A} = \mathcal{O}_{n,n}$.

(d) Toda matriz cuadrada $\mathcal{A} \in \mathbb{K}^{(n,n)}$ puede escribirse como suma de una única matriz simétrica y una única matriz antisimétrica.

(e) Si las matrices $\mathcal{A}, \mathcal{B} \in \mathbb{K}^{(n,n)}$ son o bien ambas simétricas o bien ambas antisimétricas, entonces el producto $\mathcal{AB}$ es una matriz simétrica si y sólo si $\mathcal{A}$ y $\mathcal{B}$ conmutan (esto es, $\mathcal{AB} = \mathcal{BA}$), y es una matriz antisimétrica si y sólo si $\mathcal{A}$ y $\mathcal{B}$ anticonmutan (esto es, $\mathcal{AB} = -\mathcal{BA}$).

(f) Si las matrices $\mathcal{A}, \mathcal{B} \in \mathbb{K}^{(n,n)}$ son o bien ambas simétricas o bien ambas antisimétricas, entonces el conmutador $[\mathcal{A}, \mathcal{B}] = \mathcal{AB} - \mathcal{BA}$ es una matriz antisimétrica.

2.10 Dada una matriz cuadrada $\mathcal{A} \in \mathbb{C}^{(n,n)}$, se dice que la matriz $\mathcal{R} \in \mathbb{C}^{(n,n)}$ es una *raíz cuadrada* de $\mathcal{A}$ si $\mathcal{R}^2 = \mathcal{A}$. Consideramos en particular el caso $n = 2$.

(a) Demostrar que la matriz identidad $\mathcal{I}_2 = \begin{pmatrix} 1 & 0 \\ 0 & 1 \end{pmatrix}$ tiene una infinidad de raíces cuadradas. Probar también que lo mismo sucede para todas las matrices que son múltiplos de $\mathcal{I}_2$, incluida la matriz nula $\mathcal{O}_{2,2}$.

(b) Demostrar que la matriz $\mathcal{C}_2 = \begin{pmatrix} 0 & 1 \\ 0 & 0 \end{pmatrix}$ no tiene ninguna raíz cuadrada. Probar también que lo mismo sucede para todas las matrices que son múltiplos no nulos de $\mathcal{C}_2$.

(c) Sea $\mathcal{A} = \begin{pmatrix} a & b \\ 0 & d \end{pmatrix} \in \mathbb{C}^{(2,2)}$ una matriz triangular superior que no es ni un múltiplo de $\mathcal{I}_2$ ni un múltiplo no nulo de $\mathcal{C}_2$. Probar que $\mathcal{A}$ tiene o bien 2 o bien 4 raíces cuadradas distintas.

2.11 Se denomina *matriz de Hessenberg superior* a una matriz cuadrada $\mathcal{A} \in \mathbb{K}^{(n,n)}$ en la cual $a_{i,j} = 0$ para $i > j+1$, donde $i, j = 1, 2, \ldots, n$. De manera análoga, se denomina *matriz de Hessenberg inferior* a una matriz cuadrada $\mathcal{A} \in \mathbb{K}^{(n,n)}$ en la cual $a_{i,j} = 0$ para $j > i+1$, donde $i, j = 1, 2, \ldots, n$. Esquemáticamente, estas matrices se representan como

$$\underbrace{\begin{pmatrix} * & * & * & * & \cdots & * \\ * & * & * & * & \cdots & * \\ 0 & * & * & * & \cdots & * \\ 0 & 0 & * & * & \cdots & * \\ \vdots & \vdots & \ddots & \ddots & \ddots & \vdots \\ 0 & 0 & \cdots & 0 & * & * \end{pmatrix}}_{\text{Hessenberg superior}} \quad \text{y} \quad \underbrace{\begin{pmatrix} * & * & 0 & 0 & \cdots & 0 \\ * & * & * & 0 & \cdots & 0 \\ * & * & * & * & \ddots & \vdots \\ * & * & * & * & \ddots & 0 \\ \vdots & \vdots & \vdots & \vdots & \ddots & * \\ * & * & * & * & \cdots & * \end{pmatrix}}_{\text{Hessenberg inferior}},$$

donde el símbolo $*$ indica un elemento, en general, no nulo. Una matriz que es a la vez de Hessenberg superior y de Hessenberg inferior se denomina *matriz tridiagonal*, debido a que sólo puede tener entradas $a_{i,j}$ no nulas en tres de sus diagonales: la principal ($i = j$) y las situadas inmediatamente por encima y por debajo de la principal ($i = j \pm 1$).

(a) Demostrar que el producto de una matriz de Hessenberg superior y una matriz triangular superior de la misma dimensión (en cualquiera de los dos posibles órdenes) es también una matriz de Hessenberg superior.

(b) Demostrar mediante un contraejemplo que, en general, el producto de dos matrices de Hessenberg superiores de la misma dimensión no es una matriz de Hessenberg superior.

(c) Enunciar los análogos de los resultados probados en los dos apartados anteriores (i) para matrices de Hessenberg inferiores y (ii) para matrices tridiagonales.

2.12 Sean $\mathcal{A}, \mathcal{B} \in \mathbb{K}^{(n,n)}$ matrices tales que $\mathcal{A}\mathcal{B} = \mathcal{O}_{n,n}$. Probar que, o bien $\mathcal{A} = \mathcal{O}_{n,n}$, o bien $\mathcal{B} = \mathcal{O}_{n,n}$, o bien tanto $\mathcal{A}$ como $\mathcal{B}$ son singulares.

2.13 Dadas $\mathcal{B} \in \mathbb{K}^{(n,n)}$, $\mathcal{U} \in \mathbb{K}^{(n,m)}$, $\mathcal{V} \in \mathbb{K}^{(m,n)}$, construimos la matriz

$$\mathcal{A} = \mathcal{B} + \mathcal{U}\mathcal{V} \in \mathbb{K}^{(n,n)} .$$

Demostrar que, si las matrices $\mathcal{B} \in \mathbb{K}^{(n,n)}$ y $\mathcal{I}_m + \mathcal{V}\mathcal{B}^{-1}\mathcal{U} \in \mathbb{K}^{(m,m)}$ son no singulares, entonces $\mathcal{A}$ es también no singular, y su inversa viene dada por

$$\mathcal{A}^{-1} = \mathcal{B}^{-1} - \mathcal{B}^{-1}\mathcal{U}(\mathcal{I}_m + \mathcal{V}\mathcal{B}^{-1}\mathcal{U})^{-1}\mathcal{V}\mathcal{B}^{-1} .$$

2.14 Sea la matriz por bloques

$$\mathcal{M} = \left(\begin{array}{c|c} \mathcal{A} & \mathcal{B} \\ \hline \mathcal{C} & \mathcal{D} \end{array}\right) \in \mathbb{K}^{(m+n,m+n)},$$

donde $\mathcal{A} \in \mathbb{K}^{(m,m)}$, $\mathcal{B} \in \mathbb{K}^{(m,n)}$, $\mathcal{C} \in \mathbb{K}^{(n,m)}$, $\mathcal{D} \in \mathbb{K}^{(n,n)}$. Si $\mathcal{A}$ es no singular se define el *complemento de Schur* de $\mathcal{A}$ en $\mathcal{M}$ como la matriz

$$\mathcal{M}/\mathcal{A} \stackrel{\text{def}}{=} \mathcal{D} - \mathcal{C}\mathcal{A}^{-1}\mathcal{B} \quad \in \mathbb{K}^{(n,n)} .$$

Análogamente, si $\mathcal{D}$ es no singular se define el complemento de Schur de $\mathcal{D}$ en $\mathcal{M}$ como la matriz

$$\mathcal{M}/\mathcal{D} \stackrel{\text{def}}{=} \mathcal{A} - \mathcal{B}\mathcal{D}^{-1}\mathcal{C} \quad \in \mathbb{K}^{(m,m)} .$$

(a) Verificar que la matriz $\mathcal{M}$ se puede factorizar como un producto de dos matrices triangulares por bloques (del tipo considerado en el problema resuelto 2.11) y una matriz diagonal por bloques, en la forma

$$\mathcal{M} = \left(\begin{array}{c|c} \mathcal{I}_m & \mathcal{O}_{m,n} \\ \hline \mathcal{C}\mathcal{A}^{-1} & \mathcal{I}_n \end{array}\right) \left(\begin{array}{c|c} \mathcal{A} & \mathcal{O}_{m,n} \\ \hline \mathcal{O}_{n,m} & \mathcal{M}/\mathcal{A} \end{array}\right) \left(\begin{array}{c|c} \mathcal{I}_m & \mathcal{A}^{-1}\mathcal{B} \\ \hline \mathcal{O}_{n,m} & \mathcal{I}_n \end{array}\right)$$

si $\mathcal{A}$ es no singular, y en la forma

$$\mathcal{M} = \left(\begin{array}{c|c} \mathcal{I}_m & \mathcal{B}\mathcal{D}^{-1} \\ \hline \mathcal{O}_{n,m} & \mathcal{I}_n \end{array}\right) \left(\begin{array}{c|c} \mathcal{M}/\mathcal{D} & \mathcal{O}_{m,n} \\ \hline \mathcal{O}_{n,m} & \mathcal{D} \end{array}\right) \left(\begin{array}{c|c} \mathcal{I}_m & \mathcal{O}_{m,n} \\ \hline \mathcal{D}^{-1}\mathcal{C} & \mathcal{I}_n \end{array}\right)$$

si $\mathcal{D}$ es no singular.

(b) Deducir de las factorizaciones anteriores que si $\mathcal{A}$ y $\mathcal{M}/\mathcal{A}$ son no singulares la matriz $\mathcal{M}$ también es no singular y su inversa viene dada por

$$\mathcal{M}^{-1} = \left(\begin{array}{c|c} \mathcal{A}^{-1} + \mathcal{A}^{-1}\mathcal{B}(\mathcal{M}/\mathcal{A})^{-1}\mathcal{C}\mathcal{A}^{-1} & -\mathcal{A}^{-1}\mathcal{B}(\mathcal{M}/\mathcal{A})^{-1} \\ \hline -(\mathcal{M}/\mathcal{A})^{-1}\mathcal{C}\mathcal{A}^{-1} & (\mathcal{M}/\mathcal{A})^{-1} \end{array}\right),$$

mientras que si $\mathcal{D}$ y $\mathcal{M}/\mathcal{D}$ son no singulares la matriz $\mathcal{M}$ también es no singular y su inversa viene dada por

$$\mathcal{M}^{-1} = \left(\begin{array}{c|c} (\mathcal{M}/\mathcal{D})^{-1} & -(\mathcal{M}/\mathcal{D})^{-1}\mathcal{B}\mathcal{D}^{-1} \\ \hline -\mathcal{D}^{-1}\mathcal{C}(\mathcal{M}/\mathcal{D})^{-1} & \mathcal{D}^{-1} + \mathcal{D}^{-1}\mathcal{C}(\mathcal{M}/\mathcal{D})^{-1}\mathcal{B}\mathcal{D}^{-1} \end{array}\right).$$

(c) Asumiendo que tanto $\mathcal{A}$ como $\mathcal{D}$ y sus respectivos complementos de Schur en $\mathcal{M}$ son no singulares, probar que los resultados del apartado anterior permiten obtener una generalización de la fórmula de inversión matricial enunciada en el problema propuesto 2.13.

2.15 Sea la matriz por bloques

$$\mathcal{M} = \left(\begin{array}{c|c} \mathcal{A} & \mathcal{B} \\ \hline \mathcal{C} & \mathcal{D} \end{array}\right) \in \mathbb{K}^{(2n,2n)},$$

donde $\mathcal{A}, \mathcal{B}, \mathcal{C}, \mathcal{D} \in \mathbb{K}^{(n,n)}$. Si $\mathcal{B}$ es no singular se puede definir su complemento de Schur en $\mathcal{M}$ como la matriz

$$\mathcal{M}/\mathcal{B} \stackrel{\text{def}}{=} \mathcal{C} - \mathcal{D}\mathcal{B}^{-1}\mathcal{A} \quad \in \mathbb{K}^{(n,n)},$$

y análogamente si $\mathcal{C}$ es no singular se puede definir su complemento de Schur en $\mathcal{M}$ como la matriz

$$\mathcal{M}/\mathcal{C} \stackrel{\text{def}}{=} \mathcal{B} - \mathcal{A}\mathcal{C}^{-1}\mathcal{D} \quad \in \mathbb{K}^{(n,n)}.$$

Demostrar que si los cuatro bloques $\mathcal{A}, \mathcal{B}, \mathcal{C}, \mathcal{D}$ y sus respectivos complementos de Schur en $\mathcal{M}$ son no singulares la inversa de la matriz $\mathcal{M}$ se puede escribir como

$$\mathcal{M}^{-1} = \left(\begin{array}{c|c} (\mathcal{M}/\mathcal{D})^{-1} & (\mathcal{M}/\mathcal{B})^{-1} \\ \hline (\mathcal{M}/\mathcal{C})^{-1} & (\mathcal{M}/\mathcal{A})^{-1} \end{array}\right).$$

2.16 La matriz $\mathcal{A} \in \mathbb{K}^{(n,n)}$ se denomina *idempotente* si $\mathcal{A}^2 = \mathcal{A}$.

(a) Demostrar que si $\mathcal{A}, \mathcal{B} \in \mathbb{K}^{(n,n)}$ son matrices tales que $\mathcal{A}\mathcal{B} = \mathcal{A}$ y $\mathcal{B}\mathcal{A} = \mathcal{B}$, entonces $\mathcal{A}$ y $\mathcal{B}$ son idempotentes.

(b) Probar que si $\mathcal{A} \in \mathbb{K}^{(n,n)}$ es idempotente e invertible, entonces $\mathcal{A} = \mathcal{I}_n$.

(c) Si $\mathcal{A} \in \mathbb{K}^{(n,n)}$ es idempotente, ¿para qué valores de los escalares λ y μ la matriz $\mathcal{B} = \lambda\mathcal{I}_n + \mu\mathcal{A}$ es también idempotente?

(d) Determinar todas las matrices de $\mathbb{K}^{(2,2)}$ que son idempotentes.

2.17 La matriz $\mathcal{A} \in \mathbb{K}^{(n,n)}$ se denomina *involutoria* si $\mathcal{A}^2 = \mathcal{I}_n$ (esto es, si $\mathcal{A}$ es una raíz cuadrada de la matriz identidad $\mathcal{I}_n$).

(a) Sea $\mathcal{B} \in \mathbb{K}^{(n,n)}$ una matriz cuadrada arbitraria. Demostrar que la matriz por bloques

$$\mathcal{A} = \left(\begin{array}{c|c} \mathcal{I}_n & \mathcal{O}_{n,n} \\ \hline \mathcal{B} & -\mathcal{I}_n \end{array}\right) \in \mathbb{K}^{(2n,2n)}$$

es involutoria.

(b) Probar que toda matriz involutoria es no singular.

(c) Demostrar que $\mathcal{A} \in \mathbb{K}^{(n,n)}$ es una matriz involutoria si y sólo si $\mathcal{B} = \frac{1}{2}(\mathcal{A} + \mathcal{I}_n)$ es una matriz idempotente.

(d) Determinar todas las matrices de $\mathbb{K}^{(2,2)}$ que son involutorias.

2.18 Las denominadas *matrices de Pauli*,

$$\sigma_1 = \begin{pmatrix} 0 & 1 \\ 1 & 0 \end{pmatrix}, \quad \sigma_2 = \begin{pmatrix} 0 & -i \\ i & 0 \end{pmatrix}, \quad \sigma_3 = \begin{pmatrix} 1 & 0 \\ 0 & -1 \end{pmatrix} \quad \in \mathbb{C}^{(2,2)},$$

desempeñan un importante papel en la Mecánica Cuántica, donde se utilizan para describir matemáticamente el spin (momento angular intrínseco) de los electrones y otras partículas.

(a) Comprobar que las matrices de Pauli son *involutorias*, es decir, $\sigma_i^2 = \mathcal{I}_2$ $(i = 1, 2, 3)$.

(b) Comprobar que las matrices de Pauli *anticonmutan*, es decir, $\sigma_i \sigma_j = -\sigma_j \sigma_i$ si $i \neq j$ $(i, j = 1, 2, 3)$.

(c) Usando las dos propiedades anteriores, demostrar que $(\sigma_i \sigma_j)^2 = -\mathcal{I}_2$ si $i \neq j$ $(i, j = 1, 2, 3)$.

(d) Comprobar que, si $i \neq j$, entonces el conmutador $[\sigma_i, \sigma_j] = \sigma_i \sigma_j - \sigma_j \sigma_i$ es un múltiplo de σ_k, siendo $k \neq i, j$ $(i, j, k = 1, 2, 3)$.

2.19 Probar que las matrices elementales de adición $\mathcal{M}_{i,j}(\beta) \in \mathbb{K}^{(n,n)}$ satisfacen las denominadas *relaciones de Steinberg*:

(a) $\mathcal{M}_{i,j}(\beta_1)\, \mathcal{M}_{i,j}(\beta_2) = \mathcal{M}_{i,j}(\beta_1 + \beta_2) \quad \text{si} \quad i \neq j \quad (1 \leq i, j \leq n)\,,$

(b) $[\,\mathcal{M}_{i,j}(\beta_1), \mathcal{M}_{j,k}(\beta_2)] = \mathcal{M}_{i,k}(\beta_1 \beta_2) \quad \text{si} \quad i \neq j \neq k \neq i \quad (1 \leq i, j, k \leq n)\,,$

(c) $[\,\mathcal{M}_{i,j}(\beta_1), \mathcal{M}_{k,l}(\beta_2)] = \mathcal{I}_n \quad \text{si} \quad i, k \neq j, l \quad (1 \leq i, j, k, l \leq n)\,,$

donde en todos los casos $\beta_1, \beta_2 \in \mathbb{K}$ son escalares arbitrarios.

2.20 La matriz triangular superior

$$\mathcal{B} = \begin{pmatrix} 1 & -3 & 4 \\ 0 & 1 & -2 \\ 0 & 0 & 0 \end{pmatrix}$$

se obtiene a partir de una cierta matriz $\mathcal{A}$ (no triangular) realizando sucesivamente las siguientes operaciones elementales de filas: (1) se permutan las filas primera y tercera, (2) a la segunda fila se le resta el triple de la primera, (3) la segunda fila se divide por 2, y (4) a la tercera fila se le resta la segunda.

(a) Hallar la matriz $\mathcal{A}$.

(b) Obtener una matriz $\mathcal{E}$ no singular, producto de cuatro matrices elementales, tal que $\mathcal{B} = \mathcal{E}\mathcal{A}$.

(c) Encontrar la forma más general de una matriz $\mathcal{E}$ no singular tal que $\mathcal{B} = \mathcal{E}\mathcal{A}$.

2.21 Calcular la inversa de la matriz

$$\mathcal{A} = \begin{pmatrix} 1 & 1 & 2 \\ 1 & 1 & 1 \\ 2 & 1 & -1 \end{pmatrix}.$$

2.22 Calcular la inversa de la matriz

$$\mathcal{A} = \begin{pmatrix} 0 & 0 & -1 \\ -2 & 3 & -2 \\ 1 & 2 & -2 \end{pmatrix}.$$

2.23 Calcular la inversa de la matriz

$$\mathcal{A} = \begin{pmatrix} 0 & 0 & 0 & 2 \\ 3 & -1 & -1 & -2 \\ 3 & 0 & -1 & -1 \\ 3 & 0 & 1 & 1 \end{pmatrix}.$$

2.24 Calcular la inversa de la matriz

$$\mathcal{A} = \begin{pmatrix} -2 & -2 & -2 & 3 \\ 2 & 0 & 3 & 0 \\ -1 & 2 & 2 & 3 \\ -2 & 1 & 0 & 3 \end{pmatrix}.$$

2.25 Usando la notación del problema propuesto 2.3, se considera la matriz

$$\mathcal{A}(0,1) = \begin{pmatrix} 0 & 1 & 1 & \cdots & 1 \\ 1 & 0 & 1 & \cdots & 1 \\ 1 & 1 & 0 & \ddots & \vdots \\ \vdots & \vdots & \ddots & \ddots & 1 \\ 1 & 1 & \cdots & 1 & 0 \end{pmatrix} \in \mathbb{R}^{(n,n)} .$$

Hallar la inversa de $\mathcal{A}(0,1)$.

Capítulo 3

Sistemas de ecuaciones lineales y factorización LU

En este capítulo se estudian los sistemas de ecuaciones lineales desde la perspectiva del cálculo matricial. Las matrices elementales, introducidas en el capítulo anterior, desempeñan un papel esencial en la construcción de los métodos que aquí desarrollamos para la resolución de los sistemas de ecuaciones lineales: reducción por filas (Gauss) y factorización LU de matrices.

Sea $\mathcal{A} \in \mathbb{K}^{(m,n)}$ una matriz donde cada fila y cada columna tienen al menos un elemento no nulo. De la definición 2.9 del producto de matrices se sigue que la expresión

$$\mathcal{A}\boldsymbol{x} = \boldsymbol{b}, \tag{3.1}$$

siendo

$$\mathcal{A} = \begin{pmatrix} a_{1,1} & a_{1,2} & a_{1,3} & \cdots & a_{1,n} \\ a_{2,1} & a_{2,2} & a_{2,3} & \cdots & a_{2,n} \\ \vdots & \vdots & \vdots & & \vdots \\ a_{m,1} & a_{m,2} & a_{m,3} & \cdots & a_{m,n} \end{pmatrix}, \quad \boldsymbol{x} = \begin{pmatrix} x_1 \\ x_2 \\ \vdots \\ x_n \end{pmatrix}, \quad \boldsymbol{b} = \begin{pmatrix} b_1 \\ b_2 \\ \vdots \\ b_m \end{pmatrix}, \tag{3.2}$$

define un *sistema de* m *ecuaciones lineales y* n *incógnitas o variables*,

$$\left\{ \begin{array}{ccccccccccc} a_{1,1}x_1 & + & a_{1,2}x_2 & + & a_{1,3}x_3 & + & \cdots & + & a_{1,n}x_n & = & b_1, \\ a_{2,1}x_1 & + & a_{2,2}x_2 & + & a_{2,3}x_3 & + & \cdots & + & a_{2,n}x_n & = & b_2, \\ \vdots & & \vdots & & \vdots & & & & \vdots & & \vdots \\ a_{m,1}x_1 & + & a_{m,2}x_2 & + & a_{m,3}x_3 & + & \cdots & + & a_{m,n}x_n & = & b_m. \end{array} \right. \tag{3.3}$$

La matriz $\mathcal{A}$ se denomina *matriz de coeficientes* del sistema, mientras que las matrices columna $\boldsymbol{x}$ y $\boldsymbol{b}$ se dice que son el *vector de incógnitas* y el *vector de términos independientes*, respectivamente. La matriz por bloques

$$(\mathcal{A} \,|\, \boldsymbol{b}) = \left(\begin{array}{ccccc|c} a_{1,1} & a_{1,2} & a_{1,3} & \cdots & a_{1,n} & b_1 \\ a_{2,1} & a_{2,2} & a_{2,3} & \cdots & a_{2,n} & b_2 \\ \vdots & \vdots & \vdots & & \vdots & \vdots \\ a_{m,1} & a_{m,2} & a_{m,3} & \cdots & a_{m,n} & b_m \end{array} \right) \in \mathbb{K}^{(m,n+1)} \tag{3.4}$$

se denomina *matriz ampliada* del sistema.

■ DEFINICIÓN 3.1 Si para $x_1 = \alpha_1$, $x_2 = \alpha_2$, $\ldots$, $x_n = \alpha_n$, con $\alpha_i \in \mathbb{K}$ $(i = 1, 2, \ldots, n)$, se cumplen todas y cada una de las ecuaciones del sistema (3.3), entonces se dice que los valores

$\alpha_1, \alpha_2, \ldots, \alpha_n$ son una solución del mismo. El conjunto $\mathbb{A}$ formado por todas las posibles soluciones de (3.3) se denomina solución general del sistema. Si $\mathbb{A} = \emptyset$, se dice que el sistema es incompatible; en caso contrario, el sistema se dice compatible.

■ DEFINICIÓN 3.2 El sistema lineal (3.3) se dice homogéneo si $b_1 = \cdots = b_m = 0$, y no homogéneo si algún $b_k \neq 0$, con $k = 1, 2, \ldots, m$.

✎ Obsérvese que todo sistema homogéneo es compatible, pues tiene, al menos, la solución trivial $\alpha_1 = 0,\ \alpha_2 = 0,\ \ldots,\ \alpha_n = 0$.

■ EJEMPLO 3.1 Una solución no trivial del sistema homogéneo

$$\left\{\begin{array}{rcrcrcl} 2x_1 & + & 5x_2 & - & 3x_3 & = & 0\,, \\ 4x_1 & + & 7x_2 & - & 4x_3 & = & 0\,, \\ -6x_1 & - & 3x_2 & + & x_3 & = & 0\,, \end{array}\right.$$

es $x_1 = -1$, $x_2 = 4$, $x_3 = 6$, como puede comprobarse fácilmente sustituyendo estos valores numéricos en las ecuaciones del sistema. La representación matricial del sistema es $\mathcal{A}\boldsymbol{x} = \mathbf{0}_3$, con

$$\mathcal{A} = \begin{pmatrix} 2 & 5 & -3 \\ 4 & 7 & -4 \\ -6 & -3 & 1 \end{pmatrix}, \quad \boldsymbol{x} = \begin{pmatrix} x_1 \\ x_2 \\ x_3 \end{pmatrix},$$

y en términos de la misma el carácter de solución del vector $\boldsymbol{x} = (-1, 4, 6)$ se comprueba calculando el producto

$$\mathcal{A}\boldsymbol{x} = \begin{pmatrix} 2 & 5 & -3 \\ 4 & 7 & -4 \\ -6 & -3 & 1 \end{pmatrix} \begin{pmatrix} -1 \\ 4 \\ 6 \end{pmatrix} = \begin{pmatrix} 0 \\ 0 \\ 0 \end{pmatrix} \stackrel{\text{def}}{=} \mathbf{0}_3\,.$$

Obsérvese que hemos introducido la notación $\mathbf{0}_n$ como equivalente de $\mathbb{O}_{n,1}$ para indicar una matriz columna nula de tamaño $n \times 1$. En el ejemplo anterior $n = 3$. También se empleará la notación $\mathbb{O}_n$ con la misma finalidad.

■ DEFINICIÓN 3.3 Dos sistemas de ecuaciones lineales se denominan equivalentes si tienen el mismo conjunto de soluciones.

El sistema de ecuaciones lineales (3.3) se puede transformar en otro sistema de ecuaciones lineales mediante las siguientes operaciones elementales:

1. Intercambiar dos ecuaciones cualesquiera.

2. Multiplicar una ecuación cualquiera por una constante no nula.

3. Reemplazar cualquier ecuación por la suma de ésta y otra ecuación multiplicada por una constante.

Dado que las operaciones elementales descritas son *reversibles*, la transformación así realizada no cambia la solución del sistema. Esto es, el sistema resultante de la transformación es equivalente al original.

La expresión (3.1) establece la equivalencia de los sistemas lineales con sus matrices ampliadas. Las operaciones anteriores, realizadas sobre las ecuaciones de un sistema, se traducen en operaciones con matrices elementales sobre la matriz ampliada del sistema. Concretamente, a cada una de las operaciones anteriores le corresponde la siguiente operación elemental por filas:

1. Intercambiar dos filas cualesquiera.

2. Multiplicar una fila cualquiera por una constante no nula.

3. Reemplazar cualquier fila por la suma de ésta y otra fila multiplicada por una constante.

En virtud de la equivalencia entre sistemas de ecuaciones lineales se dice que dos matrices son *equivalentes por filas* si cualquiera de ellas se puede transformar en la otra utilizando sólo operaciones elementales de filas. La equivalencia por filas de dos matrices $\mathcal{A}$ y $\mathcal{B}$ se denota como $\mathcal{A} \sim \mathcal{B}$.

Una fila de $\mathcal{A} \in \mathbb{K}^{(m,n)}$ se dice *no nula* si tiene al menos un elemento distinto de cero. Además, llamaremos *elemento guía* de una fila no nula al primer elemento por la izquierda que es no nulo. Diremos que $\mathcal{A}$ está en *forma escalonada* si:

(i) Todas las filas no nulas están por encima de las nulas.

(ii) El elemento guía de cada fila no nula se encuentra siempre a la derecha del elemento guía de la fila anterior.

(iii) Debajo de cada elemento guía sólo hay ceros.

En una matriz que está en forma escalonada, los elementos guía de las distintas filas no nulas se denominan también *pivotes*, y las posiciones que ocupan estos elementos en la matriz son las denominadas *posiciones pivote*; las columnas que contienen un elemento guía o pivote se denominan *columnas pivote*, y análogamente las filas que contienen un elemento guía o pivote (es decir las filas no nulas) se denominan también *filas pivote*. Ejemplos de matrices en forma escalonada son

$$\begin{pmatrix} \blacksquare & * & * & * & * & * & * \\ 0 & \blacksquare & * & * & * & * & * \\ 0 & 0 & 0 & 0 & \blacksquare & * & * \\ 0 & 0 & 0 & 0 & 0 & \blacksquare & * \\ 0 & 0 & 0 & 0 & 0 & 0 & 0 \end{pmatrix}, \quad \begin{pmatrix} \blacksquare & * & * & * & * & * \\ 0 & \blacksquare & * & * & * & * \\ 0 & 0 & \blacksquare & * & * & * \\ 0 & 0 & 0 & \blacksquare & * & * \\ 0 & 0 & 0 & 0 & \blacksquare & * \end{pmatrix},$$

donde el símbolo $\blacksquare$ denota los elementos guía o pivotes de cada fila, mientras $*$ representa elementos en general no nulos.

Si en una matriz escalonada los pivotes son todos iguales a 1 y, además, son los únicos elementos distintos de cero en cada columna pivote, entonces se dice que la matriz está en *forma escalonada reducida*. Por ejemplo,

$$\begin{pmatrix} 1 & 0 & * & * & 0 & 0 & * \\ 0 & 1 & * & * & 0 & 0 & * \\ 0 & 0 & 0 & 0 & 1 & 0 & * \\ 0 & 0 & 0 & 0 & 0 & 1 & * \\ 0 & 0 & 0 & 0 & 0 & 0 & 0 \end{pmatrix}, \quad \begin{pmatrix} 1 & 0 & 0 & 0 & 0 & * \\ 0 & 1 & 0 & 0 & 0 & * \\ 0 & 0 & 1 & 0 & 0 & * \\ 0 & 0 & 0 & 1 & 0 & * \\ 0 & 0 & 0 & 0 & 1 & * \end{pmatrix}.$$

Para transformar una matriz $\mathcal{A} \in \mathbb{K}^{(m,n)}$ en otra equivalente por filas y que tenga forma escalonada reducida, se realizan los siguientes pasos:

1. Se comienza con la primera columna por la izquierda, seleccionando de ésta un elemento distinto de cero que será el primer pivote.

2. Si el elemento seleccionado no está en el extremo superior izquierdo de la matriz, se coloca en esa posición mediante una permutación de filas.

3. Utilizando operaciones elementales por filas, se crean ceros debajo del pivote.

4. Si al realizar los pasos 1-3 aparecen filas nulas, éstas se colocan mediante permutaciones por debajo de las filas no nulas.

5. Se pasa a la siguiente columna pivote, y se aplican los pasos 1-4 a la submatriz que resulta de omitir la primera fila y todas las columnas situadas a la izquierda de dicha columna.

6. Se repite el paso anterior sobre todas las demás columnas pivote.

7. Se toma el primer pivote por la derecha y se crean, mediante operaciones elementales por filas, ceros encima del mismo. Si el pivote no es igual a 1, dividimos por su valor todos los elementos de la fila correspondiente a fin de conseguir el número 1 en su posición.

8. Se continúa el proceso de derecha a izquierda repitiendo el paso anterior para todos los demás pivotes.

■ PROPOSICIÓN 3.1 Toda matriz $\mathcal{A} \in \mathbb{K}^{(m,n)}$ tiene una única forma escalonada reducida.

✎ Nótese que la primera fase del anterior proceso (pasos 1-6) nos proporciona una forma escalonada de $\mathcal{A}$. Esta parte del proceso se conoce como *eliminación gaussiana*, que en términos de sistemas de ecuaciones da lugar al *algoritmo o método de Gauss*. Por otra parte, la segunda fase (pasos 7-8) proporciona la forma escalonada reducida de $\mathcal{A}$, se conoce como *eliminación de Gauss-Jordan*, y en términos de sistemas de ecuaciones da lugar al *algoritmo o método de Gauss-Jordan*. En particular, si $\mathcal{A}$ es cuadrada y no singular, las fases primera y segunda corresponden, respectivamente, a los procesos de triangularización hacia abajo y hacia arriba que se realizan para calcular $\mathcal{A}^{-1}$ (ver capítulo 2).

■ CRITERIO 3.1 Una matriz $\mathcal{A} \in \mathbb{K}^{(n,n)}$ es no singular si y sólo si su forma escalonada reducida es la matriz identidad $\mathcal{I}_n$.

■ DEFINICIÓN 3.4 Sea $(\mathcal{A}|\boldsymbol{b})$ la matriz ampliada dada en (3.4), correspondiente al sistema (3.3), y $(\widetilde{\mathcal{A}}|\widetilde{\boldsymbol{b}})$ una forma escalonada de $(\mathcal{A}|\boldsymbol{b})$. Las variables correspondientes a las columnas pivote de $\widetilde{\mathcal{A}}$ se denominan variables principales, mientras que las restantes se denominan variables libres.

La reducción de $(\mathcal{A}|\boldsymbol{b})$ a una forma escalonada $(\widetilde{\mathcal{A}}|\widetilde{\boldsymbol{b}})$ permite establecer un criterio sobre la compatibilidad del sistema (3.3).

■ CRITERIO 3.2 Sea $(\widetilde{\mathcal{A}}|\widetilde{\boldsymbol{b}})$ una forma escalonada de $(\mathcal{A}|\boldsymbol{b})$. El sistema de ecuaciones lineales (3.3) es compatible si y sólo si $\widetilde{\boldsymbol{b}}$ no es una columna pivote, o sea, no existe ninguna fila de la forma $(0, 0, 0, \ldots, 0, \blacksquare)$, donde $\blacksquare$ denota un elemento distinto de cero.

La solución general $\mathbb{A}$ de un sistema compatible es la unión de los conjuntos formados por los valores de las variables libres y principales. Los valores de las variables libres quedan indeterminados, mientras que cada variable principal o bien toma un valor concreto o bien depende de las variables libres. Por tanto, si el sistema tiene al menos una variable libre, tiene infinitas soluciones, y en caso contrario su solución es única.

■ DEFINICIÓN 3.5 Un sistema compatible que tiene una única solución se denomina determinado, y si tiene infinitas soluciones se denomina indeterminado.

■ CRITERIO 3.3 Sea $(\widetilde{\mathcal{A}}|\widetilde{\boldsymbol{b}})$ una forma escalonada de $(\mathcal{A}|\boldsymbol{b})$. Si el sistema de ecuaciones lineales (3.3) es compatible, entonces:

(i) Es compatible determinado si y sólo si no hay ninguna variable libre, esto es, cuando todas las columnas de $\widetilde{\mathcal{A}}$ son columnas pivote.

(ii) Es compatible indeterminado si y sólo si existe al menos una variable libre, esto es, cuando al menos una columna de $\widetilde{\mathcal{A}}$ no es columna pivote.

■ EJEMPLO 3.2 Para resolver por el método de eliminación gaussiana el sistema homogéneo dado en el ejemplo 3.1, empezamos por construir su matriz ampliada,

$$(\mathcal{A} \mid \mathbf{0}_3) = \left(\begin{array}{rrr|r} 2 & 5 & -3 & 0 \\ 4 & 7 & -4 & 0 \\ -6 & -3 & 1 & 0 \end{array}\right),$$

y a continuación hallamos una forma escalonada de la misma. Si restamos a la segunda fila la primera multiplicada por 2, y sumamos a la tercera fila la primera multiplicada por 3, la matriz anterior se transforma en

$$\left(\begin{array}{rrr|r} 2 & 5 & -3 & 0 \\ 0 & -3 & 2 & 0 \\ 0 & 12 & -8 & 0 \end{array}\right).$$

Si en esta nueva matriz a la tercera fila le sumamos la segunda multiplicada por 4, se obtiene la forma escalonada

$$\left(\begin{array}{rrr|r} 2 & 5 & -3 & 0 \\ 0 & -3 & 2 & 0 \\ 0 & 0 & 0 & 0 \end{array}\right) = (\widetilde{\mathcal{A}} \mid \mathbf{0}_3).$$

Se sigue de aquí que el sistema es compatible indeterminado ya que la última columna de la matriz ampliada no es una columna pivote y una de las columnas del bloque $\widetilde{\mathcal{A}}$ tampoco es una columna pivote. El sistema original es equivalente al representado por la matriz $(\widetilde{\mathcal{A}} \mid \mathbf{0}_3)$,

$$\left\{ \begin{array}{r} 2x_1 + 5x_2 - 3x_3 = 0\,, \\ -3x_2 + 2x_3 = 0\,, \end{array} \right.$$

cuya solución general se halla fácilmente por sustitución hacia arriba,

$$x_1 = -\frac{x_3}{6}, \quad x_2 = \frac{2x_3}{3}, \quad x_3 \in \mathbb{R}\,.$$

Equivalentemente, si en la matriz $(\widetilde{\mathcal{A}} \mid \mathbf{0}_3)$ dividimos la primera fila por 2 y la segunda por -3,

$$\left(\begin{array}{rrr|r} 1 & \frac{5}{2} & -\frac{3}{2} & 0 \\ 0 & 1 & -\frac{2}{3} & 0 \\ 0 & 0 & 0 & 0 \end{array}\right),$$

y en esta nueva matriz restamos a la primera fila la segunda multiplicada por $5/2$, se obtiene la forma escalonada reducida,

$$\left(\begin{array}{rrr|r} 1 & 0 & \frac{1}{6} & 0 \\ 0 & 1 & -\frac{2}{3} & 0 \\ 0 & 0 & 0 & 0 \end{array}\right),$$

que permite leer directamente la solución general del sistema. La solución trivial y la comprobada en el ejemplo 3.1 se obtienen tomando, respectivamente, los valores particulares $x_3 = 0$ y $x_3 = 6$ en la solución general.

✎ Obsérvese que si $\mathcal{A}\boldsymbol{x} = \boldsymbol{b}_1$, $\mathcal{A}\boldsymbol{x} = \boldsymbol{b}_2$, …, $\mathcal{A}\boldsymbol{x} = \boldsymbol{b}_p$ son p sistemas de ecuaciones lineales que tienen la misma matriz de coeficientes $\mathcal{A}$ y diferentes vectores de términos independientes, es posible resolverlos simultáneamente reduciendo por filas la matriz $(\mathcal{A}|\boldsymbol{b}_1|\boldsymbol{b}_2|\cdots|\boldsymbol{b}_p)$. En particular, cuando $\mathcal{A} \in \mathbb{K}^{(n,n)}$ es no singular, el cálculo de $\mathcal{A}^{-1}$ (véase el capítulo 2) equivale a solucionar simultáneamente los n sistemas con $\boldsymbol{b}_1 = \boldsymbol{e}_1$, $\boldsymbol{b}_2 = \boldsymbol{e}_2$, …, $\boldsymbol{b}_n = \boldsymbol{e}_n$, donde $\boldsymbol{e}_1, \boldsymbol{e}_2, \ldots, \boldsymbol{e}_n$ son las columnas de la matriz identidad $\mathcal{I}_n$.

Sea $\mathcal{A} \in \mathbb{K}^{(m,n)}$ la matriz de coeficientes del sistema (3.3), y supongamos que $\mathcal{A}$ admite una reducción por filas a forma escalonada realizando únicamente operaciones elementales de adición. En este caso se tiene que

$$\mathcal{E}_k\mathcal{E}_{k-1}\cdots\mathcal{E}_1\mathcal{A} = \mathcal{U},$$

donde $\mathcal{U}$ es la forma escalonada de $\mathcal{A}$, y $\mathcal{E}_1, \mathcal{E}_2, \ldots, \mathcal{E}_k$ son matrices elementales de adición de la forma (2.11). Estas matrices son triangulares inferiores y sus elementos diagonales son todos iguales a 1, luego su producto es también triangular inferior y con unos en la diagonal principal (ver problema resuelto 2.8). Por tanto,

$$\mathcal{A} = \underbrace{(\mathcal{E}_k\mathcal{E}_{k-1}\cdots\mathcal{E}_1)^{-1}}_{\mathcal{L}}\mathcal{U}.$$

Esta factorización de la matriz $\mathcal{A}$, donde $\mathcal{L} \in \mathbb{K}^{(m,m)}$ es una matriz triangular inferior cuyos elementos diagonales son todos iguales a 1, y $\mathcal{U} \in \mathbb{K}^{(m,n)}$ es una matriz en forma escalonada (triangular superior si $m = n$), se denomina *factorización LU* de $\mathcal{A}$.

✎ Es importante destacar que la construcción de la matriz $\mathcal{L}$ se hace colocando sus elementos de manera que la misma secuencia de operaciones elementales de filas que reduce $\mathcal{A}$ a $\mathcal{U}$ reduce $\mathcal{L}$ a la matriz identidad $\mathcal{I}_m$.

■ Ejemplo 3.3 En el ejemplo 3.2, la matriz

$$\mathcal{A} = \begin{pmatrix} 2 & 5 & -3 \\ 4 & 7 & -4 \\ -6 & -3 & 1 \end{pmatrix}$$

se ha reducido por filas a forma escalonada usando únicamente operaciones elementales de adición. Por tanto, $\mathcal{A}$ admite factorización LU, siendo $\mathcal{U}$ la forma escalonada $\widetilde{\mathcal{A}}$ hallada en el ejemplo 3.2. Además, de la secuencia de operaciones elementales de adición que transforma $\mathcal{A}$ en $\mathcal{U} = \widetilde{\mathcal{A}}$,

$$\underbrace{\begin{pmatrix} 2 & 5 & -3 \\ 4 & 7 & -4 \\ -6 & -3 & 1 \end{pmatrix}}_{\mathcal{A}} \sim \underbrace{\begin{pmatrix} 2 & 5 & -3 \\ 0 & -3 & 2 \\ 0 & 12 & -8 \end{pmatrix}}_{\mathcal{M}_{3,1}(3)\mathcal{M}_{2,1}(-2)\mathcal{A}} \sim \underbrace{\begin{pmatrix} 2 & 5 & -3 \\ 0 & -3 & 2 \\ 0 & 0 & 0 \end{pmatrix}}_{\mathcal{M}_{3,2}(4)\mathcal{M}_{3,1}(3)\mathcal{M}_{2,1}(-2)\mathcal{A}} = \mathcal{U},$$

se sigue que

$$\mathcal{U} = \mathcal{M}_{3,2}(4)\mathcal{M}_{3,1}(3)\mathcal{M}_{2,1}(-2)\mathcal{A}.$$

Así pues,

$$\begin{aligned}\mathcal{L} &= \left[\mathcal{M}_{3,2}(4)\mathcal{M}_{3,1}(3)\mathcal{M}_{2,1}(-2)\right]^{-1} = \left[\mathcal{M}_{2,1}(-2)\right]^{-1}\left[\mathcal{M}_{3,1}(3)\right]^{-1}\left[\mathcal{M}_{3,2}(4)\right]^{-1} \\ &= \mathcal{M}_{2,1}(2)\mathcal{M}_{3,1}(-3)\mathcal{M}_{3,2}(-4),\end{aligned}$$

de donde se deduce que los elementos del triángulo inferior de $\mathcal{L}$ son $l_{2,1} = 2$, $l_{3,1} = -3$, y $l_{3,2} = -4$. Concluimos así que $\mathcal{A} = \mathcal{L}\mathcal{U}$, con

$$\mathcal{L} = \begin{pmatrix} 1 & 0 & 0 \\ 2 & 1 & 0 \\ -3 & -4 & 1 \end{pmatrix}, \qquad \mathcal{U} = \begin{pmatrix} 2 & 5 & -3 \\ 0 & -3 & 2 \\ 0 & 0 & 0 \end{pmatrix}.$$

Obsérvese que la primera columna de $\mathcal{L}$ coincide con la primera columna de $\mathcal{A}$ dividida por su pivote, que es igual a 2. La segunda columna de $\mathcal{L}$ se obtiene a partir de la segunda columna de la matriz $\mathcal{M}_{3,1}(3)\mathcal{M}_{2,1}(-2)\mathcal{A}$, al dividir dicha columna por -3 y sustituir su primera entrada por cero. Finalmente, la tercera columna de $\mathcal{L}$ no es otra cosa que la tercera columna de la matriz $\mathcal{I}_3$.

Si $\mathcal{A}$ admite factorización LU, entonces la resolución del sistema (3.3) es equivalente a la resolución de dos sistemas de ecuaciones lineales con matrices de coeficientes triangular y escalonada, respectivamente. Esto es,

$$\mathcal{A}\,\boldsymbol{x} = \boldsymbol{b} \iff \mathcal{L}(\mathcal{U}\,\boldsymbol{x}) = \boldsymbol{b} \iff \begin{cases} \mathcal{L}\,\boldsymbol{y} = \boldsymbol{b}, \\ \mathcal{U}\,\boldsymbol{x} = \boldsymbol{y}. \end{cases}$$

■ PROPOSICIÓN 3.2 Si $\mathcal{A} \in \mathbb{K}^{(n,n)}$ admite una factorización LU, los factores son únicos.

■ CRITERIO 3.4 Sea $\mathcal{A} \in \mathbb{K}^{(n,n)}$ no singular. La matriz $\mathcal{A}$ admite factorización LU si y sólo si las submatrices principales $\mathcal{A}(1, 2, \ldots, k)$, con $k = 1, 2, \ldots, n$, son no singulares.

■ OBSERVACIÓN 3.1 El algoritmo de factorización LU que hemos implementado es de aplicación únicamente a matrices $\mathcal{A}$ en las cuales, durante el proceso de triangularización, no aparecen filas de ceros. Sin embargo, basta multiplicar a izquierda la matriz $\mathcal{A}$ por las correspondientes matrices de permutación, que colocan dichas filas de ceros como últimas filas de $\mathcal{A}$, para tener un algoritmo más general. La factorización es entonces de la forma $\mathcal{P}\mathcal{A} = \mathcal{L}\mathcal{U}$, donde $\mathcal{P}$ denota el producto de las matrices de permutación requeridas, y se suele denominar *factorización PLU* de $\mathcal{A}$.

■ EJEMPLO 3.4 La matriz

$$\mathcal{A} = \begin{pmatrix} 0 & -2 & 1 \\ 3 & 0 & 2 \\ 0 & 2 & -4 \end{pmatrix}$$

no admite factorización LU salvo que permutemos sus dos primeras filas. Realizando esta operación, la matriz

$$\mathcal{P}_{1,2}\mathcal{A} = \begin{pmatrix} 0 & 1 & 0 \\ 1 & 0 & 0 \\ 0 & 0 & 1 \end{pmatrix} \begin{pmatrix} 0 & -2 & 1 \\ 3 & 0 & 2 \\ 0 & 2 & -4 \end{pmatrix} = \begin{pmatrix} 3 & 0 & 2 \\ 0 & -2 & 1 \\ 0 & 2 & -4 \end{pmatrix}$$

admite la factorización $\mathcal{P}_{1,2}\mathcal{A} = \mathcal{L}\mathcal{U}$, con

$$\mathcal{L} = \begin{pmatrix} 1 & 0 & 0 \\ 0 & 1 & 0 \\ 0 & -1 & 1 \end{pmatrix}, \quad \mathcal{U} = \begin{pmatrix} 3 & 0 & 2 \\ 0 & -2 & 1 \\ 0 & 0 & -3 \end{pmatrix}.$$

Problemas Resueltos

3.1 Sea $\mathcal{A}\boldsymbol{x} = \boldsymbol{b}$, con $\mathcal{A} \in \mathbb{K}^{(m,n)}$ y $\boldsymbol{b} \in \mathbb{K}^m \setminus \{\boldsymbol{0}_m\}$, un sistema lineal compatible, y denotemos por $\boldsymbol{x}_p$ una solución cualquiera del mismo. Demostrar que la solución general del sistema es el conjunto de los vectores de la forma $\boldsymbol{x} = \boldsymbol{x}_p + \boldsymbol{x}_h$, donde $\boldsymbol{x}_h$ es una solución del sistema homogéneo asociado, $\mathcal{A}\boldsymbol{x} = \boldsymbol{0}_m$.

Resolución. Dado que $\boldsymbol{x}_p$ es una solución del sistema $\mathcal{A}\boldsymbol{x} = \boldsymbol{b}$, se verifica que $\mathcal{A}\boldsymbol{x}_p = \boldsymbol{b}$. Por otra parte, al ser $\boldsymbol{x}_h$ una solución del sistema homogéneo asociado $\mathcal{A}\boldsymbol{x} = \boldsymbol{0}_m$, se tiene que $\mathcal{A}\boldsymbol{x}_h = \boldsymbol{0}_m$. Así pues,

$$\mathcal{A}(\boldsymbol{x}_p + \boldsymbol{x}_h) = \mathcal{A}\boldsymbol{x}_p + \mathcal{A}\boldsymbol{x}_h = \boldsymbol{b} + \boldsymbol{0}_m = \boldsymbol{b}\ ,$$

luego $\boldsymbol{x}_p + \boldsymbol{x}_h$ es solución del sistema $\mathcal{A}\boldsymbol{x} = \boldsymbol{b}$. Además, toda solución $\boldsymbol{x}_o$ del sistema $\mathcal{A}\boldsymbol{x} = \boldsymbol{b}$ se puede escribir en esa forma, pues definiendo $\boldsymbol{x}_h = \boldsymbol{x}_o - \boldsymbol{x}_p$ se tiene que

$$\mathcal{A}\boldsymbol{x}_h = \mathcal{A}(\boldsymbol{x}_o - \boldsymbol{x}_p) = \mathcal{A}\boldsymbol{x}_o - \mathcal{A}\boldsymbol{x}_p = \boldsymbol{b} - \boldsymbol{b} = \boldsymbol{0}_m\ ,$$

esto es, $\boldsymbol{x}_h$ es solución del sistema homogéneo asociado $\mathcal{A}\boldsymbol{x} = \mathbf{0}_m$.

3.2 Sea $\mathcal{A} \in \mathbb{K}^{(m,n)}$ una matriz que tiene una inversa a izquierda. Esto es, existe $\mathcal{B} \in \mathbb{K}^{(n,m)}$ tal que $\mathcal{B}\mathcal{A} = \mathcal{I}_n$ (véase el problema resuelto 2.16). Demostrar que, si para $\boldsymbol{b} \in \mathbb{R}^m$ el sistema lineal $\mathcal{A}\boldsymbol{x} = \boldsymbol{b}$ es compatible, entonces es compatible determinado.

Resolución. Si existe un $\boldsymbol{x} \in \mathbb{R}^n$ tal que $\mathcal{A}\boldsymbol{x} = \boldsymbol{b}$, multiplicando a izquierda ambos miembros de esta igualdad por $\mathcal{B}$ se tiene que $\mathcal{B}\mathcal{A}\boldsymbol{x} = \mathcal{B}\boldsymbol{b}$. Pero, si $\mathcal{B}\mathcal{A} = \mathcal{I}_n$, la ecuación anterior se simplifica a $\boldsymbol{x} = \mathcal{B}\boldsymbol{b}$, con lo que la solución del sistema queda determinada de manera única.

3.3 Dar una interpretación geométrica para los posibles conjuntos de soluciones de un sistema lineal con dos ecuaciones y dos incógnitas,

$$\begin{cases} a_{1,1}x_1 + a_{1,2}x_2 = b_1 \,, \\ a_{2,1}x_1 + a_{2,2}x_2 = b_2 \,. \end{cases}$$

Resolución. Geométricamente, cada una de las ecuaciones del sistema representa una recta del plano $\mathbb{R}^2$ y las soluciones son los puntos comunes a ambas rectas. Las dos rectas, o bien son paralelas y, por tanto, no se cortan en ningún punto (sistema incompatible), o bien se cortan siendo su intersección un punto (sistema compatible determinado), o bien coinciden y, por tanto, tienen todos sus puntos en común (sistema compatible indeterminado).

3.4 Reducir las matrices

$$\mathcal{A} = \begin{pmatrix} 1 & 1 & -1 & 0 \\ 1 & 2 & 1 & 1 \\ -1 & -3 & -3 & -2 \end{pmatrix}, \qquad \mathcal{B} = \begin{pmatrix} 1 & 2 & 1 & -3 \\ 2 & 3 & -1 & 2 \\ 2 & 1 & -6 & 1 \end{pmatrix},$$

a forma escalonada y determinar sus columnas pivote.

Resolución. Restando la primera fila a la segunda y sumando la primera fila a la tercera, la matriz $\mathcal{A}$ se transforma en

$$\begin{pmatrix} 1 & 1 & -1 & 0 \\ 0 & 1 & 2 & 1 \\ 0 & -2 & -4 & -2 \end{pmatrix}.$$

Sumando a la tercera fila la segunda multiplicada por 2 y restando a la primera fila la segunda, obtenemos la forma escalonada reducida

$$\begin{pmatrix} 1 & 0 & -3 & -1 \\ 0 & 1 & 2 & 1 \\ 0 & 0 & 0 & 0 \end{pmatrix}.$$

Se sigue de aquí que las columnas pivote de $\mathcal{A}$ son la primera y la segunda.

Por otra parte, restando la primera fila multiplicada por 2 a las filas segunda y tercera, la matriz $\mathcal{B}$ se transforma en

$$\begin{pmatrix} 1 & 2 & 1 & -3 \\ 0 & -1 & -3 & 8 \\ 0 & -3 & -8 & 7 \end{pmatrix}.$$

Si en esta nueva matriz a la tercera fila le restamos la segunda multiplicada por 3, se obtiene la forma escalonada

$$\begin{pmatrix} 1 & 2 & 1 & -3 \\ 0 & -1 & -3 & 8 \\ 0 & 0 & 1 & -17 \end{pmatrix},$$

de donde se sigue que las columnas pivote de $\mathcal{B}$ son las tres primeras.

3.5 Encontrar la forma escalonada reducida de la matriz

$$\mathcal{A} = \begin{pmatrix} 1 & 1 & 1 & 1 & 0 \\ 0 & -2 & 1 & -1 & 1 \\ 0 & 2 & 0 & 1 & 0 \\ -1 & 0 & 0 & 0 & 1 \\ 1 & 0 & 1 & 0 & 0 \end{pmatrix}.$$

Resolución. Sumando la primera fila a la cuarta y restando la primera fila a la quinta, la matriz $\mathcal{A}$ se transforma en

$$\begin{pmatrix} 1 & 1 & 1 & 1 & 0 \\ 0 & -2 & 1 & -1 & 1 \\ 0 & 2 & 0 & 1 & 0 \\ 0 & 1 & 1 & 1 & 1 \\ 0 & -1 & 0 & -1 & 0 \end{pmatrix}.$$

Aunque en este caso no es imprescindible realizar permutaciones de filas para continuar el proceso, resulta conveniente hacerlo para simplificar los cálculos. En concreto, en la matriz obtenida anteriormente intercambiamos las filas segunda y cuarta para obtener

$$\begin{pmatrix} 1 & 1 & 1 & 1 & 0 \\ 0 & 1 & 1 & 1 & 1 \\ 0 & 2 & 0 & 1 & 0 \\ 0 & -2 & 1 & -1 & 1 \\ 0 & -1 & 0 & -1 & 0 \end{pmatrix}.$$

Restando a la tercera fila la segunda multiplicada por 2, sumando a la cuarta fila la segunda multiplicada por 2 y sumando la segunda fila a la quinta, se tiene la matriz

$$\begin{pmatrix} 1 & 1 & 1 & 1 & 0 \\ 0 & 1 & 1 & 1 & 1 \\ 0 & 0 & -2 & -1 & -2 \\ 0 & 0 & 3 & 1 & 3 \\ 0 & 0 & 1 & 0 & 1 \end{pmatrix}.$$

Para simplificar los cálculos, recurrimos nuevamente a una permutación de filas, en concreto de la tercera y la quinta,

$$\begin{pmatrix} 1 & 1 & 1 & 1 & 0 \\ 0 & 1 & 1 & 1 & 1 \\ 0 & 0 & 1 & 0 & 1 \\ 0 & 0 & 3 & 1 & 3 \\ 0 & 0 & -2 & -1 & -2 \end{pmatrix}.$$

A continuación, restamos a la cuarta fila la tercera multiplicada por 3 y sumamos a la quinta fila la tercera multiplicada por 2,

$$\begin{pmatrix} 1 & 1 & 1 & 1 & 0 \\ 0 & 1 & 1 & 1 & 1 \\ 0 & 0 & 1 & 0 & 1 \\ 0 & 0 & 0 & 1 & 0 \\ 0 & 0 & 0 & -1 & 0 \end{pmatrix}.$$

Sumando la cuarta fila a la quinta, se obtiene la forma escalonada

$$\begin{pmatrix} 1 & 1 & 1 & 1 & 0 \\ 0 & 1 & 1 & 1 & 1 \\ 0 & 0 & 1 & 0 & 1 \\ 0 & 0 & 0 & 1 & 0 \\ 0 & 0 & 0 & 0 & 0 \end{pmatrix}.$$

Restando a las filas primera y segunda tanto la fila tercera como la cuarta,

$$\begin{pmatrix} 1 & 1 & 0 & 0 & -1 \\ 0 & 1 & 0 & 0 & 0 \\ 0 & 0 & 1 & 0 & 1 \\ 0 & 0 & 0 & 1 & 0 \\ 0 & 0 & 0 & 0 & 0 \end{pmatrix}.$$

Finalmente, restando la segunda fila a la primera en la matriz anterior, se obtiene que la forma escalonada reducida de $\mathcal{A}$ es

$$\begin{pmatrix} 1 & 0 & 0 & 0 & -1 \\ 0 & 1 & 0 & 0 & 0 \\ 0 & 0 & 1 & 0 & 1 \\ 0 & 0 & 0 & 1 & 0 \\ 0 & 0 & 0 & 0 & 0 \end{pmatrix}.$$

3.6 Sea el sistema lineal homogéneo $\mathcal{A}\boldsymbol{x} = \mathbf{0}_3$, con

$$\mathcal{A} = \begin{pmatrix} 6 & 4 & 16 \\ 2 & 4 & 8 \\ -2 & -2 & -6 \end{pmatrix}, \quad \boldsymbol{x} = \begin{pmatrix} x_1 \\ x_2 \\ x_3 \end{pmatrix}.$$

Determinar la solución general del sistema indicando las variables libres y principales.

Resolución. Usando el método de eliminación gaussiana, empezamos por escribir la matriz ampliada del sistema,

$$(\mathcal{A}|\mathbf{0}_3) = \left(\begin{array}{ccc|c} 6 & 4 & 16 & 0 \\ 2 & 4 & 8 & 0 \\ -2 & -2 & -6 & 0 \end{array}\right).$$

Para simplificar los cálculos, resulta conveniente permutar las filas primera y tercera, con lo que la matriz anterior se transforma en

$$\left(\begin{array}{ccc|c} -2 & -2 & -6 & 0 \\ 2 & 4 & 8 & 0 \\ 6 & 4 & 16 & 0 \end{array}\right).$$

Sumando a la segunda fila la primera, y a la tercera la primera multiplicada por 3,

$$\left(\begin{array}{ccc|c} -2 & -2 & -6 & 0 \\ 0 & 2 & 2 & 0 \\ 0 & -2 & -2 & 0 \end{array}\right).$$

Sumando la segunda fila a la tercera, se obtiene la forma escalonada

$$\left(\begin{array}{ccc|c} -2 & -2 & -6 & 0 \\ 0 & 2 & 2 & 0 \\ 0 & 0 & 0 & 0 \end{array}\right).$$

Dividiendo las filas primera y segunda por -2 y 2, respectivamente,

$$\left(\begin{array}{ccc|c} 1 & 1 & 3 & 0 \\ 0 & 1 & 1 & 0 \\ 0 & 0 & 0 & 0 \end{array}\right).$$

Finalmente, restando la segunda fila a la primera, obtenemos la forma escalonada reducida

$$\left(\begin{array}{ccc|c} 1 & 0 & 2 & 0 \\ 0 & 1 & 1 & 0 \\ 0 & 0 & 0 & 0 \end{array}\right).$$

De aquí se sigue que la solución general del sistema es $\boldsymbol{x} = (x_1, x_2, x_3)$, con

$$x_1 = -2x_3, \quad x_2 = -x_3, \quad x_3 \in \mathbb{R}.$$

El sistema es compatible indeterminado, siendo x_3 variable libre mientras x_1 y x_2 son variables principales.

3.7 Usando el método de eliminación gaussiana, resolver el sistema $\mathcal{A}\boldsymbol{x} = \boldsymbol{b}$, donde

$$\mathcal{A} = \begin{pmatrix} 1 & 2 & 1 & -3 \\ 2 & 3 & -1 & 2 \\ 2 & 1 & -6 & 1 \end{pmatrix}, \quad \boldsymbol{x} = \begin{pmatrix} x_1 \\ x_2 \\ x_3 \\ x_4 \end{pmatrix}, \quad \boldsymbol{b} = \begin{pmatrix} 1 \\ 3 \\ -1 \end{pmatrix}.$$

Resolución. La matriz ampliada del sistema es

$$(\mathcal{A}|\boldsymbol{b}) = \left(\begin{array}{cccc|c} 1 & 2 & 1 & -3 & 1 \\ 2 & 3 & -1 & 2 & 3 \\ 2 & 1 & -6 & 1 & -1 \end{array}\right).$$

Restando la primera fila multiplicada por 2 a las filas segunda y tercera, la matriz anterior se transforma en

$$\left(\begin{array}{cccc|c} 1 & 2 & 1 & -3 & 1 \\ 0 & -1 & -3 & 8 & 1 \\ 0 & -3 & -8 & 7 & -3 \end{array}\right).$$

Si en esta nueva matriz a la tercera fila le restamos la segunda multiplicada por 3, se obtiene la forma escalonada

$$\left(\begin{array}{cccc|c} 1 & 2 & 1 & -3 & 1 \\ 0 & -1 & -3 & 8 & 1 \\ 0 & 0 & 1 & -17 & -6 \end{array}\right).$$

Vemos de aquí que el sistema es compatible indeterminado con una variable libre. La solución general puede hallarse por sustitución hacia arriba o, equivalentemente, continuando el proceso de reducción por filas hasta llegar a la forma escalonada reducida de $(\mathcal{A}|\boldsymbol{b})$. Por este segundo método empezamos multiplicando por -1 la segunda fila de la forma escalonada,

$$\left(\begin{array}{cccc|c} 1 & 2 & 1 & -3 & 1 \\ 0 & 1 & 3 & -8 & -1 \\ 0 & 0 & 1 & -17 & -6 \end{array}\right).$$

Restando a la primera fila la tercera, y a la segunda fila la tercera multiplicada por 3, la matriz anterior se transforma en

$$\left(\begin{array}{cccc|c} 1 & 2 & 0 & 14 & 7 \\ 0 & 1 & 0 & 43 & 17 \\ 0 & 0 & 1 & -17 & -6 \end{array}\right).$$

Finalmente, si en esta nueva matriz a la primera fila le restamos la segunda multiplicada por 2, se obtiene la forma escalonada reducida

$$\left(\begin{array}{cccc|c} 1 & 0 & 0 & -72 & -27 \\ 0 & 1 & 0 & 43 & 17 \\ 0 & 0 & 1 & -17 & -6 \end{array}\right),$$

que equivale al sistema

$$\begin{cases} x_1 - 72x_4 = -27, \\ x_2 + 43x_4 = 17, \\ x_3 - 17x_4 = -6. \end{cases}$$

Por tanto, la solución general del sistema es

$$x_1 = 72x_4 - 27, \quad x_2 = -43x_4 + 17, \quad x_3 = 17x_4 - 6, \quad x_4 \in \mathbb{R}\,.$$

3.8 Usar el método de eliminación gaussiana para resolver el sistema $\mathcal{A}\boldsymbol{x} = \boldsymbol{b}$, donde

$$\mathcal{A} = \begin{pmatrix} 1 & 0 & 1 & 0 \\ 2 & 1 & -1 & 1 \\ 0 & 2 & -1 & 1 \\ 0 & -1 & -1 & 0 \end{pmatrix}, \quad \boldsymbol{x} = \begin{pmatrix} x_1 \\ x_2 \\ x_3 \\ x_4 \end{pmatrix}, \quad \boldsymbol{b} = \begin{pmatrix} 3 \\ 5 \\ -1 \\ -1 \end{pmatrix}.$$

Resolución. La matriz ampliada del sistema es

$$(\mathcal{A}|\boldsymbol{b}) = \left(\begin{array}{cccc|c} 1 & 0 & 1 & 0 & 3 \\ 2 & 1 & -1 & 1 & 5 \\ 0 & 2 & -1 & 1 & -1 \\ 0 & -1 & -1 & 0 & -1 \end{array}\right).$$

Empezamos por restar a la segunda fila la primera multiplicada por 2,

$$\left(\begin{array}{cccc|c} 1 & 0 & 1 & 0 & 3 \\ 0 & 1 & -3 & 1 & -1 \\ 0 & 2 & -1 & 1 & -1 \\ 0 & -1 & -1 & 0 & -1 \end{array}\right).$$

En esta nueva matriz, a la tercera fila le restamos la segunda multiplicada por 2 y a la cuarta fila le sumamos la segunda,

$$\left(\begin{array}{cccc|c} 1 & 0 & 1 & 0 & 3 \\ 0 & 1 & -3 & 1 & -1 \\ 0 & 0 & 5 & -1 & 1 \\ 0 & 0 & -4 & 1 & -2 \end{array}\right).$$

Sumando la cuarta fila a la tercera,

$$\left(\begin{array}{cccc|c} 1 & 0 & 1 & 0 & 3 \\ 0 & 1 & -3 & 1 & -1 \\ 0 & 0 & 1 & 0 & -1 \\ 0 & 0 & -4 & 1 & -2 \end{array}\right).$$

Sumando a la cuarta fila la tercera multiplicada por 4, se obtiene la forma escalonada

$$\left(\begin{array}{cccc|c} 1 & 0 & 1 & 0 & 3 \\ 0 & 1 & -3 & 1 & -1 \\ 0 & 0 & 1 & 0 & -1 \\ 0 & 0 & 0 & 1 & -6 \end{array}\right),$$

de donde se deduce que el sistema es compatible determinado. Restando la tercera fila a la primera y sumando a la segunda fila la tercera multiplicada por 3,

$$\left(\begin{array}{cccc|c} 1 & 0 & 0 & 0 & 4 \\ 0 & 1 & 0 & 1 & -4 \\ 0 & 0 & 1 & 0 & -1 \\ 0 & 0 & 0 & 1 & -6 \end{array}\right).$$

Finalmente, restando la cuarta fila a la segunda, se obtiene la forma escalonada reducida

$$\left(\begin{array}{cccc|c} 1 & 0 & 0 & 0 & 4 \\ 0 & 1 & 0 & 0 & 2 \\ 0 & 0 & 1 & 0 & -1 \\ 0 & 0 & 0 & 1 & -6 \end{array}\right),$$

de donde se sigue que la solución del sistema es el vector $\boldsymbol{x} = (4, 2, -1, -6)$.

3.9 Usando el método de eliminación gaussiana, hallar los valores de $\alpha \in \mathbb{R}$ tales que el sistema

$$\left\{\begin{array}{rcrcrcr} 2x_1 & - & 3x_2 & + & x_3 & = & 0, \\ x_1 & + & x_2 & - & x_3 & = & 3, \\ & & 4x_2 & + & x_3 & = & 2, \\ -\ x_1 & + & x_2 & & & = & \alpha, \end{array}\right.$$

sea compatible, y resolver el sistema para esos valores de α.

Resolución. La matriz ampliada del sistema es

$$\left(\begin{array}{ccc|c} 2 & -3 & 1 & 0 \\ 1 & 1 & -1 & 3 \\ 0 & 4 & 1 & 2 \\ -1 & 1 & 0 & \alpha \end{array}\right) \sim \left(\begin{array}{ccc|c} 1 & 1 & -1 & 3 \\ 2 & -3 & 1 & 0 \\ 0 & 4 & 1 & 2 \\ -1 & 1 & 0 & \alpha \end{array}\right),$$

donde hemos intercambiado las dos primeras filas a fin de simplificar los cálculos posteriores. Sumando a la cuarta fila la primera y restando a la segunda fila la primera multiplicada por 2, la matriz anterior se transforma en

$$\left(\begin{array}{ccc|c} 1 & 1 & -1 & 3 \\ 0 & -5 & 3 & -6 \\ 0 & 4 & 1 & 2 \\ 0 & 2 & -1 & \alpha + 3 \end{array}\right).$$

En esta nueva matriz, multiplicamos por 5 las filas tercera y cuarta,

$$\left(\begin{array}{ccc|c} 1 & 1 & -1 & 3 \\ 0 & -5 & 3 & -6 \\ 0 & 20 & 5 & 10 \\ 0 & 10 & -5 & 5\alpha + 15 \end{array}\right).$$

A continuación, sumamos a la tercera fila la segunda multiplicada por 4 y a la cuarta fila la segunda multiplicada por 2,

$$\left(\begin{array}{ccc|c} 1 & 1 & -1 & 3 \\ 0 & -5 & 3 & -6 \\ 0 & 0 & 17 & -14 \\ 0 & 0 & 1 & 5\alpha + 3 \end{array}\right).$$

Finalmente, multiplicamos la cuarta fila por 17,

$$\left(\begin{array}{ccc|c} 1 & 1 & -1 & 3 \\ 0 & -5 & 3 & -6 \\ 0 & 0 & 17 & -14 \\ 0 & 0 & 17 & 85\alpha + 51 \end{array}\right),$$

y seguidamente le restamos la tercera fila, con lo que obtenemos la forma escalonada

$$\left(\begin{array}{ccc|c} 1 & 1 & -1 & 3 \\ 0 & -5 & 3 & -6 \\ 0 & 0 & 17 & -14 \\ 0 & 0 & 0 & 85\alpha + 65 \end{array}\right).$$

De la tercera fila de esta matriz se sigue que el sistema dado es compatible (determinado) si y sólo si $85\alpha + 65 = 0$, esto es,

$$\alpha = -\frac{65}{85} = -\frac{13}{17}.$$

Para este valor de α, la forma escalonada de la matriz ampliada es

$$\left(\begin{array}{ccc|c} 1 & 1 & -1 & 3 \\ 0 & -5 & 3 & -6 \\ 0 & 0 & 17 & -14 \\ 0 & 0 & 0 & 0 \end{array}\right).$$

La solución general del sistema puede hallarse por sustitución hacia arriba, o, equivalentemente, continuando el proceso de reducción por filas hasta llegar a la forma escalonada reducida. El resultado que se obtiene es

$$x_1 = \frac{25}{17}, \quad x_2 = \frac{12}{17}, \quad x_3 = -\frac{14}{17}.$$

3.10 Sea el sistema de ecuaciones lineales

$$\left\{\begin{array}{rcrcrcr} x_1 & + & x_2 & + & x_3 & = & 1\,, \\ 2x_1 & + & 2x_2 & + & (1+\alpha^2)\,x_3 & = & 2\alpha\,, \\ x_1 & + & & + & (1-\alpha)\,x_3 & = & -\alpha\,, \\ x_1 & + & x_2 & + & \alpha^2\,x_3 & = & \alpha\,. \end{array}\right.$$

(a) Analizar para qué valores de $\alpha \in \mathbb{R}$ el sistema tiene solución.

(b) Resolver el sistema para los valores de α encontrados en el apartado anterior.

Resolución.

(a) Estudiamos el sistema mediante el método de eliminación gaussiana, partiendo de la matriz ampliada del mismo,

$$\left(\begin{array}{ccc|c} 1 & 1 & 1 & 1 \\ 2 & 2 & 1+\alpha^2 & 2\alpha \\ 1 & 0 & 1-\alpha & -\alpha \\ 1 & 1 & \alpha^2 & \alpha \end{array}\right).$$

Restando la primera fila multiplicada por 2 a la segunda fila, y la primera fila a las filas tercera y cuarta,

$$\left(\begin{array}{ccc|c} 1 & 1 & 1 & 1 \\ 0 & 0 & \alpha^2-1 & 2\alpha-2 \\ 0 & -1 & -\alpha & -\alpha-1 \\ 0 & 0 & \alpha^2-1 & \alpha-1 \end{array}\right).$$

Intercambiando las filas segunda y tercera,

$$\left(\begin{array}{ccc|c} 1 & 1 & 1 & 1 \\ 0 & -1 & -\alpha & -\alpha-1 \\ 0 & 0 & \alpha^2-1 & 2\alpha-2 \\ 0 & 0 & \alpha^2-1 & \alpha-1 \end{array}\right).$$

Finalmente, restando la tercera fila a la cuarta, obtenemos la forma escalonada

$$\left(\begin{array}{ccc|c} 1 & 1 & 1 & 1 \\ 0 & -1 & -\alpha & -\alpha-1 \\ 0 & 0 & \alpha^2-1 & 2\alpha-2 \\ 0 & 0 & 0 & 1-\alpha \end{array}\right).$$

La última fila de esta matriz ampliada equivale a la ecuación $0 = 1 - \alpha$, cuya única solución es $\alpha = 1$, y para este valor de α la tercera fila de la matriz equivale a la igualdad trivial $0 = 0$. Concluimos así que el sistema es compatible si y sólo si $\alpha = 1$.

(b) Para $\alpha = 1$, la forma escalonada de la matriz ampliada que hemos encontrado en el apartado anterior es

$$\left(\begin{array}{ccc|c} 1 & 1 & 1 & 1 \\ 0 & -1 & -1 & -2 \\ 0 & 0 & 0 & 0 \\ 0 & 0 & 0 & 0 \end{array}\right),$$

siendo por tanto el sistema compatible indeterminado con una variable libre. Si en esta matriz multiplicamos la segunda fila por -1,

$$\left(\begin{array}{ccc|c} 1 & 1 & 1 & 1 \\ 0 & 1 & 1 & 2 \\ 0 & 0 & 0 & 0 \\ 0 & 0 & 0 & 0 \end{array}\right),$$

y ahora restamos la segunda fila a la primera, obtenemos la forma escalonada reducida

$$\left(\begin{array}{ccc|c} 1 & 0 & 0 & -1 \\ 0 & 1 & 1 & 2 \\ 0 & 0 & 0 & 0 \\ 0 & 0 & 0 & 0 \end{array}\right).$$

De aquí se sigue que la solución general del sistema es

$$x_1 = -1\,, \quad x_2 = -x_3 + 2\,, \quad x_3 \in \mathbb{R}\,.$$

3.11 Dado el sistema de ecuaciones lineales

$$\left\{\begin{array}{rcrcrcr} x_1 & + & \lambda\, x_2 & & & = & 1\,, \\ -2\,x_1 & - & (\lambda+1)\,x_2 & + & x_3 & = & -1\,, \\ x_1 & + & (2\,\lambda-1)\,x_2 & + & (\lambda+2)\,x_3 & = & 4\,, \end{array}\right.$$

discutirlo en función de los valores del parámetro $\lambda \in \mathbb{R}$, y resolverlo en los casos en que es compatible.

Resolución. Estudiamos el sistema mediante el método de eliminación gaussiana, partiendo de su matriz ampliada,

$$\left(\begin{array}{ccc|c} 1 & \lambda & 0 & 1 \\ -2 & -\lambda-1 & 1 & -1 \\ 1 & 2\lambda-1 & \lambda+2 & 4 \end{array}\right).$$

Restando la primera fila a la tercera y sumando a la segunda fila la primera multiplicada por 2, la matriz anterior se transforma en

$$\left(\begin{array}{ccc|c} 1 & \lambda & 0 & 1 \\ 0 & \lambda-1 & 1 & 1 \\ 0 & \lambda-1 & \lambda+2 & 3 \end{array}\right).$$

Si en esta nueva matriz restamos la segunda fila a la tercera, obtenemos la forma escalonada

$$\left(\begin{array}{ccc|c} 1 & \lambda & 0 & 1 \\ 0 & \lambda-1 & 1 & 1 \\ 0 & 0 & \lambda+1 & 2 \end{array}\right) \equiv \mathfrak{U}\,.$$

A partir de esta matriz vemos que se pueden distinguir los siguientes tres casos:

(i) Si $\lambda \notin \{-1, 1\}$, el sistema es compatible determinado. Dividiendo la tercera fila de $\mathcal{U}$ por $\lambda + 1$, esta matriz se transforma en

$$\left(\begin{array}{ccc|c} 1 & \lambda & 0 & 1 \\ 0 & \lambda - 1 & 1 & 1 \\ 0 & 0 & 1 & \frac{2}{\lambda+1} \end{array}\right).$$

Restando la tercera fila a la segunda,

$$\left(\begin{array}{ccc|c} 1 & \lambda & 0 & 1 \\ 0 & \lambda - 1 & 0 & \frac{\lambda-1}{\lambda+1} \\ 0 & 0 & 1 & \frac{2}{\lambda+1} \end{array}\right).$$

Dividiendo la segunda fila por $\lambda - 1$,

$$\left(\begin{array}{ccc|c} 1 & \lambda & 0 & 1 \\ 0 & 1 & 0 & \frac{1}{\lambda+1} \\ 0 & 0 & 1 & \frac{2}{\lambda+1} \end{array}\right).$$

Finalmente, restando a la primera fila la segunda multiplicada por λ, llegamos a la forma escalonada reducida,

$$\left(\begin{array}{ccc|c} 1 & 0 & 0 & \frac{1}{\lambda+1} \\ 0 & 1 & 0 & \frac{1}{\lambda+1} \\ 0 & 0 & 1 & \frac{2}{\lambda+1} \end{array}\right),$$

de donde se sigue que la solución del sistema es

$$x_1 = x_2 = \frac{1}{\lambda + 1}, \quad x_3 = \frac{2}{\lambda + 1}, \quad \lambda \neq \pm 1 .$$

(ii) Si $\lambda = -1$, la última columna de $\mathcal{U}$ es pivote, luego en este caso el sistema es incompatible.

(iii) Si $\lambda = 1$, la forma escalonada de la matriz ampliada es

$$\mathcal{U} = \left(\begin{array}{ccc|c} 1 & 1 & 0 & 1 \\ 0 & 0 & 1 & 1 \\ 0 & 0 & 2 & 2 \end{array}\right) \sim \left(\begin{array}{ccc|c} 1 & 1 & 0 & 1 \\ 0 & 0 & 1 & 1 \\ 0 & 0 & 0 & 0 \end{array}\right),$$

donde a la tercera fila le hemos restado la segunda multiplicada por 2 para obtener la forma escalonada reducida. Se sigue que en este caso el sistema es compatible indeterminado (con una variable libre), y la solución general es

$$x_1 = 1 - x_2, \quad x_2 \in \mathbb{R}, \quad x_3 = 1 .$$

3.12 Dado el sistema de ecuaciones lineales

$$\left\{\begin{array}{rcrcrcrcr} x_1 & + & x_2 & + & x_3 & + & \alpha x_4 & = & -1 , \\ x_1 & + & x_2 & + & \alpha x_3 & + & x_4 & = & 1 , \\ x_1 & + & \alpha x_2 & + & x_3 & + & x_4 & = & -1 , \\ x_1 & + & x_2 & + & x_3 & + & x_4 & = & 1 , \end{array}\right.$$

usar el método de eliminación gaussiana para:

(a) Discutir el sistema, según los distintos valores del parámetro $\alpha \in \mathbb{R}$.

(b) Resolver el sistema, si es posible, para el valor particular del parámetro $\alpha = -1$.

Resolución.

(a) La matriz ampliada del sistema es

$$\left(\begin{array}{cccc|c} 1 & 1 & 1 & \alpha & -1 \\ 1 & 1 & \alpha & 1 & 1 \\ 1 & \alpha & 1 & 1 & -1 \\ 1 & 1 & 1 & 1 & 1 \end{array}\right).$$

Restando la primera fila a cada una de las otras tres filas, esta matriz se transforma en

$$\left(\begin{array}{cccc|c} 1 & 1 & 1 & \alpha & -1 \\ 0 & 0 & \alpha-1 & 1-\alpha & 2 \\ 0 & \alpha-1 & 0 & 1-\alpha & 0 \\ 0 & 0 & 0 & 1-\alpha & 2 \end{array}\right).$$

Si en esta nueva matriz intercambiamos las filas segunda y tercera, obtenemos la forma escalonada

$$\left(\begin{array}{cccc|c} 1 & 1 & 1 & \alpha & -1 \\ 0 & \alpha-1 & 0 & 1-\alpha & 0 \\ 0 & 0 & \alpha-1 & 1-\alpha & 2 \\ 0 & 0 & 0 & 1-\alpha & 2 \end{array}\right).$$

Se sigue de aquí que el sistema es incompatible si $\alpha = 1$ y compatible determinado si $\alpha \neq 1$.

(b) Para $\alpha = -1$, la forma escalonada de la matriz ampliada del sistema que hemos obtenido en el apartado anterior es

$$\left(\begin{array}{cccc|c} 1 & 1 & 1 & -1 & -1 \\ 0 & -2 & 0 & 2 & 0 \\ 0 & 0 & -2 & 2 & 2 \\ 0 & 0 & 0 & 2 & 2 \end{array}\right).$$

Multiplicando las filas segunda y tercera por $-1/2$, y la cuarta fila por $1/2$, la matriz anterior se transforma en

$$\left(\begin{array}{cccc|c} 1 & 1 & 1 & -1 & -1 \\ 0 & 1 & 0 & -1 & 0 \\ 0 & 0 & 1 & -1 & -1 \\ 0 & 0 & 0 & 1 & 1 \end{array}\right).$$

En esta nueva matriz sumamos la cuarta fila a las otras tres filas,

$$\left(\begin{array}{cccc|c} 1 & 1 & 1 & 0 & 0 \\ 0 & 1 & 0 & 0 & 1 \\ 0 & 0 & 1 & 0 & 0 \\ 0 & 0 & 0 & 1 & 1 \end{array}\right).$$

Finalmente, restando a la primera fila la segunda y la tercera, obtenemos la forma escalonada reducida

$$\left(\begin{array}{cccc|c} 1 & 0 & 0 & 0 & -1 \\ 0 & 1 & 0 & 0 & 1 \\ 0 & 0 & 1 & 0 & 0 \\ 0 & 0 & 0 & 1 & 1 \end{array}\right).$$

Se sigue entonces que la solución del sistema, compatible determinado como ya sabemos por la discusión del apartado anterior, es el vector $\boldsymbol{x} = (-1, 1, 0, 1)$.

3.13 Sea el sistema de ecuaciones lineales

$$\left\{\begin{array}{ccccccc} 2x_1 & + & x_2 & + & x_3 & = & 2\alpha\,, \\ 4x_1 & + & 2x_2 & + & 2x_2 & = & 3\alpha\,, \\ 6x_1 & + & 2x_2 & + & 3x_3 & = & 2\beta\,. \end{array}\right.$$

(a) ¿Para qué valores de las constantes α y β es compatible?

(b) Resolverlo por el método de Gauss para los valores de α y β encontrados en el apartado anterior.

Resolución.

(a) Estudiamos el sistema mediante el método de eliminación gaussiana partiendo de la matriz ampliada del mismo,

$$\left(\begin{array}{ccc|c} 2 & 1 & 1 & 2\alpha \\ 4 & 2 & 2 & 3\alpha \\ 6 & 2 & 3 & 2\beta \end{array}\right).$$

Restando a la segunda fila la primera multiplicada por 2, y a la tercera fila la primera multiplicada por 3, la matriz anterior se transforma en

$$\left(\begin{array}{ccc|c} 2 & 1 & 1 & 2\alpha \\ 0 & 0 & 0 & -\alpha \\ 0 & -1 & 0 & 2\beta-6\alpha \end{array}\right).$$

Finalmente, intercambiando las filas segunda y tercera obtenemos la forma escalonada

$$\left(\begin{array}{ccc|c} 2 & 1 & 1 & 2\alpha \\ 0 & -1 & 0 & 2\beta-6\alpha \\ 0 & 0 & 0 & -\alpha \end{array}\right).$$

De la tercera fila de esta matriz se sigue que el sistema es compatible (indeterminado con una variable libre) si y sólo si $\alpha = 0$, con β arbitrario.

(b) Para $\alpha = 0$, la forma escalonada de la matriz ampliada que hemos encontrado en el apartado anterior es

$$\left(\begin{array}{ccc|c} 2 & 1 & 1 & 0 \\ 0 & -1 & 0 & 2\beta \\ 0 & 0 & 0 & 0 \end{array}\right).$$

Si a la primera fila de esta matriz le sumamos la segunda,

$$\left(\begin{array}{ccc|c} 2 & 0 & 1 & 2\beta \\ 0 & -1 & 0 & 2\beta \\ 0 & 0 & 0 & 0 \end{array}\right),$$

y en esta nueva matriz multiplicamos las filas primera y segunda por $1/2$ y -1, respectivamente, obtenemos la forma escalonada reducida

$$\left(\begin{array}{ccc|c} 1 & 0 & \frac{1}{2} & \beta \\ 0 & 1 & 0 & -2\beta \\ 0 & 0 & 0 & 0 \end{array}\right).$$

Se sigue de aquí que la solución general del sistema es

$$x_1 = -\frac{1}{2}x_3 + \beta\,, \quad x_2 = -2\beta\,, \quad x_3 \in \mathbb{R}\,.$$

3.14 Se considera el sistema de ecuaciones lineales $\mathcal{A}\boldsymbol{x} = \boldsymbol{b}$, donde

$$\mathcal{A} = \begin{pmatrix} 2 & 5 & -3 \\ 4 & 7 & -4 \\ -6 & 3 & 1 \end{pmatrix}, \quad \boldsymbol{x} = \begin{pmatrix} x_1 \\ x_2 \\ x_3 \end{pmatrix}, \quad \boldsymbol{b} = \begin{pmatrix} \alpha \\ \beta \\ \gamma \end{pmatrix}.$$

(a) Discutirlo según los valores de $\alpha, \beta, \gamma \in \mathbb{R}$.

(b) Hallar las soluciones en los casos compatibles, de haberlos.

Resolución.

(a) Usamos el método de eliminación gaussiana, obteniendo una forma escalonada de la matriz ampliada del sistema,

$$(\mathcal{A}|\boldsymbol{b}) = \left(\begin{array}{ccc|c} 2 & 5 & -3 & \alpha \\ 4 & 7 & -4 & \beta \\ -6 & -3 & 1 & \gamma \end{array}\right).$$

Restando a la segunda fila la primera multiplicada por 2, y sumando a la tercera fila la primera multiplicada por 3, esta matriz se transforma en

$$\left(\begin{array}{ccc|c} 2 & 5 & -3 & \alpha \\ 0 & -3 & 2 & \beta - 2\alpha \\ 0 & 12 & -8 & \gamma + 3\alpha \end{array}\right).$$

Si en esta nueva matriz a la tercera fila le sumamos la segunda multiplicada por 4, se obtiene la forma escalonada

$$\left(\begin{array}{ccc|c} 2 & 5 & -3 & \alpha \\ 0 & -3 & 2 & \beta - 2\alpha \\ 0 & 0 & 0 & \gamma + 4\beta - 5\alpha \end{array}\right).$$

Vemos así que el sistema es

$$\begin{cases} \text{Incompatible} & \text{si } \gamma + 4\beta - 5\alpha \neq 0, \\ \text{Compatible indeterminado (con una variable libre)} & \text{si } \gamma + 4\beta - 5\alpha = 0. \end{cases}$$

(b) Por los resultados del apartado anterior, cuando el sistema es compatible indeterminado, su matriz ampliada es equivalente por filas a la matriz escalonada

$$\left(\begin{array}{ccc|c} 2 & 5 & -3 & \alpha \\ 0 & -3 & 2 & \beta - 2\alpha \\ 0 & 0 & 0 & 0 \end{array}\right),$$

que equivale al sistema

$$\begin{cases} 2x_1 + 5x_2 - 3x_3 = \alpha, \\ \qquad - 3x_2 + 2x_3 = \beta - 2\alpha. \end{cases}$$

La solución general de este sistema puede hallarse por sustitución hacia arriba o, equivalentemente, continuando el proceso de reducción por filas hasta llegar a la forma escalonada reducida de $(\mathcal{A}|\boldsymbol{b})$. El resultado que se obtiene es

$$x_1 = \frac{-7\alpha + 5\beta - x_3}{6}, \quad x_2 = \frac{2\alpha - \beta + 2x_3}{3}, \quad x_3 \in \mathbb{R}\,.$$

3.15 Encontrar un polinomio $p(x)$ de grado 2, tal que $p(1) = 2$, $p(2) = 6$ y $p(3) = 16$.

Resolución. La expresión general de un polinomio de grado 2 es $p(x) = ax^2+bx+c$, con $a, b, c \in \mathbb{K}$. Sustituyendo x por $1, 2, 3$ se obtienen, respectivamente, las ecuaciones

$$\left\{\begin{array}{rcrcrcr} a & + & b & + & c & = & 2\,, \\ 4a & + & 2b & + & c & = & 6\,, \\ 9a & + & 3b & + & c & = & 16\,. \end{array}\right.$$

Resolvemos este sistema de ecuaciones lineales por el método de eliminación gaussiana, partiendo de la matriz ampliada del mismo,

$$\left(\begin{array}{ccc|c} 1 & 1 & 1 & 2 \\ 4 & 2 & 1 & 6 \\ 9 & 3 & 1 & 16 \end{array}\right).$$

Restando a la segunda fila la primera multiplicada por 4, y a la tercera fila la primera multiplicada por 9,

$$\left(\begin{array}{rrr|r} 1 & 1 & 1 & 2 \\ 0 & -2 & -3 & -2 \\ 0 & -6 & -8 & -2 \end{array}\right).$$

Restando a la tercera fila la segunda multiplicada por 3,

$$\left(\begin{array}{rrr|r} 1 & 1 & 1 & 2 \\ 0 & -2 & -3 & -2 \\ 0 & 0 & 1 & 4 \end{array}\right).$$

Restando la tercera fila a la primera y sumando a la segunda fila la tercera multiplicada por 3,

$$\left(\begin{array}{rrr|r} 1 & 1 & 0 & -2 \\ 0 & -2 & 0 & 10 \\ 0 & 0 & 1 & 4 \end{array}\right).$$

Dividiendo la segunda fila por -2,

$$\left(\begin{array}{ccc|r} 1 & 1 & 0 & -2 \\ 0 & 1 & 0 & -5 \\ 0 & 0 & 1 & 4 \end{array}\right).$$

Finalmente, restando la segunda fila a la primera, se obtiene la forma escalonada reducida

$$\left(\begin{array}{ccc|r} 1 & 0 & 0 & 3 \\ 0 & 1 & 0 & -5 \\ 0 & 0 & 1 & 4 \end{array}\right).$$

Se sigue de aquí que la solución del sistema es $a = 3, b = -5, c = 4$. Por tanto, el polinomio buscado es $p(x) = 3x^2 - 5x + 4$.

3.16 Un sistema con más ecuaciones que incógnitas se denomina *sobredeterminado*, mientras que uno con más incógnitas que ecuaciones se denomina *infradeterminado*.

(a) ¿Es posible encontrar sistemas sobredeterminados que sean compatibles? Si la respuesta es afirmativa, proporcionar un ejemplo.

(b) ¿Es posible encontrar sistemas infradeterminados que sean compatibles determinados? Si la respuesta es afirmativa, proporcionar un ejemplo.

Resolución.

(a) La matriz de coeficientes de un sistema sobredeterminado tiene más filas que columnas. Por tanto, en la matriz ampliada el número de filas será mayor o igual que el número de columnas. La última columna puede ser tanto pivote como no pivote y en este segundo caso el sistema será compatible. Un ejemplo sencillo lo proporciona el siguiente sistema de tres ecuaciones con dos incógnitas,

$$\left\{\begin{array}{rcrcl} x_1 & + & x_2 & = & 2\,, \\ x_1 & - & x_2 & = & 0\,, \\ 3x_1 & + & 2x_2 & = & 5\,, \end{array}\right.$$

que es compatible determinado con solución (única) $x_1 = x_2 = 1$.

(b) La matriz de coeficientes de un sistema infradeterminado tiene más columnas que filas. Por tanto, tendrá al menos una columna no pivote, de manera que existirá al menos una variable libre. Así pues, si el sistema es compatible será necesariamente indeterminado.

3.17 Sea la matriz

$$\mathcal{A} = \begin{pmatrix} 1 & 2 & 3 & 4 \\ 2 & 3 & 4 & 5 \\ 3 & 4 & 5 & 6 \\ 4 & 5 & 6 & 7 \end{pmatrix}.$$

(a) Resolver por el método de eliminación gaussiana el sistema $\mathcal{A}\boldsymbol{x} = \mathbf{0}_4$, con $\boldsymbol{x} = (x_1, x_2, x_3, x_4) \in \mathbb{R}^4$.

(b) Hallar una factorización LU de $\mathcal{A}$.

Resolución.

(a) Para resolver el sistema $\mathcal{A}\boldsymbol{x} = \mathbf{0}_4$ por eliminación gaussiana, hemos de obtener una forma escalonada de la matriz ampliada,

$$(\mathcal{A}|\mathbf{0}_4) = \left(\begin{array}{cccc|c} 1 & 2 & 3 & 4 & 0 \\ 2 & 3 & 4 & 5 & 0 \\ 3 & 4 & 5 & 6 & 0 \\ 4 & 5 & 6 & 7 & 0 \end{array}\right).$$

Para ahorrar trabajo de cara al segundo apartado del problema, la forma escalonada que hallaremos será $(\mathcal{U}|\mathbf{0}_4)$ siendo $\mathcal{U}$ la matriz que aparece en la factorización LU de $\mathcal{A}$, esto es, la forma escalonada que se obtiene usando única y exclusivamente operaciones elementales de adición $\mathcal{M}_{i,j}$ con $i > j$. Empezamos por restar a la segunda fila la primera multiplicada por 2, a la tercera fila la primera multiplicada por 3, y a la cuarta fila la primera multiplicada por 4, con lo que la matriz se transforma en

$$\left(\begin{array}{rrrr|c} 1 & 2 & 3 & 4 & 0 \\ 0 & -1 & -2 & -3 & 0 \\ 0 & -2 & -4 & -6 & 0 \\ 0 & -3 & -6 & -9 & 0 \end{array}\right).$$

Si en esta nueva matriz restamos a la tercera fila la segunda multiplicada por 2, y a la cuarta fila la segunda multiplicada por 3, obtenemos la forma escalonada

$$\left(\begin{array}{rrrr|c} 1 & 2 & 3 & 4 & 0 \\ 0 & -1 & -2 & -3 & 0 \\ 0 & 0 & 0 & 0 & 0 \\ 0 & 0 & 0 & 0 & 0 \end{array}\right) = (\mathcal{U}|\mathbf{0}_4).$$

Vemos que el sistema es compatible indeterminado, con x_3 y x_4 como variables libres. Podemos resolverlo por sustitución hacia arriba, o bien hacer algunas operaciones de filas adicionales para llegar a la forma escalonada reducida de la matriz ampliada. Procediendo de esta segunda manera,

$$(\mathcal{U}|\mathbf{0}_4) \sim \left(\begin{array}{cccc|c} 1 & 2 & 3 & 4 & 0 \\ 0 & 1 & 2 & 3 & 0 \\ 0 & 0 & 0 & 0 & 0 \\ 0 & 0 & 0 & 0 & 0 \end{array}\right) \sim \left(\begin{array}{cccc|c} 1 & 0 & -1 & -2 & 0 \\ 0 & 1 & 2 & 3 & 0 \\ 0 & 0 & 0 & 0 & 0 \\ 0 & 0 & 0 & 0 & 0 \end{array}\right),$$

donde en el primer paso hemos multiplicado la segunda fila por -1, y en el segundo paso a la primera fila le hemos restado la segunda multiplicada por 2. La solución general del sistema es, por tanto,

$$x_1 = x_3 + 2x_4, \quad x_2 = -2x_3 - 3x_4, \quad x_3, x_4 \in \mathbb{R}\,.$$

(b) En el apartado anterior ya hemos obtenido la matriz $\mathcal{U}$ y a la vista de las operaciones elementales de filas realizadas para su cálculo podemos escribir la $\mathcal{L}$ de manera inmediata. Tenemos así que $\mathcal{A} = \mathcal{L}\mathcal{U}$ con

$$\mathcal{L} = \begin{pmatrix} 1 & 0 & 0 & 0 \\ 2 & 1 & 0 & 0 \\ 3 & 2 & 1 & 0 \\ 4 & 3 & 0 & 1 \end{pmatrix}, \qquad \mathcal{U} = \begin{pmatrix} 1 & 2 & 3 & 4 \\ 0 & -1 & -2 & -3 \\ 0 & 0 & 0 & 0 \\ 0 & 0 & 0 & 0 \end{pmatrix}.$$

3.18 Sea la matriz

$$\mathcal{A} = \begin{pmatrix} 1 & -2 & -2 & -2 \\ -2 & 1 & -2 & -2 \\ -2 & -2 & 1 & -2 \\ -2 & -2 & -2 & 1 \end{pmatrix}.$$

(a) Hallar la factorización LU de la matriz $\mathcal{A}$.

(b) Usando el resultado del apartado anterior, encontrar el vector $\boldsymbol{x} \in \mathbb{R}^4$ tal que $\mathcal{A}\boldsymbol{x} = \boldsymbol{b}$, siendo $\boldsymbol{b} = (-7, 8, 2, -13)$.

Resolución.

(a) Para hallar la matriz $\mathcal{U}$, hemos de llevar $\mathcal{A}$ a una forma escalonada usando única y exclusivamente operaciones elementales de adición $\mathcal{M}_{i,j}$ con $i > j$. Empezamos por sumar la primera fila multiplicada por 2 a las otras tres filas de $\mathcal{A}$, con lo que esta matriz se transforma en

$$\begin{pmatrix} 1 & -2 & -2 & -2 \\ 0 & -3 & -6 & -6 \\ 0 & -6 & -3 & -6 \\ 0 & -6 & -6 & -3 \end{pmatrix}.$$

En esta nueva matriz, restamos la segunda fila multiplicada por 2 a las filas tercera y cuarta,

$$\begin{pmatrix} 1 & -2 & -2 & -2 \\ 0 & -3 & -6 & -6 \\ 0 & 0 & 9 & 6 \\ 0 & 0 & 6 & 9 \end{pmatrix}.$$

Finalmente, obtenemos la forma escalonada que buscábamos restando a la cuarta fila la tercera multiplicada por $-2/3$. Esto es,

$$\mathcal{U} = \begin{pmatrix} 1 & -2 & -2 & -2 \\ 0 & -3 & -6 & -6 \\ 0 & 0 & 9 & 6 \\ 0 & 0 & 0 & 5 \end{pmatrix}.$$

A la vista de las operaciones elementales de filas realizadas en el proceso anterior, deducimos inmediatamente que

$$\mathcal{L} = \begin{pmatrix} 1 & 0 & 0 & 0 \\ -2 & 1 & 0 & 0 \\ -2 & 2 & 1 & 0 \\ -2 & 2 & \frac{2}{3} & 1 \end{pmatrix}.$$

(b) Para resolver el sistema $\mathcal{A}\boldsymbol{x} = \boldsymbol{b}$ usando la factorización LU de $\mathcal{A}$ hallada en el apartado anterior empezamos por resolver el sistema triangular inferior $\mathcal{L}\boldsymbol{y} = \boldsymbol{b}$. La matriz ampliada de este sistema es

$$(\mathcal{L}|\boldsymbol{b}) = \left(\begin{array}{cccc|c} 1 & 0 & 0 & 0 & -7 \\ -2 & 1 & 0 & 0 & 8 \\ -2 & 2 & 1 & 0 & 2 \\ -2 & 2 & \frac{2}{3} & 1 & -13 \end{array}\right).$$

Realizando sobre esta matriz la misma secuencia de operaciones elementales que hemos usado en el apartado anterior para transformar $\mathcal{A}$ en $\mathcal{U}$, se tiene que

$$(\mathcal{L}|\boldsymbol{b}) \sim \left(\begin{array}{cccc|c} 1 & 0 & 0 & 0 & -7 \\ 0 & 1 & 0 & 0 & -6 \\ 0 & 2 & 1 & 0 & -12 \\ 0 & 2 & \frac{2}{3} & 1 & -27 \end{array}\right) \sim \left(\begin{array}{cccc|c} 1 & 0 & 0 & 0 & -7 \\ 0 & 1 & 0 & 0 & -6 \\ 0 & 0 & 1 & 0 & 0 \\ 0 & 0 & \frac{2}{3} & 1 & -15 \end{array}\right) \sim \left(\begin{array}{cccc|c} 1 & 0 & 0 & 0 & -7 \\ 0 & 1 & 0 & 0 & -6 \\ 0 & 0 & 1 & 0 & 0 \\ 0 & 0 & 0 & 1 & -15 \end{array}\right).$$

Se sigue entonces que $\boldsymbol{y} = (-7, -6, 0, -15)$. A continuación, resolvemos el sistema triangular superior $\mathcal{U}\boldsymbol{x} = \boldsymbol{y}$, cuya matriz ampliada es

$$(\mathcal{U}|\boldsymbol{y}) = \left(\begin{array}{cccc|c} 1 & -2 & -2 & -2 & -7 \\ 0 & -3 & -6 & -6 & -6 \\ 0 & 0 & 9 & 6 & 0 \\ 0 & 0 & 0 & 5 & -15 \end{array}\right).$$

Empezamos por dividir las filas segunda, tercera y cuarta por -3, 9 y 5, respectivamente,

$$\left(\begin{array}{cccc|c} 1 & -2 & -2 & -2 & -7 \\ 0 & 1 & 2 & 2 & 2 \\ 0 & 0 & 1 & \frac{2}{3} & 0 \\ 0 & 0 & 0 & 1 & -3 \end{array}\right).$$

En esta nueva matriz, sumamos a la primera fila la cuarta multiplicada por 2, restamos a la segunda fila la cuarta multiplicada por 2 y restamos a la tercera fila la cuarta multiplicada por $2/3$,

$$\left(\begin{array}{cccc|c} 1 & -2 & -2 & 0 & -13 \\ 0 & 1 & 2 & 0 & 8 \\ 0 & 0 & 1 & 0 & 2 \\ 0 & 0 & 0 & 1 & -3 \end{array}\right).$$

Ahora, a la primera fila le sumamos la tercera multiplicada por 2 y a la segunda fila le restamos la tercera multiplicada por 2,

$$\left(\begin{array}{cccc|c} 1 & -2 & 0 & 0 & -9 \\ 0 & 1 & 0 & 0 & 4 \\ 0 & 0 & 1 & 0 & 2 \\ 0 & 0 & 0 & 1 & -3 \end{array}\right).$$

Finalmente, sumando a la primera fila la segunda multiplicada por 2, obtenemos la forma escalonada reducida

$$\left(\begin{array}{cccc|c} 1 & 0 & 0 & 0 & -1 \\ 0 & 1 & 0 & 0 & 4 \\ 0 & 0 & 1 & 0 & 2 \\ 0 & 0 & 0 & 1 & -3 \end{array}\right),$$

de donde se deduce que la solución del sistema es el vector $\boldsymbol{x} = (-1, 4, 2, -3)$.

3.19 Sea el sistema de ecuaciones lineales

$$\left\{\begin{array}{ccccccc} i\,x_1 & + & i\,x_2 & & & = & 0, \\ i\,x_1 & + & (\alpha+i)x_2 & + & i\,x_3 & = & 2i, \\ i\,x_1 & + & (\alpha+i)x_2 & + & \alpha x_3 & = & \alpha+2i, \end{array}\right. \qquad \alpha \in \mathbb{C},$$

donde i representa la unidad imaginaria.

(a) Determinar para qué valores de α el sistema es incompatible.

(b) Determinar para qué valores de α el sistema es compatible.

(c) Obtener la factorización LU de la matriz de coeficientes del sistema anterior cuando $\alpha = -i$. Resolver el sistema utilizando dicha factorización.

Resolución.

(a) La forma matricial del anterior sistema de ecuaciones es $\mathcal{A}\boldsymbol{x} = \boldsymbol{b}$, con

$$\mathcal{A} = \begin{pmatrix} i & i & 0 \\ i & \alpha+i & i \\ i & \alpha+i & \alpha \end{pmatrix}, \quad \boldsymbol{x} = \begin{pmatrix} x_1 \\ x_2 \\ x_3 \end{pmatrix}, \quad \boldsymbol{b} = \begin{pmatrix} 0 \\ 2i \\ \alpha+2i \end{pmatrix}.$$

La matriz ampliada del sistema se reduce a forma escalonada realizando operaciones elementales de adición por filas. Así,

$$\begin{aligned}(\mathcal{A}|\boldsymbol{b}) = \left(\begin{array}{ccc|c} i & i & 0 & 0 \\ i & \alpha+i & i & 2i \\ i & \alpha+i & \alpha & \alpha+2i \end{array}\right) &\sim \left(\begin{array}{ccc|c} i & i & 0 & 0 \\ 0 & \alpha & i & 2i \\ 0 & \alpha & \alpha & \alpha+2i \end{array}\right) \\ &\sim \left(\begin{array}{ccc|c} i & i & 0 & 0 \\ 0 & \alpha & i & 2i \\ 0 & 0 & \alpha-i & \alpha \end{array}\right),\end{aligned} \tag{3.5}$$

donde en el primer paso hemos restado la primera fila a la segunda, y en el segundo paso se ha restado la segunda fila a la tercera.

De (3.5) se observa inmediatamente que, si $\alpha = i$, la última columna de la matriz ampliada es una columna pivote, por lo que de acuerdo al criterio 3.2 el sistema es incompatible. Por otra parte, para $\alpha = 0$, la forma escalonada obtenida en (3.5) se reduce a

$$\left(\begin{array}{ccc|c} i & i & 0 & 0 \\ 0 & 0 & i & 2i \\ 0 & 0 & -i & 0 \end{array}\right) \sim \left(\begin{array}{ccc|c} i & i & 0 & 0 \\ 0 & 0 & i & 2i \\ 0 & 0 & 0 & 2i \end{array}\right),$$

sin más que sumar la segunda fila a la tercera. Al igual que en el caso anterior, la última columna de la matriz ampliada es una columna pivote, luego basándonos en el criterio 3.2 el sistema es incompatible.

Concluimos así que el sistema es incompatible para $\alpha = 0$ y $\alpha = i$. Nótese que para estos dos valores del parámetro α la matriz $\mathcal{A}$ es singular,

$$\underbrace{\begin{pmatrix} i & i & 0 \\ i & 2i & i \\ i & 2i & i \end{pmatrix}}_{\mathcal{A} \text{ para } \alpha = i}, \quad \underbrace{\begin{pmatrix} i & i & 0 \\ i & i & i \\ i & i & 0 \end{pmatrix}}_{\mathcal{A} \text{ para } \alpha = 0}.$$

(b) De (3.5) se sigue que el sistema $\mathcal{A}\boldsymbol{x} = \boldsymbol{b}$ es compatible para todo $\alpha \in \mathbb{C} \setminus \{0, i\}$. Más concretamente, al no haber variables libres se deduce que el sistema es compatible determinado, con lo que tiene una única solución que será función del valor de α.

(c) Si $\alpha = -i$, la reducción de $\mathcal{A}$ a su forma escalonada (3.5) es,

$$\mathcal{A} = \begin{pmatrix} i & i & 0 \\ i & 0 & i \\ i & 0 & -i \end{pmatrix} \sim \begin{pmatrix} i & i & 0 \\ 0 & -i & i \\ 0 & -i & -i \end{pmatrix} \sim \begin{pmatrix} i & i & 0 \\ 0 & -i & i \\ 0 & 0 & -2i \end{pmatrix} = \mathcal{U},$$

y de las operaciones elementales de adición realizadas deducimos que

$$\mathcal{L} = \begin{pmatrix} 1 & 0 & 0 \\ 1 & 1 & 0 \\ 1 & 1 & 1 \end{pmatrix}.$$

Las matrices $\mathcal{L}$ y $\mathcal{U}$ proporcionan la factorización LU de $\mathcal{A}$, esto es, $\mathcal{A} = \mathcal{L}\mathcal{U}$. Si resolvemos el sistema $\mathcal{A}\boldsymbol{x} = \boldsymbol{b}$ empleando esta factorización, tendremos que solucionar los sistemas $\mathcal{L}\mathcal{Y} = \boldsymbol{b}$, $\mathcal{U}\boldsymbol{x} = \mathcal{Y}$. Así, de

$$\mathcal{L}\mathcal{Y} = \boldsymbol{b} \iff \begin{pmatrix} 1 & 0 & 0 \\ 1 & 1 & 0 \\ 1 & 1 & 1 \end{pmatrix} \begin{pmatrix} y_1 \\ y_2 \\ y_3 \end{pmatrix} = \begin{pmatrix} 0 \\ 2i \\ i \end{pmatrix},$$

deducimos que $y_1 = 0$, $y_2 = 2i$, $y_3 = -i$. Por otra parte,

$$\mathcal{U}\boldsymbol{x} = \boldsymbol{b} \iff \begin{pmatrix} i & i & 0 \\ 0 & -i & i \\ 0 & 0 & -2i \end{pmatrix} \begin{pmatrix} x_1 \\ x_2 \\ x_3 \end{pmatrix} = \begin{pmatrix} 0 \\ 2i \\ -i \end{pmatrix},$$

de donde $\boldsymbol{x} = (\frac{3}{2}, -\frac{3}{2}, \frac{1}{2})$.

3.20 Sea $\mathcal{A} = \mathcal{L}\mathcal{U}$ una factorización LU de la matriz $\mathcal{A} \in \mathbb{K}^{(m,n)}$. Explicar por qué la primera columna de $\mathcal{A}$ es un múltiplo de la primera columna de $\mathcal{L}$ y dar una expresión general para las columnas de $\mathcal{A}$ en términos de las de $\mathcal{L}$.

Resolución. Sean $\mathcal{A}, \mathcal{U} \in \mathbb{K}^{(m,n)}$, $\mathcal{L} \in \mathbb{K}^{(m,m)}$. Si escribimos $\mathcal{L}$ en términos de sus vectores columna,

$$\mathcal{L} = (\mathcal{L}_1 | \mathcal{L}_2 | \cdots | \mathcal{L}_m), \quad \mathcal{L}_j \in \mathbb{K}^{(m,1)}, \quad j = 1, 2, \ldots, m,$$

el producto $\mathcal{A} = \mathcal{L}\mathcal{U}$ se puede calcular por bloques como

$$\begin{aligned} \mathcal{A} &= (\mathcal{L}_1 | \mathcal{L}_2 | \cdots | \mathcal{L}_m) \begin{pmatrix} u_{1,1} & u_{1,2} & u_{1,3} & \cdots & u_{1,n} \\ 0 & u_{2,2} & u_{2,3} & \cdots & u_{2,n} \\ 0 & 0 & u_{3,3} & \cdots & u_{3,n} \\ \vdots & \vdots & \ddots & \ddots & \vdots \\ 0 & 0 & \cdots & 0 & u_{m,n} \end{pmatrix} \\ &= (u_{1,1}\mathcal{L}_1 \,|\, u_{1,2}\mathcal{L}_1 + u_{2,2}\mathcal{L}_2 \,|\, \cdots \,|\, u_{1,n}\mathcal{L}_1 + u_{2,n}\mathcal{L}_2 + \cdots + u_{m,n}\mathcal{L}_m). \end{aligned}$$

Comparando este resultado con la expresión de $\mathcal{A}$ en términos de sus vectores columna,

$$\mathcal{A} = (\mathcal{A}_1|\mathcal{A}_2|\cdots|\mathcal{A}_n)\,, \quad \mathcal{A}_k \in \mathbb{K}^{(m,1)}\,, \quad k = 1, 2, \ldots, n\,,$$

vemos de inmediato que la primera columna de $\mathcal{A}$ es un múltiplo de la primera columna de $\mathcal{L}$, $\mathcal{A}_1 = u_{1,1}\mathcal{L}_1$, y la expresión general de las columnas de $\mathcal{A}$ en términos de las de $\mathcal{L}$ es

$$\mathcal{A}_k = \sum_{j=1}^{k} u_{j,k}\mathcal{L}_j\,, \quad k = 1, 2, \ldots, n\,.$$

3.21 Sea $\mathcal{A}\boldsymbol{x} = \boldsymbol{b}$, donde

$$\mathcal{A} = \begin{pmatrix} a_{1,1} & a_{1,2} & a_{1,3} \\ a_{2,1} & a_{2,2} & a_{2,3} \\ a_{3,1} & a_{3,2} & a_{3,3} \end{pmatrix}, \quad \boldsymbol{x} = \begin{pmatrix} x_1 \\ x_2 \\ x_3 \end{pmatrix}, \quad \boldsymbol{b} = \begin{pmatrix} b_1 \\ b_2 \\ b_3 \end{pmatrix},$$

un sistema lineal compatible. Desarrollar y comparar el método de Gauss con la factorización LU de la matriz $\mathcal{A}$.

Resolución. La ecuación matricial $\mathcal{A}\boldsymbol{x} = \boldsymbol{b}$ corresponde a un sistema lineal de 3 ecuaciones con 3 incógnitas,

$$\left\{ \begin{array}{l} a_{1,1}x_1 + a_{1,2}x_2 + a_{1,3}x_3 = b_1, \\ a_{2,1}x_1 + a_{2,2}x_2 + a_{2,3}x_3 = b_2, \\ a_{3,1}x_1 + a_{3,2}x_2 + a_{3,3}x_3 = b_3. \end{array} \right. \tag{3.6}$$

Después de efectuar el primer paso del método de Gauss, suponiendo que $a_{1,1} \neq 0$ obtenemos el sistema equivalente

$$\left\{ \begin{array}{rcl} x_1 + \underbrace{\frac{a_{1,2}}{a_{1,1}}}_{a^{(1)}_{1,2}} x_2 + \underbrace{\frac{a_{1,3}}{a_{1,1}}}_{a^{(1)}_{1,3}} x_3 &=& \underbrace{\frac{b_1}{a_{1,1}}}_{b^{(1)}_1}, \\ \underbrace{\left(a_{2,2} - \frac{a_{2,1}a_{1,2}}{a_{1,1}}\right)}_{a^{(1)}_{2,2}} x_2 + \underbrace{\left(a_{2,3} - \frac{a_{2,1}a_{1,3}}{a_{1,1}}\right)}_{a^{(1)}_{2,3}} x_3 &=& \underbrace{b_2 - \frac{a_{2,1}}{a_{1,1}}b_1}_{b^{(1)}_2}, \\ \underbrace{\left(a_{3,2} - \frac{a_{3,1}a_{1,2}}{a_{1,1}}\right)}_{a^{(1)}_{3,2}} x_2 + \underbrace{\left(a_{3,3} - \frac{a_{1,3}a_{3,1}}{a_{1,1}}\right)}_{a^{(1)}_{3,3}} x_3 &=& \underbrace{b_3 - \frac{a_{3,1}}{a_{1,1}}b_1}_{b^{(1)}_3}, \end{array} \right. \tag{3.7}$$

que corresponde a la ecuación matricial

$$\mathcal{A}_1\boldsymbol{x} = \boldsymbol{b}^{(1)}, \quad \text{donde} \quad \mathcal{A}_1 = \begin{pmatrix} 1 & a^{(1)}_{1,2} & a^{(1)}_{1,3} \\ 0 & a^{(1)}_{2,2} & a^{(1)}_{2,3} \\ 0 & a^{(1)}_{3,2} & a^{(1)}_{3,3} \end{pmatrix}, \quad \boldsymbol{b}^{(1)} = \begin{pmatrix} b^{(1)}_1 \\ b^{(1)}_2 \\ b^{(1)}_3 \end{pmatrix}.$$

Nótese que la matriz $\mathcal{A}_1$ se obtiene a partir de $\mathcal{A}$ mediante multiplicación a izquierda por

$$\mathcal{E}_1 = \begin{pmatrix} \frac{1}{a_{1,1}} & 0 & 0 \\ -\frac{a_{2,1}}{a_{1,1}} & 1 & 0 \\ -\frac{a_{3,1}}{a_{1,1}} & 0 & 1 \end{pmatrix},$$

esto es, el sistema (3.6) se transforma en su equivalente (3.7) como se indica a continuación,

$$\mathcal{E}_1 \mathcal{A}\boldsymbol{x} = \mathcal{E}_1 \boldsymbol{b} \iff \mathcal{A}_1 \boldsymbol{x} = \boldsymbol{b}^{(1)}.$$

Al efectuar el segundo paso del método de Gauss, suponiendo que $a_{2,2}^{(1)} \neq 0$ pasamos del sistema (3.7), que reescribimos como

$$\left\{\begin{array}{rcrcrcl} x_1 & + & a_{1,2}^{(1)} x_2 & + & a_{1,3}^{(1)} x_3 & = & b_1^{(1)}, \\ & & a_{2,2}^{(1)} x_2 & + & a_{2,3}^{(1)} x_3 & = & b_2^{(1)}, \\ & & a_{3,2}^{(1)} x_2 & + & a_{3,3}^{(1)} x_3 & = & b_3^{(1)}, \end{array}\right. \tag{3.8}$$

al sistema equivalente

$$\left\{\begin{array}{rcrcrcl} x_1 & + & \underbrace{a_{1,2}^{(1)}}_{a_{1,2}^{(2)}} x_2 & + & \underbrace{a_{1,3}^{(1)}}_{a_{1,3}^{(2)}} x_3 & = & \underbrace{b_1^{(1)}}_{b_1^{(2)}}, \\ & & x_2 & + & \underbrace{\frac{a_{2,3}^{(1)}}{a_{2,2}^{(1)}}}_{a_{2,3}^{(2)}} x_3 & = & \underbrace{\frac{b_2^{(1)}}{a_{2,2}^{(1)}}}_{b_2^{(2)}}, \\ & & & & \underbrace{\left(a_{3,3}^{(1)} - \frac{a_{3,2}^{(1)} a_{2,3}^{(1)}}{a_{2,2}^{(1)}}\right)}_{a_{3,3}^{(2)}} x_3 & = & \underbrace{b_3^{(1)} - \frac{a_{3,3}^{(1)}}{a_{2,2}^{(1)}} b_2^{(1)}}_{b_3^{(2)}}, \end{array}\right. \tag{3.9}$$

que corresponde a la ecuación matricial

$$\mathcal{A}_2 \boldsymbol{x} = \boldsymbol{b}^{(2)}, \quad \text{donde} \quad \mathcal{A}_2 = \begin{pmatrix} 1 & a_{1,2}^{(2)} & a_{1,3}^{(2)} \\ 0 & 1 & a_{2,3}^{(2)} \\ 0 & 0 & a_{3,3}^{(2)} \end{pmatrix}, \quad \boldsymbol{b}^{(1)} = \begin{pmatrix} b_1^{(2)} \\ b_2^{(2)} \\ b_3^{(2)} \end{pmatrix}.$$

Es fácil constatar que la transformación del sistema (3.8) al sistema equivalente (3.9) se realiza multiplicando a izquierda $\mathcal{A}_1$ por la matriz

$$\mathcal{E}_2 = \begin{pmatrix} 1 & 0 & 0 \\ 0 & \frac{1}{a_{2,2}^{(1)}} & 0 \\ 0 & -\frac{a_{3,2}^{(1)}}{a_{2,2}^{(1)}} & 1 \end{pmatrix},$$

esto es,

$$\underbrace{\mathcal{E}_2 \mathcal{E}_1 \mathcal{A}}_{\mathcal{A}_2} \boldsymbol{x} = \underbrace{\mathcal{E}_2 \mathcal{E}_1 \boldsymbol{b}}_{\boldsymbol{b}^{(2)}}.$$

Finalmente, suponiendo que $a_{3,3}^{(2)} \neq 0$, la matriz

$$\mathcal{E}_3 = \begin{pmatrix} 1 & 0 & 0 \\ 0 & 1 & 0 \\ 0 & 0 & \frac{1}{a_{3,3}^{(2)}} \end{pmatrix}$$

transforma $\mathcal{A}_2$ en una matriz $\widetilde{\mathcal{U}}$ triangular superior, cuyos elementos diagonales son todos iguales a 1. O sea,

$$\mathcal{E}_3\mathcal{E}_2\mathcal{E}_1\mathcal{A}\boldsymbol{x} = \mathcal{E}_3\mathcal{E}_2\mathcal{E}_1\boldsymbol{b}.$$

En particular,

$$\widetilde{\mathcal{U}} = \mathcal{E}_3\mathcal{E}_2\mathcal{E}_1\mathcal{A} \iff \mathcal{A} = \mathcal{E}_1^{-1}\mathcal{E}_2^{-1}\mathcal{E}_3^{-1}\widetilde{\mathcal{U}} = \widetilde{\mathcal{L}}\widetilde{\mathcal{U}},$$

donde

$$\mathcal{E}_1^{-1} = \begin{pmatrix} a_{1,1} & 0 & 0 \\ a_{2,1} & 1 & 0 \\ a_{3,1} & 0 & 1 \end{pmatrix}, \quad \mathcal{E}_2^{-1} = \begin{pmatrix} 1 & 0 & 0 \\ 0 & a_{2,2}^{(1)} & 0 \\ 0 & a_{3,2}^{(1)} & 1 \end{pmatrix}, \quad \mathcal{E}_3^{-1} = \begin{pmatrix} 1 & 0 & 0 \\ 0 & 1 & 0 \\ 0 & 0 & a_{3,3}^{(2)} \end{pmatrix}.$$

Por tanto,

$$\widetilde{\mathcal{L}} = \begin{pmatrix} a_{1,1} & 0 & 0 \\ a_{2,1} & a_{2,2}^{(1)} & 0 \\ a_{3,1} & a_{3,2}^{(1)} & a_{3,3}^{(2)} \end{pmatrix},$$

de donde se sigue que

$$\mathcal{L} = \begin{pmatrix} 1 & 0 & 0 \\ \frac{a_{2,1}}{a_{1,1}} & 1 & 0 \\ \frac{a_{3,1}}{a_{1,1}} & \frac{a_{3,2}^{(1)}}{a_{2,2}^{(1)}} & 1 \end{pmatrix}, \quad \mathcal{U} = \mathcal{D}_1(a_{1,1})\mathcal{D}_2\big(a_{2,2}^{(1)}\big)\mathcal{D}_3\big(a_{3,3}^{(2)}\big)\widetilde{\mathcal{U}}\,. \tag{3.10}$$

Nótese que las matrices elementales de dilatación $\mathcal{D}_1(a_{1,1}), \mathcal{D}_2\big(a_{2,2}^{(1)}\big), \mathcal{D}_3\big(a_{3,3}^{(2)}\big)$ se han empleado para que la matriz $\mathcal{L}$ tenga unos en la diagonal principal, de acuerdo con la definición adoptada en la introducción teórica de este capítulo.

3.22 Sea el sistema lineal $\mathcal{A}\boldsymbol{x} = \boldsymbol{b}$, donde $\mathcal{A} \in \mathbb{K}^{(m,n)}$, $\boldsymbol{x} \in \mathbb{K}^{(n,1)}$ y $\boldsymbol{b} \in \mathbb{K}^{(m,1)}$. Siguiendo el procedimiento desarrollado en el problema anterior, determinar las matrices $\mathcal{E}_k$ y $\mathcal{E}_k^{-1}$ correspondientes al paso k-ésimo del método de Gauss ($k = 1, 2, \ldots, m$).

Resolución. En general, si $\mathcal{A} \in \mathbb{K}^{(m,n)}$, en el paso k-ésimo se tiene que

$$\mathcal{E}_k = \begin{pmatrix} 1 & \cdots & 0 & \cdots & 0 \\ \vdots & & \vdots & & \vdots \\ 0 & \cdots & \frac{1}{a_{k,k}^{(k-1)}} & \cdots & 0 \\ 0 & \cdots & -\frac{a_{k+1,k}^{(k-1)}}{a_{k,k}^{(k-1)}} & \cdots & 0 \\ \vdots & & \vdots & & \vdots \\ 0 & \cdots & -\frac{a_{m,k}^{(k-1)}}{a_{k,k}^{(k-1)}} & \cdots & 1 \end{pmatrix}, \quad \mathcal{E}_k^{-1} = \begin{pmatrix} 1 & \cdots & 0 & \cdots & 0 \\ \vdots & & \vdots & & \vdots \\ 0 & \cdots & a_{k,k}^{(k-1)} & \cdots & 0 \\ 0 & \cdots & a_{k+1,k}^{(k-1)} & \cdots & 0 \\ \vdots & & \vdots & & \vdots \\ 0 & \cdots & a_{m,k}^{(k-1)} & \cdots & 1 \end{pmatrix},$$

donde suponemos que $a_{k,k}^{(k-1)} \neq 0$. Por tanto,

$$\underbrace{\mathcal{E}_m\mathcal{E}_{m-1}\cdots\mathcal{E}_1\mathcal{A}}_{\widetilde{\mathcal{U}}}\,\boldsymbol{x} = \mathcal{E}_m\mathcal{E}_{m-1}\cdots\mathcal{E}_1\boldsymbol{b}, \iff \mathcal{A} = \mathcal{E}_1^{-1}\mathcal{E}_2^{-1}\cdots\mathcal{E}_m^{-1}\widetilde{\mathcal{U}} = \widetilde{\mathcal{L}}\widetilde{\mathcal{U}}.$$

Como indicamos en el problema anterior, la factorización LU se obtiene a partir de $\mathcal{A} = \widetilde{\mathcal{L}}\widetilde{\mathcal{U}}$ trasformando los elementos diagonales de $\widetilde{\mathcal{L}}$ y $\widetilde{\mathcal{U}}$ mediante matrices elementales de dilatación. Así pues,

$$\mathcal{A} = \mathcal{L}\mathcal{U},$$

donde $\mathcal{L}$ tiene todos los elementos de la diagonal principal iguales a 1.

3.23 Hacer una estimación del coste computacional para la resolución del sistema

$$\mathcal{A}\boldsymbol{x} = \boldsymbol{b}, \quad \mathcal{A} \in \mathbb{K}^{(n,n)}, \quad \boldsymbol{x} \in \mathbb{K}^{(n,1)}, \quad \boldsymbol{b} \in \mathbb{K}^{(n,1)},$$

mediante el método de Gauss considerando el número de operaciones aritméticas de multiplicación y división que deben realizarse. ¿Cambia la estimación del coste para n lo suficientemente grande si se resuelve el sistema usando la factorización LU de $\mathcal{A}$?

Resolución. Como hemos visto con anterioridad, el cálculo de los elementos de las matrices $\widetilde{\mathcal{L}}$ y $\widetilde{\mathcal{U}}$ se realiza de acuerdo a los siguientes pasos:

$$\begin{cases} a_{i,j}^{(0)} = a_{i,j}, \quad i,j = 1,2,\ldots,n, \\[2ex] \tilde{a}_{i,j} = \dfrac{a_{i,j}^{(i-1)}}{a_{i,i}^{(i-1)}}, \quad i = 1,2,\ldots,n, \quad j = i+1, i+2, \ldots, n, \\[2ex] a_{i,j}^{(k)} = a_{i,j}^{(k-1)} - a_{i,k}^{(k-1)}\tilde{a}_{k,j}, \quad k = 1,2,\ldots,n-1, \quad i,j = k+1, k+2, \ldots, n, \end{cases}$$

donde suponemos que $a_{i,i}^{(i-1)} \neq 0$ $(i = 1,2,\ldots,n)$. Se deduce de aquí que para determinar los coeficientes $\tilde{a}_{i,j}$ se necesitan

$$1 + 2 + \cdots + (n-1) = \frac{n(n-1)}{2}$$

operaciones de división, mientras que para calcular los $a_{i,j}^{(k)}$ se requieren

$$1^2 + 2^2 + \cdots + (n-1)^2 = \frac{n(n-1)(2n-1)}{6}$$

multiplicaciones. Por tanto, el número total de operaciones de división y multiplicación a realizar es

$$\frac{n(n-1)}{2} + \frac{n(n-1)(2n-1)}{6} = \frac{n(n^2-1)}{3} \approx \frac{n^3}{3}\,. \tag{3.11}$$

Por otra parte, las entradas correspondientes al término independiente se determinan de la siguiente forma:

$$\begin{cases} b_i^{(0)} = b_i, \quad \tilde{b}_i = \dfrac{b_i^{(i-1)}}{a_{i,i}^{(i-1)}}, \quad i = 1,2,\ldots,n, \\[2ex] b_j^{(k)} = b_j^{(k-1)} - a_{j,k}^{(k-1)}\tilde{b}_k, \quad k = 1,2,\ldots,n-1, \quad j = k+1, k+2, \ldots, n. \end{cases}$$

Así pues, el cálculo de las entradas correspondientes al término independiente exige n operaciones aritméticas de división para determinar los términos $\tilde{b}_i$, mientras que para calcular los $b_j^{(k)}$ se necesitan

$$\sum_{i=1}^{n}(n-i) = \frac{n(n-1)}{2}$$

operaciones de multiplicación. Por tanto, el número total de multiplicaciones y divisiones requeridas es

$$n + \frac{n(n-1)}{2} = \frac{n(n+1)}{2} \approx \frac{n^2}{2}\,. \tag{3.12}$$

De (3.11) y (3.12) se sigue que, en conjunto, el proceso de triangularización exige realizar

$$\frac{n(n^2-1)}{3}+\frac{n(n+1)}{2}=\frac{n(n+1)(2n+1)}{6}\approx\frac{n^3}{3}$$

operaciones de multiplicación y división, de las cuales la contribución más importante (de orden n^3) proviene del cálculo de las entradas no nulas de la matriz $\widetilde{\mathcal{U}}$.

Una vez concluido el proceso de triangularización de $\mathcal{A}\in\mathbb{K}^{(n,n)}$, donde el sistema de partida se transforma en otro equivalente, debemos sustituir el valor de las incógnitas en un proceso de abajo hacia arriba, esto es,

$$\begin{cases} x_n=\tilde{b}_n,\\ x_i=\tilde{b}_i-\displaystyle\sum_{j=i+1}^{n}\tilde{a}_{i,j}x_j, \quad i=n-1,n-2,\dots,1.\end{cases}$$

En este proceso se realizan

$$\sum_{i=1}^{n-1}(n-i)=\frac{n(n-1)}{2}$$

operaciones de multiplicación. Concluimos así que el coste total del algoritmo (método de Gauss) en número de operaciones aritméticas, *considerando sólo las operaciones de multiplicación y división*, es de

$$\frac{n(n+1)(2n+1)}{6}+\frac{n(n-1)}{2}=\frac{n(n^2+3n-1)}{3}\approx\frac{n^3}{3}\,.$$

La estimación del coste para solucionar el sistema lineal mediante la factorización LU de $\mathcal{A}$ es la misma. Basta notar que para n grande el coste aproximado del método de Gauss es igual al del cálculo de las entradas no nulas de las matrices triangulares superiores $\widetilde{\mathcal{U}}$ (obtenida durante el proceso de triangularización de $\mathcal{A}$) y $\mathcal{U}$ de la factorización LU. Véase el problema anterior en el cual se estableció la relación entre la factorización $\mathcal{A}=\mathcal{L}\mathcal{U}$, donde $\mathcal{L}$ tiene unos en la diagonal principal, y la factorización $\mathcal{A}=\widetilde{\mathcal{L}}\widetilde{\mathcal{U}}$, donde $\widetilde{\mathcal{U}}$ tiene unos en la diagonal principal.

3.24 Sea $\mathcal{A}\in\mathbb{R}^{(n,n)}$ una matriz que admite la descomposición $\mathcal{A}=\mathcal{P}\mathcal{D}\mathcal{Q}$, donde $\mathcal{P}$ es una matriz triangular inferior cuya diagonal está constituida por unos, $\mathcal{Q}$ una matriz triangular superior también con elementos diagonales iguales a 1 y $\mathcal{D}=\operatorname{diag}(d_{1,1},d_{2,2},,\dots,d_{n,n})$. Calcular la factorización LU de la transpuesta de $\mathcal{A}$.

Resolución. Si $\mathcal{A}=\mathcal{P}\mathcal{D}\mathcal{Q}$, entonces $\mathcal{A}^{\mathrm{T}}=\mathcal{Q}^{\mathrm{T}}\mathcal{D}\mathcal{P}^{\mathrm{T}}$. Dado que $\mathcal{P}$ es triangular inferior, su transpuesta es triangular superior. Análogamente, al ser $\mathcal{Q}$ triangular superior, su transpuesta es triangular inferior. Así pues, en virtud de la unicidad de la factorización LU (véase la proposición 3.2), si $\mathcal{A}^{\mathrm{T}}=\mathcal{L}\mathcal{U}$ es la factorización LU de la transpuesta de $\mathcal{A}$ y $\mathcal{A}^{\mathrm{T}}=\mathcal{Q}^{\mathrm{T}}\mathcal{D}\mathcal{P}^{\mathrm{T}}$, entonces $\mathcal{L}=\mathcal{Q}^{\mathrm{T}}$, triangular inferior con unos en la diagonal, y $\mathcal{U}=\mathcal{D}\mathcal{P}^{\mathrm{T}}$ es la correspondiente matriz triangular superior.

3.25 Sea la matriz tridiagonal

$$\mathcal{A}=\begin{pmatrix} b_0 & 1 & 0 & \cdots & \cdots & 0\\ a_1 & b_1 & 1 & \ddots & & \vdots\\ 0 & a_2 & b_2 & \ddots & \ddots & \vdots\\ \vdots & \ddots & \ddots & \ddots & \ddots & 0\\ \vdots & & \ddots & \ddots & \ddots & 1\\ 0 & \cdots & \cdots & 0 & a_{n-1} & b_{n-1}\end{pmatrix}\in\mathbb{K}^{(n,n)}\,.$$

Demostrar que, si $\mathcal{A}$ es no singular y admite una factorización LU, entonces las matrices $\mathcal{L}$ y $\mathcal{U}$ son de la forma

$$\mathcal{L} = \begin{pmatrix} 1 & 0 & 0 & \cdots & \cdots & 0 \\ l_1 & 1 & 0 & \ddots & & \vdots \\ 0 & l_2 & 1 & \ddots & \ddots & \vdots \\ \vdots & \ddots & \ddots & \ddots & \ddots & 0 \\ \vdots & & \ddots & \ddots & \ddots & 0 \\ 0 & \cdots & \cdots & 0 & l_{n-1} & 1 \end{pmatrix}, \qquad \mathcal{U} = \begin{pmatrix} u_1 & 1 & 0 & \cdots & \cdots & 0 \\ 0 & u_2 & 1 & \ddots & & \vdots \\ 0 & 0 & u_3 & \ddots & \ddots & \vdots \\ \vdots & \ddots & \ddots & \ddots & \ddots & 0 \\ \vdots & & \ddots & \ddots & \ddots & 1 \\ 0 & \cdots & \cdots & 0 & 0 & u_n \end{pmatrix}.$$

Resolución. El producto de las matrices $\mathcal{L}$ y $\mathcal{U}$ dadas en el enunciado es

$$\mathcal{L}\mathcal{U} = \begin{pmatrix} u_1 & 1 & 0 & \cdots & \cdots & 0 \\ l_1 u_1 & l_1 + u_2 & 1 & \ddots & & \vdots \\ 0 & l_2 u_2 & l_2 + u_3 & \ddots & \ddots & \vdots \\ \vdots & \ddots & \ddots & \ddots & \ddots & 0 \\ \vdots & & \ddots & \ddots & \ddots & 1 \\ 0 & \cdots & \cdots & 0 & l_{n-1}u_{n-1} & l_{n-1} + u_n \end{pmatrix}.$$

Comparando los elementos de las matrices $\mathcal{A}$ y $\mathcal{L}\mathcal{U}$, se obtienen de manera inmediata las igualdades

$$\begin{cases} u_1 = b_0 \,, \\ l_k = \dfrac{a_k}{u_k}\,, \quad u_{k+1} = b_k - l_k \,, \quad k = 1, 2, \ldots, n-1 \,, \end{cases}$$

que permiten calcular de forma iterativa los elementos de $\mathcal{L}$ y $\mathcal{U}$ a partir de los de $\mathcal{A}$. Nótese que si $\mathcal{A}$ es no singular, $\mathcal{U}$ también lo es, luego se cumplen las condiciones

$$u_k \neq 0 \,, \quad k = 1, 2, \ldots, n-1 \,.$$

Problemas Propuestos

3.1 Dar una interpretación geométrica para los posibles conjuntos de soluciones de un sistema con dos ecuaciones lineales y tres incógnitas,

$$\begin{cases} a_{1,1}x_1 + a_{1,2}x_2 + a_{1,3}x_3 = b_1 \,, \\ a_{2,1}x_1 + a_{2,2}x_2 + a_{2,3}x_3 = b_2 \,. \end{cases}$$

3.2 Determinar las formas escalonadas reducidas de las siguientes matrices:

$$\mathcal{A} = \begin{pmatrix} 1 & 1 & 1 \\ 1 & 2 & 3 \\ 1 & 3 & 4 \\ 1 & 4 & 4 \end{pmatrix}, \qquad \mathcal{B} = \begin{pmatrix} 1 & 2 & 3 & -1 \\ -3 & -5 & 7 & 4 \\ 2 & 5 & 3 & 1 \end{pmatrix}.$$

3.3 Dada la matriz

$$\mathcal{A} = \begin{pmatrix} 7 & 4 & 16 \\ 2 & 5 & 8 \\ -2 & -2 & -5 \end{pmatrix},$$

se considera el sistema de ecuaciones lineales $(\mathcal{A} - 3\,\mathcal{I}_3)\boldsymbol{x} = \mathbf{0}_3$.

(a) Comprobar que la siguiente secuencia de transformaciones corresponde a operaciones elementales por filas:

$$(\mathcal{A} - 3\mathcal{I}_3 \,|\, \mathbf{0}_3) = \left(\begin{array}{ccc|c} 4 & 4 & 16 & 0 \\ 2 & 2 & 8 & 0 \\ -2 & -2 & -8 & 0 \end{array}\right) \sim \left(\begin{array}{ccc|c} 1 & 1 & 4 & 0 \\ 1 & 1 & 4 & 0 \\ 1 & 1 & 4 & 0 \end{array}\right) \sim \left(\begin{array}{ccc|c} 1 & 1 & 4 & 0 \\ 0 & 0 & 0 & 0 \\ 0 & 0 & 0 & 0 \end{array}\right).$$

(b) Indicar las variables libres y principales del sistema.

(c) ¿Es $\boldsymbol{x} = (x_1, x_2, x_3)$, con

$$x_1 = -x_2 - 4x_3, \quad x_2, x_3 \in \mathbb{R},$$

solución del sistema?

3.4 Sea el sistema lineal $\mathcal{A}\boldsymbol{x} = \boldsymbol{b}$, donde

$$\mathcal{A} = \begin{pmatrix} 1 & 7 & 1 \\ 2 & 3 & 2 \\ 5 & 1 & 4 \end{pmatrix}, \quad \boldsymbol{x} = \begin{pmatrix} x_1 \\ x_2 \\ x_3 \end{pmatrix}, \quad \boldsymbol{b} = \begin{pmatrix} 1 \\ 2 \\ -1 \end{pmatrix}.$$

Reducir $\mathcal{A}$ a forma escalonada, y resolver el sistema mediante el método de Gauss.

3.5 Sea el sistema lineal $\mathcal{A}\boldsymbol{x} = \boldsymbol{b}$, donde

$$\mathcal{A} = \begin{pmatrix} 1 & 3 & 2 \\ 1 & 3 & 0 \\ 3 & 3 & 2 \end{pmatrix}, \quad \boldsymbol{x} = \begin{pmatrix} x_1 \\ x_2 \\ x_3 \end{pmatrix}, \quad \boldsymbol{b} = \begin{pmatrix} 1 \\ -3 \\ 1 \end{pmatrix}.$$

(a) Determinar la forma escalonada reducida de $\mathcal{A}$.

(b) Hallar la solución del sistema $\mathcal{P}\mathcal{A}\boldsymbol{x} = \boldsymbol{b}$, con $\mathcal{P} = \begin{pmatrix} 0 & 0 & 1 \\ 0 & 1 & 0 \\ 1 & 0 & 0 \end{pmatrix}$.

3.6 Analizar la compatibilidad del sistema de ecuaciones lineales

$$\left\{\begin{array}{rcrcrcl} (\alpha+2)x_1 & + & x_2 & + & x_3 & = & \alpha - 1, \\ \alpha x_1 & + & (\alpha-1)x_2 & + & x_3 & = & \alpha - 1, \\ (\alpha+1)x_1 & + & & + & (\alpha+1)x_3 & = & \alpha - 1, \end{array}\right.$$

según los valores de $\alpha \in \mathbb{R}$. Hallar la solución del mismo en los casos de compatibilidad.

3.7 Discutir la compatibilidad, según los valores de $\alpha \in \mathbb{R}$, del sistema de ecuaciones lineales

$$\left\{\begin{array}{rcrcrcl} \alpha x_1 & + & x_2 & + & x_3 & = & \alpha^2, \\ x_1 & - & x_2 & + & x_3 & = & 1, \\ 3x_1 & - & x_2 & - & x_3 & = & 1, \\ 6x_1 & - & x_2 & + & x_3 & = & 3\alpha. \end{array}\right.$$

Hallar su solución en los casos de compatibilidad.

3.8 Discutir, según los valores de $\alpha \in \mathbb{R}$, el sistema de ecuaciones lineales

$$\left\{\begin{array}{rcrcrcl} \alpha x_1 & + & x_2 & + & x_3 & = & \alpha, \\ x_1 & + & x_2 & + & \alpha x_3 & = & \alpha^3, \\ x_1 & + & \alpha x_2 & + & x_3 & = & \alpha^2. \end{array}\right.$$

3.9 Analizar, según los valores de $\alpha, \beta \in \mathbb{R}$, el sistema de ecuaciones lineales

$$\left\{\begin{array}{rcrcrcl} \alpha x_1 & + & x_2 & + & x_3 & = & 1, \\ x_1 & + & \beta x_2 & + & x_3 & = & 1, \\ x_1 & + & x_2 & + & x_3 & = & 1. \end{array}\right.$$

3.10 Discutir, según los valores de $\alpha, \beta \in \mathbb{R}$, el sistema de ecuaciones lineales

$$\left\{\begin{array}{rcrcrcrcl} \alpha x_1 & + & x_2 & + & x_3 & + & x_4 & = & 1, \\ x_1 & + & \alpha x_2 & + & x_3 & + & x_4 & = & \beta, \\ x_1 & + & x_2 & + & \alpha x_3 & + & x_4 & = & \beta^2, \\ x_1 & + & x_2 & + & x_3 & + & \alpha x_4 & = & \beta^3, \end{array}\right.$$

y resolverlo en los casos de compatibilidad.

3.11 Como generalización del problema propuesto anterior, discutir, según los valores de $\alpha, \beta \in \mathbb{R}$, el sistema de n ecuaciones lineales con n incógnitas

$$\left\{\begin{array}{rcrcrcccrcl} \alpha x_1 & + & x_2 & + & x_3 & + & \cdots & + & x_n & = & 1, \\ x_1 & + & \alpha x_2 & + & x_3 & + & \cdots & + & x_n & = & \beta, \\ x_1 & + & x_2 & + & \alpha x_3 & + & \cdots & + & x_n & = & \beta^2, \\ \multicolumn{11}{c}{\dotfill} \\ x_1 & + & x_2 & + & x_3 & + & \cdots & + & \alpha x_n & = & \beta^{n-1}. \end{array}\right.$$

3.12 Discutir, según los valores de $b_1, b_2, \ldots, b_n \in \mathbb{R}$, el sistema de n ecuaciones lineales con n incógnitas

$$\left\{\begin{array}{rcrcl} x_1 & + & x_2 & = & b_1\,, \\ x_2 & + & x_3 & = & b_2\,, \\ \multicolumn{5}{c}{\dotfill} \\ x_{n-1} & + & x_n & = & b_{n-1}\,, \\ x_n & + & x_1 & = & b_n\,. \end{array}\right.$$

3.13 Resolver simultáneamente los sistemas de ecuaciones lineales

$$\left\{\begin{array}{rcrcrcrcr} -x_1 & + & x_2 & + & x_3 & - & x_4 & = & 0, \\ & - & x_2 & - & x_3 & + & x_4 & = & 1, \\ -x_1 & + & x_2 & & & + & 2x_4 & = & -1, \\ 3x_1 & + & 2x_2 & + & x_3 & + & 2x_4 & = & 2, \end{array}\right. \qquad \left\{\begin{array}{rcrcrcrcr} -x_1 & + & x_2 & + & x_3 & - & x_4 & = & 2, \\ & - & x_2 & - & x_3 & + & x_4 & = & 3, \\ -x_1 & + & x_2 & & & + & 2x_4 & = & -1, \\ 3x_1 & + & 2x_2 & + & x_3 & + & 2x_4 & = & 1. \end{array}\right.$$

3.14 Sea la matriz

$$\mathcal{A} = \frac{1}{7}\begin{pmatrix} -2 & -2 & 3 \\ -6 & 1 & 2 \\ -7 & 0 & 0 \end{pmatrix} \in \mathbb{R}^{(3,3)}.$$

Sin necesidad de calcular la inversa de $\mathcal{A}$, comprobar que el vector columna correspondiente a la tercera columna de $\mathcal{A}^{-1}$ es igual a $(1, 2, -2)$.

3.15 Sean $\mathcal{U}_1, \mathcal{U}_2 \in \mathbb{K}^{(m,n)}$ dos matrices escalonadas y equivalentes por filas. Razonar que ambas matrices deben tener necesariamente las mismas posiciones pivote, y en consecuencia las mismas filas pivote y columnas pivote. Esta propiedad permite definir las posiciones pivote, filas pivote y columnas pivote de una matriz $\mathcal{A} \in \mathbb{K}^{(m,n)}$ no escalonada como las posiciones pivote, filas pivote y columnas pivote, respectivamente, de una forma escalonada cualquiera de $\mathcal{A}$.

3.16 Sea $\mathcal{U} \in \mathbb{K}^{(m,n)}$ una matriz escalonada reducida. Razonar que si se realiza sobre $\mathcal{U}$ una operación elemental de filas de cualquier tipo, la matriz resultante es o bien la misma $\mathcal{U}$ o bien una matriz que ya no es escalonada reducida. Este resultado permite demostrar la unicidad de la forma escalonada reducida de una matriz (Proposición 3.1).

3.17 Indicar si los siguientes enunciados son verdaderos o falsos, justificando las respuestas de manera razonada:

(a) Una matriz cuadrada está en forma escalonada si y sólo si es triangular superior.

(b) Si las matrices $\mathcal{A}, \mathcal{B} \in \mathbb{K}^{(n,n)}$ son no singulares, entonces son equivalentes por filas.

(c) Si un sistema de ecuaciones lineales no tiene variables libres entonces tiene una y sólo una solución.

(d) Un sistema de ecuaciones lineales tiene infinitas soluciones si y sólo si al menos una columna de su matriz de coeficientes no contiene una posición pivote.

3.18 Explicar razonadamente qué se puede asegurar sobre el sistema de ecuaciones lineales $\mathcal{A}\boldsymbol{x} = \boldsymbol{b}$ en cada uno de los siguientes casos:

(a) Si la matriz de coeficientes $\mathcal{A}$ es de tamaño 20×14 y tiene una posición pivote en cada columna.

(b) Si la matriz de coeficientes $\mathcal{A}$ es de tamaño 14×20 y tiene una posición pivote en cada fila.

3.19 Consideremos el sistema de ecuaciones lineales $\mathcal{M}\boldsymbol{z} = \boldsymbol{r}$, donde la matriz de coeficientes $\mathcal{M}$, el vector de incógnitas $\boldsymbol{z}$ y el vector de términos independientes $\boldsymbol{r}$ se escriben por bloques como

$$\mathcal{M} = \left(\begin{array}{c|c} \mathcal{A} & \mathcal{B} \\ \hline \mathcal{C} & \mathcal{D} \end{array}\right) \in \mathbb{K}^{(m+n,m+n)}, \quad \boldsymbol{z} = \left(\begin{array}{c} \boldsymbol{x} \\ \hline \boldsymbol{y} \end{array}\right) \in \mathbb{K}^{(m+n,1)}, \quad \boldsymbol{r} = \left(\begin{array}{c} \boldsymbol{p} \\ \hline \boldsymbol{q} \end{array}\right) \in \mathbb{K}^{(m+n,1)},$$

donde $\mathcal{A} \in \mathbb{K}^{(m,m)}$, $\mathcal{B} \in \mathbb{K}^{(m,n)}$, $\mathcal{C} \in \mathbb{K}^{(n,m)}$, $\mathcal{D} \in \mathbb{K}^{(n,n)}$, $\boldsymbol{x}, \boldsymbol{p} \in \mathbb{K}^{(m,1)}$, $\boldsymbol{y}, \boldsymbol{q} \in \mathbb{K}^{(n,1)}$. El sistema es así equivalente al par de ecuaciones matriciales

$$\begin{cases} \mathcal{A}\boldsymbol{x} + \mathcal{B}\boldsymbol{y} = \boldsymbol{p}\,, \\ \mathcal{C}\boldsymbol{x} + \mathcal{D}\boldsymbol{y} = \boldsymbol{q}\,. \end{cases}$$

Demostrar que si $\mathcal{A}$ y $\mathcal{D}$ son no singulares el sistema es compatible determinado y su solución se puede escribir por bloques como

$$\boldsymbol{z} = \left(\begin{array}{c} \boldsymbol{x} \\ \hline \boldsymbol{y} \end{array}\right) = \left(\begin{array}{c} (\mathcal{M}/\mathcal{D})^{-1}(\boldsymbol{p} - \mathcal{B}\mathcal{D}^{-1}\boldsymbol{q}) \\ \hline (\mathcal{M}/\mathcal{A})^{-1}(\boldsymbol{q} - \mathcal{C}\mathcal{A}^{-1}\boldsymbol{p}) \end{array}\right),$$

donde $\mathcal{M}/\mathcal{A} = \mathcal{D} - \mathcal{C}\mathcal{A}^{-1}\mathcal{B}$ y $\mathcal{M}/\mathcal{D} = \mathcal{A} - \mathcal{B}\mathcal{D}^{-1}\mathcal{C}$ son los complementos de Schur en $\mathcal{M}$ de $\mathcal{A}$ y $\mathcal{D}$, respectivamente (véase el problema propuesto 2.14).

3.20 Se denominan *matrices de Pascal* de dimensión $n \in \mathbb{N}$ la matriz simétrica $\mathcal{S}_n$, la matriz triangular inferior $\mathcal{L}_n$ y la matriz triangular superior $\mathcal{U}_n$ cuyas entradas son los coeficientes binomiales

$$(\mathcal{S}_n)_{i,j} = \binom{i+j}{i} = \frac{(i+j)!}{i!\,j!}, \quad (\mathcal{L}_n)_{i,j} = \binom{i}{j} = \frac{i!}{j!(i-j)!}, \quad (\mathcal{U}_n)_{i,j} = \binom{j}{i} = \frac{j!}{i!(j-i)!},$$

con $i, j = 0, 1, \ldots, n-1$ (nótese que $(\mathcal{L}_n)_{i,j} = 0$ si $i < j$ y $(\mathcal{U}_n)_{i,j} = 0$ si $i > j$). Así, por ejemplo, las matrices de Pascal de dimensión 4 son

$$\mathcal{S}_4 = \begin{pmatrix} 1 & 1 & 1 & 1 \\ 1 & 2 & 3 & 4 \\ 1 & 3 & 6 & 10 \\ 1 & 4 & 10 & 20 \end{pmatrix}, \quad \mathcal{L}_4 = \begin{pmatrix} 1 & 0 & 0 & 0 \\ 1 & 1 & 0 & 0 \\ 1 & 2 & 1 & 0 \\ 1 & 3 & 3 & 1 \end{pmatrix}, \quad \mathcal{U}_4 = \begin{pmatrix} 1 & 1 & 1 & 1 \\ 0 & 1 & 2 & 3 \\ 0 & 0 & 1 & 3 \\ 0 & 0 & 0 & 1 \end{pmatrix}.$$

(a) Comprobar que la factorización LU de $\mathcal{S}_4$ es $\mathcal{S}_4 = \mathcal{L}_4\mathcal{U}_4$.

(b) Como generalización del resultado anterior, demostrar que la factorización LU de $\mathcal{S}_n$ es $\mathcal{S}_n = \mathcal{L}_n \mathcal{U}_n$ para cualquier dimensión $n \in \mathbb{N}$.

3.21 Sea el sistema lineal $\mathcal{A}\boldsymbol{x} = \boldsymbol{b}$, donde

$$\mathcal{A} = \begin{pmatrix} 1 & 0 & 2 & -1 \\ 1 & 1 & 2 & 1 \\ 4 & 2 & 2 & -3 \\ 0 & 2 & 1 & 4 \end{pmatrix}, \quad \boldsymbol{x} = \begin{pmatrix} x_1 \\ x_2 \\ x_3 \\ x_4 \end{pmatrix}, \quad \boldsymbol{b} = \begin{pmatrix} 3 \\ 2 \\ 1 \\ 1 \end{pmatrix}.$$

Determinar la solución del sistema utilizando la factorización LU de $\mathcal{A}$.

3.22 Sea $\mathcal{A} \in \mathbb{K}^{(n,n)}$ no singular. Si $\mathcal{A}$ tiene factorización LU, de manera que $\mathcal{A} = \mathcal{L}\mathcal{U}$, la inversa de $\mathcal{A}$ se puede calcular como $\mathcal{A}^{-1} = \mathcal{U}^{-1}\mathcal{L}^{-1}$. Usar este método para calcular la inversa de la matriz $\mathcal{A}$ del problema anterior.

3.23 Sea $\mathcal{A} \in \mathbb{K}^{(n,n)}$ una matriz tridiagonal que admite factorización LU, esto es, $\mathcal{A} = \mathcal{L}\mathcal{U}$ (véase el problema resuelto 3.25). Calcular el producto $\mathcal{U}\mathcal{L}$ y determinar qué relación guarda con $\mathcal{A}$.

3.24 Sea $\mathcal{A} \in \mathbb{K}^{(m,n)}$ una matriz que admite una factorización LU, $\mathcal{A} = \mathcal{L}\mathcal{U}$, en la cual la forma escalonada $\mathcal{U} \in \mathbb{K}^{(m,n)}$ tiene r filas no nulas $(0 < r < m)$.

(a) Probar que $\mathcal{A}$ admite también una *factorización LU reducida* de la forma $\mathcal{A} = \mathcal{L}_\mathrm{R}\mathcal{U}_\mathrm{R}$, donde $\mathcal{L}_\mathrm{R} \in \mathbb{K}^{(m,r)}$ y $\mathcal{U}_\mathrm{R} \in \mathbb{K}^{(r,n)}$ son bloques de $\mathcal{L}$ y $\mathcal{U}$ respectivamente.

(b) Como aplicación del resultado anterior, determinar una factorización LU reducida de la matriz $\mathcal{A} \in \mathbb{R}^{(3,3)}$ cuya factorización LU se obtuvo en el ejemplo 3.3,

$$\mathcal{A} = \begin{pmatrix} 2 & 5 & -3 \\ 4 & 7 & -4 \\ -6 & -3 & 1 \end{pmatrix}.$$

3.25 Sea la matriz por bloques

$$\mathcal{M} = \left(\begin{array}{c|c} \mathcal{A} & \mathcal{B} \\ \hline \mathcal{C} & \mathcal{D} \end{array}\right) \in \mathbb{K}^{(m+n,m+n)},$$

donde $\mathcal{A} \in \mathbb{K}^{(m,m)}$, $\mathcal{B} \in \mathbb{K}^{(m,n)}$, $\mathcal{C} \in \mathbb{K}^{(n,m)}$, $\mathcal{D} \in \mathbb{K}^{(n,n)}$. Probar que si $\mathcal{A}$ es no singular la matriz $\mathcal{M}$ admite una factorización LU por bloques de la forma

$$\mathcal{M} = \left(\begin{array}{c|c} \mathcal{I}_m & \mathcal{O}_{m,n} \\ \hline \mathcal{L}_{2,1} & \mathcal{I}_n \end{array}\right) \left(\begin{array}{c|c} \mathcal{A} & \mathcal{B} \\ \hline \mathcal{O}_{n,m} & \mathcal{U}_{2,2} \end{array}\right),$$

y hallar las expresiones de $\mathcal{L}_{2,1} \in \mathbb{K}^{(n,m)}$ y $\mathcal{U}_{2,2} \in \mathbb{K}^{(n,n)}$ en términos de los bloques de $\mathcal{M}$. ¿Es esta factorización LU por bloques una factorización LU?

Capítulo 4

Determinantes. Regla de Cramer

La regla de Cramer, como veremos en el desarrollo de este capítulo, constituye una herramienta analítica básica de cara a la resolución de sistemas de ecuaciones lineales. Su utilización está determinada por las características específicas que ofrezca la matriz de coeficientes del sistema. Así, el estudio de los determinantes y sus propiedades permite discernir cuándo el uso de dicha regla está justificado desde una perspectiva teórica, por cuanto su coste computacional es bastante alto frente a otros algoritmos (véanse el problema resuelto 3.23 y la observación 4.1).

Denotaremos por $\mathcal{A}_{i,j}$ a la submatriz de dimensión $n-1$ que se obtiene a partir de la matriz cuadrada

$$\text{fila } i \rightarrow \begin{pmatrix} a_{1,1} & a_{1,2} & \cdots & a_{1,j-1} & a_{1,j} & a_{1,j+1} & \cdots & a_{1,n} \\ a_{2,1} & a_{2,2} & \cdots & a_{2,j-1} & a_{2,j} & a_{2,j+1} & \cdots & a_{2,n} \\ \vdots & \vdots & \ddots & \vdots & \vdots & \vdots & \ddots & \vdots \\ a_{i-1,1} & a_{i-1,2} & \cdots & a_{i-1,j-1} & a_{i-1,j} & a_{i-1,j+1} & \cdots & a_{i-1,n} \\ a_{i,1} & a_{i,2} & \cdots & a_{i,j-1} & \boxed{a_{i,j}} & a_{i,j+1} & \cdots & a_{i,n} \\ a_{i+1,1} & a_{i+1,2} & \cdots & a_{i+1,j-1} & a_{i+1,j} & a_{i+1,j+1} & \cdots & a_{i+1,n} \\ \vdots & \vdots & \ddots & \vdots & \vdots & \vdots & \ddots & \vdots \\ a_{n,1} & a_{n,2} & \cdots & a_{n,j-1} & a_{n,j} & a_{n,j+1} & \cdots & a_{n,n} \end{pmatrix} = \mathcal{A} \in \mathbb{K}^{(n,n)} \quad (4.1)$$

(con la indicación "columna j ↓" sobre la columna j)

al eliminar la fila i y la columna j, esto es,

$$\mathcal{A}_{i,j} = \begin{pmatrix} a_{1,1} & a_{1,2} & \cdots & a_{1,j-1} & a_{1,j+1} & \cdots & a_{1,n} \\ \vdots & \vdots & \ddots & \vdots & \vdots & \ddots & \vdots \\ a_{i-1,1} & a_{i-1,2} & \cdots & a_{i-1,j-1} & a_{i-1,j+1} & \cdots & a_{i-1,n} \\ a_{i+1,1} & a_{i+1,2} & \cdots & a_{i+1,j-1} & a_{i+1,j+1} & \cdots & a_{i+1,n} \\ \vdots & \vdots & \ddots & \vdots & \vdots & \ddots & \vdots \\ a_{n,1} & a_{n,2} & \cdots & a_{n,j-1} & a_{n,j+1} & \cdots & a_{n,n} \end{pmatrix} \in \mathbb{K}^{(n-1,n-1)} .$$

■ DEFINICIÓN 4.1 Si $\mathcal{A} = (a) \in \mathbb{K}^{(1,1)}$ se define el determinante de $\mathcal{A}$, y se denota mediante $\det \mathcal{A}$, como el número $\det \mathcal{A} = a$. Si

$$\mathcal{A} = \begin{pmatrix} a_{1,1} & a_{1,2} \\ a_{2,1} & a_{2,2} \end{pmatrix} \in \mathbb{K}^{(2,2)}$$

el determinante de $\mathcal{A}$ se define como el número

$$\det \begin{pmatrix} a_{1,1} & a_{1,2} \\ a_{2,1} & a_{2,2} \end{pmatrix} = a_{1,1}a_{2,2} - a_{1,2}a_{2,1} , \quad (4.2)$$

esto es, el producto de las dos entradas que forman la diagonal principal menos el producto de las dos entradas que forman la diagonal contraria. En general, si $\mathcal{A} \in \mathbb{K}^{(n,n)}$ con $n \geq 2$ el determinante de $\mathcal{A}$ se define por inducción sobre n como el número

$$\begin{aligned}\det \mathcal{A} &= (-1)^{1+1} a_{1,1} \det \mathcal{A}_{1,1} + (-1)^{1+2} a_{1,2} \det \mathcal{A}_{1,2} + \cdots + (-1)^{1+n} a_{1,n} \det \mathcal{A}_{1,n} \\ &= \sum_{j=1}^{n} (-1)^{1+j} a_{1,j} \det \mathcal{A}_{1,j} \,, \end{aligned} \tag{4.3}$$

donde $a_{1,j}$ son los elementos de la primera fila de $\mathcal{A}$ y $\mathcal{A}_{1,j}$ son las correspondientes submatrices obtenidas eliminando la fila 1 y la columna j de $\mathcal{A}$.

✎ En ocasiones el determinante de $\mathcal{A}$ también se denota mediante $|\mathcal{A}|$. No debe confundirse esta notación con la empleada para el módulo de un número complejo. Así, por ejemplo, la fórmula (4.2) se escribiría de manera equivalente como

$$\begin{vmatrix} a_{1,1} & a_{1,2} \\ a_{2,1} & a_{2,2} \end{vmatrix} = a_{1,1}a_{2,2} - a_{1,2}a_{2,1} \,.$$

■ Ejemplo 4.1 Calcular el determinante de la matriz

$$\mathcal{A} = \begin{pmatrix} 1 & 7 & 1 \\ 2 & 3 & 1 \\ 4 & 2 & 3 \end{pmatrix}.$$

Aplicando (4.3), se obtiene de manera inmediata la solución

$$\begin{aligned}\det \begin{pmatrix} 1 & 7 & 1 \\ 2 & 3 & 1 \\ 4 & 2 & 3 \end{pmatrix} &= (-1)^{1+1} \cdot 1 \cdot \det \begin{pmatrix} 3 & 1 \\ 2 & 3 \end{pmatrix} + (-1)^{1+2} \cdot 7 \cdot \det \begin{pmatrix} 2 & 1 \\ 4 & 3 \end{pmatrix} \\ &\quad + (-1)^{1+3} \cdot 1 \cdot \det \begin{pmatrix} 2 & 3 \\ 4 & 3 \end{pmatrix} \\ &= (9-2) - 7(6-4) + (4-12) \\ &= -15. \end{aligned}$$

■ Ejemplo 4.2 Calcular el determinante de una matriz genérica de dimensión 3,

$$\mathcal{A} = \begin{pmatrix} a_{1,1} & a_{1,2} & a_{1,3} \\ a_{2,1} & a_{2,2} & a_{2,3} \\ a_{3,1} & a_{3,2} & a_{3,3} \end{pmatrix}.$$

Aplicando nuevamente (4.3),

$$\begin{aligned}\det \begin{pmatrix} a_{1,1} & a_{1,2} & a_{1,3} \\ a_{2,1} & a_{2,2} & a_{2,3} \\ a_{3,1} & a_{3,2} & a_{3,3} \end{pmatrix} &= (-1)^{1+1} a_{1,1} \det \begin{pmatrix} a_{2,2} & a_{2,3} \\ a_{3,2} & a_{3,3} \end{pmatrix} + (-1)^{1+2} a_{1,2} \det \begin{pmatrix} a_{2,1} & a_{2,3} \\ a_{3,1} & a_{3,3} \end{pmatrix} \\ &\quad + (-1)^{1+3} a_{1,3} \det \begin{pmatrix} a_{2,1} & a_{2,2} \\ a_{3,1} & a_{3,2} \end{pmatrix} \\ &= a_{1,1}a_{2,2}a_{3,3} - a_{1,1}a_{3,2}a_{2,3} - a_{1,2}a_{2,1}a_{3,3} + a_{1,2}a_{3,1}a_{2,3} \\ &\quad + a_{1,3}a_{2,1}a_{3,2} - a_{1,3}a_{3,1}a_{2,2} \,. \end{aligned} \tag{4.4}$$

✎ La fórmula (4.4) puede memorizarse fácilmente mediante la denominada *regla de Sarrus*, que proporciona un método práctico para el cálculo del determinante de las matrices de dimensión 3 similar al indicado en la definición 4.1 para las matrices de dimensión 2. Si denotamos las columnas primera y segunda de $\mathcal{A} \in \mathbb{K}^{(3,3)}$ por $\boldsymbol{a}_1$ y $\boldsymbol{a}_2$, respectivamente, para aplicar la regla de Sarrus empezamos por construir la matriz

$$\mathcal{B} = (\mathcal{A}|\boldsymbol{a}_1|\boldsymbol{a}_2) = \begin{pmatrix} a_{1,1} & a_{1,2} & a_{1,3} & a_{1,1} & a_{1,2} \\ a_{2,1} & a_{2,2} & a_{2,3} & a_{2,1} & a_{2,2} \\ a_{3,1} & a_{3,2} & a_{3,3} & a_{3,1} & a_{3,2} \end{pmatrix} \in \mathbb{K}^{(3,5)} .$$

Se observa entonces que cada término del miembro derecho de (4.4) es el producto de las tres entradas que constituyen cada una de las seis diagonales de longitud máxima que podemos trazar en $\mathcal{B}$, con un signo que es positivo para la diagonal principal y las dos diagonales paralelas a la principal, y negativo para las tres diagonales contrarias. Desafortunadamente, esta regla sólo se puede aplicar a matrices de dimensión 3, y no existe ninguna generalización sencilla de la misma para matrices de mayor tamaño.

■ DEFINICIÓN 4.2 El determinante de la submatriz $\mathcal{A}_{i,j}$ se denomina menor asociado al elemento $a_{i,j}$ y se denota por $M_{i,j}$. La expresión $C_{i,j} = (-1)^{i+j} M_{i,j} = (-1)^{i+j} \det \mathcal{A}_{i,j}$ se denomina cofactor asociado al elemento $a_{i,j}$.

✎ Empleando esta notación, la definición 4.1 se reescribe como

$$\det \mathcal{A} = a_{1,1}C_{1,1} + a_{1,2}C_{1,2} + \cdots + a_{1,n}C_{1,n} = \sum_{j=1}^{n} a_{1,j}C_{1,j} .$$

Dicha expresión se conoce como *desarrollo del determinante de $\mathcal{A}$ por su primera fila.* Sin embargo, existen otras formas equivalentes de expresar el determinante de una matriz. Pasaremos a introducir algunas de ellas.

■ DEFINICIÓN 4.3 Sea $\{n_1, n_2, \ldots, n_m\} \in \mathbb{N}$. Si $1 \le n_i \le m$, con $i = 1, 2, \ldots, m$, y $n_i \neq n_j$ cuando $i \neq j$, se dice que $\{n_1, n_2, \ldots, n_m\}$ es una permutación de orden m del conjunto $\mathbb{N}_m = \{1, 2, \ldots, m\}$. Además, los números $n_i, n_j \in \{n_1, n_2, \ldots, n_m\}$, $i \neq j$, se dice que están desordenados en $\{n_1, n_2, \ldots, n_m\}$ si n_i está ubicado a la izquierda de n_j y $n_i > n_j$. Denotamos mediante $P(n_1, n_2, \ldots, n_m)$ el número total de desórdenes contenidos en la permutación $\{n_1, n_2, \ldots, n_m\}$.

✎ Nótese que el número de posibles permutaciones de orden m del conjunto $\mathbb{N}_m$ es igual a $m!$.

■ DEFINICIÓN 4.4 Sea $\mathcal{A} \in \mathbb{K}^{(m,m)}$. Se denomina determinante de $\mathcal{A}$ a la suma de los $m!$ términos de la forma $(-1)^{P(n_1,n_2,\ldots,n_m)} a_{1,n_1} a_{2,n_2} \cdots a_{m,n_m}$. Esto es,

$$\det \mathcal{A} = \sum_{\{n_1,n_2,\ldots,n_m\}} (-1)^{P(n_1,n_2,\ldots,n_m)} a_{1,n_1} a_{2,n_2} \cdots a_{m,n_m} ,$$

donde la suma se toma sobre las $m!$ posibles permutaciones $\{n_1, n_2, \ldots, n_m\}$ del conjunto $\mathbb{N}_m$.

De la definición 4.4 se deducen los siguientes resultados:

■ PROPOSICIÓN 4.1 Para toda matriz $\mathcal{A} \in \mathbb{K}^{(n,n)}$ se tienen los siguientes desarrollos del determinante de $\mathcal{A}$ por su i-ésima fila y j-ésima columna, respectivamente,

$$\det \mathcal{A} = a_{i,1}C_{i,1} + a_{i,2}C_{i,2} + \cdots + a_{i,n}C_{i,n} = \sum_{j=1}^{n} a_{i,j}C_{i,j} ,$$

$$\det \mathcal{A} = a_{1,j}C_{1,j} + a_{2,j}C_{2,j} + \cdots + a_{n,j}C_{n,j} = \sum_{i=1}^{n} a_{i,j}C_{i,j} .$$

✎ Nótese que la definición 4.1 dada inicialmente para el determinante no es más que el caso particular $i = 1$ del primero de estos desarrollos.

■ Proposición 4.2 Si $\mathcal{A} \in \mathbb{K}^{(n,n)}$ es una matriz triangular (inferior o superior), entonces $\det \mathcal{A}$ es el producto de los elementos de la diagonal principal, o sea,

$$\det \mathcal{A} = a_{1,1}\, a_{2,2} \cdots a_{n,n}.$$

A continuación enumeramos algunas de las propiedades básicas de los determinantes:

(i) $\det \mathcal{A}^{\mathrm{T}} = \det \mathcal{A}, \quad \forall\, \mathcal{A} \in \mathbb{K}^{(n,n)}$.

(ii) Si $\mathcal{A}$ es una matriz de dimensión n, $\mathcal{B}$ es la matriz que se obtiene al realizar sobre $\mathcal{A}$ alguna de las operaciones elementales por filas, y $\mathcal{E}$ es la matriz elemental que realiza dicha operación, entonces $\det \mathcal{B} = \det(\mathcal{E} \cdot \mathcal{A}) = f(\mathcal{E}) \det \mathcal{A}$, donde

$$f(\mathcal{E}) = \begin{cases} -1 & \text{si } \mathcal{E} = \mathcal{P}, \text{ con } \mathcal{P} \text{ matriz de permutación,} \\ \alpha & \text{si } \mathcal{E} = \mathcal{D}, \text{ con } \mathcal{D} \text{ matriz de dilatación,} \\ 1 & \text{si } \mathcal{E} = \mathcal{M}, \text{ con } \mathcal{M} \text{ matriz de adición.} \end{cases}$$

En particular, tomando $\mathcal{A} = \mathcal{I}_n$, vemos que $\det \mathcal{E} = f(\mathcal{E})$. Es decir, el determinante de cualquier matriz elemental vale o bien -1 o bien α o bien 1. De acuerdo con el punto (i), estas propiedades son también válidas para las operaciones elementales por columnas y las matrices elementales correspondientes.

(iii) Si dos filas de $\mathcal{A} \in \mathbb{K}^{(n,n)}$ son idénticas, entonces $\det \mathcal{A} = 0$. La misma afirmación es válida cuando dos columnas son idénticas.

(iv) Si una fila de $\mathcal{A}$ es nula, entonces $\det \mathcal{A} = 0$, y si una fila de $\mathcal{A}$ es proporcional a otra, entonces $\det \mathcal{A} = 0$ también. De acuerdo con el punto (i), lo anterior se expresa análogamente en términos de las columnas de $\mathcal{A}$.

(v) Sean las siguientes matrices del conjunto $\mathbb{K}^{(n,n)}$:

$$\mathcal{A} = \begin{pmatrix} a_{1,1} & a_{1,2} & \cdots & a_{1,n} \\ a_{2,1} & a_{2,2} & \cdots & a_{2,n} \\ \vdots & \vdots & & \vdots \\ a_{i-1,1} & a_{i-1,2} & \cdots & a_{i-1,n} \\ \boxed{\alpha b_{i,1} + \beta c_{i,1}} & \boxed{\alpha b_{i,2} + \beta c_{i,2}} & \cdots & \boxed{\alpha b_{i,n} + \beta c_{i,n}} \\ a_{i+1,1} & a_{i+1,2} & \cdots & a_{i+1,n} \\ \vdots & \vdots & & \vdots \\ a_{n,1} & a_{n,2} & \cdots & a_{n,n} \end{pmatrix},$$

$$\mathcal{B} = \begin{pmatrix} a_{1,1} & a_{1,2} & \cdots & a_{1,n} \\ a_{2,1} & a_{2,2} & \cdots & a_{2,n} \\ \vdots & \vdots & & \vdots \\ a_{i-1,1} & a_{i-1,2} & \cdots & a_{i-1,n} \\ b_{i,1} & b_{i,2} & \cdots & b_{i,n} \\ a_{i+1,1} & a_{i+1,2} & \cdots & a_{i+1,n} \\ \vdots & \vdots & & \vdots \\ a_{n,1} & a_{n,2} & \cdots & a_{n,n} \end{pmatrix}, \quad \mathcal{C} = \begin{pmatrix} a_{1,1} & a_{1,2} & \cdots & a_{1,n} \\ a_{2,1} & a_{2,2} & \cdots & a_{2,n} \\ \vdots & \vdots & & \vdots \\ a_{i-1,1} & a_{i-1,2} & \cdots & a_{i-1,n} \\ c_{i,1} & c_{i,2} & \cdots & c_{i,n} \\ a_{i+1,1} & a_{i+1,2} & \cdots & a_{i+1,n} \\ \vdots & \vdots & & \vdots \\ a_{n,1} & a_{n,2} & \cdots & a_{n,n} \end{pmatrix}.$$

Entonces, $\det \mathcal{A} = \alpha \det \mathcal{B} + \beta \det \mathcal{C}$. De acuerdo con el punto (i), la propiedad análoga para columnas es igualmente válida.

(vi) Si $\mathcal{A} \in \mathbb{K}^{(n,n)}$ es no singular, entonces $\det \mathcal{A} \neq 0$. La afirmación inversa también es válida, esto es, $\det \mathcal{A} \neq 0$ implica que $\mathcal{A}$ es no singular. Por el contrario, si $\det \mathcal{A} = 0$, entonces $\mathcal{A}$ es singular.

(vii) $\det(\mathcal{A}\cdot\mathcal{B}) = (\det\mathcal{A})\cdot(\det\mathcal{B}), \quad \forall\, \mathcal{A},\mathcal{B}\in\mathbb{K}^{(n,n)}$.

✎ Por el contrario, en general $\det(\mathcal{A}+\mathcal{B}) \neq \det\mathcal{A}+\det\mathcal{B}$, como muestra el siguiente contrajemplo: Si $\mathcal{A} = \alpha\mathcal{I}_2$ y $\mathcal{B} = \beta\mathcal{I}_2$, con $\alpha\beta \neq 0$, entonces $\det(\mathcal{A}+\mathcal{B}) = (\alpha+\beta)^2 = \alpha^2+\beta^2+2\alpha\beta$, mientras que $\det\mathcal{A}+\det\mathcal{B} = \alpha^2+\beta^2$.

A continuación veremos que si un sistema de ecuaciones lineales con igual número de ecuaciones que de incógnitas es compatible determinado, la solución del mismo se puede expresar mediante determinantes.

■ **Proposición 4.3** (Regla de Cramer) Sea $\mathcal{A}\in\mathbb{K}^{(n,n)}$ no singular. Para todo $\boldsymbol{b}\in\mathbb{K}^{(n,1)}$, el sistema de ecuaciones lineales

$$\underbrace{\begin{pmatrix} a_{1,1} & \cdots & a_{1,j-1} & a_{1,j} & a_{1,j+1} & \cdots & a_{1,n} \\ \vdots & & \vdots & \vdots & \vdots & & \vdots \\ a_{i,1} & \cdots & a_{i,j-1} & a_{i,j} & a_{i,j+1} & \cdots & a_{i,n} \\ \vdots & & \vdots & \vdots & \vdots & & \vdots \\ a_{n,1} & \cdots & a_{n,j-1} & a_{n,j} & a_{n,j+1} & \cdots & a_{n,n} \end{pmatrix}}_{\mathcal{A}} \underbrace{\begin{pmatrix} x_1 \\ \vdots \\ x_i \\ \vdots \\ x_n \end{pmatrix}}_{\boldsymbol{x}} = \underbrace{\begin{pmatrix} b_1 \\ \vdots \\ b_i \\ \vdots \\ b_n \end{pmatrix}}_{\boldsymbol{b}}$$

es compatible y tiene una única solución, que se expresa mediante

$$x_1 = \frac{\det\mathcal{A}_1(\boldsymbol{b})}{\det\mathcal{A}}, \quad x_2 = \frac{\det\mathcal{A}_2(\boldsymbol{b})}{\det\mathcal{A}}, \quad \ldots, \quad x_n = \frac{\det\mathcal{A}_n(\boldsymbol{b})}{\det\mathcal{A}},$$

donde $\mathcal{A}_j(\boldsymbol{b})$ denota la matriz obtenida al sustituir en $\mathcal{A}$ la columna j-ésima de esta matriz por el vector $\boldsymbol{b}$,

$$\mathcal{A}_j(\boldsymbol{b}) = \begin{pmatrix} a_{1,1} & \cdots & a_{1,j-1} & b_1 & a_{1,j+1} & \cdots & a_{1,n} \\ \vdots & & \vdots & \vdots & \vdots & & \vdots \\ a_{i,1} & \cdots & a_{i,j-1} & b_i & a_{i,j+1} & \cdots & a_{i,n} \\ \vdots & & \vdots & \vdots & \vdots & & \vdots \\ a_{n,1} & \cdots & a_{n,j-1} & b_n & a_{n,j+1} & \cdots & a_{n,n} \end{pmatrix}.$$

En efecto, si $\mathcal{A} = (\boldsymbol{a}_1|\boldsymbol{a}_2|\cdots|\boldsymbol{a}_n)$, entonces

$$\begin{aligned} \mathcal{A}\cdot(\boldsymbol{e}_1|\cdots|\boldsymbol{e}_{i-1}|\boldsymbol{x}|\boldsymbol{e}_{i+1}|\cdots|\boldsymbol{e}_n) &= (\mathcal{A}\boldsymbol{e}_1|\cdots|\mathcal{A}\boldsymbol{e}_{i-1}|\mathcal{A}\boldsymbol{x}|\mathcal{A}\boldsymbol{e}_{i+1}|\cdots|\mathcal{A}\boldsymbol{e}_n) \\ &= (\boldsymbol{a}_1|\cdots|\boldsymbol{a}_{i-1}|\boldsymbol{b}|\boldsymbol{a}_{i+1}|\cdots|\boldsymbol{a}_n) = \mathcal{A}_i(\boldsymbol{b}), \end{aligned}$$

siendo $\boldsymbol{e}_k$ la k-ésima columna de la matriz identidad $\mathcal{I}_n$. Luego,

$$x_i\det\mathcal{A} = \det\big(\mathcal{A}\cdot(\boldsymbol{e}_1|\cdots|\boldsymbol{e}_{i-1}|\boldsymbol{x}|\boldsymbol{e}_{i+1}|\cdots|\boldsymbol{e}_n)\big) = \det\mathcal{A}_i(\boldsymbol{b}),$$

de donde se sigue el resultado.

A modo de conclusión, señalemos que el cálculo de la inversa de una matriz es equivalente a resolver los n sistemas de ecuaciones lineales

$$\mathcal{A}\,\boldsymbol{x}_1 = \boldsymbol{e}_1, \quad \mathcal{A}\,\boldsymbol{x}_2 = \boldsymbol{e}_2, \quad \ldots, \quad \mathcal{A}\,\boldsymbol{x}_n = \boldsymbol{e}_n,$$

donde $\boldsymbol{e}_1,\boldsymbol{e}_2,\ldots,\boldsymbol{e}_n$ son las columnas de la matriz identidad $\mathcal{I}_n$, y $\boldsymbol{x}_1,\boldsymbol{x}_2,\ldots,\boldsymbol{x}_n$ son las columnas de la matriz inversa $\mathcal{A}^{-1}$. Por tanto, para calcular la j-ésima columna de $\mathcal{A}^{-1}$ tenemos que resolver el sistema $\mathcal{A}\,\boldsymbol{x}_j = \boldsymbol{e}_j$, cuya solución es, usando la regla de Cramer,

$$x_{1,j} = \frac{\det\mathcal{A}_1(\boldsymbol{e}_j)}{\det\mathcal{A}}, \quad x_{2,j} = \frac{\det\mathcal{A}_2(\boldsymbol{e}_j)}{\det\mathcal{A}}, \quad \ldots, \quad x_{n,j} = \frac{\det\mathcal{A}_n(\boldsymbol{e}_j)}{\det\mathcal{A}}.$$

Por otra parte,

$$\det \mathcal{A}_1(\boldsymbol{e}_j) = (-1)^{1+j} \det \mathcal{A}_{j,1} = C_{j,1}, \quad \ldots, \quad \det \mathcal{A}_n(\boldsymbol{e}_j) = (-1)^{n+j} \det \mathcal{A}_{j,n} = C_{j,n}, \tag{4.5}$$

por lo que la columna j-ésima de $\mathcal{A}^{-1}$ es

$$\frac{1}{\det \mathcal{A}} \begin{pmatrix} C_{j,1} \\ C_{j,2} \\ \vdots \\ C_{j,n} \end{pmatrix}.$$

El desarrollo anterior conduce a la siguiente expresión para la inversa de $\mathcal{A}$,

$$\mathcal{A}^{-1} = \frac{1}{\det \mathcal{A}} \begin{pmatrix} C_{1,1} & C_{2,1} & \cdots & C_{j,1} & \cdots & C_{n,1} \\ C_{1,2} & C_{2,2} & \cdots & C_{j,2} & \cdots & C_{n,2} \\ \vdots & \vdots & & \vdots & & \vdots \\ C_{1,i} & C_{2,i} & \cdots & C_{j,i} & \cdots & C_{n,i} \\ \vdots & \vdots & & \vdots & & \vdots \\ C_{1,n} & C_{2,n} & \cdots & C_{j,n} & \cdots & C_{n,n} \end{pmatrix}, \tag{4.6}$$

siendo $C_{l,m}$ el cofactor asociado al elemento $a_{l,m}$ de la matriz $\mathcal{A}$.

■ DEFINICIÓN 4.5 La matriz cuya entrada (i,j) es el cofactor $C_{j,i}$ (es decir, la traspuesta de la matriz de cofactores) se denomina matriz adjunta de $\mathcal{A}$, y se denota por $\mathrm{Adj}(\mathcal{A})$.

✎ En términos de la matriz adjunta, la fórmula (4.6) para la inversa se escribe como

$$\mathcal{A}^{-1} = \frac{1}{\det \mathcal{A}} \mathrm{Adj}(\mathcal{A}). \tag{4.7}$$

■ OBSERVACIÓN 4.1 La regla de Cramer precisa del cálculo del determinante de $\mathcal{A} \in \mathbb{K}^{(n,n)}$, que a su vez requiere la realización de $(n+1)!$ operaciones aritméticas (véase la definición 4.4). Por tanto, dicha regla es ineficiente para solucionar sistemas de ecuaciones de más de 3 ecuaciones con 3 incógnitas. En su lugar, se recomienda utilizar el método de Gauss.

Problemas Resueltos

4.1 Calcule el determinante de las siguientes matrices:

$$\mathcal{A} = \begin{pmatrix} 1 & 7 & 1 \\ 2 & 3 & 2 \\ 5 & 1 & 4 \end{pmatrix}, \quad \mathcal{B} = \begin{pmatrix} -1 & 0 & 1 \\ 0 & 1 & -1 \\ 1 & -1 & 0 \end{pmatrix}, \quad \mathcal{C} = \begin{pmatrix} 2 & 0 & 0 & 0 \\ 55 & 8 & 0 & 0 \\ 2 & 3 & -1 & 0 \\ 21 & 5 & 33 & -1 \end{pmatrix}.$$

Resolución. Aplicando la fórmula (4.3), se tiene que

$$\begin{aligned} \det \mathcal{A} = \det \begin{pmatrix} 1 & 7 & 1 \\ 2 & 3 & 2 \\ 5 & 1 & 4 \end{pmatrix} &= \det \begin{pmatrix} 3 & 2 \\ 1 & 4 \end{pmatrix} - 7 \det \begin{pmatrix} 2 & 2 \\ 5 & 4 \end{pmatrix} + \det \begin{pmatrix} 2 & 3 \\ 5 & 1 \end{pmatrix} \\ &= (12-2) - 7(8-10) + (2-15) \\ &= 10 + 14 - 13 = 11. \end{aligned}$$

Si utilizamos la expresión obtenida en el ejemplo 4.2 para el determinante de una matriz 3×3 genérica, el valor de $\det \mathcal{B}$ se sigue de manera inmediata,

$$\det \mathcal{B} = \det \begin{pmatrix} -1 & 0 & 1 \\ 0 & 1 & -1 \\ 1 & -1 & 0 \end{pmatrix} = 0 + 1 - 0 - 0 - 0 - 1 = 0.$$

Finalmente, de la proposición 4.2 se obtiene,

$$\det \mathcal{C} = \det \begin{pmatrix} 2 & 0 & 0 & 0 \\ 55 & 8 & 0 & 0 \\ 2 & 3 & -1 & 0 \\ 21 & 5 & 33 & -1 \end{pmatrix} = 2 \cdot 8 \cdot (-1) \cdot (-1) = 16.$$

4.2 Sean $\alpha, \beta \in \mathbb{C}$. Determinar, sin desarrollar el determinante, si existen valores de α y β tales que

$$\det \begin{pmatrix} \alpha\beta & \beta^2 \\ \alpha^2 & \alpha\beta \end{pmatrix} \neq 0.$$

Resolución. Utilizando las propiedades (ii) y (iii) de los determinantes se obtiene

$$\det \begin{pmatrix} \alpha\beta & \beta^2 \\ \alpha^2 & \alpha\beta \end{pmatrix} = \alpha\beta \det \begin{pmatrix} \beta & \beta \\ \alpha & \alpha \end{pmatrix} = \alpha^2\beta^2 \det \begin{pmatrix} 1 & 1 \\ 1 & 1 \end{pmatrix} = 0.$$

Vemos así que el determinante anterior se anula para todo $\alpha, \beta \in \mathbb{C}$, esto es, no existen valores de α y β para los que el determinante sea distinto de cero.

4.3 Calcule el determinante de las siguientes matrices:

$$\mathcal{A} = \begin{pmatrix} \alpha & \beta & \gamma \\ \beta & \gamma & \alpha \\ \gamma & \alpha & \beta \end{pmatrix}, \quad \mathcal{B} = \begin{pmatrix} \alpha+\beta & \alpha-\beta \\ \alpha-\beta & \alpha+\beta \end{pmatrix}, \quad \alpha, \beta, \gamma \in \mathbb{C}.$$

Resolución. Nótese que tanto $\mathcal{A}$ como $\mathcal{B}$ son matrices simétricas. Empleando de nuevo la expresión general del ejemplo 4.2, para la matriz $\mathcal{A}$ se encuentra que

$$\det \mathcal{A} = \det \begin{pmatrix} \alpha & \beta & \gamma \\ \beta & \gamma & \alpha \\ \gamma & \alpha & \beta \end{pmatrix} = 3\alpha\beta\gamma - \left(\alpha^3 + \beta^3 + \gamma^3\right).$$

Para la matriz $\mathcal{B}$ tenemos, usando la propiedad (ii) de los determinantes y la proposición 4.2,

$$\det \mathcal{B} = \det \begin{pmatrix} \alpha+\beta & \alpha-\beta \\ \alpha-\beta & \alpha+\beta \end{pmatrix} = \det \begin{pmatrix} \alpha+\beta & \alpha-\beta \\ 2\alpha & 2\alpha \end{pmatrix} = 2\alpha \det \begin{pmatrix} \alpha+\beta & \alpha-\beta \\ 1 & 1 \end{pmatrix}$$
$$= 2\alpha \det \begin{pmatrix} 2\beta & \alpha-\beta \\ 0 & 1 \end{pmatrix} = 4\alpha\beta\,.$$

4.4 Pruebe, utilizando sólo propiedades de los determinantes, la siguiente igualdad:

$$\det \begin{pmatrix} 1 & \alpha & \alpha^2 \\ 1 & \beta & \beta^2 \\ 1 & \gamma & \gamma^2 \end{pmatrix} = \det \begin{pmatrix} 1 & \alpha & \beta\gamma \\ 1 & \beta & \alpha\gamma \\ 1 & \gamma & \alpha\beta \end{pmatrix}, \quad \alpha, \beta, \gamma \in \mathbb{C}.$$

Resolución. Basándonos en la propiedad (ii), se sigue que

$$\det\begin{pmatrix} 1 & \alpha & \alpha^2 \\ 1 & \beta & \beta^2 \\ 1 & \gamma & \gamma^2 \end{pmatrix} = \det\begin{pmatrix} 1 & \alpha & \alpha^2 \\ 0 & \beta-\alpha & \beta^2-\alpha^2 \\ 0 & \gamma-\alpha & \gamma^2-\alpha^2 \end{pmatrix},$$

donde a la segunda y tercera filas se les ha restado la primera. Luego,

$$\det\begin{pmatrix} 1 & \alpha & \alpha^2 \\ 1 & \beta & \beta^2 \\ 1 & \gamma & \gamma^2 \end{pmatrix} = (\gamma-\alpha)(\beta-\alpha)\det\begin{pmatrix} 1 & \alpha & \alpha^2 \\ 0 & 1 & \beta+\alpha \\ 0 & 1 & \gamma+\alpha \end{pmatrix}$$

$$= (\gamma-\alpha)(\beta-\alpha)\det\begin{pmatrix} 1 & \alpha & \alpha^2 \\ 0 & 1 & \beta+\alpha \\ 0 & 0 & \gamma-\beta \end{pmatrix},$$

donde, en el último paso, a la tercera fila se le ha restado la segunda. Finalmente, usando la proposición 4.2 se sigue de manera inmediata que

$$\det\begin{pmatrix} 1 & \alpha & \alpha^2 \\ 1 & \beta & \beta^2 \\ 1 & \gamma & \gamma^2 \end{pmatrix} = (\gamma-\alpha)(\beta-\alpha)(\gamma-\beta). \tag{4.8}$$

Por otra parte, haciendo uso nuevamente de la propiedad (ii), se tiene que

$$\det\begin{pmatrix} 1 & \alpha & \beta\gamma \\ 1 & \beta & \alpha\gamma \\ 1 & \gamma & \alpha\beta \end{pmatrix} = \det\begin{pmatrix} 1 & \alpha & \beta\gamma \\ 0 & \beta-\alpha & \gamma(\alpha-\beta) \\ 0 & \gamma-\alpha & \beta(\alpha-\gamma) \end{pmatrix},$$

donde a la segunda y tercera filas se les ha restado la primera. Luego,

$$\det\begin{pmatrix} 1 & \alpha & \beta\gamma \\ 1 & \beta & \alpha\gamma \\ 1 & \gamma & \alpha\beta \end{pmatrix} = (\gamma-\alpha)(\beta-\alpha)\det\begin{pmatrix} 1 & \alpha & \beta\gamma \\ 0 & 1 & -\gamma \\ 0 & 1 & -\beta \end{pmatrix}$$

$$= (\gamma-\alpha)(\beta-\alpha)\det\begin{pmatrix} 1 & \alpha & \beta\gamma \\ 0 & 1 & -\gamma \\ 0 & 0 & \gamma-\beta \end{pmatrix},$$

donde, en el último paso, a la tercera fila se le ha restado la segunda. Aplicando la proposición 4.2,

$$\det\begin{pmatrix} 1 & \alpha & \beta\gamma \\ 1 & \beta & \alpha\gamma \\ 1 & \gamma & \alpha\beta \end{pmatrix} = (\gamma-\alpha)(\beta-\alpha)(\gamma-\beta). \tag{4.9}$$

Comparando las ecuaciones (4.8) y (4.9), se sigue el resultado.

4.5 Demuestre, usando las propiedades de los determinantes, que

$$p(t) = \det\begin{pmatrix} t+\alpha & t & t \\ t & t+\beta & t \\ t & t & t+\gamma \end{pmatrix}, \quad \text{con} \quad \alpha,\beta,\gamma \in \mathbb{C}, \quad \text{tales que} \quad \alpha\beta+\alpha\gamma+\beta\gamma \neq 0,$$

es un polinomio de grado 1 en la variable t. Además, determine para qué valor de t dicho polinomio se anula.

Resolución. De la propiedad (v), deducimos

$$p(t) = \det\begin{pmatrix} t+\alpha & t & t \\ t & t+\beta & t \\ t & t & t+\gamma \end{pmatrix} = \det\begin{pmatrix} \alpha & t & t \\ 0 & t+\beta & t \\ 0 & t & t+\gamma \end{pmatrix} + \det\begin{pmatrix} t & t & t \\ t & t+\beta & t \\ t & t & t+\gamma \end{pmatrix}.$$

Desarrollando, en la expresión anterior, cada uno de los determinantes del miembro derecho respecto a la segunda columna, se obtiene

$$p(t) = \det\begin{pmatrix} t+\alpha & t & t \\ t & t+\beta & t \\ t & t & t+\gamma \end{pmatrix} = \det\begin{pmatrix} \alpha & 0 & t \\ 0 & \beta & t \\ 0 & 0 & t+\gamma \end{pmatrix} + t\det\begin{pmatrix} \alpha & 1 & t \\ 0 & 1 & t \\ 0 & 1 & t+\gamma \end{pmatrix}$$

$$+ t\det\begin{pmatrix} 1 & 0 & t \\ 1 & \beta & t \\ 1 & 0 & t+\gamma \end{pmatrix} + \underbrace{t^2\det\begin{pmatrix} 1 & 1 & t \\ 1 & 1 & t \\ 1 & 1 & t+\gamma \end{pmatrix}}_{\text{se anula en virtud de (iii)}}.$$

Si ahora realizamos el mismo procedimiento, pero respecto a la tercera columna, se deduce

$$p(t) = \det\begin{pmatrix} \alpha & 0 & 0 \\ 0 & \beta & 0 \\ 0 & 0 & \gamma \end{pmatrix} + t\det\begin{pmatrix} \alpha & 0 & 1 \\ 0 & \beta & 1 \\ 0 & 0 & 1 \end{pmatrix} + t\det\begin{pmatrix} \alpha & 1 & 0 \\ 0 & 1 & 0 \\ 0 & 1 & \gamma \end{pmatrix}$$

$$+ t^2\det\begin{pmatrix} \alpha & 1 & 1 \\ 0 & 1 & 1 \\ 0 & 1 & 1 \end{pmatrix} + t\det\begin{pmatrix} 1 & 0 & 0 \\ 1 & \beta & 0 \\ 1 & 0 & \gamma \end{pmatrix} + t^2\det\begin{pmatrix} 1 & 0 & 1 \\ 1 & \beta & 1 \\ 1 & 0 & 1 \end{pmatrix}$$

$$= (\alpha\beta + \alpha\gamma + \beta\gamma)t + \alpha\beta\gamma.$$

Luego, $\deg p(t) = 1$. Además,

$$p(t) = 0 \text{ si y sólo si } t = -\frac{\alpha\beta\gamma}{\alpha\beta + \alpha\gamma + \beta\gamma}, \quad \alpha\beta + \alpha\gamma + \beta\gamma \neq 0.$$

4.6 Sean $\alpha, \beta \in \mathbb{C}$ tales que la matriz tridiagonal de dimensión n

$$\mathcal{A}_n = \begin{pmatrix} \alpha & \beta & 0 & \cdots & 0 \\ \beta & \alpha & \beta & \ddots & \vdots \\ 0 & \beta & \alpha & \ddots & 0 \\ \vdots & \ddots & \ddots & \ddots & \beta \\ 0 & \cdots & 0 & \beta & \alpha \end{pmatrix} \in \mathbb{K}^{(n,n)}.$$

sea distinta de la matriz nula. Calcule $\det \mathcal{A}_n$.

Resolución. Denotemos $\det \mathcal{A}_n = \Delta_n$. Aplicando la fórmula (4.3), se tiene

$$\Delta_n = \alpha \det\underbrace{\begin{pmatrix} \alpha & \beta & 0 & \cdots & 0 \\ \beta & \alpha & \beta & \ddots & \vdots \\ 0 & \beta & \alpha & \ddots & 0 \\ \vdots & \ddots & \ddots & \ddots & \beta \\ 0 & \cdots & 0 & \beta & \alpha \end{pmatrix}}_{\text{matriz de dimensión } n-1} - \beta \det\underbrace{\begin{pmatrix} \beta & 0 & 0 & 0 & \cdots & 0 \\ \beta & \alpha & \beta & 0 & \cdots & 0 \\ 0 & \beta & \alpha & \beta & \ddots & \vdots \\ 0 & 0 & \beta & \alpha & \ddots & 0 \\ \vdots & \vdots & \ddots & \ddots & \ddots & \beta \\ 0 & 0 & \cdots & 0 & \beta & \alpha \end{pmatrix}}_{\text{matriz de dimensión } n-1}$$

$$= \alpha\Delta_{n-1} - \beta^2\Delta_{n-2}.$$

Sean $p, q \in \mathbb{C}$ tales que

$$\begin{cases} p+q = \alpha, \\ pq = \beta^2. \end{cases}$$

Equivalentemente, p y q son las soluciones de la ecuación algebraica de segundo grado $t^2-\alpha t+\beta^2=0$, es decir,

$$p,q=\frac{\alpha\pm\sqrt{\alpha^2-4\beta^2}}{2}\,.$$

En términos de estas nuevas constantes, la relación de recurrencia para Δ_n se escribe como

$$\Delta_n=(p+q)\Delta_{n-1}-pq\Delta_{n-2}\,.$$

Luego,

$$\begin{cases}\Delta_n-p\Delta_{n-1}=q\,(\Delta_{n-1}-p\Delta_{n-2})\,,\\ \Delta_n-q\Delta_{n-1}=p\,(\Delta_{n-1}-q\Delta_{n-2})\,.\end{cases}\tag{4.10}$$

De la primera ecuación de (4.10) se tiene que

$$\frac{(\Delta_n-p\Delta_{n-1})}{(\Delta_{n-1}-p\Delta_{n-2})}\frac{(\Delta_{n-1}-p\Delta_{n-2})}{(\Delta_{n-2}-p\Delta_{n-3})}\cdots\frac{(\Delta_3-p\Delta_2)}{(\Delta_2-p\Delta_1)}=q^{n-2}.$$

Así pues,

$$\Delta_n-p\Delta_{n-1}=q^{n-2}(\Delta_2-p\Delta_1).\tag{4.11}$$

Análogamente, de la segunda ecuación de (4.10) se sigue que

$$\Delta_n-q\Delta_{n-1}=p^{n-2}(\Delta_2-q\Delta_1).\tag{4.12}$$

Teniendo en cuenta que

$$\Delta_1=\alpha=p+q\,,\quad \Delta_2=\alpha^2-\beta^2=p^2+q^2+pq\,,$$

las ecuaciones (4.11) y (4.12) se simplifican, respectivamente, a

$$\Delta_n-p\Delta_{n-1}=q^n,\tag{4.13}$$

y

$$\Delta_n-q\Delta_{n-1}=p^n.\tag{4.14}$$

Si $p\neq q$, multiplicando (4.13) por q y (4.14) por p, y restando las dos ecuaciones resultantes, se deduce que

$$\Delta_n=\frac{p^{n+1}-q^{n+1}}{p-q}\,.\tag{4.15}$$

Por otra parte, si $p=q$ (esto es, $\alpha^2=4\beta^2$), las expresiones (4.13) y (4.14) coinciden. Empleando recurrentemente una de ellas, por ejemplo (4.14), se sigue que

$$\begin{aligned}\Delta_n&=p\Delta_{n-1}+p^n=p\underbrace{\left(p\Delta_{n-2}+p^{n-1}\right)}_{\Delta_{n-1}}+p^n\\&=p^2\Delta_{n-2}+2p^n=\cdots=p^{n-1}\Delta_1+(n-1)p^n.\end{aligned}$$

Luego, teniendo en cuenta que ahora $\Delta_1=2p$,

$$\Delta_n=(n+1)p^n\,.$$

Nótese que esta expresión coincide con la que se obtiene tomando el límite $q\to p$ en (4.15).

4.7 Calcule el determinante de la matriz

$$\mathcal{A}=\begin{pmatrix}1-\alpha & 1 & 1 & 1\\ 1 & 1+\alpha & 1 & 1\\ 1 & 1 & 1-\beta & 1\\ 1 & 1 & 1 & 1+\beta\end{pmatrix}\in\mathbb{C}^{(4,4)}\,.$$

Resolución. Usamos la propiedad (ii) de los determinantes, aplicada a las operaciones elementales por columnas. Al substraer en $\mathcal{A}$ la segunda columna de la primera, y la cuarta de la tercera, se obtiene

$$\det\begin{pmatrix} 1-\alpha & 1 & 1 & 1 \\ 1 & 1+\alpha & 1 & 1 \\ 1 & 1 & 1-\beta & 1 \\ 1 & 1 & 1 & 1+\beta \end{pmatrix} = \det\begin{pmatrix} -\alpha & 1 & 0 & 1 \\ -\alpha & 1+\alpha & 0 & 1 \\ 0 & 1 & -\beta & 1 \\ 0 & 1 & -\beta & 1+\beta \end{pmatrix}$$
$$= \alpha\beta\det\begin{pmatrix} -1 & 1 & 0 & 1 \\ -1 & 1+\alpha & 0 & 1 \\ 0 & 1 & -1 & 1 \\ 0 & 1 & -1 & 1+\beta \end{pmatrix}.$$

Considerando ahora la matriz que aparece en el último miembro de la derecha de la igualdad anterior, sumamos las columnas primera y tercera tanto a la columna segunda como a la cuarta. Se sigue entonces que

$$\det\begin{pmatrix} 1-\alpha & 1 & 1 & 1 \\ 1 & 1+\alpha & 1 & 1 \\ 1 & 1 & 1-\beta & 1 \\ 1 & 1 & 1 & 1+\beta \end{pmatrix} = \alpha\beta\det\begin{pmatrix} -1 & 0 & 0 & 0 \\ -1 & \alpha & 0 & 0 \\ 0 & 0 & -1 & 0 \\ 0 & 0 & -1 & \beta \end{pmatrix} = \alpha^2\beta^2,$$

donde en el último paso se ha usado la proposición 4.2.

4.8 Sea la matriz de dimensión n

$$\mathcal{A} = (a_{i,j}), \quad \text{con} \quad \begin{cases} a_{1,1} = 1, \\ a_{i,i} = 0, & i = 2,3,\ldots,n, \\ a_{i,j} = 1, & i \neq j, \end{cases} \quad \Longleftrightarrow \quad \mathcal{A} = \begin{pmatrix} 1 & 1 & \cdots & 1 \\ 1 & 0 & \cdots & 1 \\ \vdots & \vdots & \ddots & \vdots \\ 1 & 1 & \cdots & 0 \end{pmatrix}.$$

Determine los valores de $n \in \mathbb{N}$, con $n \geq 2$, para los cuales el determinante de $\mathcal{A}$ es positivo.

Resolución. Usamos la propiedad (ii) de los determinantes aplicada a las operaciones elementales por filas. Restando la primera fila a todas las demás filas es fácil constatar que

$$\det\begin{pmatrix} 1 & 1 & \cdots & 1 \\ 1 & 0 & \cdots & 1 \\ \vdots & \vdots & \ddots & \vdots \\ 1 & 1 & \cdots & 0 \end{pmatrix} = \det\begin{pmatrix} 1 & 1 & \cdots & 1 \\ 0 & -1 & \cdots & 0 \\ \vdots & \vdots & \ddots & \vdots \\ 0 & 0 & \cdots & -1 \end{pmatrix} = (-1)^{n-1}.$$

Por tanto, $\det\mathcal{A} > 0$ para todo natural n impar tal que $n \geq 3$.

4.9 Calcular el determinante de la matriz

$$\mathcal{A} = \begin{pmatrix} \alpha+1 & \alpha & \alpha & \cdots & \alpha \\ \alpha & \alpha+1 & \alpha & \cdots & \alpha \\ \alpha & \alpha & \alpha+1 & \cdots & \alpha \\ \vdots & \vdots & \vdots & \ddots & \vdots \\ \alpha & \alpha & \alpha & \cdots & \alpha+1 \end{pmatrix} \in \mathbb{C}^{(n,n)}.$$

Resolución. Restando la última fila a todas las precedentes, se obtiene

$$\det\mathcal{A} = \det\begin{pmatrix} 1 & 0 & 0 & \cdots & -1 \\ 0 & 1 & 0 & \cdots & -1 \\ 0 & 0 & 1 & \cdots & -1 \\ \vdots & \vdots & \vdots & \ddots & \vdots \\ \alpha & \alpha & \alpha & \cdots & \alpha+1 \end{pmatrix}.$$

Ahora, restamos a la última fila cada una de las filas precedentes multiplicada por α. Así,

$$\det \mathcal{A} = \det \begin{pmatrix} 1 & 0 & 0 & \cdots & -1 \\ 0 & 1 & 0 & \cdots & -1 \\ 0 & 0 & 1 & \cdots & -1 \\ \vdots & \vdots & \vdots & \ddots & \vdots \\ 0 & 0 & 0 & \cdots & n\alpha+1 \end{pmatrix}.$$

Finalmente, utilizando la proposición 4.2, se tiene que

$$\det \mathcal{A} = n\alpha + 1.$$

4.10 Calcular el determinante de la matriz

$$\mathcal{A} = \begin{pmatrix} 1 & 2 & 3 & \cdots & n \\ -1 & 0 & 3 & \cdots & n \\ -1 & -2 & 0 & \cdots & n \\ \vdots & \vdots & \vdots & \ddots & \vdots \\ -1 & -2 & -3 & \cdots & 0 \end{pmatrix} \in \mathbb{R}^{(n,n)}.$$

Resolución. Sumando la primera fila a todas las demás, y usando la proposición 4.2, se obtiene

$$\det \mathcal{A} = \begin{vmatrix} 1 & 2 & 3 & \cdots & n \\ 0 & 2 & 6 & \cdots & 2n \\ 0 & 0 & 3 & \cdots & 2n \\ \vdots & \vdots & \vdots & \ddots & \vdots \\ 0 & 0 & 0 & \cdots & n \end{vmatrix} = n!\,.$$

4.11 Sean $t_1, t_2, \ldots, t_n$, n números reales y

$$\mathcal{V} = \begin{pmatrix} 1 & 1 & 1 & \cdots & 1 \\ t_1 & t_2 & t_3 & \cdots & t_n \\ t_1^2 & t_2^2 & t_3^2 & \cdots & t_n^2 \\ \vdots & \vdots & \vdots & \ddots & \vdots \\ t_1^{n-1} & t_2^{n-1} & t_3^{n-1} & \cdots & t_n^{n-1} \end{pmatrix} \in \mathbb{R}^{(n,n)}.$$

Calcular $\det \mathcal{V}$, y dar una condición suficiente para que $\det \mathcal{V} > 0$ en términos de los puntos $t_1, t_2, \ldots, t_n$. El determinante de la matriz $\mathcal{V}$ se denomina *determinante de Vandermonde.*

Resolución. Denotemos $\det \mathcal{V} = \Delta_n(t_1, t_2, \ldots, t_n)$. Luego,

$$\begin{aligned} \Delta_n(t_1, t_2, \ldots, t_n) &= \det \begin{pmatrix} 1 & 1 & 1 & \cdots & 1 \\ t_1 & t_2 & t_3 & \cdots & t_n \\ t_1^2 & t_2^2 & t_3^2 & \cdots & t_n^2 \\ \vdots & \vdots & \vdots & \ddots & \vdots \\ t_1^{n-1} & t_2^{n-1} & t_3^{n-1} & \cdots & t_n^{n-1} \end{pmatrix} \\ &= \det \begin{pmatrix} 1 & 0 & 0 & \cdots & 0 \\ t_1 & (t_2 - t_1) & (t_3 - t_1) & \cdots & (t_n - t_1) \\ t_1^2 & (t_2^2 - t_1^2) & (t_3^2 - t_1^2) & \cdots & (t_n^2 - t_1^2) \\ \vdots & \vdots & \vdots & \ddots & \vdots \\ t_1^{n-1} & (t_2^{n-1} - t_1^{n-1}) & (t_3^{n-1} - t_1^{n-1}) & \cdots & (t_n^{n-1} - t_1^{n-1}) \end{pmatrix}, \end{aligned}$$

donde hemos restado la primera columna a todas las demás columnas de $\mathcal{V}$. Empleando la fórmula (4.3), la expresión anterior se transforma en un determinante de una matriz de dimensión $n-1$,

$$\Delta_n(t_1,t_2,\ldots,t_n)=\det\begin{pmatrix}(t_2-t_1) & (t_3-t_1) & \cdots & (t_n-t_1)\\ (t_2^2-t_1^2) & (t_3^2-t_1^2) & \cdots & (t_n^2-t_1^2)\\ \vdots & \vdots & \ddots & \vdots\\ (t_2^{n-1}-t_1^{n-1}) & (t_3^{n-1}-t_1^{n-1}) & \cdots & (t_n^{n-1}-t_1^{n-1})\end{pmatrix}.$$

Si en esta última matriz substraemos a cada fila la anterior multiplicada por t_1, se sigue que

$$\Delta_n(t_1,t_2,\ldots,t_n)=\det\begin{pmatrix}(t_2-t_1) & (t_3-t_1) & \cdots & (t_n-t_1)\\ t_2(t_2-t_1) & t_3(t_3-t_1) & \cdots & t_n(t_n-t_1)\\ \vdots & \vdots & \ddots & \vdots\\ t_2^{n-2}(t_2-t_1) & t_3^{n-2}(t_3-t_1) & \cdots & t_n^{n-2}(t_n-t_1)\end{pmatrix}$$

$$=(t_2-t_1)(t_3-t_1)\cdots(t_n-t_1)\underbrace{\det\begin{pmatrix}1 & 1 & \cdots & 1\\ t_2 & t_3 & \cdots & t_n\\ t_2^2 & t_3^2 & \cdots & t_n^2\\ \vdots & \vdots & \ddots & \vdots\\ t_2^{n-2} & t_3^{n-2} & \cdots & t_n^{n-2}\end{pmatrix}}_{\Delta_{n-1}(t_2,\ldots,t_n)}.$$

Así pues, $\Delta_n(t_1,t_2,\ldots,t_n)=(t_2-t_1)(t_3-t_1)\cdots(t_n-t_1)\Delta_{n-1}(t_2,\ldots,t_n)$ Aplicando el proceso descrito anteriormente a $\Delta_{n-1}(t_2,\ldots,t_n)$, se obtiene

$$\Delta_n(t_1,t_2,\ldots,t_n)=[(t_2-t_1)(t_3-t_1)\cdots(t_n-t_1)]\,[(t_3-t_2)(t_4-t_2)\cdots(t_n-t_2)]\,\Delta_{n-2}(t_3,\ldots,t_n).$$

Luego, de manera recurrente se sigue el resultado

$$\begin{aligned}\Delta_n(t_1,t_2,\ldots,t_n)&=[(t_2-t_1)(t_3-t_1)\cdots(t_n-t_1)]\,[(t_3-t_2)(t_4-t_2)\cdots(t_n-t_2)]\cdots[(t_n-t_{n-1})]\\ &=\prod_{1\le j<i\le n}(t_i-t_j)\ .\end{aligned}$$

Finalmente, de esta expresión se concluye que una condición suficiente para que $\det\mathcal{V}>0$ es que $t_1<t_2<\cdots<t_n$. Esta condición no es necesaria, como se prueba tomando, por ejemplo, $t_1=2$, $t_2=3$, $t_3=1$ para $n=3$.

4.12 Sea $\mathcal{A}$ una matriz de dimensión n tal que $\det\mathcal{A}^{2014}=0$. ¿Es $\mathcal{A}$ una matriz no singular?

Resolución. De la propiedad (vii) de los determinantes se sigue que $\det\mathcal{A}^{2014}=(\det\mathcal{A})^{2014}$. Luego, $\det\mathcal{A}=0$, lo que implica según la propiedad (vi) que $\mathcal{A}$ es singular.

4.13 Sea $\mathcal{U}\in\mathbb{R}^{(n,n)}$. Probar que, si

$$\mathcal{U}^{\mathrm{T}}\mathcal{U}=\mathcal{I}_n, \tag{4.16}$$

entonces $\det\mathcal{U}=\pm1$.

Resolución. Dado que $\det\mathcal{I}_n=1$, haciendo uso de las propiedades (vii) y (i) se tiene que

$$1=\det\mathcal{I}_n=\det\left(\mathcal{U}^{\mathrm{T}}\mathcal{U}\right)=\det\mathcal{U}^{\mathrm{T}}\det\mathcal{U}=(\det\mathcal{U})^2,$$

de donde se sigue el resultado. Señalemos que las matrices que verifican la propiedad (4.16) se denominan *ortogonales*.

4.14 Sea la matriz $\mathcal{A} \in \mathbb{K}^{(n,n)}$ no singular. Demostrar que $\det \mathcal{A}^{-1} = \dfrac{1}{\det \mathcal{A}}$.

Resolución. Por cuanto $\mathcal{A}^{-1}\mathcal{A} = \mathcal{I}_n$ y $\det \mathcal{I}_n = 1$, en virtud de la propiedad (vii) se obtiene

$$1 = \det \mathcal{I}_n = \det\left(\mathcal{A}^{-1}\mathcal{A}\right) = \det \mathcal{A}^{-1} \det \mathcal{A},$$

de donde se sigue el resultado.

4.15 Sea

$$p(t) = \det \begin{pmatrix} 1 & 1 & 1 & \cdots & 1 \\ t & t_1 & t_2 & \cdots & t_n \\ t^2 & t_1^2 & t_2^2 & \cdots & t_n^2 \\ \vdots & \vdots & \vdots & \ddots & \vdots \\ t^n & t_1^n & t_2^n & \cdots & t_n^n \end{pmatrix} \in \mathbb{C}^{(n+1,n+1)}, \tag{4.17}$$

con $t_1, t_2, \ldots, t_n$ complejos y distintos entre sí.

(a) Probar que $p(t)$ es un polinomio de grado n en la variable t.

(b) Determinar sus ceros.

(c) Calcular $p(0)$.

Resolución.

(a) Basta desarrollar el determinante (4.17) respecto a su primera columna. De acuerdo con el problema 4.11, se tiene que

$$p(t) = t^n(-1)^{n+2}\Delta_n(t_1, t_2, \ldots, t_n) + \cdots + (t_1 t_2 \cdots t_n)\Delta_n(t_1, t_2, \ldots, t_n), \tag{4.18}$$

donde el determinante de Vandermonde

$$\Delta_n(t_1, t_2, \ldots, t_n) = \left[(t_2 - t_1)\cdots(t_n - t_1)\right]\left[(t_3 - t_2)\cdots(t_n - t_2)\right]\cdots\left[(t_n - t_{n-1})\right],$$

es distinto de cero para $t_1, t_2, \ldots, t_n \in \mathbb{C}$ distintos entre sí. Constatamos así que el coeficiente principal de $p(t)$ (esto es, aquel que multiplica a la potencia t^n) es distinto de cero, lo que garantiza que $\deg p(t) = n$.

(b) En el apartado anterior se ha probado que $p(t)$ es un polinomio de grado exactamente n, luego tiene exactamente n ceros en virtud del teorema fundamental del álgebra (ver teorema 1.1). Para hallar estos ceros basta notar que

$$\det \begin{pmatrix} 1 & 1 & 1 & \cdots & 1 \\ t & t_1 & t_2 & \cdots & t_n \\ t^2 & t_1^2 & t_2^2 & \cdots & t_n^2 \\ \vdots & \vdots & \vdots & \ddots & \vdots \\ t^n & t_1^n & t_2^n & \cdots & t_n^n \end{pmatrix}$$

se anula cuando sus columnas coinciden, esto es, cuando $t = t_1, t_2, \ldots, t_n$. Por tanto, son precisamente estos valores los ceros de $p(t)$.

(c) De (4.18) se sigue que

$$p(0) = (t_1 t_2 \cdots t_n)\Delta_n(t_1, t_2, \ldots, t_n).$$

4.16 Demostrar que, si $\mathcal{A} \in \mathbb{R}^{(n,n)}$ es una matriz antisimétrica y n es impar, entonces $\det \mathcal{A} = 0$.

Resolución. La propiedad (i) de los determinantes establece que $\det \mathcal{A}^{\mathrm{T}} = \det \mathcal{A}$ para toda matriz $\mathcal{A} \in \mathbb{R}^{(n,n)}$. Por otra parte, si $\mathcal{A} \in \mathbb{R}^{(n,n)}$ es antisimétrica, teniendo en cuenta (ii) se deduce que

$$\det \mathcal{A}^{\mathrm{T}} = \det(-\mathcal{A}) = (-1)^n \det \mathcal{A} ,$$

de donde se sigue que $\det \mathcal{A} = (-1)^n \det \mathcal{A}$. Si n es par, esta igualdad se cumple trivialmente y no nos da ninguna información sobre el valor de $\det \mathcal{A}$, pero si n es impar implica que $\det \mathcal{A} = 0$.

4.17 Sean $\mathcal{A} = (a_{i,j})$ y $\mathcal{B} = (b_{i,j})$ dos matrices de $\mathbb{K}^{(n,n)}$ tales que

$$b_{i,j} = \alpha^i \beta^j a_{i,j} , \quad \forall\, i,j = 1,2,\ldots,n, \quad \alpha, \beta \in \mathbb{K} .$$

Expresar $\det \mathcal{B}$ en función de $\det \mathcal{A}$.

Resolución. La matriz $\mathcal{B}$ se obtiene a partir de $\mathcal{A}$ mediante una secuencia de $2n$ operaciones elementales de dilatación. En concreto, la fila i-ésima y la columna j-ésima se multiplican, respectivamente, por α^i y β^j. Por la propiedad (ii) de los determinantes se tiene entonces que

$$\det \mathcal{B} = \alpha^1 \alpha^2 \cdots \alpha^n \beta^1 \beta^2 \cdots \beta^n \det \mathcal{A} = (\alpha\beta)^1 (\alpha\beta)^2 \cdots (\alpha\beta)^n \det \mathcal{A} = (\alpha\beta)^{1+2+\cdots+n} \det \mathcal{A} .$$

Usando la fórmula

$$1 + 2 + \cdots + n = \frac{n(n+1)}{2} , \quad n \in \mathbb{N} ,$$

que puede demostrarse fácilmente por inducción sobre n, concluimos que

$$\det \mathcal{B} = (\alpha\beta)^{n(n+1)/2} \det \mathcal{A} .$$

4.18 Sea la matriz

$$\mathcal{A} = \begin{pmatrix} \alpha & \beta & \gamma & \delta \\ -\beta & \alpha & \delta & -\gamma \\ -\gamma & -\delta & \alpha & \beta \\ -\delta & \gamma & -\beta & \alpha \end{pmatrix} \in \mathbb{R}^{(4,4)} .$$

(a) Calcular $\mathcal{A}\mathcal{A}^{\mathrm{T}}$.

(b) Usando el resultado del apartado anterior, calcular el determinante de $\mathcal{A}$.

Resolución.

(a) Un sencillo cálculo muestra que

$$\mathcal{A}\mathcal{A}^{\mathrm{T}} = \begin{pmatrix} \alpha & \beta & \gamma & \delta \\ -\beta & \alpha & \delta & -\gamma \\ -\gamma & -\delta & \alpha & \beta \\ -\delta & \gamma & -\beta & \alpha \end{pmatrix} \begin{pmatrix} \alpha & -\beta & -\gamma & -\delta \\ \beta & \alpha & -\delta & \gamma \\ \gamma & \delta & \alpha & -\beta \\ \delta & -\gamma & \beta & \alpha \end{pmatrix} = \left(\alpha^2 + \beta^2 + \gamma^2 + \delta^2\right) \mathcal{I}_4 .$$

(b) Tomando determinantes en la igualdad anterior, usando la propiedad (ii) se encuentra que

$$\begin{aligned} \det\left(\mathcal{A}\mathcal{A}^{\mathrm{T}}\right) &= \det\left[\left(\alpha^2 + \beta^2 + \gamma^2 + \delta^2\right) \mathcal{I}_4\right] = \left(\alpha^2 + \beta^2 + \gamma^2 + \delta^2\right)^4 \det \mathcal{I}_4 \\ &= \left(\alpha^2 + \beta^2 + \gamma^2 + \delta^2\right)^4 . \end{aligned}$$

Por otra parte, usando las propiedades (vii) y (i),

$$\det\left(\mathcal{A}\mathcal{A}^{\mathrm{T}}\right) = \det \mathcal{A}\, \det \mathcal{A}^{\mathrm{T}} = (\det \mathcal{A})^2 ,$$

de donde se deduce que

$$\det \mathcal{A} = \pm \left(\alpha^2 + \beta^2 + \gamma^2 + \delta^2\right)^2 .$$

Para completar el cálculo sólo falta determinar el signo de $\det \mathcal{A}$. Aplicando a este determinante la definición 4.4 vemos que el (único) término proporcional a α^4 es

$$(-1)^{P(1,2,3,4)} a_{1,1}a_{2,2}a_{3,3}a_{4,4} = a_{1,1}a_{2,2}a_{3,3}a_{4,4} = \alpha^4 ,$$

dado que $P(1,2,3,4) = 0$. Concluimos así que

$$\det \mathcal{A} = \left(\alpha^2 + \beta^2 + \gamma^2 + \delta^2\right)^2 .$$

4.19 Sean

$$\mathcal{A} = \begin{pmatrix} \alpha & \beta \\ \gamma & \delta \end{pmatrix} \quad \text{y} \quad \mathcal{B} = \begin{pmatrix} \alpha' & \beta' \\ \gamma' & \delta' \end{pmatrix}$$

dos matrices arbitrarias de $\mathbb{R}^{(2,2)}$. Hallar qué condición deben cumplir dichas matrices para que $\det(\mathcal{A} + \mathcal{B})$ sea igual a $\det \mathcal{A} + \det \mathcal{B}$.

Resolución. Por una parte,

$$\det \mathcal{A} + \det \mathcal{B} = \alpha\delta - \beta\gamma + \alpha'\delta' - \beta'\gamma' .$$

Por otra parte, dado que $\mathcal{A} + \mathcal{B} = \begin{pmatrix} \alpha + \alpha' & \beta + \beta' \\ \gamma + \gamma' & \delta + \delta' \end{pmatrix}$, se tiene que

$$\begin{aligned} \det(\mathcal{A} + \mathcal{B}) &= (\alpha + \alpha')(\delta + \delta') - (\beta + \beta')(\gamma + \gamma') \\ &= \alpha\delta + \alpha\delta' + \alpha'\delta + \alpha'\delta' - \beta\gamma - \beta\gamma' - \beta'\gamma - \beta'\gamma' . \end{aligned}$$

Así, la igualdad $\det(\mathcal{A} + \mathcal{B}) = \det \mathcal{A} + \det \mathcal{B}$ equivale a

$$\alpha\delta' + \alpha'\delta - \beta\gamma' - \beta'\gamma = 0 .$$

Esta condición muestra que, fijada la matriz $\mathcal{A}$, las entradas de la matriz $\mathcal{B}$ deben satisfacer una restricción de tipo lineal. Se observa también que la condición anterior puede escribirse en términos de determinantes como

$$\det \begin{pmatrix} \alpha & \beta \\ \gamma' & \delta' \end{pmatrix} + \det \begin{pmatrix} \alpha' & \beta' \\ \gamma & \delta \end{pmatrix} = 0 .$$

4.20 Dadas $\mathcal{A}, \mathcal{B}, \mathcal{C}$ matrices arbitrarias de $\mathbb{R}^{(n,n)}$, construimos la matriz

$$\mathcal{M} = \left(\begin{array}{c|c} \mathcal{A} & \mathcal{C} \\ \hline \mathcal{O}_{n,n} & \mathcal{B} \end{array}\right) \in \mathbb{R}^{(2n,2n)} ,$$

que es triangular superior por bloques. Demostrar que $\det \mathcal{M} = \det \mathcal{A} \det \mathcal{B}$.

Resolución. Si realizamos sobre las primeras n filas de $\mathcal{M}$ las operaciones elementales necesarias para obtener la forma escalonada reducida de $\mathcal{A}$, pueden darse las siguientes dos posibilidades:

1. Si la matriz $\mathcal{A}$ es no singular, $\det \mathcal{A} \neq 0$, la forma escalonada reducida de $\mathcal{A}$ es la matriz identidad $\mathcal{I}_n$, y la matriz $\widetilde{\mathcal{M}}$ a la que llegamos tendrá la estructura

$$\widetilde{\mathcal{M}} = \left(\begin{array}{c|c} \mathcal{I}_n & \widetilde{\mathcal{C}} \\ \hline \mathcal{O}_{n,n} & \mathcal{B} \end{array}\right) .$$

Desarrollando el determinante de $\widetilde{\mathcal{M}}$ sucesivamente por las n primeras columnas de la matriz, se obtiene que $\det \widetilde{\mathcal{M}} = \det \mathcal{B}$.

Por otra parte, la secuencia de operaciones elementales de filas que transforma $\mathcal{M}$ en $\widetilde{\mathcal{M}}$ transforma, en particular, $\mathcal{A}$ en $\mathcal{I}_n$ y $\mathcal{C}$ en $\widetilde{\mathcal{C}}$. De la propiedad (ii) se sigue que, al hacer operaciones elementales de filas (o de columnas) sobre una matriz cuadrada, el determinante de ésta queda multiplicado por los determinantes de las matrices elementales correspondientes a las operaciones realizadas. Dado que los determinantes de las matrices elementales son diferentes de cero, su producto también lo es. Aquí, representamos dicho producto mediante λ. Por tanto, podemos escribir

$$\left\{ \begin{array}{rcl} \det \mathcal{M} & = & \lambda \det \widetilde{\mathcal{M}} \,, \\ \det \mathcal{A} & = & \lambda \det \mathcal{I}_n = \lambda \,, \qquad \lambda \neq 0. \\ \det \mathcal{C} & = & \lambda \det \widetilde{\mathcal{C}} \,. \end{array} \right.$$

De las dos primeras igualdades se deduce que $\det \mathcal{M} = \det \mathcal{A} \det \widetilde{\mathcal{M}}$, y, por consiguiente, $\det \mathcal{M} = \det \mathcal{A} \det \mathcal{B}$.

2. Si la matriz $\mathcal{A}$ es singular, $\det \mathcal{A} = 0$, la matriz $\widetilde{\mathcal{M}}$ a la que llegamos tendrá la estructura

$$\widetilde{\mathcal{M}} = \left(\begin{array}{c|c} \mathcal{U} & \widetilde{\mathcal{C}} \\ \hline \mathcal{O}_{n,n} & \mathcal{B} \end{array} \right),$$

donde $\mathcal{U} \neq \mathcal{I}_n$ tendrá, como mínimo, una fila nula y una columna nula. Por tanto, $\widetilde{\mathcal{M}}$ tendrá también una columna nula, de manera que $\det \widetilde{\mathcal{M}} = 0$ por la propiedad (iv). A su vez, esto implica que $\det \mathcal{M} = 0$, con lo que la igualdad $\det \mathcal{M} = \det \mathcal{A} \det \mathcal{B}$ se cumple trivialmente $(0 = 0)$.

4.21 Sea la factorización $\mathcal{P}\mathcal{A} = \mathcal{L}\mathcal{U} \in \mathbb{K}^{(n,n)}$, donde $\mathcal{P}$ es un producto de matrices elementales de permutación, $\mathcal{L}$ es triangular inferior con elementos diagonales iguales a 1, y $\mathcal{U}$ es triangular superior (véase la observación 3.1). Demostrar que $\mathcal{U}$ es no singular si y sólo si $\mathcal{A}$ también lo es.

Resolución. Planteando la igualdad $\det(\mathcal{P}\mathcal{A}) = \det(\mathcal{L}\mathcal{U})$ de las propiedades (vii) y (ii), así como de la proposición 4.2, se tiene que

$$\underbrace{\det \mathcal{P}}_{=\pm 1} \det \mathcal{A} = \underbrace{\det \mathcal{L}}_{=1} \det \mathcal{U} \quad \Longrightarrow \quad \pm \det \mathcal{A} = \det \mathcal{U}.$$

Por tanto, $\det \mathcal{U} \neq 0$ si y sólo si $\det \mathcal{A} \neq 0$, de donde se sigue el resultado por la propiedad (vi).

4.22 Sea el sistema lineal $\mathcal{A}\boldsymbol{x} = \boldsymbol{b}$, donde

$$\mathcal{A} = \begin{pmatrix} 1 & 7 & 1 \\ 2 & 3 & 2 \\ 5 & 1 & 4 \end{pmatrix}, \quad \boldsymbol{x} = \begin{pmatrix} x_1 \\ x_2 \\ x_3 \end{pmatrix}, \quad \boldsymbol{b} = \begin{pmatrix} 1 \\ 2 \\ -1 \end{pmatrix}.$$

Determine la solución del sistema utilizando la regla de Cramer.

Resolución. La regla de Cramer establece que

$$x_1 = \frac{\det \mathcal{A}_1(\boldsymbol{b})}{\det \mathcal{A}}, \quad x_2 = \frac{\det \mathcal{A}_2(\boldsymbol{b})}{\det \mathcal{A}}, \quad x_3 = \frac{\det \mathcal{A}_3(\boldsymbol{b})}{\det \mathcal{A}}.$$

Luego, para determinar las entradas del vector $\boldsymbol{x}$ se deben calcular los cuatro determinantes comprendidos en la expresión anterior. Sin embargo, el determinante de $\mathcal{A}$ ya se calculó en el problema 4.1, donde vimos que $\det \mathcal{A} = 11$, de modo que sólo nos falta hallar $\det \mathcal{A}_1(\boldsymbol{b})$, $\det \mathcal{A}_2(\boldsymbol{b})$ y $\det \mathcal{A}_3(\boldsymbol{b})$. Así, aplicando la fórmula (4.3) se tiene que

$$\begin{aligned}\det \mathcal{A}_1(\boldsymbol{b}) = \det \begin{pmatrix} 1 & 7 & 1 \\ 2 & 3 & 2 \\ -1 & 1 & 4 \end{pmatrix} &= \det \begin{pmatrix} 3 & 2 \\ 1 & 4 \end{pmatrix} - 7 \det \begin{pmatrix} 2 & 2 \\ -1 & 4 \end{pmatrix} + \det \begin{pmatrix} 2 & 3 \\ -1 & 1 \end{pmatrix} \\ &= (12-2) - 7(8+2) + (2+3) \\ &= 10 - 70 + 5 = -55,\end{aligned}$$

mientras que

$$\det \mathcal{A}_2(\boldsymbol{b}) = \det \begin{pmatrix} 1 & 1 & 1 \\ 2 & 2 & 2 \\ 5 & -1 & 4 \end{pmatrix} = 0,$$

ya que la segunda fila es igual a la primera multiplicada por 2, y finalmente, usando de nuevo (4.3),

$$\begin{aligned}\det \mathcal{A}_3(\boldsymbol{b}) = \det \begin{pmatrix} 1 & 7 & 1 \\ 2 & 3 & 2 \\ 5 & 1 & -1 \end{pmatrix} &= \det \begin{pmatrix} 3 & 2 \\ 1 & -1 \end{pmatrix} - 7 \det \begin{pmatrix} 2 & 2 \\ 5 & -1 \end{pmatrix} + \det \begin{pmatrix} 2 & 3 \\ 5 & 1 \end{pmatrix} \\ &= -(3+2) + 7(2+10) + (2-15) \\ &= -5 + 84 - 13 = 66.\end{aligned}$$

Por tanto, la solución del sistema es

$$x_1 = -\frac{55}{11} = -5, \quad x_2 = \frac{0}{11} = 0, \quad x_3 = \frac{66}{11} = 6,$$

o sea, $\boldsymbol{x} = (-5, 0, 6)$.

4.23 Sea el sistema lineal $\mathcal{A}\boldsymbol{x} = \boldsymbol{b}$, donde

$$\mathcal{A} = \begin{pmatrix} 1 & 3 & 2 \\ 1 & 3 & 0 \\ 3 & 3 & 2 \end{pmatrix}, \quad \boldsymbol{x} = \begin{pmatrix} x_1 \\ x_2 \\ x_3 \end{pmatrix}, \quad \boldsymbol{b} = \begin{pmatrix} 1 \\ -3 \\ 1 \end{pmatrix}.$$

(a) Determinar la solución del sistema utilizando la regla de Cramer.

(b) Calcular la inversa de $\mathcal{A}$ mediante la matriz adjunta.

Resolución.

(a) Empleando la regla de Cramer, se tiene que

$$x_1 = \frac{\det \mathcal{A}_1(\boldsymbol{b})}{\det \mathcal{A}}, \quad x_2 = \frac{\det \mathcal{A}_2(\boldsymbol{b})}{\det \mathcal{A}}, \quad x_3 = \frac{\det \mathcal{A}_3(\boldsymbol{b})}{\det \mathcal{A}}.$$

Aplicando la propiedad (ii) y la proposición 4.2, se encuentra que

$$\begin{aligned}\det \mathcal{A} = \det \begin{pmatrix} 1 & 3 & 2 \\ 1 & 3 & 0 \\ 3 & 3 & 2 \end{pmatrix} = 3 \cdot 2 \det \begin{pmatrix} 1 & 1 & 1 \\ 1 & 1 & 0 \\ 3 & 1 & 1 \end{pmatrix} &= 6 \det \begin{pmatrix} 1 & 1 & 1 \\ 0 & 0 & -1 \\ 0 & -2 & -2 \end{pmatrix} \\ &= -6 \det \begin{pmatrix} 1 & 1 & 1 \\ 0 & -2 & -2 \\ 0 & 0 & -1 \end{pmatrix} \\ &= -12,\end{aligned}$$

$$\det \mathcal{A}_1(\boldsymbol{b}) = \det \begin{pmatrix} 1 & 3 & 2 \\ -3 & 3 & 0 \\ 1 & 3 & 2 \end{pmatrix} = 6 \det \begin{pmatrix} 1 & 1 & 1 \\ -3 & 1 & 0 \\ 1 & 1 & 1 \end{pmatrix} = 0$$

(ya que dos de sus filas son coincidentes),

$$\det \mathcal{A}_2(\boldsymbol{b}) = \det \begin{pmatrix} 1 & 1 & 2 \\ 1 & -3 & 0 \\ 3 & 1 & 2 \end{pmatrix} = 2 \det \begin{pmatrix} 1 & 1 & 1 \\ 1 & -3 & 0 \\ 3 & 1 & 1 \end{pmatrix} = 2 \det \begin{pmatrix} 1 & 1 & 1 \\ 1 & -4 & -1 \\ 0 & 0 & -\frac{3}{2} \end{pmatrix}$$
$$= 2(-4)\left(-\frac{3}{2}\right) = 12,$$

y, finalmente,

$$\det \mathcal{A}_3(\boldsymbol{b}) = \det \begin{pmatrix} 1 & 3 & 1 \\ 1 & 3 & -3 \\ 3 & 3 & 1 \end{pmatrix} = 3 \det \begin{pmatrix} 1 & 1 & 1 \\ 1 & 1 & -3 \\ 3 & 1 & 1 \end{pmatrix} = 3 \det \begin{pmatrix} 1 & 1 & 1 \\ 0 & 0 & -4 \\ 0 & -2 & -2 \end{pmatrix}$$
$$= -3 \det \begin{pmatrix} 1 & 1 & 1 \\ 0 & -2 & -2 \\ 0 & 0 & -4 \end{pmatrix}$$
$$= (-3)(-2)(-4) = -24.$$

Así pues, la solución del sistema es

$$x_1 = 0, \quad x_2 = -1, \quad x_3 = 2,$$

esto es, $\boldsymbol{x} = (0, -1, 2)$.

(b) En el apartado anterior se calculó el determinante de $\mathcal{A}$. Por tanto, para el cálculo de la inversa debemos determinar la matriz adjunta,

$$\mathrm{Adj}(\mathcal{A}) = \begin{pmatrix} C_{1,1} & C_{2,1} & C_{3,1} \\ C_{1,2} & C_{2,2} & C_{3,2} \\ C_{1,3} & C_{2,3} & C_{3,3} \end{pmatrix},$$

donde $C_{j,i} = \det \mathcal{A}_i(\boldsymbol{e}_j)$, $j, i = 1, 2, 3$ es el cofactor asociado al elemento $a_{i,j}$ de $\mathcal{A}$ (véase la fórmula (4.5)). Se tiene entonces que

$$C_{1,1} = \begin{vmatrix} 1 & 3 & 2 \\ 0 & 3 & 0 \\ 0 & 3 & 2 \end{vmatrix} = 6, \quad C_{1,2} = \begin{vmatrix} 1 & 1 & 2 \\ 1 & 0 & 0 \\ 3 & 0 & 2 \end{vmatrix} = -2, \quad C_{1,3} = \begin{vmatrix} 1 & 3 & 1 \\ 1 & 3 & 0 \\ 3 & 3 & 0 \end{vmatrix} = -6,$$

$$C_{2,1} = \begin{vmatrix} 0 & 3 & 2 \\ 1 & 3 & 0 \\ 0 & 3 & 2 \end{vmatrix} = 0, \quad C_{2,2} = \begin{vmatrix} 1 & 0 & 2 \\ 1 & 1 & 0 \\ 3 & 0 & 2 \end{vmatrix} = -4, \quad C_{2,3} = \begin{vmatrix} 1 & 3 & 0 \\ 1 & 3 & 1 \\ 3 & 3 & 0 \end{vmatrix} = 6,$$

$$C_{3,1} = \begin{vmatrix} 0 & 3 & 2 \\ 0 & 3 & 0 \\ 1 & 3 & 2 \end{vmatrix} = -6, \quad C_{3,2} = \begin{vmatrix} 1 & 0 & 2 \\ 1 & 0 & 0 \\ 3 & 1 & 2 \end{vmatrix} = 2, \quad C_{3,3} = \begin{vmatrix} 1 & 3 & 0 \\ 1 & 3 & 0 \\ 3 & 3 & 1 \end{vmatrix} = 0.$$

Por tanto,

$$\mathcal{A}^{-1} = \frac{1}{\det \mathcal{A}}\operatorname{Adj}(\mathcal{A}) = \frac{1}{\det \mathcal{A}}\begin{pmatrix} C_{1,1} & C_{2,1} & C_{3,1} \\ C_{1,2} & C_{2,2} & C_{3,2} \\ C_{1,3} & C_{2,3} & C_{3,3} \end{pmatrix}$$

$$= -\frac{1}{12}\begin{pmatrix} 6 & 0 & -6 \\ -2 & -4 & 2 \\ -6 & 6 & 0 \end{pmatrix} = \begin{pmatrix} -\frac{1}{2} & 0 & \frac{1}{2} \\ \frac{1}{6} & \frac{1}{3} & -\frac{1}{6} \\ \frac{1}{2} & -\frac{1}{2} & 0 \end{pmatrix}.$$

4.24 Sea el sistema lineal $\mathcal{A}\boldsymbol{x} = \boldsymbol{b}$, donde

$$\mathcal{A} = \begin{pmatrix} 1 & 0 & 2 & -1 \\ 1 & 1 & 2 & 1 \\ 4 & 2 & 2 & -3 \\ 0 & 2 & 1 & 4 \end{pmatrix}, \quad \boldsymbol{x} = \begin{pmatrix} x_1 \\ x_2 \\ x_3 \\ x_4 \end{pmatrix}, \quad \boldsymbol{b} = \begin{pmatrix} 3 \\ 2 \\ 1 \\ 1 \end{pmatrix}.$$

Determine la solución del sistema utilizando la regla de Cramer.

Resolución. Basándonos en la regla de Cramer tenemos

$$x_1 = \frac{\det \mathcal{A}_1(\boldsymbol{b})}{\det \mathcal{A}}, \quad x_2 = \frac{\det \mathcal{A}_2(\boldsymbol{b})}{\det \mathcal{A}}, \quad x_3 = \frac{\det \mathcal{A}_3(\boldsymbol{b})}{\det \mathcal{A}}, \quad x_4 = \frac{\det \mathcal{A}_4(\boldsymbol{b})}{\det \mathcal{A}},$$

luego para determinar las entradas del vector $\boldsymbol{x}$ debemos calcular $\det \mathcal{A}$ y $\det \mathcal{A}_i(\boldsymbol{b})$ con $i = 1, 2, 3, 4$. Desarrollando el determinante de $\mathcal{A}$ respecto a su primera fila, se sigue

$$\det \mathcal{A} = \det\begin{pmatrix} 1 & 0 & 2 & -1 \\ 1 & 1 & 2 & 1 \\ 4 & 2 & 2 & -3 \\ 0 & 2 & 1 & 4 \end{pmatrix} = \begin{vmatrix} 1 & 2 & 1 \\ 2 & 2 & -3 \\ 2 & 1 & 4 \end{vmatrix} + 2\begin{vmatrix} 1 & 1 & 1 \\ 4 & 2 & -3 \\ 0 & 2 & 4 \end{vmatrix} + \begin{vmatrix} 1 & 1 & 2 \\ 4 & 2 & 2 \\ 0 & 2 & 1 \end{vmatrix}$$

$$= -19 + 12 + 10 = 3.$$

Análogamente, para $\mathcal{A}_1(\boldsymbol{b})$,

$$\det \mathcal{A}_1(\boldsymbol{b}) = \det\begin{pmatrix} 3 & 0 & 2 & -1 \\ 2 & 1 & 2 & 1 \\ 1 & 2 & 2 & -3 \\ 1 & 2 & 1 & 4 \end{pmatrix} = 3\begin{vmatrix} 1 & 2 & 1 \\ 2 & 2 & -3 \\ 2 & 1 & 4 \end{vmatrix} + 2\begin{vmatrix} 2 & 1 & 1 \\ 1 & 2 & -3 \\ 1 & 2 & 4 \end{vmatrix} + \begin{vmatrix} 2 & 1 & 2 \\ 1 & 2 & 2 \\ 1 & 2 & 1 \end{vmatrix}$$

$$= -3(19) + 2(21) - 3 = -18.$$

Desarrollando el determinante de $\mathcal{A}_2(\boldsymbol{b})$ respecto a su primera columna,

$$\det \mathcal{A}_2(\boldsymbol{b}) = \det\begin{pmatrix} 1 & 3 & 2 & -1 \\ 1 & 2 & 2 & 1 \\ 4 & 1 & 2 & -3 \\ 0 & 1 & 1 & 4 \end{pmatrix} = \begin{vmatrix} 2 & 2 & 1 \\ 1 & 2 & -3 \\ 1 & 1 & 4 \end{vmatrix} - \begin{vmatrix} 3 & 2 & -1 \\ 1 & 2 & -3 \\ 1 & 1 & 4 \end{vmatrix} + 4\begin{vmatrix} 3 & 2 & -1 \\ 2 & 2 & 1 \\ 1 & 1 & 4 \end{vmatrix}$$

$$= 7 - 20 + 28 = 15.$$

Desarrollando el determinante de $\mathcal{A}_3(\boldsymbol{b})$ respecto a su primera fila,

$$\det \mathcal{A}_3(\boldsymbol{b}) = \det\begin{pmatrix} 1 & 0 & 3 & -1 \\ 1 & 1 & 2 & 1 \\ 4 & 2 & 1 & -3 \\ 0 & 2 & 1 & 4 \end{pmatrix} = \begin{vmatrix} 1 & 2 & 1 \\ 2 & 1 & -3 \\ 2 & 1 & 4 \end{vmatrix} + 3\begin{vmatrix} 1 & 1 & 1 \\ 4 & 2 & -3 \\ 0 & 2 & 4 \end{vmatrix} + \begin{vmatrix} 1 & 1 & 2 \\ 4 & 2 & 1 \\ 0 & 2 & 1 \end{vmatrix}$$

$$= -21 + 18 + 12 = 9.$$

Y, por último, procediendo análogamente para $\mathcal{A}_4(\boldsymbol{b})$,

$$\det \mathcal{A}_4(\boldsymbol{b}) = \det \begin{pmatrix} 1 & 0 & 2 & 3 \\ 1 & 1 & 2 & 2 \\ 4 & 2 & 2 & 1 \\ 0 & 2 & 1 & 1 \end{pmatrix} = \begin{vmatrix} 1 & 2 & 2 \\ 2 & 2 & 1 \\ 2 & 1 & 1 \end{vmatrix} + 2 \begin{vmatrix} 1 & 1 & 2 \\ 4 & 2 & 1 \\ 0 & 2 & 1 \end{vmatrix} - 3 \begin{vmatrix} 1 & 1 & 2 \\ 4 & 2 & 2 \\ 0 & 2 & 1 \end{vmatrix}$$
$$= -3 + 24 - 30 = -9.$$

Por tanto,

$$x_1 = -\frac{18}{3} = -6, \quad x_2 = \frac{15}{3} = 5, \quad x_3 = \frac{9}{3} = 3, \quad x_4 = -\frac{9}{3} = -3,$$

esto es, $\boldsymbol{x} = (-6, 5, 3, -3)$.

4.25 Sea $\mathcal{A} \in \mathbb{R}^{(n,n)}$ una matriz no singular ($n \geq 2$). Demostrar que

$$\det \operatorname{Adj}(\mathcal{A}) = (\det \mathcal{A})^{n-1} .$$

Resolución. La fórmula (4.7), que permite calcular la inversa de $\mathcal{A}$ en términos de la matriz adjunta, puede escribirse como $\operatorname{Adj}(\mathcal{A}) = (\det \mathcal{A})\mathcal{A}^{-1}$. Multiplicando por $\mathcal{A}$ ambos miembros de esta igualdad se tiene que $\mathcal{A} \operatorname{Adj}(\mathcal{A}) = (\det \mathcal{A})\mathcal{I}_n$. Tomando determinantes, y usando las propiedades (ii) y (vii),

$$\det [\mathcal{A} \operatorname{Adj}(\mathcal{A})] = \det [(\det \mathcal{A})\mathcal{I}_n] \quad \Longrightarrow \quad \det \mathcal{A} \det \operatorname{Adj}(\mathcal{A}) = (\det \mathcal{A})^n \det \mathcal{I}_n = (\det \mathcal{A})^n .$$

Dado que $\mathcal{A}$ es invertible, $\det \mathcal{A} \neq 0$. Por tanto, podemos dividir ambos miembros de la anterior igualdad por $\det \mathcal{A}$ y obtener así el resultado.

Problemas Propuestos

4.1 Calcular los siguientes determinantes:

$$\det \begin{pmatrix} \cos\theta & \operatorname{sen}\theta \\ \operatorname{sen}\theta & \cos\theta \end{pmatrix}, \quad \det \begin{pmatrix} \cos\theta & \operatorname{sen}\theta \\ -\operatorname{sen}\theta & \cos\theta \end{pmatrix}, \quad \det \begin{pmatrix} e^{i\theta} & 1 \\ 1 & e^{-i\theta} \end{pmatrix}.$$

4.2 Sean $\alpha, \beta \in \mathbb{R}$ tales que $\alpha - \beta \in [-1, 1]$.

(a) Calcular el valor del ángulo θ para el que se verifica la siguiente igualdad:

$$\det \begin{pmatrix} \alpha + i\beta & 2\beta \\ \alpha & \alpha - i\beta \end{pmatrix} = \det \begin{pmatrix} \cos\theta - i \operatorname{sen}\theta & \cos\theta \\ \cos\theta & \cos\theta + i \operatorname{sen}\theta \end{pmatrix}.$$

(b) Determinar θ cuando $\alpha - \beta = \frac{\sqrt{2}}{2}$.

4.3 Determinar los valores del ángulo θ para los cuales se verifica la igualdad

$$\det \begin{pmatrix} \cos 4\theta & -\operatorname{sen} 2\theta \\ \operatorname{sen} 4\theta & \cos 2\theta \end{pmatrix} = 0.$$

4.4 Probar la veracidad o falsedad de la siguiente expresión:

$$\det \begin{pmatrix} \cos^2 2\alpha & \cos^2 \alpha & \sin^2 \alpha \\ \cos^2 2\beta & \cos^2 \beta & \sin^2 \beta \\ \cos^2 2\gamma & \cos^2 \gamma & \sin^2 \gamma \end{pmatrix} = 0, \quad \forall\, \alpha, \beta, \gamma \in \mathbb{R}.$$

4.5 Indique, justificando la respuesta, si la siguiente igualdad es verdadera o falsa:

$$\det \begin{pmatrix} \cos 2\alpha & \cos^2 \alpha & \sin^2 \alpha \\ \cos 2\beta & \cos^2 \beta & \sin^2 \beta \\ \cos 2\gamma & \cos^2 \gamma & \sin^2 \gamma \end{pmatrix} = 1, \quad \forall\, \alpha, \beta, \gamma \in \mathbb{R}.$$

4.6 Sean las matrices

$$\mathcal{A} = \begin{pmatrix} a & 1 \\ 1 & 1 \end{pmatrix}, \quad \mathcal{B} = \mathcal{I}_2 = \begin{pmatrix} 1 & 0 \\ 0 & 1 \end{pmatrix}, \quad \mathcal{C} = \sigma_1 = \begin{pmatrix} 0 & 1 \\ 1 & 0 \end{pmatrix} \quad \in \mathbb{R}^{(2,2)}\,.$$

(a) Hallar, si existen, los valores de $a \in \mathbb{R}$ para los cuales $\det(\mathcal{A} + \mathcal{B})^2 = \det \mathcal{A}^2 + \det \mathcal{B}^2$.

(b) Hallar, si existen, los valores de $a \in \mathbb{R}$ para los cuales $\det(\mathcal{A}\mathcal{C})^2 = \det \mathcal{A}^2 + \det \mathcal{C}^2$.

4.7 Probar que una matriz $\mathcal{A}$ de dimensión n es no singular si y sólo si su determinante es diferente de cero.

4.8 Indicar cuáles son los posibles valores que puede tener el determinante de una matriz $\mathcal{A} \in \mathbb{K}^{(n,n)}$ en cada uno de los siguientes casos:

(a) Si $\mathcal{A}$ es idempotente ($\mathcal{A}^2 = \mathcal{A}$).

(b) Si $\mathcal{A}$ es involutoria ($\mathcal{A}^2 = \mathcal{I}_n$).

(c) Si $\mathcal{A}$ es nilpotente de orden p ($\mathcal{A}^p = \mathcal{O}_{n,n}$, $p \in \mathbb{N}$).

(d) Si $\mathcal{A}$ es una matriz de Pascal (véase el problema propuesto 3.20).

4.9 Sean $\mathcal{A}, \mathcal{B} \in \mathbb{K}^{(n,n)}$ dos matrices no singulares que anticonmutan, es decir, tales que $\mathcal{A}\mathcal{B} = -\mathcal{B}\mathcal{A}$ (véase por ejemplo el problema propuesto 2.18). ¿Qué se puede decir sobre el tamaño de esas matrices?

4.10 Sea una matriz $\mathcal{A} \in \mathbb{K}^{(2,2)}$.

(a) Comprobar que el determinante de $\mathcal{A}$ puede escribirse como

$$\det \mathcal{A} = \frac{1}{2}\big((\operatorname{traza} \mathcal{A})^2 - \operatorname{traza}(\mathcal{A}^2)\big),$$

de manera que $\mathcal{A} \in \mathbb{K}^{(2,2)}$ es singular si y sólo si $\operatorname{traza}(\mathcal{A}^2) = (\operatorname{traza} \mathcal{A})^2$.

(b) Comprobar que si $\mathcal{A}$ es no singular su inversa puede escribirse en términos de la matriz identidad $\mathcal{I}_2$ y la propia matriz $\mathcal{A}$ como

$$\mathcal{A}^{-1} = \frac{1}{\det \mathcal{A}}\big((\operatorname{traza} \mathcal{A})\, \mathcal{I}_2 - \mathcal{A}\big),$$

y usar este resultado para expresar $\mathcal{A}^{-n}$ ($n \in \mathbb{N}$) en términos de $\mathcal{I}_2$ y las potencias enteras positivas de $\mathcal{A}$.

4.11 Sean $\mathcal{A}, \mathcal{B} \in \mathbb{K}^{(n,n)}$ y $\varepsilon \in \mathbb{K}$.

(a) Usando la definición 4.4, probar que el determinante de la matriz $\mathcal{I}_n + \varepsilon\mathcal{B}$ es un polinomio de grado n en ε, y que

$$\det(\mathcal{I}_n + \varepsilon\mathcal{B}) = 1 + \varepsilon(\operatorname{traza} \mathcal{B}) + O(\varepsilon^2)\,,$$

donde la notación $O(\varepsilon^2)$ representa un polinomio en ε que sólo contiene potencias de grado mayor o igual a 2.

(b) Probar que, más generalmente, si $\mathcal{A}$ es no singular

$$\det(\mathcal{A}+\varepsilon\mathcal{B}) = (\det\mathcal{A})\left(1+\varepsilon\left(\operatorname{traza}(\mathcal{A}^{-1}\mathcal{B})\right)+O(\varepsilon^2)\right).$$

4.12 Sea $\mathcal{A} \in \mathbb{R}^{(4,4)}$ una matriz no singular que se transforma en la matriz identidad $\mathcal{I}_4$ mediante la siguiente secuencia de operaciones elementales de filas: (1) a la segunda fila se le resta el doble de la primera, (2) a la tercera fila se le suma el triple de la primera, (3) a la cuarta fila se le suma 6 veces la primera, (4) la segunda fila se multiplica por -1, (5) a la cuarta fila se le resta el doble de la tercera, (6) la cuarta fila se divide por 2, (7) a la primera fila se le resta la cuarta, y (8) a la primera fila se le resta el triple de la segunda. Calcular el determinante de $\mathcal{A}$.

4.13 Sean $\mathcal{A}$ y $\mathcal{B}$ las matrices de dimensión n tales que $a_{i,j} = \min(i,j)$ y $b_{i,j} = \max(i,j)$, es decir,

$$\mathcal{A} = \begin{pmatrix} 1 & 1 & 1 & \cdots & 1 \\ 1 & 2 & 2 & \cdots & 2 \\ 1 & 2 & 3 & \cdots & 3 \\ \vdots & \vdots & \vdots & \ddots & \vdots \\ 1 & 2 & 2 & \cdots & n \end{pmatrix}, \qquad \mathcal{B} = \begin{pmatrix} 1 & 2 & 3 & \cdots & n \\ 2 & 2 & 3 & \cdots & n \\ 3 & 3 & 3 & \cdots & n \\ \vdots & \vdots & \vdots & \ddots & \vdots \\ n & n & n & \cdots & n \end{pmatrix}.$$

Demostrar que

$$(-1)^{n-1}\frac{\det\mathcal{B}}{\det\mathcal{A}} = n.$$

4.14 Calcule el determinante de las siguientes matrices de dimensión n:

$$\mathcal{A} = \begin{pmatrix} 2014 & 2014 & \cdots & 2014 \\ 2014 & 0 & \cdots & 2014 \\ \vdots & \vdots & \ddots & \vdots \\ 2014 & 2014 & \cdots & 0 \end{pmatrix}, \qquad \mathcal{B} = \begin{pmatrix} 3 & 4 & 0 & \cdots & 0 \\ 2 & 3 & 4 & \cdots & 0 \\ 0 & 2 & 3 & \cdots & 0 \\ \vdots & \vdots & \vdots & \ddots & \vdots \\ 0 & 0 & 0 & \cdots & 3 \end{pmatrix}.$$

4.15 Sea la matriz

$$\mathcal{A} = \begin{pmatrix} 1 & 1 & 1 & \cdots & 1 \\ 1 & 1 & 1 & \cdots & 2 \\ 1 & 1 & 1 & \cdots & 3 \\ \vdots & \vdots & \vdots & \ddots & \vdots \\ 1 & 2 & 3 & \cdots & n \end{pmatrix} \in \mathbb{R}^{(n,n)}.$$

¿Es el determinante de $\mathcal{A}$ distinto de cero? Indique qué propiedades o expresiones ha utilizado para dar su respuesta.

4.16 Discutir la veracidad o falsedad de la siguiente igualdad:

$$\det\begin{pmatrix} 0 & 1 & 1 & \cdots & 1 \\ 1 & a_{2,2} & 0 & \cdots & 0 \\ 1 & 0 & a_{3,3} & \cdots & 0 \\ \vdots & \vdots & \vdots & \ddots & \vdots \\ 1 & 0 & 0 & \cdots & a_{n,n} \end{pmatrix} = \prod_{i=2}^{n} a_{i,i} \sum_{i=2}^{n} \frac{1}{a_{i,i}}.$$

4.17 Como generalización del problema resuelto 4.6, consideramos una matriz tridiagonal arbitraria de dimensión $n \in \mathbb{N}$,

$$\mathcal{A}_n = \begin{pmatrix} a_1 & b_1 & 0 & \cdots & 0 \\ c_1 & a_2 & b_2 & \ddots & \vdots \\ 0 & c_2 & a_3 & \ddots & 0 \\ \vdots & \ddots & \ddots & \ddots & b_{n-1} \\ 0 & \cdots & 0 & c_{n-1} & a_n \end{pmatrix} \in \mathbb{K}^{(n,n)},$$

y denotamos $\det \mathcal{A}_n = \Delta_n$. Demostrar que estos determinantes satisfacen la relación de recurrencia

$$\Delta_n = a_n \Delta_{n-1} - b_{n-1} c_{n-1} \Delta_{n-2}, \quad n \geq 1,$$

con los valores iniciales $\Delta_0 = 1$ y $\Delta_{-1} = 0$.

4.18 Se denomina *matriz de Hilbert* de dimensión $n \in \mathbb{N}$ a la matriz $\mathcal{H}_n$ cuyas entradas son $(\mathcal{H}_n)_{i,j} = \frac{1}{i+j-1}$ $(1 \leq i, j \leq n)$. Esto es,

$$\mathcal{H}_n = \begin{pmatrix} 1 & \frac{1}{2} & \frac{1}{3} & \cdots & \frac{1}{n} \\ \frac{1}{2} & \frac{1}{3} & \frac{1}{4} & \cdots & \frac{1}{n+1} \\ \frac{1}{3} & \frac{1}{4} & \frac{1}{5} & \cdots & \frac{1}{n+2} \\ \vdots & \vdots & \vdots & \ddots & \vdots \\ \frac{1}{n} & \frac{1}{n+1} & \frac{1}{n+2} & \cdots & \frac{1}{2n-1} \end{pmatrix} \in \mathbb{R}^{(n,n)}.$$

(a) Probar que los determinantes de las matrices de Hilbert satisfacen la relación de recurrencia

$$\det \mathcal{H}_n = \frac{\left((n-1)!\right)^4}{(2n-1)!(2n-2)!} \det \mathcal{H}_{n-1}, \quad n \geq 2.$$

(b) Demostrar que el determinante de la matriz de Hilbert $\mathcal{H}_n$ viene dado por

$$\det \mathcal{H}_n = \frac{\left(\prod_{k=1}^{n-1} k!\right)^4}{\left(\prod_{k=1}^{2n-1} k!\right)},$$

y es siempre igual al inverso de un número entero positivo (es decir, $\frac{1}{\det \mathcal{H}_n} \in \mathbb{N}$, $\forall n \in \mathbb{N}$).

4.19 Sea la matriz por bloques

$$\mathcal{M} = \left(\begin{array}{c|c} \mathcal{A} & \mathcal{B} \\ \hline \mathcal{C} & \mathcal{D} \end{array} \right) \in \mathbb{K}^{(m+n,m+n)},$$

donde $\mathcal{A} \in \mathbb{K}^{(m,m)}$, $\mathcal{B} \in \mathbb{K}^{(m,n)}$, $\mathcal{C} \in \mathbb{K}^{(n,m)}$, $\mathcal{D} \in \mathbb{K}^{(n,n)}$. Usando las factorizaciones de $\mathcal{M}$ dadas en el problema propuesto 2.14, demostrar los siguientes resultados:

(a) Si $\mathcal{A}$ es no singular, entonces $\det \mathcal{M} = \det \mathcal{A} \det(\mathcal{M}/\mathcal{A})$, donde $\mathcal{M}/\mathcal{A} = \mathcal{D} - \mathcal{C}\mathcal{A}^{-1}\mathcal{B}$ es el complemento de Schur de $\mathcal{A}$ en $\mathcal{M}$.

(b) Si $\mathcal{D}$ es no singular, entonces $\det \mathcal{M} = \det \mathcal{D} \det(\mathcal{M}/\mathcal{D})$, donde $\mathcal{M}/\mathcal{D} = \mathcal{A} - \mathcal{B}\mathcal{D}^{-1}\mathcal{C}$ es el complemento de Schur de $\mathcal{D}$ en $\mathcal{M}$.

4.20 Dadas las matrices $\mathcal{A} \in \mathbb{K}^{(m,n)}$ y $\mathcal{B} \in \mathbb{K}^{(n,m)}$, construimos la matriz por bloques

$$\mathcal{M} = \left(\begin{array}{c|c} \mathcal{I}_m & -\mathcal{A} \\ \hline \mathcal{B} & \mathcal{I}_n \end{array}\right) \in \mathbb{K}^{(m+n,m+n)}.$$

Usando los resultados enunciados en el problema propuesto anterior, probar el denominado *teorema del determinante de Sylvester*,

$$\det\left(\mathcal{I}_m + \mathcal{A}\mathcal{B}\right) = \det\left(\mathcal{I}_n + \mathcal{B}\mathcal{A}\right).$$

4.21 Dadas $\mathcal{A}, \mathcal{B}, \mathcal{C}, \mathcal{D} \in \mathbb{R}^{(n,n)}$ tales que $\det \mathcal{D} \neq 0$ y $\mathcal{C}\mathcal{D} = \mathcal{D}\mathcal{C}$, construimos la matriz por bloques

$$\mathcal{M} = \left(\begin{array}{c|c} \mathcal{A} & \mathcal{B} \\ \hline \mathcal{C} & \mathcal{D} \end{array}\right) \in \mathbb{R}^{(2n,2n)}.$$

(a) Demostrar que $\det \mathcal{M} = \det(\mathcal{A}\mathcal{D} - \mathcal{B}\mathcal{C})$.

(b) Demostrar que la anterior igualdad sigue siendo válida si se elimina del enunciado la restricción $\det \mathcal{D} \neq 0$.

4.22 Sea el sistema lineal $\mathcal{A}\boldsymbol{x} = \boldsymbol{b}$, donde

$$\mathcal{A} = \begin{pmatrix} 0 & 1 & 1 \\ 2 & 2 & 0 \\ 1 & 0 & 0 \end{pmatrix}, \quad \boldsymbol{x} = \begin{pmatrix} x_1 \\ x_2 \\ x_3 \end{pmatrix}, \quad \boldsymbol{b} = \begin{pmatrix} 1 \\ 10 \\ 6 \end{pmatrix}.$$

(a) Comprobar, utilizando la regla de Cramer, que la solución del sistema es $\boldsymbol{x} = (6, -1, 2)$.

(b) Calcular la inversa de $\mathcal{A}$ mediante la matriz adjunta.

4.23 Sea el sistema lineal $\mathcal{A}\boldsymbol{x} = \boldsymbol{b}$, donde

$$\mathcal{A} = \begin{pmatrix} -3 & 2 & 0 \\ -2 & 1 & 0 \\ 1 & -2 & 1 \end{pmatrix}, \quad \boldsymbol{x} = \begin{pmatrix} x_1 \\ x_2 \\ x_3 \end{pmatrix}, \quad \boldsymbol{b} = \begin{pmatrix} 2 \\ 1 \\ 5 \end{pmatrix}$$

(a) Comprobar, utilizando la regla de Cramer, que la solución del sistema es $\boldsymbol{x} = (0, 1, 7)$.

(b) Calcular la inversa de $\mathcal{A}$ mediante la matriz adjunta.

4.24 Sea el sistema lineal $\mathcal{A}\boldsymbol{x} = \boldsymbol{b}$, donde

$$\mathcal{A} = \begin{pmatrix} -3 & 1 & 2 & 1 \\ -1 & -3 & 0 & 0 \\ 2 & -1 & -1 & 0 \\ 2 & 2 & -1 & -1 \end{pmatrix}, \quad \boldsymbol{x} = \begin{pmatrix} x_1 \\ x_2 \\ x_3 \\ x_4 \end{pmatrix}, \quad \boldsymbol{b} = \begin{pmatrix} -2 \\ -1 \\ 2 \\ 3 \end{pmatrix}.$$

(a) Comprobar, utilizando la regla de Cramer, que la solución del sistema es $\boldsymbol{x} = (7, -2, 14, -7)$.

(b) Calcular la inversa de $\mathcal{A}$ mediante la matriz adjunta.

(c) ¿Es el vector $\boldsymbol{x} = (-14, 5, -35, 24)$ solución del sistema anterior con $\boldsymbol{b} = (1, -1, 2, -7)$?

4.25 Sea $\mathcal{A} \in \mathbb{R}^{(n,n)}$ una matriz no singular ($n \geq 2$). Demostrar que

$$\operatorname{Adj}[\operatorname{Adj}(\mathcal{A})] = (\det \mathcal{A})^{n-2}\mathcal{A}, \quad \det(\operatorname{Adj}[\operatorname{Adj}(\mathcal{A})]) = (\det \mathcal{A})^{(n-1)^2}.$$

Capítulo 5

Espacios vectoriales

En este capítulo estudiaremos, desde una perspectiva general, las propiedades del conjunto de las matrices rectangulares $\mathbb{K}^{(m,n)}$ respecto a las operaciones suma (interna) y producto por un elemento de $\mathbb{K}$ (externa).

■ DEFINICIÓN 5.1 Sean $\mathbb{E}$ un conjunto de elementos que denominaremos vectores y $\mathbb{K}$ un cuerpo (que a lo largo del texto será $\mathbb{R}$ o $\mathbb{C}$). Diremos que el par ordenado $(\mathbb{E}, \mathbb{K})$ es un espacio vectorial si:

1. Existe una operación interna (que denotaremos con el signo "+") en $\mathbb{E}$, esto es, una aplicación que asocia a cada par de elementos $\boldsymbol{v}, \boldsymbol{w} \in \mathbb{E}$ un elemento $\boldsymbol{v} + \boldsymbol{w} \in \mathbb{E}$, tal que

   1.1. $\boldsymbol{v} + \boldsymbol{w} = \boldsymbol{w} + \boldsymbol{v}, \quad \forall\, \boldsymbol{v}, \boldsymbol{w} \in \mathbb{E}$ *(conmutatividad).*

   1.2. $(\boldsymbol{v} + \boldsymbol{w}) + \boldsymbol{z} = \boldsymbol{v} + (\boldsymbol{w} + \boldsymbol{z}), \quad \forall\, \boldsymbol{v}, \boldsymbol{w}, \boldsymbol{z} \in \mathbb{E}$ *(asociatividad).*

   1.3. *Existencia del elemento nulo.* Existe un elemento de $\mathbb{E}$, que denotaremos por $\mathbf{0}_{\mathbb{E}}$, tal que
   $$\mathbf{0}_{\mathbb{E}} + \boldsymbol{v} = \boldsymbol{v} + \mathbf{0}_{\mathbb{E}} = \boldsymbol{v}, \quad \forall\, \boldsymbol{v} \in \mathbb{E}.$$

   1.4. *Existencia del elemento inverso.* Para cada elemento $\boldsymbol{v} \in \mathbb{E}$, existe un elemento de $\mathbb{E}$, que denotaremos por $-\boldsymbol{v}$, tal que:
   $$(-\boldsymbol{v}) + \boldsymbol{v} = \boldsymbol{v} + (-\boldsymbol{v}) = \mathbf{0}_{\mathbb{E}}.$$

2. Existe una operación externa (que denotaremos con el signo "$\cdot$") en $\mathbb{E}$, esto es, una aplicación que asocia a cada $\lambda \in \mathbb{K}$ y $\boldsymbol{v} \in \mathbb{E}$ un elemento $\lambda\boldsymbol{v} \in \mathbb{E}$, tal que:

   2.1. $\lambda \cdot (\boldsymbol{v} + \boldsymbol{w}) = \lambda \cdot \boldsymbol{v} + \lambda \cdot \boldsymbol{w}, \quad \forall\, \lambda \in \mathbb{K}, \quad \forall\, \boldsymbol{v}, \boldsymbol{w} \in \mathbb{E}.$

   2.2. $(\lambda + \mu) \cdot \boldsymbol{v} = \lambda \cdot \boldsymbol{v} + \mu \cdot \boldsymbol{v}, \quad \forall\, \lambda, \mu \in \mathbb{K}, \quad \forall\, \boldsymbol{v} \in \mathbb{E}.$

   2.3. $\lambda \cdot (\mu \cdot \boldsymbol{v}) = (\lambda\mu) \cdot \boldsymbol{v}, \quad \forall\, \lambda, \mu \in \mathbb{K}, \quad \forall\, \boldsymbol{v} \in \mathbb{E}.$

   2.4. $1_{\mathbb{K}} \cdot \boldsymbol{v} = \boldsymbol{v}, \quad \forall\, \boldsymbol{v} \in \mathbb{E}$, donde $1_{\mathbb{K}}$ denota el elemento unidad para la multiplicación en el cuerpo $\mathbb{K}$, esto es, $1_{\mathbb{K}}\lambda = \lambda$, $\forall\, \lambda \in \mathbb{K}$.

✎ Para simplificar la notación, el par ordenado $(\mathbb{E}, \mathbb{K})$ se denota simplemente por $\mathbb{E}$, y se dice que $\mathbb{E}$ es un espacio vectorial sobre el cuerpo $\mathbb{K}$. El término *espacio lineal* se usa con frecuencia como sinónimo de espacio vectorial.

■ EJEMPLO 5.1 Los siguientes conjuntos constituyen espacios vectoriales:

(a) El conjunto formado por las n-uplas de números reales, $\mathbb{R}^n$, es un espacio vectorial sobre el cuerpo $\mathbb{R}$ con:

$$(x_1, x_2, \dots, x_n) + (y_1, y_2, \dots, y_n) = (x_1 + y_1, x_2 + y_2, \dots, x_n + y_n), \tag{5.1}$$
$$\lambda(x_1, x_2, \dots, x_n) = (\lambda x_1, \lambda x_2, \dots, \lambda x_n). \tag{5.2}$$

Obsérvese que, en este ejemplo, las bien conocidas propiedades de la suma y la multiplicación de numeros reales nos permiten verificar de inmediato que se cumplen los axiomas de la definición de espacio vectorial. En efecto, si $\boldsymbol{x}$, $\boldsymbol{y}$ y $\boldsymbol{z}$ son vectores de $\mathbb{R}^n$, entonces

1.1. $\boldsymbol{x} + \boldsymbol{y} = \boldsymbol{y} + \boldsymbol{x}$.

1.2. $(\boldsymbol{x} + \boldsymbol{y}) + \boldsymbol{z} = \boldsymbol{x} + (\boldsymbol{y} + \boldsymbol{z})$.

1.3. $\boldsymbol{x} + \boldsymbol{0}_n = \boldsymbol{0}_n + \boldsymbol{x} = \boldsymbol{x}, \quad \boldsymbol{0}_n = (0, 0, \dots, 0)$.

1.4. $\boldsymbol{x} + (-\boldsymbol{x}) = (-\boldsymbol{x}) + \boldsymbol{x} = \boldsymbol{0}_n$, donde si $\boldsymbol{x} = (x_1, x_2, \dots, x_n)$, $-\boldsymbol{x} = (-x_1, -x_2, \dots, -x_n)$.

2.1. $\alpha(\boldsymbol{x} + \boldsymbol{y}) = \alpha\boldsymbol{x} + \alpha\boldsymbol{y}$.

2.2. $(\alpha + \beta)\boldsymbol{x} = \alpha\boldsymbol{x} + \beta\boldsymbol{x}$.

2.3. $\alpha(\beta\boldsymbol{x}) = (\alpha\beta)\boldsymbol{x}$.

2.4. $1\,\boldsymbol{x} = \boldsymbol{x}$.

(b) Análogamente, el conjunto formado por las n-uplas de números complejos, $\mathbb{C}^n$, es un espacio vectorial sobre el cuerpo $\mathbb{C}$, y también sobre el cuerpo $\mathbb{R}$, con las operaciones (5.1) y (5.2). Nótese que, por el contrario, $\mathbb{R}^n$ no es un espacio vectorial sobre el cuerpo $\mathbb{C}$.

(c) El conjunto de las matrices rectangulares $\mathbb{K}^{(m,n)}$, con $\mathbb{K}$ igual a $\mathbb{R}$ o $\mathbb{C}$, es un espacio vectorial sobre el cuerpo $\mathbb{K}$ respecto a las operaciones suma y producto por un elemento de $\mathbb{K}$ definidas en el capítulo 2. Análogamente al caso anterior, $\mathbb{C}^{(m,n)}$ es un espacio vectorial sobre $\mathbb{C}$ y también sobre $\mathbb{R}$, mientras que, por el contrario, $\mathbb{R}^{(m,n)}$ no es un espacio vectorial sobre $\mathbb{C}$.

✎ De ahora en adelante identificaremos $\mathbb{K}^{(n,1)}$ con $\mathbb{K}^n$, siendo $\mathbb{K}$ igual a $\mathbb{R}$ o $\mathbb{C}$.

(d) El conjunto $\mathbb{P}$ de los polinomios con coeficientes en un cuerpo $\mathbb{K}$ es un espacio vectorial sobre $\mathbb{K}$ respecto a la suma y al producto por un escalar definidos como sigue. Si

$$p(t) = a_n t^n + a_{n-1} t^{n-1} + \dots + a_1 t + a_0, \quad q(t) = b_m t^m + b_{m-1} t^{m-1} + \dots + b_1 t + b_0,$$

entonces,

$$p(t) + q(t) = \begin{cases} a_n t^n + \dots + a_{m+1} t^{m+1} + (a_m + b_m) t^m + \dots + (a_0 + b_0), & \text{si } n > m, \\ (a_n + b_n) t^n + (a_{n-1} + b_{n-1}) t^{n-1} + \dots + (a_0 + b_0), & \text{si } n = m, \\ b_m t^m + \dots + b_{n+1} t^{n+1} + (a_n + b_n) t^n + \dots + (a_0 + b_0), & \text{si } n < m, \end{cases}$$
$$\lambda p(t) = \lambda a_n t^n + \lambda a_{n-1} t^{n-1} + \dots + \lambda a_1 t + \lambda a_0.$$

En este caso, los axiomas de la definición de espacio vectorial se verifican observando que, si $p(t)$, $q(t)$ y $r(t)$ son polinomios de $\mathbb{P}$, entonces

1.1. $p(t) + q(t) = q(t) + p(t)$.

1.2. $\big(p(t) + q(t)\big) + r(t) = p(t) + \big(q(t) + r(t)\big)$.

1.3. $p(t) + \boldsymbol{0}_{\mathbb{P}} = \boldsymbol{0}_{\mathbb{P}} + p(t) = p(t), \quad \boldsymbol{0}_{\mathbb{P}} = 0t^n + 0t^{n-1} + \dots + 0t + 0, \quad \forall\, n \in \mathbb{N}$.

1.4. $p(t) + (-p(t)) = (-p(t)) + p(t) = \boldsymbol{0}_{\mathbb{P}}$, donde si $p(t) = a_n t^n + a_{n-1} t^{n-1} + \dots + a_1 t + a_0$, $-p(t) = -a_n t^n - a_{n-1} t^{n-1} - \dots - a_1 t - a_0$.

2.1. $\alpha\big(p(t) + q(t)\big) = \alpha p(t) + \alpha q(t)$.

2.2. $(\alpha + \beta)p(t) = \alpha p(t) + \beta p(t)$.

2.3. $\alpha\big(\beta p(t)\big) = (\alpha\beta)p(t)$.

2.4. $1\,p(t) = p(t)$.

A continuación, de la definición de espacio vectorial extraemos unas sencillas consecuencias cuya demostración omitimos.

■ PROPOSICIÓN 5.1

(i) $0_{\mathbb{K}}\boldsymbol{v} = \mathbf{0}_{\mathbb{E}}$, $\forall\ \boldsymbol{v} \in \mathbb{E}$.

(ii) $\lambda\mathbf{0}_{\mathbb{E}} = \mathbf{0}_{\mathbb{E}}$, $\forall\ \lambda \in \mathbb{K}$.

(iii) $\lambda\boldsymbol{v} = \mathbf{0}_{\mathbb{E}}$, si y sólo si $\lambda = 0_{\mathbb{K}}$ o $\boldsymbol{v} = \mathbf{0}_{\mathbb{E}}$.

(iv) $(-\lambda)\boldsymbol{v} = -(\lambda\boldsymbol{v})$.

Nuestro siguiente centro de interés reside en analizar cuándo un subconjunto $\mathbb{A}$ de un espacio vectorial $\mathbb{E}$ sobre un cuerpo $\mathbb{K}$ "hereda" la estructura vectorial de $\mathbb{E}$.

■ PROPOSICIÓN 5.2 $\mathbb{A} \subset \mathbb{E}$ es un subespacio vectorial de $\mathbb{E}$ si y sólo si $\forall\ \boldsymbol{a}, \boldsymbol{b} \in \mathbb{A}$, $\forall\ \lambda, \mu \in \mathbb{K}$, $\lambda\boldsymbol{a} + \mu\boldsymbol{b} \in \mathbb{A}$.

■ EJEMPLO 5.2 Como ejemplos de subespacios vectoriales respecto a los espacios vectoriales mencionados anteriormente se tienen:

(a) $\mathbb{A} = \{(x_1, x_2, \ldots, x_{n-1}, 0) \ :\ x_i \in \mathbb{R}, \quad i = 1, 2, \ldots, n-1\}$.

(b) $\mathbb{A} = \{(x_1, x_2, \ldots, x_n) \ :\ x_i \in \mathbb{C}, \quad i = 1, 2, \ldots, n, \quad x_1 + x_2 + \cdots + x_n = 0\}$.

(c) $\mathbb{A} = \big\{\mathcal{M} \in \mathbb{K}^{(n,n)} \ :\ \mathcal{M} = \mathcal{M}^{\mathrm{T}}\big\}$. Los elementos de $\mathbb{A}$ se denominan *matrices simétricas*.

(d) $\mathbb{A} = \big\{a_n t^n + a_{n-1}t^{n-1} + \cdots + a_0,\ a_i \in \mathbb{K}\big\}$. Este conjunto lo denotaremos mediante $\mathbb{P}_n$.

(e) $\mathbb{A} = \{\mathbf{0}_{\mathbb{E}}\}$ es un subespacio vectorial de $\mathbb{E}$. Este subespacio y el propio $\mathbb{E}$ son los llamados *subespacios triviales* de $\mathbb{E}$.

■ DEFINICIÓN 5.2 Sean $\mathbb{A}$ y $\mathbb{B}$ subespacios vectoriales de $\mathbb{E}$. Llamaremos suma de $\mathbb{A}$ y $\mathbb{B}$, denotándose mediante $\mathbb{A} + \mathbb{B}$, al conjunto de vectores de $\mathbb{E}$ de la forma $\boldsymbol{a} + \boldsymbol{b}$ con $\boldsymbol{a} \in \mathbb{A}$ y $\boldsymbol{b} \in \mathbb{B}$.

■ DEFINICIÓN 5.3 Sean $\boldsymbol{v}_1, \boldsymbol{v}_2, \ldots, \boldsymbol{v}_n \in \mathbb{E}$ y $\lambda_1, \lambda_2, \ldots, \lambda_n \in \mathbb{K}$. El vector

$$\boldsymbol{v} = \lambda_1\boldsymbol{v}_1 + \lambda_2\boldsymbol{v}_2 + \cdots + \lambda_n\boldsymbol{v}_n \in \mathbb{E}$$

se denomina combinación lineal de los vectores $\boldsymbol{v}_1, \boldsymbol{v}_2, \ldots, \boldsymbol{v}_n$ con coeficientes $\lambda_1, \lambda_2, \ldots, \lambda_n$.

✎ Nótese que la proposición 5.2 puede enunciarse de manera equivalente como sigue: $\mathbb{A} \subset \mathbb{E}$ es un subespacio vectorial de $\mathbb{E}$ si y sólo si toda combinación lineal de dos vectores arbitrarios de $\mathbb{A}$ pertenece también a $\mathbb{A}$.

■ DEFINICIÓN 5.4 Dada una familia no vacía de vectores $\mathbb{A}_1 \subset \mathbb{E}$, se denomina clausura lineal de $\mathbb{A}_1$ al conjunto

$$L[\mathbb{A}_1] = \left\{ \sum_{\boldsymbol{a}_k \in \mathbb{B}} \lambda_k \boldsymbol{a}_k, \quad \text{para todo } \mathbb{B} \text{ subconjunto finito de } \mathbb{A}_1 \text{ y } \lambda_k \in \mathbb{K} \right\}.$$

✎ Nótese que $\mathbb{A}_1 \subset L[\mathbb{A}_1]$.

■ PROPOSICIÓN 5.3

(i) $L[\mathbb{A}_1]$ es un subespacio vectorial de $\mathbb{E}$.

(ii) Si $\mathbb{A}$ es un subespacio vectorial que contiene a $\mathbb{A}_1$, entonces $L[\mathbb{A}_1] \subset \mathbb{A}$. Esto es, la clausura lineal de un conjunto es el mínimo subespacio vectorial que contiene a dicho conjunto.

■ DEFINICIÓN 5.5 Sea $\mathbb{A}$ un subespacio vectorial de $\mathbb{E}$. La familia no vacía de vectores $\mathbb{A}_1 \subset \mathbb{A}$ se denomina sistema generador de $\mathbb{A}$ si $L[\mathbb{A}_1] \supset \mathbb{A}$, es decir, si para todo $\boldsymbol{a} \in \mathbb{A}$ se tiene que $\boldsymbol{a} \in L[\mathbb{A}_1]$.

✎ Obsérvese que, por la proposición 5.3 (ii), la condición $\mathbb{A}_1 \supset L[\mathbb{A}_1]$ equivale a $\mathbb{A}_1 = L[\mathbb{A}_1]$.

■ DEFINICIÓN 5.6 Una familia no vacía de vectores no nulos $\mathbb{A}_1 \subset \mathbb{E}$ se dice linealmente independiente si la condición $\sum_{\boldsymbol{a}_i \in \mathbb{B}} \lambda_i \boldsymbol{a}_i = \mathbf{0}_{\mathbb{E}}$, donde la suma se realiza sobre elementos de todo subconjunto finito $\mathbb{B} \subset \mathbb{A}_1$, implica que todos los $\lambda_i = 0_{\mathbb{K}}$. En caso contrario, se dice que la familia es linealmente dependiente.

✎ Obsérvese que, si $\mathbb{A}_1 = \{\boldsymbol{a}\}$ con $\boldsymbol{a} \neq \mathbf{0}_{\mathbb{E}}$, entonces $\mathbb{A}_1$ es linealmente independiente.

■ EJEMPLO 5.3

(a) Los vectores de $\mathbb{R}^2$

$$\boldsymbol{v}_1 = (2, 1), \quad \boldsymbol{v}_2 = (1, -1),$$

son linealmente independientes. En efecto, la ecuación vectorial $\lambda_1(2, 1) + \lambda_2(1, -1) = (0, 0)$ equivale al sistema de ecuaciones lineales

$$\begin{cases} 2\lambda_1 + \lambda_2 = 0, \\ \lambda_1 - \lambda_2 = 0, \end{cases}$$

que tiene como única solución $\lambda_1 = 0, \lambda_2 = 0$.

(b) La familia de polinomios

$$\mathbb{A} = \{2t + 1,\ t - 1\}$$

es una familia linealmente independiente en $\mathbb{P}_1$. En efecto, igualando términos del mismo grado en la ecuación $\lambda_1(2t + 1) + \lambda_2(t - 1) = 0$ vemos que ésta equivale al mismo sistema de ecuaciones lineales de (a).

■ DEFINICIÓN 5.7 Diremos que un sistema generador $\mathbb{A}_1$ de un espacio vectorial $\mathbb{E}$ es una base de $\mathbb{E}$ cuando es linealmente independiente.

■ PROPOSICIÓN 5.4 Los siguientes enunciados son equivalentes:

(i) $\mathbb{A}_1 \subset \mathbb{E}$ es una base.

(ii) $\mathbb{A}_1 \subset \mathbb{E}$ es un sistema generador minimal, esto es, al eliminar un elemento de $\mathbb{A}_1$ el conjunto resultante deja de ser generador de $\mathbb{E}$.

(iii) $\mathbb{A}_1 \subset \mathbb{E}$ es linealmente independiente y maximal, esto es, no existe $\boldsymbol{a} \in \mathbb{E} \setminus \mathbb{A}_1$ tal que $\mathbb{A}_1 \cup \{\boldsymbol{a}\}$ sea linealmente independiente.

✎ De esta forma, una base de un espacio vectorial se puede obtener eliminando en un sistema generador aquellos vectores que resultan *innecesarios*, esto es, que no aportan ninguna contribución al sistema generador. Dualmente, una base de este espacio vectorial se puede obtener añadiendo vectores *necesarios* a una familia linealmente independiente de manera que conserve dicho carácter.

■ EJEMPLO 5.4

(a) Los vectores $\left\{ \underset{\text{posición } i\text{-ésima}}{\boldsymbol{e}_i = (0,0,\ldots,0,\boxed{1},0,\ldots,0)} \in \mathbb{R}^n, \quad i=1,\ldots,n \right\}$ constituyen una base de $\mathbb{R}^n$, conocida como la *base canónica de* $\mathbb{R}^n$.

(b) La familia $\{1, t, \ldots, t^n, \ldots\}$, que se suele representar mediante $\{t^k\}_{k=0}^{\infty}$, constituye una base del espacio vectorial $\mathbb{P}$ de los polinomios con coeficientes reales. Análogamente, la familia $\{t^k\}_{k=0}^{n}$ constituye una base del espacio vectorial $\mathbb{P}_n$ de los polinomios de grado a lo más n con coeficientes reales. Estas bases se conocen como las *bases canónicas de* $\mathbb{P}$ *y* $\mathbb{P}_n$, respectivamente.

(c) Las matrices

$$\mathcal{A}_1 = \begin{pmatrix} 1 & 0 \\ 0 & 0 \end{pmatrix}, \quad \mathcal{A}_2 = \begin{pmatrix} 0 & 1 \\ 1 & 0 \end{pmatrix} \quad \text{y} \quad \mathcal{A}_3 = \begin{pmatrix} 0 & 0 \\ 0 & 1 \end{pmatrix}$$

constituyen una base del subespacio vectorial de las matrices simétricas de $\mathbb{R}^{(2,2)}$.

(d) Los vectores de $\mathbb{R}^2$ y los polinomios de $\mathbb{P}_1$ considerados en el ejemplo 5.3 constituyen una base de los espacios $\mathbb{R}^2$ y $\mathbb{P}_1$, respectivamente.

■ DEFINICIÓN 5.8 Si un espacio vectorial es tal que toda base tiene un número finito de vectores, entonces se dice que es de tipo finito o de dimensión finita.

■ PROPOSICIÓN 5.5 Si $\mathbb{A}_1$, $\mathbb{B}_1$ son bases de un espacio vectorial $\mathbb{E}$ de tipo finito, entonces $\#\mathbb{A}_1 = \#\mathbb{B}_1$, donde $\#\mathbb{A}$ denota el cardinal (número de elementos) del conjunto $\mathbb{A}$.

■ DEFINICIÓN 5.9 El número de vectores de una base arbitraria $\mathbb{A}$ de $\mathbb{E}$ se denomina dimensión de $\mathbb{E}$ y lo denotaremos por $\dim \mathbb{E} = \#\mathbb{A}$.

✎ Por convenio, se adopta que la dimensión del subespacio vectorial $\mathbb{A} = \{\mathbf{0}_{\mathbb{E}}\}$ es igual a 0.

■ EJEMPLO 5.5 $\dim \mathbb{R}^n = n$, $\dim \mathbb{P}_n = n+1$ (ver ejemplo 5.4 (a) y (b), respectivamente), $\dim \mathbb{R}^{(m,n)} = mn$.

■ PROPOSICIÓN 5.6 Si $\mathbb{A}$ es un subespacio de $\mathbb{E}$, con $\dim \mathbb{E} = n$, entonces $\dim \mathbb{A} \leq n$.

✎ De la proposición anterior se sigue que, dada una base $\mathbb{A}_1$ de un subespacio vectorial $\mathbb{A} \subset \mathbb{E}$, se puede completar mediante una familia de vectores $\mathbb{B}_1$ linealmente independientes de modo que $\mathbb{A}_1 \cup \mathbb{B}_1$ es una base del espacio vectorial $\mathbb{E}$. Si denotamos $\mathbb{B} = L[\mathbb{B}_1]$, se tiene que $\mathbb{A} + \mathbb{B} = \mathbb{E}$ y $\mathbb{A} \cap \mathbb{B} = \{\mathbf{0}_{\mathbb{E}}\}$.

■ DEFINICIÓN 5.10 Sean $\mathbb{A}, \mathbb{B}$ subespacios vectoriales de $\mathbb{E}$ tales que $\mathbb{A} + \mathbb{B} = \mathbb{E}$ y $\mathbb{A} \cap \mathbb{B} = \{\mathbf{0}_{\mathbb{E}}\}$. El subespacio $\mathbb{B}$ se denomina subespacio suplementario de $\mathbb{A}$ respecto a $\mathbb{E}$ y se dice que $\mathbb{E}$ es una suma directa de los espacios $\mathbb{A}$ y $\mathbb{B}$, denotándose $\mathbb{E} = \mathbb{A} \oplus \mathbb{B}$. Si $\mathbb{B} = L[\{\boldsymbol{a}\}]$ y $\mathbb{A}$ es un subespacio suplementario de $\mathbb{B}$, $\mathbb{A}$ se denomina hiperplano.

■ EJEMPLO 5.6 Los subespacios

$$\mathbb{A} = \{(x_1, x_2, \ldots, x_{n-1}, 0) \ : \ x_i \in \mathbb{R}, \quad i = 1, \ldots, n-1\}, \quad \mathbb{B} = \{(0, 0, \ldots, 0, x_n) \ : \ x_n \in \mathbb{R}\},$$

son suplementarios en $\mathbb{R}^n$. Por tanto, $\mathbb{R}^n = \mathbb{A} \oplus \mathbb{B}$. Dado que $\mathbb{B} = L[\{\boldsymbol{e}_n\}]$, $\mathbb{A}$ es un hiperplano.

■ Definición 5.11 Si en el espacio vectorial $\mathbb{E}$ de dimensión n fijamos una base $\mathbb{A} = \{\boldsymbol{b}_1, \ldots, \boldsymbol{b}_n\}$, todo vector $\boldsymbol{v} \in \mathbb{E}$ se puede representar en la forma

$$\boldsymbol{v} = x_1\boldsymbol{b}_1 + x_2\boldsymbol{b}_2 + \cdots + x_n\boldsymbol{b}_n. \tag{5.3}$$

La n-upla $(x_1, x_2, \ldots, x_n) \in \mathbb{K}^n$ se denomina representación coordenada del vector $\boldsymbol{v}$ respecto a la base $\mathbb{A}$. Las entradas $x_1, x_2, \ldots, x_n$ se dice que son las coordenadas de $\boldsymbol{v}$ en la base $\mathbb{A}$.

■ Proposición 5.7 $\forall\, \boldsymbol{v} \in \mathbb{E}$, la representación coordenada (5.3) es única.

Si $\mathbb{A}' = \{\boldsymbol{b}'_1, \boldsymbol{b}'_2, \ldots, \boldsymbol{b}'_n\}$ es otra base de $\mathbb{E}$, el vector $\boldsymbol{v} \in \mathbb{E}$ se representa de manera única como

$$\boldsymbol{v} = y_1\boldsymbol{b}'_1 + y_2\boldsymbol{b}'_2 + \cdots + y_n\boldsymbol{b}'_n.$$

Una pregunta natural es determinar qué relación existe entre las coordenadas $(x_1,\, x_2,\, \ldots,\, x_n)$ e $(y_1,\, y_2,\, \ldots,\, y_n)$. La notación matricial introducida en el capítulo 2 va a facilitar sobremanera la representación de dicha relación. En efecto, dado que $\boldsymbol{b}_i = \sum_{j=1}^{n} \lambda_{j,i}\boldsymbol{b}'_j$ (puesto que $\mathbb{A}'$ es base de $\mathbb{E}$),

$$\begin{aligned}\boldsymbol{v} &= x_1\sum_{j=1}^{n}\lambda_{j,1}\boldsymbol{b}'_j + x_2\sum_{j=1}^{n}\lambda_{j,2}\boldsymbol{b}'_j + \cdots + x_n\sum_{j=1}^{n}\lambda_{j,n}\boldsymbol{b}'_j \\ &= \left(\sum_{j=1}^{n}\lambda_{1,j}x_j\right)\boldsymbol{b}'_1 + \left(\sum_{j=1}^{n}\lambda_{2,j}x_j\right)\boldsymbol{b}'_2 + \cdots + \left(\sum_{j=1}^{n}\lambda_{n,j}x_j\right)\boldsymbol{b}'_j.\end{aligned}$$

De esta forma,

$$y_1 = \sum_{j=1}^{n}\lambda_{1,j}x_j, \quad \ldots, \quad y_n = \sum_{j=1}^{n}\lambda_{n,j}x_j,$$

que en notación matricial se escribe

$$\begin{pmatrix} y_1 \\ y_2 \\ \vdots \\ y_n \end{pmatrix} = \begin{pmatrix} \lambda_{1,1} & \ldots & \lambda_{1,n} \\ \lambda_{2,1} & \ldots & \lambda_{2,n} \\ \vdots & \ddots & \vdots \\ \lambda_{n,1} & \ldots & \lambda_{n,n} \end{pmatrix}\begin{pmatrix} x_1 \\ x_2 \\ \vdots \\ x_n \end{pmatrix},$$

esto es,

$$\mathcal{Y} = \mathcal{P}\mathcal{X}. \tag{5.4}$$

■ Definición 5.12 $\mathcal{P}$ se denomina matriz de cambio de la base $\mathbb{A}$ a la base $\mathbb{A}'$. Usualmente, esta matriz se denota por $\mathcal{P}_{\mathbb{A}\to\mathbb{A}'}$.

Dado que $\boldsymbol{b}'_i = \sum_{j=1}^{n}\mu_{j,i}\boldsymbol{b}_j$, repitiendo el argumento precedente obtenemos

$$\mathcal{X} = \mathcal{Q}\mathcal{Y}, \tag{5.5}$$

donde $\mathcal{Q} = \mathcal{P}_{\mathbb{A}'\to\mathbb{A}}$ es la matriz de cambio de base de la base $\mathbb{A}'$ a la base $\mathbb{A}$. De esta forma, $\mathcal{Y} = \mathcal{P}\mathcal{Q}\mathcal{Y}$, y, por tanto, $\mathcal{P}\mathcal{Q} = \mathcal{I}_n$. Vemos así que las matrices de cambio de base $\mathcal{P} = \mathcal{P}_{\mathbb{A}\to\mathbb{A}'}$ y $\mathcal{Q} = \mathcal{P}_{\mathbb{A}'\to\mathbb{A}}$ son inversas una de la otra, esto es, son no singulares.

✎ Nótese que las columnas de la matriz $\mathcal{P}_{\mathbb{A}\to\mathbb{A}'}$ son las coordenadas de los vectores de la base $\mathbb{A}$ escritas en la base $\mathbb{A}'$. De la misma manera, las columnas de la matriz $\mathcal{P}_{\mathbb{A}'\to\mathbb{A}}$ son las coordenadas de los vectores de la base $\mathbb{A}'$ escritas en la base $\mathbb{A}$.

■ EJEMPLO 5.7 Sea $\mathbb{A}$ la base canónica de $\mathbb{R}^2$, $\mathbb{A} = \{\boldsymbol{e}_1, \boldsymbol{e}_2\} = \{(1,0),(0,1)\}$, y sea $\mathbb{A}'$ la base de $\mathbb{R}^2$ definida en el ejemplo 5.3 (a), $\mathbb{A}' = \{\boldsymbol{v}_1, \boldsymbol{v}_2\} = \{(2,1),(1,-1)\}$. Encontrar las matrices de cambio de base $\mathcal{P}_{\mathbb{A}\to\mathbb{A}'}$ y $\mathcal{P}_{\mathbb{A}'\to\mathbb{A}}$.

Para calcular $\mathcal{P}_{\mathbb{A}'\to\mathbb{A}}$, basta recordar que las columnas de esta matriz son las coordenadas de los vectores de $\mathbb{A}'$ escritos en la base canónica $\mathbb{A}$. Por tanto,

$$\mathcal{P}_{\mathbb{A}'\to\mathbb{A}} = \begin{pmatrix} 2 & 1 \\ 1 & -1 \end{pmatrix}.$$

Como aplicación, escribiremos en la base canónica $\mathbb{A}$ el vector $\boldsymbol{v}$ cuyas coordenadas en la base $\mathbb{A}'$ son $(1,1)$, esto es,

$$\boldsymbol{v} = 1\,\boldsymbol{v}_1 + 1\,\boldsymbol{v}_2 = (3,0).$$

Obviamente, se obtiene el mismo resultado al aplicar la fórmula (5.4). Así, si denotamos por $\mathcal{V}_{\mathbb{A}}$ y $\mathcal{V}_{\mathbb{A}'}$ los vectores de coordenadas de $\boldsymbol{v}$ en las bases $\mathbb{A}$ y $\mathbb{A}'$, respectivamente, tenemos que

$$\mathcal{V}_{\mathbb{A}} = \mathcal{P}_{\mathbb{A}'\to\mathbb{A}}\mathcal{V}_{\mathbb{A}'} = \begin{pmatrix} 2 & 1 \\ 1 & -1 \end{pmatrix}\begin{pmatrix} 1 \\ 1 \end{pmatrix}_{\mathbb{A}'} = \begin{pmatrix} 3 \\ 0 \end{pmatrix}_{\mathbb{A}}.$$

Para obtener la matriz $\mathcal{P}_{\mathbb{A}\to\mathbb{A}'}$, podemos escribir el vector en la base $\mathbb{A}$, escribir los elementos de $\mathbb{A}$ en términos de los elementos de $\mathbb{A}'$ e identificar los elementos de la matriz. Ello es equivalente a resolver dos sistemas de ecuaciones, a saber,

$$\boldsymbol{e}_i = \sum_{j=1}^{2} \mu_{i,j}\boldsymbol{v}_j, \qquad i = 1,2.$$

No obstante, resulta mucho más sencillo calcular $\mathcal{P}_{\mathbb{A}\to\mathbb{A}'}$ como la inversa de $\mathcal{P}_{\mathbb{A}'\to\mathbb{A}}$. Así,

$$\mathcal{P}_{\mathbb{A}\to\mathbb{A}'} = \mathcal{P}^{-1}_{\mathbb{A}'\to\mathbb{A}} = \frac{1}{3}\begin{pmatrix} 1 & 1 \\ 1 & -2 \end{pmatrix}.$$

Podemos comprobar fácilmente que el vector $\boldsymbol{v} = (3,0)$ en la base canónica no es más que el ya conocido $(1,1)$ en la base $\mathbb{A}'$,

$$\mathcal{V}_{\mathbb{A}'} = \mathcal{P}_{\mathbb{A}\to\mathbb{A}'}\mathcal{V}_{\mathbb{A}} = \frac{1}{3}\begin{pmatrix} 1 & 1 \\ 1 & -2 \end{pmatrix}\begin{pmatrix} 3 \\ 0 \end{pmatrix}_{\mathbb{A}} = \begin{pmatrix} 1 \\ 1 \end{pmatrix}_{\mathbb{A}'}.$$

Sea $\tilde{\mathbb{A}}$ un subespacio vectorial del espacio $\mathbb{E}$, y sea $\mathbb{B} = \{\boldsymbol{b}_1, \boldsymbol{b}_2, \ldots, \boldsymbol{b}_n\}$ una base de $\mathbb{E}$. Es evidente que todo vector $\boldsymbol{a} \in \tilde{\mathbb{A}}$ admite una (única) representación

$$\boldsymbol{a} = x_1\boldsymbol{b}_1 + x_2\boldsymbol{b}_2 + \cdots + x_n\boldsymbol{b}_n. \tag{5.6}$$

Ahora bien, si $\mathbb{A}_1 = \{\boldsymbol{a}_1, \boldsymbol{a}_2, \ldots, \boldsymbol{a}_m\}$ es una base de $\tilde{\mathbb{A}}$, podemos completarla hasta obtener una base $\mathbb{A} = \{\boldsymbol{a}_1, \boldsymbol{a}_2, \ldots, \boldsymbol{a}_n\}$ de $\mathbb{E}$.
Nótese que las coordenadas del vector $\boldsymbol{a}$ respecto a dicha base son $(y_1, y_2, \ldots, y_m, 0, \ldots, 0)$. Dado que $\boldsymbol{b}_i = \sum_{j=1}^{n} \lambda_{j,i}\boldsymbol{a}_j$, de acuerdo con la representación matricial anteriormente introducida,

$$\begin{pmatrix} y_1 \\ y_2 \\ \vdots \\ y_m \\ 0 \\ \vdots \\ 0 \end{pmatrix} = \begin{pmatrix} \lambda_{1,1} & \ldots & \lambda_{1,n} \\ \lambda_{2,1} & \ldots & \lambda_{2,n} \\ \vdots & \ddots & \vdots \\ \lambda_{m,1} & \ldots & \lambda_{m,n} \\ \lambda_{m+1,1} & \ldots & \lambda_{m+1,n} \\ \vdots & \ddots & \vdots \\ \lambda_{n,1} & \ldots & \lambda_{n,n} \end{pmatrix}\begin{pmatrix} x_1 \\ x_2 \\ \vdots \\ x_n \end{pmatrix},$$

esto es,

$$\begin{pmatrix} 0 \\ \vdots \\ 0 \end{pmatrix} = \begin{pmatrix} \lambda_{m+1,1} & \dots & \lambda_{m+1,n} \\ \vdots & \ddots & \vdots \\ \lambda_{n,1} & \dots & \lambda_{n,n} \end{pmatrix} \begin{pmatrix} x_1 \\ x_2 \\ \vdots \\ x_n \end{pmatrix}. \tag{5.7}$$

En otros términos, las coordenadas en la representación (5.6) deben satisfacer ciertas restricciones (condiciones de ligadura). Diremos que (5.7) es una *representación o ecuación implícita* del subespacio vectorial $\mathbb{A}$. La denotaremos mediante $\mathcal{M}\mathcal{X} = \mathcal{O}_{n-m,1}$, donde $\mathcal{M}$ es una matriz de $\mathbb{K}^{(n-m,n)}$ y $\mathcal{X} \in \mathbb{K}^{(n,1)}$.

■ EJEMPLO 5.8 Demostrar que el conjunto $\mathbb{X} = \{(x_1, x_2, x_3) \ : \ x_1 - x_3 = 0\}$ es un subespacio vectorial de $\mathbb{R}^3$ de dimensión dos. Hallar una base de dicho subespacio.

Sea el sistema homogéneo $x_1 - x_3 = 0$. Una base fundamental de soluciones se obtiene, como ya describimos en el capítulo 3, escribiendo las variables dependientes en términos de las variables libre. En este caso tenemos que $x_1 = x_3$, siendo x_2 y x_3 variables libres. Por tanto, una base del subespacio vectorial de soluciones es la formada por los vectores $\boldsymbol{v}_1 = (0, 1, 0)$ y $\boldsymbol{v}_2 = (1, 0, 1)$. Así, la solución del sistema es

$$\begin{pmatrix} x_1 \\ x_2 \\ x_3 \end{pmatrix} = \alpha \begin{pmatrix} 0 \\ 1 \\ 0 \end{pmatrix} + \beta \begin{pmatrix} 1 \\ 0 \\ 1 \end{pmatrix}, \quad \forall\, \alpha,\, \beta \in \mathbb{R},$$

y el subespacio vectorial de soluciones $L[\{\boldsymbol{v}_1, \boldsymbol{v}_2\}] = \mathbb{X}$ tiene dimensión dos.

Problemas Resueltos

5.1 Sea $\overline{\mathbb{R}} = \mathbb{R} \cup \{+\infty\} \cup \{-\infty\}$. Dotemos a $\overline{\mathbb{R}}$ de las siguientes operaciones:

$$a + b = \cot\left(\operatorname{arccot} a + \operatorname{arccot} b\right), \quad \forall\, a, b \in \overline{\mathbb{R}},$$
$$\lambda a = \cot\left(\lambda \operatorname{arccot} a\right), \quad \forall\, \lambda \in \mathbb{R}, \quad \forall\, a \in \overline{\mathbb{R}}.$$

¿Es $\overline{\mathbb{R}}$ un espacio lineal?

Resolución. $\overline{\mathbb{R}}$ no es un espacio lineal, ya que no se verifica el axioma (2.3). Esto es,

$$\lambda(\mu a) \neq (\lambda\mu)a, \quad \forall\, \lambda, \mu \in \mathbb{R}, \quad \forall\, a \in \overline{\mathbb{R}}.$$

5.2 Comprobar si los siguientes subconjuntos son subespacios vectoriales de $\mathbb{R}^3$.

(a) $\mathbb{V}_1 = \big\{(x_1, x_2, x_3) : x_1^3 + x_2^3 + x_3^3 = 1\big\}$.

(b) $\mathbb{V}_2 = \{(x_1, x_2, x_3) : x_1 + \alpha x_3 = x_2 + x_3 = 0, \quad \alpha \in \mathbb{R}\}$.

(c) $\mathbb{V}_3 = \{(x_1, x_2, x_3) : 8x_1 + x_3 = 2, \ x_2 + x_3 = 0\}$.

Resolución.

(a) $\mathbb{V}_1$ no es subespacio. Basta observar que $\mathbf{0}_3 \notin \mathbb{V}_1$.

(b) $\mathbb{V}_2$ sí constituye un subespacio. Teniendo en cuenta la proposición 5.2, comprobamos que si $\boldsymbol{x} = (x_1, x_2, x_3)$ e $\boldsymbol{y} = (y_1, y_2, y_3)$ son vectores arbitrarios de $\mathbb{V}_2$, es decir

$$\begin{aligned} x_1 + \alpha x_3 &= 0, & x_2 + x_3 &= 0, \\ y_1 + \alpha y_3 &= 0, & y_2 + y_3 &= 0, \end{aligned}$$

entonces $\lambda \boldsymbol{x} + \mu \boldsymbol{y} = (\lambda x_1 + \mu y_1, \lambda x_2 + \mu y_2, \lambda x_3 + \mu y_3)$ cumple también las condiciones de pertenencia a $\mathbb{V}_2$,

$$\begin{aligned} (\lambda x_1 + \mu y_1) + \alpha(\lambda x_3 + \mu y_3) &= \lambda(x_1 + \alpha x_3) + \mu(y_1 + \alpha y_3) = 0 + 0 = 0, \\ (\lambda x_2 + \mu y_2) + (\lambda x_3 + \mu y_3) &= \lambda(x_2 + x_3) + \mu(y_2 + y_3) = 0 + 0 = 0. \end{aligned}$$

(c) $\mathbb{V}_3$ no es subespacio. Como en el apartado (a), basta observar que $\mathbf{0}_3 \notin \mathbb{V}_3$, ya que el vector $\mathbf{0}_3$ no cumple la primera de las condiciones de pertenencia a $\mathbb{V}_3$ (aunque sí cumple la segunda).

5.3 Dada una matriz $\mathcal{M} \in \mathbb{K}^{(m,n)}$, probar que $\mathbb{A} = \left\{\mathcal{M}\mathcal{X} \ : \ \mathcal{X} \in \mathbb{K}^{(n,1)}\right\}$ es un subespacio vectorial de $\mathbb{K}^{(m,1)}$.

Resolución. Dado que $\mathbb{A}$ es un subconjunto de $\mathbb{K}^m$ debemos probar, según la proposición 5.2, que $\forall\, \alpha, \beta \in \mathbb{K}$ y $\forall\, \mathcal{V}, \mathcal{W} \in \mathbb{A}$, se verifica

$$\alpha\mathcal{M}\mathcal{V} + \beta\mathcal{M}\mathcal{W} \in \mathbb{A}.$$

Esta relación se obtiene de manera inmediata, sin más que considerar

$$\alpha\mathcal{M}\mathcal{V} + \beta\mathcal{M}\mathcal{W} = \mathcal{M}(\alpha\mathcal{V}) + \mathcal{M}(\beta\mathcal{W}) = \mathcal{M}(\alpha\mathcal{V} + \beta\mathcal{W}) = \mathcal{M}\mathcal{Z} \in \mathbb{A}.$$

5.4 Probar que el conjunto de soluciones de la ecuación diferencial

$$x''(t) + \omega^2 x(t) = 0 \tag{5.8}$$

es un subespacio vectorial del espacio $C^2(\mathbb{R})$ de las funciones con derivada segunda continua sobre el cuerpo $\mathbb{R}$.

Resolución. Sea $\mathbb{A} = \{x(t) \in C^2(\mathbb{R}) \ : \ x''(t) + \omega^2 x(t) = 0\} \subset C^2(\mathbb{R})$. La comprobación de que $\mathbb{A}$ constituye un subespacio vectorial es rutinaria. En efecto, para todo $x_1(t)$ y $x_2(t)$ que pertenecen a $\mathbb{A}$, tendremos que

$$(x_1 + x_2)'' + \omega^2(x_1 + x_2) = (x_1'' + \omega^2 x_1) + (x_2'' + \omega^2 x_2) = 0.$$

Análogamente,

$$(\lambda x)'' + \omega^2(\lambda x) = \lambda(x'' + \omega^2 x) = 0, \quad \text{para todo } \lambda \in \mathbb{R}.$$

Luego, $\forall\, \lambda, \mu \in \mathbb{R}$ y $\forall\, x_1(t), x_2(t) \in \mathbb{A}$, se tiene $\lambda x_1(t) + \mu x_2(t) \in \mathbb{A}$, esto es, la proposición 5.2 se verifica.

5.5 Sean $\mathbb{A}$ y $\mathbb{B}$ subespacios vectoriales de $\mathbb{E}$.

(a) Probar que $\mathbb{A} \cap \mathbb{B}$ es un subespacio vectorial de $\mathbb{E}$. Extender este resultado a la intersección de n subespacios.

(b) ¿Es siempre $\mathbb{A} \cup \mathbb{B}$ un subespacio vectorial de $\mathbb{E}$? En caso negativo, especificar bajo qué condiciones relativas a $\mathbb{A}$ y $\mathbb{B}$, $\mathbb{A} \cup \mathbb{B}$ es subespacio vectorial.

(c) Demostrar que $\mathbb{A} + \mathbb{B}$ es un subespacio vectorial de $\mathbb{E}$ y que es el menor subespacio vectorial de $\mathbb{E}$ que contiene a $\mathbb{A}$ y $\mathbb{B}$. Extender este resultado a la suma de n subespacios.

Resolución.

(a) Si $\mathbb{A}$ y $\mathbb{B}$ son subespacios de $\mathbb{E}$, entonces el conjunto $\mathbb{A} \cap \mathbb{B}$ está contenido tanto en $\mathbb{A}$ como en $\mathbb{B}$. Así pues, $\forall\ \alpha, \beta \in \mathbb{K}$ y $\forall\ \boldsymbol{v}, \boldsymbol{w} \in \mathbb{A} \cap \mathbb{B}$ se tiene que $\alpha\boldsymbol{v} + \beta\boldsymbol{w} \in \mathbb{A} \cap \mathbb{B}$, ya que al ser $\boldsymbol{v}$ y $\boldsymbol{w}$ vectores de un subespacio, su combinación lineal también pertenece al subespacio. Si $\mathbb{A}_1, \mathbb{A}_2, \ldots, \mathbb{A}_n$ son subespacios vectoriales de $\mathbb{E}$, la demostración de que $\mathbb{A}_1 \cap \mathbb{A}_2 \cap \cdots \cap \mathbb{A}_n$ es también un subespacio de $\mathbb{E}\ \forall\ n \geq 2$ se hace por inducción sobre n una vez establecido el resultado para $n = 2$.

(b) Sean $\mathbb{A}$ y $\mathbb{B}$ subespacios de $\mathbb{E}$ distintos de $\{\mathbf{0}_{\mathbb{E}}\}$ y el propio $\mathbb{E}$. En caso contrario, la unión de ambos es siempre un subespacio de $\mathbb{E}$. Análogamente, si uno de los subespacios está contenido en otro, entonces $\mathbb{A} \cup \mathbb{B}$ es también un subespacio de $\mathbb{E}$ ya que la unión es precisamente el mayor de ellos.

Si $\boldsymbol{x} \in \mathbb{A}$ e $\boldsymbol{y} \in \mathbb{B}$, entonces $\boldsymbol{x}, \boldsymbol{y} \in \mathbb{A} \cup \mathbb{B}$. Suponiendo que $\mathbb{A} \cup \mathbb{B}$ es un subespacio, se tiene que $\boldsymbol{x} + \boldsymbol{y} \in \mathbb{A} \cup \mathbb{B}$. Por tanto, $\boldsymbol{x} + \boldsymbol{y}$ pertenece a $\mathbb{A}$ o $\mathbb{B}$. Si $\boldsymbol{x} + \boldsymbol{y} \in \mathbb{A}$, entonces al ser $\boldsymbol{x}$ un vector de $\mathbb{A}$ se tiene que $\boldsymbol{y} \in \mathbb{A}$, lo que implica que $\mathbb{B} \subset \mathbb{A}$. Si $\boldsymbol{x} + \boldsymbol{y} \in \mathbb{B}$, entonces al ser $\boldsymbol{y}$ un vector de $\mathbb{B}$ se tiene que $\boldsymbol{x} \in \mathbb{B}$, lo que implica que $\mathbb{A} \subset \mathbb{B}$. Por consiguiente, $\mathbb{A} \cup \mathbb{B}$ es un subespacio si y sólo si $\mathbb{A}$ está incluido en $\mathbb{B}$ ó $\mathbb{B}$ está incluido en $\mathbb{A}$.

(c) Por definición, se tiene

$$\mathbb{A} + \mathbb{B} = \{\boldsymbol{x} \in \mathbb{E} : \boldsymbol{x} = \boldsymbol{a} + \boldsymbol{b}, \quad \boldsymbol{a} \in \mathbb{A}, \quad \boldsymbol{b} \in \mathbb{B}\}. \tag{5.9}$$

Luego, $\forall\ \alpha, \beta \in \mathbb{K}$ y $\forall\ \boldsymbol{v}, \boldsymbol{w} \in \mathbb{A} + \mathbb{B}$,

$$\alpha\boldsymbol{v} + \beta\boldsymbol{w} = \alpha(\boldsymbol{v}' + \boldsymbol{w}') + \beta(\boldsymbol{v}'' + \boldsymbol{w}''),$$

con $\boldsymbol{v}', \boldsymbol{v}'' \in \mathbb{A}$ y $\boldsymbol{w}', \boldsymbol{w}'' \in \mathbb{B}$.

En virtud de los axiomas 1.2 y 2.1, y la proposición 5.2, se tiene

$$\alpha\boldsymbol{v} + \beta\boldsymbol{w} = (\alpha\boldsymbol{v}' + \beta\boldsymbol{v}'') + (\alpha\boldsymbol{w}' + \beta\boldsymbol{w}'') = \boldsymbol{a} + \boldsymbol{b} \in \mathbb{A} + \mathbb{B}.$$

Del apartado (b) se sigue que el menor subespacio que contiene a $\mathbb{A}$ y $\mathbb{B}$ es $L[\mathbb{A}_1 \cup \mathbb{B}_1]$, donde $\mathbb{A}_1$ y $\mathbb{B}_1$ son generadores minimales de $\mathbb{A}$ y $\mathbb{B}$, respectivamente, y que según (5.9) no es otra cosa que $\mathbb{A} + \mathbb{B}$, esto es, $\mathbb{A} + \mathbb{B} = L[\mathbb{A}_1 \cup \mathbb{B}_1]$. Si $\mathbb{A}_1, \mathbb{A}_2, \ldots, \mathbb{A}_n$ $(n \geq 2)$ son subespacios vectoriales de $\mathbb{E}$, la demostración de que $\mathbb{A}_1 + \mathbb{A}_2 + \cdots + \mathbb{A}_n$ es igual a $L[\mathbb{A}_1 \cup \mathbb{A}_2 \cup \cdots \cup \mathbb{A}_n]$, y por tanto es el menor subespacio de $\mathbb{E}$ que contiene a $\mathbb{A}_1, \mathbb{A}_2, \ldots, \mathbb{A}_n$, se hace por inducción sobre n una vez establecido el resultado para $n = 2$.

5.6 Dados $\mathbb{A}, \mathbb{B}, \mathbb{C}$ subespacios vectoriales de un espacio vectorial $\mathbb{E}$, indicar cuáles de las siguientes identidades son ciertas y cuáles son falsas, razonando la respuesta.

(a) $\mathbb{A} \cap (\mathbb{B} + \mathbb{C}) = (\mathbb{A} \cap \mathbb{B}) + (\mathbb{A} \cap \mathbb{C})$.

(b) $\mathbb{A} + (\mathbb{B} \cap \mathbb{C}) = (\mathbb{A} + \mathbb{B}) \cap (\mathbb{A} + \mathbb{C})$.

(c) $\mathbb{A} \cap [\mathbb{B} + (\mathbb{A} \cap \mathbb{C})] = (\mathbb{A} \cap \mathbb{B}) + (\mathbb{A} \cap \mathbb{C})$.

(d) $\mathbb{A} \times (\mathbb{B} + \mathbb{C}) = (\mathbb{A} \times \mathbb{B}) + (\mathbb{A} \times \mathbb{C})$.

Resolución.

(a) Falsa, como muestra el siguiente contraejemplo. En $\mathbb{E} = \mathbb{R}^2$, consideramos

$$\begin{aligned}
\mathbb{A} &= \{(x, y) : x = y\} = \{(x, x)\} = L[(1, 1)], \\
\mathbb{B} &= \{(x, y) : y = 0\} = \{(x, 0)\} = L[(1, 0)], \\
\mathbb{C} &= \{(x, y) : x = 0\} = \{(0, y)\} = L[(0, 1)].
\end{aligned}$$

Es fácil ver que $\mathbb{B}+\mathbb{C} = \{(x,0)+(0,y)\} = \{(x,y)\} = \mathbb{R}^2$, con lo cual $\mathbb{A}\cap(\mathbb{B}+\mathbb{C}) = \mathbb{A}\cap\mathbb{R}^2 = \mathbb{A}$. Por el contrario, $\mathbb{A}\cap\mathbb{B} = \{(0,0\} = \{\mathbf{0}_2\}$ y $\mathbb{A}\cap\mathbb{C} = \{(0,0\} = \{\mathbf{0}_2\}$, de donde $(\mathbb{A}\cap\mathbb{B})+(\mathbb{A}\cap\mathbb{C}) = \{(0,0\} = \{\mathbf{0}_2\}$.

(b) Es también falsa, como muestra el mismo contraejemplo del apartado anterior: $\mathbb{B}\cap\mathbb{C} = \{\mathbf{0}_2\}$, y por tanto $\mathbb{A} + (\mathbb{B}\cap\mathbb{C}) = \mathbb{A}$. En cambio, $\mathbb{A}+\mathbb{B} = \{(x+t,t)\} = \mathbb{R}^2$, $t \in \mathbb{R}$, y $\mathbb{A}+\mathbb{C} = \{(t,t+y)\} = \mathbb{R}^2$, de manera que $(\mathbb{A}+\mathbb{B})\cap(\mathbb{A}+\mathbb{C}) = \mathbb{R}^2$.

(c) Es cierta: si $\boldsymbol{x} \in \mathbb{A}\cap[\mathbb{B}+(\mathbb{A}\cap\mathbb{C})]$, esto equivale a decir que $\boldsymbol{x}\in\mathbb{A}$ y $\boldsymbol{x}\in\mathbb{B}+(\mathbb{A}\cap\mathbb{C})$. A su vez, esta segunda propiedad significa que $\boldsymbol{x} = \boldsymbol{x}_1+\boldsymbol{x}_2$ con $\boldsymbol{x}_1\in\mathbb{B}$ y $\boldsymbol{x}_2\in\mathbb{A}\cap\mathbb{C}$, esto es, $\boldsymbol{x}_2\in\mathbb{A}$ y $\boldsymbol{x}_2\in\mathbb{C}$. Como $\mathbb{A}$ es un subespacio, si $\boldsymbol{x}\in\mathbb{A}$ y $\boldsymbol{x}_2\in\mathbb{A}$, entonces $\boldsymbol{x}_1 = \boldsymbol{x}-\boldsymbol{x}_2$ también pertenece a $\mathbb{A}$, de manera que $\boldsymbol{x}_1\in\mathbb{A}\cap\mathbb{B}$. Por tanto, como $\boldsymbol{x}_1\in\mathbb{A}\cap\mathbb{B}$ y $\boldsymbol{x}_2\in\mathbb{A}\cap\mathbb{C}$, entonces $\boldsymbol{x}\in(\mathbb{A}\cap\mathbb{B})+(\mathbb{A}\cap\mathbb{C})$.

Recíprocamente, si $\boldsymbol{x}\in(\mathbb{A}\cap\mathbb{B})+(\mathbb{A}\cap\mathbb{C})$, esto significa que $\boldsymbol{x} = \boldsymbol{x}_1+\boldsymbol{x}_2$ con $\boldsymbol{x}_1\in\mathbb{A}\cap\mathbb{B}$ y $\boldsymbol{x}_2\in\mathbb{A}\cap\mathbb{C}$. En particular, $\boldsymbol{x}_1\in\mathbb{A}$ y $\boldsymbol{x}_2\in\mathbb{A}$, lo que al ser $\mathbb{A}$ un subespacio implica que $\boldsymbol{x}\in\mathbb{A}$. Por otra parte, como $\boldsymbol{x}_1\in\mathbb{B}$ y $\boldsymbol{x}_2\in\mathbb{A}\cap\mathbb{C}$, $\boldsymbol{x}\in\mathbb{B}+(\mathbb{A}\cap\mathbb{C})$ y, por tanto, $\boldsymbol{x}\in\mathbb{A}\cap[\mathbb{B}+(\mathbb{A}\cap\mathbb{C})]$.

(d) Es cierta también:

Si $\boldsymbol{x}\in\mathbb{A}\times(\mathbb{B}+\mathbb{C})$, entonces $\boldsymbol{x} = (\boldsymbol{x}_1,\boldsymbol{x}_2)$ con $\boldsymbol{x}_1\in\mathbb{A}$ y $\boldsymbol{x}_2\in\mathbb{B}+\mathbb{C}$. A su vez, esta segunda propiedad significa que $\boldsymbol{x}_2 = \boldsymbol{x}_2'+\boldsymbol{x}_2''$ con $\boldsymbol{x}_2'\in\mathbb{B}$, $\boldsymbol{x}_2''\in\mathbb{C}$. Es decir, $\boldsymbol{x} = (\boldsymbol{x}_1,\boldsymbol{x}_2')+(\mathbf{0}_{\mathbb{A}},\boldsymbol{x}_2'')$. El primer vector de esta suma pertenece a $\mathbb{A}\times\mathbb{B}$ y el segundo, a $\mathbb{A}\times\mathbb{C}$; luego $\boldsymbol{x}\in(\mathbb{A}\times\mathbb{B})+(\mathbb{A}\times\mathbb{C})$.

Recíprocamente, si $\boldsymbol{x}\in(\mathbb{A}\times\mathbb{B})+(\mathbb{A}\times\mathbb{C})$, esto significa que $\boldsymbol{x} = \boldsymbol{x}_1+\boldsymbol{x}_2$, con $\boldsymbol{x}_1\in\mathbb{A}\times\mathbb{B}$ y $\boldsymbol{x}_2\in\mathbb{A}\times\mathbb{C}$. Es decir, $\boldsymbol{x} = (\boldsymbol{x}_1',\boldsymbol{x}_1'')+(\boldsymbol{x}_2',\boldsymbol{x}_2'')$ con $\boldsymbol{x}_1'\in\mathbb{A}$, $\boldsymbol{x}_1''\in\mathbb{B}$, $\boldsymbol{x}_2'\in\mathbb{A}$ y $\boldsymbol{x}_2''\in\mathbb{C}$. Como $\mathbb{A}$ es un subespacio, $\boldsymbol{x}_1'+\boldsymbol{x}_2'\in\mathbb{A}$, mientras que $\boldsymbol{x}_1''+\boldsymbol{x}_2''\in\mathbb{B}+\mathbb{C}$. Es decir, $\boldsymbol{x}\in\mathbb{A}\times(\mathbb{B}+\mathbb{C})$.

5.7 Sea $\mathbb{P}_2$ el espacio vectorial de los polinomios con coeficientes reales de grado menor o igual que dos.

(a) Demostrar que el conjunto $\mathbb{V}$ de los polinomios de la forma $p(t) = at^2+(a+b)t+5a+b$, con a y b reales, es un subespacio vectorial de $\mathbb{P}_2$.

(b) Sea $\mathbb{W}$ el subespacio generado por los polinomios $q(t) = 2t^2+3t+11$ y $r(t) = 3t^2+t+13$. Demostrar que $\mathbb{V} = \mathbb{W}$.

Resolución.

(a) Escribiendo $\mathbb{V} = \{at^2+(a+b)t+5a+b\} = \{a(t^2+t+5)+b(t+1)\} = L[t^2+t+5, t+1]$, vemos que $\mathbb{V}$ es un subespacio de $\mathbb{P}_2$ cuya dimensión es 2.

(b) $\mathbb{W}$ es también un subespacio de $\mathbb{P}_2$ de dimensión 2. Para demostrar que $\mathbb{V} = \mathbb{W}$ basta observar que los polinomios de la base de $\mathbb{W}$ pertenecen a $\mathbb{V}$ (o viceversa). En efecto, la igualdad

$$q(t) = 2t^2+3t+11 = at^2+(a+b)t+5a+b$$

equivale al sistema de ecuaciones lineales

$$\begin{cases} a = 2, \\ a+b = 3, \\ 5a+b = 11, \end{cases}$$

que es compatible determinado con solución $a = 2, b = 1$. Del mismo modo, la igualdad

$$r(t) = 3t^2+t+13 = at^2+(a+b)t+5a+b$$

equivale al sistema

$$\begin{cases} a = 3, \\ a + b = 1, \\ 5a + b = 13, \end{cases}$$

que es también compatible determinado con solución $a = 3, b = -2$.

5.8 Se considera la matriz

$$\mathcal{A} = \begin{pmatrix} \alpha & 1 & 0 & \cdots & 0 \\ 0 & \alpha & 0 & \cdots & 0 \\ 0 & 0 & \alpha & \cdots & 0 \\ \vdots & \vdots & \vdots & \ddots & \vdots \\ 0 & 0 & 0 & \cdots & \alpha \end{pmatrix} \in \mathbb{K}^{(m,m)}, \quad \alpha \neq 0.$$

(a) Hallar $\mathcal{A}^n$, $n \geq 1$.

(b) Probar que las matrices $\mathcal{A}^n$, $n \in \mathbb{N}$, pertenecen al subespacio vectorial generado por $\{\mathcal{I}_m, \mathcal{A}\}$.

Resolución.

(a) Nótese que

$$\mathcal{A} = \alpha \begin{pmatrix} 1 & \frac{1}{\alpha} & 0 & \cdots & 0 \\ 0 & 1 & 0 & \cdots & 0 \\ 0 & 0 & 1 & \cdots & 0 \\ \vdots & \vdots & \vdots & \ddots & \vdots \\ 0 & 0 & 0 & \cdots & 1 \end{pmatrix} = \alpha\, \mathcal{M}\left(\frac{1}{\alpha}\right),$$

donde $\mathcal{M}(1/\alpha)$ es una matriz elemental de adición, esto es, a la fila primera de la matriz identidad se le ha añadido la segunda multiplicada por $1/\alpha$. Luego,

$$\mathcal{A}^n = \alpha\, \mathcal{M}\left(\frac{1}{\alpha}\right) \cdots \alpha\, \mathcal{M}\left(\frac{1}{\alpha}\right) = \alpha^n\, \mathcal{M}\left(\frac{n}{\alpha}\right)$$

$$= \alpha^n \begin{pmatrix} 1 & \frac{n}{\alpha} & 0 & \cdots & 0 \\ 0 & 1 & 0 & \cdots & 0 \\ 0 & 0 & 1 & \cdots & 0 \\ \vdots & \vdots & \vdots & \ddots & \vdots \\ 0 & 0 & 0 & \cdots & 1 \end{pmatrix} = \begin{pmatrix} \alpha^n & n\alpha^{n-1} & 0 & \cdots & 0 \\ 0 & \alpha^n & 0 & \cdots & 0 \\ 0 & 0 & \alpha^n & \cdots & 0 \\ \vdots & \vdots & \vdots & \ddots & \vdots \\ 0 & 0 & 0 & \cdots & \alpha^n \end{pmatrix}.$$

(b) Observando que

$$n\, \mathcal{M}\left(\frac{1}{\alpha}\right) = \mathcal{M}\left(\frac{n}{\alpha}\right) + (n-1)\mathcal{I}_m,$$

de los resultados del apartado anterior se sigue que

$$\mathcal{A}^n = \alpha^n\, \mathcal{M}\left(\frac{n}{\alpha}\right) = \alpha^n \left[n\, \mathcal{M}\left(\frac{1}{\alpha}\right) - (n-1)\mathcal{I}_m\right].$$

Por tanto,

$$\mathcal{A}^n = \alpha^n \left[\frac{n}{\alpha}\mathcal{A} - (n-1)\mathcal{I}_m\right],$$

y vemos así que $\mathcal{A}^n \in L[\mathcal{I}_m, \mathcal{A}]$.

5.9 Si $\{t_i\}_{i=1}^n$ son números reales distintos, probar que las funciones $\{\exp(t_i x)\}_{i=1}^n$ son linealmente independientes en $C(\mathbb{R})$ el espacio de las funciones continuas en $\mathbb{R}$.

Resolución. Para solucionar este problema emplearemos el método de *reducción al absurdo.* El objetivo es que el lector se familiarice con uno de los métodos lógico-matemáticos utilizados en la demostración de resultados (teoremas, lemas, proposiciones, etc.).

Sean $t_1, \dots, t_n$ números reales distintos y supongamos que

$$\lambda_1 e^{t_1 x} + \lambda_2 e^{t_2 x} + \cdots + \lambda_n e^{t_n x} = \mathbf{0}_{C(\mathbb{R})}\,, \tag{5.10}$$

donde $\lambda_1, \lambda_2, \dots, \lambda_n \in \mathbb{R}$ son tales que $\sum_{i=1}^n \lambda_i^2 > 0$, o sea, los coeficientes $\lambda_1, \lambda_2, \dots, \lambda_n$ no son todos nulos y, por tanto, estamos afirmando que el sistema $\{e^{t_i x}\}_{i=1}^n$ es linealmente dependiente. Considerando (5.10) junto con las sucesivas derivadas de esta ecuación hasta orden $n-1$, planteamos el sistema

$$\begin{cases} \lambda_1 e^{t_1 x} + \cdots + \lambda_n e^{t_n x} = \mathbf{0}_{C(\mathbb{R})}, \\ \lambda_1 t_1 e^{t_1 x} + \cdots + \lambda_n t_n e^{t_n x} = \mathbf{0}_{C(\mathbb{R})}, \\ \vdots \\ \lambda_1 t_1^{n-1} e^{t_1 x} + \cdots + \lambda_n t_n^{n-1} e^{t_n x} = \mathbf{0}_{C(\mathbb{R})}, \end{cases}$$

o, equivalentemente en términos matriciales,

$$\begin{pmatrix} e^{t_1 x} & \cdots & e^{t_n x} \\ t_1 e^{t_1 x} & \cdots & t_n e^{t_n x} \\ \vdots & \ddots & \vdots \\ t_1^{n-1} e^{t_1 x} & \cdots & t_n^{n-1} e^{t_n x} \end{pmatrix} \begin{pmatrix} \lambda_1 \\ \vdots \\ \lambda_n \end{pmatrix} = \begin{pmatrix} 0 \\ \vdots \\ 0 \end{pmatrix} \iff \mathcal{A}\mathcal{X} = \mathcal{O}_n .$$

Sin embargo, la matriz de coeficientes del sistema anterior es no singular, $\det \mathcal{A} \neq 0$. En efecto,

$$\det \begin{pmatrix} e^{t_1 x} & \cdots & e^{t_n x} \\ t_1 e^{t_1 x} & \cdots & t_n e^{t_n x} \\ \vdots & \ddots & \vdots \\ t_1^{n-1} e^{t_1 x} & \cdots & t_n^{n-1} e^{t_n x} \end{pmatrix} = e^{t_1 x} \cdots e^{t_n x} \det \begin{pmatrix} 1 & \cdots & 1 \\ t_1 & \cdots & t_n \\ \vdots & \ddots & \vdots \\ t_1^{n-1} & \cdots & t_n^{n-1} \end{pmatrix} = e^{(t_1 + \cdots + t_n)x} \Delta_n ,$$

donde Δ_n es el determinante de Vandermonde, que como se probó en el problema 4.11 es distinto de cero si los elementos de la segunda fila son distintos entre sí. Por tanto, la única solución posible del sistema $\mathcal{A}\mathcal{X} = \mathcal{O}_n$ es $\lambda_1 = \lambda_2 = \cdots = \lambda_n = 0$, lo que contradice nuestra suposición. Así pues, se sigue la independencia lineal del sistema de funciones $\{e^{t_i x}\}_{i=1}^n$.

5.10 Sea $\mathbb{A}$ el subespacio vectorial cuyos elementos son las soluciones de la ecuación diferencial $x''(t) + \omega^2 x(t) = \mathbf{0}_{C^2(\mathbb{R})} = 0$ (véase el problema 5.4). Demostrar que $\{\operatorname{sen} \omega t, \cos \omega t\}$ es una base de dicho subespacio.

Resolución. Es fácil comprobar que las funciones $\operatorname{sen} \omega t$ y $\cos \omega t$ son soluciones de la ecuación anterior. Estas funciones son linealmente independientes, ya que si consideramos la igualdad $\lambda_1 \operatorname{sen} \omega t + \lambda_2 \cos \omega t = \mathbf{0}_{C^2(\mathbb{R})}$ en $t = \dfrac{\pi}{2\omega}$ y $t = 0$, se tiene que $\lambda_1 = \lambda_2 = 0$. Si $x(t)$ es una solución de la ecuación y escribimos $x(t) = y(t) \operatorname{sen} \omega t$, con $y(t) \in C^2(\mathbb{R})$, entonces

$$\underbrace{(y(t) \operatorname{sen} \omega t)}_{x(t)}'' + \omega^2 \underbrace{(y(t) \operatorname{sen} \omega t)}_{x(t)} = y''(t) \operatorname{sen} \omega t + 2y'(t)\omega \cos \omega t = 0, \implies \frac{y''(t)}{y'(t)} = -\frac{2\omega \cos \omega t}{\operatorname{sen} \omega t}.$$

Integrando esta última ecuación, obtenemos que

$$\log y'(t) = -\log \operatorname{sen}^2 \omega t + \log c, \quad \Longleftrightarrow \quad y'(t) = \frac{c}{\operatorname{sen}^2 \omega t}.$$

Si se integra esta ecuación, se tiene que $y(t) = c_2 \cot \omega t + c_1$, donde $c_1 \in \mathbb{R}$ y $c_2 = -\frac{c}{\omega}$. Utilizando que $x(t) = y(t) \operatorname{sen} \omega t$, se deduce que la solución general de la ecuación es

$$x(t) = c_1 \operatorname{sen} \omega t + c_2 \cos \omega t.$$

O sea, el sistema de vectores $\{\operatorname{sen} \omega t, \cos \omega t\}$ es una base del subespacio $\mathbb{A}$ y la dimensión de este subespacio es igual a 2.

5.11 Sean $x_1, x_2, \ldots, x_{n+1} \in \mathbb{R}$, con $x_i \neq x_j$, si $i \neq j$.

(a) Probar que la familia de polinomios $\{l_k(t)\}_{k=1}^{n+1}$, donde

$$l_k(t) = \frac{q(t)}{(t - x_k) q'(x_k)}, \quad q(t) = (t - x_1)(t - x_2) \cdots (t - x_{n+1}),$$

es una base de $\mathbb{P}_n$.

(b) Deducir que, si $p \in \mathbb{P}_n$, entonces

$$p(t) = \sum_{k=1}^{n+1} p(x_k) l_k(t).$$

Dicho polinomio se denomina *polinomio interpolador de Lagrange.*

Resolución.

(a) La familia $\{l_k(t)\}_{k=1}^{n+1}$ está formada por $n + 1$ polinomios de $\mathbb{P}_n$. Como la dimensión de este espacio vectorial es $n + 1$, $\{l_k(t)\}_{k=1}^{n+1}$, será base si y sólo si es linealmente independiente.

La derivada del polinomio $q(t)$ es

$$q'(t) = (t - x_2) \cdots (t - x_{n+1}) + (t - x_1)(t - x_3) \cdots (t - x_{n+1}) + \cdots + (t - x_1)(t - x_2) \cdots (t - x_n).$$

Al evaluar este polinomio en $t = x_k$, se anulan todos los términos salvo el que no contiene el factor $(t - x_k)$. Por tanto,

$$q'(x_k) = (x_k - x_1)(x_k - x_2) \cdots (x_k - x_{k-1})(x_k - x_{k+1}) \cdots (x_k - x_{n+1}).$$

Así pues,

$$l_k(t) = \frac{(t - x_1)(t - x_2) \cdots (t - x_{k-1})(t - x_{k+1}) \cdots (t - x_{n+1})}{(x_k - x_1)(x_k - x_2) \cdots (x_k - x_{k-1})(x_k - x_{k+1}) \cdots (x_k - x_{n+1})}.$$

Por tanto,

$$l_k(x_j) = \delta_{k,j} = \begin{cases} 0 & \text{si } j \neq k, \\ 1 & \text{si } j = k. \end{cases}$$

Esta propiedad permite demostrar que los $\{l_k(t)\}_{k=1}^{n+1}$ son linealmente independientes. En efecto, considerando la ecuación

$$\sum_{k=1}^{n+1} \lambda_k l_k(t) = \lambda_1 l_1(t) + \lambda_2 l_2(t) + \cdots + \lambda_{n+1} l_{n+1}(t) = \mathbf{0}_{\mathbb{P}_n},$$

que debe cumplirse $\forall\, t \in \mathbb{R}$, su evaluación en los puntos $x_1, x_2, \ldots, x_{n+1}$ implica respectivamente $\lambda_1 = 0, \lambda_2 = 0, \ldots, \lambda_{n+1} = 0$.

(b) Al ser $\{l_k(t)\}_{k=1}^{n+1}$ una base de $\mathbb{P}_n$, todo $p \in \mathbb{P}_n$ se puede escribir de manera única en la forma

$$p(t) = \sum_{k=1}^{n+1} \lambda_k l_k(t) = \lambda_1 l_1(t) + \lambda_2 l_2(t) + \cdots + \lambda_{n+1} l_{n+1}(t).$$

Considerando esta igualdad para $t = x_j$, vemos que $\lambda_j = p(x_j)$.

5.12 Dada la matriz

$$\mathcal{A} = \begin{pmatrix} 1 & -1 \\ 2 & 3 \end{pmatrix},$$

encontrar todas las matrices de $\mathbb{R}^{(2,2)}$ que conmutan con ella. Probar que dichas matrices constituyen un subespacio vectorial de $\mathbb{R}^{(2,2)}$ y determinar una base del mismo.

Resolución. Sea $\mathcal{X} = \begin{pmatrix} \alpha & \beta \\ \gamma & \delta \end{pmatrix}$ una matriz genérica de $\mathbb{R}^{(2,2)}$. La condición de conmutatividad $\mathcal{A}\mathcal{X} = \mathcal{X}\mathcal{A}$ se traduce en

$$\begin{pmatrix} 1 & -1 \\ 2 & 3 \end{pmatrix}\begin{pmatrix} \alpha & \beta \\ \gamma & \delta \end{pmatrix} = \begin{pmatrix} \alpha & \beta \\ \gamma & \delta \end{pmatrix}\begin{pmatrix} 1 & -1 \\ 2 & 3 \end{pmatrix},$$

es decir,

$$\begin{pmatrix} \alpha - \gamma & \beta - \delta \\ 2\alpha + 3\gamma & 2\beta + 3\delta \end{pmatrix} = \begin{pmatrix} \alpha + 2\beta & 3\beta - \alpha \\ \gamma + 2\delta & 3\delta - \gamma \end{pmatrix}.$$

Esta igualdad equivale al sistema de ecuaciones lineales

$$\begin{cases} \alpha - \gamma = \alpha + 2\beta, \\ \beta - \delta = 3\beta - \alpha, \\ 2\alpha + 3\gamma = \gamma + 2\delta, \\ 2\beta + 3\delta = 3\delta - \gamma, \end{cases}$$

que es compatible e indeterminado con solución general

$$\alpha = 2\beta + \delta, \quad \gamma = -2\beta, \quad \beta, \delta \in \mathbb{R}.$$

De aquí se deduce que el conjunto de las matrices de $\mathbb{R}^{(2,2)}$ que conmutan con $\mathcal{A}$ es un subespacio de dimensión 2, siendo una base del mismo la formada por las matrices

$$\begin{pmatrix} 2 & 1 \\ -2 & 0 \end{pmatrix}, \quad \begin{pmatrix} 1 & 0 \\ 0 & 1 \end{pmatrix} = \mathcal{I}_2 \,.$$

5.13 Sea $\mathbb{R}^+$ el conjunto de todos los números reales positivos, $\mathbb{R}^+ = \{x \in \mathbb{R} : x > 0\}$. Dotemos a $\mathbb{R}^+$ con las siguientes operaciones:

$$a + b = ab, \quad \forall\, a, b \in \mathbb{R}^+ \,, \tag{5.11}$$

$$\lambda a = a^\lambda, \quad \forall\, \lambda \in \mathbb{R}, \quad \forall\, a \in \mathbb{R}^+ \,. \tag{5.12}$$

(a) Demostrar que $\mathbb{E} = (\mathbb{R}^+, \mathbb{R})$, con las operaciones (5.11) y (5.12), es un espacio lineal sobre el cuerpo $\mathbb{R}$.

(b) Indicar la dimensión y una base de $\mathbb{E}$.

(c) Calcular $\dim L[1]$.

(d) ¿Son $\mathbb{N}$ y $\mathbb{Q}^+$ subespacios de $\mathbb{E}$?

Resolución.

(a) Comprobamos que se satisfacen los axiomas de espacio lineal:

1.1. $\forall\ a, b \in \mathbb{E}$, $a + b = b + a$, ya que el producto entre números reales es conmutativo ($ab = ba$).

1.2. $\forall\ a, b, c \in \mathbb{E}$, $(a + b) + c = a + (b + c)$, en virtud de la propiedad asociativa del producto entre números reales, $(ab)c = a(bc)$.

1.3. $\exists\ \mathbf{0}_{\mathbb{E}}$ tal que, $\forall\ a \in \mathbb{E}$, $a + \mathbf{0}_{\mathbb{E}} = \mathbf{0}_{\mathbb{E}} + a = a$.
Luego $\mathbf{0}_{\mathbb{E}} = 1$ ($a \cdot 1 = 1 \cdot a = a$).

1.4. $\forall\ a \in \mathbb{E}$, $\exists\ (-a) \in \mathbb{E}$ tal que $a + (-a) = (-a) + a = \mathbf{0}_{\mathbb{E}} = 1$.
Por tanto, $(-a) = 1/a$.

2.1. $\forall\ \lambda \in \mathbb{R}$, $\forall\ a, b \in \mathbb{E}$, $\lambda(a + b) = \lambda a + \lambda b$, ya que $(ab)^\lambda = a^\lambda b^\lambda$.

2.2. $\forall\ \lambda, \mu \in \mathbb{R}$, $\forall\ a \in \mathbb{E}$, $(\lambda + \mu)a = \lambda a + \mu a$, ya que $a^{\lambda+\mu} = a^\lambda a^\mu$.

2.3. $\forall\ \lambda, \mu \in \mathbb{R}$, $\forall\ a \in \mathbb{E}$, $\lambda(\mu a) = (\lambda\mu)a$, ya que $(a^\mu)^\lambda = a^{\lambda\mu}$.

2.4. $\forall\ a \in \mathbb{E}$, $1 \cdot a = a$, ya que $a^1 = a$.

(b) Para determinar la dimensión de $\mathbb{E}$, veamos que $\forall\ a \in \mathbb{E} \setminus \{\mathbf{0}_{\mathbb{E}}\}$ es posible escribirlo como combinación lineal del número e, esto es,

$$a = \lambda e = e^\lambda \quad \Longleftrightarrow \quad \lambda = \ln a.$$

Así pues, cualesquiera $a, b \in \mathbb{E}$ son linealmente dependientes. Por tanto, $\dim \mathbb{E} = 1$ y así cualquier número de $\mathbb{R}^+$, salvo el 1 (que es el $\mathbf{0}_{\mathbb{E}}$) es una base de $\mathbb{E}$.

(c) $L[1] = \{\alpha \cdot 1 = 1^\alpha = 1, \forall\ \alpha \in \mathbb{R}\} \Longrightarrow L[1] = \mathbf{0}_{\mathbb{E}} \Longrightarrow \dim L[1] = 0$.

(d) Sean $a = 3$ y $\lambda = \log_3 \sqrt{2}$. Entonces, $\lambda a = a^\lambda = \sqrt{2} \notin \mathbb{N}$, luego $\mathbb{N}$ no es un subespacio de $\mathbb{E}$. Puesto que $\mathbb{N} \subset \mathbb{Q}^+$ y $\sqrt{2} \notin \mathbb{Q}^+$, el ejemplo anterior también sirve para mostrar que $\mathbb{Q}^+$ no es subespacio de $\mathbb{E}$.

5.14 Si $\mathbb{E}$ y $\mathbb{F}$ son espacios vectoriales sobre el cuerpo $\mathbb{K}$, definimos el producto cartesiano

$$\mathbb{E} \times \mathbb{F} = \{(\boldsymbol{v}, \boldsymbol{w}) \ : \ \boldsymbol{v} \in \mathbb{E},\ \boldsymbol{w} \in \mathbb{F}\}.$$

(a) Demostrar que $\mathbb{E} \times \mathbb{F}$ es un espacio vectorial sobre $\mathbb{K}$, donde la suma y el producto por un escalar vienen dados por

$$(\boldsymbol{v}, \boldsymbol{w}) + (\boldsymbol{v}', \boldsymbol{w}') = (\boldsymbol{v} + \boldsymbol{v}', \boldsymbol{w} + \boldsymbol{w}'), \quad \lambda(\boldsymbol{v}, \boldsymbol{w}) = (\lambda\boldsymbol{v}, \lambda\boldsymbol{w}).$$

(b) Si $\mathbb{E}$ y $\mathbb{F}$ son de dimensión finita, con $\dim \mathbb{E} = n$ y $\dim \mathbb{F} = m$, probar que $\dim(\mathbb{E} \times \mathbb{F}) = n + m$.

Resolución.

(a) La demostración pasa por hacer una comprobación rutinaria de los axiomas de la definición 5.1. La verificación de éstos se sigue de manera inmediata al ser $\mathbb{E}$ y $\mathbb{F}$ espacios lineales. Así pues,

1.1 $(\boldsymbol{v}, \boldsymbol{w}) + (\boldsymbol{v}', \boldsymbol{w}') = (\boldsymbol{v} + \boldsymbol{v}', \boldsymbol{w} + \boldsymbol{w}') = (\boldsymbol{v}' + \boldsymbol{v}, \boldsymbol{w}' + \boldsymbol{w}) = (\boldsymbol{v}', \boldsymbol{w}') + (\boldsymbol{v}, \boldsymbol{w})$,
$\forall\ \boldsymbol{v}, \boldsymbol{v}' \in \mathbb{E}, \quad \forall\ \boldsymbol{w}, \boldsymbol{w}' \in \mathbb{F}$.

1.2 $[(\boldsymbol{v},\boldsymbol{w})+(\boldsymbol{v}',\boldsymbol{w}')]+(\boldsymbol{v}'',\boldsymbol{w}'')=(\boldsymbol{v}+\boldsymbol{v}'+\boldsymbol{v}'',\boldsymbol{w}+\boldsymbol{w}'+\boldsymbol{w}'')$
$=[\boldsymbol{v}+(\boldsymbol{v}'+\boldsymbol{v}''),\boldsymbol{w}+(\boldsymbol{w}'+\boldsymbol{w}'')]=(\boldsymbol{v},\boldsymbol{w})+[(\boldsymbol{v}',\boldsymbol{w}')+(\boldsymbol{v}'',\boldsymbol{w}'')]$,
$\forall\,\boldsymbol{v},\boldsymbol{v}',\boldsymbol{v}''\in\mathbb{E},\quad\forall\,\boldsymbol{w},\boldsymbol{w}',\boldsymbol{w}''\in\mathbb{F}$.

1.3 $(\mathbf{0}_{\mathbb{E}},\mathbf{0}_{\mathbb{F}})+(\boldsymbol{v},\boldsymbol{w})=(\mathbf{0}_{\mathbb{E}}+\boldsymbol{v},\mathbf{0}_{\mathbb{F}}+\boldsymbol{w})=(\boldsymbol{v},\boldsymbol{w}),\quad\forall\,\boldsymbol{v}\in\mathbb{E},\quad\forall\,\boldsymbol{w}\in\mathbb{F}$.

1.4 $(-\boldsymbol{v},-\boldsymbol{w})+(\boldsymbol{v},\boldsymbol{w})=(-\boldsymbol{v}+\boldsymbol{v},-\boldsymbol{w}+\boldsymbol{w})=(\mathbf{0}_{\mathbb{E}},\mathbf{0}_{\mathbb{F}}),\quad\forall\,\boldsymbol{v}\in\mathbb{E},\quad\forall\,\boldsymbol{w}\in\mathbb{F}$.

2.1 $\lambda[(\boldsymbol{v},\boldsymbol{w})+(\boldsymbol{v}',\boldsymbol{w}')]=(\lambda\boldsymbol{v},\lambda\boldsymbol{w})+(\lambda\boldsymbol{v}',\lambda\boldsymbol{w}')=\lambda(\boldsymbol{v},\boldsymbol{w})+\lambda(\boldsymbol{v}',\boldsymbol{w}')$,
$\forall\,\lambda\in\mathbb{K},\quad\forall\,\boldsymbol{v},\boldsymbol{v}'\in\mathbb{E},\quad\forall\,\boldsymbol{w},\boldsymbol{w}'\in\mathbb{F}$.

2.2 $(\lambda+\mu)(\boldsymbol{v},\boldsymbol{w})=[(\lambda+\mu)\boldsymbol{v},(\lambda+\mu)\boldsymbol{w}]=(\lambda\boldsymbol{v}+\mu\boldsymbol{v},\lambda\boldsymbol{w}+\mu\boldsymbol{w})=(\lambda\boldsymbol{v},\lambda\boldsymbol{w})+(\mu\boldsymbol{v},\mu\boldsymbol{w})$
$=\lambda(\boldsymbol{v},\boldsymbol{w})+\mu(\boldsymbol{v},\boldsymbol{w}),\quad\forall\,\lambda,\mu\in\mathbb{K},\quad\forall\,\boldsymbol{v}\in\mathbb{E},\quad\forall\,\boldsymbol{w}\in\mathbb{F}$.

2.3 $\lambda[\mu(\boldsymbol{v},\boldsymbol{w})]=\lambda(\mu\boldsymbol{v},\mu\boldsymbol{w})=(\lambda\mu\boldsymbol{v},\lambda\mu\boldsymbol{w})=(\lambda\mu)(\boldsymbol{v},\boldsymbol{w}),\quad\forall\,\lambda,\mu\in\mathbb{K}$,
$\forall\,\boldsymbol{v}\in\mathbb{E},\quad\forall\,\boldsymbol{w}\in\mathbb{F}$.

2.4 $1_{\mathbb{K}}(\boldsymbol{v},\boldsymbol{w})=(1_{\mathbb{K}}\boldsymbol{v},1_{\mathbb{K}}\boldsymbol{w})=(\boldsymbol{v},\boldsymbol{w}),\quad\forall\,\boldsymbol{v}\in\mathbb{E},\quad\forall\,\boldsymbol{w}\in\mathbb{F}$.

(b) Sean $\{\boldsymbol{e}_1,\boldsymbol{e}_2,\dots,\boldsymbol{e}_n\}$ y $\{\boldsymbol{f}_1,\boldsymbol{f}_2,\dots,\boldsymbol{f}_m\}$ sendas bases de $\mathbb{E}$ y $\mathbb{F}$, respectivamente. Entonces, $\forall\,(\boldsymbol{v},\boldsymbol{w})\in\mathbb{E}\times\mathbb{F}$, se tiene

$$\begin{aligned}(\boldsymbol{v},\boldsymbol{w})&=(\lambda_1\boldsymbol{e}_1+\lambda_2\boldsymbol{e}_2+\cdots+\lambda_n\boldsymbol{e}_n,\mu_1\boldsymbol{f}_1+\mu_2\boldsymbol{f}_2+\cdots+\mu_m\boldsymbol{f}_m)\\&=\sum_{k=1}^{n}\lambda_k(\boldsymbol{e}_k,\mathbf{0}_{\mathbb{F}})+\sum_{j=1}^{m}\mu_j(\mathbf{0}_{\mathbb{E}},\boldsymbol{f}_j),\end{aligned}$$

Esto significa que $\{\boldsymbol{e}_k,\mathbf{0}_{\mathbb{F}}\}_{k=1}^{n}\cup\{\mathbf{0}_{\mathbb{E}},f_j\}_{j=1}^{m}$ es sistema generador. Además, es linealmente independiente pues si en la expresión anterior $\boldsymbol{v}=\mathbf{0}_{\mathbb{E}}$ y $\boldsymbol{w}=\mathbf{0}_{\mathbb{F}}$, entonces $\lambda_1=\cdots=\lambda_n=\mu_1=\cdots=\mu_m=0$. Por tanto es base y $\dim(\mathbb{E}\times\mathbb{F})=n+m$.

5.15 Probar que las sucesiones $\{u_n\}$ cuyos elementos satisfacen una relación recurrente del tipo $u_n-cu_{n-1}=0$, $u_0\neq 0$, $n=1,2,\dots$ y $c=\mathit{const}\neq 0$, constituyen un espacio vectorial de dimensión 1.

Resolución.

$$u_n-cu_{n-1}=0\quad\Longleftrightarrow\quad u_n=cu_{n-1},\quad n=1,2,\dots$$

Entonces,

$$u_1=cu_0,\quad u_2=c^2u_0,\quad\dots\quad,\quad u_n=c^nu_0.$$

Por tanto, el conjunto de las sucesiones de esta forma es

$$\{u_n\}=\{c^nu_0\}=L[\{c^n\}].$$

Vemos así que este conjunto es un espacio vectorial de dimensión 1, generado por la sucesión $\{\tilde{u}_n\}=\{c^n\}$.

5.16 Sea $\mathbb{F}$ el espacio vectorial de las funciones de $\mathbb{R}$ en $\mathbb{R}$. Sean

$$\begin{aligned}\mathbb{A}&=\{f\in\mathbb{F}\,:\,f(-x)=f(x),\quad\forall\,x\in\mathbb{R}\},\\\mathbb{B}&=\{f\in\mathbb{F}\,:\,f(-x)=-f(x),\quad\forall\,x\in\mathbb{R}\}.\end{aligned}$$

Probar que el conjunto de las *funciones pares* $\mathbb{A}$ y el conjunto de las *funciones impares* $\mathbb{B}$ son subespacios vectoriales de $\mathbb{F}$, y que $\mathbb{F}$ es suma directa de $\mathbb{A}$ y $\mathbb{B}$.

Resolución. La prueba de que los conjuntos $\mathbb{A}$ y $\mathbb{B}$ son subespacios de $\mathbb{F}$ es inmediata usando la proposición 5.2. En efecto, $\forall\,f_1,f_2\in\mathbb{A}$ y $\forall\,\lambda,\mu\in\mathbb{R}$, se tiene que

$$F(x)=\lambda f_1(x)+\mu f_2(x)=\lambda f_1(-x)+\mu f_2(-x)=F(-x).$$

Para las funciones del conjunto $\mathbb{B}$ se procede de manera análoga.

Finalmente, para probar que $\mathbb{F} = \mathbb{A} \oplus \mathbb{B}$ basta observar que toda función f de $\mathbb{F}$ se puede descomponer como

$$f(x) = \underbrace{\frac{f(x)+f(-x)}{2}}_{f_1(x)} + \underbrace{\frac{f(x)-f(-x)}{2}}_{f_2(x)} = f_1(x) + f_2(x),$$

donde $f_1(x) \in \mathbb{A}$ y $f_2(x) \in \mathbb{B}$, y además $\mathbb{A} \cap \mathbb{B} = \{\mathbf{0}_{\mathbb{F}}\}$.

5.17 Se considera el espacio vectorial $\mathbb{P}_3$ y los subespacios

$$\mathbb{A} = \{p(t) \in \mathbb{P}_3 \ : \ tp'(t) - kp(t) = 0, \quad k \in \mathbb{R}\},$$
$$\mathbb{B} = \left\{p(t) \in \mathbb{P}_3 \ : \ t^2p''(t) - tp'(t) = 0\right\}.$$

(a) Calcular, en función del valor de k, la dimensión y una base de $\mathbb{A}$.

(b) Calcular la dimensión y una base de $\mathbb{B}$.

(c) Discutir, en función del valor de k, si $\mathbb{A}$ y $\mathbb{B}$ son subespacios suplementarios.

Resolución. Sea $p(t) = at^3 + bt^2 + ct + d$ $(a, b, c, d \in \mathbb{R})$ un polinomio genérico de $\mathbb{P}_3$. Se tiene entonces

$$p'(t) = 3at^2 + 2bt + c, \quad p''(t) = 6at + 2b.$$

(a) La condición de pertenencia a $\mathbb{A}$ se escribe como

$$t(3at^2 + 2bt + c) = k(at^3 + bt^2 + ct + d),$$

es decir,

$$3at^3 + 2bt^2 + ct = kat^3 + kbt^2 + kct + kd.$$

Esta igualdad equivale al sistema de ecuaciones lineales

$$\begin{cases} 3a = ka, \\ 2b = kb, \\ c = kc, \\ 0 = kd. \end{cases}$$

Por tanto, hemos de distinguir las siguientes posibilidades:

1. Si $k = 0$, entonces $a = b = c = 0$, $d \in \mathbb{R}$. Por tanto, $\mathbb{A} = \{d\} = L[1]$, y $\dim \mathbb{A} = 1$.
2. Si $k = 1$, entonces $a = b = d = 0$, $c \in \mathbb{R}$. Por tanto, $\mathbb{A} = \{ct\} = L[t]$, y $\dim \mathbb{A} = 1$.
3. Si $k = 2$, entonces $a = c = d = 0$, $b \in \mathbb{R}$. Por tanto, $\mathbb{A} = \{bt^2\} = L[t^2]$, y $\dim \mathbb{A} = 1$.
4. Si $k = 3$, entonces $b = c = d = 0$, $a \in \mathbb{R}$. Por tanto, $\mathbb{A} = \{at^3\} = L[t^3]$, y $\dim \mathbb{A} = 1$.
5. Si $k \neq 0, 1, 2, 3$, entonces $a = b = c = d = 0$. Por tanto, $\mathbb{A} = \{\mathbf{0}_{\mathbb{P}_3}\}$, y $\dim \mathbb{A} = 0$.

(b) La condición de pertenencia a $\mathbb{B}$ se escribe como

$$t^2(6at + 2b) = t(3at^2 + 2bt + c),$$

es decir,

$$6at^3 + 2bt^2 = 3at^3 + 2bt^2 + ct.$$

Esta igualdad equivale al sistema de ecuaciones lineales

$$\begin{cases} 6a = 3a, \\ 2b = 2b, \\ 0 = c, \end{cases}$$

cuya solución es $a = 0$, $b \in \mathbb{R}$, $c = 0$, $d \in \mathbb{R}$. Por tanto,

$$\mathbb{B} = \{bt^2 + d\} = L[t^2, 1] \quad \Longrightarrow \quad \dim \mathbb{B} = 2.$$

(c) De los dos apartados anteriores, se deduce que $\mathbb{A} \cap \mathbb{B} = \{\mathbf{0}_{\mathbb{P}_3}\}$ cuando $k = 1, k = 3$ y $k \neq 0, 1, 2, 3$. Por tanto, la suma de $\mathbb{A}$ y $\mathbb{B}$ es directa (son suplementarios) $\forall\, k \neq 0, 2$.

5.18 Sean $\mathbb{A} = L[\mathbb{A}_1]$, $\mathbb{B} = L[\mathbb{B}_1]$ subespacios vectoriales de $\mathbb{E}$ con $\mathbb{A}_1$, $\mathbb{B}_1$ bases de $\mathbb{A}$ y $\mathbb{B}$, respectivamente.

(a) Probar que $\mathbb{A}_1 \cup \mathbb{B}_1$ es un sistema generador de $\mathbb{A} + \mathbb{B}$.

(b) Si $\mathbb{C}_1$ es una base de $\mathbb{A} \cap \mathbb{B}$ (supuesto $\mathbb{A} \cap \mathbb{B} \neq \{\mathbf{0}_{\mathbb{E}}\}$), completarla hasta obtener sendas bases $\mathbb{A}_2$, $\mathbb{B}_2$ de $\mathbb{A}$, $\mathbb{B}$, respectivamente. Probar que $\mathbb{C}_1 \cup (\mathbb{A}_2 \setminus \mathbb{C}_1) \cup (\mathbb{B}_2 \setminus \mathbb{C}_1)$ es una base de $\mathbb{A} + \mathbb{B}$.

(c) Sean $\mathbb{A}$ y $\mathbb{B}$ subespacios vectoriales de dimensión finita. Demostrar que $\dim(\mathbb{A} + \mathbb{B}) + \dim(\mathbb{A} \cap \mathbb{B}) = \dim \mathbb{A} + \dim \mathbb{B}$.

(d) Bajo los mismos supuestos del apartado (c), probar que $\dim(\mathbb{A} + \mathbb{B}) = \dim \mathbb{A} + \dim \mathbb{B}$ si y sólo si $\mathbb{A} \cap \mathbb{B} = \{\mathbf{0}_{\mathbb{E}}\}$. En este caso, el subespacio $\mathbb{A} + \mathbb{B}$ es suma directa de $\mathbb{A}$ y $\mathbb{B}$.

Resolución.

(a) El resultado se sigue inmediatamente de los apartados (b) y (c) del ejercicio 5.5.

(b) Si $\mathbb{C}_1$, base de $\mathbb{A} \cap \mathbb{B}$, se completa hasta tener una base de $\mathbb{A}$ y una base de $\mathbb{B}$, esto significa que hemos añadido a $\mathbb{C}_1$, respectivamente, las familias de vectores $\mathbb{C}_1'$ y $\mathbb{C}_1''$ tales que

$$\mathbb{A} = L[\mathbb{C}_1 \cup \mathbb{C}_1'] = L[\mathbb{A}_2], \quad \mathbb{B} = L[\mathbb{C}_1 \cup \mathbb{C}_1''] = L[\mathbb{B}_2].$$

Luego,

$$\mathbb{C}_1 \cup (\mathbb{A}_2 \setminus \mathbb{C}_1) \cup (\mathbb{B}_2 \setminus \mathbb{C}_1) = \mathbb{C}_1 \cup (\mathbb{C}_1 \cup \mathbb{C}_1' \setminus \mathbb{C}_1) \cup (\mathbb{C}_1 \cup \mathbb{C}_1'' \setminus \mathbb{C}_1) = \mathbb{C}_1 \cup \mathbb{C}_1' \cup \mathbb{C}_1''.$$

Así pues,

$$\mathbb{A} + \mathbb{B} = L[\mathbb{C}_1 \cup \mathbb{C}_1' \cup \mathbb{C}_1''].$$

Más aún, $\mathbb{C}_1 \cup \mathbb{C}_1' \cup \mathbb{C}_1''$ constituye una base de $\mathbb{A} + \mathbb{B}$, pues si eliminamos un vector de $\mathbb{C}_1 \cup \mathbb{C}_1' \cup \mathbb{C}_1''$ el sistema resultante deja de ser generador de $\mathbb{A} + \mathbb{B}$.

(c) Sean $\dim \mathbb{A} = n$ y $\dim \mathbb{B} = m$. Entonces, $\mathbb{C}_1, \mathbb{C}_1'$ y $\mathbb{C}_1''$ están formados por i vectores, j vectores y k vectores ($i, j, k \in \mathbb{N}$), respectivamente. Del apartado (b) sabemos que todo vector de $\mathbb{A} + \mathbb{B}$ se puede expresar como combinación lineal de, a lo más, $(i + j + k)$ vectores. Luego,

$$n = \dim \mathbb{A} = i + j = \dim(\mathbb{A} \cap \mathbb{B}) + j,$$
$$m = \dim \mathbb{B} = i + k = \dim(\mathbb{A} \cap \mathbb{B}) + k.$$

Sumando las dos expresiones anteriores, se sigue

$$n + m = \dim \mathbb{A} + \dim \mathbb{B} = i + (i + j + k) = \dim(\mathbb{A} \cap \mathbb{B}) + \dim(\mathbb{A} + \mathbb{B}),$$

o sea,

$$\dim(\mathbb{A} + \mathbb{B}) + \dim(\mathbb{A} \cap \mathbb{B}) = \dim \mathbb{A} + \dim \mathbb{B}.$$

(d) Por el resultado del apartado (c), $\dim(\mathbb{A}+\mathbb{B}) = \dim\mathbb{A} + \dim\mathbb{B}$ si y sólo si $\dim(\mathbb{A}\cap\mathbb{B}) = 0$ y esta condición es equivalente a $\mathbb{A}\cap\mathbb{B} = \{\mathbf{0}_{\mathbb{E}}\}$.

5.19 Definiendo los números combinatorios de la forma habitual,

$$\binom{t}{0} = 1, \quad \binom{t}{k} = \frac{t(t-1)\cdots(t-k+1)}{k!}, \quad k \geq 1,$$

(a) Probar que $\left\{\binom{t}{k}\right\}_{k=0}^{n}$ es una base de $\mathbb{P}_n$.

(b) Probar que la familia $\{(t)_k\}_{k=0}^{n}$, donde

$$(t)_0 = 1, \quad (t)_k = t(t+1)\cdots(t+k-1), \quad k = 1, 2, \ldots, n\,,$$

es una base de $\mathbb{P}_n$.

(c) Hallar la representación coordenada del polinomio $1+t^3$ en ambas bases.

Resolución.

(a) La familia $\left\{\binom{t}{k}\right\}_{k=0}^{n}$ está formada por $n+1$ polinomios de $\mathbb{P}_n$. Para probar que es una base basta demostrar la independencia lineal. Si consideramos la ecuación

$$\lambda_0\binom{t}{0} + \lambda_1\binom{t}{1} + \cdots + \lambda_n\binom{t}{n} = 0 \quad \forall\, t,$$

tomando $t=0$ encontramos que $\lambda_0 = 0$. Tomando $t=1$ se tiene entonces que $\lambda_1 = 0$, y así sucesivamente, para $t=k$ con $k \in \{0,1,\ldots,n\}$ encontramos $\lambda_k = 0$, lo que prueba la independencia lineal.

(b) La demostración es análoga a la del apartado anterior, considerando ahora la ecuación

$$\lambda_0(t)_0 + \lambda_1(t)_1 + \cdots + \lambda_n(t)_n = 0$$

para $t=-k$, $k \in \{0,1,\ldots,n\}$.

(c) Para $n=3$, la base del apartado (a) está formada por los polinomios

$$\binom{t}{0} = 1, \quad \binom{t}{1} = t, \quad \binom{t}{2} = \frac{t(t-1)}{2}, \quad \binom{t}{3} = \frac{t(t-1)(t-2)}{6}.$$

Si escribimos

$$1+t^3 = \lambda_0 + \lambda_1 t + \lambda_2\frac{t(t-1)}{2} + \lambda_3\frac{t(t-1)(t-2)}{6},$$

tomando $t = 0,1,2,3$ obtenemos el sistema de ecuaciones lineales

$$\begin{cases} \lambda_0 = 1, \\ \lambda_0 + \lambda_1 = 2, \\ \lambda_0 + 2\lambda_1 + \lambda_2 = 9, \\ \lambda_0 + 3\lambda_1 + 3\lambda_2 + \lambda_3 = 28. \end{cases}$$

Este sistema triangular puede resolverse por sustitución hacia abajo o usando el método de Gauss de reducción por filas. La solución es

$$\lambda_0 = \lambda_1 = 1, \quad \lambda_2 = \lambda_3 = 6.$$

Por tanto,

$$1+t^3=\binom{t}{0}+\binom{t}{1}+6\binom{t}{2}+6\binom{t}{3}.$$

La base del apartado (b) está formada por los polinomios

$$(t)_0=1,\quad (t)_1=t,\quad (t)_2=t(t+1),\quad (t)_3=t(t+1)(t+2).$$

Si escribimos

$$1+t^3=\mu_0+\mu_1 t+\mu_2 t(t+1)+\mu_3 t(t+1)(t+2),$$

tomando $t=0,-1,-2,-3$ obtenemos el sistema de ecuaciones lineales

$$\begin{cases} \mu_0=1,\\ \mu_0-\mu_1=0,\\ \mu_0-2\mu_1+2\mu_2=-7,\\ \mu_0-3\mu_1+6\mu_2-6\mu_3=-26. \end{cases}$$

Resolviendo el sistema,

$$\mu_0=\mu_1=1,\quad \mu_2=-3,\quad \mu_3=1.$$

Por tanto,

$$1+t^3=(t)_0+(t)_1-3(t)_2+(t)_3.$$

5.20 Dadas las bases de $\mathbb{R}^3$

$$\begin{aligned} \mathbb{A}&=\{\boldsymbol{a}_1,\boldsymbol{a}_2,\boldsymbol{a}_3\}=\{(1,1,1),(1,1,0),(1,0,0)\},\\ \mathbb{A}'&=\{\boldsymbol{a}_1',\boldsymbol{a}_2',\boldsymbol{a}_3'\}=\{(1,1,1),(0,1,1),(0,0,1)\},\\ \mathbb{A}''&=\{\boldsymbol{a}_1'',\boldsymbol{a}_2'',\boldsymbol{a}_3''\}=\{(1,0,0),(1,1,0),(1,1,1)\}, \end{aligned}$$

determinar las matrices de cambio de base que relacionan:

(a) Las bases $\mathbb{A}$ y $\mathbb{A}'$.

(b) Las bases $\mathbb{A}$ y $\mathbb{A}''$.

Resolución.

(a) Es fácil observar que $\boldsymbol{a}_1=\boldsymbol{a}_1'$, $\boldsymbol{a}_2=\boldsymbol{a}_1'-\boldsymbol{a}_3'$ y $\boldsymbol{a}_3=\boldsymbol{a}_1'-\boldsymbol{a}_2'$. Por tanto, las coordenadas de los vectores de la base $\mathbb{A}$ en la base $\mathbb{A}'$ son

$$\boldsymbol{a}_1=(1,0,0)_{\mathbb{A}'},\quad \boldsymbol{a}_2=(1,0,-1)_{\mathbb{A}'},\quad \boldsymbol{a}_3=(1,-1,0)_{\mathbb{A}'},$$

y la matriz de cambio de base de $\mathbb{A}$ a $\mathbb{A}'$ es

$$\mathcal{P}_{\mathbb{A}\to\mathbb{A}'}=\begin{pmatrix}1&1&1\\0&0&-1\\0&-1&0\end{pmatrix}.$$

Por otra parte,

$$\boldsymbol{a}_1'=(1,0,0)_{\mathbb{A}},\quad \boldsymbol{a}_2'=(1,0,-1)_{\mathbb{A}},\quad \boldsymbol{a}_3'=(1,-1,0)_{\mathbb{A}},$$

de manera que

$$\mathcal{P}_{\mathbb{A}'\to\mathbb{A}}=\begin{pmatrix}1&1&1\\0&0&-1\\0&-1&0\end{pmatrix}.$$

(b) Análogamente, observando que $\boldsymbol{a}_1'' = \boldsymbol{a}_3$, $\boldsymbol{a}_2'' = \boldsymbol{a}_2$ y $\boldsymbol{a}_3'' = \boldsymbol{a}_1$, tenemos que las coordenadas de los vectores de la base $\mathbb{A}$ en la base $\mathbb{A}''$ son

$$\boldsymbol{a}_1 = (0,0,1)_{\mathbb{A}''}, \quad \boldsymbol{a}_2 = (0,1,0)_{\mathbb{A}''}, \quad \boldsymbol{a}_3 = (1,0,0)_{\mathbb{A}''},$$

y, por tanto,

$$\mathcal{P}_{\mathbb{A}\to\mathbb{A}''} = \begin{pmatrix} 0 & 0 & 1 \\ 0 & 1 & 0 \\ 1 & 0 & 0 \end{pmatrix}.$$

Al ser $\mathcal{P}_{\mathbb{A}\to\mathbb{A}''}$ una matriz de permutación, su inversa es ella misma. Así,

$$\mathcal{P}_{\mathbb{A}''\to\mathbb{A}} = \left(\mathcal{P}_{\mathbb{A}\to\mathbb{A}''}\right)^{-1} = \mathcal{P}_{\mathbb{A}\to\mathbb{A}''}.$$

Obsérvese que estas matrices ($\mathcal{P}_{\mathbb{A}\to\mathbb{A}'}$ y $\mathcal{P}_{\mathbb{A}''\to\mathbb{A}}$) son indempotentes e involutorias (véase los problemas propuestos 2.16 y 2.17).

5.21 En el espacio vectorial $\mathbb{P}_n$ se consideran la base canónica $\mathbb{A} = \{1, t, \ldots, t^n\}$ y la base $\mathbb{A}' = \{1, (t-\alpha), \ldots, (t-\alpha)^n\}$. Hallar la matriz de cambio de base $\mathcal{P}_{\mathbb{A}'\to\mathbb{A}}$.

Resolución. Aplicando la fórmula del binomio de Newton,

$$(t-\alpha)^k = (-\alpha)^k + \binom{k}{1}(-\alpha)^{k-1}t + \cdots + \binom{k}{k-1}(-\alpha)t^{k-1} + t^k,$$

se tiene

$$(t-\alpha)^k = \left((-\alpha)^k, \binom{k}{1}(-\alpha)^{k-1}, \ldots, \binom{k}{k-1}(-\alpha), 1, 0, \ldots, 0\right)_{\mathbb{A}},$$

donde hemos representado $(t-\alpha)^k$ en la base $\mathbb{A}$. La matriz pedida tiene por columnas las coordenadas de $(t-\alpha)^k$ $(k = 0, \ldots, n)$ en la base canónica $\mathbb{A}$, es decir,

$$\mathcal{P}_{\mathbb{A}'\to\mathbb{A}} = \begin{pmatrix} 1 & -\alpha & \alpha^2 & -\alpha^3 & \cdots & (-1)^n\alpha^n \\ 0 & 1 & -2\alpha & 3\alpha^2 & \cdots & n(-1)^{n-1}\alpha^{n-1} \\ \vdots & \vdots & \vdots & \vdots & \ddots & \vdots \\ 0 & 0 & 0 & 0 & \cdots & 1 \end{pmatrix}.$$

5.22 Sea $p(t) \in \mathbb{P}_n$ un polinomio de grado exactamente n, y $p^{(k)}(t)$, con $k = 0, 1, \ldots, n$, la derivada $k-$ésima de p respecto a la variable t. Probar que

$$\mathbb{A} = \left\{p(t), p'(t), \ldots, p^{(n)}(t)\right\}$$

es una base de $\mathbb{P}_n$. Como aplicación, calcular las coordenadas del polinomio $q(t) = p(t+a)$ respecto a dicha base. Dicho polinomio q se denomina *polinomio de Taylor* de grado n en el punto $t = a$.

Resolución. Procederemos a solucionar la primera parte del problema por reducción al absurdo. Supongamos que $\mathbb{A}$ no es una base de $\mathbb{P}_n$. Luego, existen valores no nulos $\lambda_0, \lambda_1, \ldots, \lambda_n$ tales que

$$\lambda_0 p(t) + \lambda_1 p'(t) + \cdots + \lambda_n p^{(n)}(t) = \mathbf{0}_{\mathbb{P}}. \tag{5.13}$$

Sea

$$p(t) = a_n t^n + a_{n-1}t^{n-1} + \cdots + a_0 = \sum_{m=0}^{n} a_m t^m = \sum_{m=0}^{n} \frac{p^{(m)}(0)}{m!} t^m, \tag{5.14}$$

con $a_n \neq 0$. Si derivamos n veces en (5.13), se obtiene

$$\lambda_0 n! a_n = 0 \iff \lambda_0 = 0.$$

Sustituyendo este valor de λ_0 en (5.13), al derivar $n-1$ veces la expresión resultante se sigue que

$$\lambda_1 n! a_n = 0 \iff \lambda_1 = 0.$$

Continuando el proceso, en $n+1$ pasos, deducimos que

$$\lambda_0 = \lambda_1 = \cdots = \lambda_n = 0,$$

lo que contradice nuestra suposición. Por tanto, $\mathbb{A}$ es una base del espacio $\mathbb{P}_n$.

Para encontrar las coordenadas de $q(t) = p(t+a)$ respecto a la base $\mathbb{A}$, derivamos k veces la expresión (5.14), con $k = 0, 1, \ldots, n$. Así,

$$p^{(k)}(t) = \sum_{m=k}^{n} \frac{a_m\, m!}{(m-k)!} t^{m-k} = \sum_{j=0}^{n-k} \frac{a_{j+k}\,(j+k)!}{j!} t^j.$$

Sustituyendo $t = a$ en la expresión anterior, se tiene

$$p^{(k)}(a) = \sum_{j=0}^{n-k} \frac{a_{j+k}\,(j+k)!}{j!} a^j. \tag{5.15}$$

Por otra parte, si consideramos el desarrollo del polinomio $p(t+a)$ respecto a la base $\mathbb{A}$,

$$p(t+a) = \sum_{j=0}^{n} \alpha_j p^{(j)}(t),$$

y derivamos esta igualdad k veces, con $k = 0, 1, \ldots, n$,

$$p^{(k)}(t+a) = \sum_{j=0}^{n-k} \alpha_j p^{(j+k)}(t).$$

Sustituyendo $t = 0$ en la expresión anterior, y teniendo en cuenta que $p^{(m)}(0) = a_m m!$ como se ha usado en (5.14), obtenemos

$$p^{(k)}(a) = \sum_{j=0}^{n-k} \alpha_j\, a_{j+k}(j+k)!. \tag{5.16}$$

Finalmente, comparando los desarrollos (5.15) y (5.16) para $p^{(k)}(a)$, se sigue que

$$\alpha_0 = 1, \quad \alpha_j = \frac{a^j}{j!}, \quad j = 1, 2, \ldots, n.$$

Así pues,

$$p(t+a) = \left(1, a, \ldots, \frac{a^n}{n!}\right)_{\mathbb{A}}.$$

5.23 Consideremos el subespacio de $\mathbb{R}^4$ formado por los vectores $(x_1, x_2\ x_3, x_4)$ tales que

$$\left\{ \begin{array}{l} 3x_1 - x_3 + 2x_4 = 0, \\ x_1 - 2x_2 + 3x_4 = 0. \end{array} \right.$$

(a) Hallar unas ecuaciones paramétricas del subespacio.

(b) Determinar una base del subespacio.

(c) Expresar el vector $(-2, 5, 2, 4)$ en dicha base.

Resolución.

(a) Los vectores del subespacio son de la forma

$$\left(x_1, \frac{1}{2}x_1 + \frac{3}{2}x_4, 3x_1 + 2x_4, x_4\right).$$

Es decir, el subespacio está generado por los vectores $(1, \frac{1}{2}, 3, 0)$ y $(0, \frac{3}{2}, 2, 1)$, o, equivalentemente, por los vectores linealmente independientes $(2, 1, 6, 0)$ y $(0, 3, 4, 2)$. Las ecuaciones paramétricas serán, por tanto,

$$\boldsymbol{x} = (x_1, x_2, x_3, x_4) = \lambda(2, 1, 6, 0) + \mu(0, 3, 4, 2),$$

o sea,

$$\begin{cases} x_1 = 2\lambda, \\ x_2 = \lambda + 3\mu, \\ x_3 = 6\lambda + 4\mu, \\ x_4 = 2\mu. \end{cases} \tag{5.17}$$

(b) Como hemos visto, el subespacio tiene dimensión 2, y una base es la formada por los vectores $\boldsymbol{v}_1 = (2, 1, 6, 0)$ y $\boldsymbol{v}_2 = (0, 3, 4, 2)$.

(c) Planteando el sistema de ecuaciones lineales (5.17) con $x_1 = -2$, $x_2 = 5$, $x_3 = 2$, $x_4 = 4$,

$$\begin{cases} 2\lambda = -2, \\ \lambda + 3\mu = 5, \\ 6\lambda + 4\mu = 2, \\ 2\mu = 4, \end{cases}$$

vemos que es compatible, con solución (única) $\lambda = -1$, $\mu = 2$. Esto significa que el vector $\boldsymbol{v} = (-2, 5, 2, 4)$ pertenece al subespacio, y en términos de la base hallada en (b) se expresa como

$$\boldsymbol{v} = -\boldsymbol{v}_1 + 2\boldsymbol{v}_2.$$

5.24 Determinar la ecuación del subespacio vectorial de $\mathbb{R}^3$ que tiene por base

$$\{(1, 1, -2), (-1, 2, -1)\}.$$

Resolución. El subespacio $\mathbb{B}$ tiene dimensión 2 y sus vectores son de la forma

$$\boldsymbol{x} = (x_1, x_2, x_3) = \lambda(1, 1, -2) + \mu(-1, 2, -1) = (\lambda - \mu, \lambda + 2\mu, -2\lambda - \mu).$$

Es decir,

$$\begin{cases} \lambda - \mu = x_1, \\ \lambda + 2\mu = x_2, \\ -2\lambda - \mu = x_3. \end{cases}$$

Sumando estas tres ecuaciones encontramos que $x_1 + x_2 + x_3 = 0$, y ésta es la ecuación del subespacio, dado que tiene dimensión 2.

5.25 Respecto de una base de $\mathbb{R}^5$, los subespacios $\mathbb{A}$ y $\mathbb{B}$ están dados por

$$\mathbb{A} \equiv \begin{cases} x_1 - x_3 + x_5 = 0, \\ x_2 - 2x_4 = 0, \end{cases}$$

$$\mathbb{B} \equiv \begin{cases} x_1 = a, \\ x_2 = a - 2b, \\ x_3 = a + b, \\ x_4 = a - b, \\ x_5 = b, \end{cases} \qquad a, b \in \mathbb{R}.$$

(a) Hallar una base y la dimensión de $\mathbb{A}$.

(b) Hallar una base y la dimensión de $\mathbb{B}$.

(c) Calcular $\mathbb{A} \cap \mathbb{B}$ y determinar su dimensión.

(d) Calcular $\mathbb{A} + \mathbb{B}$ y determinar su dimensión.

Resolución.

(a) Una base fundamental de soluciones se obtiene escribiendo las variables dependientes en términos de las libres. Así, $x_1 = x_3 - x_5$ y $x_2 = 2x_4$. O sea, x_3, x_4 y x_5 son variables libres, y x_1 y x_2 son variables dependientes. Luego, todo vector de la forma $(x_3 - x_5, 2x_4, x_3, x_4, x_5)$ pertenece al subespacio $\mathbb{A}$. Por tanto, la familia

$$\boldsymbol{a}_1 = (1, 0, 1, 0, 0), \quad \boldsymbol{a}_2 = (0, 2, 0, 1, 0), \quad \boldsymbol{a}_3 = (-1, 0, 0, 0, 1),$$

es una base de $\mathbb{A}$ y se tiene que $\dim \mathbb{A} = 3$.

(b) Del sistema que define $\mathbb{B}$ se sigue que si $x_1 = a$ y $x_5 = b$ se toman como variables libres, entonces

$$x_2 = x_1 - 2x_5, \quad x_3 = x_1 + x_5, \quad x_4 = x_1 - x_5.$$

Se deduce de aquí que $\mathbb{B}$ es el conjunto de los vectores de la forma $(x_1, x_1 - 2x_5, x_1 + x_5, x_1 - x_5, x_5)$. Por tanto, la familia

$$\boldsymbol{b}_1 = (1, 1, 1, 1, 0), \quad \boldsymbol{b}_2 = (0, -2, 1, -1, 1),$$

constituye una base de $\mathbb{B}$ y $\dim \mathbb{B} = 2$.

(c) El subespacio $\mathbb{A} \cap \mathbb{B}$ está formado por los vectores de $\mathbb{R}^5$ que pertenecen tanto a $\mathbb{A}$ como a $\mathbb{B}$, es decir, que satisfacen a la vez las ecuaciones que definen ambos subespacios. Sustituyendo las ecuaciones paramétricas dadas en el enunciado para $\mathbb{B}$ en las ecuaciones implícitas dadas para $\mathbb{A}$, encontramos que la primera de éstas se cumple trivialmente ($0 = 0$), mientras que la segunda resulta en la condición $a = 0$. Por tanto, las ecuaciones paramétricas de $\mathbb{A} \cap \mathbb{B}$ son

$$\mathbb{A} \cap \mathbb{B} \equiv \begin{cases} x_1 = 0 \\ x_2 = -2b, \\ x_3 = b, \\ x_4 = -b, \\ x_5 = b, \end{cases} \qquad b \in \mathbb{R}.$$

Se sigue de aquí que $\mathbb{A} \cap \mathbb{B} = L[(0, -2, 1, -1, 1)]$ y $\dim(\mathbb{A} \cap \mathbb{B}) = 1$.

(d) Utilizando el apartado (c) del problema 5.5, tenemos que $\mathbb{A}+\mathbb{B}=L[\boldsymbol{a}_1,\boldsymbol{a}_2,\boldsymbol{a}_3,\boldsymbol{b}_1,\boldsymbol{b}_2]$. Para ver si este sistema generador es una base, consideramos la matriz

$$\mathcal{A}=\begin{pmatrix} 1 & 1 & 1 & 1 & 0\\ 0 & -2 & 1 & -1 & 1\\ 0 & 2 & 0 & 1 & 0\\ -1 & 0 & 0 & 0 & 1\\ 1 & 0 & 1 & 0 & 0 \end{pmatrix},$$

cuyos vectores fila son los vectores de las bases de $\mathbb{A}$ y $\mathbb{B}$ anteriores. Si durante el proceso de reducción por filas de la matriz $\mathcal{A}$ a su forma escalonada reducida aparece una fila de ceros, entonces los vectores fila son linealmente dependientes. En el ejercicio 3.5 ya se calculó la forma escalonada reducida de esta matriz, donde nos encontramos con una fila de ceros. Por tanto, la dimensión del espacio generado por los vectores $\boldsymbol{a}_1$, $\boldsymbol{a}_2$, $\boldsymbol{a}_3$, $\boldsymbol{b}_1$ y $\boldsymbol{b}_2$ es igual a 4. Además, del ejercicio 3.5 se sigue que los vectores

$$\boldsymbol{v}_1=(1,0,0,0,-1),\quad \boldsymbol{v}_2=(0,1,0,0,0),\quad \boldsymbol{v}_3=(0,0,1,0,1),\quad \boldsymbol{v}_4=(0,0,0,1,0),$$

son una base de $L[\boldsymbol{a}_1,\boldsymbol{a}_2,\boldsymbol{a}_3,\boldsymbol{b}_1,\boldsymbol{b}_2]$. Más aún,

$$\boldsymbol{a}_1=\boldsymbol{v}_1+\boldsymbol{v}_3,\quad \boldsymbol{a}_2=2\boldsymbol{v}_2+\boldsymbol{v}_3,\quad \boldsymbol{a}_3=-\boldsymbol{v}_1,$$
$$\boldsymbol{b}_1=\boldsymbol{v}_1+\boldsymbol{v}_2+\boldsymbol{v}_3+\boldsymbol{v}_4,\quad \boldsymbol{b}_2=-2\boldsymbol{v}_2+\boldsymbol{v}_3-\boldsymbol{v}_4.$$

Concluimos así que $\mathbb{A}+\mathbb{B}=L[\boldsymbol{v}_1,\boldsymbol{v}_2,\boldsymbol{v}_3,\boldsymbol{v}_4]$, siendo pues $\{\boldsymbol{v}_1,\boldsymbol{v}_2,\boldsymbol{v}_3,\boldsymbol{v}_4\}$ una base de $\mathbb{A}+\mathbb{B}$. Por tanto, $\dim(\mathbb{A}+\mathbb{B})=4$.

✎ Nótese que se cumple la identidad $\dim(\mathbb{A}+\mathbb{B})+\dim(\mathbb{A}\cap\mathbb{B})=\dim\mathbb{A}+\dim\mathbb{B}$, demostrada en el problema 5.18 (c).

Problemas Propuestos

5.1 Dada una matriz $\mathcal{A}\in\mathbb{K}^{(m,n)}$, demostrar que los vectores columna $\boldsymbol{x}\in\mathbb{K}^{(n,1)}$ tales que $\mathcal{A}\boldsymbol{x}=\mathbb{O}_m$ constituyen un subespacio vectorial de $\mathbb{K}^{(n,1)}$. Dicho espacio se denota habitualmente mediante $\ker(\mathcal{A})$.

5.2 Probar que los subconjuntos $\mathbb{A}$ definidos en el ejemplo 5.2 son subespacios vectoriales.

5.3 Estudiar si la familia de polinomios de $\mathbb{P}_3$

$$\mathbb{A}=\{1,\,at^2,\,2t^2-1,2t^3-3t\},\quad a\neq 0,$$

es linealmente independiente.

5.4 Si $x_0,x_1,\ldots,x_n$ representan $n+1$ números reales distintos, probar que la familia de polinomios

$$p_k(x)=\prod_{j=0}^{k}(x-x_j),\quad k=0,1,\ldots,n,$$

es una base de $\mathbb{P}_n$.
Determinar las coordenadas de los polinomios x^j, $j=0,1,\ldots,n$ respecto a dicha base.

5.5 Se considera el subconjunto

$$\mathbb{A}=\{p\in\mathbb{P}_3\ :\ p(x+2)-2p(x+1)+p(x)=0\}.$$

(a) Probar que $\mathbb{A}$ es un subespacio vectorial de $\mathbb{P}_3$.

(b) Determinar una base de $\mathbb{A}$ así como su dimensión.

5.6 En $\mathbb{R}^{(2,2)}$ se considera el subconjunto de las matrices $\mathcal{A}$ tales que $\mathcal{A}^2 - \mathcal{I} = \mathcal{O}_{2,2}$. ¿Constituye un subespacio vectorial de $\mathbb{R}^{(2,2)}$? En caso afirmativo, hallar su dimensión.

5.7 Una sucesión de números reales es una aplicación $\phi : \mathbb{N} \mapsto \mathbb{R}$. Habitualmente se denomina sucesión al conjunto $\{\phi(1), \phi(2), \ldots, \phi(n), \ldots\}$.

(a) Demostrar que el conjunto $\mathcal{S}$ de las sucesiones de números reales es un espacio vectorial sobre el cuerpo $\mathbb{R}$, con las operaciones

$$(\phi + \psi)(n) = \phi(n) + \psi(n), \quad \forall\, \psi, \phi \in \mathcal{S},$$
$$(\lambda\phi)(n) = \lambda[\phi(n)], \quad \forall\, \lambda \in \mathbb{R}, \quad \forall\, \phi \in \mathcal{S}.$$

(b) Probar que

$$\mathbb{A} = \{\phi : \mathbb{N} \mapsto \mathbb{R} \ : \ \phi(n) = const.\ \forall\, n \in \mathbb{N}\}, \quad \mathbb{B} = \left\{\phi \ : \ \mathbb{N} \mapsto \mathbb{R} \ : \ \sum_{n=1}^{\infty} |\phi(n)|^2 < +\infty\right\},$$

son subespacios vectoriales de $\mathcal{S}$.

(c) Probar que las sucesiones convergentes en $\mathbb{R}$ constituyen también un subespacio vectorial del espacio $\mathcal{S}$.

(d) Probar que

$$\mathbb{E} = \left\{\phi \ : \ \mathbb{N} \mapsto \mathbb{R} \ : \ \lim_{n\to\infty} \phi(n) = 0\right\}, \quad \mathbb{F} = \{\phi \ : \ \mathbb{N} \mapsto \mathbb{R} \ : \ \phi(n) = const. \neq 0,\ \forall\, n \in \mathbb{N}\},$$

son subespacios suplementarios en el espacio $\mathcal{S}_c$ de las sucesiones convergentes de números reales.

5.8 Sea $\mathbb{A}$ el conjunto de las matrices simétricas de $\mathbb{K}^{(n,n)}$ definido en el ejemplo 5.2 (d),

$$\mathbb{A} = \left\{\mathcal{M} \in \mathbb{K}^{(n,n)} \ : \ \mathcal{M}^{\mathrm{T}} = \mathcal{M}\right\}.$$

De manera análoga, definimos el conjunto

$$\mathbb{B} = \left\{\mathcal{M} \in \mathbb{K}^{(n,n)} \ : \ \mathcal{M}^{\mathrm{T}} = -\mathcal{M}\right\},$$

cuyos elementos se denominan *matrices antisimétricas.*

(a) Probar que $\mathbb{A}$ y $\mathbb{B}$ son subespacios vectoriales de $\mathbb{K}^{(n,n)}$.

(b) Hallar $\dim \mathbb{A}$ y $\dim \mathbb{B}$.

(c) Probar que $\mathbb{K}^{(n,n)}$ es suma directa de $\mathbb{A}$ y $\mathbb{B}$.

5.9 Demostrar que el conjunto $\mathbb{X} = \{(x_1, x_2, x_3) \ : \ x_1 + 2x_2 + 3x_3 = 0\}$ es un subespacio vectorial de $\mathbb{R}^3$ de dimensión dos. Hallar una base de dicho subespacio.

5.10 Si $a, b \in \mathbb{R}$, probar que el conjunto de las matrices

$$\begin{pmatrix} a & b & 0 \\ b & a & b \\ 0 & b & a \end{pmatrix}$$

es un subespacio vectorial de dimensión 2 en $\mathbb{R}^{(3,3)}$.

5.11 Se considera el subconjunto $\mathbb{A}$ de polinomios de $\mathbb{P}_3$ definido mediante

$$\mathbb{A} = \left\{p(t) \in \mathbb{P}_3 \ : \ t^2p''(t) + 2tp'(t) + p(t) = 0\right\}.$$

(a) Probar que $\mathbb{A}$ es un subespacio vectorial.

(b) Determinar una base de $\mathbb{A}$ y su dimensión.

5.12 En $\mathbb{R}^{(3,3)}$ se considera el subconjunto de matrices

$$\mathbb{A} = \left\{ \begin{pmatrix} a & b & c+a \\ b & c & a \\ c+a & a & b \end{pmatrix} \ : \ a, b, c \in \mathbb{R} \right\}.$$

(a) Probar que $\mathbb{A}$ es un subespacio vectorial.

(b) Determinar una base de $\mathbb{A}$ y su dimensión.

5.13 Dada la matriz $\mathcal{A} = \begin{pmatrix} 1 & a \\ 0 & 1 \end{pmatrix}$ probar que no existe ningún valor de $a \in \mathbb{R}$ para el que las matrices $\mathcal{I}$, $\mathcal{A}$ y $\mathcal{A}^2$ sean linealmente independientes. Como conclusión, expresar $\mathcal{A}^2$ como combinación lineal de $\mathcal{I}$ y $\mathcal{A}$.

5.14 Se consideran el espacio vectorial $\mathbb{P}_3$ y los subespacios

$$\mathbb{A} = \{p(t) \in \mathbb{P}_3 \ : \ tp'(t) + kp(t) = 0, \quad k \in \mathbb{R}\},$$
$$\mathbb{B} = \left\{p(t) \in \mathbb{P}_3 \ : \ t^3p'''(t) - tp'(t) = 0\right\}.$$

(a) Calcular, en función del valor de k, la dimensión y una base de $\mathbb{A}$.

(b) Calcular la dimensión y una base de $\mathbb{B}$.

(c) Discutir, en función del valor de k, si $\mathbb{A}$ y $\mathbb{B}$ son subespacios suplementarios.

5.15 Se pide:

(a) Probar que el conjunto de soluciones de la ecuación diferencial $x''(t) = 0$ es un subespacio vectorial de dimensión 2 en $C^2(\mathbb{R})$.

(b) Probar que el conjunto de soluciones de la ecuación diferencial $x'(t) + a(t)x(t) = 0$, donde $a \in C(\mathbb{R})$, es un subespacio vectorial de dimensión 1 en $C^1(\mathbb{R})$.

5.16 Sea $\mathbb{A} = \{p_0(t), p_1(t), \ldots, p_n(t)\}$ una base de $\mathbb{P}_n$. Determinar la matriz de cambio de base $\mathcal{P}_{\mathbb{A}\to\mathbb{B}}$, donde

$$\mathbb{B} = \{p_0(t+a), p_1(t+a), \ldots, p_n(t+a)\}.$$

5.17 Sea $\mathbb{A}$ la base canónica de $\mathbb{R}^2$, $\mathbb{A} = \{\boldsymbol{e}_1, \boldsymbol{e}_2\} = \{(1,0), (0,1)\}$, y sea $\mathbb{A}' = \{(2,1), (4,5)\}$ otra base de $\mathbb{R}^2$. Encontrar las matrices de cambio de base de $\mathbb{A}$ a $\mathbb{A}'$ y viceversa.

5.18 Determinar las matrices de cambio de base entre las bases de $\mathbb{R}^n$

$$\mathbb{A} = \{\boldsymbol{a}_1, \boldsymbol{a}_2, \ldots, \boldsymbol{a}_n\}, \quad \mathbb{A}' = \{\boldsymbol{a}_n, \boldsymbol{a}_{n-1}, \ldots, \boldsymbol{a}_1\}.$$

5.19 Sea $\mathbb{A}$ la base canónica del espacio de los polinomios con coeficientes reales $\mathbb{P}_2$, y sea

$$\mathbb{A}' = \{2 + t + 3t^2, 1 + 2t + t^2, t^2\}$$

otra base de dicho espacio. Encontrar la matriz de cambio de la base $\mathbb{A}$ a la base $\mathbb{A}'$ y viceversa.

5.20 Se consideran los vectores de $\mathbb{R}^4$

$$\begin{aligned} \boldsymbol{v}_1 &= (1, -2, 0, 1), \\ \boldsymbol{v}_2 &= (0, 1, 1, -1), \\ \boldsymbol{v}_3 &= (-1, -2, -4, 3), \\ \boldsymbol{v}_4 &= (\alpha, \beta, -2, 5), \end{aligned}$$

donde α y β son números reales. Sea $\mathbb{V} = L[\boldsymbol{v}_1, \boldsymbol{v}_2]$.

(a) ¿$\boldsymbol{v}_3 \in \mathbb{V}$?

(b) Determinar los valores de α, β tales que $\boldsymbol{v}_4 \in \mathbb{V}$. En este caso, determinar sus coordenadas en la base $\{\boldsymbol{v}_1, \boldsymbol{v}_2\}$.

(c) Calcular la matriz de cambio de base de $\mathbb{B} = \{\boldsymbol{v}_1, \boldsymbol{v}_2\}$ a la base $\widetilde{\mathbb{B}} = \{\boldsymbol{v}_3, \boldsymbol{v}_4\}$, supuesto $\boldsymbol{v}_4 \notin \mathbb{V}$.

(d) Sean $\mathcal{P} = (\boldsymbol{v}_1|\boldsymbol{v}_2)$ y $\mathcal{P}' = (\boldsymbol{v}_3|\boldsymbol{v}_4)$ las matrices cuyos vectores columna son $\boldsymbol{v}_1$, $\boldsymbol{v}_2$ y $\boldsymbol{v}_3$, $\boldsymbol{v}_4$, respectivamente. Determinar las matrices $\mathcal{R}$ y $\mathcal{S}$ tales que

$$\begin{aligned} \mathcal{P}\mathcal{R} &= \mathcal{P}', \\ \mathcal{P}'\mathcal{S} &= \mathcal{P}. \end{aligned}$$

5.21 En $\mathbb{R}^5$ se considera el subespacio vectorial $\mathbb{A}$ generado por los vectores

$$(1, 1, 1, 1, 1), \quad (1, 1, 1, 1, 0), \quad (1, 1, 1, 0, 0).$$

Hallar el sistema de ecuaciones lineales que define el subespacio, esto es, la ecuación (representación) implícita del subespacio.

5.22 Consideremos el subespacio $\mathbb{A} \subset \mathbb{R}^5$ formado por los vectores $(x_1, x_2, x_3, x_4, x_5)$ que satisfacen

$$\left\{ \begin{array}{l} \alpha x_1 + x_3 + x_4 + \beta x_5 = 0, \\ x_1 + x_2 + x_4 + x_5 = 0, \\ x_1 + x_2 + x_3 + x_4 + x_5 = 0, \\ x_1 + x_3 + x_5 = 0. \end{array} \right. \qquad \alpha, \beta \in \mathbb{R}.$$

(a) Hallar una base del subespacio $\mathbb{A}$.

(b) Para $\alpha = 3$ y $\beta = 5$, expresar el vector $(0, 0, 0, 1, 0)$ en dicha base.

(c) Para $\alpha = 1$ y $\beta = 0$, determinar la intersección de $\mathbb{A}$ con el subespacio

$$\mathbb{B} = L[(1, 0, 0, 0, -1), (0, 1, 0, 0, 0), (0, 0, 1, 0, 1)] \subset \mathbb{R}^5.$$

5.23 Dados los subespacios vectoriales de $\mathbb{R}^3$

$$\begin{aligned} \mathbb{A} &= \{(x_1, x_2, x_3) \ : \ x_1 - 2x_2 + x_3 = 0\}, \\ \mathbb{B} &= L[(3, -1, -1), (1, -1, 1), (1, 1, -3)]. \end{aligned}$$

(a) Calcular la dimensión y una base de $\mathbb{A}$.

(b) Calcular la dimensión de $\mathbb{B}$, así como su ecuación respecto a la base canónica.

(c) Determinar la dimensión de $\mathbb{A}+\mathbb{B}$.

(d) Hallar la dimensión de $\mathbb{A}\cap\mathbb{B}$, así como una base de dicho subespacio.

5.24 Se consideran los siguientes subespacios vectoriales

$$\mathbb{A} = L[(1,1,1,1),(1,0,1,0),(1,1,1,-1)] \subset \mathbb{R}^4$$

y $\mathbb{B} \subset \mathbb{R}^4$ formado por los vectores (x_1, x_2, x_3, x_4) tales que

$$\left\{ \begin{array}{l} x_1 + x_2 - x_3 + x_4 = 0, \\ x_1 + x_2 - x_3 = 0, \\ x_1 + 4x_2 - x_3 = 0. \end{array} \right.$$

(a) Determinar la dimensión de $\mathbb{A}$ así como las ecuaciones de $\mathbb{A}$ en forma implícita.

(b) Hallar una base de $\mathbb{B}$ e indicar su dimensión.

(c) Determinar $\dim(\mathbb{A}+\mathbb{B})$.

(d) Hallar una bse de $\mathbb{A}\cap\mathbb{B}$.

5.25 Sea $\mathcal{A} \in \mathbb{R}^{(n,n)}$ y $\mathbb{V}$ el conjunto de matrices que conmutan con $\mathcal{A}$, esto es,

$$\mathbb{V} = \{\mathcal{B} \in \mathbb{R}^{(n,n)} \ : \ \mathcal{AB} = \mathcal{BA}\}.$$

(a) Probar que $\mathbb{V}$ es un subespacio vectorial de $\mathbb{R}^{(n,n)}$.

(b) Sea $\mathbb{W} = \{\mathcal{C} = (c_{i,j})_{i,j=1}^n \in \mathbb{C}^{(n,n)} \ : \ c_{1,1} + c_{2,2} + \cdots + c_{n,n} = 0\}$. Probar que $\mathbb{W}$ es un subespacio vectorial de $\mathbb{C}^{(n,n)}$.

(c) Si $n=2$ y $\mathcal{A} = \begin{pmatrix} 1 & 1 \\ 0 & 1 \end{pmatrix}$, calcular una base y la dimensión de $\mathbb{V}$.

(d) Si $n=2$, calcular una base y la dimensión de $\mathbb{W}$.

(e) Determinar los subespacios $\mathbb{V}\cap\mathbb{W}$ y $\mathbb{V}+\mathbb{W}$ así como sus dimensiones.

Capítulo 6

Aplicaciones lineales

■ DEFINICIÓN 6.1 Sean $\mathbb{E}$ y $\mathbb{F}$ dos espacios vectoriales sobre el mismo cuerpo $\mathbb{K}$. Una aplicación $f : \mathbb{E} \longmapsto \mathbb{F}$ se dice lineal si

$$f(\lambda \boldsymbol{v} + \mu \boldsymbol{w}) = \lambda f(\boldsymbol{v}) + \mu f(\boldsymbol{w}), \quad \forall \lambda, \mu \in \mathbb{K}, \quad \forall \boldsymbol{v}, \boldsymbol{w} \in \mathbb{E}. \tag{6.1}$$

Los espacios $\mathbb{E}$ y $\mathbb{F}$ se denominan espacio de partida y llegada, respectivamente.

✎ Nótese que la imagen de una combinación lineal de vectores es la combinación lineal de las imágenes de dichos vectores con las mismas dilataciones. Esto significa que las aplicaciones lineales *preservan* la estructura vectorial del espacio de partida $\mathbb{E}$. Además, la condición de linealidad (6.1) dada en la definición anterior se puede descomponer del siguiente modo:

(i) $f(\boldsymbol{v} + \boldsymbol{w}) = f(\boldsymbol{v}) + f(\boldsymbol{w}), \quad \forall \boldsymbol{v}, \boldsymbol{w} \in \mathbb{E}.$

(ii) $f(\lambda \boldsymbol{v}) = \lambda f(\boldsymbol{v}), \quad \forall \lambda \in \mathbb{K}, \quad \forall \boldsymbol{v} \in \mathbb{E}.$

■ EJEMPLO 6.1 La aplicación

$$f : \mathbb{K}^{(n,1)} \longmapsto \mathbb{K}^{(m,1)},$$

tal que $f(\mathcal{X}) = \mathcal{M}\mathcal{X}$ (también escrita como $f(\boldsymbol{x}) = \mathcal{M}\boldsymbol{x}$), donde $\mathcal{M}$ es una matriz de $\mathbb{K}^{(m,n)}$, es una aplicación lineal.

Sea $\mathcal{M}$ una matriz de $\mathbb{K}^{(m,n)}$. Comprobemos que la aplicación $f(\mathcal{X}) = \mathcal{M}\mathcal{X}$, es lineal. En efecto, empleando la propiedad de multiplicación de matrices (ver problema resuelto 2.4), si $\mathcal{X}$ e $\mathcal{Y}$ son vectores de $\mathbb{K}^{(n,1)}$, entonces

$$f(\lambda\mathcal{X} + \mu\mathcal{Y}) = \mathcal{M}(\lambda\mathcal{X} + \mu\mathcal{Y}) = \lambda(\mathcal{M}\mathcal{X}) + \mu(\mathcal{M}\mathcal{Y}) = \lambda f(\mathcal{X}) + \mu f(\mathcal{Y}).$$

■ EJEMPLO 6.2 La aplicación

$$f : C^{\infty}(\mathbb{R}) \longmapsto C^{\infty}(\mathbb{R}),$$

$$\boldsymbol{x}(t) \longrightarrow \boldsymbol{x}''(t) + \omega^2 \boldsymbol{x}(t),$$

es una aplicación lineal, siendo $C^{\infty}(\mathbb{R})$ el espacio vectorial de las funciones reales que admiten derivadas continuas de cualquier orden en la recta real.

Se puede constatar fácilmente como consecuencia de la linealidad de la operación de derivación. En efecto, si tenemos dos funciones $\boldsymbol{x}(t)$, $\boldsymbol{y}(t) \in C^{\infty}(\mathbb{R})$, entonces

$$\begin{aligned} f(\lambda\boldsymbol{x} + \mu\boldsymbol{y}) = &\ (\lambda\boldsymbol{x} + \mu\boldsymbol{y})'' + \omega^2(\lambda\boldsymbol{x} + \mu\boldsymbol{y}) = \lambda\boldsymbol{x}'' + \mu\boldsymbol{y}'' + \omega^2\lambda\boldsymbol{x} + \omega^2\mu\boldsymbol{y} \\ = &\ \lambda(\boldsymbol{x}'' + \omega^2\boldsymbol{x}) + \mu(\boldsymbol{y}'' + \omega^2\boldsymbol{y}) = \lambda f(\boldsymbol{x}) + \mu f(\boldsymbol{y}). \end{aligned}$$

■ DEFINICIÓN 6.2 Dos aplicaciones lineales f y g de $\mathbb{E}$ en $\mathbb{F}$ se dicen iguales si $f(\boldsymbol{x}) = g(\boldsymbol{x})$, $\forall \boldsymbol{x} \in \mathbb{E}$.

■ DEFINICIÓN 6.3 Si $f : \mathbb{E} \longmapsto \mathbb{F}$ es una aplicación lineal y los espacios $\mathbb{E}$ y $\mathbb{F}$ coinciden, entonces f se dice que es un endomorfismo.

■ DEFINICIÓN 6.4 El subespacio $\mathbb{M} \subset \mathbb{E}$ se denomina invariante respecto al endomorfismo $f : \mathbb{E} \longmapsto \mathbb{E}$, si $\forall \boldsymbol{x} \in \mathbb{M}$, $f(\boldsymbol{x}) \in \mathbb{M}$.

Una consecuencia inmediata de la definición 6.1 se establece en el siguiente resultado:

■ PROPOSICIÓN 6.1 Sea $f : \mathbb{E} \longmapsto \mathbb{F}$ una aplicación lineal, entonces se verifican las siguientes propiedades:

(i) $f(\mathbf{0}_{\mathbb{E}}) = \mathbf{0}_{\mathbb{F}}$.

(ii) $f(-\boldsymbol{v}) = -f(\boldsymbol{v})$.

A continuación estudiaremos cómo se comportan las aplicaciones lineales frente a los subespacios vectoriales.

■ PROPOSICIÓN 6.2 Sea $f : \mathbb{E} \longmapsto \mathbb{F}$ una aplicación lineal.

(i) Si $\mathbb{A}$ es un subespacio vectorial de $\mathbb{E}$, el conjunto $f(\mathbb{A}) = \{f(\boldsymbol{a}) : \boldsymbol{a} \in \mathbb{A} \subset \mathbb{E}\}$ es un subespacio vectorial de $\mathbb{F}$.

(ii) Si $\mathbb{B}$ es un subespacio vectorial de $\mathbb{F}$, el conjunto $f^{-1}(\mathbb{B}) = \{\boldsymbol{a} \in \mathbb{E} : f(\boldsymbol{a}) \in \mathbb{B}\}$ es un subespacio vectorial de $\mathbb{E}$.

■ OBSERVACIÓN 6.1 Si $\mathbb{D}$ es un sistema generador del subespacio vectorial $\mathbb{A} \subset \mathbb{E}$, entonces $f(\mathbb{D})$ es sistema generador de $f(\mathbb{A})$.

A continuación definiremos dos subespacios especialmente importantes de $\mathbb{E}$ y $\mathbb{F}$ asociados a toda aplicación lineal de $\mathbb{E}$ en $\mathbb{F}$. De hecho, dichos subespacios desempeñarán un papel esencial a lo largo del capítulo.

■ DEFINICIÓN 6.5 Se denomina imagen de f, y se denota mediante $\operatorname{Im}(f) = f(\mathbb{E})$, al máximo subespacio de $\mathbb{F}$ formado por imágenes de los elementos de $\mathbb{E}$, esto es, $\operatorname{Im}(f)$ es un subespacio de vectores de la forma $f(\boldsymbol{x})$, con $\boldsymbol{x} \in \mathbb{E}$. Asimismo, denominaremos núcleo de f y lo denotaremos por $\ker(f) = f^{-1}\{\mathbf{0}_{\mathbb{F}}\}$, al subespacio de $\mathbb{E}$ formado por los vectores cuya imagen por f es el vector nulo de $\mathbb{F}$, esto es, $\mathbf{0}_{\mathbb{F}}$.

■ DEFINICIÓN 6.6 Se denomina rango de una aplicación lineal f, y se denota mediante $\operatorname{rang}(f)$, a la dimensión de la imagen de f, esto es, $\dim \operatorname{Im}(f) \in \mathbb{N}_0 \cup \{\infty\}$. Análogamente, $\dim \ker(f) \in \mathbb{N}_0 \cup \{\infty\}$ se denomina defecto de la aplicación.

Para todo espacio de partida $\mathbb{E}$ de dimensión finita se verifica que $\dim \mathbb{E} = \dim \operatorname{Im}(f) + \dim \ker(f)$.

■ EJEMPLO 6.3 Determinemos la imagen y el núcleo de la aplicación lineal introducida en el ejemplo 6.1.

Representando $\mathcal{M}$ mediante sus vectores columna se sigue que

$$\mathcal{M}\boldsymbol{x} = (\mathcal{M}_1|\mathcal{M}_2|\cdots|\mathcal{M}_n)\boldsymbol{x} = x_1\mathcal{M}_1 + x_2\mathcal{M}_2 + \cdots + x_n\mathcal{M}_n,$$

donde $\mathcal{M}_k$, $k = 1, 2, \ldots, n$, denotan las columnas de la matriz $\mathcal{M}$ y x_k, $k = 1, 2, \ldots, n$, son las coordenadas del vector $\boldsymbol{x}$. Así pues, la imagen de f se puede interpretar como la clausura lineal de los vectores columna de $\mathcal{M}$, esto es, $\mathrm{Im}\,(f) = L[\mathcal{M}_1, \ldots, \mathcal{M}_n]$. Por otra parte, $f(\boldsymbol{x}) = \mathcal{O}_m$ implica que $\mathcal{M}\boldsymbol{x} = \mathcal{O}_m$, o sea, el núcleo de la aplicación son los vectores $\boldsymbol{x} \in \mathbb{K}^{(n,1)}$ solución de la ecuación matricial $\mathcal{M}\boldsymbol{x} = \mathcal{O}_m$, o equivalentemente, son la solución del sistema lineal homogéneo con matriz de coeficientes $\mathcal{M}$.

✎ Obsérvese que si $f : \mathbb{K}^{(n,1)} \longmapsto \mathbb{K}^{(m,1)}$ está definida por $f(\mathcal{X}) = \mathcal{M}\mathcal{X}$, donde $\mathcal{M} \in \mathbb{K}^{(m,n)}$, el núcleo de f es el conjunto de soluciones del sistema homogéneo $\mathcal{M}\mathcal{X} = \mathcal{O}_m$, mientras que $\mathrm{Im}\,(f)$ es la clausura lineal de los vectores columna de la matriz $\mathcal{M}$.

En el capítulo 1 se introdujeron los conceptos de aplicación sobreyectiva, inyectiva y biyectiva. En el contexto de las aplicaciones lineales estos conceptos son útiles para caracterizar dichas aplicaciones, como se verá con posterioridad. Así pues, recordamos las siguientes definiciones:

■ Definición 6.7 Una aplicación $f : \mathbb{E} \longmapsto \mathbb{F}$ es sobreyectiva en $\mathbb{F}$ si cada $\boldsymbol{y}$ de $\mathbb{F}$ es imagen mediante f de, al menos, un $\boldsymbol{x}$ de $\mathbb{E}$ o, equivalentemente, existe siempre al menos una solución de la ecuación $f(\boldsymbol{x}) = \boldsymbol{y}$ para todo $\boldsymbol{y}$ de $\mathbb{F}$.

■ Definición 6.8 Una aplicación $f : \mathbb{E} \longmapsto \mathbb{F}$ es inyectiva en $\mathbb{F}$ si para todo $\boldsymbol{x}_1, \boldsymbol{x}_2 \in \mathbb{E}$ con $\boldsymbol{x}_1 \neq \boldsymbol{x}_2$ satisface $f(\boldsymbol{x}_1) \neq f(\boldsymbol{x}_2)$ o, equivalentemente, si $f(\boldsymbol{z}_1) = f(\boldsymbol{z}_2)$, entonces $\boldsymbol{z}_1 = \boldsymbol{z}_2$.

■ Definición 6.9 Una aplicación $f : \mathbb{E} \longmapsto \mathbb{F}$ es biyectiva si es inyectiva y sobreyectiva.

■ Ejemplo 6.4 Comprobemos que la aplicación $f : \mathbb{E} \longmapsto \mathbb{F}$ dada por $f(\boldsymbol{v}) = \mathbf{0}_{\mathbb{F}}$, $\forall \boldsymbol{v} \in \mathbb{E}$ es una aplicación lineal. Además, no es ni inyectiva ni sobreyectiva.

Sean $\boldsymbol{u}, \boldsymbol{v} \in \mathbb{E}$, entonces, $f(\boldsymbol{u}) = f(\boldsymbol{v}) = \mathbf{0}_{\mathbb{F}}$. Por tanto, se tiene la condición de linealidad,

$$f(\lambda \boldsymbol{u} + \mu \boldsymbol{v}) = \mathbf{0}_{\mathbb{F}} = \lambda f(\boldsymbol{u}) + \mu f(\boldsymbol{v}),$$

donde la primera igualdad se sigue de la definición de f. Además, la imagen y el núcleo de la aplicación lineal son $\mathrm{Im}\,(f) = \mathbf{0}_{\mathbb{F}}$ y $\ker(f) = \mathbb{E}$, respectivamente. Luego, dicha aplicación no es ni inyectiva ni sobreyectiva.

El siguiente criterio establece una caracterización de las aplicaciones lineales inyectivas.

■ Criterio 6.1 Sea $f : \mathbb{E} \longmapsto \mathbb{F}$ una aplicación lineal. Entonces, f es inyectiva si y sólo si $\ker f = \{\mathbf{0}_{\mathbb{E}}\}$.

A continuación introduciremos una importante propiedad de las aplicaciones lineales inyectivas.

■ Proposición 6.3 Si $f : \mathbb{E} \longmapsto \mathbb{F}$ es una aplicación lineal inyectiva y $\mathbb{A} \subset \mathbb{E}$ es una familia linealmente independiente, entonces $f(\mathbb{A})$ es una familia linealmente independiente en $\mathbb{F}$.

■ Observación 6.2 De la observación 6.1 se sigue que si $\mathbb{A}$ es una base de $\mathbb{E}$, es sistema generador de $\mathbb{E}$ y, por tanto, $f(\mathbb{A})$ es sistema generador de $\mathrm{Im}\,(f)$. Sin embargo, del resultado anterior observamos que la imagen de una base de $\mathbb{E}$ no es necesariamente una base de $\mathrm{Im}\,(f)$, pero sí que lo es cuando f es inyectiva. O sea, si f es inyectiva, entonces $f(\mathbb{A})$ es familia linealmente independiente y, por consiguiente, base de $\mathrm{Im}\,f$.

La información que nos aportan las imágenes de los elementos de una base acerca de una aplicación lineal resulta de extrema valía. De hecho, nos permite identificar las aplicaciones lineales entre espacios de dimensión finita con una matriz de tamaño finito. Analicemos esta cuestión en profundidad.

Sean $\mathbb{E}$ y $\mathbb{F}$ espacios vectoriales de dimensión finita n y m, respectivamente. Si $f : \mathbb{E} \longmapsto \mathbb{F}$ es una aplicación lineal y $\mathbb{A} = \{\boldsymbol{a}_1, \ldots, \boldsymbol{a}_n\}$, $\mathbb{B} = \{\boldsymbol{b}_1, \ldots, \boldsymbol{b}_m\}$ son bases de $\mathbb{E}$ y $\mathbb{F}$, respectivamente, entonces,

$$\begin{array}{rcccccccc} f(\boldsymbol{a}_1) & = & \alpha_{1,1}\boldsymbol{b}_1 & + & \alpha_{2,1}\boldsymbol{b}_2 & + & \cdots & + & \alpha_{m,1}\boldsymbol{b}_m, \\ f(\boldsymbol{a}_2) & = & \alpha_{1,2}\boldsymbol{b}_1 & + & \alpha_{2,2}\boldsymbol{b}_2 & + & \cdots & + & \alpha_{m,2}\boldsymbol{b}_m, \\ \vdots & \vdots & \vdots & & \vdots & & & & \vdots \\ f(\boldsymbol{a}_n) & = & \alpha_{1,n}\boldsymbol{b}_1 & + & \alpha_{2,n}\boldsymbol{b}_2 & + & \cdots & + & \alpha_{m,n}\boldsymbol{b}_m. \end{array}$$

Además, si $\boldsymbol{v} = \sum_{i=1}^{n} x_i \boldsymbol{a}_i$ es la representación coordenada de $\boldsymbol{v} \in \mathbb{E}$ en la base $\mathbb{A}$, entonces,

$$f(\boldsymbol{v}) = \sum_{i=1}^{n} x_i f(\boldsymbol{a}_i) = \sum_{i=1}^{n} x_i \left(\sum_{k=1}^{m} \alpha_{k,i} \boldsymbol{b}_k \right) = \sum_{k=1}^{m} \left(\sum_{i=1}^{n} \alpha_{k,i} x_i \right) \boldsymbol{b}_k.$$

Así pues, si $f(\boldsymbol{v}) = y_1 \boldsymbol{b}_1 + \cdots + y_m \boldsymbol{b}_m$ es la representación coordenada de la imagen de $\boldsymbol{v}$ mediante f en la base $\mathbb{B}$, se tiene

$$\begin{pmatrix} y_1 \\ y_2 \\ \vdots \\ y_m \end{pmatrix} = \begin{pmatrix} \alpha_{1,1} & \alpha_{1,2} & \cdots & \alpha_{1,n} \\ \alpha_{2,1} & \alpha_{2,2} & \cdots & \alpha_{2,n} \\ \vdots & \vdots & \ddots & \vdots \\ \alpha_{m,1} & \alpha_{m,2} & \cdots & \alpha_{m,n} \end{pmatrix} \begin{pmatrix} x_1 \\ x_2 \\ \vdots \\ x_n \end{pmatrix}, \iff \mathcal{Y} = \mathcal{M}\mathcal{X}, \tag{6.2}$$

donde $\mathcal{Y} \in \mathbb{K}^{(m,1)}$, $\mathcal{M} \in \mathbb{K}^{(m,n)}$, $\mathcal{X} \in \mathbb{K}^{(n,1)}$. La matriz anterior $\mathcal{M}$ se denomina matriz de la aplicación lineal f respecto de las bases $\mathbb{A}$ y $\mathbb{B}$.

✎ Nótese que los vectores columna de la matriz $\mathcal{M}$ son las coordenadas de las imágenes de los elementos de la base $\mathbb{A}$ de $\mathbb{E}$ respecto a la base $\mathbb{B}$ de $\mathbb{F}$.

■ Observación 6.3 Toda matriz $\mathcal{M} \in \mathbb{K}^{(m,n)}$ define una aplicación lineal de $\mathbb{K}^n$ en $\mathbb{K}^m$ (ver ejemplo 6.1). Recíprocamente, fijadas las bases $\mathbb{A} = \{\boldsymbol{a}_1, \ldots, \boldsymbol{a}_n\}$ de $\mathbb{E}$ y $\mathbb{B} = \{\boldsymbol{b}_1, \ldots, \boldsymbol{b}_m\}$ de $\mathbb{F}$, queda definida una única matriz $\mathcal{M} \in \mathbb{K}^{(m,n)}$ tal que la relación entre las coordenadas de un vector y las de su imagen por una aplicación lineal están dadas mediante (6.2).

Hemos analizado que la matriz de una aplicación lineal entre espacios de dimensión finita, fijadas sendas bases de $\mathbb{E}$ y $\mathbb{F}$, es única. Sin embargo, esta matriz como muestra (6.2) depende de dichas bases. A continuación mostraremos qué bases de $\mathbb{E}$ y $\mathbb{F}$ debemos escoger para que la matriz de la aplicación lineal sea la más sencilla posible. De hecho, daremos la manera de construir dichas bases.

Sean $\mathbb{E}$ y $\mathbb{F}$ espacios vectoriales de dimensión finita n y m, respectivamente, y $f : \mathbb{E} \longmapsto \mathbb{F}$ una aplicación lineal tal que $\ker(f) \neq \{\boldsymbol{0}_{\mathbb{E}}\}$.

Si $\{\boldsymbol{a}_1, \boldsymbol{a}_2, \ldots, \boldsymbol{a}_p\}$ es una base del núcleo $\ker(f) \subset \mathbb{E}$, entonces, dicha base se puede completar mediante $n-p$ vectores linealmente independientes $\{\boldsymbol{a}_{p+1}, \ldots, \boldsymbol{a}_n\}$ de manera que $\mathbb{A} = \{\boldsymbol{a}_{p+1}, \ldots, \boldsymbol{a}_n, \boldsymbol{a}_1, \ldots, \boldsymbol{a}_p\}$ es una base de $\mathbb{E}$. Luego de la observación 6.1 se tiene que $f(\mathbb{A}) = \{f(\boldsymbol{a}_{p+1}), \ldots, f(\boldsymbol{a}_n)\}$ es un sistema generador de $\operatorname{Im}(f)$. Además, dicho sistema generador es linealmente independiente ya que de lo contrario estaríamos contradiciendo el hecho de ser $\mathbb{A}$ base de $\mathbb{E}$. En efecto, si $\lambda_{p+1} f(\boldsymbol{a}_{p+1}) + \cdots + \lambda_n f(\boldsymbol{a}_n) = \boldsymbol{0}_{\mathbb{F}}$, entonces, en virtud de la linealidad de f, $\lambda_{p+1}\boldsymbol{a}_{p+1} + \cdots + \lambda_n \boldsymbol{a}_n \in \ker(f)$, lo que implica que

$$\lambda_{p+1}\boldsymbol{a}_{p+1} + \cdots + \lambda_n \boldsymbol{a}_n = \lambda_1 \boldsymbol{a}_1 + \cdots + \lambda_p \boldsymbol{a}_p.$$

Pero al ser $\mathbb{A}$ base de $\mathbb{E}$ se obtiene que $\lambda_1 = \cdots = \lambda_p = \lambda_{p+1} = \cdots = \lambda_n = 0_{\mathbb{K}}$. En particular, al ser $\lambda_{p+1} = \cdots = \lambda_n = 0_{\mathbb{K}}$ se tiene la independencia lineal de $\{f(\boldsymbol{a}_{p+1}), \ldots, f(\boldsymbol{a}_n)\}$.

Así pues, $\{f(\boldsymbol{a}_{p+1}),\ldots,f(\boldsymbol{a}_n)\}$ es base de $\operatorname{Im}(f)$, luego se puede completar hasta obtener una base de $\mathbb{F}$. Por ejemplo, $\mathbb{B}=\{f(\boldsymbol{a}_{p+1}),\ldots,f(\boldsymbol{a}_n),\boldsymbol{b}_1\ldots,\boldsymbol{b}_{m-(n-p)}\}$.

Finalmente, la matriz de la aplicación lineal f respecto a las bases $\mathbb{A}$ y $\mathbb{B}$ es

$$\mathcal{M}=\left(\begin{array}{c|c}\mathcal{I}_{n-p} & 0\\ \hline 0 & 0\end{array}\right).$$

■ DEFINICIÓN 6.10 El número $n-p=\dim\operatorname{Im}(\mathcal{M})$ se denomina rango de la aplicación lineal f. La matriz $\mathcal{M}$ se dice que es el representante canónico de la aplicación lineal.

Nótese que

$$\dim\operatorname{Im}(f)+\dim\ker(f)=\dim\mathbb{E},$$

tal y como indicamos después de la definición 6.6.

■ OBSERVACIÓN 6.4 La matriz $\mathcal{M}\in\mathbb{K}^{(m,n)}$ define una aplicación lineal $f_{\mathcal{M}}:\mathbb{K}^{(n,1)}\longmapsto\mathbb{K}^{(m,1)}$. En ocasiones, dicha aplicación se representa mediante $f_{\mathcal{M}}(\mathcal{X})=\mathcal{M}\mathcal{X}$, donde $\mathcal{X}$ es un vector columna de $\mathbb{K}^{(n,1)}$. Nótese que el rango de $f_{\mathcal{M}}$ viene dado por $\dim\operatorname{Im}(f_{\mathcal{M}})$, esto es, por el número de vectores columna de la matriz $\mathcal{M}$ que son linealmente independientes.

■ DEFINICIÓN 6.11 El número de vectores columna de la matriz $\mathcal{M}$ que son linealmente independientes se denomina rango por columnas de la matriz $\mathcal{M}$.

La unicidad de la matriz de una aplicación lineal, según los términos de la observación 6.3, permite relacionar las aplicaciones lineales con las técnicas matriciales empleadas en el capítulo 3 para resolver sistemas de ecuaciones lineales.

■ CRITERIO 6.2 Sean $\mathbb{E}$ y $\mathbb{F}$ espacios vectoriales de dimensión finita n y m, respectivamente, y $f:\mathbb{E}\longmapsto\mathbb{F}$ una aplicación lineal. Entonces, si $\mathcal{M}$ es la matriz de la aplicación lineal f en ciertas bases de $\mathbb{E}$ y $\mathbb{F}$:

(i) f es sobreyectiva si y sólo si las columnas de $\mathcal{M}$ generan el espacio $\mathbb{K}^m$, o sea, si todas sus filas son pivote.

(ii) f es inyectiva si y sólo si las columnas de $\mathcal{M}$ son linealmente independientes.

Además, se tiene la siguiente caracterización de las soluciones de un sistema de ecuaciones lineales.

■ TEOREMA 6.1 (ROUCHÉ-FROBENIUS) Dada una matriz $\mathcal{M}\in\mathbb{K}^{(m,n)}$ y un vector $\boldsymbol{b}\in\mathbb{K}^{(m,1)}$, el sistema lineal $\mathcal{M}\boldsymbol{x}=\boldsymbol{b}$ es

(i) Compatible y determinado si y sólo si $\operatorname{rang}\mathcal{M}=\operatorname{rang}(\mathcal{M}|\boldsymbol{b})=n$.

(ii) Compatible e indeterminado si y sólo si $\operatorname{rang}\mathcal{M}=\operatorname{rang}(\mathcal{M}|\boldsymbol{b})<n$.

(iii) Incompatible si y sólo si $\operatorname{rang}\mathcal{M}<\operatorname{rang}(\mathcal{M}|\boldsymbol{b})$.

✎ Las condiciones del teorema anterior son equivalentes a las estudiadas en los criterios 3.2 y 3.3 (ver capítulo 3).

A continuación pasaremos a estudiar la relación existente entre matrices que representan la misma aplicación lineal entre espacios vectoriales $\mathbb{E}$ y $\mathbb{F}$ cuando tiene lugar un cambio de base entre bases de $\mathbb{E}$ y $\mathbb{F}$, respectivamente.

Sean $\mathbb{A}=\{\boldsymbol{a}_1,\ldots,\boldsymbol{a}_n\}$ y $\mathbb{A}'=\{\boldsymbol{a}'_1,\ldots,\boldsymbol{a}'_n\}$ dos bases de $\mathbb{E}$. Denotaremos por $\mathcal{P}\in\mathbb{K}^{(n,n)}$ la correspondiente matriz de cambio de base.

Sean $\mathbb{B} = \{\boldsymbol{b}_1, \ldots, \boldsymbol{b}_m\}$ y $\mathbb{B}' = \{\boldsymbol{b}'_1, \ldots, \boldsymbol{b}'_m\}$ dos bases de $\mathbb{F}$. Denotaremos por $\mathcal{Q} \in \mathbb{K}^{(m,m)}$ la correspondiente matriz de cambio de base.

Si $\mathcal{M}$ y $\mathcal{N}$ denotan, respectivamente, las matrices de la aplicación lineal f, considerando los pares de bases $(\mathbb{A}, \mathbb{B})$ y $(\mathbb{A}', \mathbb{B}')$ se tiene

$$\mathcal{Y} = \mathcal{M}\mathcal{X}, \quad \mathcal{Y}' = \mathcal{N}\mathcal{X}'$$

donde $(\mathcal{X}, \mathcal{Y})$ representa las coordenadas de un vector y de su imagen por f respecto a $(\mathbb{A}, \mathbb{B})$, mientras que $(\mathcal{X}', \mathcal{Y}')$ representa las coordenadas de un vector y de su imagen por f respecto a $(\mathbb{A}', \mathbb{B}')$.

Por otra parte, de acuerdo con la representación matricial del cambio de base,

$$\mathcal{X}' = \mathcal{P}\mathcal{X}, \quad \mathcal{Y}' = \mathcal{Q}\mathcal{Y}.$$

Por tanto, de una simple sustitución se sigue que

$$\mathcal{Q}\mathcal{Y} = \mathcal{N}\mathcal{P}\mathcal{X}, \quad \mathcal{Y} = \mathcal{Q}^{-1}\mathcal{N}\mathcal{P}\mathcal{X},$$

o, equivalentemente,

$$\mathcal{M} = \mathcal{Q}^{-1}\mathcal{N}\mathcal{P},$$

o también

$$\mathcal{N} = \mathcal{Q}\mathcal{M}\mathcal{P}^{-1}.$$

■ DEFINICIÓN 6.12 Dos matrices $\mathcal{M}, \mathcal{N} \in \mathbb{K}^{(m,n)}$ que representan la misma aplicación lineal se dicen equivalentes. Esto significa que existen matrices no singulares $\mathcal{Q} \in \mathbb{K}^{(m,m)}$, $\mathcal{R} \in \mathbb{K}^{(n,n)}$ tales que $\mathcal{N} = \mathcal{Q}\mathcal{M}\mathcal{R}$.

La anterior definición de equivalencia de matrices sugiere la búsqueda de bases en el espacio de partida $\mathbb{E}$ y de llegada $\mathbb{F}$, respecto a las cuales la representación matricial de la aplicación lineal sea lo más sencilla posible, por ejemplo, el representante canónico de una aplicación lineal que estudiamos con anterioridad.

■ PROPOSICIÓN 6.4 Sean $\mathcal{N}, \mathcal{M} \in \mathbb{K}^{(m,n)}$ matrices equivalentes, entonces $\mathcal{M}$ y $\mathcal{N}$ tienen el mismo rango por columnas.

Nos referiremos a rango por columnas de una matriz sin distinción alguna con el rango de la aplicación lineal de la que procede.

✎ El rango de una aplicación lineal coincide con el número de columnas linealmente independientes de cualquier matriz asociada a la aplicación. Por tanto, la dimensión del núcleo de una aplicación coincide con el número de columnas no pivote de la correspondiente matriz.

El siguiente diagrama establece una regla para relacionar matrices equivalentes.

$$\begin{array}{ccc}
\mathbb{E} & \xrightarrow{f} & \mathbb{F} \\
(\mathbb{A}) & \xrightarrow{\mathcal{M}} & (\mathbb{B}) \\
\Big\downarrow \mathcal{P} & & \Big\downarrow \mathcal{Q} \\
(\mathbb{A}') & \xrightarrow{\mathcal{N}} & (\mathbb{B}') \\
\mathbb{E} & \xrightarrow{f} & \mathbb{F}
\end{array}$$

Cuando f es un endomorfismo definido en un espacio vectorial $\mathbb{E}$ de dimensión finita, si imponemos que las bases inicial y final sean la misma, el diagrama anterior se simplifica notablemente esto es, $\mathcal{N} = \mathcal{P}\mathcal{M}\mathcal{P}^{-1}$.

$$\begin{array}{ccc}
\mathbb{E} & \xrightarrow{f} & \mathbb{E} \\
(\mathbb{A}) & \xrightarrow{\mathcal{M}} & (\mathbb{A}) \\
\downarrow \mathcal{P} & & \downarrow \mathcal{P} \\
(\mathbb{A}') & \xrightarrow{\mathcal{N}} & (\mathbb{A}') \\
\mathbb{E} & \xrightarrow{f} & \mathbb{E}
\end{array}$$

■ DEFINICIÓN 6.13 Dos matrices cuadradas $\mathcal{M}$, $\mathcal{N}$ en $\mathbb{K}^{(n,n)}$ para las que existe una matriz no singular $\mathcal{P}$ tal que se verifica

$$\mathcal{N} = \mathcal{P}\mathcal{M}\mathcal{P}^{-1},$$

se denominan matrices semejantes. Dichas matrices representan el mismo endomorfismo en bases diferentes.

Problemas Resueltos

6.1 Probar la propiedad de linealidad (6.1) para las siguientes aplicaciones:

(a) Sea $\mathcal{S}$ el espacio vectorial de las sucesiones de números reales. La aplicación

$$f : \mathcal{S} \longmapsto \mathcal{S},$$

$$\phi \longrightarrow \hat{\phi},$$

donde $\hat{\phi}(n) = \phi(n+1)$.

(b) Sea $\mathbb{E}$ un espacio vectorial sobre el cuerpo $\mathbb{K}$. La aplicación $g = f + \lambda i_{\mathbb{E}}$, donde $\lambda \in \mathbb{K}$, $i_{\mathbb{E}}(\boldsymbol{v}) = \boldsymbol{v}$, $\forall \boldsymbol{v} \in \mathbb{E}$ y f es una aplicación lineal de un espacio vectorial $\mathbb{E}$ en sí mismo.

Resolución.

(a) Denotemos mediante $\boldsymbol{a} = (a_1, a_2, \ldots, a_n, \ldots)$ y $\boldsymbol{b} = (b_1, b_2, \ldots, b_n, \ldots)$ dos sucesiones (vectores) cualesquiera del espacio $\mathcal{S}$. Así pues, $\forall\, \lambda, \mu \in \mathbb{R}$ se sigue que

$$\begin{aligned}
f(\lambda \boldsymbol{a} + \mu \boldsymbol{b}) &= (\lambda a_2 + \mu b_2, \lambda a_3 + \mu b_3, \ldots, \lambda a_{n+1} + \mu b_{n+1}, \ldots) \\
&= \lambda(a_2, a_3, \ldots, a_{n+1}, \ldots) + \mu(b_2, b_3, \ldots, b_{n+1}, \ldots) \\
&= \lambda f(\boldsymbol{a}) + \mu f(\boldsymbol{b}),
\end{aligned}$$

lo que implica la linealidad de la aplicación f.

(b) $\forall \boldsymbol{v}_1, \boldsymbol{v}_2 \in \mathbb{E}$ y $\forall\, \alpha, \beta \in \mathbb{K}$ se tiene que

$$\begin{aligned}
g(\alpha \boldsymbol{v}_1 + \beta \boldsymbol{v}_2) &= f(\alpha \boldsymbol{v}_1 + \beta \boldsymbol{v}_2) + \lambda i_{\mathbb{E}}(\alpha \boldsymbol{v}_1 + \beta \boldsymbol{v}_2) = \alpha f(\boldsymbol{v}_1) + \beta f(\boldsymbol{v}_2) + \lambda(\alpha \boldsymbol{v}_1 + \beta \boldsymbol{v}_2) \\
&= \alpha f(\boldsymbol{v}_1) + \alpha(\lambda \boldsymbol{v}_1) + \beta f(\boldsymbol{v}_2) + \beta(\lambda \boldsymbol{v}_2) \\
&= \alpha\left[f(\boldsymbol{v}_1) + \lambda i_{\mathbb{E}} \boldsymbol{v}_1\right] + \beta\left[f(\boldsymbol{v}_2) + \lambda i_{\mathbb{E}} \boldsymbol{v}_2\right] \\
&= \alpha g(\boldsymbol{v}_1) + \beta g(\boldsymbol{v}_2),
\end{aligned}$$

lo que significa que se verifica la propiedad (6.1).

6.2 Sea $f : \mathbb{R} \longmapsto \mathbb{R}$ una aplicación lineal y sea $m = f(1)$. Demuestre que $f(x) = mx$ $(m \in \mathbb{R})$ para cualquier $x \in \mathbb{R}$.

Resolución. Al ser f un endomorfismo en $\mathbb{R}$, esto es, una aplicación lineal de $\mathbb{R}$ en $\mathbb{R}$, y basándonos en la expresión (6.1), se obtiene

$$f(\alpha x) = \alpha f(x), \quad \forall \alpha, x \in \mathbb{R}.$$

Sin embargo, al ser α y x dos números reales cualesquiera también podemos escribir que $f(\alpha x) = x f(\alpha)$. Así pues, utilizando que $f(1) = m$, si escogemos $\alpha = 1$, deducimos que $\forall x \in \mathbb{R}$, $f(x) = mx$.

6.3 Estudiar si las siguientes aplicaciones son lineales

(a) $f : \mathbb{R}^2 \longmapsto \mathbb{R}, \quad (x_1, x_2) \longmapsto x_1^2 + x_2^2.$

(b) $f : \mathbb{P}_2 \longmapsto \mathbb{P}_2, \quad p(t) \longmapsto t^2 p''(t) + tp'(t) + p(t).$

(c) $f : \mathbb{R}^2 \longmapsto \mathbb{R}^3, \quad (x_1, x_2) \longmapsto (4x_1 - 2x_2, 3|x_2|).$

Resolución. Las aplicaciones de los apartados (a) y (c) no son lineales, mientras que la aplicación del apartado (b) sí que lo es.

(a) Para todo $\lambda \in \mathbb{R}$ y $\boldsymbol{x} = (x_1, x_2) \in \mathbb{R}^2$ se tiene que

$$\begin{aligned} f(\lambda \boldsymbol{x}) &= f(\lambda x_1, \lambda x_2) = (\lambda x_1)^2 + (\lambda x_2)^2 \\ &= \lambda^2 \left(x_1^2 + x_2^2\right) = \lambda^2 f(\boldsymbol{x}) \\ &\neq \lambda f(\boldsymbol{x}), \end{aligned}$$

de donde se aprecia que la propiedad (6.1) no se verifica.

(b) Sean $p(t)$ y $q(t)$ dos polinomios cualesquiera de $\mathbb{P}_2$. Luego $\forall\ \lambda, \mu \in \mathbb{R}$, se obtiene

$$\begin{aligned} f(\lambda p + \mu q) &= t^2(\lambda p(t) + \mu q(t))'' + t(\lambda p(t) + \mu q(t))' + (\lambda p(t) + \mu q(t)) \\ &= t^2(\lambda p(t))'' + t(\lambda p(t))' + \lambda p(t) + t^2(\mu q(t))'' + t(\mu q(t))' + \mu q(t) \\ &= \lambda \left[t^2 p''(t) + tp'(t) + p(t)\right] + \mu \left[t^2 q''(t) + tq'(t) + q(t)\right] \\ &= \lambda f(p) + \mu f(q), \end{aligned}$$

lo que implica, según (6.1), la linealidad de f.

(c) Para todo $\boldsymbol{x} = (x_1, x_2)$ e $\boldsymbol{y} = (y_1, y_2)$ de $\mathbb{R}^2$, se tiene

$$\begin{aligned} f(\boldsymbol{x} + \boldsymbol{y}) &= (4(x_1 + y_1) - 2(x_2 + y_2), 3 \underbrace{|x_2 + y_2|}_{\leq |x_2| + |y_2|}) \\ &\neq (4x_1 - 2x_2, 3|x_2|) + (4y_1 - 2y_2, 3|y_2|) = f(\boldsymbol{x}) + f(\boldsymbol{y}). \end{aligned}$$

La propiedad de linealidad (6.1) ha de cumplirse para todo $\lambda, \mu \in \mathbb{R}$, sin embargo, en nuestro caso para $\lambda = \mu = 1$ no se verifica.

6.4 Probar los siguientes enunciados:

(a) Si f, g son aplicaciones lineales de $\mathbb{E}$ en $\mathbb{F}$, entonces, la aplicación $h : \mathbb{E} \longmapsto \mathbb{F}$ definida por $h(\boldsymbol{v}) = f(\boldsymbol{v}) + g(\boldsymbol{v})$, $\forall \boldsymbol{v} \in \mathbb{E}$ es también una aplicación lineal.

(b) Si f es una aplicación lineal de $\mathbb{E}$ en $\mathbb{F}$ y $\lambda \in \mathbb{K}$, la aplicación $g : \mathbb{E} \longmapsto \mathbb{F}$ definida por $g(\boldsymbol{v}) = \lambda f(\boldsymbol{v})$ es también una aplicación lineal.

(c) Si f es una aplicación lineal de $\mathbb{E}$ en $\mathbb{F}$ y g es una aplicación lineal de $\mathbb{F}$ en $\mathbb{G}$, la aplicación $g \circ f : \mathbb{E} \longmapsto \mathbb{G}$ es una aplicación lineal, donde $(g \circ f)(\boldsymbol{v}) = g[f(\boldsymbol{v})]$.

Resolución.

(a) De la linealidad de f y g, $\forall \boldsymbol{v}_1, \boldsymbol{v}_2 \in \mathbb{E}$ y $\forall \lambda, \mu \in \mathbb{K}$, se obtiene

$$\begin{aligned} h(\lambda \boldsymbol{v}_1 + \mu \boldsymbol{v}_2) &= f(\lambda \boldsymbol{v}_1 + \mu \boldsymbol{v}_2) + g(\lambda \boldsymbol{v}_1 + \mu \boldsymbol{v}_2) = \lambda f(\boldsymbol{v}_1) + \mu f(\boldsymbol{v}_2) + \lambda g(\boldsymbol{v}_1) + \mu g(\boldsymbol{v}_2) \\ &= \lambda \left[f(\boldsymbol{v}_1) + g(\boldsymbol{v}_1)\right] + \mu \left[f(\boldsymbol{v}_2) + g(\boldsymbol{v}_2)\right] \\ &= \lambda h(\boldsymbol{v}_1) + \mu h(\boldsymbol{v}_2). \end{aligned}$$

(b) El resultado se deduce fácilmente de la linealidad de f, esto es, $\forall \boldsymbol{v}_1, \boldsymbol{v}_2 \in \mathbb{E}$ y $\forall\, \alpha, \beta \in \mathbb{K}$, se sigue

$$\begin{aligned} g(\alpha \boldsymbol{v}_1 + \beta \boldsymbol{v}_2) &= \lambda f(\alpha \boldsymbol{v}_1 + \beta \boldsymbol{v}_2) = \lambda \left[\alpha f(\boldsymbol{v}_1) + \beta f(\boldsymbol{v}_2)\right] = \alpha \lambda f(\boldsymbol{v}_1) + \beta \lambda f(\boldsymbol{v}_1) \\ &= \alpha g(\boldsymbol{v}_1) + \beta g(\boldsymbol{v}_2). \end{aligned}$$

(c) $\forall \boldsymbol{v}_1, \boldsymbol{v}_2 \in \mathbb{E}$ y $\forall \lambda, \mu \in \mathbb{K}$ se tiene el resultado,

$$\begin{aligned} (g \circ f)(\lambda \boldsymbol{v}_1 + \mu \boldsymbol{v}_2) &= g(f(\lambda \boldsymbol{v}_1 + \mu \boldsymbol{v}_2)) = g(\lambda f(\boldsymbol{v}_1) + \mu f(\boldsymbol{v}_2)) = \lambda g(f(\boldsymbol{v}_1)) + \mu g(f(\boldsymbol{v}_2)) \\ &= \lambda (g \circ f)(\boldsymbol{v}_1) + \mu (g \circ f)(\boldsymbol{v}_2). \end{aligned}$$

6.5 Sean $f : \mathbb{E} \longmapsto \mathbb{F}$ y $g : \mathbb{F} \longmapsto \mathbb{G}$ las aplicaciones lineales definidas en los apartados (a), (b) y (c) del problema resuelto 6.4. Dadas las bases $\mathbb{A}$, $\mathbb{B}$ y $\mathbb{D}$ de $\mathbb{E}$, $\mathbb{F}$ y $\mathbb{G}$, respectivamente, encontrar la matriz de la aplicación lineal en cada apartado cuando ésta tienen lugar entre espacios de dimensión finita.

Resolución. Sean $\mathcal{F}$ y $\mathcal{G}$ las matrices asociadas a las aplicaciones lineales f y g respecto a las bases $\mathbb{A}$ y $\mathbb{B}$. En el apartado (a) del problema resuelto 6.4 se probó la linealidad de la aplicación $f+g$, luego esta aplicación tienen asociada la matriz $(\mathcal{F}+\mathcal{G})$. Así pues, la matriz $\mathcal{H}$ asociada a la aplicación $h = f + g$ no es otra cosa que $\mathcal{H} = \mathcal{F} + \mathcal{G}$. En el apartado (b) se definió la aplicación $g = \lambda f$, por consiguiente, la matriz asociada a esta aplicación es $\mathcal{G} = \lambda \mathcal{F}$. Finalmente, en el apartado (c) se consideró la composición de dos aplicaciones lineales, $g \circ f$, con $\mathbb{E}$, $\mathbb{F}$ y $\mathbb{G}$ espacios vectoriales de dimensión finita. Además, se probó la propiedad de linealidad de dicha aplicación. A partir de esta propiedad, si consideramos que $\mathcal{F}$ y $\mathcal{G}$ son, respectivamente, las matrices asociadas a las aplicaciones lineales f y g respecto a las bases $\mathbb{A}$ de $\mathbb{E}$, $\mathbb{B}$ de $\mathbb{F}$ y $\mathbb{D}$ de $\mathbb{G}$, entonces el producto $\mathcal{G}\mathcal{F}$ es la matriz asociada a la aplicación $g \circ f$ respecto a las bases $\mathbb{A}$ y $\mathbb{D}$.

6.6 Hallar la matriz del endomorfismo $f : \mathbb{P}_3 \longmapsto \mathbb{P}_3$ dada por $f(p(t)) = t^2 p''(t) + 2tp'(t) + p(t)$ respecto a la base $\mathbb{A} = \{t^3, t^2, t, 1\}$.

Resolución. Basta encontrar las coordenadas de las imágenes de f respecto a la base canónica $\mathbb{A}$ de $\mathbb{P}_3$. Así,

$$\begin{aligned} f(t^3) &= t^2(6t) + 2t(3t^2) + t^3 = 13t^3 = (13, 0, 0, 0)_{\mathbb{A}}, \\ f(t^2) &= t^2(2) + 2t(2t) + t^2 = 7t^2 = (0, 7, 0, 0)_{\mathbb{A}}, \\ f(t) &= t^2 0 + 2t(1) + t = 3t = (0, 0, 3, 0)_{\mathbb{A}}, \\ f(1) &= 0 + 0 + 1 = (0, 0, 0, 1)_{\mathbb{A}}. \end{aligned}$$

De aquí, escribimos los vectores columna de la matriz $\mathcal{A}$ asociada a f respecto a la base $\mathbb{A}$, esto es,

$$\mathcal{A} = \begin{pmatrix} 13 & 0 & 0 & 0 \\ 0 & 7 & 0 & 0 \\ 0 & 0 & 3 & 0 \\ 0 & 0 & 0 & 1 \end{pmatrix}.$$

6.7 Sea $f : \mathbb{R}^4 \longmapsto \mathbb{R}^3$ la aplicación lineal definida mediante $f(\boldsymbol{x}) = \mathcal{A}\boldsymbol{x}$, donde

$$\mathcal{A} = \begin{pmatrix} 1 & 2 & 1 & -3 \\ 2 & 3 & -1 & 2 \\ 2 & 1 & -6 & 1 \end{pmatrix} \in \mathbb{R}^{(3,4)}.$$

(a) ¿Es f inyectiva?

(b) ¿Es f sobreyectiva?

Resolución.

(a) La aplicación lineal $f(\boldsymbol{x}) = \mathcal{A}\boldsymbol{x}$ es inyectiva si y sólo si $\ker \mathcal{A} = \{\mathbf{0}_4\}$, o, equivalentemente, el sistema homogéneo $\mathcal{A}\boldsymbol{x} = \mathbf{0}_3$ tiene únicamente la solución trivial $\boldsymbol{x} = \mathbf{0}_4$. A su vez, esta condición equivale a la independencia lineal de las columnas de $\mathcal{A}$. En nuestro caso, las columnas de $\mathcal{A}$ son 4 vectores de $\mathbb{R}^3$, luego son linealmente dependientes y, por tanto, f no es inyectiva.

(b) Restando la primera fila multiplicada por 2 a las filas segunda y tercera, la matriz $\mathcal{A}$ se transforma en

$$\begin{pmatrix} 1 & 2 & 1 & -3 \\ 0 & -1 & -3 & 8 \\ 0 & -3 & -8 & 7 \end{pmatrix}.$$

Si en esta nueva matriz a la tercera fila le restamos la segunda multiplicada por 3, se obtiene la forma escalonada

$$\begin{pmatrix} 1 & 2 & 1 & -3 \\ 0 & -1 & -3 & 8 \\ 0 & 0 & 1 & -17 \end{pmatrix}.$$

Es evidente que las tres primeras columnas de esta matriz son vectores linealmente independientes. Como las operaciones elementales de filas no cambian las relaciones de dependencia lineal entre las columnas, se sigue que las tres primeras columnas de $\mathcal{A}$ son también linealmente independientes y, por tanto, forman una base de $\mathbb{R}^3$. Como sabemos, la aplicación lineal $f : \mathbb{R}^n \longmapsto \mathbb{R}^m$ definida mediante $f(\boldsymbol{x}) = \mathcal{A}\boldsymbol{x}$ es sobreyectiva si y sólo si las columnas de $\mathcal{A}$ generan $\mathbb{R}^m$. Concluimos así que, en nuestro caso, f es sobreyectiva.

6.8 Dada la matriz

$$\mathcal{A} = \begin{pmatrix} 2 & 5 & -3 \\ 4 & 7 & -4 \\ -6 & 3 & 1 \end{pmatrix} \in \mathbb{R}^{(3,3)},$$

(a) Hallar el núcleo y la imagen de la aplicación lineal $f : \mathbb{R}^3 \longmapsto \mathbb{R}^3$ definida mediante $f(\boldsymbol{x}) = \mathcal{A}\boldsymbol{x}$.

(b) Analizar la inyectividad y sobreyectividad de f.

Resolución.

(a) El núcleo de f es el conjunto solución del sistema homogéneo $\mathcal{A}\boldsymbol{x} = \mathbf{0}_3$. Usando el método de eliminación gaussiana, obtendremos una forma escalonada de la matriz ampliada del sistema,

$$(\mathcal{A}|\mathbf{0}_3) = \left(\begin{array}{rrr|r} 2 & 5 & -3 & 0 \\ 4 & 7 & -4 & 0 \\ -6 & 3 & 1 & 0 \end{array}\right),$$

a partir de la cual hallamos la solución del sistema. Así, restando a la segunda fila la primera multiplicada por 2, y sumando a la tercera fila la primera multiplicada por 3, dicha matriz se transforma en

$$\left(\begin{array}{rrr|r} 2 & 5 & -3 & 0 \\ 0 & -3 & 2 & 0 \\ 0 & 18 & -8 & 0 \end{array}\right).$$

Si en esta nueva matriz a la tercera fila le sumamos la segunda multiplicada por 4, se obtiene la forma escalonada

$$\left(\begin{array}{rrr|r} 2 & 5 & -3 & 0 \\ 0 & -3 & 2 & 0 \\ 0 & 0 & 4 & 0 \end{array}\right),$$

que equivale al sistema

$$\left\{\begin{aligned} 2x_1 + 5x_2 - 3x_3 &= 0, \\ -3x_2 + 2x_3 &= 0, \\ 4x_3 &= 0. \end{aligned}\right.$$

La solución general de este sistema compatible e indeterminado se halla fácilmente por sustitución hacia arriba,

$$x_1 = x_2 = x_3 = 0.$$

Por tanto,

$$\ker f = \{\mathbf{0}_3\}.$$

La imagen de f es el espacio generado por las columnas de $\mathcal{A}$, esto es,

$$\operatorname{Im} f = L\left[(2,4,-6),(5,7,-3),(-3,4,1)\right].$$

Recordando que las operaciones elementales de filas no alteran las relaciones de dependencia lineal entre las columnas de una matriz, de la forma escalonada obtenida en el apartado (a) se sigue que las tres columnas de $\mathcal{A}$ son linealmente independientes. Por tanto,

$$\operatorname{Im} f = \mathbb{R}^3.$$

(b) En el apartado anterior hemos encontrado que $\ker f = \{\mathbf{0}_3\}$, luego f es inyectiva. Igualmente hemos visto que $\operatorname{Im} f = \mathbb{R}^3$, al ser $\operatorname{Im} f$ un subespacio de dimensión 3, y, por tanto, f es sobreyectiva.

6.9 Indicar si las siguientes afirmaciones son verdaderas o falsas, justificando la respuesta:

(a) Dada una aplicación lineal $f : \mathbb{R}^n \longmapsto \mathbb{R}^n$ arbitraria, los subespacios $\ker f$ e $\operatorname{Im} f$ no tienen ningún vector en común.

(b) La aplicación

$$\begin{aligned} f: \quad \mathbb{R}^{(n,n)} &\longmapsto \mathbb{R} \\ \mathcal{A} &\longrightarrow f(\mathcal{A}) = \det \mathcal{A}, \end{aligned}$$

es lineal.

Resolución.

(a) Falso. Tanto $\ker f$ como $\operatorname{Im} f$ son subespacios de $\mathbb{R}^n$ y, por tanto, el vector $\mathbf{0}_n$ pertenece siempre a ambos subespacios. En casos concretos es posible que $\ker f$ e $\operatorname{Im} f$ tengan más vectores en común.

(b) Falso. Si la aplicación f es lineal debe cumplir la condición $f(\alpha\mathcal{A}) = \alpha\, f(\mathcal{A})$ para todo $\alpha \in \mathbb{K}$. Sin embargo, por la propiedad que verifican los determinantes sabemos que $\det(\alpha\mathcal{A}) = \alpha^n \det \mathcal{A}$, con $\mathcal{A} \in \mathbb{R}^{(n,n)}$, luego en este caso $f(\alpha\mathcal{A}) = \alpha^n\, f(\mathcal{A})$.

6.10 Sea la aplicación lineal $f : \mathbb{R}^4 \longmapsto \mathbb{R}^3$ definida por

$$f(\boldsymbol{x}) = \begin{pmatrix} x_1 + x_2 - x_3 \\ x_1 + 2x_2 + x_3 + x_4 \\ -x_1 - 3x_2 - 3x_3 - 2x_4 \end{pmatrix}, \quad \forall \boldsymbol{x} = \begin{pmatrix} x_1 \\ x_2 \\ x_3 \\ x_4 \end{pmatrix} \in \mathbb{R}^4.$$

(a) Hallar la matriz asociada a f respecto a las bases canónicas de $\mathbb{R}^4$ y $\mathbb{R}^3$.

(b) Siendo

$$\mathcal{A} = (\mathcal{A}_1 | \mathcal{A}_2 | \mathcal{A}_3 | \mathcal{A}_4) = \begin{pmatrix} \mathcal{A}^{(1)} \\ \hline \mathcal{A}^{(2)} \\ \hline \mathcal{A}^{(3)} \end{pmatrix}$$

la matriz del apartado anterior representada mediante sus vectores columna y fila, respectivamente, determinar las bases de los espacios $\ker \mathcal{A}$, $L[\mathcal{A}_1, \mathcal{A}_2, \mathcal{A}_3, \mathcal{A}_4]$ y $L[\mathcal{A}^{(1)}, \mathcal{A}^{(2)}, \mathcal{A}^{(3)}]$. ¿Qué dimensión tiene cada uno de estos espacios?

(c) Analizar si f es inyectiva o sobreyectiva.

Resolución.

(a) Por construcción, la matriz asociada a f es la matriz $\mathcal{A}$ tal que $f(\boldsymbol{x}) = \mathcal{A}\boldsymbol{x}$, $\forall\, \boldsymbol{x} \in \mathbb{R}^4$. De manera inmediata vemos que

$$\mathcal{A} = \begin{pmatrix} 1 & 1 & -1 & 0 \\ 1 & 2 & 1 & 1 \\ -1 & -3 & -3 & -2 \end{pmatrix}.$$

(b) Determinaremos las bases de los tres subespacios indicados a partir de la forma escalonada reducida de $\mathcal{A}$. Así, restando la primera fila a la segunda y sumando la primera fila a la tercera, la anterior matriz se transforma en

$$\begin{pmatrix} 1 & 1 & -1 & 0 \\ 0 & 1 & 2 & 1 \\ 0 & -2 & -4 & -2 \end{pmatrix}.$$

Sumando a la tercera fila la segunda multiplicada por 2, y restando a la primera fila la segunda, obtenemos la forma escalonada reducida

$$\begin{pmatrix} 1 & 0 & -3 & -1 \\ 0 & 1 & 2 & 1 \\ 0 & 0 & 0 & 0 \end{pmatrix} = \mathcal{U}.$$

De aquí se sigue que las columnas pivote de $\mathcal{A}$ son la primera y la segunda. Por tanto, una base de $L[\mathcal{A}_1, \mathcal{A}_2, \mathcal{A}_3, \mathcal{A}_4]$ está formada por las dos primeras columnas de $\mathcal{A}$, mientras que una base de $L[\mathcal{A}^{(1)}, \mathcal{A}^{(2)}, \mathcal{A}^{(3)}]$ está formada por las dos filas no nulas de $\mathcal{U}$. Esto es,

$$\begin{aligned} L[\mathcal{A}_1, \mathcal{A}_2, \mathcal{A}_3, \mathcal{A}_4] &= L\left[(1,1,-1),(1,2,-3)\right] \\ L[\mathcal{A}^{(1)}, \mathcal{A}^{(2)}, \mathcal{A}^{(3)}] &= L\left[(1,0,-3,-1),(0,1,2,1)\right] . \end{aligned}$$

Para encontrar una base de $\ker \mathcal{A}$, tenemos en cuenta que el sistema $\mathcal{A}\boldsymbol{x} = \mathbf{0}_3$ es equivalente a $\mathcal{U}\boldsymbol{x} = \mathbf{0}_3$. De la correspondiente matriz ampliada,

$$(\mathcal{U}|\mathbf{0}_3) = \left(\begin{array}{cccc|c} 1 & 0 & -3 & -1 & 0 \\ 0 & 1 & 2 & 1 & 0 \\ 0 & 0 & 0 & 0 & 0 \end{array}\right),$$

se deduce que el sistema es compatible e indeterminado con dos variables libres y su solución general es

$$\ker \mathcal{A} = \{\ (3x_3 + x_4, -2x_3 - x_4, x_3, x_4)\ :\ x_3, x_4 \in \mathbb{R}\ \} = L\left[(3,-2,1,0),(1,-1,0,1)\right] .$$

Finalmente, de los resultados anteriores se tiene que, en este caso,

$$\dim(L[\mathcal{A}_1, \mathcal{A}_2, \mathcal{A}_3, \mathcal{A}_4]) = \dim(L[\mathcal{A}^{(1)}, \mathcal{A}^{(2)}, \mathcal{A}^{(3)}]) = \dim \ker \mathcal{A} = 2 .$$

(c) De los resultados del apartado anterior se sigue que f no es inyectiva, ya que $\ker \mathcal{A} \neq \{\mathbf{0}_4\}$, ni sobreyectiva, ya que $L[\mathcal{A}_1, \mathcal{A}_2, \mathcal{A}_3, \mathcal{A}_4] \neq \mathbb{R}^3$. Por tanto, tampoco es biyectiva.

6.11 Sean $\mathbb{A} = \{\boldsymbol{a}_1, \boldsymbol{a}_2, \boldsymbol{a}_3\}$ y $\mathbb{B} = \{\boldsymbol{b}_1, \boldsymbol{b}_2, \boldsymbol{b}_3, \boldsymbol{b}_4\}$ las bases canónicas de $\mathbb{R}^3$ y $\mathbb{R}^4$, respectivamente. Se define la aplicación lineal $f : \mathbb{R}^4 \longmapsto \mathbb{R}^3$ tal que

$$\begin{aligned} f(\boldsymbol{b}_1) &= (1,2,3)_{\mathbb{A}}, & f(\boldsymbol{b}_1 + \boldsymbol{b}_2) &= (0,1,1)_{\mathbb{A}}, \\ f(\boldsymbol{b}_1 + \boldsymbol{b}_2 + \boldsymbol{b}_3) &= (2,0,1)_{\mathbb{A}}, & f(\boldsymbol{b}_1 + \boldsymbol{b}_2 + \boldsymbol{b}_3 + \boldsymbol{b}_4) &= (2,1,-1)_{\mathbb{A}}. \end{aligned}$$

(a) Hallar la matriz asociada a la aplicación lineal respecto a las bases canónica de $\mathbb{R}^3$ y $\mathbb{R}^4$.

(b) Determinar los subespacios $\ker f$ e $\operatorname{Im} f$. ¿Es f una aplicación biyectiva?

Resolución.

(a) Debemos calcular la imagen mediante f de los elementos de la base canónica $\mathbb{B}$ de $\mathbb{R}^4$. Así,

$$f(\boldsymbol{b}_1 + \boldsymbol{b}_2) = f(\boldsymbol{b}_1) + f(\boldsymbol{b}_2) = (1,2,3)_{\mathbb{A}} + f(\boldsymbol{b}_2) = (0,1,1)_{\mathbb{A}},$$

de donde $f(\boldsymbol{b}_2) = (-1,-1,-2)_{\mathbb{A}}$. Análogamente,

$$f(\boldsymbol{b}_1 + \boldsymbol{b}_2 + \boldsymbol{b}_3) = f(\boldsymbol{b}_1 + \boldsymbol{b}_2) + f(\boldsymbol{b}_3) = (0,1,1)_{\mathbb{A}} + f(\boldsymbol{b}_3) = (2,0,1)_{\mathbb{A}},$$

de donde $f(\boldsymbol{b}_3) = (2,-1,0)_{\mathbb{A}}$. Por último,

$$f(\boldsymbol{b}_1 + \boldsymbol{b}_2 + \boldsymbol{b}_3 + \boldsymbol{b}_4) = f(\boldsymbol{b}_1 + \boldsymbol{b}_2 + \boldsymbol{b}_3) + f(\boldsymbol{b}_4) = (2,0,1)_{\mathbb{A}} + f(\boldsymbol{b}_4) = (2,1,-1)_{\mathbb{A}}$$

lo que implica que $f(\boldsymbol{b}_4) = (0,1,-2)_{\mathbb{A}}$. Por tanto, la matriz asociada a la aplicación f es

$$\mathcal{A} = \begin{pmatrix} 1 & -1 & 2 & 0 \\ 2 & -1 & -1 & 1 \\ 3 & -2 & 0 & -2 \end{pmatrix}.$$

(b) Para determinar el núcleo de la aplicación f, debemos solucionar el sistema $\mathcal{A}\boldsymbol{x} = \mathbf{0}_3$, con $\boldsymbol{x} \in \mathbb{R}^{(4,1)}$. Para ello, reducimos la matriz ampliada del sistema a su forma escalonada

$$\left(\begin{array}{cccc|c} 1 & -1 & 2 & 0 & 0 \\ 2 & -1 & -1 & 1 & 0 \\ 3 & -2 & 0 & -2 & 0 \end{array}\right) \sim \left(\begin{array}{cccc|c} 1 & -1 & 2 & 0 & 0 \\ 0 & 1 & -5 & 1 & 0 \\ 3 & -2 & 0 & -2 & 0 \end{array}\right)$$

$$\sim \left(\begin{array}{cccc|c} 1 & -1 & 2 & 0 & 0 \\ 0 & 1 & -5 & 1 & 0 \\ 0 & 1 & -6 & -2 & 0 \end{array}\right) \sim \left(\begin{array}{cccc|c} 1 & -1 & 2 & 0 & 0 \\ 0 & 1 & -5 & 1 & 0 \\ 0 & 0 & -1 & -3 & 0 \end{array}\right),$$

de donde por sustitución hacia arriba se obtiene que $\boldsymbol{x} = (-10x_4, -16x_4, -3x_4, x_4)$, siendo x_4 variable libre. Por tanto, $\ker f = L[(-10, -16, -3, 1)]$. Además, la forma escalonada de $\mathcal{A}$ tiene 3 columnas pivote, lo que implica que $\dim \operatorname{Im}(f) = 3$, esto es, el rango de f es igual a 3. Así pues, f es sobreyectiva ($\operatorname{Im} f = \mathbb{R}^3$), pero no es biyectiva dado que $\ker f \neq \{\mathbf{0}_4\}$.

6.12 En $\mathbb{R}^4$ se consideran el subespacio $\mathbb{A}$ definido por las ecuaciones

$$\begin{cases} x_1 - x_3 = 0, \\ x_1 + x_2 + x_4 = 0, \end{cases}$$

y el subespacio $\mathbb{B} = L[(1, -1, 1, 0), (0, 1, 0, 1)]$.

(a) Encontrar una base de $\mathbb{A} + \mathbb{B}$ y una base de $\mathbb{A} \cap \mathbb{B}$.

(b) Si f es un endomorfismo de $\mathbb{R}^4$ tal que $\ker(f) = \mathbb{A}$, $f(\boldsymbol{e}_1) = (1, 0, 1, 1)$ y $f(\boldsymbol{e}_2) = (1, -2, 1, -1)$, calcular $f(\boldsymbol{e}_3)$ y $f(\boldsymbol{e}_4)$.

(c) Dar una expresión general para f y escribir su matriz asociada respecto a la base canónica.

(d) Calcular $\dim \operatorname{Im}(f)$ y demostrar que $\operatorname{Im}(f) = \mathbb{B}$.

Resolución. Comencemos escribiendo las ecuaciones paramétricas que definen $\mathbb{A}$, esto es, si tomamos $x_3 = \lambda$ y $x_4 = \mu$, con $\lambda, \mu \in \mathbb{R}$, entonces, $x_1 = \lambda$ y $x_2 = -x_1 - x_4 = -(\lambda + \mu)$. Por tanto, todo vector $\boldsymbol{x} = (x_1, x_2, x_3, x_4)$ del subespacio $\mathbb{A}$ tiene la forma

$$\boldsymbol{x} = (\lambda, -\lambda - \mu, \lambda, \mu) = \lambda(1, -1, 1, 0) + \mu(0, -1, 0, 1),$$

o, equivalentemente,

$$\mathbb{A} = L[\underbrace{(1, -1, 1, 0)}_{\boldsymbol{v}_1}, \underbrace{(0, -1, 0, 1)}_{\boldsymbol{v}_2}] = L[\boldsymbol{v}_1, \boldsymbol{v}_2].$$

(a) Teniendo las bases de vectores que mediante clausura lineal generan, respectivamente, los subespacios $\mathbb{A}$ y $\mathbb{B}$, podemos determinar las bases de los subespacios

$$\mathbb{A} + \mathbb{B} = \{\boldsymbol{x} \in \mathbb{R}^4 \;:\; \boldsymbol{x} = \boldsymbol{y} + \boldsymbol{z}, \quad \boldsymbol{y} \in \mathbb{A}, \quad \boldsymbol{z} \in \mathbb{B}\}, \quad \text{y} \quad \mathbb{A} \cap \mathbb{B}.$$

O sea,

$$\mathbb{A} + \mathbb{B} = L[(1, -1, 1, 0), (0, -1, 0, 1), (0, 1, 0, 1)], \qquad \mathbb{A} \cap \mathbb{B} = L[(1, -1, 1, 0)].$$

Nótese que $\dim(\mathbb{A} + \mathbb{B}) = \dim \mathbb{A} + \dim \mathbb{B} - \dim(\mathbb{A} \cap \mathbb{B}) = 2 + 2 - 1 = 3.$

(b) Dado que el sistema de vectores $\{\boldsymbol{e}_1, \boldsymbol{e}_2, \boldsymbol{v}_1, \boldsymbol{v}_2\}$ es linealmente independiente, es base de $\mathbb{R}^4$; luego

$$\begin{aligned} \boldsymbol{e}_3 &= \lambda_1 \boldsymbol{e}_1 + \lambda_2 \boldsymbol{e}_2 + \lambda_3 \boldsymbol{v}_1 + \lambda_4 \boldsymbol{v}_2, \\ \boldsymbol{e}_4 &= \mu_1 \boldsymbol{e}_1 + \mu_2 \boldsymbol{e}_2 + \mu_3 \boldsymbol{v}_1 + \mu_4 \boldsymbol{v}_2, \end{aligned}$$

de donde obtenemos que $\lambda_1 = -1$, $\lambda_2 = \lambda_3 = 1$, $\lambda_4 = 0$, $\mu_1 = \mu_3 = 0$ y $\mu_2 = \mu_4 = 1$. Así pues, considerando que $\boldsymbol{v}_1, \boldsymbol{v}_2 \in \ker f$, de la linealidad de f se sigue que

$$\begin{aligned} f(\boldsymbol{e}_3) &= f(-\boldsymbol{e}_1 + \boldsymbol{e}_2 + \boldsymbol{v}_1) = -f(\boldsymbol{e}_1) + f(\boldsymbol{e}_2) = -(1,0,1,1) + (1,-2,1,-1) \\ &= (0,-2,0,-2) \\ f(\boldsymbol{e}_4) &= f(\boldsymbol{e}_2 + \boldsymbol{v}_2) = f(\boldsymbol{e}_2) = (1,-2,1,-1). \end{aligned}$$

(c) Para todo vector $\boldsymbol{x} = (x_1, x_2, x_3, x_4) \in \mathbb{R}^4$ se tiene que la expresión general de f actuando sobre $\boldsymbol{x}$, es

$$\begin{aligned} f(\boldsymbol{x}) &= f(x_1\boldsymbol{e}_1 + x_2\boldsymbol{e}_2 + x_3\boldsymbol{e}_3 + x_4\boldsymbol{e}_4) = x_1 f(\boldsymbol{e}_1) + x_2 f(\boldsymbol{e}_2) + x_3 f(\boldsymbol{e}_3) + x_4 f(\boldsymbol{e}_4) \\ &= x_1(1,0,1,1) + x_2(1,-2,1,-1) + x_3(0,-2,0,-2) + x_4(1,-2,1,-1) \\ &= (x_1 + x_2 + x_4, -2x_2 - 2x_3 - 2x_4, x_1 + x_2 + x_4, x_1 - x_2 - 2x_3 - x_4). \end{aligned}$$

A partir de las coordenadas de los vectores $f(\boldsymbol{e}_i)$, con $i = 1,2,3,4$, respecto a la base canónica de $\mathbb{R}^4$, podemos determinar la matriz $\mathcal{A}$ asociada al endomorfismo f, sin más que escribir dichas coordenadas como las entradas de los vectores columna de la matriz $\mathcal{A}$, esto es,

$$\mathcal{A} = (\mathcal{A}_1|\mathcal{A}_2|\mathcal{A}_3|\mathcal{A}_4) = \begin{pmatrix} 1 & 1 & 0 & 1 \\ 0 & -2 & -2 & -2 \\ 1 & 1 & 0 & 1 \\ 1 & -1 & -2 & -1 \end{pmatrix}.$$

Nótese que los vectores columna $\mathcal{A}_1$ y $\mathcal{A}_3$ son linealmente independientes. Además, $\mathcal{A}_2 = \mathcal{A}_4 = \mathcal{A}_1 + \mathcal{A}_3$.

(d) La dimensión de la imagen de f coincide con el número de vectores columna de $\mathcal{A}$ que son linealmente independientes (ver observación 6.4), por consiguiente, $\dim \operatorname{Im}(f) = 2$. De la igualdad $\dim \mathbb{R}^4 = \dim \ker(f) + \dim \operatorname{Im}(f)$ concluimos el mismo resultado, $2 = 4 - 2 = \dim \operatorname{Im}(f)$.

Por último, el subespacio imagen de f se define como

$$\operatorname{Im}(f) = \{\boldsymbol{y} \in \mathbb{R}^4 \ : \ \mathcal{A}\boldsymbol{x} = \boldsymbol{y}, \quad \boldsymbol{x} = (x_1, x_2, x_3, x_4) \in \mathbb{R}^4\},$$

de donde se observa que toda imagen de f se expresa como combinación lineal de los vectores columna de $\mathcal{A}$, esto es, $\boldsymbol{y} = \mathcal{A}\boldsymbol{x} = x_1\mathcal{A}_1 + x_2\mathcal{A}_2 + x_3\mathcal{A}_3 + x_4\mathcal{A}_4$. Así pues, una base de $\operatorname{Im}(f)$ puede constituirse, por ejemplo, con los vectores $\boldsymbol{b}_1 = \mathcal{A}_2 - \frac{1}{2}\mathcal{A}_3$ y $\boldsymbol{b}_2 = -\frac{1}{2}\mathcal{A}_3$, de donde

$$\operatorname{Im}(f) = L[\underbrace{(1,-1,1,0)}_{\boldsymbol{b}_1}, \underbrace{(0,1,0,1)}_{\boldsymbol{b}_2}] = L[\boldsymbol{b}_1, \boldsymbol{b}_2] = \mathbb{B}$$

Equivalentemente, se puede representar todo vector de $\boldsymbol{x} \in \mathbb{B}$ como

$$\boldsymbol{x} = \alpha\boldsymbol{b}_1 + \beta\boldsymbol{b}_2 = (\alpha, -\alpha + \beta, \alpha, \beta),$$

que coincide con la expresión general de las imágenes de f, escogiendo $\alpha = x_1 + x_2 + x_4$ y $\beta = x_1 - x_2 - 2x_3 - x_4$.

6.13 Sea $\mathbb{E}$ un espacio vectorial de dimensión 5 y $f : \mathbb{E} \longmapsto \mathbb{E}$ un endomorfismo. Sea, además, el sistema de vectores $\mathbb{A} = \{\boldsymbol{v}_1, \boldsymbol{v}_2, \boldsymbol{v}_3, \boldsymbol{v}_4, \boldsymbol{v}_5\}$ una base de $\mathbb{E}$ que verifica,

$$\boldsymbol{v}_1, \boldsymbol{v}_3, \boldsymbol{v}_4 \in \ker f, \quad f^2(\boldsymbol{v}_5) = f(f(\boldsymbol{v}_5)) = \boldsymbol{v}_1 + 3\boldsymbol{v}_2 + \boldsymbol{v}_4.$$

Responda a los siguientes apartados:

(a) Si $f^3 = f$, encontrar la matriz asociada a f^2 respecto a la base $\mathbb{A}$ de $\mathbb{E}$.

(b) Determinar el rango de f^n, con $n \in \mathbb{N}$.

(c) Analizar la inyectividad y sobreyectividad de f.

Resolución.

(a) Dado que f es un endomorfismo aplicamos f al vector $f^2(\boldsymbol{v}_5)$ de $\mathbb{E}$, de donde se obtiene que

$$f^3(\boldsymbol{v}_5) = f\left(f^2(\boldsymbol{v}_5)\right) = f(\boldsymbol{v}_1 + 3\boldsymbol{v}_2 + \boldsymbol{v}_4) = 3f(\boldsymbol{v}_2).$$

Por cuanto $f^3 = f$ se tiene

$$f(\boldsymbol{v}_2) = \frac{1}{3} f(\boldsymbol{v}_5). \tag{6.3}$$

Aplicando nuevamente f a ambos miembros de la anterior igualdad se obtiene que

$$f^2(\boldsymbol{v}_2) = \frac{1}{3} f^2(\boldsymbol{v}_5) = \frac{1}{3}(\boldsymbol{v}_1 + 3\boldsymbol{v}_2 + \boldsymbol{v}_4).$$

Así pues, utilizando que

$$\begin{aligned} &f^2(\boldsymbol{v}_1) = (0,0,0,0,0)_{\mathbb{A}}, \quad f^2(\boldsymbol{v}_2) = \frac{1}{3}(1,3,0,1,0)_{\mathbb{A}}, \quad f^2(\boldsymbol{v}_3) = (0,0,0,0,0)_{\mathbb{A}}, \\ &f^2(\boldsymbol{v}_4) = (0,0,0,0,0)_{\mathbb{A}}, \quad f^2(\boldsymbol{v}_5) = (1,3,0,1,0)_{\mathbb{A}}, \end{aligned}$$

se sigue que la matriz asociada a f^2 respecto a la base $\mathbb{A}$ es

$$\mathcal{A} = \frac{1}{3}\begin{pmatrix} 0 & 1 & 0 & 0 & 3 \\ 0 & 3 & 0 & 0 & 9 \\ 0 & 0 & 0 & 0 & 0 \\ 0 & 1 & 0 & 0 & 3 \\ 0 & 0 & 0 & 0 & 0 \end{pmatrix}.$$

(b) Nótese que la expresión (6.3) nos aporta las coordenadas de $f(\boldsymbol{v}_2)$ y $f(\boldsymbol{v}_5)$ en la base $\mathbb{A}$, por tanto, la matriz asociada al endomorfismo f en la base $\mathbb{A}$ coincide con $\mathcal{A}$. Así pues, $f = f^2 = f^3$, de donde $f = f^2 = \cdots = f^n$ para todo $n \in \mathbb{N}$, esto es,

$$\begin{aligned} \mathcal{A}^n &= \frac{1}{3^n} \underbrace{\begin{pmatrix} 0 & 1 & 0 & 0 & 3 \\ 0 & 3 & 0 & 0 & 9 \\ 0 & 0 & 0 & 0 & 0 \\ 0 & 1 & 0 & 0 & 3 \\ 0 & 0 & 0 & 0 & 0 \end{pmatrix} \cdots \begin{pmatrix} 0 & 1 & 0 & 0 & 3 \\ 0 & 3 & 0 & 0 & 9 \\ 0 & 0 & 0 & 0 & 0 \\ 0 & 1 & 0 & 0 & 3 \\ 0 & 0 & 0 & 0 & 0 \end{pmatrix}}_{n\text{-veces}} \\ &= \frac{1}{3}\begin{pmatrix} 0 & 1 & 0 & 0 & 3 \\ 0 & 3 & 0 & 0 & 9 \\ 0 & 0 & 0 & 0 & 0 \\ 0 & 1 & 0 & 0 & 3 \\ 0 & 0 & 0 & 0 & 0 \end{pmatrix} = \mathcal{A}. \end{aligned}$$

Finalmente, concluimos que el rango de f^n es igual a 1, que coincide con el número de vectores columna linealmente independientes de $\mathcal{A}$.

(c) Al ser $\boldsymbol{v}_1, \boldsymbol{v}_3, \boldsymbol{v}_4$ vectores del $\ker f$, concluimos que f no es inyectiva, además, tampoco es sobreyectiva por cuanto su rango es igual a 1.

6.14 Sea $\mathbb{E}$ un espacio vectorial real y $f, g : \mathbb{E} \longmapsto \mathbb{E}$ endomorfismos tales que $f + g = i_{\mathbb{E}}$, donde $i_{\mathbb{E}}$ denota la aplicación identidad y $g \circ f = \mathbf{0}_{\mathbb{E}}$. Demostrar que $\mathbb{E} = \operatorname{Im} f \oplus \operatorname{Im} g$.

Resolución. Al estar definidos los subespacios $\operatorname{Im} f$ e $\operatorname{Im} g$ de la siguiente manera,

$$\operatorname{Im} f = \{\boldsymbol{y} \in \mathbb{E} \,:\, \exists \boldsymbol{x} \in \mathbb{E},\ f(\boldsymbol{x}) = \boldsymbol{y}\},$$
$$\operatorname{Im} g = \{\boldsymbol{y} \in \mathbb{E} \,:\, \exists \boldsymbol{x} \in \mathbb{E},\ g(\boldsymbol{x}) = \boldsymbol{y}\},$$

se tiene por construcción que $\operatorname{Im} f + \operatorname{Im} g \subset \mathbb{E}$. Probemos que también se tiene la inclusión $\mathbb{E} \subset \operatorname{Im} f + \operatorname{Im} g$. En efecto, $\forall \boldsymbol{x} \in \mathbb{E}$, $\boldsymbol{x} = i_{\mathbb{E}}\boldsymbol{x} = (f+g)(\boldsymbol{x}) = f(\boldsymbol{x}) + g(\boldsymbol{x}) \in \operatorname{Im} f + \operatorname{Im} g$, de donde se sigue el resultado. Así pues, $\mathbb{E} = \operatorname{Im} f + \operatorname{Im} g$.

Si consideramos un vector cualquiera $\boldsymbol{y} \in \operatorname{Im} f \cap \operatorname{Im} g$, lo que significa que $\boldsymbol{y}$ es imagen mediante f de algún vector $\boldsymbol{x}_1 \in \mathbb{E}$ e imagen mediante g de algún $\boldsymbol{x}_2 \in \mathbb{E}$, tendremos que $\boldsymbol{y} = f(\boldsymbol{x}_1) = g(\boldsymbol{x}_2)$. Empleando la relación $f + g = i_{\mathbb{E}}$, tenemos que $g(\boldsymbol{x}_2) = \boldsymbol{x}_2 - f(\boldsymbol{x}_2)$, luego

$$\boldsymbol{x}_2 = f(\boldsymbol{x}_2) + g(\boldsymbol{x}_2) = f(\boldsymbol{x}_2) + f(\boldsymbol{x}_1) = f(\boldsymbol{x}_1 + \boldsymbol{x}_2),$$

de donde al aplicar g a ambos lados de la ecuación, esto es,

$$g(\boldsymbol{x}_2) = g(f(\boldsymbol{x}_1 + \boldsymbol{x}_2)) = (g \circ f)(\boldsymbol{x}_1 + \boldsymbol{x}_2) = \mathbf{0}_{\mathbb{E}},$$

se deduce que $g(\boldsymbol{x}_2) = \mathbf{0}_{\mathbb{E}}$, o, equivalentemente, $\boldsymbol{y} = \mathbf{0}_{\mathbb{E}}$. Por tanto, $\operatorname{Im} f \cap \operatorname{Im} g = \{\mathbf{0}_{\mathbb{E}}\}$, de donde se obtiene que

$$\mathbb{E} = \operatorname{Im} f \oplus \operatorname{Im} g.$$

6.15 Sean $\mathbb{E}_1$, $\mathbb{E}_2$ subespacios vectoriales de un espacio vectorial $\mathbb{E}$.

Se considera la aplicación

$$f : \mathbb{E}_1 \times \mathbb{E}_2 \longmapsto \mathbb{E},$$
$$(\boldsymbol{x}_1, \boldsymbol{x}_2) \to \boldsymbol{x}_1 + \boldsymbol{x}_2.$$

(a) Probar que f es lineal.

(b) Hallar $\operatorname{Im} f$ y $\ker f$.

(c) Si $\mathbb{E}$ es de dimensión finita, probar que $\dim(\ker f) = \dim \mathbb{E}_1 \cap \mathbb{E}_2$.

Resolución.

(a) $\forall (\boldsymbol{x}_1, \boldsymbol{x}_2) \in \mathbb{E}_1 \times \mathbb{E}_2$, $\forall (\boldsymbol{y}_1, \boldsymbol{y}_2) \in \mathbb{E}_1 \times \mathbb{E}_2$ y $\forall \lambda, \mu \in \mathbb{K}$, se tiene que

$$\begin{aligned} f(\lambda(\boldsymbol{x}_1, \boldsymbol{x}_2), \mu(\boldsymbol{y}_1, \boldsymbol{y}_2)) &= f((\lambda \boldsymbol{x}_1 + \mu \boldsymbol{y}_1, \lambda \boldsymbol{x}_2 + \mu \boldsymbol{y}_2)) = \lambda \boldsymbol{x}_1 + \mu \boldsymbol{y}_1 + \lambda \boldsymbol{x}_2 + \mu \boldsymbol{y}_2 \\ &= \lambda(\boldsymbol{x}_1 + \boldsymbol{x}_2) + \mu(\boldsymbol{y}_1 + \boldsymbol{y}_2) \\ &= \lambda f((\boldsymbol{x}_1, \boldsymbol{x}_2)) + \mu f((\boldsymbol{y}_1, \boldsymbol{y}_2)), \end{aligned}$$

lo que implica la linealidad de f.

(b) Por definición tenemos que

$$\operatorname{Im} f = \{\boldsymbol{x} \in \mathbb{E} \;:\; \boldsymbol{x} = f(\boldsymbol{x}_1, \boldsymbol{x}_2), \quad (\boldsymbol{x}_1, \boldsymbol{x}_2) \in \mathbb{E}_1 \times \mathbb{E}_2\},$$

de donde $\operatorname{Im} f = \mathbb{E}_1 + \mathbb{E}_2$. Por otra parte,

$$\ker f = \{(\boldsymbol{x}_1, \boldsymbol{x}_2) \in \mathbb{E}_1 \times \mathbb{E}_2 \;:\; f(\boldsymbol{x}_1, \boldsymbol{x}_2) = \mathbf{0}_{\mathbb{E}}\}.$$

Obsérvese que la pertenencia al núcleo de un vector $(\boldsymbol{x}_1, \boldsymbol{x}_2)$ implica que $f(\boldsymbol{x}_1, \boldsymbol{x}_2) = \boldsymbol{x}_1 + \boldsymbol{x}_2 = \mathbf{0}_{\mathbb{E}}$, o, equivalentemente, $\boldsymbol{x}_2 = -\boldsymbol{x}_1$. O sea,

$$\ker f = \{(\boldsymbol{x}, -\boldsymbol{x}) \in \mathbb{E}_1 \times \mathbb{E}_2 \;:\; \boldsymbol{x} \in \mathbb{E}_1 \cap \mathbb{E}_2\}.$$

(c) Si $\mathbb{E}$ es de dimensión finita, empleando que

$$\begin{aligned}
\dim(\mathbb{E}_1 + \mathbb{E}_2) &= \dim \mathbb{E}_1 + \dim \mathbb{E}_2 - \dim(\mathbb{E}_1 \cap \mathbb{E}_2),\\
\dim(\mathbb{E}_1 \times \mathbb{E}_2) &= \dim(\operatorname{Im} f) + \dim(\ker f),\\
\dim(\mathbb{E}_1 \times \mathbb{E}_2) &= \dim \mathbb{E}_1 + \dim \mathbb{E}_2,
\end{aligned}$$

y considerando que $\operatorname{Im} f = \mathbb{E}_1 + \mathbb{E}_2$ se tiene que $\dim(\ker f) = \dim(\mathbb{E}_1 \cap \mathbb{E}_2)$.

6.16 En el espacio vectorial $\mathbb{E}$ de los polinomios homogéneos con coeficientes reales en dos variables y de grado menor o igual que 2, se consideran los endomorfismos

$$\begin{aligned}
f : \mathbb{E} &\longmapsto \mathbb{E}, & g : \mathbb{E} &\longmapsto \mathbb{E},\\
p(x,y) &\longrightarrow x\frac{\partial p}{\partial x} + y\frac{\partial p}{\partial y}, & p(x,y) &\longrightarrow \frac{\partial^2 p}{\partial x^2} + \frac{\partial^2 p}{\partial y^2}.
\end{aligned}$$

Determinar el núcleo y la imagen de las aplicaciones f y g.

Resolución. El sistema de vectores $\mathbb{A} = \{1, x, y, xy, x^2, y^2\}$ constituye una base del espacio vectorial $\mathbb{E}$, esto es, $\dim \mathbb{E} = 6$. De modo que todo polinomio $p(x, y)$ de $\mathbb{E}$, se expresa como

$$p(x,y) = a_{0,0} + a_{1,0}x + a_{0,1}y + a_{1,1}xy + a_{2,0}x^2 + a_{0,2}y^2,$$

donde los coeficientes $a_{0,0}, a_{1,0}, a_{0,1}, a_{1,1}, a_{2,0}, a_{0,2} \in \mathbb{R}$. Además,

$$\begin{aligned}
\frac{\partial}{\partial x}p(x,y) &= a_{1,0} + a_{1,1}y + 2a_{2,0}x, & \frac{\partial^2}{\partial x^2}p(x,y) &= 2a_{2,0},\\
\frac{\partial}{\partial y}p(x,y) &= a_{0,1} + a_{1,1}x + 2a_{0,2}y, & \frac{\partial^2}{\partial y^2}p(x,y) &= 2a_{0,2}.
\end{aligned}$$

Para determinar los subespacios $\ker f$ y $\ker g$ hay que imponer la condición

$$f(p) = g(p) = \mathbf{0}_{\mathbb{E}}, \quad \forall p(x,y) \in \mathbb{E},$$

y buscar las soluciones. Luego,

$$\begin{aligned}
f(p) &= x(a_{1,0} + a_{1,1}y + 2a_{2,0}x) + y(a_{0,1} + a_{1,1}x + 2a_{0,2}y)\\
&= a_{1,0}x + a_{0,1}y + 2a_{1,1}xy + 2a_{2,0}x^2 + 2a_{0,2}y^2 = \mathbf{0}_{\mathbb{E}},
\end{aligned}$$

implica que $a_{1,0} = a_{0,1} = a_{1,1} = a_{2,0} = a_{0,2} = 0$. Por tanto, se tiene que

$$\ker f = \{p(x,y) \in \mathbb{E} \;:\; p(x,y) = a_{0,0}\} \iff \dim \ker(f) = 1.$$

Análogamente,

$$g(p) = 2a_{2,0} + 2a_{0,2} = \mathbf{0}_{\mathbb{E}},$$

implica que $a_{2,0} = -a_{0,2}$. Por tanto, se tiene que

$$\ker g = \{p(x,y) \in \mathbb{E} \ : \ p(x,y) = a_{0,0} + a_{1,0}x + a_{0,1}y + a_{1,1}xy + a_{2\,0}x^2 - a_{2,0}y^2\} \\ \implies \dim \ker(f) = 5.$$

Así pues, concluimos que

$$\begin{aligned} \dim \operatorname{Im}(f) &= \dim \mathbb{E} - \dim \ker(f) = 6 - 1 = 5, \\ \dim \operatorname{Im}(g) &= \dim \mathbb{E} - \dim \ker(g) = 6 - 5 = 1. \end{aligned}$$

6.17 Se considera el endomorfismo $f : \mathbb{P}_2 \longmapsto \mathbb{P}_2$ dado por $f(1) = 1$, $f(t-1) = t+1$, $f\left((t-1)^2\right) = (t+1)^2$.

(a) Calcular $\operatorname{Im} f$ y su dimensión. ¿Es f sobreyectiva?

(b) Hallar la matriz de f respecto a la base $\mathbb{A} = \{t^2, t, 1\}$.

(c) Determinar los polinomios $p(t) \in \mathbb{P}_2$ tales que su imagen por f sea el polinomio t^2.

Resolución.

(a) Al ser $\mathbb{B} = \{(t-1)^2, t-1, 1\}$ un sistema de vectores linealmente independiente de $\mathbb{P}_2$, se sigue que todo polinomio $p(t) \in \mathbb{P}_2$ puede expresarse en términos de la base $\mathbb{B}$, esto es, $p(t) = a_2(t-1)^2 + a_1(t-1) + a_0$, con $a_2, a_1, a_0 \in \mathbb{K}$. Luego, la ecuación

$$\begin{aligned} f(p(t)) &= f\left(a_2(t-1)^2 + a_1(t-1) + a_0\right) = a_2 f\left((t-1)^2\right) + a_1 f(t-1) + a_0 f(1) \\ &= a_2(t+1)^2 + a_1(t+1) + a_0 = \mathbf{0}_{\mathbb{P}_2}, \end{aligned}$$

tiene por única solución el polinomio idénticamente nulo, dado que el sistema $\{(t+1)^2, t+1, 1\}$ es también base de $\mathbb{P}_2$. Así pues, $\ker f = \{\mathbf{0}_{\mathbb{P}_2}\}$. De la igualdad

$$\dim \mathbb{P}_2 = \dim \operatorname{Im}(f) + \dim \ker(f),$$

se sigue que $\dim \operatorname{Im}(f) = \dim \mathbb{P}_2 - \dim \ker(f) = 3 - 0 = 3$. Esto implica que el subconjunto $\operatorname{Im}(f)$ coincide con $\mathbb{P}_2$, por consiguiente, f es una aplicación sobreyectiva.

(b) Basándose en la linealidad de f así como en los datos del enunciado del problema se obtiene que

$$\begin{aligned} f(1) &= 1 = (0,0,1)_{\mathbb{A}} \\ f(t-1) &= f(t) - f(1) = f(t) - 1 = t+1 \iff f(t) = t+2 = (0,1,2)_{\mathbb{A}}, \\ f\left((t-1)^2\right) &= f(t^2 - 2t + 1) = f(t^2) - 2f(t) + f(1) = (t+1)^2 \\ &= t^2 + 2t + 1 \iff f(t^2) = t^2 + 4t + 4 = (1,4,4)_{\mathbb{A}}. \end{aligned}$$

Por tanto, la matriz asociada al endomorfismo f respecto a la base $\mathbb{A}$ es

$$\mathcal{A} = \begin{pmatrix} 1 & 0 & 0 \\ 4 & 1 & 0 \\ 4 & 2 & 1 \end{pmatrix}.$$

(c) En el apartado (a) comprobamos que $f(p(t)) = \mathbf{0}_{\mathbb{P}_2}$ si y sólo si $p(t) = \mathbf{0}_{\mathbb{P}_2}$. Luego, f es una aplicación inyectiva. Como f es también una aplicación sobreyectiva, concluimos que f es biyectiva. Por consiguiente, existe un único polinomio $p(t)$ tal que su imagen mediante f es igual a t^2. En efecto, para $p(t) = a_2t^2 + a_1t + a_0 \in \mathbb{P}_2$ planteamos la ecuación

$$\begin{aligned} f(a_2t^2 + a_1t + a_0) &= t^2, \\ a_2f(t^2) + a_1f(t) + a_0f(1) &= t^2 \\ a_2t^2 + (4a_2 + a_1)t + 4a_2 + 2a_1 + a_0 &= t^2, \end{aligned}$$

de donde obtenemos el sistema

$$\left\{ \begin{aligned} a_2 &= 1, \\ 4a_2 + a_1 &= 0 \\ 4a_2 + 2a_1 + a_0 &= 0, \end{aligned} \right.$$

cuya solución es $a_2 = 1$, $a_1 = -4$ y $a_0 = 4$. Por tanto,

$$f(p(t)) = t^2 \quad \text{para} \quad p(t) = t^2 - 4t + 4.$$

6.18 Se considera una aplicación lineal $g : \mathbb{P}_2 \longmapsto \mathbb{P}_2$ dada por $g(t+1) = 1$, $g\left(t^2 + t\right) = t + 1$, $\ker g = L\left[t^2 - t - 1\right]$.

(a) Calcular $\operatorname{Im} g$ y su dimensión.

(b) Hallar la matriz de g respecto de la base $\mathbb{A} = \left\{t^2, t, 1\right\}$.

(c) Hallar $g(\mathbb{A})$, donde $\mathbb{B} = L\left[t^2 + 1, 3t - 2\right]$.

Resolución.

(a) Como $\ker g = L[t^2 - t - 1]$, se tiene que $\dim \operatorname{Im}(g) = \dim \mathbb{P}_2 - \dim \ker(g) = 3 - 1 = 2$. Determinemos la imagen mediante g de los elementos de la base canónica $\mathbb{A}$. Para ello, utilizamos las expresiones

$$\begin{aligned} g(t+1) = g(t) + g(1) &= 1, \\ g(t^2 + t) = g(t^2) + g(t) &= t + 1, \\ g(t^2 - t - 1) = g(t^2) - g(t) - g(1) &= \mathbf{0}_{\mathbb{P}_2}, \end{aligned}$$

de donde $g(t^2) = 1 = (0,0,1)_{\mathbb{A}}$, $g(t) = t = (0,1,0)_{\mathbb{A}}$ y $g(1) = 1 - t = (0,-1,1)_{\mathbb{A}}$. Si $p(t) = a_2t^2 + a_1t + a_0$ es un polinomio cualquiera de $\mathbb{P}_2$, entonces

$$\begin{aligned} g(a_2t^2 + a_1t + a_0) &= a_2g(t^2) + a_1g(t) + a_0g(1) \\ &= a_2 + a_1t + a_0(1 - t) \\ &= (a_1 - a_0)t + (a_2 + a_0), \end{aligned}$$

lo que implica que $\operatorname{Im}(g) = L[t, 1]$.

(b) En el apartado anterior determinamos las coordenadas de las imágenes mediante g de los elementos de la base canónica, por tanto,

$$\mathcal{A} = \begin{pmatrix} 1 & 0 & 1 \\ 0 & 1 & -1 \\ 0 & 0 & 0 \end{pmatrix},$$

es la matriz asociada al endomorfismo g en dicha base.

(c) Para todo $\alpha, \beta \in \mathbb{K}$ se tiene que $p(t) = \alpha(t^2+1) + \beta(3t-2) \in L[t^2+1, 3t-2]$, luego, empleando la linealidad de g así como los datos aportados en el enunciado del problema se sigue que

$$\begin{aligned} g(p(t)) &= \alpha g(t^2+1) + \beta g(3t-2) \\ &= \alpha\left[g(t^2)+g(1)\right] + \beta\left[3g(t) - 2g(1)\right] \\ &= \alpha(2-t) + \beta(5t-2) \\ &= \underbrace{(5\beta-\alpha)}_{\lambda}t + \underbrace{2(\alpha-\beta)}_{\mu} = \lambda t + \mu. \end{aligned}$$

Por tanto, $g(\mathbb{B}) = L[t, 1]$.

6.19 Determinar la veracidad o falsedad de la siguiente afirmación:

El sistema de ecuaciones lineales $\mathcal{M}\boldsymbol{x} = \boldsymbol{b}$, con $\mathcal{M} \in \mathbb{K}^{(m,n)}$ y $\boldsymbol{b} \in \mathbb{K}^{(m,1)}$, es compatible y tiene solución única si y sólo si $\operatorname{rang}\mathcal{A} < n$.

Resolución. Realizamos el correspondiente análisis para mostrar la falsedad de la afirmación anterior.

Sea $\mathcal{M} \in \mathbb{K}^{(m,n)}$ y $\mathcal{M}\boldsymbol{x} = \boldsymbol{b}$ con $\boldsymbol{b} \in \mathbb{K}^{(m,1)}$ un sistema de m ecuaciones con n incógnitas. Si este sistema admite solución, significa que $\boldsymbol{b} \in L[\mathcal{M}_1, \mathcal{M}_2, \ldots, \mathcal{M}_n]$ donde $\{\mathcal{M}_i\}_{i=1}^n$ denota los vectores columna de la matriz $\mathcal{M}$. Por consiguiente, el rango de la aplicación lineal $f_\mathcal{M}$ satisface la relación,

$$\operatorname{rang}(f_\mathcal{M}) = \dim \operatorname{Im}(f_\mathcal{M}) = \operatorname{rang}(\mathcal{M}) = \operatorname{rang}(\mathcal{M}_1|\mathcal{M}_2|\ldots|\mathcal{M}_n) = \operatorname{rang}\underbrace{(\mathcal{M}_1|\mathcal{M}_2|\ldots|\mathcal{M}_n|\boldsymbol{b})}_{\text{matriz ampliada}}.$$

Recíprocamente, si se verifica la anterior igualdad se sigue que

$$\boldsymbol{b} \in L[\mathcal{M}_1, \mathcal{M}_2, \ldots, \mathcal{M}_n],$$

esto es, el sistema lineal admite solución. Nótese que en este caso, tanto el rango de $\mathcal{M}$ como el de $(\mathcal{M}|\boldsymbol{b})$ es a lo más n.

Si $\mathcal{M}\boldsymbol{x}_1 = \mathcal{M}\boldsymbol{x}_2$, este hecho implica que $\mathcal{M}(\boldsymbol{x}_1 - \boldsymbol{x}_2) = \mathcal{O}_m$, esto es, $\boldsymbol{x}_1 - \boldsymbol{x}_2$ es un elemento del núcleo de la aplicación lineal $f_\mathcal{M}$. Por tanto, la unicidad de la solución equivale a que el núcleo de la matriz se reduzca al vector nulo, esto es, puesto que $\dim \operatorname{Im} f_\mathcal{M} + \dim \ker f_\mathcal{M} = n$, $\dim \operatorname{Im} f_\mathcal{M} = n$.

Así pues, el sistema de ecuaciones lineales $\mathcal{M}\boldsymbol{x} = \boldsymbol{b}$ es compatible y admite solución única si y sólo si $\operatorname{rang}\mathcal{A} = n$. O sea, el sistema es compatible y determinado. Por el contrario, si $\operatorname{rang}\mathcal{A} < n$, el sistema es compatible e indeterminado, lo que implica que no tiene una única solución.

6.20 Discutir la compatibilidad, según los valores de $\alpha \in \mathbb{R}$, de los siguientes sistemas de ecuaciones lineales:

(a) $\mathcal{A}\boldsymbol{x} = \boldsymbol{b}$, con $\mathcal{A} = \begin{pmatrix} \alpha+2 & 1 & 1 \\ \alpha & \alpha-1 & 1 \\ \alpha+1 & 0 & \alpha+1 \end{pmatrix}$, $\boldsymbol{x} = \begin{pmatrix} x_1 \\ x_2 \\ x_3 \end{pmatrix}$ y $\boldsymbol{b} = (\alpha-1)\begin{pmatrix} 1 \\ 1 \\ 1 \end{pmatrix}$.

(b) $\mathcal{A}\boldsymbol{x} = \boldsymbol{b}$, con $\mathcal{A} = \begin{pmatrix} \alpha & 1 & 1 \\ 1 & 1 & \alpha \\ 1 & \alpha & 1 \end{pmatrix}$, $\boldsymbol{x} = \begin{pmatrix} x_1 \\ x_2 \\ x_3 \end{pmatrix}$ y $\boldsymbol{b} = \begin{pmatrix} \alpha \\ \alpha^3 \\ \alpha^2 \end{pmatrix}$.

Resolución.

(a) Obsérvese que para $\alpha = -1$, la última fila de $\mathcal{A}$ se anula, mientras que el término independiente $\boldsymbol{b}$ tiene su tercera entrada distinta de cero. Esto origina que $\operatorname{rang}\mathcal{A} < \operatorname{rang}(\mathcal{A}|\boldsymbol{b})$, lo que significa que el sistema es incompatible cuando $\alpha = -1$.

Para $\alpha = 0$, tenemos que la matriz ampliada del sistema es

$$(\mathcal{A}|\boldsymbol{b}) = \left(\begin{array}{ccc|c} 2 & 1 & 1 & -1 \\ 0 & -1 & 1 & -1 \\ 1 & 0 & 1 & -1 \end{array}\right),$$

mientras que para $\alpha = 1$,

$$(\mathcal{A}|\boldsymbol{b}) = \left(\begin{array}{ccc|c} 3 & 1 & 1 & 0 \\ 1 & 0 & 1 & 0 \\ 2 & 0 & 2 & 0 \end{array}\right).$$

En ambos casos se constata que $\operatorname{rang} \mathcal{A} = \operatorname{rang}(\mathcal{A}|\boldsymbol{b}) = 2 < 3$. Por tanto, el sistema $\mathcal{A}\boldsymbol{x} = \boldsymbol{b}$ es compatible indeterminado para $\alpha = 0$ y $\alpha = 1$. Así pues, concluimos que en las restantes situaciones, esto es, $\forall \alpha \in \mathbb{R} \setminus \{-1, 0, 1\}$, el sistema es compatible y determinado.

(b) Procediendo de manera análoga al apartado anterior, se obtiene que el sistema es incompatible cuando $\alpha = -2$, compatible e indeterminado cuando $\alpha = 1$ y compatible y determinado en los restantes casos, esto es, $\alpha \in \mathbb{R} \setminus \{1, -2\}$.

6.21 Discutir, según los valores de $\alpha, \beta \in \mathbb{R}$, el sistema de ecuaciones lineales

$$\mathcal{A}\boldsymbol{x} = \boldsymbol{b}, \quad \mathcal{A} = \begin{pmatrix} \alpha & 1 & 1 \\ 1 & \beta & 1 \\ 1 & 1 & 1 \end{pmatrix}, \quad \boldsymbol{x} = \begin{pmatrix} x_1 \\ x_2 \\ x_3 \end{pmatrix}, \quad \boldsymbol{b} = \begin{pmatrix} 1 \\ 1 \\ 1 \end{pmatrix}.$$

Resolución. Para $\alpha = 1$, $\beta \neq 1$ o $\alpha \neq 1$, $\beta = 1$ el sistema es incompatible. Para $\alpha = \beta = 1$ el sistema es compatible e indeterminado. En las restantes situaciones, esto es, $\alpha \neq 1$ y $\beta \neq 1$ el sistema es compatible y determinado.

6.22 Se considera la aplicación $f : \mathbb{R}^{(2,2)} \longmapsto \mathbb{R}$, que asocia a la matriz

$$\mathcal{A} = \begin{pmatrix} a_{1,1} & a_{1,2} \\ a_{2,1} & a_{2,2} \end{pmatrix} \in \mathbb{R}^{(2,2)},$$

el número real

$$f(\mathcal{A}) = \operatorname{traza} \mathcal{A} = a_{1,1} + a_{2,2}.$$

(a) Probar que f es lineal.

(b) Si $\mathcal{A}, \mathcal{B} \in \mathbb{R}^{(2,2)}$, entonces $f(\mathcal{A}\mathcal{B}) = f(\mathcal{B}\mathcal{A})$. En consecuencia, deducir que no se pueden encontrar matrices $\mathcal{X}, \mathcal{Y} \in \mathbb{R}^{(2,2)}$ tales que $\mathcal{X}\mathcal{Y} - \mathcal{Y}\mathcal{X} = \mathcal{I}_2$.

(c) Hallar una base de $\ker f$.

(d) Encontrar un subespacio $\mathbb{D}$ de $\mathbb{R}^{(2,2)}$ tal que $\ker f \oplus \mathbb{D} = \mathbb{R}^{(2,2)}$.

(e) Sea $g : \mathbb{R}^{(2,2)} \longmapsto \mathbb{R}$ una aplicación lineal tal que $g(\mathcal{A}\mathcal{B}) = g(\mathcal{B}\mathcal{A})$, $\forall \mathcal{A}, \mathcal{B} \in \mathbb{R}^{(2,2)}$ y $g(\mathcal{I}_2) = 2$. Probar que $g = f$.

Resolución.

(a) Sean

$$\mathcal{A} = \begin{pmatrix} a_{1,1} & a_{1,2} \\ a_{2,1} & a_{2,2} \end{pmatrix} \quad \text{y} \quad \mathcal{B} = \begin{pmatrix} b_{1,1} & b_{1,2} \\ b_{2,1} & b_{2,2} \end{pmatrix}$$

dos matrices cualesquiera de $\mathbb{R}^{(2,2)}$, entonces, para todo $\lambda, \mu \in \mathbb{R}$ se verifica que

$$\lambda \mathcal{A} + \mu \mathcal{B} = \begin{pmatrix} \lambda a_{1,1} & \lambda a_{1,2} \\ \lambda a_{2,1} & \lambda a_{2,2} \end{pmatrix} + \begin{pmatrix} \mu b_{1,1} & \mu b_{1,2} \\ \mu b_{2,1} & \mu b_{2,2} \end{pmatrix} = \begin{pmatrix} \lambda a_{1,1} + \mu b_{1,1} & \lambda a_{1,2} + \mu b_{1,2} \\ \lambda a_{2,1} + \mu b_{2,1} & \lambda a_{2,2} + \mu b_{2,2} \end{pmatrix}.$$

Luego,

$$\begin{aligned} f(\lambda \mathcal{A} + \mu \mathcal{B}) &= \text{traza}\,(\lambda \mathcal{A} + \mu \mathcal{B}) = \lambda a_{1,1} + \mu b_{1,1} + \lambda a_{2,2} + \mu b_{2,2} = \lambda(a_{1,1} + a_{2,2}) + \mu(b_{1,1} + b_{2,2}) \\ &= \lambda \text{traza}\,(\mathcal{A}) + \mu \text{traza}\,(\mathcal{B}) \\ &= \lambda f(\mathcal{A}) + \mu f(\mathcal{B}), \end{aligned}$$

lo que prueba la linealidad de la aplicación f.

(b) En el problema resuelto 2.5, se demostró la propiedad cíclica de la traza para el producto de dos matrices. Por tanto, de la linealidad de f se sigue que

$$\begin{aligned} f(\mathcal{I}_2) &= f(\mathcal{X}\mathcal{Y} - \mathcal{Y}\mathcal{X}) = f(\mathcal{X}\mathcal{Y}) - f(\mathcal{Y}\mathcal{X}), \quad \forall \mathcal{X}, \mathcal{Y} \in \mathbb{R}^{(2,2)} \\ \text{traza}\,(\mathcal{I}_2) &= f(\mathcal{X}\mathcal{Y}) - f(\mathcal{X}\mathcal{Y}) = 0 \\ 2 &= 0. \end{aligned}$$

Esta contradicción muestra que $\mathcal{X}\mathcal{Y} - \mathcal{Y}\mathcal{X} \neq \mathcal{I}_2$, $\forall \mathcal{X}, \mathcal{Y} \in \mathbb{R}^{(2,2)}$.

(c) El subespacio $\ker f \subset \mathbb{R}^{(2,2)}$ está formado por todas las matrices $\mathcal{A} \in \mathbb{R}^{(2,2)}$ tales que

$$f(\mathcal{A}) = \text{traza}\,(\mathcal{A}) = a_{1,1} + a_{2,2} = 0, \quad \text{con} \quad \mathcal{A} = \begin{pmatrix} a_{1,1} & a_{1,2} \\ a_{2,1} & a_{2,2} \end{pmatrix},$$

esto es, $a_{1,1} = -a_{2,2}$. Nótese que las matrices que verifican esta condición pueden escribirse como

$$\begin{aligned} \begin{pmatrix} a_{1,1} & a_{1,2} \\ a_{2,1} & -a_{1,1} \end{pmatrix} &= \begin{pmatrix} a_{1,1} & 0 \\ 0 & -a_{1,1} \end{pmatrix} + \begin{pmatrix} 0 & a_{1,2} \\ 0 & 0 \end{pmatrix} + \begin{pmatrix} 0 & 0 \\ a_{2,1} & 0 \end{pmatrix} \\ &= a_{1,1} \begin{pmatrix} 1 & 0 \\ 0 & -1 \end{pmatrix} + a_{1,2} \begin{pmatrix} 0 & 1 \\ 0 & 0 \end{pmatrix} + a_{2,1} \begin{pmatrix} 0 & 0 \\ 1 & 0 \end{pmatrix}. \end{aligned}$$

Por tanto, el núcleo de f se puede expresar como la clausura lineal de los elementos de su base, esto es,

$$\ker f = L\left[\begin{pmatrix} 1 & 0 \\ 0 & -1 \end{pmatrix}, \begin{pmatrix} 0 & 1 \\ 0 & 0 \end{pmatrix}, \begin{pmatrix} 0 & 0 \\ 1 & 0 \end{pmatrix}\right] = L[\mathcal{U}, \mathcal{V}, \mathcal{W}].$$

(d) Basándonos en que toda matriz $\mathcal{A} \in \mathbb{R}^{(2,2)}$ se puede escribir como

$$\begin{aligned} \mathcal{A} = \begin{pmatrix} a_{1,1} & a_{1,2} \\ a_{2,1} & a_{2,2} \end{pmatrix} &= \begin{pmatrix} \frac{a_{1,1}-a_{2,2}}{2} & a_{1,2} \\ a_{2,1} & \frac{a_{2,2}-a_{1,1}}{2} \end{pmatrix} + \begin{pmatrix} \frac{a_{1,1}+a_{2,2}}{2} & 0 \\ 0 & \frac{a_{1,1}+a_{2,2}}{2} \end{pmatrix} \\ &= \frac{a_{1,1} - a_{2,2}}{2} \begin{pmatrix} 1 & 0 \\ 0 & -1 \end{pmatrix} + a_{1,2} \begin{pmatrix} 0 & 1 \\ 0 & 0 \end{pmatrix} \\ &\quad + a_{2,1} \begin{pmatrix} 0 & 0 \\ 1 & 0 \end{pmatrix} + \frac{a_{1,1} + a_{2,2}}{2} \begin{pmatrix} 1 & 0 \\ 0 & 1 \end{pmatrix}, \end{aligned} \tag{6.4}$$

concluimos que el sistema de matrices

$$\mathbb{A} = \left\{\begin{pmatrix} 1 & 0 \\ 0 & -1 \end{pmatrix}, \begin{pmatrix} 0 & 1 \\ 0 & 0 \end{pmatrix}, \begin{pmatrix} 0 & 0 \\ 1 & 0 \end{pmatrix}, \begin{pmatrix} 1 & 0 \\ 0 & 1 \end{pmatrix}\right\} = \{\mathcal{U}, \mathcal{V}, \mathcal{W}, \mathcal{I}_2\},$$

es una base de $\mathbb{R}^{(2,2)}$. De modo que el subespacio $\mathbb{D} = L\,[\mathcal{I}_2]$ es tal que $\mathbb{D} \cap \ker f = \{\mathcal{O}_{2,2}\}$, y, por tanto, $\mathbb{R}^{(2,2)} = \ker f \oplus \mathbb{D}$.

(e) Al ser g una aplicación lineal tal que $g(\mathcal{AB}) = g(\mathcal{BA}), \quad \forall \mathcal{A}, \mathcal{B} \in \mathbb{R}^{(2,2)}$, se tiene que

$$g(\mathcal{AB} - \mathcal{BA}) = g(\mathcal{AB}) - g(\mathcal{BA}) = 0. \tag{6.5}$$

Determinemos la imagen mediante g de los elementos de una base de $\mathbb{R}^{(2,2)}$, por ejemplo, $\mathbb{A} = \{\mathcal{U}, \mathcal{V}, \mathcal{W}, \mathcal{I}_2\}$. Para ello, consideremos dos matrices cualesquiera de $\mathbb{R}^{(2,2)}$,

$$\mathcal{A} = \begin{pmatrix} a_{1,1} & a_{1,2} \\ a_{2,1} & a_{2,2} \end{pmatrix}, \quad \mathcal{B} = \begin{pmatrix} b_{1,1} & b_{1,2} \\ b_{2,1} & b_{2,2} \end{pmatrix},$$

y comprobemos que se verifica la siguiente igualdad:

$$\begin{aligned}
\mathcal{AB} - \mathcal{BA} &= \begin{pmatrix} a_{1,2}b_{2,1} - b_{1,2}a_{2,1} & (a_{1,1} - a_{2,2})b_{1,2} + (b_{2,2} - b_{1,1})a_{1,2} \\ (a_{2,2} - a_{1,1})b_{2,1} + (b_{1,1} - b_{2,2})a_{2,1} & b_{1,2}a_{2,1} - a_{1,2}b_{2,1} \end{pmatrix} \\
&= \underbrace{[a_{1,2}b_{2,1} - b_{1,2}a_{2,1}]}_{\lambda_1} \begin{pmatrix} 1 & 0 \\ 0 & -1 \end{pmatrix} \\
&\quad + \underbrace{[(a_{1,1} - a_{2,2})b_{1,2} + (b_{2,2} - b_{1,1})a_{1,2}]}_{\lambda_2} \begin{pmatrix} 0 & 1 \\ 0 & 0 \end{pmatrix} \\
&\quad + \underbrace{[(a_{2,2} - a_{1,1})b_{2,1} + (b_{1,1} - b_{2,2})a_{2,1}]}_{\lambda_3} \begin{pmatrix} 0 & 0 \\ 1 & 0 \end{pmatrix} \\
&= \lambda_1 \begin{pmatrix} 1 & 0 \\ 0 & -1 \end{pmatrix} + \lambda_2 \begin{pmatrix} 0 & 1 \\ 0 & 0 \end{pmatrix} + \lambda_3 \begin{pmatrix} 0 & 0 \\ 1 & 0 \end{pmatrix} \\
&= \lambda_1 \mathcal{U} + \lambda_2 \mathcal{V} + \lambda_3 \mathcal{W}.
\end{aligned}$$

De aquí, empleando la linealidad de g y la igualdad (6.5), se obtiene que

$$g(\mathcal{AB} - \mathcal{BA}) = g(\lambda_1 \mathcal{U} + \lambda_2 \mathcal{V} + \lambda_3 \mathcal{W}) = \lambda_1 g(\mathcal{U}) + \lambda_2 g(\mathcal{V}) + \lambda_3 g(\mathcal{W}) = 0.$$

Si tomamos $a_{1,1} = a_{2,2}$, $b_{1,1} = b_{2,2}$ y $a_{1,2}b_{2,1} - b_{1,2}a_{2,1} \neq 0$, o, equivalentemente, $\lambda_1 \neq 0$ y $\lambda_2 = \lambda_3 = 0$, se sigue que $g(\mathcal{U}) = 0$. Por otra parte, cuando $b_{1,2} = a_{1,2} = 0$ y $(a_{1,1} - a_{2,2})b_{1,2} + (b_{2,2} - b_{1,1})a_{1,2} \neq 0$, esto es, $\lambda_1 = \lambda_3 = 0$ y $\lambda_2 \neq 0$, se obtiene que $g(\mathcal{V}) = 0$. Análogamente, cuando $\lambda_1 = \lambda_2 = 0$ y $\lambda_3 \neq 0$ se concluye que $g(\mathcal{W}) = 0$. Así pues, utilizando la descomposición (6.4), para toda matriz $\mathcal{A} \in \mathbb{R}^{(2,2)}$ se tiene la siguiente relación,

$$\begin{aligned}
g(\mathcal{A}) &= \frac{a_{1,1} - a_{2,2}}{2} g(\mathcal{U}) + a_{1,2} g(\mathcal{V}) + a_{2,1} g(\mathcal{W}) + \frac{a_{1,1} + a_{2,2}}{2} g(\mathcal{I}_2) = a_{1,1} + a_{2,2} \\
&= \operatorname{traza} \mathcal{A} = f(\mathcal{A}),
\end{aligned}$$

de donde $f = g$.

Otra manera de llegar a la misma conclusión consiste en observar que la expresión (6.5) implica que $\mathcal{AB} - \mathcal{BA} \in \ker g$. Dado que la imagen mediante f de los vectores $\mathcal{I}_2$ y $(\mathcal{AB} - \mathcal{BA})$ de $\mathbb{R}^{(2,2)}$ coincide, respectivamente, con la imagen mediante g de $\mathcal{I}_2$ y $(\mathcal{AB} - \mathcal{BA})$, se deduce que $f = g$, al ser f y g aplicaciones lineales.

6.23 Sea $\mathcal{A} \in \mathbb{R}^{(2,2)}$. Se define la aplicación

$$\begin{aligned}
h : \mathbb{R}^{(2,2)} &\longmapsto \mathbb{R}^{(2,2)}, \\
\mathcal{Z} &\longrightarrow \mathcal{ZA} - \mathcal{AZ}.
\end{aligned}$$

(a) Probar que h es un endomorfismo.

(b) Determinar el núcleo y la imagen de h.

(c) Si $\mathcal{A} = \operatorname{diag}(1,2)$, hallar la matriz de h respecto a la base

$$\mathbb{A} = \left\{ \begin{pmatrix} 1 & 0 \\ 0 & 0 \end{pmatrix}, \begin{pmatrix} 0 & 1 \\ 0 & 0 \end{pmatrix}, \begin{pmatrix} 0 & 0 \\ 1 & 0 \end{pmatrix}, \begin{pmatrix} 0 & 0 \\ 0 & 1 \end{pmatrix} \right\} = \{\mathcal{C}, \mathcal{D}, \mathcal{E}, \mathcal{F}\}.$$

Resolución.

(a) $\forall \mathcal{Z}_1, \mathcal{Z}_2 \in \mathbb{R}^{(2,2)}$ y $\forall \lambda, \mu \in \mathbb{R}$, se verifica que

$$\begin{aligned} h(\lambda \mathcal{Z}_1 + \mu \mathcal{Z}_2) &= (\lambda \mathcal{Z}_1 + \mu \mathcal{Z}_2)\mathcal{A} - \mathcal{A}(\lambda \mathcal{Z}_1 + \mu \mathcal{Z}_2) = \lambda \mathcal{Z}_1 \mathcal{A} - \lambda \mathcal{A} \mathcal{Z}_1 + \mu \mathcal{Z}_2 \mathcal{A} - \mu \mathcal{A} \mathcal{Z}_2 \\ &= \lambda(\mathcal{Z}_1 \mathcal{A} - \mathcal{A}\mathcal{Z}_1) + \mu(\mathcal{Z}_2 \mathcal{A} - \mathcal{A}\mathcal{Z}_2) \\ &= \lambda h(\mathcal{Z}_1) + \mu h(\mathcal{Z}_2), \end{aligned}$$

lo que implica la linealidad de h. Por tanto, h es un endomorfismo.

(b) Utilizando el desarrollo del ejercicio anterior, del apartado (e), se tiene que la ecuación

$$\mathcal{Z}\mathcal{A} - \mathcal{A}\mathcal{Z} = \lambda_1 \begin{pmatrix} 1 & 0 \\ 0 & -1 \end{pmatrix} + \lambda_2 \begin{pmatrix} 0 & 1 \\ 0 & 0 \end{pmatrix} + \lambda_3 \begin{pmatrix} 0 & 0 \\ 1 & 0 \end{pmatrix} = \lambda_1 \mathcal{U} + \lambda_2 \mathcal{V} + \lambda_3 \mathcal{W} = \mathcal{O}_{2,2},$$

con $\lambda_1 = z_{1,2}a_{2,1} - a_{1,2}z_{2,1}$, $\lambda_2 = (z_{1,1} - z_{2,2})a_{1,2} + (a_{2,2} - a_{1,1})z_{1,2}$ y $\lambda_3 = (z_{2,2} - z_{1,1})a_{2,1} + (a_{1,1} - a_{2,2})z_{2,1}$, se verifica si y sólo si $\lambda_1 = \lambda_2 = \lambda_3 = 0$. Por tanto, al ser $\{\mathcal{U}, \mathcal{V}, \mathcal{W}\}$ una base de la imagen de h, se deduce que $\ker h = L[\mathcal{I}_2]$.

(c) Nótese que $\mathcal{A} = \operatorname{diag}(1,2)$ es una matriz de dilatación básica, luego

$$h(\mathcal{Z}) = \mathcal{Z}\mathcal{A} - \mathcal{A}\mathcal{Z} = \begin{pmatrix} 0 & z_{1,2} \\ -z_{2,1} & 0 \end{pmatrix}, \quad \forall \mathcal{Z} = \begin{pmatrix} z_{1,1} & z_{1,2} \\ z_{2,1} & z_{2,2} \end{pmatrix} \in \mathbb{R}^{(2,2)}.$$

Así pues,

$$h(\mathcal{C}) = \mathcal{O}_{2,2}, \quad h(\mathcal{D}) = \mathcal{D}, \quad h(\mathcal{E}) = -\mathcal{E}, \quad h(\mathcal{F}) = \mathcal{O}_{2,2},$$

de donde deducimos que la matriz asociada al endomorfismo h en la base $\mathbb{A}$ es

$$\mathcal{H} = \begin{pmatrix} 0 & 0 & 0 & 0 \\ 0 & 1 & 0 & 0 \\ 0 & 0 & -1 & 0 \\ 0 & 0 & 0 & 0 \end{pmatrix}.$$

6.24 Sea $\mathbb{E} = C^2(\mathbb{R})$ el espacio vectorial formado por las funciones con derivada segunda continua sobre el cuerpo $\mathbb{R}$. Se considera la aplicación lineal $f : \mathbb{E} \longmapsto C^0(\mathbb{R})$, que asocia a toda función $y(t)$ de $\mathbb{E}$ una función continua en $\mathbb{R}$, definida mediante $f(y) = \frac{d^2y}{dt^2} + \omega^2 y$, con $\omega \in \mathbb{R} \setminus \{0\}$.

(a) ¿Es f una aplicación inyectiva?

(b) Determinar una base $\mathbb{B}$ del subespacio $\mathbb{D} = \{y(t) \in C^2(\mathbb{R}) \ : \ y''(t) = \mathbf{0}_{\mathbb{E}}\}$. Calcular la matriz de cambio de base de la base $\mathbb{B}$ así obtenida a la base $\widetilde{\mathbb{B}} = \{2+t, 1+2t\}$.

(c) ¿Es $\mathbb{A} \oplus \mathbb{D} = \mathbb{E}$?

(d) Determinar la intersección del subespacio $\mathbb{A}$ que resulta al sustituir en la definición ω por $i\omega$ con el propio subespacio $\mathbb{A}$ anterior.

Resolución.

(a) La aplicación $f(y) = y'' + \omega^2 y$ es lineal pero no inyectiva ya que $\ker f = \mathbb{A} \neq \mathbf{0}_{\mathbb{E}}$.

(b) El subespacio $\mathbb{D}$ está formado por las soluciones de la ecuación $y'' = \mathbf{0}_{\mathbb{E}} = 0$. Éstas son todos los polinomios de grado menor o igual a uno, $y(t) = a + bt$. Una base de dicho espacio es la formada por los vectores $\{1, t\}$. Sin embargo, también es base $\{2 + t, 1 + 2t\}$ de modo que la matriz de cambio de base es la matriz identidad $\mathcal{I}_2$.

Por otra parte, si hubiésemos tomado la base canónica $\{1, t\}$, la matriz del cambio de base de la base anterior a la propuesta es

$$\mathcal{P} = \frac{1}{3}\begin{pmatrix} 2 & -1 \\ -1 & 2 \end{pmatrix}.$$

Nótese que esta matriz depende del ordenamiento que fijemos para los elemento de la base canónica.

(c) Si calculamos la intersección $\mathbb{A} \cap \mathbb{D}$ obtenemos que el único vector en ella es el $\mathbf{0}_{\mathbb{E}}$. Sin embargo, no todo vector de $\mathbb{E}$ puede representarse como suma de vectores de $\mathbb{A}$ y $\mathbb{D}$, respectivamente. Por ejemplo, la función e^t pertenece a $\mathbb{E}$ y no puede representarse como suma de elementos de los subespacios $\mathbb{A}$ y $\mathbb{D}$. Por tanto, $\mathbb{A} \oplus \mathbb{D} \neq \mathbb{E}$.

(d) Si reemplazamos ω por $i\omega$, el nuevo subespacio $\widetilde{\mathbb{A}}$ se obtiene al resolver la ecuación $y'' - \omega^2 y = \mathbf{0}_{\mathbb{E}}$. La solución general de dicha ecuación es $y(t) = c_1 e^{\omega t} + c_2 e^{-\omega t}$, $c_1, c_2 \in \mathbb{R}$. Se comprueba inmediatamente que $\mathbb{A} \cap \widetilde{\mathbb{A}} = \mathbf{0}_{\mathbb{E}}$. Otra forma de proceder consiste en buscar las funciones que verifican simultáneamente las ecuaciones $y'' + \omega^2 y = \mathbf{0}_{\mathbb{E}}$ y $y'' - \omega^2 y = \mathbf{0}_{\mathbb{E}}$. De aquí se deduce que la única función que verifica la igualdad $y(t) = -y(t)$ para todo $t \in \mathbb{R}$ es $y(t) = \mathbf{0}_{\mathbb{E}} = 0$.

6.25 Sea $\mathbb{E}$ un espacio vectorial de dimensión n sobre el cuerpo $\mathbb{C}$ y $h : \mathbb{E} \longmapsto \mathbb{E}$ un endomorfismo tal que para todo vector no nulo $\boldsymbol{v}_1$ de $\mathbb{E}$ el sistema $\mathbb{A} = \{\boldsymbol{v}_1, h(\boldsymbol{v}_1), \ldots, h^{n-1}(\boldsymbol{v}_1)\}$ es una base de $\mathbb{E}$.

(a) Encontrar la matriz $\mathcal{A} \in \mathbb{C}^{(n,n)}$ asociada al endomorfismo h en la base $\mathbb{A}$.

(b) Determinar el rango del endomorfismo h si $h^n(\boldsymbol{v}_1) = \mathbf{0}_{\mathbb{E}}$, $\forall \boldsymbol{v}_1 \in \mathbb{E}$.

Resolución.

(a) Dado que $\mathbb{A}$ es una base de $\mathbb{E}$, si se introduce la notación

$$h(\boldsymbol{v}_1) = \boldsymbol{v}_2, \quad h^2(\boldsymbol{v}_1) = h(\boldsymbol{v}_2) = \boldsymbol{v}_3, \quad \ldots, \quad h^{n-1}(\boldsymbol{v}_1) = h(\boldsymbol{v}_{n-1}) = \boldsymbol{v}_n,$$

tendremos que $h(\boldsymbol{v}_n)$ es combinación lineal de los elementos de la base $\mathbb{A} = \{\boldsymbol{v}_1, \boldsymbol{v}_2, \ldots, \boldsymbol{v}_n\}$, por ejemplo, $h(\boldsymbol{v}_n) = -a_0\boldsymbol{v}_1 - a_1\boldsymbol{v}_2 - \cdots - a_{n-1}\boldsymbol{v}_n$, con $a_0, a_1, \ldots, a_n \in \mathbb{C}$. Así pues, la matriz asociada a h respecto a esta base se construye fácilmente al escribir como vectores columna de $\mathcal{A}$ las coordenadas de $h(\boldsymbol{v}_i)$ respecto a dicha base, con $i = 1, 2, \ldots, n$.

(b) Si $h^n(\boldsymbol{v}_1) = \mathbf{0}_{\mathbb{E}}$, $\forall \boldsymbol{v}_1 \in \mathbb{E}$, entonces $h(\boldsymbol{v}_n) = \mathbf{0}_{\mathbb{E}}$. Luego la matriz asociada al endomorfismo h en la base $\mathbb{A} = \{\boldsymbol{v}_1, \boldsymbol{v}_2, \ldots, \boldsymbol{v}_n\}$ es

$$\mathcal{A} = \begin{pmatrix} 0 & 0 & \cdots & 0 & 0 \\ 1 & 0 & \cdots & 0 & 0 \\ 0 & 1 & \cdots & 0 & 0 \\ \vdots & \ddots & \ddots & \vdots & \vdots \\ 0 & \cdots & 0 & 1 & 0 \end{pmatrix}.$$

De la observación 6.4 deducimos, en este caso, que el rango de h es igual a $n - 1$.

Problemas Propuestos

6.1 Dados dos vectores $\boldsymbol{p}, \boldsymbol{q} \in \mathbb{R}^n$:

(a) Describir el conjunto de vectores $(1-t)\boldsymbol{p} + t\boldsymbol{q}$ con $t \in \mathbb{R}$.

(b) Describir el conjunto de vectores $(1-t)\boldsymbol{p} + t\boldsymbol{q}$ con $0 \leq t \leq 1$.

6.2 Estudiar para qué valores de los parámetros α, β y γ la siguiente aplicación $f : \mathbb{R}^3 \longmapsto \mathbb{R}^3$

$$f(x,y,z) = \big(\alpha y + \alpha y^2 + (\beta - \gamma)zy^2, -6\gamma xy + \beta x + 2z - (\alpha + \beta)xy + 3\beta zy,$$
$$\alpha\gamma x + \beta^2 y + z + (6\beta - 2\gamma)z^2 y\big),$$

es lineal. Para dichos parámetros encuentre la matriz de la aplicación en la base canónica de $\mathbb{R}^3$ y determine si es inyectiva y/o sobreyectiva.

6.3 Sea

$$f : \mathbb{R}^3 \longmapsto \mathbb{R}^3,$$
$$(x_1, x_2, x_3) \longrightarrow (x_1, x_2, -x_3).$$

(a) Demostrar que esta simetría respecto al plano ecuatorial del espacio $\mathbb{R}^3$ es una aplicación lineal.

(b) Determinar la imagen y el núcleo de dicha aplicación lineal.

(c) Encontrar la matriz asociada a la aplicación lineal respecto a la base canónica de $\mathbb{R}^3$.

6.4 Sea

$$f : \mathbb{R}^n \longmapsto \mathbb{R}^n,$$
$$(x_1, x_2, \ldots, x_n) \longrightarrow (-x_1, -x_2, \ldots, -x_n).$$

(a) Probar que la anterior simetría central es una aplicación lineal.

(b) ¿Es f biyectiva?

(c) Encontrar la matriz de la aplicación lineal f respecto a la base canónica de $\mathbb{R}^n$.

6.5 En el ejemplo 5.4, apartado (a), se introdujo la base canónica de $\mathbb{R}^n$. En particular, las coordenadas (x_1, x_2, x_3) del vector $\boldsymbol{x} \in \mathbb{R}^3$ respecto a la base canónica $\boldsymbol{e}_1$, $\boldsymbol{e}_2$, $\boldsymbol{e}_3$ se denominan coordenadas cartesianas de $\boldsymbol{x}$. En $\mathbb{R}^3$ se pueden fijar otros sistemas de coordenadas diferentes al cartesiano, por ejemplo, el sistema de coordenadas cilíndrico (r, ϕ, z). La rotación en el espacio $\mathbb{R}^3$ respecto al eje z, en un ángulo θ, es el endomorfismo f que asocia a cada vector $\boldsymbol{x} = (r, \phi, z) \in \mathbb{R}^3$ el vector $\boldsymbol{x}' = (r, \phi + \theta, z) \in \mathbb{R}^3$.

(a) Sea $\boldsymbol{v} = \frac{1}{3}(2,2,1)$ un vector de $\mathbb{R}^3$, cuyas coordenadas están expresadas en la base canónica. Demostrar que la rotación del espacio $\mathbb{R}^3$, en un ángulo $\theta = \frac{\pi}{6}$ alrededor de un eje que pase por el vector $\boldsymbol{v}$, es una aplicación lineal.

(b) Determinar la matriz asociada a dicha aplicación lineal respecto a la base canónica de $\mathbb{R}^3$.

6.6 Sea $\mathbb{E}$ un espacio vectorial real y $f : \mathbb{E} \longmapsto \mathbb{E}$ una aplicación lineal.

(a) Si f conmuta con cualquier aplicación lineal $g : \mathbb{E} \longmapsto \mathbb{E}$, esto es, $f \circ g = g \circ f$, probar que $\forall \boldsymbol{x} \in \mathbb{E}$, $\boldsymbol{x}$ y $f(\boldsymbol{x})$ son vectores linealmente dependientes.

(b) En este caso, deducir que $\forall \boldsymbol{x} \in \mathbb{E}$, $f(\boldsymbol{x}) = a\boldsymbol{x}$, con $a \in \mathbb{R}$ fijo.

6.7 Se considera la aplicación $f : \mathbb{R}^3 \longmapsto \mathbb{R}^3$ que respecto a la base canónica está dada por

$$(x_1, x_2, x_3) \longmapsto (x_1, x_2, x_1 + x_2 - x_3).$$

(a) Estudiar si es lineal y calcular, en su caso, el núcleo y la imagen.

(b) Dadas las bases de $\mathbb{R}^3$

$$\begin{aligned} \mathbb{A} &= \{(1,0,1),(2,1,-1),(0,0,3)\}, \\ \mathbb{B} &= \{(-1,1,0),(2,1,-1),(3,-1,0)\} \end{aligned}$$

Calcular las matrices de cambio de base de $\mathbb{A}$ a $\mathbb{B}$ y de $\mathbb{B}$ a $\mathbb{A}$.

(c) Determinar la matriz de la aplicación f tomando $\mathbb{A}$ como base en el espacio de partida y $\mathbb{B}$ como base en el espacio de llegada.

6.8 Se considera la matriz

$$\mathcal{A} = \begin{pmatrix} 2 & 1 & 2 \\ 1 & 2 & 4 \\ 1 & 1 & 2 \end{pmatrix}.$$

(a) Probar que la dimensión del núcleo de la aplicación lineal f asociada a $\mathcal{A}$ es 1. Determinar una base de dicho núcleo.

(b) Probar que $\{(1,-1,0),(0,-3,-1)\}$ es una base de $\operatorname{Im} f$.

(c) Hallar la matriz de f respecto a la base $\{(1,-1,0),(0,-3,-1),(0,-2,1)\}$ del espacio $\mathbb{R}^3$.

6.9 Se considera la aplicación lineal de $\mathbb{C}^2$ en $\mathbb{C}^2$ tal que

$$\begin{aligned} f(i,0) &= (1,1), \\ f(0,-1) &= (1,-1). \end{aligned}$$

(a) Hallar la matriz de f respecto a la base canónica $\mathbb{A} = \{(1,0),(0,1)\}$ de $\mathbb{C}^2$.

(b) Calcular el núcleo y la imagen de f.

(c) Determinar la matriz de f respecto a la base $\mathbb{B} = \{(-i,-i),(-1,1)\}$.

6.10 Sea $f : \mathbb{R}^4 \longmapsto \mathbb{R}^4$ una aplicación lineal y $\mathbb{A} = \{\boldsymbol{u}_1, \boldsymbol{u}_2, \boldsymbol{u}_3, \boldsymbol{u}_4\}$ una base de $\mathbb{R}^4$ tal que

$$\begin{aligned} f(\boldsymbol{u}_1) &= \boldsymbol{u}_1 + 2\boldsymbol{u}_3 + \boldsymbol{u}_4, \\ f(\boldsymbol{u}_1 + \boldsymbol{u}_2) &= \boldsymbol{u}_1 + \boldsymbol{u}_2 + 5\boldsymbol{u}_3, \\ f(\boldsymbol{u}_1 + \boldsymbol{u}_2 + \boldsymbol{u}_3) &= 2\boldsymbol{u}_1 + 10\boldsymbol{u}_3, \\ f(\boldsymbol{u}_1 + \boldsymbol{u}_2 + \boldsymbol{u}_3 + \boldsymbol{u}_4) &= 2\boldsymbol{u}_1 + 13\boldsymbol{u}_3 - \boldsymbol{u}_4. \end{aligned}$$

(a) Hallar la matriz de f respecto a la base $\mathbb{A}$.

(b) Calcular $\ker f$ e $\operatorname{Im} f$.

6.11 Sea $f : \mathbb{C}^2 \longmapsto \mathbb{C}^3$ tal que

$$f(x, y) = (x - y, -ix + iy, -x + y).$$

(a) ¿Es f una aplicación lineal? Determinar su núcleo e imagen.

(b) Calcular la matriz de f respecto a las bases canónicas de $\mathbb{C}^2$ y $\mathbb{C}^3$.

(c) Sean $\mathbb{A} = \{(1, 0), (0, i)\}$ y $\mathbb{B} = \{(1, 0, 0), (0, i, 0), (0, 0, -i)\}$ bases de $\mathbb{C}^2$ y $\mathbb{C}^3$, respectivamente. Calcular la matriz de f respecto a $(\mathbb{A}, \mathbb{B})$.

6.12 Dado un vector $\boldsymbol{a} = (a_1, a_2, a_3) \in \mathbb{R}^3$ se considera la aplicación $f : \mathbb{R}^3 \longmapsto \mathbb{R}^3$

$$(x_1, x_2, x_3) \longmapsto (a_2x_3 - a_3x_2, a_3x_1 - a_1x_3, a_1x_2 - a_2x_1).$$

(a) Probar que f es lineal.

(b) Determinar su núcleo e imagen.

(c) Calcular la matriz de f respecto a la base canónica de $\mathbb{R}^3$.

6.13 Se considera la matriz

$$\mathcal{A}(a) = \begin{pmatrix} 1-a & a & 1 \\ -1 & 1-a & -a \\ 1 & 0 & 1 \end{pmatrix}, \quad a \in \mathbb{R}.$$

(a) Determinar el rango de la matriz $\mathcal{A}(a)$ según los valores de a.

(b) Hallar una base del núcleo de $\mathcal{A}(a)$ según los valores de a.

(c) Discutir el sistema lineal

$$\mathcal{A}(a) \begin{pmatrix} x_1 \\ x_2 \\ x_3 \end{pmatrix} = \begin{pmatrix} 1 \\ 1 \\ a \end{pmatrix},$$

según los valores de a.

6.14 Sea

$$\mathcal{A}(a) = \begin{pmatrix} 2 & 2 & 4 \\ 1 & 2 & 1 \\ 1 & 1 & a \end{pmatrix}.$$

(a) Probar que $\mathcal{A}(a)$ es no singular para todo $a \neq 2$.

(b) Si $a = 2$, hallar una base del núcleo de la aplicación lineal asociada a $\mathcal{C} = \mathcal{A}(a)$, así como su imagen.

(c) Determinar las matrices diagonales no nulas $\mathcal{B}$ tales que $\mathcal{BC} = \mathcal{CB}$.

6.15 Sea la aplicación $f : \mathbb{R}^3 \longmapsto \mathbb{P}_3$ definida por

$$f(\boldsymbol{x}) = f(x_1, x_2, x_3) = x_1t^3 + x_2t + (x_2 + x_3).$$

(a) Probar que la aplicación es lineal.

(b) Escribir la matriz de la aplicación en las bases canónicas de $\mathbb{R}^3$ y $\mathbb{P}_3$.

(c) Decidir si es inyectiva y/o sobreyectiva.

(d) Encontrar la matriz de la aplicación f en las bases

$$\mathbb{A}' = \{(1,0,0),(1,1,0),(1,1,1)\} \text{ y } \mathbb{B}' = \left\{t^3, t^2+t, t+1, 1\right\},$$

de $\mathbb{R}^3$ y $\mathbb{P}_3$, respectivamente.

6.16 Sea $\mathbb{E}$ un espacio vectorial de dimensión finita n y f un endomorfismo en $\mathbb{E}$.

(a) Demostrar que el conjunto de todos los endomorfismos en $\mathbb{E}$ con las operaciones de suma y multiplicación por un número, definidas en los apartados (a) y (b) del problema 6.4, constituye un espacio vectorial.

(b) Probar que la dimensión de dicho espacio es n^2.

6.17 En el espacio vectorial $\mathbb{P}_3$ se considera la aplicación $h : \mathbb{P}_3 \longmapsto \mathbb{P}_3$ dada por $h[p(t)] = t^2p''(t) - 2tp'(t)$.

(a) Calcular $\ker h$ y su dimensión.

(b) Determinar los polinomios de $\mathbb{P}_3$ cuya imagen por h es $6t^2$.

(c) Calcular $\operatorname{Im} h$ y su dimensión.

(d) Obtener la matriz de h respecto a la base $\left\{1, t-1, (t-1)^2, (t-1)^3\right\}$.

6.18 En el espacio vectorial $\mathbb{P}_5$ se considera la aplicación

$$\begin{aligned} h : \mathbb{P}_5 &\longmapsto \mathbb{P}_5, \\ p(t) &\longrightarrow p(t+1) - p(t). \end{aligned}$$

(a) Probar que h es lineal.

(b) Calcular $\ker h$ e $\operatorname{Im} h$.

(c) Hallar la matriz de h respecto de la base canónica $\left\{t^k\right\}_{k=0}^{5}$.

(d) Determinar los elementos de $\mathbb{P}_5$ cuya imagen por h es t^4.

(e) Utilizar el resultado precedente para deducir el valor de $s_k = 1^4 + 2^4 + \cdots + k^4$, $k = 1, 2, \ldots$

6.19 Sea $n \in \mathbb{N} = \{1, 2, 3, \ldots\}$ y $\mathbb{P}_n$ el espacio vectorial de los polinomios de grado menor o igual que n. Sea f la aplicación $f : \mathbb{P}_n \longmapsto \mathbb{P}_n$, $f[p(t)] = p(t+1) + p(t-1) - 2p(t)$.

(a) Probar que f es un endomorfismo.

(b) Calcular $f(t^k)$ para $k = 0, 1, 2, \ldots$

(c) Encuentre la matriz de la aplicación f en la base canónica de $\mathbb{P}_n$.

(d) Calcule el rango de f, $\ker(f)$ e $\operatorname{Im}(f)$.

6.20 Sea $\mathbb{E}$ el espacio vectorial de las sucesiones de números complejos, $a, b \in \mathbb{C}$ con $b \neq 0$ y

$$\mathbb{F} = \{(u_n) : u_{n+2} + au_{n+1} + bu_n = 0, \quad n = 0, 1, \dots\}.$$

Se considera la aplicación

$$h : \mathbb{E} \longmapsto \mathbb{E},$$
$$(u_n) \longrightarrow (v_n) \text{ con } v_n = u_{n+2} + au_{n+1} + bu_n.$$

(a) Probar que h es lineal.

(b) Demostrar que $\phi : \mathbb{E} \longmapsto \mathbb{C}^2$ dada por $\phi((u_n)) = (u_0, u_1)$ es una aplicación lineal y que su restricción a $\mathbb{F}$ es una biyección. Hallar $\dim \mathbb{F}$.

(c) Determinar las sucesiones (u_n) de $\mathbb{F}$ cuyo término general es de la forma $u_n = r^n$. Probar que si existe una sola sucesión de la forma anterior, la sucesión $(nr^n)_{r \in \mathbb{N}}$ también pertenece a $\mathbb{F}$. Hallar bases de $\mathbb{F}$ en ambas situaciones.

(d) Como aplicación, calcular el término general de las sucesiones (u_n) tales que:

(d.1.) $u_{n+2} - 3u_{n+1} + 2u_n = 0$, $n = 0, 1, \dots$, $u_0 = 4$, $u_1 = 7$.

(d.2.) $u_{n+2} - 6u_{n+1} + 9u_n = 0$, $n = 0, 1, \dots$, $u_0 = 3$, $u_1 = 12$.

(d.3.) $u_{n+2} - u_{n+1} - u_n = 0$, $n = 0, 1, \dots$, $u_0 = 1$, $u_1 = 1$.

6.21 Una aplicación lineal $f : \mathbb{R}^3 \longmapsto \mathbb{R}^4$ determina las intensidades i_1, i_2, i_3 e i_4 a partir de las tensiones V_1, V_2 y V_3 en el circuito eléctrico adjunto:

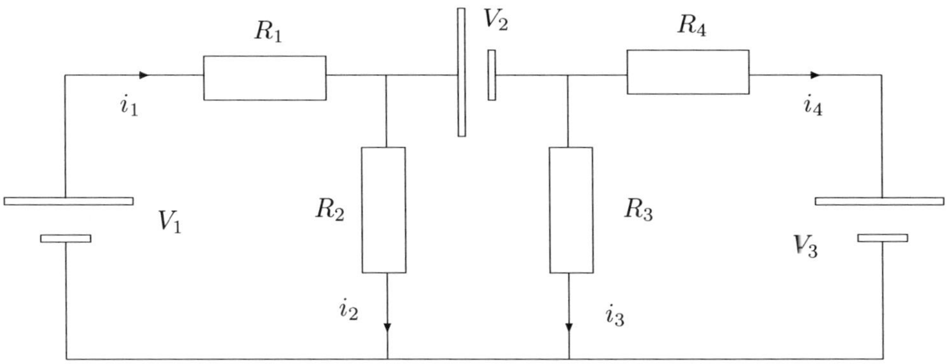

esto es, $f(V_1, V_2, V_3) = (i_1, i_2, i_3, i_4)$. Se sabe que

$$f(1, 0, 0) = (8, 2, 2, 4),$$
$$f(3, 2, 0) = (12, 12, 0, 0),$$
$$f(2, 2, 1) = (0, 12, 0, -12).$$

Se pide:

(a) Obtener la matriz $\mathcal{A}$ de f respecto de las bases canónicas de $\mathbb{R}^3$ y $\mathbb{R}^4$, y hallar los valores de las intensidades cuando $V_1 = 2$, $V_2 = -3$, $V_3 = 1$.

(b) Determinar los valores de las tensiones para los que se anulan todas las intensidades.

(c) Hallar unas ecuaciones de $\operatorname{Im} f$. Estudiar si existen valores de las tensiones para los que $i_1 = i_2 = i_3 = i_4 \neq 0$. En caso afirmativo, determinarlos.

(d) De acuerdo con las leyes de Kirchhoff

$$\begin{pmatrix} R_1 & R_2 & 0 & 0 \\ 0 & R_2 & -R_3 & 0 \\ 0 & 0 & R_3 & -R_4 \end{pmatrix} \begin{pmatrix} i_1 \\ i_2 \\ i_3 \\ i_4 \end{pmatrix} = \begin{pmatrix} V_1 \\ V_2 \\ V_3 \end{pmatrix},$$

esto es, $(i_1, i_2, i_3, i_4) \in \operatorname{Im} f$, y $f(V_1, V_2, V_3) = (i_1, i_2, i_3, i_4)$. Calcular las resistencias R_1, R_2, R_3 y R_4.

6.22 Responda a los siguiente apartados:

(a) Demostrar que dos matrices equivalentes tienen el mismo rango por columnas.

(b) Probar que los rangos por columnas de $\mathcal{A}$ y $\mathcal{A}^{\mathrm{T}}$ coinciden, esto es, el rango por filas y columnas en una matriz de dimensión n coincide. Este número natural se denomina *rango de la matriz* $\mathcal{A}$.

6.23 Se considera la aplicación $f : \mathbb{P}_2 \longmapsto \mathbb{R}^{(2,2)}$ tal que

$$f(p(t)) = \begin{pmatrix} a_0 + \frac{a_1}{2} + \frac{a_2}{3} & a_1 \\ a_0 & 2a_2 \end{pmatrix},$$

donde $p(t) = a_0 + a_1 t + a_2 t^2$.

(a) Demostrar que f es una aplicación lineal. Determinar su núcleo e imagen.

(b) Determinar la matriz de f respecto a las bases $\mathbb{A} = \{1, t, t^2\}$ de $\mathbb{P}_2$ y

$$\mathbb{B} = \left\{ \begin{pmatrix} 1 & 0 \\ 0 & 0 \end{pmatrix}, \begin{pmatrix} 0 & 1 \\ 0 & 0 \end{pmatrix}, \begin{pmatrix} 0 & 0 \\ 1 & 0 \end{pmatrix}, \begin{pmatrix} 0 & 0 \\ 0 & 1 \end{pmatrix} \right\}$$

de $\mathbb{R}^{(2,2)}$.

(c) Se consideran las bases $\widetilde{\mathbb{A}} = \{1, 1+t, t+t^2\}$

$$\widetilde{\mathbb{B}} = \left\{ \begin{pmatrix} 1 & 0 \\ 1 & 0 \end{pmatrix}, \begin{pmatrix} 1 & 1 \\ 0 & 0 \end{pmatrix}, \begin{pmatrix} 1 & 0 \\ 0 & 1 \end{pmatrix}, \begin{pmatrix} 0 & 1 \\ 1 & 0 \end{pmatrix} \right\}$$

de $\mathbb{P}_2$ y $\mathbb{R}^{(2,2)}$, respectivamente. Calcular la matriz de f respecto a dichas bases.

6.24 Dada la matriz

$$\mathcal{A}(a) = \begin{pmatrix} 1 & a & 1 \\ a & 2 & a \\ 1 & a & a+1 \end{pmatrix}, \quad a \in \mathbb{R}.$$

(a) Estudiar su rango según los valores de a.

(b) Discutir el sistema lineal

$$\mathcal{A}(a) \begin{pmatrix} x_1 \\ x_2 \\ x_3 \end{pmatrix} = \begin{pmatrix} 1 \\ a \\ a^2 \end{pmatrix}.$$

6.25 Discutir, según los valores de $\alpha, \beta \in \mathbb{R}$, el sistema de ecuaciones lineales

$$\begin{cases} \alpha x_1 + x_2 + x_3 + x_4 = 1, \\ x_1 + \alpha^2 x_2 + x_3 + x_4 = \beta, \\ x_1 + x_2 + \alpha^3 x_3 + x_4 = \beta^2, \\ x_1 + x_2 + x_3 + \alpha^4 x_4 = \beta^3. \end{cases}$$

Resolverlo en los casos de compatibilidad.

Capítulo 7

Valores y vectores propios

En este capítulo se introducen los conceptos de valores y vectores propios para endomorfismos (ver definición 6.3), esto es, aplicaciones lineales $h : \mathbb{E} \mapsto \mathbb{E}$, donde el espacio vectorial $\mathbb{E}$ está dado sobre el cuerpo $\mathbb{K}$ (en nuestro caso, el cuerpo real o complejo). Posteriormente, se estudia como aplicación un criterio para la diagonalización por semejanza de matrices cuadradas y se plantea también la triangularización por semejanza de dichas matrices.

■ DEFINICIÓN 7.1 Un elemento $\lambda \in \mathbb{K}$ se denomina valor propio o autovalor del endomorfismo h si existe un vector $\boldsymbol{v} \in \mathbb{E}$, no nulo, tal que $h(\boldsymbol{v}) = \lambda \boldsymbol{v}$. Al vector $\boldsymbol{v}$ se le denomina vector propio o autovector de h asociado al valor propio λ. El conjunto de valores propios de un endomorfismo se denomina espectro del endomorfismo y se denota mediante $\sigma(h)$.

■ EJEMPLO 7.1 Los valores y vectores propios del endomorfismo

$$f : \mathbb{C}^2 \longmapsto \mathbb{C}^2,$$

definido mediante $f(x_1, x_2) = (-x_2, x_1)$, $\forall\, \boldsymbol{x} = (x_1, x_2) \in \mathbb{C}^2$, se calculan de la siguiente manera:

Un vector $\boldsymbol{x} = (x_1, x_2) \neq (0, 0)$ será un vector propio de f si existe un número $\lambda \in \mathbb{C}$ tal que $f(\boldsymbol{x}) = \lambda \boldsymbol{x}$, o, equivalentemente, si $(-x_2, x_1) = \lambda(x_1, x_2)$. Así pues,

$$\left\{ \begin{aligned} \lambda x_1 &= -x_2, \\ x_1 &= \lambda x_2, \end{aligned} \right. \tag{7.1}$$

lo que significa que $(\lambda^2 + 1)x_2 = 0$. Obsérvese que $x_2 \neq 0$, pues en caso contrario de (7.1) deducimos que $x_1 = 0$, lo cual es una contradicción. Por tanto, $\lambda^2 + 1 = 0$, siendo las raíces de esta ecuación, $\lambda_1 = i$ y $\lambda_2 = -i$, los valores propios de f. Finalmente, de (7.1) se sigue que, para $\lambda_1 = i$, un vector propio es $\boldsymbol{v}_1 = (1, -i)$, mientras que para $\lambda_2 = -i$, un vector propio es $\boldsymbol{v}_2 = (1, i)$.

Si $\mathbb{E}$ es un espacio vectorial de dimensión finita n y $\mathbb{A} = \{\boldsymbol{a}_1, \boldsymbol{a}_2, \ldots, \boldsymbol{a}_n\}$ es una base de $\mathbb{E}$, entonces todo endomorfismo h de $\mathbb{E}$ en $\mathbb{E}$ tiene asociada una matriz $\mathcal{A}$ respecto a la base $\mathbb{A}$. En términos de coordenadas, la condición de valor propio dada en la definición 7.1 se traduce en la existencia de un vector $\boldsymbol{x} \in \mathbb{K}^{(n,1)} \setminus \{\mathcal{O}_n\}$ tal que

$$\mathcal{A}\boldsymbol{x} = \lambda \boldsymbol{x} \quad \Longleftrightarrow \quad (\lambda \mathcal{I}_n - \mathcal{A})\, \boldsymbol{x} = \mathcal{O}_n, \quad \text{donde} \quad \mathcal{O}_n \overset{\text{def}}{=} \mathbf{0}_n. \tag{7.2}$$

Por tanto, λ es valor propio de h si el anterior sistema lineal admite una solución no trivial (véase la definición 3.2 de sistema homogéneo). Esto significa que el rango de la matriz $\lambda \mathcal{I}_n - \mathcal{A}$ es estrictamente menor que n (ver teorema 6.1). Luego, en términos de determinantes, $\det(\lambda \mathcal{I}_n - \mathcal{A}) = 0$.

■ DEFINICIÓN 7.2 El vector no nulo $\boldsymbol{v} = (v_1, v_2, \dots, v_n) \in \mathbb{C}^n$ se denomina vector propio a izquierda de la matriz $\mathcal{A} \in \mathbb{C}^{(n,n)}$ asociado a $\lambda \in \sigma(h)$ si

$$(\bar{v}_1\ \bar{v}_2\ \cdots\ \bar{v}_n)\mathcal{A} = \lambda(\bar{v}_1\ \bar{v}_2\ \cdots\ \bar{v}_n) \quad \Longleftrightarrow \quad \bar{\boldsymbol{v}}^{\mathrm{T}}\mathcal{A} = \lambda\bar{\boldsymbol{v}}^{\mathrm{T}},$$

donde las entradas de $\bar{\boldsymbol{v}}$ son las complejas conjugadas de las de $\boldsymbol{v}$.

■ OBSERVACIÓN 7.1 Nótese que el número $\lambda \in \mathbb{K}$ es valor propio del endomorfismo anterior h si es raíz de la ecuación

$$\det(t\mathcal{I}_n - \mathcal{A}) = 0.$$

Además, los valores propios de h no dependen de la representación matricial escogida, esto es, el espectro de un endomorfismo es un invariante algebraico. De hecho, si $\mathcal{B}$ es la matriz de h respecto a otra base $\mathbb{B} = \{\boldsymbol{b}_1, \boldsymbol{b}_2, \dots, \boldsymbol{b}_n\}$, sabemos que existe una matriz no singular $\mathcal{P} \in \mathbb{K}^{(n,n)}$ tal que $\mathcal{B} = \mathcal{P}\mathcal{A}\mathcal{P}^{-1}$ (ver definición 6.13). Por tanto,

$$\begin{aligned}\det(\lambda\mathcal{I}_n - \mathcal{B}) &= \det\left(\lambda\mathcal{I}_n - \mathcal{P}\mathcal{A}\mathcal{P}^{-1}\right) = \det\mathcal{P}\,(\lambda\mathcal{I}_n - \mathcal{A})\,\mathcal{P}^{-1} \\ &= \det\mathcal{P}\det(\lambda\mathcal{I}_n - \mathcal{A})\det\mathcal{P}^{-1} = \det(\lambda\mathcal{I}_n - \mathcal{A}).\end{aligned}$$

■ DEFINICIÓN 7.3 El polinomio de grado n en la variable t dado por $\det(t\,\mathcal{I}_n - \mathcal{A})$ se denomina polinomio característico de la matriz $\mathcal{A}$.

■ EJEMPLO 7.2 El polinomio característico de la matriz

$$\mathcal{A} = \begin{pmatrix} 0 & 1 & 1 \\ 2 & 2 & 0 \\ 1 & 0 & 0 \end{pmatrix}$$

se calcula de manera sencilla como

$$\begin{aligned} p(t) &= \det(t\,\mathcal{I}_3 - \mathcal{A}) = \det\begin{pmatrix} t & -1 & -1 \\ -2 & t-2 & 0 \\ -1 & 0 & t \end{pmatrix} \\ &= t\det\begin{pmatrix} t-2 & 0 \\ 0 & t \end{pmatrix} + \det\begin{pmatrix} -2 & 0 \\ -1 & t \end{pmatrix} - \det\begin{pmatrix} -2 & t-2 \\ -1 & 0 \end{pmatrix} \\ &= t^3 - 2t^2 - 3t + 2. \end{aligned}$$

Nótese que el coeficiente que multiplica al término t^3 es igual a 1. En general, se denomina *mónico* todo polinomio de la forma $p(t) = t^n + a_{n-1}t^{n-1} + \cdots + a_0$, esto es, el coeficiente que multiplica al término t^n es igual a 1. Por tanto, $p(t)$ es un polinomio mónico. Usualmente, para denotar el grado de un polinomio se emplea la notación $\deg p(t) = n$.

■ PROPOSICIÓN 7.1 Sea $\mathcal{A} \in \mathbb{K}^{(n,n)}$. El determinante de la matriz $(t\mathcal{I}_n - \mathcal{A})$ es un polinomio mónico de grado n en la variable t.

■ PROPOSICIÓN 7.2 Sea h un endomorfismo en $\mathbb{E}$ que tiene p valores propios distintos, $\lambda_i \neq \lambda_j$ si $i \neq j$, $i, j = 1, 2, \dots, p$. Entonces, los vectores propios $\boldsymbol{v}_1, \boldsymbol{v}_2, \dots, \boldsymbol{v}_p$ asociados a los valores propios $\lambda_1, \lambda_2, \dots, \lambda_p$ son linealmente independientes.

✎ Obsérvese que el polinomio característico de una matriz $\mathcal{A} \in \mathbb{R}^{(n,n)}$ puede tener ceros complejos conjugados, luego el endomorfismo de $\mathbb{R}^n$ en $\mathbb{R}^n$ que tiene asociada dicha matriz $\mathcal{A}$ en cierta base de $\mathbb{R}^n$ carecerá de valores propios. Sin embargo, si el endomorfismo lo consideramos de $\mathbb{C}^n$ en $\mathbb{C}^n$, entonces por el teorema fundamental del álgebra el polinomio característico de $\mathcal{A}$ tendrá exactamente n raíces,

$$p(t) = (t - \lambda_1)^{n_1} \cdots (t - \lambda_k)^{n_k}, \quad n_1 + n_2 + \cdots + n_k = n,$$

de manera que el endomorfismo sí admitirá valores propios.

■ DEFINICIÓN 7.4 La multiplicidad de un valor propio como cero del polinomio característico se denomina multiplicidad algebraica del valor propio.

■ DEFINICIÓN 7.5 La dimensión del subespacio de vectores propios asociados a un valor propio λ_i se denomina multiplicidad geométrica del valor propio. Dicho subespacio es el núcleo de la matriz $(\lambda_i \mathcal{I}_n - \mathcal{A})$, que se denota mediante $\ker(\lambda_i \mathcal{I}_n - \mathcal{A})$, y se denomina subespacio propio asociado a λ_i.

■ TEOREMA 7.1 Sean n_i, m_i, respectivamente, las multiplicidades algebraica y geométrica del valor propio λ_i. Entonces, $m_i \leq n_i$.

■ TEOREMA 7.2 Sea $\mathbb{E}$ un espacio vectorial de dimensión n, y h un endomorfismo de $\mathbb{E}$ en $\mathbb{E}$. Si h tiene valores propios $\{\lambda_i\}_{i=1}^k$, tales que las multiplicidades geométricas y algebraicas coinciden $(m_i = n_i\ \forall i)$ y $\sum_{i=1}^k n_i = n$, entonces existe una base de vectores propios en el espacio vectorial $\mathbb{E}$.

Denotemos mediante $\mathbb{A}_j = \{\boldsymbol{a}_1^{(j)}, \boldsymbol{a}_2^{(j)}, \ldots, \boldsymbol{a}_{n_j}^{(j)}\}$ una base del $\ker(\lambda_j i_h - h)$, siendo $j = 1, 2, \ldots, k$ e i_h la aplicación identidad en $\mathbb{E}$. Del anterior teorema 7.2 se sigue que, si $\mathcal{A} \in \mathbb{K}^{(n,n)}$ es la matriz de h respecto a la base de $\mathbb{E}$ constituida por $\mathbb{A}_1 \cup \cdots \cup \mathbb{A}_k$, entonces dicha matriz es diagonal. Esto se observa fácilmente construyendo la matriz

$$\mathcal{P} = \left(\boldsymbol{a}_1^{(1)} | \boldsymbol{a}_2^{(1)} | \cdots | \boldsymbol{a}_{n_1}^{(1)} | \cdots | \boldsymbol{a}_1^{(k)} | \boldsymbol{a}_2^{(k)} | \cdots | \boldsymbol{a}_{n_k}^{(k)}\right),$$

de donde

$$\begin{aligned}
\mathcal{A}\mathcal{P} &= \left(\mathcal{A}\boldsymbol{a}_1^{(1)} | \mathcal{A}\boldsymbol{a}_2^{(1)} | \cdots | \mathcal{A}\boldsymbol{a}_{n_1}^{(1)} | \cdots | \mathcal{A}\boldsymbol{a}_1^{(k)} | \mathcal{A}\boldsymbol{a}_2^{(k)} | \cdots | \mathcal{A}\boldsymbol{a}_{n_k}^{(k)}\right) \\
&= \left(\lambda_1 \boldsymbol{a}_1^{(1)} | \lambda_1 \boldsymbol{a}_2^{(1)} | \cdots | \lambda_1 \boldsymbol{a}_{n_1}^{(1)} | \cdots | \lambda_k \boldsymbol{a}_1^{(k)} | \lambda_k \boldsymbol{a}_2^{(k)} | \cdots | \lambda_k \boldsymbol{a}_{n_k}^{(k)}\right) \\
&= \mathcal{P}\mathcal{D},
\end{aligned}$$

con

$$\mathcal{D} = \operatorname{diag}(\underbrace{\lambda_1, \ldots, \lambda_1}_{n_1}, \ldots, \underbrace{\lambda_k, \ldots, \lambda_k}_{n_k}) \in \mathbb{K}^{(n,n)}.$$

Esta relación implica que $\mathcal{A}$ es semejante a una matriz diagonal $\mathcal{D}$. Dicha matriz $\mathcal{D}$ se dice que es un *representante canónico* del endomorfismo h.

■ TEOREMA 7.3 Una matriz $\mathcal{A} \in \mathbb{K}^{(n,n)}$ es diagonalizable si y sólo si sus vectores propios forman una base de $\mathbb{K}^n$.

Del teorema anterior se tiene que si $\mathcal{A} = \mathcal{P}\mathcal{D}\mathcal{P}^{-1}$, donde $\mathcal{D}$ es diagonal y $\mathcal{P}$ es no singular, entonces los elementos de la diagonal de $\mathcal{D}$ son los valores propios de $\mathcal{A}$ y las columnas de $\mathcal{P}$ son los correspondientes vectores propios.

■ COROLARIO 7.1 (CONDICIÓN SUFICIENTE PARA LA DIAGONALIZABILIDAD) Si una matriz $\mathcal{A} \in \mathbb{K}^{(n,n)}$ tiene n valores propios distintos, entonces es diagonalizable.

A continuación se resume, a modo de algoritmo, la forma de proceder para diagonalizar una matriz $\mathcal{A} \in \mathbb{K}^{(n,n)}$:

1. Encontrar los valores propios de $\mathcal{A}$, hallando los ceros del polinomio característico.

2. Encontrar los vectores propios linealmente independientes correspondientes a cada uno de los valores propios calculados en el paso 1. Si tenemos en total n vectores propios linealmente independientes, entonces el teorema 7.3 nos asegura que nuestra matriz es diagonalizable. Si, por el contrario, hay menos de n vectores propios linealmente independientes, entonces $\mathcal{A}$ no es diagonalizable y detenemos el proceso. Si $\mathcal{A}$ es diagonalizable, continuamos como sigue.

3. Construir la matriz $\mathcal{P}$ cuyas n columnas son los n vectores propios linealmente independientes.

4. Construir la matriz diagonal $\mathcal{D}$ cuyos elementos diagonales coinciden con los valores propios de $\mathcal{A}$. Es importante colocar en cada columna de $\mathcal{D}$ el valor propio asociado al vector propio de la correspondiente columna de $\mathcal{P}$.

Al finalizar el proceso, es recomendable comprobar que hemos calculado correctamente $\mathcal{P}$ y $\mathcal{D}$. La manera más sencilla de hacer esto es comprobar que $\mathcal{AP} = \mathcal{PD}$.

■ EJEMPLO 7.3 Para la matriz

$$\mathcal{A} = \begin{pmatrix} 1 & 1 & 1 \\ 1 & 1 & -1 \\ 1 & -1 & 1 \end{pmatrix},$$

determinaremos los valores propios así como los vectores propios asociados. Además, veremos que $\mathcal{A}$ es diagonalizable, esto es, $\mathcal{A} = \mathcal{PDP}^{-1}$.

Comencemos calculando el polinomio característico de $\mathcal{A}$, o sea,

$$p(t) = \det(t\,\mathcal{I}_3 - \mathcal{A}) = \det \begin{pmatrix} t-1 & -1 & -1 \\ -1 & t-1 & 1 \\ -1 & 1 & t-1 \end{pmatrix}.$$

Resulta conveniente simplificar el determinante mediante operaciones elementales de filas y columnas. Así, por ejemplo,

$$p(t) = -\det \begin{pmatrix} 1-t & 1 & 1 \\ 1 & 1-t & -1 \\ 0 & -2+t & 2-t \end{pmatrix} = -\det \begin{pmatrix} 1-t & 2 & 1 \\ 1 & -t & -1 \\ 0 & 0 & 2-t \end{pmatrix},$$

donde primero hemos restado la segunda fila a la tercera y luego hemos sumado la tercera columna a la segunda. El determinante que nos ha quedado tras estas dos operaciones puede calcularse fácilmente desarrollándolo por la tercera fila, de manera que

$$\begin{aligned} p(t) &= (t-2)\det \begin{pmatrix} 1-t & 2 \\ 1 & -t \end{pmatrix} = (t-2)\,[-t(1-t)-2] = (t-2)(t^2-t-2) \\ &= (t-2)(t-2)(t+1) = (t-2)^2(t+1)\,. \end{aligned}$$

Se sigue de aquí que $\mathcal{A}$ tiene dos valores propios, $\lambda_1 = -1$ (simple) y $\lambda_2 = 2$ (doble).

El conjunto de los vectores propios asociados al valor propio simple $\lambda_1 = -1$ es el subespacio núcleo de la matriz $-\mathcal{I}_3 - \mathcal{A}$ o, equivalentemente $\mathcal{A} + \mathcal{I}_3$, que hallamos resolviendo por eliminación gaussiana el sistema homogéneo $(\mathcal{A} + \mathcal{I}_3)\boldsymbol{x} = \mathbf{0}_3$,

$$\begin{aligned} (\mathcal{A} + \mathcal{I}_3 \,|\, \mathbf{0}_3) &= \left(\begin{array}{ccc|c} 2 & 1 & 1 & 0 \\ 1 & 2 & -1 & 0 \\ 1 & -1 & 2 & 0 \end{array}\right) \sim \left(\begin{array}{ccc|c} 1 & 2 & -1 & 0 \\ 2 & 1 & 1 & 0 \\ 1 & -1 & 2 & 0 \end{array}\right) \sim \left(\begin{array}{ccc|c} 1 & 2 & -1 & 0 \\ 0 & -3 & 3 & 0 \\ 0 & -3 & 3 & 0 \end{array}\right) \\ &\sim \left(\begin{array}{ccc|c} 1 & 2 & -1 & 0 \\ 0 & -3 & 3 & 0 \\ 0 & 0 & 0 & 0 \end{array}\right) \sim \left(\begin{array}{ccc|c} 1 & 2 & -1 & 0 \\ 0 & 1 & -1 & 0 \\ 0 & 0 & 0 & 0 \end{array}\right) \sim \left(\begin{array}{ccc|c} 1 & 0 & 1 & 0 \\ 0 & 1 & -1 & 0 \\ 0 & 0 & 0 & 0 \end{array}\right). \end{aligned}$$

Por tanto, el conjunto de los vectores propios de $\mathcal{A}$ correspondientes al valor propio $\lambda_1 = -1$ es

$$\{ (-x_3, x_3, x_3) \ : \ x_3 \in \mathbb{R} \} = L\left[(-1,1,1)\right] .$$

El conjunto de los vectores propios asociados al valor propio doble $\lambda_2 = 2$ es el subespacio núcleo de la matriz $2\,\mathcal{I}_3 - \mathcal{A}$ o, equivalentemente $\mathcal{A} - 2\,\mathcal{I}_3$, que hallamos resolviendo por eliminación gaussiana el sistema homogéneo $(\mathcal{A} - 2\,\mathcal{I}_3)\boldsymbol{x} = \mathbf{0}_3$,

$$(\mathcal{A} - 2\,\mathcal{I}_3 \,|\, \mathbf{0}_3) = \left(\begin{array}{ccc|c} -1 & 1 & 1 & 0 \\ 1 & -1 & -1 & 0 \\ 1 & -1 & -1 & 0 \end{array}\right) \sim \left(\begin{array}{ccc|c} -1 & 1 & 1 & 0 \\ 0 & 0 & 0 & 0 \\ 0 & 0 & 0 & 0 \end{array}\right) \sim \left(\begin{array}{ccc|c} 1 & -1 & -1 & 0 \\ 0 & 0 & 0 & 0 \\ 0 & 0 & 0 & 0 \end{array}\right) .$$

Por tanto, el conjunto de los autovectores de $\mathcal{A}$ correspondientes al autovalor $\lambda_2 = 2$ es

$$\{ (x_2 + x_3, x_2, x_3) \ : \ x_2, x_3 \in \mathbb{R} \} = L\left[(1,1,0)\,, (1,0,1)\right] .$$

Hemos encontrado tres vectores propios de $\mathcal{A}$ linealmente independientes, luego $\mathcal{A}$ es diagonalizable. De los resultados obtenidos, se sigue que en la factorización $\mathcal{A} = \mathcal{P}\mathcal{D}\mathcal{P}^{-1}$ podemos tomar como matrices $\mathcal{P}$ y $\mathcal{D}$, por ejemplo,

$$\mathcal{P} = \begin{pmatrix} -1 & 1 & 1 \\ 1 & 1 & 0 \\ 1 & 0 & 1 \end{pmatrix}, \qquad \mathcal{D} = \begin{pmatrix} -1 & 0 & 0 \\ 0 & 2 & 0 \\ 0 & 0 & 2 \end{pmatrix}.$$

La condición de diagonalizabilidad que hemos dado anteriormente tiene la restricción de que las multiplicidades geométrica y algebraica han de coincidir. A continuación, formularemos un resultado que omite dicha restricción.

■ Teorema 7.4 Sea h un endomorfismo de $\mathbb{E}$ en $\mathbb{E}$ con valores propios $\{\lambda_i\}_{i=1}^k$, tales que $\sum_{i=1}^k n_i = n$. Existe una base de $\mathbb{E}$ respecto a la que la matriz de h es triangular superior. Además, sus elementos diagonales son los valores propios de h.

Problemas Resueltos

7.1 Sea el endomorfismo

$$f : \mathbb{R}^2 \longmapsto \mathbb{R}^2,$$

definido mediante $f(x_1, x_2) = (-x_2, x_1)$, $\forall \boldsymbol{x} = (x_1, x_2) \in \mathbb{R}^2$. Calcular los valores y vectores propios de f.

Resolución. El vector $\boldsymbol{x} \in \mathbb{R}^2 \setminus \{\mathbf{0}_2\}$ será un vector propio de f si existe un número $\lambda \in \mathbb{R}$ tal que $f(\boldsymbol{x}) = \lambda \boldsymbol{x}$ o, equivalentemente, si $(-x_2, x_1) = \lambda(x_1, x_2)$. Así pues,

$$\left\{ \begin{aligned} \lambda x_1 &= -x_2, \\ x_1 &= \lambda x_2, \end{aligned} \right. \tag{7.3}$$

lo que significa que $(\lambda^2+1)x_2 = 0$. Obsérvese que $x_2 \neq 0$, pues en caso contrario de (7.3) deducimos que $x_1 = 0$, lo cual es una contradicción. Por tanto, $\lambda^2 + 1 = 0$; sin embargo, esta igualdad no es cierta (para ningún valor $\lambda \in \mathbb{R}$) luego el endomorfismo f no tiene valores ni vectores propios.

7.2 Sea f un endomorfismo de $\mathbb{P}$ en $\mathbb{P}$ (espacio vectorial de los polinomios con coeficientes reales) definido mediante

$$f\big(p(t)\big) = tp'(t).$$

Calcular los valores y vectores propios de f.

Resolución. Para todo $n \in \mathbb{N}$, un polinomio no nulo $p(t) = \sum_{k=0}^{n} a_k t^k$ es un vector propio de f si existe un número real λ tal que

$$tp'(t) = \lambda p(t).$$

Esto significa que

$$\sum_{k=0}^{n} k a_k t^k = \lambda \sum_{k=0}^{n} a_k t^k.$$

Por tanto, $ka_k = \lambda a_k$, $k = 0, 1, \ldots, n$. De aquí se sigue que si $\lambda \notin \{0, 1, \ldots, n\}$, entonces $p(t) \equiv \mathbf{0}_{\mathbb{P}}$. Por otra parte, deducimos que si $m \in \mathbb{N}$ podemos encontrar un polinomio $p(t) = a_m t^m$ que es vector propio asociado al valor propio $\lambda = m$. Así pues, el espectro de f es $\mathbb{N} \cup \{0\}$.

7.3 En el espacio de las funciones derivables en la recta real $C^1(\mathbb{R})$ se considera el endomorfismo $h\big(f(x)\big) = xf'(x)$. Calcular los valores y vectores propios de h.

Resolución. Si $f \neq \mathbf{0}_{C^1(\mathbb{R})}$ es un vector propio de h, existe $\lambda \in \mathbb{R}$ tal que

$$xf'(x) = \lambda f(x).$$

De aquí se sigue que, en $\mathbb{R} \setminus \{0\}$,

$$\frac{f'(x)}{f(x)} = \frac{\lambda}{x},$$

esto es, $\log\big(f(x)\big) = \lambda \log x + a$, con $a \in \mathbb{R}$. Por tanto, $f(x) = bx^\lambda$, con $b \in \mathbb{R}$. Ahora bien, si f es derivable en toda la recta real, debemos imponer $\lambda \geq 1$. Por consiguiente, todo número real mayor o igual que 1 es valor propio de h y los vectores propios asociados son las funciones de la forma bx^λ. Por otra parte, si $\lambda = 0$, entonces $f'(x) = 0$, esto es, $f(x) = d$, con $d \in \mathbb{R}$. Esto implica que $\lambda = 0$ es también valor propio de h, y los vectores propios asociados son las funciones constantes. El espectro de f es $\{0\} \cup [1, \infty)$.

7.4 En el espacio $\mathbb{P}_3$ se considera el endomorfismo f dado por $f\big(p(t)\big) = t[p(t+1) - p(t)]$, $\forall p \in \mathbb{P}_3$. Calcular los valores y vectores propios de f.

Resolución. Un polinomio no nulo $p \in \mathbb{P}_3$ es vector propio de f si existe un número real λ tal que

$$t[p(t+1) - p(t)] = \lambda p(t).$$

Si $p(t) = a_3 t^3 + a_2 t^2 + a_1 t + a_0$, la anterior relación se convierte en

$$a_3(3t^3 + 3t^2 + t) + a_2(2t^2 + t) + a_1 t = \lambda p(t).$$

Identificando los coeficientes de las potencias respecto a la variable t en los dos miembros de la igualdad anterior, se obtiene el sistema

$$\left\{ \begin{aligned} 3a_3 &= \lambda a_3, \\ 3a_3 + 2a_2 &= \lambda a_2, \\ a_3 + a_2 + a_1 &= \lambda a_1, \\ 0 &= \lambda a_0. \end{aligned} \right.$$

Por tanto, caben las siguientes posibilidades:

(i) $\lambda = 3$. Entonces, $a_0 = 0$, $a_1 = 2a_3$, $a_2 = 3a_3$, de donde se deduce que el vector propio asociado será $p(t) = a_3(t^3 + 3t^2 + 2t)$.

(ii) $\lambda = 0$. Entonces, $a_3 = a_2 = a_1 = 0$, siendo el vector propio asociado $p(t) = a_0$.

(iii) $\lambda \neq 3$ y $\lambda \neq 0$. Entonces, $a_3 = a_0 = 0$, siendo las otras dos ecuaciones

$$\begin{aligned} (\lambda - 2)a_2 &= 0, \\ a_2 &= (\lambda - 1)a_1. \end{aligned}$$

Si $\lambda \neq 2$, entonces $a_2 = 0$ y por consiguiente $(\lambda - 1)a_1 = 0$. Para que $p(t)$ sea vector propio, hemos de exigir que $\lambda = 1$. En este caso, el vector propio asociado será $p(t) = a_1 t$.

Si $\lambda = 2$, entonces el vector propio asociado será $p(t) = a_1(t^2 + t)$.

En conclusión, los valores propios de f son 0, 1, 2 y 3, con vectores propios asociados 1, t, $t^2 + t$ y $t^3 + 3t^2 + 2t$, respectivamente.

7.5 Calcular el polinomio característico de las matrices

$$\mathcal{A} = \begin{pmatrix} 1 & -2 & 1 \\ -1 & -2 & 0 \\ -3 & 2 & -2 \end{pmatrix} \quad \text{y} \quad \mathcal{B} = \begin{pmatrix} -1 & 0 & -1 \\ 1 & -1 & 1 \\ 0 & 0 & -2 \end{pmatrix}.$$

Resolución. Los polinomios característicos de $\mathcal{A}$ y $\mathcal{B}$ son, respectivamente,

$$\begin{aligned} p(t) &= \det(t\mathcal{I}_3 - \mathcal{A}) = \det \begin{pmatrix} t-1 & 2 & -1 \\ 1 & t+2 & 0 \\ 3 & -2 & t+2 \end{pmatrix} \\ &= (t-1)\det\begin{pmatrix} t+2 & 0 \\ -2 & t+2 \end{pmatrix} - 2\det\begin{pmatrix} 1 & 0 \\ 3 & t+2 \end{pmatrix} - \det\begin{pmatrix} 1 & t+2 \\ 3 & -2 \end{pmatrix} \\ &= t^3 + 3t^2 + t = t(t^2 + 3t + 1), \\ p(t) &= \det(t\mathcal{I}_4 - \mathcal{B}) = \det \begin{pmatrix} t+1 & 0 & 1 \\ -1 & t+1 & -1 \\ 0 & 0 & t+2 \end{pmatrix} \\ &= (t+1)\det\begin{pmatrix} t+1 & -1 \\ 0 & t+2 \end{pmatrix} + \det\begin{pmatrix} -1 & t+1 \\ 0 & 0 \end{pmatrix} \\ &= t^3 + 4t^2 + 5t + 2 = (t+1)^2(t+2). \end{aligned}$$

7.6 Calcular el polinomio característico de la matriz

$$\mathcal{A} = \begin{pmatrix} 0 & 0 & \cdots & 0 & -a_0 \\ 1 & 0 & \cdots & 0 & -a_1 \\ 0 & 1 & \cdots & 0 & -a_2 \\ \vdots & \ddots & \ddots & \vdots & \vdots \\ 0 & \cdots & 0 & 1 & -a_{n-1} \end{pmatrix} \in \mathbb{C}^{(n,n)}.$$

Resolución. Desarrollando el determinante $(t\mathcal{I}_n - \mathcal{A})$ respecto a la última columna, obtenemos que

$$\det(t\mathcal{I}_n - \mathcal{A}) = \begin{vmatrix} t & 0 & \cdots & 0 & a_0 \\ -1 & t & \cdots & 0 & a_1 \\ 0 & -1 & \cdots & 0 & a_2 \\ \vdots & \ddots & \ddots & \vdots & \vdots \\ 0 & \cdots & 0 & -1 & t + a_{n-1} \end{vmatrix} = (-1)^{n+1} a_0 \underbrace{\begin{vmatrix} -1 & t & \cdots & 0 \\ 0 & -1 & \ddots & \vdots \\ \vdots & \ddots & \ddots & t \\ 0 & \cdots & 0 & -1 \end{vmatrix}}_{(-1)^{n-1}}$$

$$+ (-1)^{n+2} a_1 \underbrace{\begin{vmatrix} t & 0 & 0 & \cdots & 0 \\ 0 & -1 & t & \cdots & 0 \\ 0 & 0 & -1 & \ddots & \vdots \\ \vdots & \vdots & \ddots & \ddots & t \\ 0 & 0 & \cdots & 0 & -1 \end{vmatrix}}_{(-1)^{n-2} t} + \cdots + (-1)^{2n}(t + a_{n-1}) \underbrace{\begin{vmatrix} t & 0 & 0 & \cdots & 0 \\ -1 & t & 0 & \cdots & 0 \\ 0 & -1 & t & \ddots & \vdots \\ \vdots & \vdots & \ddots & \ddots & t \\ 0 & 0 & \cdots & -1 & t \end{vmatrix}}_{t^{n-1}},$$

de donde se deduce que el polinomio característico de $\mathcal{A}$ es

$$p(t) = \det(t\mathcal{I}_n - \mathcal{A}) = t^n + a_{n-1}t^{n-1} + \cdots + a_1 t + a_0.$$

$\mathcal{A}$ se denomina matriz compañera del polinomio p.

7.7 Sea $\mathcal{A} \in \mathbb{C}^{(n,n)}$ una matriz de rango 1.

(a) Demostrar que $\mathcal{A}$ posee como máximo un valor propio no nulo de multiplicidad algebraica 1. ¿Cuál es la multiplicidad algebraica del valor propio 0?

(b) Calcular los vectores propios de la matriz $\mathcal{A}$.

(c) Deducir que $\mathcal{A} = \boldsymbol{x}\boldsymbol{y}^{\mathrm{T}}$, donde $\boldsymbol{x}, \boldsymbol{y} \in \mathbb{R}^{(n,1)} \setminus \{\mathcal{O}_n\}$.

Resolución.

(a) Si $\mathcal{A}$ tiene rango 1, su núcleo posee dimensión $n-1$. Sea $\{\boldsymbol{v}_1, \boldsymbol{v}_2, \ldots, \boldsymbol{v}_{n-1}\}$ una base del núcleo; completándola, obtenemos una base $\{\boldsymbol{v}_1, \boldsymbol{v}_2, \ldots, \boldsymbol{v}_{n-1}, \boldsymbol{v}_n\}$ de $\mathbb{C}^n$. La matriz del endomorfismo definido por $\mathcal{A}$ respecto a la nueva base es

$$\mathcal{B} = \begin{pmatrix} 0 & \cdots & 0 & z_1 \\ 0 & \cdots & 0 & z_2 \\ \vdots & & \vdots & \vdots \\ 0 & \cdots & 0 & z_n \end{pmatrix},$$

con $\mathcal{B}$ semejante a $\mathcal{A}$. Los vectores propios de $\mathcal{B}$ son las raíces del polinomio característico,

$$\det \begin{pmatrix} \lambda & \cdots & 0 & -z_1 \\ \vdots & & \vdots & \vdots \\ 0 & \cdots & \lambda & -z_{n-1} \\ 0 & \cdots & 0 & \lambda - z_n \end{pmatrix} = \lambda^{n-1}(\lambda - z_n).$$

Por tanto, si $z_n \neq 0$, tenemos como valores propios $\lambda_1 = 0$ con multiplicidad algebraica $n-1$ y $\lambda_2 = z_n$ con multiplicidad algebraica 1.

Si $z_n = 0$, tenemos un único valor propio $\lambda_1 = 0$ con multiplicidad algebraica n.

(b) Si $z_n \neq 0$, un vector propio asociado a λ_2 debe satisfacer

$$\left\{\begin{array}{rcl} z_n x_1 & = & z_1 x_n, \\ z_n x_2 & = & z_2 x_n, \\ \multicolumn{3}{c}{\dots\dots\dots\dots\dots\dots\dots} \\ z_n x_{n-1} & = & z_{n-1} x_n. \end{array}\right.$$

Esto significa que $x_n \neq 0$, pues en caso contrario tendríamos una contradicción al ser $x_1 = x_2 = \cdots = x_n = 0$. Por tanto, un vector propio asociado es $(z_1, z_2, \dots, z_n)$.

Los vectores propios asociados a $\lambda_1 = 0$ son los elementos del núcleo, cuyas coordenadas respecto a la base dada son $(1,0,0,\dots,0)$, $(0,1,0,\dots,0)$, ..., $(0,0,\dots,1,0)$. La multiplicidad geométrica es $n-1$, luego $\mathcal{B}$ es diagonalizable.

Si $z_n = 0$, un vector propio asociado a λ_1 debe satisfacer

$$\left\{\begin{array}{rcl} z_1 x_n & = & 0, \\ z_2 x_n & = & 0, \\ \multicolumn{3}{c}{\dots\dots\dots\dots\dots} \\ z_{n-1} x_n & = & 0. \end{array}\right.$$

Como al menos uno de los $\{z_k\}_{k=1}^{n-1}$ debe ser no nulo, deducimos que los vectores propios asociados a λ_1 son los elementos del núcleo. Sus coordenadas respecto a la base dada son $(1,0,0,\dots,0)$, $(0,1,0,\dots,0)$, ..., $(0,0,\dots,1,0)$. La multiplicidad geométrica es $n-1$.

(c) En el primer caso analizado anteriormente existe una matriz no singular $\mathcal{P}$ tal que

$$\mathcal{P}^{-1}\mathcal{A}\mathcal{P} = \begin{pmatrix} 0 & \cdots & 0 & 0 \\ \vdots & \ddots & \vdots & \vdots \\ 0 & \cdots & 0 & 0 \\ 0 & \cdots & 0 & z_n \end{pmatrix}.$$

Por tanto,

$$\mathcal{A} = \mathcal{P} \begin{pmatrix} 0 & \cdots & 0 & 0 \\ \vdots & \ddots & \vdots & \vdots \\ 0 & \cdots & 0 & 0 \\ 0 & \cdots & 0 & z_n \end{pmatrix} \mathcal{P}^{-1} = z_n \mathcal{P}_n \left(\mathcal{P}^{-1}\right)^{(n)},$$

donde $\mathcal{P}_n$ denota la n-ésima columna de la matriz $\mathcal{P}$ y $\left(\mathcal{P}^{-1}\right)^{(n)}$ denota la n-ésima fila de la matriz $\mathcal{P}^{-1}$. Haciendo $\boldsymbol{x} = z_n \mathcal{P}_n$, $\boldsymbol{y}^{\mathrm{T}} = \left(\mathcal{P}^{-1}\right)^{(n)}$, se sigue el resultado.

En el segundo caso analizado anteriormente,

$$\mathcal{A} = \mathcal{P} \begin{pmatrix} 0 & \cdots & 0 & 0 \\ \vdots & \ddots & \vdots & \vdots \\ 0 & \cdots & 0 & 0 \\ 0 & \cdots & 0 & z_n \end{pmatrix} \mathcal{P}^{-1} = \boldsymbol{w}_n \left(\mathcal{P}^{-1}\right)^{(n)},$$

donde $\left(\mathcal{P}^{-1}\right)^{(n)}$ denota la n-ésima fila de la matriz $\mathcal{P}^{-1}$ y

$$\boldsymbol{w}_n = \mathcal{P} \begin{pmatrix} z_1 \\ z_2 \\ \vdots \\ z_n \end{pmatrix}.$$

Haciendo $\boldsymbol{x} = \boldsymbol{w}_n$, $\boldsymbol{y}^{\mathrm{T}} = \left(\mathcal{P}^{-1}\right)^{(n)}$, se sigue el resultado.

7.8 Responder a los siguientes apartados:

(a) Sea $\mathcal{A} \in \mathbb{C}^{(n,n)}$ una matriz no singular. Probar que si λ es un valor propio de $\mathcal{A}$, entonces λ^k es valor propio de $\mathcal{A}^k$ cualquiera sea $k \in \mathbb{Z}$.

(b) Demostrar que si α es un valor propio de $\mathcal{A} \in \mathbb{C}^{(n,n)}$, entonces también lo es de su transpuesta $\mathcal{A}^{\mathrm{T}}$. ¿Coinciden los vectores propios asociados?

(c) Sea f un endomorfismo de $\mathbb{R}^3$ tal que todos sus valores propios son reales. Probar que el endomorfismo $f^2 + i_{\mathbb{R}^3}$, siendo $i_{\mathbb{R}^3}$ la aplicación identidad en $\mathbb{R}^3$, es biyectivo.

(d) Probar que si $\mathcal{A} \in \mathbb{C}^{(n,n)}$ es una matriz cuyas entradas son no negativas y tales que la suma de los elementos de cada fila es igual a 1, entonces $\lambda = 1$ es valor propio de $\mathcal{A}$. Encontrar un vector propio asociado a $\lambda = 1$.

Resolución.

(a) Si λ es valor propio de $\mathcal{A}$, existe un vector no nulo $\boldsymbol{v} \in \mathbb{C}^n$ tal que

$$\mathcal{A}\boldsymbol{v} = \lambda\boldsymbol{v}. \tag{7.4}$$

Por tanto, es fácil comprobar que

$$\mathcal{A}^k\boldsymbol{v} = \mathcal{A}^{k-1}(\mathcal{A}\boldsymbol{v}) = \lambda\mathcal{A}^{k-1}\boldsymbol{v} = \cdots = \lambda^k\boldsymbol{v},$$

cualquiera sea $k \in \mathbb{N}$. Por otra parte, de (7.4) se sigue que

$$\mathcal{A}^{-1}\boldsymbol{v} = \lambda^{-1}\boldsymbol{v}, \quad \lambda \neq 0.$$

Por tanto,

$$\mathcal{A}^{-k}\boldsymbol{v} = \mathcal{A}^{-(k-1)}(\mathcal{A}^{-1}\boldsymbol{v}) = \lambda^{-1}\mathcal{A}^{-(k-1)}\boldsymbol{v} = \cdots = \lambda^{-k}\boldsymbol{v},$$

para todo $k \in \mathbb{N}$.

(b) Si α es valor propio de $\mathcal{A}$, entonces α es un cero del polinomio característico de $\mathcal{A}$, esto es, $\det(\alpha\mathcal{I}_n - \mathcal{A}) = 0$. Ahora bien, puesto que

$$\det(\alpha\mathcal{I}_n - \mathcal{A}) = \det(\alpha\mathcal{I}_n - \mathcal{A})^{\mathrm{T}} = \det(\alpha\mathcal{I}_n - \mathcal{A}^{\mathrm{T}}) = 0,$$

deducimos que α es un cero del polinomio característico de $\mathcal{A}^{\mathrm{T}}$ y, por consiguiente, un valor propio de $\mathcal{A}^{\mathrm{T}}$.

En cuanto a los vectores propios asociados veremos, mediante un contraejemplo, que no necesariamente tienen que coincidir. Consideremos la matriz

$$\mathcal{A} = \begin{pmatrix} 1 & 2 \\ 1 & 0 \end{pmatrix},$$

que tiene $\lambda = 2$ como valor propio y $\boldsymbol{v} = (2, 1)$ como vector propio asociado. Por otra parte, para

$$\mathcal{A}^{\mathrm{T}} = \begin{pmatrix} 1 & 1 \\ 2 & 0 \end{pmatrix},$$

es evidente que 2 también es un valor propio; pero $(2, 1)$ no es un vector propio asociado a dicho valor propio, ya que

$$\begin{pmatrix} 1 & 1 \\ 2 & 0 \end{pmatrix}\begin{pmatrix} 2 \\ 1 \end{pmatrix} \neq 2\begin{pmatrix} 2 \\ 1 \end{pmatrix}.$$

(c) Basta probar que $f^2 + i_{\mathbb{R}^3}$ es inyectivo o, equivalentemente, que su núcleo se reduce al vector $\mathbf{0}_3$. En efecto, si existiera un vector no nulo $\boldsymbol{v} \in \mathbb{R}^3$ tal que $f^2(\boldsymbol{v}) + \boldsymbol{v} = \mathbf{0}_3$, entonces tendríamos $f^2(\boldsymbol{v}) = -\boldsymbol{v}$. Esto significa que -1 es un valor propio de f^2. Los valores propios reales de f serían aquellos $\lambda \in \mathbb{R}$ tales que $\lambda^2 = -1$, lo que constituye una contradicción.

(d) Sea $p(t) = \det(t\mathcal{I}_n - \mathcal{A})$ el polinomio característico de $\mathcal{A}$. Utilizando la expresión del determinante y sumando a la primera columna las restantes, se tiene

$$\begin{aligned} p(t) &= \det \begin{pmatrix} t - a_{1,1} - a_{1,2} - \cdots - a_{1,n} & -a_{1,2} & \cdots & -a_{1,n} \\ t - a_{2,1} - a_{2,2} - \cdots - a_{2,n} & t - a_{2,2} & \cdots & -a_{2,n} \\ \vdots & \vdots & \ddots & \vdots \\ t - a_{n,1} - a_{n,2} - \cdots - a_{n,n} & -a_{n,2} & \cdots & t - a_{n,n} \end{pmatrix} \\ &= \det \begin{pmatrix} t-1 & -a_{1,2} & \cdots & -a_{1,n} \\ t-1 & t - a_{2,2} & \cdots & -a_{2,n} \\ \vdots & \vdots & \ddots & \vdots \\ t-1 & -a_{n,2} & \cdots & t - a_{n,n} \end{pmatrix} \\ &= (t-1) \det \begin{pmatrix} 1 & -a_{1,2} & \cdots & -a_{1,n} \\ 1 & t - a_{2,2} & \cdots & -a_{2,n} \\ \vdots & \vdots & \ddots & \vdots \\ 1 & -a_{n,2} & \cdots & t - a_{n,n} \end{pmatrix}. \end{aligned}$$

Así pues, $\lambda = 1$ es un cero de $p(t)$ y, por tanto, un valor propio de $\mathcal{A}$.

Finalmente, un vector propio de $\mathcal{A}$ es $\boldsymbol{v} = (1, 1, \ldots, 1)^{\mathrm{T}}$, ya que

$$\mathcal{A}\boldsymbol{v} = \begin{pmatrix} \displaystyle\sum_{j=1}^{n} a_{1,j} \\ \vdots \\ \displaystyle\sum_{j=1}^{n} a_{n,j} \end{pmatrix} = \begin{pmatrix} 1 \\ \vdots \\ 1 \end{pmatrix}.$$

7.9 Sea h un endomorfismo en $\mathbb{C}^n$. Probar que si $\lambda \in \mathbb{C}$ es un valor propio de h y $\boldsymbol{v}$ es un vector propio asociado, entonces el endomorfismo

$$p(h) = a_k h^k + \cdots + a_1 h + a_0 i_h,$$

tiene $p(\lambda) = \mu$ como valor propio y $\boldsymbol{v}$ es un vector propio asociado a μ.

Resolución. De acuerdo con la definición, $h(\boldsymbol{v}) = \lambda\boldsymbol{v}$. De aquí se sigue que $h^j(\boldsymbol{v}) = \lambda^j\boldsymbol{v}$, con $j \in \mathbb{N}$. Por tanto,

$$\begin{aligned} \big(p(h)\big)(\boldsymbol{v}) &= a_k h^k(\boldsymbol{v}) + \cdots + a_1 h(\boldsymbol{v}) + a_0\boldsymbol{v} = a_k\lambda^k\boldsymbol{v} + \cdots + a_1\lambda\boldsymbol{v} + a_0\boldsymbol{v} \\ &= (a_k\lambda^k + \cdots + a_1\lambda + a_0)\boldsymbol{v} = p(\lambda)\boldsymbol{v} = \mu\boldsymbol{v}. \end{aligned}$$

7.10 Sea el endomorfismo $h : \mathbb{E} \mapsto \mathbb{E}$, donde $\mathbb{E}$ está dado sobre el cuerpo $\mathbb{K}$, y $\mathbb{A} = \{\boldsymbol{v} \in \mathbb{E} : h(\boldsymbol{v}) = \lambda\boldsymbol{v},\ \lambda \in \mathbb{K}\} \neq \emptyset$.

(a) La clausura lineal de $\mathbb{A}$, formada por los vectores propios del endomorfismo h, ¿constituye un subespacio invariante de $\mathbb{E}$?

(b) Si $\ker h \neq \{\mathbf{0}_{\mathbb{E}}\}$, ¿es $\lambda = 0_{\mathbb{K}}$ un valor propio de h?

Resolución.

(a) La clausura lineal $L[\mathbb{A}]$ constituye un subespacio invariante de $\mathbb{E}$ (ver definición 6.4). De hecho, si el conjunto $\mathbb{A}$ está formado por un solo vector propio $\boldsymbol{v}_0$ asociado al valor propio λ_0, se tiene que

$$h(\alpha \boldsymbol{v}_0) = \underbrace{(\alpha\lambda_0)}_{\mu} \boldsymbol{v}_0 = \mu \boldsymbol{v}_0 \in L[\mathbb{A}], \quad \forall\, \alpha \in \mathbb{K}.$$

Si $\mathbb{A}$ contiene más de un vector propio, por ejemplo dos vectores $\boldsymbol{v}_1$ y $\boldsymbol{v}_2$ asociados respectivamente a los valores propios λ_1 y λ_2, entonces

$$h(\alpha \boldsymbol{v}_1 + \beta \boldsymbol{v}_2) = \alpha h(\boldsymbol{v}_1) + \beta h(\boldsymbol{v}_2) = \underbrace{(\alpha\lambda_1)}_{\mu} \boldsymbol{v}_1 + \underbrace{(\beta\lambda_2)}_{\nu} \boldsymbol{v}_2 = \mu \boldsymbol{v}_1 + \nu \boldsymbol{v}_2 \in L[\mathbb{A}], \quad \forall\, \alpha, \beta \in \mathbb{K},$$

de donde se sigue el resultado.

(b) Si $\ker h \neq \{\mathbf{0}_{\mathbb{E}}\}$, esto implica que existe al menos un vector $\boldsymbol{v}$ de $\mathbb{E}$ tal que $h(\boldsymbol{v}) = \mathbf{0}_{\mathbb{E}} = 0_{\mathbb{K}} \boldsymbol{v}$, donde hemos empleado el apartado (i) de la proposición 5.1. Así pues, la respuesta a la pregunta es afirmativa.

7.11 Sea $\mathbb{E}$ un espacio vectorial de dimensión finita n y h un endomorfismo de $\mathbb{E}$ en $\mathbb{E}$ con k valores propios, tales que sus multiplicidades geométricas y algebraicas coinciden. Si $\mathbb{A}_i = \{\boldsymbol{a}_1^{(i)}, \boldsymbol{a}_2^{(i)}, \ldots, \boldsymbol{a}_{n_i}^{(i)}\}$ denota una base del $\ker(\lambda_i i_{\mathbb{E}} - h)$, con $i = 1, 2, \ldots, k$, ¿es $\mathbb{A}_1 \cup \cdots \cup \mathbb{A}_k$ una familia linealmente dependiente?

Resolución. La respuesta es negativa. De hecho, si

$$\underbrace{\sum_{j=1}^{n_1} \alpha_j^{(1)} \boldsymbol{a}_j^{(1)}}_{\boldsymbol{a}^{(1)}} + \cdots + \underbrace{\sum_{j=1}^{n_k} \alpha_j^{(k)} \boldsymbol{a}_j^{(k)}}_{\boldsymbol{a}^{(k)}} = \mathbf{0}_{\mathbb{E}}, \tag{7.5}$$

esto significa que

$$\boldsymbol{a}^{(1)} + \cdots + \boldsymbol{a}^{(k)} = \mathbf{0}_{\mathbb{E}}, \tag{7.6}$$

donde $\boldsymbol{a}^{(i)} \in L[\mathbb{A}_i]$. Aplicando h en la anterior identidad,

$$\lambda_1 \boldsymbol{a}^{(1)} + \cdots + \lambda_k \boldsymbol{a}^{(k)} = \mathbf{0}_{\mathbb{E}},$$

de modo que, restando a esta expresión (7.6) multiplicada por λ_1, se tiene

$$(\lambda_2 - \lambda_1)\boldsymbol{a}^{(2)} + \cdots + (\lambda_k - \lambda_1)\boldsymbol{a}^{(k)} = \mathbf{0}_{\mathbb{E}}. \tag{7.7}$$

Aplicando nuevamente h en la anterior identidad,

$$(\lambda_2 - \lambda_1)\lambda_2 \boldsymbol{a}^{(2)} + \cdots + (\lambda_k - \lambda_1)\lambda_k \boldsymbol{a}^{(k)} = \mathbf{0}_{\mathbb{E}},$$

y restando a esta expresión (7.7) multiplicada por λ_2 se tiene

$$(\lambda_3 - \lambda_2)(\lambda_3 - \lambda_1)\boldsymbol{a}^{(3)} + \cdots + (\lambda_k - \lambda_1)(\lambda_k - \lambda_2)\boldsymbol{a}^{(k)} = \mathbf{0}_{\mathbb{E}}.$$

Reiterando el proceso, deducimos que

$$(\lambda_k - \lambda_1)(\lambda_k - \lambda_2)\cdots(\lambda_k - \lambda_{k-1})\boldsymbol{a}^{(k)} = \mathbf{0}_{\mathbb{E}},$$

esto es, $\boldsymbol{a}^{(k)} = \mathbf{0}_{\mathbb{E}}$. Deshaciendo el camino realizado, de atrás hacia adelante, se sigue que $\boldsymbol{a}^{(i)} = \mathbf{0}_{\mathbb{E}}$, $i = 1, 2, \ldots, k$. Por tanto en (7.5) $\lambda_j^{(i)} = 0_{\mathbb{K}}$ para $i = 1, 2, \ldots, k$ y $j = 1, 2, \ldots, n_i$, lo que indica que $\mathbb{A}_1 \cup \cdots \cup \mathbb{A}_k$ es linealmente independiente.

7.12 Dada la matriz

$$\mathcal{A} = \begin{pmatrix} 7 & 4 & 16 \\ 2 & 5 & 8 \\ -2 & -2 & -5 \end{pmatrix},$$

(a) Calcular los valores propios de $\mathcal{A}$.

(b) ¿Es $\mathcal{A}$ diagonalizable? En caso afirmativo, hallar las matrices $\mathcal{P}$ y $\mathcal{D}$ tales que $\mathcal{A} = \mathcal{P}\mathcal{D}\mathcal{P}^{-1}$.

(c) Si n es un número natural arbitrario, ¿es $\mathcal{A}^n$ diagonalizable? En caso afirmativo, hallar sus correspondientes matrices $\mathcal{P}$ y $\mathcal{D}$.

Resolución.

(a) Los valores propios o autovalores de $\mathcal{A}$ son las raíces del polinomio característico,

$$p(t) = \det(t\,\mathcal{I}_3 - \mathcal{A}) = -\det \begin{pmatrix} 7-t & 4 & 16 \\ 2 & 5-t & 8 \\ -2 & -2 & -5-t \end{pmatrix}.$$

Para calcular este determinante, resulta aconsejable empezar por simplificarlo mediante operaciones elementales de filas y columnas. Así, por ejemplo,

$$p(t) = -\det \begin{pmatrix} 7-t & 4 & 16 \\ 2 & 5-t & 8 \\ 0 & 3-t & 3-t \end{pmatrix} = -\det \begin{pmatrix} 7-t & -12 & 16 \\ 2 & -3-t & 8 \\ 0 & 0 & 3-t \end{pmatrix},$$

donde en el primer paso hemos sumado la segunda fila a la tercera, y en el segundo paso hemos restado la tercera columna a la segunda. El determinante que nos ha quedado tras estas dos operaciones puede calcularse fácilmente desarrollándolo por la tercera fila, de manera que

$$\begin{aligned} p(t) &= -(3-t)\det \begin{pmatrix} 7-t & -12 \\ 2 & -3-t \end{pmatrix} = -(3-t)\,[(7-t)(-3-t)+24] \\ &= -(3-t)(t^2-4t+3) = -(3-t)(3-t)(1-t) = (t-1)(t-3)^2 . \end{aligned}$$

Se sigue entonces que $\mathcal{A}$ tiene dos valores propios, $\lambda_1 = 1$ (simple) y $\lambda_2 = 3$ (doble).

(b) La matriz $\mathcal{A}$ será diagonalizable si y sólo si podemos encontrar dos vectores propios (autovectores) linealmente independientes asociados al valor propio doble, $\lambda_2 = 3$. El conjunto de los vectores propios asociados a este valor propio es el subespacio formado por el núcleo de la matriz $3\,\mathcal{I}_3 - \mathcal{A}$ o, equivalentemente $\mathcal{A} - 3\,\mathcal{I}_3$, es decir, el conjunto solución del sistema homogéneo $(\mathcal{A} - 3\,\mathcal{I}_3)\boldsymbol{x} = \mathbf{0}_3$. Nótese que $\ker(\mathcal{A} - 3\,\mathcal{I}_3) = \ker(3\,\mathcal{I}_3 - \mathcal{A})$. Resolviendo este sistema por el método de eliminación gaussiana,

$$(\mathcal{A} - 3\,\mathcal{I}_3 \,|\, \mathbf{0}_3) = \left(\begin{array}{ccc|c} 4 & 4 & 16 & 0 \\ 2 & 2 & 8 & 0 \\ -2 & -2 & -8 & 0 \end{array}\right) \sim \left(\begin{array}{ccc|c} 1 & 1 & 4 & 0 \\ 1 & 1 & 4 & 0 \\ 1 & 1 & 4 & 0 \end{array}\right) \sim \left(\begin{array}{ccc|c} 1 & 1 & 4 & 0 \\ 0 & 0 & 0 & 0 \\ 0 & 0 & 0 & 0 \end{array}\right),$$

encontramos que la solución general es $\boldsymbol{x} = (x_1, x_2, x_3)$ con

$$x_1 = -x_2 - 4x_3, \quad x_2 \in \mathbb{R}, \quad x_3 \in \mathbb{R}\,.$$

Por tanto, el conjunto de los vectores propios de $\mathcal{A}$ correspondientes al valor propio $\lambda_2 = 3$ es

$$\{\,(-x_2 - 4x_3, x_2, x_3)\ :\ x_2, x_3 \in \mathbb{R}\,\} = L\,[(-1,1,0)\,,(-4,0,1)]\ .$$

Este subespacio tiene dimensión 2, luego $\mathcal{A}$ es diagonalizable. Para poder escribir la matriz $\mathcal{P}$ nos falta hallar el conjunto de los vectores propios correspondientes al valor propio $\lambda_1 = 1$, es decir, el $\ker(\mathcal{A} - \mathcal{I}_3)$, que hallamos resolviendo el sistema homogéneo $(\mathcal{A} - \mathcal{I}_3)\boldsymbol{x} = \mathbf{0}_3$. Usando de nuevo el método de eliminación gaussiana,

$$(\mathcal{A} - \mathcal{I}_3 \,|\, \mathbf{0}_3) = \left(\begin{array}{rrr|r} 6 & 4 & 16 & 0 \\ 2 & 4 & 8 & 0 \\ -2 & -2 & -6 & 0 \end{array}\right) \sim \left(\begin{array}{rrr|r} -2 & -2 & -6 & 0 \\ 2 & 4 & 8 & 0 \\ 6 & 4 & 16 & 0 \end{array}\right)$$
$$\sim \left(\begin{array}{rrr|r} -2 & -2 & -6 & 0 \\ 0 & 2 & 2 & 0 \\ 0 & -2 & -2 & 0 \end{array}\right) \sim \left(\begin{array}{rrr|r} -2 & -2 & -6 & 0 \\ 0 & 2 & 2 & 0 \\ 0 & 0 & 0 & 0 \end{array}\right)$$
$$\sim \left(\begin{array}{rrr|r} 1 & 1 & 3 & 0 \\ 0 & 1 & 1 & 0 \\ 0 & 0 & 0 & 0 \end{array}\right) \sim \left(\begin{array}{rrr|r} 1 & 0 & 2 & 0 \\ 0 & 1 & 1 & 0 \\ 0 & 0 & 0 & 0 \end{array}\right),$$

encontramos que la solución general es $\boldsymbol{x} = (x_1, x_2, x_3)$ con

$$x_1 = -2x_3, \quad x_2 = -x_3, \quad x_3 \in \mathbb{R}\ .$$

Por tanto, el conjunto de los vectores propios de $\mathcal{A}$ correspondientes al valor propio $\lambda_1 = 1$ es

$$\{\,(-2x_3, -x_3, x_3)\ :\ x_3 \in \mathbb{R}\,\} = L\,[(-2,-1,1)]\ .$$

De los resultados obtenidos se sigue que podemos tomar como matrices $\mathcal{P}$ y $\mathcal{D}$, por ejemplo,

$$\mathcal{P} = \begin{pmatrix} -2 & -1 & -4 \\ -1 & 1 & 0 \\ 1 & 0 & 1 \end{pmatrix}, \qquad \mathcal{D} = \begin{pmatrix} 1 & 0 & 0 \\ 0 & 3 & 0 \\ 0 & 0 & 3 \end{pmatrix}.$$

(c) En el apartado (b) hemos visto que $\mathcal{A}$ es diagonalizable y por tanto puede escribirse como $\mathcal{A} = \mathcal{P}\mathcal{D}\mathcal{P}^{-1}$ con las matrices $\mathcal{P}$ y $\mathcal{D}$ indicadas. Como consecuencia,

$$\mathcal{A}^2 = \mathcal{A}\mathcal{A} = \mathcal{P}\mathcal{D}\mathcal{P}^{-1}\mathcal{P}\mathcal{D}\mathcal{P}^{-1} = \mathcal{P}\mathcal{D}\mathcal{D}\mathcal{P}^{-1} = \mathcal{P}\mathcal{D}^2\mathcal{P}^{-1}\,,$$

luego $\mathcal{A}^2$ es también diagonalizable con la misma matriz $\mathcal{P}$ que $\mathcal{A}$ y una matriz diagonal $\mathcal{D}$ que es el cuadrado de la correspondiente matriz diagonal para $\mathcal{A}$. Procediendo de modo iterativo se deduce que, para todo $n \in \mathbb{N}$, $\mathcal{A}^n$ es diagonalizable con la misma $\mathcal{P}$ que $\mathcal{A}$ y una $\mathcal{D}$ que es la potencia n-ésima de la de $\mathcal{A}$. Esto es, $\mathcal{A}^n = \mathcal{P}\mathcal{D}^n\mathcal{P}^{-1}$, siendo

$$\mathcal{P} = \begin{pmatrix} -2 & -1 & -4 \\ -1 & 1 & 0 \\ 1 & 0 & 1 \end{pmatrix}, \qquad \mathcal{D}^n = \begin{pmatrix} 1 & 0 & 0 \\ 0 & 3 & 0 \\ 0 & 0 & 3 \end{pmatrix}^n = \begin{pmatrix} 1 & 0 & 0 \\ 0 & 3^n & 0 \\ 0 & 0 & 3^n \end{pmatrix}.$$

7.13 Dada la matriz

$$\mathcal{A} = \begin{pmatrix} 1 & -1 & 1 & 1 \\ -1 & 1 & 1 & 1 \\ 1 & 1 & -1 & 1 \\ 1 & 1 & 1 & -1 \end{pmatrix},$$

(a) Hallar los valores y vectores propios de $\mathcal{A}$.

(b) Determinar una matriz $\mathcal{P}$ invertible y una matriz $\mathcal{D}$ diagonal tales que $\mathcal{A} = \mathcal{P}\mathcal{D}\mathcal{P}^{-1}$.

Resolución.

(a) Calculamos el polinomio característico de $\mathcal{A}$,

$$p(t) = \det(t\,\mathcal{I}_4 - \mathcal{A}) = \det(\mathcal{A} - t\,\mathcal{I}_4) = \det \begin{pmatrix} 1-t & -1 & 1 & 1 \\ -1 & 1-t & 1 & 1 \\ 1 & 1 & -1-t & 1 \\ 1 & 1 & 1 & -1-t \end{pmatrix}.$$

Es conveniente simplificar el determinante mediante operaciones elementales de filas y columnas. Así, por ejemplo, sumando la segunda fila a la tercera y a la cuarta, y sumando a la primera fila la segunda multiplicada por $1-t$, se tiene que

$$p(t) = \det \begin{pmatrix} 0 & t^2-2t & 2-t & 2-t \\ -1 & 1-t & 1 & 1 \\ 0 & 2-t & -t & 2 \\ 0 & 2-t & 2 & -t \end{pmatrix}.$$

Ahora, restando a la segunda columna la tercera y la cuarta, el determinante se reduce a una forma que puede calcularse de manera inmediata,

$$p(t) = \det \begin{pmatrix} 0 & t^2-4 & 2-t & 2-t \\ -1 & -1-t & 1 & 1 \\ 0 & 0 & -t & 2 \\ 0 & 0 & 2 & -t \end{pmatrix} = \det \begin{pmatrix} t^2-4 & 2-t & 2-t \\ 0 & -t & 2 \\ 0 & 2 & -t \end{pmatrix}$$

$$= (t^2-4)\det \begin{pmatrix} -t & 2 \\ 2 & -t \end{pmatrix} = (t^2-4)^2 = (t+2)^2(t-2)^2 .$$

Se sigue de aquí que $\mathcal{A}$ tiene dos valores propios dobles, $\lambda_1 = -2$ y $\lambda_2 = 2$. A continuación calculamos los correspondientes vectores propios, resolviendo por el método de eliminación gaussiana los sistemas $(t\,\mathcal{I}_4 - \mathcal{A})\boldsymbol{x} = \mathbf{0}_4$ o, equivalentemente $(\mathcal{A} - t\,\mathcal{I}_4)\boldsymbol{x} = \mathbf{0}_4$ para esos dos valores de t. Para $t = -2$,

$$(\mathcal{A} + 2\,\mathcal{I}_4 \,|\, \mathbf{0}_4) = \left(\begin{array}{cccc|c} 3 & -1 & 1 & 1 & 0 \\ -1 & 3 & 1 & 1 & 0 \\ 1 & 1 & 1 & 1 & 0 \\ 1 & 1 & 1 & 1 & 0 \end{array}\right) \sim \left(\begin{array}{cccc|c} 1 & 1 & 1 & 1 & 0 \\ -1 & 3 & 1 & 1 & 0 \\ 1 & 1 & 1 & 1 & 0 \\ 3 & -1 & 1 & 1 & 0 \end{array}\right)$$

$$\sim \left(\begin{array}{cccc|c} 1 & 1 & 1 & 1 & 0 \\ 0 & 4 & 2 & 2 & 0 \\ 0 & 0 & 0 & 0 & 0 \\ 0 & -4 & -2 & -2 & 0 \end{array}\right) \sim \left(\begin{array}{cccc|c} 1 & 1 & 1 & 1 & 0 \\ 0 & 4 & 2 & 2 & 0 \\ 0 & 0 & 0 & 0 & 0 \\ 0 & 0 & 0 & 0 & 0 \end{array}\right)$$

$$\sim \left(\begin{array}{cccc|c} 1 & 1 & 1 & 1 & 0 \\ 0 & 1 & 1/2 & 1/2 & 0 \\ 0 & 0 & 0 & 0 & 0 \\ 0 & 0 & 0 & 0 & 0 \end{array}\right) \sim \left(\begin{array}{cccc|c} 1 & 0 & 1/2 & 1/2 & 0 \\ 0 & 1 & 1/2 & 1/2 & 0 \\ 0 & 0 & 0 & 0 & 0 \\ 0 & 0 & 0 & 0 & 0 \end{array}\right).$$

Por tanto, el conjunto de los vectores propios de $\mathcal{A}$ correspondientes al valor propio $\lambda_1 = -2$ es

$$\ker(\mathcal{A} + 2\,\mathcal{I}_4) = \left\{ \left(-\frac{1}{2}x_3 - \frac{1}{2}x_4, -\frac{1}{2}x_3 - \frac{1}{2}x_4, x_3, x_4\right) \;:\; x_3, x_4 \in \mathbb{R} \right\}$$

$$= L\left[\left(-\frac{1}{2}, -\frac{1}{2}, 1, 0\right), \left(-\frac{1}{2}, -\frac{1}{2}, 0, 1\right)\right] = L\left[(1,1,-2,0), (1,1,0,-2)\right].$$

Por otra parte, para $t = 2$,

$$(\mathcal{A} - 2\,\mathcal{I}_4 \,|\, \mathbf{0}_4) = \left(\begin{array}{rrrr|r} -1 & -1 & 1 & 1 & 0 \\ -1 & -1 & 1 & 1 & 0 \\ 1 & 1 & -3 & 1 & 0 \\ 1 & 1 & 1 & -3 & 0 \end{array}\right) \sim \left(\begin{array}{rrrr|r} -1 & -1 & 1 & 1 & 0 \\ 0 & 0 & 0 & 0 & 0 \\ 0 & 0 & -2 & 2 & 0 \\ 0 & 0 & 2 & -2 & 0 \end{array}\right)$$

$$\sim \left(\begin{array}{rrrr|r} -1 & -1 & 1 & 1 & 0 \\ 0 & 0 & 0 & 0 & 0 \\ 0 & 0 & -2 & 2 & 0 \\ 0 & 0 & 0 & 0 & 0 \end{array}\right) \sim \left(\begin{array}{rrrr|r} -1 & -1 & 1 & 1 & 0 \\ 0 & 0 & -2 & 2 & 0 \\ 0 & 0 & 0 & 0 & 0 \\ 0 & 0 & 0 & 0 & 0 \end{array}\right)$$

$$\sim \left(\begin{array}{rrrr|r} 1 & 1 & -1 & -1 & 0 \\ 0 & 0 & 1 & -1 & 0 \\ 0 & 0 & 0 & 0 & 0 \\ 0 & 0 & 0 & 0 & 0 \end{array}\right) \sim \left(\begin{array}{rrrr|r} 1 & 1 & 0 & -2 & 0 \\ 0 & 0 & 1 & -1 & 0 \\ 0 & 0 & 0 & 0 & 0 \\ 0 & 0 & 0 & 0 & 0 \end{array}\right).$$

Por tanto, el conjunto de los vectores propios de $\mathcal{A}$ correspondientes al valor propio $\lambda_2 = 2$ es

$$\ker(\mathcal{A} - 2\,\mathcal{I}_4) = \{\, (-x_2 + 2x_4, x_2, x_4, x_4) \;:\; x_2, x_4 \in \mathbb{R} \,\} = L\,[(-1,1,0,0)\,, (2,0,1,1)]\;.$$

(b) En el apartado anterior hemos encontrado cuatro vectores propios linealmente independientes de $\mathcal{A}$, luego esta matriz es diagonalizable. De los resultados obtenidos se sigue que en la factorización $\mathcal{A} = \mathcal{P}\mathcal{D}\mathcal{P}^{-1}$ podemos tomar como matrices $\mathcal{P}$ y $\mathcal{D}$, por ejemplo,

$$\mathcal{P} = \begin{pmatrix} 1 & 1 & -1 & 2 \\ 1 & 1 & 1 & 0 \\ -2 & 0 & 0 & 1 \\ 0 & -2 & 0 & 1 \end{pmatrix}, \qquad \mathcal{D} = \begin{pmatrix} -2 & 0 & 0 & 0 \\ 0 & -2 & 0 & 0 \\ 0 & 0 & 2 & 0 \\ 0 & 0 & 0 & 2 \end{pmatrix}.$$

7.14 Sea

$$\mathcal{A} = \begin{pmatrix} \alpha & \beta \\ \gamma & \delta \end{pmatrix}$$

una matriz genérica de $\mathbb{K}^{(2,2)}$.

(a) Hallar la expresión general de los valores propios de $\mathcal{A}$.

(b) Determinar las condiciones bajo las cuales la matriz $\mathcal{A}$ es diagonalizable.

Resolución.

(a) El polinomio característico de $\mathcal{A}$ es

$$\begin{aligned} p(t) = \det(t\,\mathcal{I}_2 - \mathcal{A}) &= \det \begin{pmatrix} t-\alpha & -\beta \\ -\gamma & t-\delta \end{pmatrix} = (t-\alpha)(t-\delta) - \beta\gamma \\ &= t^2 - (\alpha+\delta)t + (\alpha\delta - \beta\gamma)\;. \end{aligned}$$

Los valores propios de $\mathcal{A}$ son las raíces de este polinomio, esto es,

$$\lambda_{1,2} = \frac{(\alpha+\delta) \pm \sqrt{(\alpha+\delta)^2 - 4(\alpha\delta - \beta\gamma)}}{2} = \frac{(\alpha+\delta) \pm \sqrt{(\alpha-\delta)^2 + 4\beta\gamma}}{2}\;.$$

(b) De la fórmula obtenida en el apartado anterior se sigue que si $(\alpha-\delta)^2+4\beta\gamma \neq 0$, entonces $\mathcal{A}$ tiene dos valores propios simples y, por tanto, es diagonalizable en el cuerpo $\mathbb{C}$. Nótese que si $\mathcal{A} \in \mathbb{R}^{(2,2)}$, entonces los valores propios son reales cuando $(\alpha-\delta)^2+4\beta\gamma > 0$ y complejos conjugados cuando $(\alpha-\delta)^2+4\beta\gamma < 0$.

Por otra parte, si $(\alpha-\delta)^2+4\beta\gamma = 0$, entonces $\mathcal{A}$ tiene un único valor propio doble, $t = \frac{\alpha+\delta}{2}$. Los vectores propios correspondientes son las soluciones del sistema homogéneo $(t\,\mathcal{I}_2 - \mathcal{A})\boldsymbol{x} = \mathbf{0}_2$ o, equivalentemente $(\mathcal{A} - t\,\mathcal{I}_2)\boldsymbol{x} = \mathbf{0}_2$, cuya matriz ampliada es

$$\left(\mathcal{A} - \tfrac{(\alpha+\delta)}{2}\,\mathcal{I}_2 \,\middle|\, \mathbf{0}_2\right) = \left(\begin{array}{cc|c} \frac{\alpha-\delta}{2} & \beta & 0 \\ \gamma & \frac{\delta-\alpha}{2} & 0 \end{array}\right).$$

Si $\alpha-\delta = \beta = \gamma = 0$, entonces la matriz de coeficientes del sistema tiene rango 0, de manera que el conjunto de soluciones tiene dimensión 2 y, por tanto, $\mathcal{A}$ es diagonalizable. En caso contrario, la matriz de coeficientes del sistema tiene rango 1, luego el conjunto de soluciones tiene dimensión 1 y, por tanto, $\mathcal{A}$ no es diagonalizable.

En resumen, la discusión anterior nos permite establecer que

$$\mathcal{A} \text{ es diagonalizable si y sólo si } \begin{cases} \text{o bien } (\alpha-\delta)^2+4\beta\gamma \neq 0, \\ \text{o bien } \alpha=\delta \text{ y } \beta=\gamma=0, \end{cases}$$

aunque de hecho el segundo caso es trivial, pues corresponde a la matriz $\mathcal{A} = \alpha\mathcal{I}_2$ que ya es diagonal.

7.15 Usando el resultado obtenido en el apartado (b) del problema resuelto 4.18, calcular los valores propios de la matriz

$$\mathcal{A} = \begin{pmatrix} \alpha & \beta & \gamma & \delta \\ -\beta & \alpha & \delta & -\gamma \\ -\gamma & -\delta & \alpha & \beta \\ -\delta & \gamma & -\beta & \alpha \end{pmatrix} \in \mathbb{R}^{(4,4)}.$$

Resolución. El polinomio característico de $\mathcal{A}$ es

$$p(t) = \det(t\,\mathcal{I}_4 - \mathcal{A}) = \det(\mathcal{A} - t\,\mathcal{I}_4) = \det \begin{pmatrix} \alpha-t & \beta & \gamma & \delta \\ -\beta & \alpha-t & \delta & -\gamma \\ -\gamma & -\delta & \alpha-t & \beta \\ -\delta & \gamma & -\beta & \alpha-t \end{pmatrix}.$$

Por otra parte, en el apartado (b) del problema resuelto 4.6, se demostró que

$$\det\mathcal{A} = \det \begin{pmatrix} \alpha & \beta & \gamma & \delta \\ -\beta & \alpha & \delta & -\gamma \\ -\gamma & -\delta & \alpha & \beta \\ -\delta & \gamma & -\beta & \alpha \end{pmatrix} = \left(\alpha^2+\beta^2+\gamma^2+\delta^2\right)^2.$$

Sustituyendo en esta fórmula α por $\alpha - \lambda$, se sigue que

$$p(t) = \det \begin{pmatrix} \alpha-t & \beta & \gamma & \delta \\ -\beta & \alpha-t & \delta & -\gamma \\ -\gamma & -\delta & \alpha-t & \beta \\ -\delta & \gamma & -\beta & \alpha-t \end{pmatrix} = \left[(\alpha-t)^2+\beta^2+\gamma^2+\delta^2\right]^2$$
$$= \left[t^2 - 2\alpha t + (\alpha^2+\beta^2+\gamma^2+\delta^2)\right]^2.$$

Por tanto, los valores propios de $\mathcal{A}$ son las soluciones de la ecuación algebraica de segundo grado $t^2 - 2\alpha t + (\alpha^2 + \beta^2 + \gamma^2 + \delta^2) = 0$. Esto es,

$$\lambda_{1,2} = \frac{2\alpha \pm \sqrt{4\alpha^2 - 4(\alpha^2 + \beta^2 + \gamma^2 + \delta^2)}}{2} = \alpha \pm i\sqrt{\beta^2 + \gamma^2 + \delta^2}\,.$$

Se sigue de aquí que si $\beta^2 + \gamma^2 + \delta^2 \neq 0$, entonces $\mathcal{A}$ tiene dos valores propios dobles que son complejos conjugados. Nótese que el caso contrario, $\beta^2 + \gamma^2 + \delta^2 = 0$, equivale a $\beta = \gamma = \delta = 0$ y por tanto corresponde a la matriz diagonal $\mathcal{A} = \alpha \mathcal{I}_4$, que tiene $\lambda = \alpha \in \mathbb{R}$ como único valor propio de multiplicidad 4.

7.16 Usando el resultado obtenido en el problema resuelto 4.6, calcular los valores propios de la matriz tridiagonal

$$\mathcal{A} = \begin{pmatrix} \alpha & \beta & 0 & \cdots & 0 \\ \beta & \alpha & \beta & \cdots & 0 \\ 0 & \beta & \alpha & \cdots & 0 \\ \vdots & \vdots & \vdots & \ddots & \vdots \\ 0 & 0 & 0 & \cdots & \alpha \end{pmatrix} \in \mathbb{C}^{(n,n)}\,, \quad \beta \neq 0\,.$$

Resolución. El polinomio característico de $\mathcal{A}$ es

$$p(t) = \det(t\mathcal{I}_n - \mathcal{A}) = (-1)^n \det(\mathcal{A} - t\mathcal{I}_n) = \begin{pmatrix} \alpha - t & \beta & 0 & \cdots & 0 \\ \beta & \alpha - t & \beta & \cdots & 0 \\ 0 & \beta & \alpha - t & \cdots & 0 \\ \vdots & \vdots & \vdots & \ddots & \vdots \\ 0 & 0 & 0 & \cdots & \alpha - t \end{pmatrix}.$$

Por otra parte, en el problema resuelto 4.6 se demostró que

$$\det \mathcal{A} = \det \begin{pmatrix} \alpha & \beta & 0 & \cdots & 0 \\ \beta & \alpha & \beta & \cdots & 0 \\ 0 & \beta & \alpha & \cdots & 0 \\ \vdots & \vdots & \vdots & \ddots & \vdots \\ 0 & 0 & 0 & \cdots & \alpha \end{pmatrix} = \frac{p^{n+1} - q^{n+1}}{p - q}\,,$$

donde p y q se definen en función de α y β mediante las igualdades

$$\begin{cases} p + q = \alpha, \\ pq = \beta^2. \end{cases}$$

Sustituyendo en esta fórmula α por $\alpha - t$, se sigue que

$$p(t) = (-1)^n \det \begin{pmatrix} \alpha - t & \beta & 0 & \cdots & 0 \\ \beta & \alpha - t & \beta & \cdots & 0 \\ 0 & \beta & \alpha - t & \cdots & 0 \\ \vdots & \vdots & \vdots & \ddots & \vdots \\ 0 & 0 & 0 & \cdots & \alpha - t \end{pmatrix} = (-1)^n \frac{p^{n+1} - q^{n+1}}{p - q}\,, \tag{7.8}$$

donde ahora

$$\begin{cases} p + q = \alpha - t, \\ pq = \beta^2. \end{cases} \tag{7.9}$$

Si escribimos

$$p = \beta e^{i\theta}\,, \quad q = \beta e^{-i\theta}\,, \tag{7.10}$$

la segunda ecuación de (7.9) se satisface independientemente del valor de θ. Por otra parte, se tiene que $p + q = \beta(e^{i\theta} + e^{-i\theta}) = 2\beta\cos\theta$, donde en el último paso hemos usado la fórmula de Euler. De la primera ecuación de (7.9) se sigue entonces que el valor de θ queda determinado por la condición $2\beta\cos\theta = \alpha - t$, esto es,

$$\cos\theta = \frac{\alpha - t}{2\beta} \,. \tag{7.11}$$

Sustituyendo (7.10) en la expresión del polinomio característico (7.8) y usando de nuevo la fórmula de Euler, se tiene que

$$p(t) = (-1)^n \frac{\beta^{n+1}\left(e^{i(n+1)\theta} - e^{-i(n+1)\theta}\right)}{\beta\left(e^{i\theta} - e^{-i\theta}\right)} = (-\beta)^n \frac{\operatorname{sen}(n+1)\theta}{\operatorname{sen}\theta} \,.$$

Así pues, los valores propios de $\mathcal{A}$ quedan determinados por la condición $\operatorname{sen}(n+1)\theta = 0$, con $\operatorname{sen}\theta \neq 0$. Esto es,

$$\theta = \frac{k\pi}{n+1}\,, \qquad k = 1, 2, \ldots, n \,.$$

Recordando la fórmula (7.11), concluimos que si $\beta \neq 0$ la matriz $\mathcal{A}$ tiene n valores propios simples,

$$\lambda_k = \alpha - 2\beta\cos\left(\frac{k\pi}{n+1}\right), \qquad k = 1, 2, \ldots, n \,,$$

y, por tanto, es diagonalizable.

7.17 Sea la matriz

$$\mathcal{A} = \begin{pmatrix} 0 & 0 & 0 & 1 \\ 1 & 0 & 0 & 0 \\ 0 & 1 & 0 & 0 \\ 0 & 0 & 1 & 0 \end{pmatrix} \in \mathbb{R}^{(4,4)}.$$

(a) Calcular sus valores y vectores propios. ¿Es diagonalizable? En caso afirmativo, encontrar una base de $\mathbb{R}^4$ de vectores propios de $\mathcal{A}$.

(b) Calcular las matrices $\mathcal{A}^2$, $\mathcal{A}^3$, $\mathcal{A}^4$.

(c) Expresar la matriz

$$\mathcal{B} = \begin{pmatrix} b_0 & b_3 & b_2 & b_1 \\ b_1 & b_0 & b_3 & b_2 \\ b_2 & b_1 & b_0 & b_3 \\ b_3 & b_2 & b_1 & b_0 \end{pmatrix}$$

como combinación lineal de potencias de $\mathcal{A}$. ¿Cuáles son los valores y vectores propios de $\mathcal{B}$?

(d) Estudiar si la matriz $\mathcal{I}_4 + \mathcal{A} + \mathcal{A}^2 + \mathcal{A}^3$ es no singular. En caso afirmativo, hallar su inversa.

Resolución.

(a) El polinomio característico de $\mathcal{A}$ es

$$\det(\lambda\mathcal{I}_4 - \mathcal{A}) = \det\begin{pmatrix} \lambda & 0 & 0 & -1 \\ -1 & \lambda & 0 & 0 \\ 0 & -1 & \lambda & 0 \\ 0 & 0 & -1 & \lambda \end{pmatrix} = \lambda^4 - 1 \,.$$

Los valores propios de $\mathcal{A}$ son, por tanto,

$$\lambda_1 = 1\,, \quad \lambda_2 = -1\,, \quad \lambda_3 = i\,, \quad \lambda_4 = -i \,.$$

Al ser distintos, la matriz es diagonalizable en $\mathbb{C}$. Los vectores propios asociados son, respectivamente,

$$\boldsymbol{v}_1 = (1,1,1,1), \quad \boldsymbol{v}_2 = (1,-1,1,-1), \quad \boldsymbol{v}_3 = (-1,i,1,-i), \quad \boldsymbol{v}_4 = (-1,-i,1,i).$$

Por tanto, $\mathcal{A} = \mathcal{P}\mathcal{D}\mathcal{P}^{-1}$, con

$$\mathcal{D} = \begin{pmatrix} 1 & 0 & 0 & 0 \\ 0 & -1 & 0 & 0 \\ 0 & 0 & i & 0 \\ 0 & 0 & 0 & -i \end{pmatrix}, \quad \mathcal{P} = \begin{pmatrix} 1 & 1 & -1 & -1 \\ 1 & -1 & i & -i \\ 1 & 1 & 1 & 1 \\ 1 & -1 & -i & i \end{pmatrix}.$$

(b) Mediante cálculo directo se encuentra que

$$\mathcal{A}^2 = \begin{pmatrix} 0 & 0 & 1 & 0 \\ 0 & 0 & 0 & 1 \\ 1 & 0 & 0 & 0 \\ 0 & 1 & 0 & 0 \end{pmatrix}, \quad \mathcal{A}^3 = \begin{pmatrix} 0 & 1 & 0 & 0 \\ 0 & 0 & 1 & 0 \\ 0 & 0 & 0 & 1 \\ 1 & 0 & 0 & 0 \end{pmatrix} = \mathcal{A}^{\mathrm{T}}, \quad \mathcal{A}^4 = \begin{pmatrix} 1 & 0 & 0 & 0 \\ 0 & 1 & 0 & 0 \\ 0 & 0 & 1 & 0 \\ 0 & 0 & 0 & 1 \end{pmatrix} = \mathcal{I}_4 .$$

(c) De los resultados del apartado (b) se sigue que

$$\mathcal{B} = b_0\mathcal{I}_4 + b_1\mathcal{A} + b_2\mathcal{A}^2 + b_3\mathcal{A}^3 ,$$

esto es, $\mathcal{B} = q(\mathcal{A})$, con $q(\lambda) = b_0 + b_1\lambda + b_2\lambda^2 + b_3\lambda^3$. Por tanto,

$$\mathcal{B} = \mathcal{P}q(\mathcal{D})\mathcal{P}^{-1} = \mathcal{P}\begin{pmatrix} q(1) & 0 & 0 & 0 \\ 0 & q(-1) & 0 & 0 \\ 0 & 0 & q(i) & 0 \\ 0 & 0 & 0 & q(-i) \end{pmatrix}\mathcal{P}^{-1} .$$

Se deduce de aquí que los valores propios de $\mathcal{B}$ son

$$\mu_1 = q(1) = b_0 + b_1 + b_2 + b_3, \qquad \mu_2 = q(-1) = b_0 - b_1 + b_2 - b_3,$$
$$\mu_3 = q(i) = b_0 + ib_1 - b_2 - ib_3, \quad \mu_4 = q(-i) = b_0 - ib_1 - b_2 + ib_3,$$

mientras que los correspondientes vectores propios son los mismos de $\mathcal{A}$.

(d) Tomando $b_0 = b_1 = b_2 = b_3 = 1$, por los resultados del apartado (c) sabemos que los valores propios de la matriz $\mathcal{I}_4 + \mathcal{A} + \mathcal{A}^2 + \mathcal{A}^3$ son

$$\mu_1 = 4 , \quad \mu_2 = \mu_3 = \mu_4 = 0 .$$

Dado que 0 es uno de los valores propios de $\mathcal{A}$, esta matriz es singular.

7.18 Hallar la matriz, respecto a la base canónica de $\mathbb{R}^3$, del endomorfismo h en $\mathbb{R}^3$ tal que:

(i) El vector $(1,1,1)$ es vector propio de h.

(ii) El subespacio $\mathbb{A} = \{(x_1,x_2,x_3) \ : \ x_1 + x_2 + x_3 = 0\}$ es invariante.

(iii) $h(0,0,1) = (1,1,1)$.

Resolución. Sea $\mathcal{A}$ la matriz de h respecto a la base canónica. La condición (i) se traduce en que

$$\begin{pmatrix} a_{1,1} & a_{1,2} & a_{1,3} \\ a_{2,1} & a_{2,2} & a_{2,3} \\ a_{3,1} & a_{3,2} & a_{3,3} \end{pmatrix}\begin{pmatrix} 1 \\ 1 \\ 1 \end{pmatrix} = \begin{pmatrix} \alpha \\ \alpha \\ \alpha \end{pmatrix}, \quad \alpha \in \mathbb{R} ,$$

de donde se sigue que

$$\begin{cases} a_{1,1} - a_{2,1} + a_{1,2} - a_{2,2} + a_{1,3} - a_{2,3} = 0 \\ a_{1,1} - a_{3,1} + a_{1,2} - a_{3,2} + a_{1,3} - a_{3,3} = 0\,. \end{cases}$$

La condición (iii) se traduce en que

$$\begin{pmatrix} a_{1,1} & a_{1,2} & a_{1,3} \\ a_{2,1} & a_{2,2} & a_{2,3} \\ a_{3,1} & a_{3,2} & a_{3,3} \end{pmatrix} \begin{pmatrix} 0 \\ 0 \\ 1 \end{pmatrix} = \begin{pmatrix} 1 \\ 1 \\ 1 \end{pmatrix},$$

siguiéndose de aquí que

$$a_{1,3} = a_{2,3} = a_{3,3} = 1\,.$$

Finalmente, teniendo en cuenta que los vectores $\boldsymbol{v}_1 = (1, 0, -1)$ y $\boldsymbol{v}_2 = (0, 1, -1)$ forman una base de $\mathbb{A}$, la condición (ii) establece que las imágenes por h de estos vectores deben pertenecer a $\mathbb{A}$. Esto es,

$$\begin{cases} a_{1,1} - a_{1,3} + a_{2,1} - a_{2,3} + a_{3,1} - a_{3,3} = 0\,, \\ a_{1,2} - a_{1,3} + a_{2,2} - a_{2,3} + a_{3,2} - a_{3,3} = 0\,. \end{cases}$$

Reuniendo los resultados anteriores, concluimos que para hallar $\mathcal{A}$ hemos de resolver el sistema de ecuaciones lineales

$$\begin{cases} a_{1,1} + a_{2,1} + a_{3,1} = 3\,, \\ a_{1,2} + a_{2,2} + a_{3,2} = 3\,, \\ a_{1,1} - a_{2,1} + a_{1,2} - a_{2,2} = 0\,, \\ a_{1,1} - a_{3,1} + a_{1,2} - a_{3,2} = 0\,. \end{cases}$$

Se encuentra que este sistema es compatible indeterminado con dos variables libres. Escribiendo $a_{2,1} = a$, $a_{3,1} = b$, la solución general es

$$a_{1,1} = 3 - a - b\,, \quad a_{1,2} = -1 + a + b\,, \quad a_{2,2} = 2 - a\,, \quad a_{3,2} = 2 - b\,.$$

Así pues, la expresión general de la matriz $\mathcal{A}$ es

$$\mathcal{A} = \begin{pmatrix} 3 - a - b & -1 + a + b & 1 \\ a & 2 - a & 1 \\ b & 2 - b & 1 \end{pmatrix}, \quad a, b \in \mathbb{R}\,.$$

7.19 Se considera la matriz

$$\mathcal{A} = \begin{pmatrix} 1 & a & 1 \\ -1 & 1 & -a \\ 1 & 0 & a+1 \end{pmatrix} \in \mathbb{R}^{(3,3)}\,.$$

(a) Calcular el polinomio característico de $\mathcal{A}$, así como sus valores propios.

(b) ¿Para qué valores del parámetro a la matriz $\mathcal{A}$ es diagonalizable?

(c) Para dichos valores, encontrar una matriz diagonal $\mathcal{D}$ y una matriz $\mathcal{P}$ no singular tales que $\mathcal{A} = \mathcal{P}\mathcal{D}\mathcal{P}^{-1}$.

Resolución.

(a) El polinomio característico de la matriz $\mathcal{A}$ es

$$\det(\lambda \mathcal{I}_3 - \mathcal{A}) = \det \begin{pmatrix} \lambda - 1 & -a & -1 \\ 1 & \lambda - 1 & a \\ -1 & 0 & \lambda - (a+1) \end{pmatrix} = (\lambda - 1)\big(\lambda^2 - (a+2)\lambda + 2a\big)$$
$$= (\lambda - 1)(\lambda - 2)(\lambda - a)\,.$$

Si $a \notin \{1, 2\}$, los valores propios de $\mathcal{A}$ son $\lambda_1 = 1$, $\lambda_2 = 2$, $\lambda_3 = a$ (simples). Si $a \in \{1, 2\}$, los valores propios de $\mathcal{A}$ son $\lambda_1 = 1$ y $\lambda_2 = 2$, siendo uno de ellos simple y el otro doble.

(b) Si $a \notin \{1,2\}$, la matriz $\mathcal{A}$ es diagonalizable, al ser simples todos sus valores propios.

Si $a = 1$, la multiplicidad algebraica del valor propio $\lambda_1 = 1$ es 2. Su multiplicidad geométrica es la dimensión del subespacio definido por las ecuaciones

$$\begin{cases} -x_2 - x_3 = 0\,, \\ \quad x_1 + x_3 = 0\,, \end{cases}$$

que es igual a 1. Por tanto, en este caso $\mathcal{A}$ no es diagonalizable.

Si $a = 2$, la multiplicidad algebraica del valor propio $\lambda_2 = 2$ es 2. Su multiplicidad geométrica es la dimensión del subespacio definido por las ecuaciones

$$\begin{cases} x_1 - 2x_2 - x_3 = 0\,, \\ x_1 + x_2 + 2x_3 = 0\,, \end{cases}$$

que es igual a 1. Por tanto, en este caso $\mathcal{A}$ tampoco es diagonalizable.

En conclusión, la matriz $\mathcal{A}$ es diagonalizable si y sólo si $a \in \mathbb{R} \setminus \{1,2\}$.

(c) En el caso en que $\mathcal{A}$ es diagonalizable, los vectores propios asociados a los valores propios $\lambda_1 = 1$, $\lambda_2 = 2$, $\lambda_3 = a$ se obtienen, respectivamente, resolviendo los sistemas lineales homogéneos

$$\begin{pmatrix} 0 & -a & -1 \\ 1 & 0 & a \\ -1 & 0 & -a \end{pmatrix} \begin{pmatrix} x_1 \\ x_2 \\ x_3 \end{pmatrix} = \begin{pmatrix} 0 \\ 0 \\ 0 \end{pmatrix},$$

$$\begin{pmatrix} 1 & -a & -1 \\ 1 & 1 & a \\ -1 & 0 & 1-a \end{pmatrix} \begin{pmatrix} x_1 \\ x_2 \\ x_3 \end{pmatrix} = \begin{pmatrix} 0 \\ 0 \\ 0 \end{pmatrix},$$

$$\begin{pmatrix} a-1 & -a & -1 \\ 1 & a-1 & a \\ -1 & 0 & -1 \end{pmatrix} \begin{pmatrix} x_1 \\ x_2 \\ x_3 \end{pmatrix} = \begin{pmatrix} 0 \\ 0 \\ 0 \end{pmatrix}.$$

Por tanto, los vectores propios son, respectivamente,

$$\boldsymbol{v}_1 = (a^2, 1, -a)\,, \quad \boldsymbol{v}_2 = (1-a, -1, 1)\,, \quad \boldsymbol{v}_3 = (-1, -1, 1)\,,$$

y las matrices $\mathcal{D}$ y $\mathcal{P}$ pedidas son

$$\mathcal{D} = \begin{pmatrix} 1 & 0 & 0 \\ 0 & 2 & 0 \\ 0 & 0 & a \end{pmatrix}, \quad \mathcal{P} = \begin{pmatrix} a^2 & 1-a & -1 \\ 1 & -1 & -1 \\ -a & 1 & 1 \end{pmatrix}.$$

7.20 Se considera la matriz

$$\mathcal{A} = \begin{pmatrix} -2 & 2 & -2 \\ 2 & -2 & -2 \\ -2 & -2 & 2 \end{pmatrix}.$$

(a) Calcular los valores y vectores propios de $\mathcal{A}$.

(b) Probar que $\mathcal{A}$ es diagonalizable y encontrar una matriz no singular $\mathcal{P}$, tal que $\mathcal{P}^{-1}\mathcal{A}\mathcal{P}$ sea diagonal.

(c) Demostrar que $\mathcal{A}$ es no singular y, utilizando el apartado anterior, calcular $\mathcal{A}^{-1}$.

(d) Probar que $\left(\mathcal{A}^2 - 16\mathcal{I}_3\right)\left(\mathcal{A} + 2\mathcal{I}_3\right)$ es la matriz nula. Interpretar este resultado en términos del polinomio característico de $\mathcal{A}$.

Resolución.

(a) El polinomio característico de $\mathcal{A}$ es

$$\det(\lambda \mathcal{I}_3 - \mathcal{A}) = \det \begin{pmatrix} \lambda+2 & -2 & 2 \\ -2 & \lambda+2 & 2 \\ 2 & 2 & \lambda-2 \end{pmatrix} = (\lambda+2)(\lambda+4)(\lambda-4)\,.$$

Así pues, los valores propios son

$$\lambda_1 = -2\,, \quad \lambda_2 = -4\,, \quad \lambda_3 = 4\,.$$

Los vectores propios asociados se obtienen, respectivamente, resolviendo los sistemas lineales homogéneos

$$\begin{pmatrix} 0 & -2 & 2 \\ -2 & 0 & 2 \\ 2 & 2 & -4 \end{pmatrix} \begin{pmatrix} x_1 \\ x_2 \\ x_3 \end{pmatrix} = \begin{pmatrix} 0 \\ 0 \\ 0 \end{pmatrix},$$

$$\begin{pmatrix} -2 & -2 & 2 \\ -2 & -2 & 2 \\ 2 & 2 & -6 \end{pmatrix} \begin{pmatrix} x_1 \\ x_2 \\ x_3 \end{pmatrix} = \begin{pmatrix} 0 \\ 0 \\ 0 \end{pmatrix},$$

$$\begin{pmatrix} 6 & -2 & 2 \\ -2 & 6 & 2 \\ 2 & 2 & 2 \end{pmatrix} \begin{pmatrix} x_1 \\ x_2 \\ x_3 \end{pmatrix} = \begin{pmatrix} 0 \\ 0 \\ 0 \end{pmatrix}.$$

Por tanto, los vectores propios son

$$\boldsymbol{v}_1 = (1,1,1)\,, \quad \boldsymbol{v}_2 = (1,-1,0)\,, \quad \boldsymbol{v}_3 = (1,1,-2)\,.$$

(b) La matriz $\mathcal{A}$ es diagonalizable, pues, como hemos visto en el apartado anterior, todos sus valores propios son simples. Si tomamos

$$\mathcal{P} = \begin{pmatrix} 1 & 1 & 1 \\ 1 & -1 & 1 \\ 1 & 0 & -2 \end{pmatrix},$$

se tiene que $\mathcal{P}^{-1}\mathcal{A}\mathcal{P} = \mathcal{D}$, con

$$\mathcal{D} = \begin{pmatrix} -2 & 0 & 0 \\ 0 & -4 & 0 \\ 0 & 0 & 4 \end{pmatrix},$$

es una matriz diagonal.

(c) La matriz $\mathcal{A}$ es no singular ya que entre sus valores propios no figura el cero. Alternativamente, de la expresión del polinomio característico obtenida en el apartado (a) se sigue que $\det \mathcal{A} = 32 \neq 0$. Por otra parte, usando los resultados del apartado (b), de la factorización $\mathcal{A} = \mathcal{P}\mathcal{D}\mathcal{P}^{-1}$ se deduce que

$$\mathcal{A}^{-1} = \mathcal{P}\mathcal{D}^{-1}\mathcal{P}^{-1}\,.$$

La inversa de $\mathcal{P}$ es

$$\mathcal{P}^{-1} = \frac{1}{6}\begin{pmatrix} 2 & 2 & 2 \\ 3 & -3 & 0 \\ 1 & 1 & -2 \end{pmatrix},$$

y, por tanto,

$$\mathcal{A}^{-1} = \mathcal{P}\mathcal{D}^{-1}\mathcal{P}^{-1} = \begin{pmatrix} 1 & 1 & 1 \\ 1 & -1 & 1 \\ 1 & 0 & -2 \end{pmatrix} \frac{1}{4} \begin{pmatrix} -2 & 0 & 0 \\ 0 & -1 & 0 \\ 0 & 0 & 1 \end{pmatrix} \frac{1}{6} \begin{pmatrix} 2 & 2 & 2 \\ 3 & -3 & 0 \\ 1 & 1 & -2 \end{pmatrix}$$

$$= -\frac{1}{4} \begin{pmatrix} 1 & 0 & 1 \\ 0 & 1 & 1 \\ 1 & 1 & 0 \end{pmatrix} .$$

(d) Calculando las matrices

$$\mathcal{A}^2 - 16\mathcal{I}_3 = \begin{pmatrix} -4 & -4 & -4 \\ -4 & -4 & -4 \\ -4 & -4 & -4 \end{pmatrix}, \quad \mathcal{A} + 2\mathcal{I}_3 = \begin{pmatrix} 0 & 2 & -2 \\ 2 & 0 & -2 \\ -2 & -2 & 4 \end{pmatrix},$$

es inmediato comprobar que su producto es la matriz nula,

$$\left(\mathcal{A}^2 - 16\mathcal{I}_3\right)\left(\mathcal{A} + 2\mathcal{I}_3\right) = \mathcal{O}_{3,3} .$$

Escribiendo esta igualdad en la forma

$$(\mathcal{A} - 4\mathcal{I}_3)(\mathcal{A} + 4\mathcal{I}_3)(\mathcal{A} + 2\mathcal{I}_3) = \mathcal{O}_{3,3} ,$$

nos indica que si en la expresión del polinomio característico de $\mathcal{A}$ sustituimos la variable λ por la matriz $\mathcal{A}$, el resultado es la matriz nula. Esto significa que el polinomio característico "anula" la matriz.

7.21 Sean $\mathcal{A} \in \mathbb{C}^{(m,n)}$, $\mathcal{B} \in \mathbb{C}^{(n,m)}$, con $m \leq n$.

(a) Demostrar que la matriz

$$\mathcal{C} = \left(\begin{array}{c|c} \mathcal{I}_m & \mathcal{A} \\ \hline \mathcal{O}_{n,m} & \mathcal{I}_n \end{array}\right) \in \mathbb{C}^{(m+n,m+n)}$$

es no singular.

(b) Comprobar que

$$\left(\begin{array}{c|c} \mathcal{A}\mathcal{B} & \mathcal{O}_{m,n} \\ \hline \mathcal{B} & \mathcal{O}_{n,n} \end{array}\right)\left(\begin{array}{c|c} \mathcal{I}_m & \mathcal{A} \\ \hline \mathcal{O}_{n,m} & \mathcal{I}_n \end{array}\right) = \left(\begin{array}{c|c} \mathcal{I}_m & \mathcal{A} \\ \hline \mathcal{O}_{n,m} & \mathcal{I}_n \end{array}\right)\left(\begin{array}{c|c} \mathcal{O}_{m,m} & \mathcal{O}_{m,n} \\ \hline \mathcal{B} & \mathcal{B}\mathcal{A} \end{array}\right).$$

(c) Comparar los valores propios de las matrices

$$\left(\begin{array}{c|c} \mathcal{A}\mathcal{B} & \mathcal{O}_{m,n} \\ \hline \mathcal{B} & \mathcal{O}_{n,n} \end{array}\right) \quad \text{y} \quad \left(\begin{array}{c|c} \mathcal{O}_{m,m} & \mathcal{O}_{m,n} \\ \hline \mathcal{B} & \mathcal{B}\mathcal{A} \end{array}\right).$$

(d) Deducir que $\mathcal{B}\mathcal{A}$ tiene los mismos valores propios (con la misma multiplicidad algebraica) que $\mathcal{A}\mathcal{B}$, junto con el cero de multiplicidad algebraica $n - m$.

(e) Probar que si $m = n$ y al menos una de las matrices $\mathcal{A}$, $\mathcal{B}$ es no singular, entonces $\mathcal{A}\mathcal{B}$ y $\mathcal{B}\mathcal{A}$ son semejantes.

Resolución.

(a) Basta observar que $\mathcal{C}$ es una matriz triangular superior cuyos elementos diagonales son todos iguales a 1, de manera que $\det \mathcal{C} = 1 \neq 0$.

(b) Calculando los productos por bloques indicados en los dos miembros de la igualdad, se encuentra que ambos son iguales a

$$\left(\begin{array}{c|c} \mathcal{AB} & \mathcal{ABA} \\ \hline \mathcal{B} & \mathcal{BA} \end{array}\right).$$

(c) Puesto que

$$\left(\begin{array}{c|c} \mathcal{AB} & \mathcal{O}_{m,n} \\ \hline \mathcal{B} & \mathcal{O}_{n,n} \end{array}\right) \mathcal{C} = \mathcal{C} \left(\begin{array}{c|c} \mathcal{O}_{m,m} & \mathcal{O}_{m,n} \\ \hline \mathcal{B} & \mathcal{BA} \end{array}\right),$$

con $\mathcal{C}$ no singular, las matrices

$$\left(\begin{array}{c|c} \mathcal{AB} & \mathcal{O}_{m,n} \\ \hline \mathcal{B} & \mathcal{O}_{n,n} \end{array}\right) \quad \text{y} \quad \left(\begin{array}{c|c} \mathcal{O}_{m,m} & \mathcal{O}_{m,n} \\ \hline \mathcal{B} & \mathcal{BA} \end{array}\right)$$

son semejantes y tienen, por tanto, los mismos valores propios.

(d) Para las dos matrices semejantes del apartado anterior, la igualdad de los polinomios característicos se traduce en que

$$\det\left(\begin{array}{c|c} \lambda\mathcal{I}_m - \mathcal{AB} & \mathcal{O}_{m,n} \\ \hline -\mathcal{B} & \lambda\mathcal{I}_n \end{array}\right) = \det\left(\begin{array}{c|c} \lambda\mathcal{I}_m & \mathcal{O}_{m,n} \\ \hline -\mathcal{B} & \lambda\mathcal{I}_n - \mathcal{BA} \end{array}\right),$$

Por tanto,

$$\lambda^n \det(\lambda\mathcal{I}_m - \mathcal{AB}) = \lambda^m \det(\lambda\mathcal{I}_n - \mathcal{BA}).$$

Esto es,

$$\lambda^{n-m} \det(\lambda\mathcal{I}_m - \mathcal{AB}) = \det(\lambda\mathcal{I}_n - \mathcal{BA}),$$

de donde se sigue el enunciado.

(e) Del apartado (d) se deduce que si $m = n$, las matrices $\mathcal{AB}$ y $\mathcal{BA}$ tienen los mismos valores propios con la misma multiplicidad algebraica. Si, además, $\mathcal{A}$ es no singular, podemos escribir

$$\mathcal{BA} = \mathcal{A}^{-1}(\mathcal{AB})\mathcal{A},$$

lo cual significa que $\mathcal{AB}$ y $\mathcal{BA}$ son semejantes.

7.22 En el espacio vectorial $\mathbb{P}_n$ se define la aplicación lineal

$$f_n : \mathbb{P}_n \longmapsto \mathbb{P}_n,$$
$$p(x) \longrightarrow \big(f_n(p)\big)(x) = (1+x)^n p\left(\frac{1-x}{1+x}\right).$$

(a) Si $p_k(x) = (1+x)^k$, $k = 0, 1, \ldots, n$, determinar $f_n(p_k)$.

(b) Calcular $f_n \circ f_n$. Deducir que f_n es inyectiva.

(c) Del apartado anterior, deducir los valores y vectores propios de f_n. ¿Es f_n diagonalizable?

Resolución.

(a) La imagen por f_n del polinomio $p_k(x) = (1+x)^k$, con $k = 0, 1, \ldots, n$, es

$$\big(f_n(p_k)\big)(x) = (1+x)^n \left(1 + \frac{1-x}{1+x}\right)^k = 2^k (1+x)^{n-k} = 2^k p_{n-k}(x).$$

(b) Teniendo en cuenta el resultado del apartado anterior, para $k = 0, 1, \ldots, n$, la imagen por $f_n \circ f_n$ del polinomio $p_k(x) = (1 + x)^k$ es

$$\begin{aligned}\big((f_n \circ f_n)(p_k)\big)(x) &= \big(f_n(f_n(p_k))\big)(x) = \big(f_n(2^k p_{n-k})\big)(x) = 2^k\big(f_n(p_{n-k})\big)(x) \\ &= 2^k 2^{n-k} p_{n-(n-k)}(x) = 2^n p_k(x).\end{aligned}$$

Se sigue de aquí que $f_n \circ f_n = 2^n\, i_{\mathbb{P}_n}$, al ser $\{p_k(x)\}$, $k = 0, 1, \ldots, n$, una base de $\mathbb{P}_n$. Por tanto, $f_n^{-1} = 2^{-n} f_n$, de donde se deduce que f_n es inyectiva.

(c) Si un polinomio no nulo $p \in \mathbb{P}_n$ es vector propio de f_n, eso significa que existe $\lambda \in \mathbb{R}$ tal que

$$\big(f_n(p)\big)(x) = \lambda p(x). \tag{7.12}$$

Teniendo en cuenta el apartado anterior,

$$2^n p(x) = \lambda^2 p(x),$$

de donde se sigue que $\lambda = \pm\, 2^{n/2}$. Así pues, los valores propios de f_n son

$$\lambda_1 = 2^{n/2}, \quad \lambda_2 = 2^{-n/2}.$$

Expresando el vector propio p en términos de la base $\{p_k(x)\}$,

$$p(x) = a_0 p_0(x) + a_1 p_1(x) + \cdots + a_n p_n(x),$$

de (7.12) deducimos que

$$a_0 p_n(x) + 2a_1 p_{n-1}(x) + \cdots + 2^n a_n p_0(x) = \lambda\big(a_0 p_0(x) + a_1 p_1(x) + \cdots + a_n p_n(x)\big).$$

Por tanto,

$$2^k a_k = \lambda a_{n-k}, \quad k = 0, 1, \ldots, n. \tag{7.13}$$

Distinguiremos dos casos:

(i) Si n es par, $n = 2m$, para el valor propio $\lambda_1 = 2^m$ el sistema (7.13) se reduce a

$$2^k a_k = 2^m a_{2m-k}, \quad k = 0, 1, \ldots, 2m.$$

Así pues, los coeficientes $a_{m+1}, a_{m+2}, \ldots, a_{2m}$ quedan determinados en función de los $a_0, a_1, \ldots, a_{m-1}$, que pueden tomar valores arbitrarios al igual que a_m. La expresión general del vector propio es

$$p(x) = a_0\big(p_0(x) + 2^{-m} p_{2m}(x)\big) + \cdots + a_{m-1}\big(p_{m-1}(x) + 2^{-1} p_{m+1}(x)\big) + a_m p_m(x),$$

siendo $m + 1$ la multiplicidad geométrica de este valor propio. Para el valor propio $\lambda_2 = -2^m$, el sistema (7.13) se reduce a

$$2^k a_k = -2^m a_{2m-k}, \quad k = 0, 1, \ldots, 2m.$$

Ahora se tiene que $a_m = 0$, mientras que $a_{m+1}, a_{m+2}, \ldots, a_{2m}$ quedan determinados en función de $a_0, a_1, \ldots, a_{m-1}$, que pueden tomar valores arbitrarios. La expresión general del vector propio es

$$p(x) = a_0\big(p_0(x) - 2^{-m} p_{2m}(x)\big) + \cdots + a_{m-1}\big(p_{m-1}(x) - 2^{-1} p_{m+1}(x)\big),$$

siendo m la multiplicidad geométrica de este valor propio. El número total de vectores propios es $(m+1)+m = 2m+1$, por lo que existe una base de $\mathbb{P}_{2m}$ formada por vectores propios de f_{2m} y este endomorfismo es diagonalizable.

(ii) Si n es impar, $n = 2m + 1$, para el valor propio $\lambda_1 = 2^{m+1/2}$ el sistema (7.13) se reduce a

$$2^k a_k = 2^{m+1/2} a_{2m+1-k}\,, \quad k = 0, 1, \ldots, 2m-1\,.$$

Por tanto, los coeficientes $a_{m+1}, a_{m+2}, \ldots, a_{2m+1}$ quedan determinados en función de los $a_0, a_1, \ldots, a_m$, que pueden tomar valores arbitrarios. La representación general de un vector propio es

$$p(x) = a_0\big(p_0(x) + 2^{-m-1/2} p_{2m+1}(x)\big) + \cdots + a_m\big(p_m(x) + 2^{-1/2} p_{m+1}(x)\big)\,,$$

siendo $m + 1$ la multiplicidad geométrica de este valor propio. Para el valor propio $\lambda_2 = -2^{m+1/2}$, el sistema (7.13) se reduce a

$$2^k a_k = -2^{m+1/2} a_{2m+1-k}\,, \quad k = 0, 1, \ldots, 2m+1\,.$$

De nuevo, los coeficientes $a_{m+1}, a_{m+2}, \ldots, a_{2m+1}$ quedan determinados en función de los $a_0, a_1, \ldots, a_m$ arbitrarios. La representación general de un vector propio es

$$p(x) = a_0\big(p_0(x) - 2^{-m-1/2} p_{2m+1}(x)\big) + \cdots + a_m\big(p_m(x) - 2^{-1/2} p_{m+1}(x)\big)\,,$$

siendo $m + 1$ la multiplicidad geométrica del valor propio. El número total de vectores propios es $(m + 1) + (m + 1) = 2m + 2$, por lo que existe una base de $\mathbb{P}_{2m+1}$ formada por vectores propios de f_{2m+1} y este endomorfismo es diagonalizable.

7.23 Sea la matriz

$$\mathcal{M}(a,b) = \begin{pmatrix} a & 0 & -1 \\ 2 & a & b \\ 3-b & -1 & a \end{pmatrix} \in \mathbb{R}^{(3,3)}\,.$$

(a) Determinar el polinomio característico de $\mathcal{M}(a,b)$ y estudiar para qué valores de a y b esta matriz es no singular.

(b) Calcular $[\mathcal{M}(0,b)]^n$ para $n = 2, 3$. Comprobar que

$$[\mathcal{M}(0,b)]^3 + 3\mathcal{M}(0,b) - 2\mathcal{I}_3 = \mathcal{O}_{3,3}\,. \tag{7.14}$$

(c) Dados $a, b \in \mathbb{R}$, probar que para cada $n \in \mathbb{N}$ existen constantes $a_n, b_n, c_n \in \mathbb{R}$ tales que

$$[\mathcal{M}(a,b)]^n = a_n \mathcal{I}_3 + b_n \mathcal{M}(0,b) + c_n [\mathcal{M}(0,b)]^2\,, \tag{7.15}$$

y obtener una relación de recurrencia que genere las sucesiones $\{a_n\}$, $\{b_n\}$ y $\{c_n\}$.

Resolución.

(a) El polinomio característico de la matriz $\mathcal{M}(a,b)$ es

$$p(\lambda) = \det \begin{pmatrix} \lambda - a & 0 & 1 \\ -2 & \lambda - a & -b \\ b-3 & 1 & \lambda - a \end{pmatrix} = (\lambda - a)^3 + 3(\lambda - a) - 2\,.$$

Dado que $\det \mathcal{M}(a,b) = -p(0)$, deducimos que una condición necesaria y suficiente para que la matriz $\mathcal{M}(a,b)$ sea no singular es que $a^3 + 3a + 2 \neq 0$.

(b) Para la matriz

$$\mathcal{M}(0,b) = \begin{pmatrix} 0 & 0 & -1 \\ 2 & 0 & b \\ 3-b & -1 & 0 \end{pmatrix},$$

es fácil comprobar mediante cálculo directo que

$$[\mathcal{M}(0,b)]^2 = \begin{pmatrix} b-3 & 1 & 0 \\ b(3-b) & -b & -2 \\ -2 & 0 & -3 \end{pmatrix}, \quad [\mathcal{M}(0,b)]^3 = \begin{pmatrix} 2 & 0 & 3 \\ -6 & 2 & -3b \\ 3(b-3) & 3 & 2 \end{pmatrix},$$

y de este último resultado se sigue inmediatamente la ecuación (7.14).

(c) La validez de (7.15) resulta trivial para $n = 0, 1, 2$. Teniendo en cuenta que $\mathcal{M}(a,b) = \mathcal{M}(0,b) + a\mathcal{I}_3$, para $n \in \mathbb{N}$ la fórmula del binomio de Newton establece que

$$[\mathcal{M}(a,b)]^n = \sum_{k=0}^{n} \binom{n}{k} a^{n-k} [\mathcal{M}(0,b)]^k .$$

En particular, para $n = 3$,

$$[\mathcal{M}(a,b)]^3 = a^3\mathcal{I}_3 + 3a^2\mathcal{M}(0,b) + 3a[\mathcal{M}(0,b)]^2 + [\mathcal{M}(0,b)]^3 .$$

Usando (7.14) en la igualdad anterior, se tiene que

$$\begin{aligned} [\mathcal{M}(a,b)]^3 &= a^3\mathcal{I}_3 + 3a^2\mathcal{M}(0,b) + 3a[\mathcal{M}(0,b)]^2 + 2\mathcal{I}_3 - 3\mathcal{M}(0,b) \\ &= (a^3+2)\mathcal{I}_3 + 3(a^2-1)\mathcal{M}(0,b) + 3a[\mathcal{M}(0,b)]^2 . \end{aligned}$$

Así pues, la ecuación (7.15) es válida para $n = 3$ con

$$a_3 = a^3 + 2\,, \quad b_3 = 3(a^2-1)\,, \quad c_3 = 3a\,. \tag{7.16}$$

Por otra parte, asumiendo que (7.15) se cumple para $n \geq 3$,

$$\begin{aligned} [\mathcal{M}(a,b)]^{n+1} &= [\mathcal{M}(a,b)]^n\mathcal{M}(a,b) = \big(a_n\mathcal{I}_3 + b_n\mathcal{M}(0,b) + c_n[\mathcal{M}(0,b)]^2\big)\big(\mathcal{M}(0,b) + a\mathcal{I}_3\big) \\ &= aa_n\mathcal{I}_3 + (a_n + ab_n)\mathcal{M}(0,b) + (b_n + ac_n)[\mathcal{M}(0,b)]^2 + c_n[\mathcal{M}(0,b)]^3 \\ &= (aa_n + 2c_n)\mathcal{I}_3 + (a_n + ab_n - 3c_n)\mathcal{M}(0,b) + (b_n + ac_n)[\mathcal{M}(0,b)]^2 , \end{aligned}$$

donde en el último paso hemos vuelto a usar (7.14). Combinando esta expresión de la matriz $[\mathcal{M}(a,b)]^{n+1}$ con la que da (7.15),

$$[\mathcal{M}(a,b)]^{n+1} = a_{n+1}\mathcal{I}_3 + b_{n+1}\mathcal{M}(0,b) + c_{n+1}[\mathcal{M}(0,b)]^2 ,$$

se sigue que

$$(a_{n+1} - aa_n - 2c_n)\mathcal{I}_3 + (b_{n+1} - a_n - ab_n + 3c_n)\mathcal{M}(0,b) + (c_{n+1} - b_n - ac_n)[\mathcal{M}(0,b)]^2 = \mathcal{O}_{3,3}.$$

Es fácil comprobar que las matrices $\mathcal{I}_3$, $\mathcal{M}(0,b)$ y $[\mathcal{M}(0,b)]^2$ son linealmente independientes. Por tanto, los coeficientes a_n, b_n, c_n satisfacen las relaciones de recurrencia

$$\begin{cases} a_{n+1} = aa_n + 2c_n\,, \\ b_{n+1} = a_n + ab_n - 3c_n\,, \\ c_{n+1} = b_n + ac_n\,, \end{cases}$$

que pueden escribirse de manera unificada como

$$\begin{pmatrix} a_{n+1} \\ b_{n+1} \\ c_{n+1} \end{pmatrix} = \begin{pmatrix} a & 0 & 2 \\ 1 & a & -3 \\ 0 & 1 & a \end{pmatrix} \begin{pmatrix} a_n \\ b_n \\ c_n \end{pmatrix}.$$

Esta relación de recurrencia matricial determina los coeficientes a_n, b_n y c_n, con $n \geq 3$ a partir de las condiciones iniciales (7.16).

7.24 Sea h un endomorfismo de $\mathbb{R}^3$ en $\mathbb{R}^3$, tal que la matriz asociada a h en una cierta base del espacio es

$$\mathcal{A} = \begin{pmatrix} -3 & 0 & 0 \\ 0 & 0 & -1 \\ 0 & 1 & 0 \end{pmatrix}.$$

¿Admite $\mathcal{A}$ una triangularización por semejanza en $\mathbb{R}^3$?

Resolución. Un cálculo sencillo nos conduce al siguiente resultado para el polinomio característico de $\mathcal{A}$,

$$\begin{aligned} p(t) = \det(t\mathcal{I}_3 - \mathcal{A}) &= \det \begin{pmatrix} t+3 & 0 & 0 \\ 0 & t & 1 \\ 0 & -1 & t \end{pmatrix} = (t+3)\det \begin{pmatrix} t & 1 \\ -1 & t \end{pmatrix} \\ &= (t+3)(t^2+1). \end{aligned}$$

Dado que $\lambda_1 = -3$ es el único valor propio real de $\mathcal{A}$ y su multiplicidad algebraica es 1, la matriz $\mathcal{A}$ no es triangularizable en $\mathbb{R}^3$.

7.25 Sea la matriz $\mathcal{A} \in \mathbb{K}^{(n,n)}$ triangularizable en $\mathbb{K}^n$. Calcular la traza de $\mathcal{A}^m$, con $m \in \mathbb{N}$.

Resolución. Si $\mathcal{A}$ es triangularizable, esto significa que existen una matriz triangular superior $\mathcal{T} \in \mathbb{K}^{(n,n)}$ y una matriz $\mathcal{P} \in \mathbb{K}^{(n,n)}$ no singular tales que $\mathcal{A} = \mathcal{P}\mathcal{T}\mathcal{P}^{-1}$. Por tanto, $\mathcal{A}^m = \mathcal{P}\mathcal{T}^m\mathcal{P}^{-1}$ con $m \in \mathbb{N}$. Al tener $\mathcal{T}$ como entradas en su diagonal principal los valores propios $\{\lambda_i\}_{i=1}^n$ de $\mathcal{A}$ (ver teorema 7.4), usando la propiedad cíclica de la traza se sigue que

$$\begin{aligned} \operatorname{traza} \mathcal{A}^m &= \operatorname{traza}\left(\mathcal{P}\mathcal{T}^m\mathcal{P}^{-1}\right) = \operatorname{traza}\left(\mathcal{T}^m\mathcal{P}^{-1}\mathcal{P}\right) = \operatorname{traza}\left(\mathcal{T}^m\mathcal{I}_n\right) \\ &= \operatorname{traza} \mathcal{T}^m = \lambda_1^m + \cdots + \lambda_n^m. \end{aligned}$$

Problemas Propuestos

7.1 Determinar los valores y vectores propios de la aplicación que representa una simetría axial respecto al eje de abscisas en el plano $\mathbb{R}^2$. Nótese que esta aplicación es un endomorfismo, ya que los vectores del eje de abscisas quedan invariantes respecto a la transformación descrita, mientras que los vectores del eje de ordenadas se transforman en sus opuestos. Matemáticamente, dicho endomorfismo se representa como

$$\begin{aligned} h : \mathbb{R}^2 &\longmapsto \mathbb{R}^2, \\ (x, y) &\longrightarrow (x, -y). \end{aligned}$$

7.2 Calcular el polinomio característico de las matrices

$$\mathcal{A} = \begin{pmatrix} 3 & 0 & 0 \\ -1 & 1 & -1 \\ 1 & 2 & 4 \end{pmatrix} \quad \text{y} \quad \mathcal{B} = \begin{pmatrix} 0 & 0 & -1 \\ 1 & 1 & 1 \\ 1 & 0 & 2 \end{pmatrix}.$$

7.3 Verificar los siguientes enunciados:

(a) Los polinomios $p(t) = t^3 + t^2 - t - 1$ y $p(t) = t^4 + 8t^3 + 17t^2 + 4t - 1$ son los polinomios característicos de las matrices

$$\mathcal{A} = \begin{pmatrix} -3 & 2 & 0 \\ -2 & 1 & 0 \\ 1 & -2 & 1 \end{pmatrix} \quad \text{y} \quad \mathcal{B} = \begin{pmatrix} -3 & 1 & 2 & 1 \\ -1 & -3 & 0 & 0 \\ 2 & -1 & -1 & 0 \\ 2 & 2 & -1 & -1 \end{pmatrix},$$

respectivamente.

(b) La matriz

$$\mathcal{A} = \begin{pmatrix} -2 & 0 & -1 \\ 2 & -2 & -2 \\ 1 & 1 & 2 \end{pmatrix},$$

tiene por valores y vectores propios

$$\begin{array}{lll} \lambda_1 = -\big(\sqrt{2}+1\big), & \lambda_2 = \sqrt{2}-1, & \lambda_3 = 0, \\ \boldsymbol{v}_1 = \big(1+\sqrt{2}, -4-2\sqrt{2}, 1\big), & \boldsymbol{v}_2 = \big(1-\sqrt{2}, 2\sqrt{2}-4, 1\big), & \boldsymbol{v}_3 = (-1,-3,2). \end{array}$$

7.4 Indicar si es verdadero o falso el siguiente enunciado:
Sea $\mathcal{A} \in \mathbb{R}^{(4,4)}$ con polinomio característico $\lambda^4 - 1$. Entonces el polinomio característico de $\mathcal{A}^2$ es también $\lambda^4 - 1$.

7.5 Sea $\mathbb{P}_3$ el espacio vectorial de los polinomios de grado menor o igual a 3 sobre el cuerpo $\mathbb{R}$.

(a) Determinar los valores y vectores propios del endomorfismo

$$\begin{aligned} h : \mathbb{P}_3 &\longmapsto \mathbb{P}_3, \\ p &\longrightarrow t^2 p'' + 2tp' + p. \end{aligned}$$

(b) Estudiar los valores y vectores propios de los endomorfismos

$$\begin{aligned} \big(f(p)\big)(x) &= p''(x) + \omega^2 p(x)\,, \quad \omega \in \mathbb{R}, \\ \big(g(p)\big)(x) &= p(x+2) - 2p(x+1) + p(x)\,. \end{aligned}$$

7.6 En el espacio de las funciones continuas con derivada continua en la recta real, se considera la aplicación lineal

$$\big(h(f)\big)(x) = xf'(x) + f(x)\,.$$

Calcular los valores y vectores propios de h.

7.7 Sea $f : \mathbb{R}^n \mapsto \mathbb{R}^n$ un endomorfismo. Dar una condición necesaria y suficiente para que $i_{\mathbb{R}_n} - f$ sea inyectivo.

7.8 Sean f, g endomorfismos en $\mathbb{R}^n$ tales que $i_{\mathbb{R}_n} - (f \circ g)$ es inyectivo.

(a) Probar que

$$\big[i_{\mathbb{R}_n} - (g \circ f)\big] \circ \big[i_{\mathbb{R}_n} + g \circ \big(i_{\mathbb{R}_n} - (f \circ g)\big)^{-1} \circ f\big] = i_{\mathbb{R}_n}\,.$$

(b) Deducir del apartado anterior que $i_{\mathbb{R}_n} - (g \circ f)$ es inyectivo.

(c) Utilizando el apartado anterior, probar que $g \circ f$ y $f \circ g$ tienen los mismos valores propios con la misma multiplicidad algebraica, esto es, los polinomios característicos de las matrices asociadas a $g \circ f$ y $f \circ g$ en la base canónica son los mismos.

7.9 Sea $\mathbb{E}$ un espacio vectorial de dimensión n, y h un endomorfismo de $\mathbb{E}$ en $\mathbb{E}$. Razonar sobre la veracidad o falsedad de la siguiente afirmación: si $\mathcal{D} \in \mathbb{K}^{(n,n)}$ es un representante canónico de h en una base de vectores propios, entonces para una matriz $\mathcal{A} \in \mathbb{K}^{(n,n)}$ asociada a h, respecto a una base cualquiera de $\mathbb{E}$, se verifica que existe una matriz $\mathcal{P}$ no singular tal que $\mathcal{A}^m = \mathcal{P}\mathcal{D}^m\mathcal{P}^{-1}$, $\forall m \in \mathbb{N}$.

7.10 Decidir si las siguientes matrices son diagonalizables y, en caso de serlo, encontrar $\mathcal{D}$ y $\mathcal{P}$.

$$\mathcal{A} = \begin{pmatrix} 1 & 2 & 1 \\ 0 & 1 & 2 \\ 0 & 1 & 2 \end{pmatrix}, \qquad \mathcal{B} = \begin{pmatrix} 1 & 2 & 1 \\ 0 & 2 & 1 \\ 0 & 1 & 2 \end{pmatrix}.$$

7.11 Probar que la siguiente matriz es diagonalizable y encontrar $\mathcal{D}$ y $\mathcal{P}$ tales que $\mathcal{A} = \mathcal{P}\mathcal{D}\mathcal{P}^{-1}$.

$$\mathcal{A} = \begin{pmatrix} 1 & 1 & 1 \\ 1 & 1 & 1 \\ 1 & 1 & 1 \end{pmatrix}.$$

7.12 Probar que la matriz

$$\mathcal{A} = \begin{pmatrix} 1 & 0 & 0 \\ a & a & 0 \\ 2 & b & 2 \end{pmatrix} \in \mathbb{R}^{(3,3)}$$

es diagonalizable si y sólo si $a \in \mathbb{R} \setminus \{1, 2\}$ o $a = 2, b = 0$.

7.13 Se considera la matriz

$$\mathcal{A} = \begin{pmatrix} 1 & 2 & 3 \\ 2 & 3 & 1 \\ 3 & 1 & 2 \end{pmatrix}.$$

(a) Determinar sus valores y vectores propios.

(b) Probar que $\mathcal{A}$ es no singular y calcular su inversa.

(c) Calcular las matrices $\mathcal{A}^2$ y $\mathcal{A}^3$.

(d) Encontrar números reales a, b, c tales que $\mathcal{A}^3 + a\mathcal{A}^2 + b\mathcal{A} + c\mathcal{I}_3$ sea la matriz nula. Usando los resultados del apartado anterior, deducir que $\mathcal{A}^{-1}$ se puede expresar como combinación lineal de $\mathcal{I}_3$, $\mathcal{A}$, $\mathcal{A}^2$.

7.14 Dada la matriz

$$\mathcal{A}(a) = \begin{pmatrix} a & 1 & 0 & 1 \\ 1 & a & 1 & 0 \\ 0 & 1 & a & 1 \\ 1 & 0 & 1 & a \end{pmatrix},$$

donde $a \in \mathbb{R}$.

(a) Estudiar su rango según los valores de a. ¿Es no singular para algún valor de a?

(b) Determinar los valores y vectores propios de $\mathcal{A}(a)$.

(c) Probar que $\mathcal{A}(a)$ es diagonalizable para cualquier valor de a.

(d) Determinar $[\mathcal{A}(a)]^n$ cualquiera sea el valor de $n \in \mathbb{Z}$. Como aplicación determinar la expresión de la inversa de $\mathcal{A}(a)$ para aquellos valores obtenidos en el primer apartado y para los que $\mathcal{A}(a)$ es no singular.

7.15 Dada la matriz

$$\mathcal{A}(a) = \begin{pmatrix} 0 & 0 & -6 \\ 1 & 0 & -11 \\ 0 & 1 & -6 \end{pmatrix}.$$

Se pide.

(a) Determinar su polinomio característico.

(b) Hallar los valores y vectores propios de $\mathcal{A}$. Probar que $\mathcal{A}$ es diagonalizable.

(c) Determinar $\mathcal{D}$, diagonal, y $\mathcal{P}$, no singular, tales que $\mathcal{A} = \mathcal{P}\mathcal{D}\mathcal{P}^{-1}$.

7.16 Dada la matriz

$$\mathcal{A}(a) = \begin{pmatrix} a & -1 & 1 & 0 \\ -1 & a+1 & -1 & 1 \\ 1 & -1 & a+1 & -1 \\ 0 & 1 & -1 & a \end{pmatrix},$$

donde $a \in \mathbb{R}$.

(a) Estudiar su rango según los valores de a. ¿Es no singular para algún valor de a?

(b) Determinar los valores y vectores propios de $\mathcal{A}(a)$.

(c) Probar que $\mathcal{A}(a)$ es diagonalizable para todo valor de a.

(d) Determinar $[\mathcal{A}(a)]^n$ cualquiera sea $n \in \mathbb{N}$.

7.17 Dada la matriz

$$\mathcal{A}(a) = \begin{pmatrix} 1 & a \\ -2 & -1 \end{pmatrix}, \quad a \in \mathbb{C}.$$

(a) Determinar los valores de a para los que $\mathcal{A}(a)$ es diagonalizable.

(b) Si $a = 1$, determinar los vectores propios de dicha matriz.

(c) Determinar $\mathcal{D}$, diagonal, y $\mathcal{P}$, no singular, tales que $\mathcal{A}(1) = \mathcal{P}\mathcal{D}\mathcal{P}^{-1}$.

(d) Determinar $[\mathcal{A}(1)]^{120}$.

7.18 Se considera la aplicación lineal $f : \mathbb{R}^3 \longmapsto \mathbb{R}^3$ tal que

$$f(1,1,1) = (1,3,2),$$
$$f(1,1,0) = (1,3,3),$$
$$f(1,0,0) = (1,2,3).$$

(a) Determinar la matriz $\mathcal{M}$ de f respecto a la base canónica de $\mathbb{R}^3$.

(b) Calcular los valores y vectores propios de $\mathcal{M}$.

(c) Determinar la matriz $\mathcal{M}^5$.

(d) Del apartado (a) deducir si $\mathcal{M}$ es inversible. En caso afirmativo determinar su inversa como una combinación lineal de $\mathcal{I}_3$, $\mathcal{M}$ y $\mathcal{M}^2$.

7.19 Se considera la matriz

$$\mathcal{A} = \begin{pmatrix} 1 & 2 & -2 \\ 2 & 1 & -2 \\ -2 & -2 & 5 \end{pmatrix}.$$

(a) Probar que el polinomio característico de $\mathcal{A}$ es $(\lambda^2 - 1)(\lambda - 7)$.

(b) Determinar los vectores propios de $\mathcal{A}$.

(c) Mostrar que $\mathcal{A}$ es diagonalizable. Determinar $\mathcal{D}$, diagonal, y $\mathcal{P}$, no singular, tales que $\mathcal{A} = \mathcal{P}\mathcal{D}\mathcal{P}^{-1}$.

(d) Probar que $\mathcal{A}$ es inversible y determinar su inversa como una combinación lineal de $\mathcal{I}_3$, $\mathcal{A}$ y $\mathcal{A}^2$.

7.20 Se considera una aplicación lineal $h : \mathbb{P}_2 \longmapsto \mathbb{P}_2$ tal que

$$\begin{aligned} h(t+1) &= 1, \\ h(t^2+t) &= t+1, \\ \ker h &= L[(t^2-t+1)]. \end{aligned}$$

(a) Determinar la matriz $\mathcal{M}$ de h respecto a la base $\{1, t, t^2\}$.

(b) Calcular los valores y vectores propios de $\mathcal{M}$. ¿Es $\mathcal{M}$ diagonalizable?

(c) Determinar, caso de existir, un polinomio $p(t)$ tal que $h(p(t)) = 1 + t + t^2$.

7.21 Sea h un endomorfismo de $\mathbb{P}_2$ en $\mathbb{P}_2$ tal que

$$h(at^2 + bt + c) = (a + 2b + c)t^2 + (b + 2c)t + b + 2c.$$

Decidir si es diagonalizable. En caso afirmativo, determinar en qué base de $\mathbb{P}_2$ su matriz es diagonal.

7.22 Se considera una aplicación lineal $h : \mathbb{P}_3 \longmapsto \mathbb{P}_3$ tal que

$$\begin{aligned} h(1) &= 1, \\ h(t) &= t-1, \\ h(t^2) &= (t-1)(t+1), \\ h(t^3) &= t(t-1). \end{aligned}$$

(a) Determinar la matriz $\mathcal{M}$ de h respecto a la base $\{1, t, t^2, t^3\}$.

(b) Calcular los valores y vectores propios de $\mathcal{M}$. ¿Es $\mathcal{M}$ diagonalizable?

(c) Estudiar si $\mathcal{M}$ es no singular. En caso afirmativo expresar $\mathcal{M}^{-1}$ como combinación lineal de $\mathcal{I}_4$, $\mathcal{M}$, $\mathcal{M}^2$ y $\mathcal{M}^3$.

7.23 Sea la matriz $\mathcal{A} = (a_{j,k}) \in \mathbb{R}^{(n,n)}$ con $a_{j,k} = 1$, $j, k = 1, 2, \ldots, n$.

(a) Dado $\alpha \in \mathbb{R}$, determinar los valores propios del endomorfismo h en $\mathbb{R}^3$ cuya matriz respecto a la base canónica es $\mathcal{B} = \mathcal{A} - \mathcal{I}_n$.

(b) Determinar los vectores propios de $\mathcal{B} = \mathcal{A} - \mathcal{I}_n$.

(c) Demostrar que $\mathcal{B} = \mathcal{A} - \mathcal{I}_n$ es no singular.

(d) Probar que $(\mathcal{B}+\mathcal{I}_n)^{n-1}\big(\mathcal{B}-(n-1)\mathcal{I}_n\big) = \mathcal{O}_{n,n}$. Deducir la expresión de $\mathcal{B}^{-1}$ como combinación lineal de $\mathcal{I}_n$, $\mathcal{B}$, ..., $\mathcal{B}^{n-1}$.

7.24 Si $\mathcal{A} \in \mathbb{C}^{(n,n)}$ tiene rango k, probar que existen vectores $\{\boldsymbol{v}_j\}_{j=1}^{k}$, $\{\boldsymbol{w}_j\}_{j=1}^{k}$ en $\mathbb{C}^{(n,1)}$ tales que

$$\mathcal{A} = \sum_{j=1}^{k} \boldsymbol{v}_j \boldsymbol{w}_j^{\mathrm{T}} .$$

7.25 Indicar si es verdadero o falso el siguiente enunciado:
Si $\mathcal{A} \in \mathbb{R}^{(3,3)}$ es diagonalizable por semejanza, entonces la matriz $\mathcal{A}^4 - \mathcal{I}_3$ es también diagonalizable por semejanza.

Capítulo 8

Productos escalares. Matrices unitarias y factorización QR

En este capítulo se aborda el estudio de productos escalares en espacios vectoriales sobre los cuerpos de los números reales y complejos, así como el concepto de ortogonalidad. A continuación se introduce el método de ortogonalización de Gram-Schmidt y su contrapartida matricial, la factorización QR para matrices de rango completo.

■ DEFINICIÓN 8.1 Sea $\mathbb{E}$ un espacio vectorial sobre el cuerpo $\mathbb{C}$ de los números complejos. Diremos que $\phi : \mathbb{E} \times \mathbb{E} \mapsto \mathbb{C}$ es un producto escalar (hermítico) en $\mathbb{E}$ si:

(i) $\phi(\boldsymbol{v}, \boldsymbol{v}) > 0, \quad \forall\ \boldsymbol{v} \in \mathbb{E} \setminus \{\mathbf{0}_{\mathbb{E}}\}$ (positividad).

(ii) $\phi(\boldsymbol{v}, \boldsymbol{w}) = \overline{\phi(\boldsymbol{w}, \boldsymbol{v})}, \quad \forall\ \boldsymbol{v}, \boldsymbol{w} \in \mathbb{E}$ (hermiticidad).

(iii) $\phi(\lambda \boldsymbol{v} + \mu \boldsymbol{v}', \boldsymbol{w}) = \lambda \phi(\boldsymbol{v}, \boldsymbol{w}) + \mu \phi(\boldsymbol{v}', \boldsymbol{w}), \quad \forall\ \lambda, \mu \in \mathbb{C}$ y $\forall\ \boldsymbol{v}, \boldsymbol{v}', \boldsymbol{w} \in \mathbb{E}$ (linealidad en componentes).

El producto escalar $\phi(\boldsymbol{v}, \boldsymbol{w})$ se denota habitualmente mediante la notación $\langle \boldsymbol{v}, \boldsymbol{w} \rangle$.

✎ En el caso de que $\mathbb{E}$ sea un espacio vectorial sobre el cuerpo $\mathbb{R}$ y $\phi(\cdot, \cdot)$ sea una aplicación de $\mathbb{E} \times \mathbb{E}$ en $\mathbb{R}$, el producto escalar satisface igualmente las condiciones (i) y (iii) de la definición anterior, mientras que (ii) resulta ser $\phi(\boldsymbol{v}, \boldsymbol{w}) = \phi(\boldsymbol{w}, \boldsymbol{v})$ para todo $\boldsymbol{v}, \boldsymbol{w} \in \mathbb{E}$, o sea, se trata de una propiedad de *simetría*.

■ EJEMPLO 8.1 En $\mathbb{C}^n$ se puede definir un producto escalar hermítico mediante

$$\langle \boldsymbol{x}, \boldsymbol{y} \rangle = \sum_{i=1}^{n} \overline{y}_i x_i = \boldsymbol{y}^* \boldsymbol{x} = \begin{pmatrix} \overline{y}_1 & \overline{y}_2 & \cdots & \overline{y}_n \end{pmatrix} \begin{pmatrix} x_1 \\ x_2 \\ \vdots \\ x_n \end{pmatrix}, \tag{8.1}$$

donde $\boldsymbol{x} = (x_1, x_2, \ldots, x_n)$, $\boldsymbol{y} = (y_1, y_2, \ldots, y_n)$. La notación $\boldsymbol{y}^*$ significa conjugar las entradas de la matriz y transponer filas por columnas, es decir,

$$\boldsymbol{y}^* = (\overline{\boldsymbol{y}})^{\mathrm{T}} = \begin{pmatrix} \overline{y}_1 \\ \overline{y}_2 \\ \vdots \\ \overline{y}_n \end{pmatrix}^{\mathrm{T}} = \begin{pmatrix} \overline{y}_1 & \overline{y}_2 & \cdots & \overline{y}_n \end{pmatrix}.$$

Usualmente, (8.1) se denomina *producto escalar estándar o euclídeo*, al igual que su análogo en $\mathbb{R}^n$.

■ EJEMPLO 8.2 En el espacio de las sucesiones complejas $\boldsymbol{x} = (x_n)_{n\geq 0}$ con $\sum_{n=0}^{\infty} |x_n|^2 < \infty$, se puede definir un producto escalar mediante

$$\langle \boldsymbol{x}, \boldsymbol{y} \rangle = \sum_{n=0}^{\infty} \overline{y}_n x_n.$$

A partir del concepto de producto escalar, tanto en el caso real como en el complejo, se introduce el concepto de norma de un vector.

■ DEFINICIÓN 8.2 Dado un producto escalar ϕ en un espacio vectorial $\mathbb{E}$ sobre el cuerpo $\mathbb{K}$ ($\mathbb{R}$ o $\mathbb{C}$), se denomina norma euclídea del vector $\boldsymbol{v}$, y se denota por $\|\boldsymbol{v}\|$, a la correspondencia que a cada vector $\boldsymbol{v} \in \mathbb{E}$ le asocia la raíz cuadrada positiva del producto escalar de $\boldsymbol{v}$ por sí mismo. Es decir,

$$\|\boldsymbol{v}\| = +\sqrt{\phi(\boldsymbol{v}, \boldsymbol{v})}.$$

■ PROPOSICIÓN 8.1 La norma euclídea satisface las siguientes propiedades:

(i) $\|\boldsymbol{v}\| > 0$, $\forall\, \boldsymbol{v} \in \mathbb{E} \setminus \{\boldsymbol{0}_{\mathbb{E}}\}$, y $\|\boldsymbol{v}\| = 0$ si y sólo si $\boldsymbol{v} = 0_{\mathbb{E}}$.

(ii) $\|\lambda \boldsymbol{v}\| = |\lambda|\, \|\boldsymbol{v}\|$, $\forall\, \lambda \in \mathbb{K}$ y $\forall\, \boldsymbol{v} \in \mathbb{E}$.

(iii) $\|\boldsymbol{v} + \boldsymbol{w}\| \leq \|\boldsymbol{v}\| + \|\boldsymbol{w}\|$, $\forall\, \boldsymbol{v}, \boldsymbol{w} \in \mathbb{E}$ (desigualdad triangular o de Minkowski).

■ EJEMPLO 8.3 En $\mathbb{C}^n$ (o $\mathbb{R}^n$), la norma euclídea asociada al producto escalar estándar definido en el ejemplo 8.1 es

$$\|\boldsymbol{x}\| = +\sqrt{\langle \boldsymbol{x}, \boldsymbol{x} \rangle} = +\sqrt{\sum_{i=1}^{n} \overline{x}_i x_i} = +\sqrt{\sum_{i=1}^{n} |x_i|^2}\,, \tag{8.2}$$

donde $\boldsymbol{x} = (x_1, x_2, \ldots, x_n)$.

■ DEFINICIÓN 8.3 Sea $\phi : \mathbb{E} \times \mathbb{E} \mapsto \mathbb{R}$ un producto escalar en un espacio vectorial real. Dados dos vectores $\boldsymbol{v}, \boldsymbol{w} \in \mathbb{E}$, se define el ángulo entre $\boldsymbol{v}$ y $\boldsymbol{w}$ como el único número real $\varphi \in [0, \pi)$ tal que

$$\cos\varphi = \frac{\phi(\boldsymbol{v}, \boldsymbol{w})}{\|\boldsymbol{v}\|\, \|\boldsymbol{w}\|}.$$

■ DEFINICIÓN 8.4 Dos vectores $\boldsymbol{v}, \boldsymbol{w} \in \mathbb{E}$ se dicen ortogonales respecto al producto escalar $\phi(\cdot, \cdot)$ cuando $\phi(\boldsymbol{v}, \boldsymbol{w}) = 0$. Una familia $\mathbb{A}$ de vectores de $\mathbb{E}$ se dice ortogonal si $\phi(\boldsymbol{a}, \boldsymbol{b}) = 0$ para $\boldsymbol{a} \neq \boldsymbol{b}$, con $\boldsymbol{a}, \boldsymbol{b} \in \mathbb{A}$. Dicha familia es ortonormal cuando, además de ser ortogonal, sus vectores tienen norma euclídea unidad.

■ EJEMPLO 8.4 Los vectores $(1, 1, 1)$, $(-1, 0, 1)$ y $(1, -2, 1)$ constituyen una familia ortogonal en $\mathbb{R}^3$ respecto al producto escalar estándar, introducido en el ejemplo 8.1. Dividiendo cada uno de estos vectores por su correspondiente norma obtenemos la familia ortonormal formada por los vectores

$$\frac{1}{\sqrt{3}}(1, 1, 1), \quad \frac{1}{\sqrt{2}}(-1, 0, 1), \quad \frac{1}{\sqrt{6}}(1, -2, 1).$$

■ DEFINICIÓN 8.5 Sea $\mathbb{A}$ un subconjunto del espacio vectorial $\mathbb{E}$. Se denomina conjunto ortogonal a $\mathbb{A}$, y se denota por $\mathbb{A}^\perp$, al conjunto de los vectores de $\mathbb{E}$ que son ortogonales a todos y cada uno de los vectores de $\mathbb{A}$. Es decir,

$$\mathbb{A}^\perp \stackrel{\text{def}}{=} \{\boldsymbol{b} \in \mathbb{E} \ :\ \phi(\boldsymbol{b}, \boldsymbol{a}) = 0,\ \forall\, \boldsymbol{a} \in \mathbb{A}\}.$$

■ PROPOSICIÓN 8.2 El conjunto $\mathbb{A}^\perp$ es un subespacio vectorial de $\mathbb{E}$. Si $\mathbb{A}$ es también un subespacio de $\mathbb{E}$, entonces la suma de $\mathbb{A}$ y $\mathbb{A}^\perp$ es directa. Además, si $\mathbb{E}$ es de dimensión finita, entonces $\mathbb{E} = \mathbb{A} \oplus \mathbb{A}^\perp$, y se dice que $\mathbb{A}^\perp$ es el complemento ortogonal de $\mathbb{A}$.

Es fácil comprobar que toda familia ortogonal es linealmente independiente, pero el recíproco no es cierto. Como ejemplo, la familia $\{(1,1,1),(1,1,0),(1,0,0)\}$ es linealmente independiente en $\mathbb{R}^3$, pero no es ortogonal respecto al producto escalar usual. Sin embargo, a partir de una familia linealmente independiente podemos construir una familia ortogonal (más aún, una familia ortonormal) mediante el proceso conocido como método de ortogonalización de Gram-Schmidt.

■ PROPOSICIÓN 8.3 (ORTOGONALIZACIÓN DE GRAM-SCHMIDT) Sea $\mathbb{A} = \{\boldsymbol{a}_1, \boldsymbol{a}_2, \ldots, \boldsymbol{a}_n\}$ una familia de vectores linealmente independientes en un espacio vectorial $\mathbb{E}$ dotado de un producto escalar. Existe una familia ortonormal $\mathbb{B} = \{\boldsymbol{b}_1, \boldsymbol{b}_2, \ldots, \boldsymbol{b}_n\}$ en $\mathbb{E}$ tal que $L[\boldsymbol{a}_1, \boldsymbol{a}_2, \ldots, \boldsymbol{a}_k] = L[\boldsymbol{b}_1, \boldsymbol{b}_2, \ldots, \boldsymbol{b}_k]$, con $k = 1, 2, \ldots, n$.

La generación de la familia $\mathbb{B}$ empieza tomando como vector $\boldsymbol{b}_1$ el $\boldsymbol{a}_1$ normalizado a la unidad,

$$\boldsymbol{b}_1 = \frac{\boldsymbol{a}_1}{\|\boldsymbol{a}_1\|}.$$

El segundo paso consiste en construir el vector

$$\boldsymbol{b}_2' = \boldsymbol{a}_2 - \langle \boldsymbol{a}_2, \boldsymbol{b}_1 \rangle \, \boldsymbol{b}_1,$$

que como puede comprobarse fácilmente es ortogonal a $\boldsymbol{b}_1$, y normalizarlo a la unidad para obtener el vector ortonormal

$$\boldsymbol{b}_2 = \frac{\boldsymbol{b}_2'}{\|\boldsymbol{b}_2'\|}.$$

En general, en el paso k-ésimo ($2 \le k \le n$) se construye el vector

$$\boldsymbol{b}_k' = \boldsymbol{a}_k - \langle \boldsymbol{a}_k, \boldsymbol{b}_1 \rangle \, \boldsymbol{b}_1 - \cdots - \langle \boldsymbol{a}_k, \boldsymbol{b}_{k-1} \rangle \, \boldsymbol{b}_{k-1},$$

que es ortogonal a la familia $\{\boldsymbol{b}_1, \boldsymbol{b}_2, \ldots, \boldsymbol{b}_{k-1}\}$ y posteriormente se determina el vector ortonormal

$$\boldsymbol{b}_k = \frac{\boldsymbol{b}_k'}{\|\boldsymbol{b}_k'\|}.$$

■ EJEMPLO 8.5 Dados los vectores linealmente independientes de $\mathbb{R}^3$

$$\boldsymbol{a}_1 = (1,1,1), \quad \boldsymbol{a}_2 = (1,1,0), \quad \boldsymbol{a}_3 = (1,0,0),$$

el método de ortogonalización de Gram-Schmidt nos permite construir a partir de ellos una familia ortonormal $\{\boldsymbol{b}_1, \boldsymbol{b}_2, \boldsymbol{b}_3\}$ de acuerdo al siguiente proceso:

$$\begin{aligned}
\boldsymbol{b}_1 &= \frac{\boldsymbol{a}_1}{\|\boldsymbol{a}_1\|} = \frac{1}{\sqrt{3}}(1,1,1),\\
\boldsymbol{b}_2' &= \boldsymbol{a}_2 - \langle \boldsymbol{a}_2, \boldsymbol{b}_1 \rangle \, \boldsymbol{b}_1 = (1,1,0) - \frac{2}{3}(1,1,1) = \frac{1}{3}(1,1,-2),\\
\boldsymbol{b}_2 &= \frac{\boldsymbol{b}_2'}{\|\boldsymbol{b}_2'\|} = \frac{1}{\sqrt{6}}(1,1,-2),\\
\boldsymbol{b}_3' &= \boldsymbol{a}_3 - \langle \boldsymbol{a}_3, \boldsymbol{b}_1 \rangle \, \boldsymbol{b}_1 - \langle \boldsymbol{a}_3, \boldsymbol{b}_2 \rangle \, \boldsymbol{b}_2 = (1,0,0) - \frac{1}{3}(1,1,1) - \frac{1}{6}(1,1,-2) = \frac{1}{2}(1,-1,0),\\
\boldsymbol{b}_3 &= \frac{\boldsymbol{b}_3'}{\|\boldsymbol{b}_3'\|} = \frac{1}{\sqrt{2}}(1,-1,0).
\end{aligned}$$

✎ Es importante destacar que la proposición 8.3 se ha formulado para familias de vectores $\mathbb{A}$ y $\mathbb{B}$ de cardinal finito. Esto permite realizar una representación coordenada de los vectores de $\mathbb{A}$ y $\mathbb{B}$ en una base $\{\boldsymbol{f}_1, \boldsymbol{f}_2, \ldots, \boldsymbol{f}_m\}$, $m \geq n$, del subespacio $\mathbb{F}$ de $\mathbb{E}$ con $\mathbb{A}, \mathbb{B} \subset \mathbb{F}$. Luego, utilizando la notación matricial, si $\mathcal{B} = (\boldsymbol{b}_1|\boldsymbol{b}_2|\cdots|\boldsymbol{b}_n)$ es una matriz cuyos vectores columna son vectores ortonormales en $\mathbb{C}^m$, entonces

$$\mathcal{B}^*\mathcal{B} = \mathcal{I}_n. \tag{8.3}$$

De modo análogo, si $\mathcal{B}$ es una matriz cuyos vectores columna son vectores ortonormales en $\mathbb{R}^m$, entonces

$$\mathcal{B}^{\mathrm{T}}\mathcal{B} = \mathcal{I}_n. \tag{8.4}$$

Obsérvese que, si $m = n$, entonces la matriz $\mathcal{B}$ es no singular.

■ DEFINICIÓN 8.6 Si una matriz $\mathcal{B} \in \mathbb{C}^{(n,n)}$ satisface (8.3), se dice que es unitaria; mientras que si $\mathcal{B} \in \mathbb{R}^{(n,n)}$ cumple (8.4), se dice que es ortogonal.

A continuación se presenta la versión matricial del método de ortogonalización de Gram-Schmidt.

■ PROPOSICIÓN 8.4 (FACTORIZACIÓN QR) Si $\mathcal{A} = (\boldsymbol{a}_1|\boldsymbol{a}_2|\cdots|\boldsymbol{a}_n) \in \mathbb{C}^{(m,n)}$ representa una matriz cuyas columnas son los vectores $\boldsymbol{a}_k \in \mathbb{C}^m$ $(k = 1, 2, \ldots, n)$, y $\mathcal{Q} = (\boldsymbol{b}_1|\boldsymbol{b}_2|\cdots|\boldsymbol{b}_n) \in \mathbb{C}^{(m,n)}$ representa la matriz con columnas ortonormales definida anteriormente, entonces existe una matriz triangular superior $\mathcal{R}$ con elementos diagonales positivos tal que

$$\mathcal{A} = \mathcal{Q}\mathcal{R}.$$

Esta es la denominada factorización QR de la matriz de rango completo $\mathcal{A}$. El interés de esta factorización radica en que la resolución del sistema lineal $\mathcal{A}\boldsymbol{x} = \boldsymbol{b}$ con $\boldsymbol{b} \in \mathbb{C}^m$ se reduce a la resolución del sistema triangular superior

$$\mathcal{R}\boldsymbol{x} = \mathcal{Q}^*\boldsymbol{b},$$

lo que representa un notable ahorro computacional frente al método de Gauss.

■ EJEMPLO 8.6 Con los vectores $\{\boldsymbol{a}_1, \boldsymbol{a}_2, \boldsymbol{a}_3\}$ y $\{\boldsymbol{b}_1, \boldsymbol{b}_2, \boldsymbol{b}_3\}$ del ejemplo 8.5 construimos, respectivamente, las matrices

$$\mathcal{A} = \begin{pmatrix} 1 & 1 & 1 \\ 1 & 1 & 0 \\ 1 & 0 & 0 \end{pmatrix}, \qquad \mathcal{Q} = \begin{pmatrix} \frac{1}{\sqrt{3}} & \frac{1}{\sqrt{6}} & \frac{1}{\sqrt{2}} \\ \frac{1}{\sqrt{3}} & \frac{1}{\sqrt{6}} & -\frac{1}{\sqrt{2}} \\ \frac{1}{\sqrt{3}} & -\frac{2}{\sqrt{6}} & 0 \end{pmatrix}.$$

De los cálculos realizados en dicho ejemplo se sigue que

$$\boldsymbol{a}_1 = \sqrt{3}\,\boldsymbol{b}_1, \quad \boldsymbol{a}_2 = \frac{2}{\sqrt{3}}\boldsymbol{b}_1 + \frac{2}{\sqrt{6}}\boldsymbol{b}_2, \quad \boldsymbol{a}_3 = \frac{1}{\sqrt{3}}\boldsymbol{b}_1 + \frac{1}{\sqrt{6}}\boldsymbol{b}_2 + \frac{1}{\sqrt{2}}\boldsymbol{b}_3\,,$$

y, por tanto, $\mathcal{A} = \mathcal{Q}\mathcal{R}$ con

$$\mathcal{R} = \begin{pmatrix} \sqrt{3} & \frac{2}{\sqrt{3}} & \frac{1}{\sqrt{3}} \\ 0 & \frac{2}{\sqrt{6}} & \frac{1}{\sqrt{6}} \\ 0 & 0 & \frac{1}{\sqrt{2}} \end{pmatrix}.$$

✎ Si $\mathbb{B} = \{\boldsymbol{b}_1, \boldsymbol{b}_2, \ldots, \boldsymbol{b}_n\}$ es una familia ortonormal que es base del espacio vectorial $\mathbb{E}$, la determinación de las coordenadas de un vector $\boldsymbol{v}$ respecto a la base $\mathbb{B}$ es particularmente sencilla. De hecho,

$$\boldsymbol{v} = \sum_{k=1}^{n} \langle \boldsymbol{v}, \boldsymbol{b}_k \rangle \, \boldsymbol{b}_k.$$

■ Definición 8.7 Las n-uplas coordenadas $\{\langle \boldsymbol{v}, \boldsymbol{b}_k \rangle\}_{k=1}^{n}$ se denominan coeficientes de Fourier del vector $\boldsymbol{v}$ respecto a la base ortonormal $\mathbb{B}$.

■ Proposición 8.5 (Identidad de Parseval) Si $\mathbb{B} = \{\boldsymbol{b}_1, \boldsymbol{b}_2, \ldots, \boldsymbol{b}_n\}$ es una familia ortonormal que es base del espacio vectorial $\mathbb{E}$, entonces

$$\|\boldsymbol{v}\|^2 = \sum_{k=1}^{n} |\langle \boldsymbol{v}, \boldsymbol{b}_k \rangle|^2 \,, \quad \forall\, \boldsymbol{v} \in \mathbb{E}.$$

Problemas Resueltos

8.1 En el espacio vectorial $\mathbb{R}^2$, se considera la aplicación $f \,:\, \mathbb{R}^2 \times \mathbb{R}^2 \mapsto \mathbb{R}$ dada por

$$f\big((x_1, x_2), (y_1, y_2)\big) = x_1 y_2 - x_2 y_1.$$

Estudiar si f define un producto escalar.

Resolución. Basta tener en cuenta que para $(x_1, x_2) \neq (0, 0)$,

$$f\big((x_1, x_2), (x_1, x_2)\big) = 0.$$

Por tanto, no se verifica la condición de positividad, luego f no define un producto escalar.

8.2 En $\mathbb{P}_2$ se considera el producto escalar

$$\langle p, q \rangle = \sum_{k=1}^{3} p(k) q(k).$$

Calcular el ángulo formado por los polinomios $p(t) = t^2 + 1$ y $q(t) = t^2 - 1$.

Resolución. Calculando los productos escalares

$$\begin{aligned} \langle p, q \rangle &= 5 \cdot 3 + 10 \cdot 8 = 95, \\ \langle p, p \rangle &= 2 \cdot 2 + 5 \cdot 5 + 10 \cdot 10 = 129, \\ \langle q, q \rangle &= 3 \cdot 3 + 8 \cdot 8 = 73, \end{aligned}$$

se encuentra que el ángulo φ satisface

$$\cos\varphi = \frac{95}{\sqrt{129}\sqrt{73}} = \frac{95}{\sqrt{9417}} \,.$$

Numéricamente, con una precisión de seis cifras significativas, se tiene que $\cos\varphi \approx 0.978965$, de donde $\varphi \approx 0.205469$.

8.3 Sean $\boldsymbol{x} = (x_1, x_2)$, $\boldsymbol{y} = (y_1, y_2)$ dos vectores de $\mathbb{R}^2$. Estudiar si las aplicaciones f y g definidas por

$$\begin{aligned} f(\boldsymbol{x}, \boldsymbol{y}) &= 2x_1 y_1 + 4x_2 y_2, \\ g(\boldsymbol{x}, \boldsymbol{y}) &= x_1 y_1 + 2x_1 y_2 + 2x_2 y_1 + 4x_2 y_2, \end{aligned}$$

constituyen productos escalares. En caso afirmativo, determinar el ángulo formado por los vectores $(1,1)$ y $(-1,1)$ respecto a dichos productos escalares.

Resolución. Se comprueba que f verifica los axiomas de producto escalar:

(i) $f(\boldsymbol{x},\boldsymbol{x}) = 2x_1^2 + 4x_2^2 \geq 0$, $\forall\, \boldsymbol{x} \in \mathbb{R}^2$. Por otra parte, $f(\boldsymbol{x},\boldsymbol{x}) = 0$ si y sólo si $\boldsymbol{x} = (0,0)$.

(ii) $f(\boldsymbol{x},\boldsymbol{y}) = f(\boldsymbol{y},\boldsymbol{x})$ (inmediato).

(iii) $f(\boldsymbol{x}+\boldsymbol{x}',\boldsymbol{y}) = 2(x_1+x_1')y_1+4(x_2+x_2')y_2 = 2x_1y_1+4x_2y_2+2x_1'y_1+4x_2'y_2 = f(\boldsymbol{x},\boldsymbol{y})+f(\boldsymbol{x}',\boldsymbol{y})$.
$f(\lambda\boldsymbol{x},\boldsymbol{y}) = 2\lambda x_1y_1 + 4\lambda x_2y_2 = \lambda(2x_1y_1 + 4x_2y_2) = \lambda f(\boldsymbol{x},\boldsymbol{y})$.

Por otra parte, para la aplicación g tenemos

$$g(\boldsymbol{x},\boldsymbol{y}) = (x_1 + 2x_2)(y_1 + 2y_2).$$

Al comprobar la condición (i) vemos que $g(\boldsymbol{x},\boldsymbol{x}) = (x_1 + 2x_2)^2 \geq 0$, de donde se sigue que $g(\boldsymbol{x},\boldsymbol{x}) = 0$ para $\boldsymbol{x} = (2,-1)$. Por tanto, g no es un producto escalar en $\mathbb{R}^2$.

En cuanto al ángulo formado por los vectores $\boldsymbol{x} = (1,1)$ e $\boldsymbol{y} = (-1,1)$ respecto al producto escalar definido por f, se verifica que $f(\boldsymbol{x},\boldsymbol{y}) = 2$, $f(\boldsymbol{x},\boldsymbol{x}) = 6$ y $f(\boldsymbol{y},\boldsymbol{y}) = 6$. Por tanto, el ángulo φ satisface

$$\cos\varphi = \frac{2}{\sqrt{6}\sqrt{6}} = \frac{1}{3} \quad \Longrightarrow \quad \varphi \approx 1.23096\,.$$

8.4 Sean $\mathbb{E}$ y $\mathbb{F}$ espacios vectoriales reales. Supongamos que $\mathbb{E}$ está dotado de un producto escalar $\langle\cdot,\cdot\rangle$ y que $f\ :\ \mathbb{F} \mapsto \mathbb{E}$ es una aplicación lineal. Se define la aplicación $\phi\ :\ \mathbb{F}\times\mathbb{F} \mapsto \mathbb{R}$

$$\phi(\boldsymbol{x},\boldsymbol{y}) = \langle f(\boldsymbol{x}), f(\boldsymbol{y})\rangle\,.$$

Estudiar bajo qué condiciones ϕ define un producto escalar en $\mathbb{F}$.

Resolución. Verifiquemos los axiomas de producto escalar y encontremos qué condiciones determinan que ϕ sea un producto escalar en $\mathbb{F}$.

(i) $\phi(\boldsymbol{x},\boldsymbol{x}) = \langle f(\boldsymbol{x}), f(\boldsymbol{x})\rangle \geq 0$. Luego, $\phi(\boldsymbol{x},\boldsymbol{x}) = 0$ si y sólo si $\langle f(\boldsymbol{x}), f(\boldsymbol{x})\rangle = 0$, esto es, si y sólo si $f(\boldsymbol{x}) = \mathbf{0}_{\mathbb{E}}$. Ahora bien, ϕ es un producto escalar si y sólo si esta condición equivale a $\boldsymbol{x} = \mathbf{0}_{\mathbb{F}}$. Por tanto, ϕ es un producto escalar si y sólo si $f(\boldsymbol{x}) = \mathbf{0}_{\mathbb{E}} \implies \boldsymbol{x} = \mathbf{0}_{\mathbb{F}}$, esto es, si y sólo si f es una aplicación lineal inyectiva.

(ii) $\phi(\boldsymbol{x},\boldsymbol{y}) = \langle f(\boldsymbol{x}), f(\boldsymbol{y})\rangle = \langle f(\boldsymbol{y}), f(\boldsymbol{x})\rangle = \phi(\boldsymbol{y},\boldsymbol{x})$.

(iii) $\phi(\boldsymbol{x}+\boldsymbol{x}',\boldsymbol{y}) = \langle f(\boldsymbol{x}+\boldsymbol{x}'), f(\boldsymbol{y})\rangle = \langle f(\boldsymbol{x})+f(\boldsymbol{x}'), f(\boldsymbol{y})\rangle = \langle f(\boldsymbol{x}), f(\boldsymbol{y})\rangle + \langle f(\boldsymbol{x}'), f(\boldsymbol{y})\rangle$
$= \phi(\boldsymbol{x},\boldsymbol{y}) + \phi(\boldsymbol{x}',\boldsymbol{y})$,
$\phi(\lambda\boldsymbol{x},\boldsymbol{y}) = \langle f(\lambda\boldsymbol{x}), f(\boldsymbol{y})\rangle = \langle \lambda f(\boldsymbol{x}), f(\boldsymbol{y})\rangle = \lambda\,\langle f(\boldsymbol{x}), f(\boldsymbol{y})\rangle = \lambda\phi(\boldsymbol{x},\boldsymbol{y})$.

8.5 En el espacio vectorial $\mathbb{P}$ sobre el cuerpo $\mathbb{R}$ se considera la aplicación

$$\phi(p,q) = \int_0^1 p(t)q(t)dt. \tag{8.5}$$

Probar que ϕ es un producto escalar.

Resolución.

(i) La condición

$$\phi(p,p) = \int_0^1 [p(t)]^2\,dt \geq 0$$

se verifica siempre, pues $[p(t)]^2 \geq 0$ para todo $t \in [0,1]$. Por otra parte, si $\phi(p,p) = 0$, esto significa que

$$\int_0^1 [p(t)]^2 \, dt = 0, \tag{8.6}$$

lo que implica que $p(t) = \mathbf{0}_{\mathbb{P}}$ para todo $t \in (0,1)$. En efecto, si existiera un $t_0 \in (0,1)$ tal que $p(t_0) \neq 0$, entonces $[p(t_0)]^2 > 0$, y puesto que p es una función continua, existiría un $\delta > 0$ tal que $[p(t)]^2 > 0$ para $t \in (t_0 - \delta, t_0 + \delta) \subset (0,1)$. Por tanto,

$$0 < \int_{t_0-\delta}^{t_0+\delta} [p(t)]^2 \, dt \leq \int_0^1 [p(t)]^2 \, dt.$$

De aquí se sigue que (8.6) se verifica si y sólo si $p(t) = \mathbf{0}_{\mathbb{P}}$, o sea, es el polinomio idénticamente nulo.

(ii) Es inmediato comprobar que $\phi(p,q) = \displaystyle\int_0^1 p(t)q(t)dt = \int_0^1 q(t)p(t)dt = \phi(q,p)$.

(iii) La validez de las igualdades

$$\phi(p+r,q) = \int_0^1 [p(t)+r(t)]\, q(t)dt = \int_0^1 p(t)q(t)dt + \int_0^1 r(t)q(t)dt = \phi(p,q) + \phi(r,q),$$
$$\phi(\lambda p, q) = \int_0^1 \lambda p(t)q(t)dt = \lambda \int_0^1 p(t)q(t)dt = \lambda\phi(p,q),$$

se constata sin más que utilizar propiedades básicas del cálculo integral.

8.6 Probar que, en el espacio $\mathbb{R}^{(n,n)}$ de las matrices reales de dimensión n, la aplicación

$$\phi(\mathcal{A}, \mathcal{B}) = \text{traza}\, \mathcal{A}\mathcal{B}^{\mathrm{T}}, \quad \text{con } \mathcal{A}, \mathcal{B} \in \mathbb{R}^{(n,n)},$$

es un producto escalar.

Resolución.

(i) $\phi(\mathcal{A},\mathcal{A}) = \text{traza}\, \mathcal{A}\mathcal{A}^{\mathrm{T}} = \displaystyle\sum_{i,j=1}^{n} a_{i,j}^2 \geq 0$. Se observa que $\phi(\mathcal{A},\mathcal{A}) = 0$ si y sólo si las entradas de la matriz $\mathcal{A}$ son todas nulas, esto es, $\mathcal{A} = \mathcal{O}_{n,n}$.

(ii) $\phi(\mathcal{A},\mathcal{B}) = \text{traza}\, \mathcal{A}\mathcal{B}^{\mathrm{T}} = \text{traza}\, \left(\mathcal{A}\mathcal{B}^{\mathrm{T}}\right)^{\mathrm{T}} = \text{traza}\, \mathcal{B}\mathcal{A}^{\mathrm{T}} = \phi(\mathcal{B},\mathcal{A})$.

(iii) $$\begin{aligned} \phi(\mathcal{A}+\mathcal{B},\mathcal{C}) &= \text{traza}\,(\mathcal{A}+\mathcal{B})\mathcal{C}^{\mathrm{T}} = \text{traza}\,\left(\mathcal{A}\mathcal{C}^{\mathrm{T}} + \mathcal{B}\mathcal{C}^{\mathrm{T}}\right) = \text{traza}\,\mathcal{A}\mathcal{C}^{\mathrm{T}} + \text{traza}\,\mathcal{B}\mathcal{C}^{\mathrm{T}} \\ &= \phi(\mathcal{A},\mathcal{C}) + \phi(\mathcal{B},\mathcal{C}) \end{aligned},$$
$$\phi(\lambda\mathcal{A},\mathcal{B}) = \text{traza}\,(\lambda\mathcal{A})\mathcal{B}^{\mathrm{T}} = \lambda\left[\text{traza}\,\mathcal{A}\mathcal{B}^{\mathrm{T}}\right] = \lambda\phi(\mathcal{A},\mathcal{B}).$$

8.7 Determinar el ángulo formado por las matrices

$$\mathcal{A} = \begin{pmatrix} 1 & 1 \\ 1 & 1 \end{pmatrix}, \quad \mathcal{B} = \begin{pmatrix} 0 & -1 \\ 1 & 0 \end{pmatrix},$$

respecto al producto escalar definido en el problema 8.6.

Resolución.

$$\phi(\mathcal{A},\mathcal{B}) = \text{traza}\, \mathcal{A}\mathcal{B}^{\mathrm{T}} = \text{traza}\begin{pmatrix} -1 & 1 \\ -1 & 1 \end{pmatrix} = 0.$$

Por tanto, $\cos\varphi = 0$, esto es, $\varphi = \pi/2$. Vemos así que $\mathcal{A}$ y $\mathcal{B}$ son ortogonales respecto al producto escalar indicado.

8.8 Probar que las matrices simétricas de orden n son ortogonales a las matrices antisimétricas de orden n.

Resolución. Sean las matrices $\mathcal{A}$ y $\mathcal{B}$ de $\mathbb{R}^{(n,n)}$, simétrica y antisimétrica, respectivamente. Se tiene entonces,

$$\phi(\mathcal{A},\mathcal{B}) = \operatorname{traza}\mathcal{A}\mathcal{B}^{\mathrm{T}} = -\operatorname{traza}\mathcal{A}\mathcal{B},$$
$$\phi(\mathcal{B},\mathcal{A}) = \operatorname{traza}\mathcal{B}\mathcal{A}^{\mathrm{T}} = \operatorname{traza}\mathcal{B}\mathcal{A}.$$

Sumando estas dos ecuaciones, teniendo en cuenta que $\operatorname{traza}\mathcal{A}\mathcal{B} = \operatorname{traza}\mathcal{B}\mathcal{A}$ y la simetría del producto escalar,

$$0 = \phi(\mathcal{A},\mathcal{B}) + \phi(\mathcal{B},\mathcal{A}) = 2\phi(\mathcal{A},\mathcal{B}),$$

o sea, $\phi(\mathcal{A},\mathcal{B}) = 0$. De aquí se sigue el resultado.

8.9 Probar que la aplicación $f : \mathbb{E} \mapsto \mathbb{R}$ inducida por un producto escalar $\langle\cdot,\cdot\rangle$ definido en $\mathbb{E}$ mediante

$$f(\boldsymbol{v}) = \langle \boldsymbol{v},\boldsymbol{v}\rangle, \quad \boldsymbol{v}\in\mathbb{E}, \tag{8.7}$$

satisface la siguiente propiedad:

$$f(\boldsymbol{v}+\boldsymbol{w}) + f(\boldsymbol{v}-\boldsymbol{w}) = 2\left[f(\boldsymbol{v}) + f(\boldsymbol{w})\right].$$

✎ Obsérvese que $f(\boldsymbol{v})$ puede escribirse como $\|\boldsymbol{v}\|^2$ en términos de la norma euclídea introducida en la definición 8.2.

Resolución. Usando las propiedades del producto escalar, encontramos que

$$\begin{aligned} f(\boldsymbol{v}+\boldsymbol{w}) &= \langle \boldsymbol{v}+\boldsymbol{w},\boldsymbol{v}+\boldsymbol{w}\rangle = \langle \boldsymbol{v},\boldsymbol{v}\rangle + \langle \boldsymbol{v},\boldsymbol{w}\rangle + \langle \boldsymbol{w},\boldsymbol{v}\rangle + \langle \boldsymbol{w},\boldsymbol{w}\rangle \\ &= f(\boldsymbol{v}) + \langle \boldsymbol{v},\boldsymbol{w}\rangle + \langle \boldsymbol{w},\boldsymbol{v}\rangle + f(\boldsymbol{w}), \\ f(\boldsymbol{v}-\boldsymbol{w}) &= \langle \boldsymbol{v}-\boldsymbol{w},\boldsymbol{v}-\boldsymbol{w}\rangle = \langle \boldsymbol{v},\boldsymbol{v}\rangle - \langle \boldsymbol{v},\boldsymbol{w}\rangle - \langle \boldsymbol{w},\boldsymbol{v}\rangle + \langle \boldsymbol{w},\boldsymbol{w}\rangle \\ &= f(\boldsymbol{v}) - \langle \boldsymbol{v},\boldsymbol{w}\rangle - \langle \boldsymbol{w},\boldsymbol{v}\rangle + f(\boldsymbol{w}). \end{aligned} \tag{8.8}$$

Sumando estas dos igualdades se obtiene el resultado, que cuando se escribe en términos del producto escalar se conoce como *identidad del paralelogramo*:

$$\langle \boldsymbol{v}+\boldsymbol{w},\boldsymbol{v}+\boldsymbol{w}\rangle + \langle \boldsymbol{v}-\boldsymbol{w},\boldsymbol{v}-\boldsymbol{w}\rangle = 2\left[\langle \boldsymbol{v},\boldsymbol{v}\rangle + \langle \boldsymbol{w},\boldsymbol{w}\rangle\right].$$

8.10 Sea $\langle\cdot,\cdot\rangle$ un producto escalar real y f la aplicación definida por (8.7). Probar que

$$\langle \boldsymbol{v},\boldsymbol{w}\rangle \le \frac{f(\boldsymbol{v}) + f(\boldsymbol{w})}{2}.$$

¿Cuándo se verifica la igualdad?

Resolución. Recordando la segunda ecuación de (8.8), basta tener en cuenta que

$$0 \le f(\boldsymbol{v}-\boldsymbol{w}) = f(\boldsymbol{v}) + f(\boldsymbol{w}) - 2\langle \boldsymbol{v},\boldsymbol{w}\rangle,$$

de donde se sigue el resultado. Obsérvese que la igualdad

$$\langle \boldsymbol{v},\boldsymbol{w}\rangle = \frac{f(\boldsymbol{v}) + f(\boldsymbol{w})}{2}$$

se verifica si y sólo si $f(\boldsymbol{v}-\boldsymbol{w})=0$, o sea, cuando $\boldsymbol{v}=\boldsymbol{w}$.

8.11 Sea $\langle\cdot,\cdot\rangle$ un producto escalar real y f la aplicación definida por (8.7). Probar que

$$[\langle \boldsymbol{v},\boldsymbol{w}\rangle]^2 \leq f(\boldsymbol{v})f(\boldsymbol{w}), \quad \forall\, \boldsymbol{v},\boldsymbol{w}\in\mathbb{E}. \tag{8.9}$$

Este resultado se conoce como *desigualdad de Cauchy-Schwarz.*

Resolución. Dados dos vectores $\boldsymbol{v},\boldsymbol{w}\in\mathbb{E}$, distinguiremos dos casos:

(i) Cuando uno de los dos vectores es el vector nulo, por ejemplo $\boldsymbol{v}=\mathbf{0}_{\mathbb{E}}$, la desigualdad (8.9) se transforma en la igualdad $0=0$, luego se verifica de manera trivial.

(ii) Si $\boldsymbol{v}\neq\mathbf{0}_{\mathbb{E}}$, considérese el vector $\lambda\boldsymbol{v}+\boldsymbol{w}$ con $\lambda\in\mathbb{R}$. Entonces,

$$0\leq f(\lambda\boldsymbol{v}+\boldsymbol{w})=\lambda^2 f(\boldsymbol{v})+2\lambda\langle\boldsymbol{v},\boldsymbol{w}\rangle+f(\boldsymbol{w}).$$

Esto significa que el anterior polinomio de segundo grado en la variable λ es una función no negativa. Por tanto, su discriminante es menor o igual que cero, esto es,

$$[\langle\boldsymbol{v},\boldsymbol{w}\rangle]^2-f(\boldsymbol{v})f(\boldsymbol{w})\leq 0.$$

Así pues, se tiene el resultado (8.9).

✎ Aunque esta demostración es válida sólo cuando el producto escalar es real, la desigualdad (8.9) es también válida para productos escalares hermíticos. Se recomienda comprobar este último resultado como ejercicio.

8.12 Sea $\langle\cdot,\cdot\rangle$ un producto escalar real y f la aplicación definida por (8.7). Probar que

$$\langle\boldsymbol{v},\boldsymbol{w}\rangle=\frac{f(\boldsymbol{v}+\boldsymbol{w})-f(\boldsymbol{v}-\boldsymbol{w})}{4}.$$

Resolución. Basta calcular $f(\boldsymbol{v}+\boldsymbol{w})-f(\boldsymbol{v}-\boldsymbol{w})$ según lo obtenido en (8.8).

8.13 Sea $\langle\cdot,\cdot\rangle$ un producto escalar real y f la aplicación definida por (8.7). Probar que la raíz cuadrada positiva de $f(\boldsymbol{v})$, esto es, $g(\boldsymbol{v})=\sqrt{f(\boldsymbol{v})}$, satisface las siguientes propiedades para todo $\boldsymbol{v}\in\mathbb{E}$:

(i) $g(\boldsymbol{v})=0$ si y sólo si $\boldsymbol{v}=\mathbf{0}_{\mathbb{E}}$.

(ii) $g(\lambda\boldsymbol{v})=|\lambda|\,g(\boldsymbol{v})$.

(iii) $g(\boldsymbol{v}+\boldsymbol{w})\leq g(\boldsymbol{v})+g(\boldsymbol{w})$ (desigualdad triangular o de Minkowski).

Resolución.

(i) $g(\boldsymbol{v})=0$ si y sólo si $f(\boldsymbol{v})=0$. Pero, de acuerdo con la definición de producto escalar, esto equivale a que $\boldsymbol{v}=\mathbf{0}_{\mathbb{E}}$.

(ii) $g(\lambda\boldsymbol{v})=\sqrt{f(\lambda\boldsymbol{v})}=\sqrt{\langle\lambda\boldsymbol{v},\lambda\boldsymbol{v}\rangle}=\sqrt{\lambda^2\langle\boldsymbol{v},\boldsymbol{v}\rangle}=|\lambda|\sqrt{f(\boldsymbol{v})}=|\lambda|\,g(\boldsymbol{v})$.

(iii) $[g(\boldsymbol{v}+\boldsymbol{w})]^2=f(\boldsymbol{v}+\boldsymbol{w})=f(\boldsymbol{v})+f(\boldsymbol{w})+2\langle\boldsymbol{v},\boldsymbol{w}\rangle\leq f(\boldsymbol{v})+f(\boldsymbol{w})+2\sqrt{f(\boldsymbol{v})f(\boldsymbol{w})}$
$=[g(\boldsymbol{v})]^2+2g(\boldsymbol{v})g(\boldsymbol{w})+[g(\boldsymbol{w})]^2=[g(\boldsymbol{v})+g(\boldsymbol{w})]^2,$

donde en el último paso de la primera línea se ha usado (8.9). Tomando raíces cuadradas positivas en ambos miembros de esta desigualdad, se sigue el resultado.

8.14 Sea $\langle \cdot, \cdot \rangle$ un producto escalar real y f la aplicación definida por (8.7). Probar que $f(\boldsymbol{v}) = f(\boldsymbol{w})$ si y sólo si $\langle \boldsymbol{v} + \boldsymbol{w}, \boldsymbol{v} - \boldsymbol{w} \rangle = 0$.

Resolución. El resultado se sigue de la identidad

$$\langle \boldsymbol{v} + \boldsymbol{w}, \boldsymbol{v} - \boldsymbol{w} \rangle = \langle \boldsymbol{v}, \boldsymbol{v} \rangle - \langle \boldsymbol{w}, \boldsymbol{w} \rangle = f(\boldsymbol{v}) - f(\boldsymbol{w}).$$

8.15 En el espacio $\mathbb{P}_2$ se define una aplicación $\phi \ : \ \mathbb{P}_2 \times \mathbb{P}_2 \mapsto \mathbb{R}$ mediante

$$\phi(p, q) = p(0)q(0) + p'(0)q'(0) + p''(0)q''(0).$$

(a) Probar que ϕ es un producto escalar en $\mathbb{P}_2$.

(b) Si $\mathbb{A} = L[t, t^2]$, determinar $\mathbb{A}^\perp$.

(c) Calcular el ángulo formado por los polinomios $p(t) = t^2$ y $q(t) = t$.

Resolución.

(a) Basta probar que se cumplen los tres axiomas de producto escalar.

  (i) $\phi(p, p) = [p(0)]^2 + [p'(0)]^2 + [p''(0)]^2 \geq 0$. Además, $\phi(p, p) = 0$ si y sólo si $p(0) = p'(0) = p''(0) = 0$. Teniendo en cuenta que $p \in \mathbb{P}_2$, se sigue que $p(t) = \mathbf{0}_{\mathbb{P}_2}$.

  (ii) $\phi(p, q) = \phi(q, p)$ se sigue trivialmente como consecuencia de la conmutatividad del producto usual entre números reales.

  (iii) Finalmente, es también inmediato comprobar que $\phi(p + r, q) = \phi(p, q) + \phi(r, q)$ y $\phi(\lambda p, q) = \lambda \phi(p, q)$.

(b) $\mathbb{A}^\perp = \{p \in \mathbb{P}_2 \ : \ \phi(p, t) = 0, \ \phi(p, t^2) = 0\}$. Esto significa que

$$\begin{cases} p'(0) = 0, \\ 2p''(0) = 0. \end{cases}$$

Por tanto, $p(t) = const$. Esto es, $\mathbb{A}^\perp = L[1]$.

(c) $\phi(p, q) = \phi(t^2, t) = 0$, de donde se sigue que los polinomios p y q son ortogonales.

8.16 En el espacio vectorial $\mathbb{P}$ se considera la aplicación $\phi : \mathbb{P} \times \mathbb{P} \mapsto \mathbb{R}$ dada por

$$\phi(p, q) = \int_{-1}^{1} p(t)q(t)\frac{1}{\sqrt{1 - t^2}}dt\,. \tag{8.10}$$

(a) Probar que ϕ es un producto escalar.

(b) Demostrar que $P_n(t) = \cos n\theta$, con $t = \cos\theta$, es un polinomio de grado n en la variable t.

(c) Comprobar que la familia $\{P_n\}$ es ortogonal respecto a (8.10).

Resolución.

(a) La comprobación de que (8.10) cumple todas las condiciones que definen un producto escalar es análoga a la realizada en el problema 8.5 para el producto escalar (8.5).

(b) Utilizaremos el principio de inducción. El enunciado es obviamente cierto para $n = 0, 1$, pues $P_0(t) = 1$, $P_1(t) = \cos\theta = t$. Si suponemos que grado $P_k(t) = k$ para $k \leq n$, veamos que grado $P_{n+1}(t) = n + 1$. Para ello observamos que

$$P_{n+1}(t) + P_{n-1}(t) = \cos(n+1)\theta + \cos(n-1)\theta = 2\cos n\theta \cos\theta\,,$$

es decir,

$$P_{n+1}(t) + P_{n-1}(t) = 2tP_n(t) \implies P_{n+1}(t) = 2tP_n(t) - P_{n-1}(t)\,,$$

de donde se sigue el resultado.

(c) El producto escalar de los polinomios $P_n(t)$ y $P_m(t)$ es

$$\phi(P_n, P_m) = \int_{-1}^{1} P_n(t)P_m(t)\frac{1}{\sqrt{1-t^2}}dt\,.$$

Introduciendo el cambio de variable $t = \cos\theta$ en la integral,

$$\phi(P_n, P_m) = \int_0^\pi \cos n\theta \cos m\theta \, d\theta = \frac{1}{2}\int_0^\pi [\cos(m+n)\theta + \cos(m-n)\theta]\, d\theta\,.$$

Estas integrales trigonométricas son inmediatas, y al evaluarlas obtenemos que

$$\phi(P_n, P_m) = \begin{cases} 0 & \text{si} \quad m \neq n, \\ \dfrac{\pi}{2} & \text{si} \quad m = n \geq 1, \\ \pi & \text{si} \quad m = n = 0. \end{cases}$$

En particular, la primera de estas igualdades establece que la familia $\{P_n\}$ es ortogonal respecto a (8.10).

8.17 En el espacio vectorial $\mathbb{P}_3$ se considera el producto escalar

$$\phi(p, q) = \int_{-1}^{1} p(t)q(t)dt\,.$$

(a) Utilizando el método de ortogonalización de Gram-Schmidt, calcular la base ortonormal asociada a la base canónica $\{1, t, t^2, t^3\}$.

(b) Dado el subespacio $\mathbb{A} = L[1, t, t^2]$, calcular $\mathbb{A}^\perp$.

Resolución.

(a) Empezamos por calcular

$$\phi(1, 1) = \int_{-1}^{1} dt = 2\,.$$

Así pues, el primer vector de la base ortonormal es

$$\boldsymbol{a}_0 = \frac{1}{\sqrt{2}}\,.$$

Por otra parte,

$$\boldsymbol{a}_1' = t - \phi\left(t, \frac{1}{\sqrt{2}}\right)\frac{1}{\sqrt{2}} = t$$

$$\boldsymbol{a}_1 = \frac{t}{[\phi(a_1', a_1')]^{1/2}} = \frac{t}{\sqrt{2/3}} = \sqrt{\frac{3}{2}}t\,,$$

$$\boldsymbol{a}_2' = t^2 - \phi\left(t^2, \frac{1}{\sqrt{2}}\right)\frac{1}{\sqrt{2}} - \phi\left(t^2, \sqrt{\frac{3}{2}}t\right)\sqrt{\frac{3}{2}}t = t^2 - \frac{1}{2}\phi(t^2, 1) = t^2 - \frac{1}{3}$$

$$\boldsymbol{a}_2 = \frac{t^2 - \frac{1}{3}}{[\phi(\boldsymbol{a}_2', \boldsymbol{a}_2')]^{1/2}} = \frac{3}{2}\sqrt{\frac{5}{2}}\left(t^2 - \frac{1}{3}\right),$$

$$\boldsymbol{a}_3' = t^3 - \phi\left(t^3, \frac{1}{\sqrt{2}}\right)\frac{1}{\sqrt{2}} - \phi\left(t^3, \sqrt{\frac{3}{2}}t\right)\sqrt{\frac{3}{2}}t - \phi\left(t^3, \frac{3}{2}\sqrt{\frac{5}{2}}\left(t^2 - \frac{1}{3}\right)\right)\frac{3}{2}\sqrt{\frac{5}{2}}\left(t^2 - \frac{1}{3}\right)$$

$$= t^3 - \frac{3}{2}\phi(t^3, t)t = t^3 - \frac{3}{5}t$$

$$\boldsymbol{a}_3 = \frac{t^3 - \frac{3}{5}t}{[\phi(\boldsymbol{a}_3', \boldsymbol{a}_3')]^{1/2}} = \frac{5}{2}\sqrt{\frac{7}{2}}\left(t^3 - \frac{3}{5}t\right),$$

y la base ortonormal pedida es $\{\boldsymbol{a}_0, \boldsymbol{a}_1, \boldsymbol{a}_2, \boldsymbol{a}_3\}$.

(b) Por la definición de complemento ortogonal,

$$\mathbb{A}^{\perp} = \{p \in \mathbb{P}_3 : \phi(p, 1) = \phi(p, t) = \phi(p, t^2) = 0\}\,.$$

Esto significa que, si $p(t) = a + bt + ct^2 + dt^3$,

$$\left\{\begin{aligned} a\phi(1,1) + b\phi(t,1) + c\phi(t^2,1) + d\phi(t^3,1) &= 0,\\ a\phi(1,t) + b\phi(t,t) + c\phi(t^2,t) + d\phi(t^3,t) &= 0,\\ a\phi(1,t^2) + b\phi(t,t^2) + c\phi(t^2,t^2) + d\phi(t^3,t^2) &= 0,\end{aligned}\right.$$

o, equivalentemente,

$$\left\{\begin{aligned} &2a + \frac{2}{3}c = 0,\\ &\frac{2}{3}b + \frac{2}{5}d = 0,\\ &\frac{2}{3}a + \frac{2}{5}c = 0.\end{aligned}\right.$$

Resolviendo este sistema de ecuaciones lineales, encontramos que

$$a = c = 0\,, \quad d = -\frac{5}{3}b\,.$$

Por tanto, $\mathbb{A}^{\perp}$ es el conjunto de los polinomios de la forma $p(t) = bt - \frac{5}{3}bt^3$, $b \in \mathbb{R}$. Es decir,

$$\mathbb{A}^{\perp} = L\left[t - \frac{5}{3}t^3\right].$$

8.18 En $\mathbb{R}^5$, dotado del producto escalar habitual, se considera el subespacio vectorial $\mathbb{A} = L[\boldsymbol{a}_1, \boldsymbol{a}_2]$ con $\boldsymbol{a}_1 = (-1, 1, 0, 2, 0)$, $\boldsymbol{a}_2 = (0, 2, 1, 0, 1)$.

(a) Determinar $\mathbb{A}^{\perp}$.

(b) Hallar una base ortonormal de $\mathbb{A}^{\perp}$.

Resolución.

(a) Por la definición de complemento ortogonal,

$$\mathbb{A}^{\perp} = \{\boldsymbol{a} \in \mathbb{R}^5 : \langle \boldsymbol{a}, \boldsymbol{a}_1 \rangle = \langle \boldsymbol{a}, \boldsymbol{a}_2 \rangle = 0\}.$$

Por tanto, si $\boldsymbol{a} = (x_1, x_2, x_3, x_4, x_5)$, se sigue que

$$\begin{cases} -x_1 + x_2 + 2x_4 = 0, \\ 2x_2 + x_3 + x_5 = 0. \end{cases}$$

Esto significa que

$$\begin{cases} x_1 = x_2 + 2x_4, \\ x_3 = -2x_2 - x_5, \end{cases} \implies \boldsymbol{a} = (x_2 + 2x_4, x_2, -2x_2 - x_5, x_4, x_5).$$

Por tanto, $\mathbb{A}^{\perp} = L[\boldsymbol{b}_1, \boldsymbol{b}_2, \boldsymbol{b}_3]$ con

$$\boldsymbol{b}_1 = (1, 1, -2, 0, 0), \quad \boldsymbol{b}_2 = (2, 0, 0, 1, 0), \quad \boldsymbol{b}_3 = (0, 0, -1, 0, 1).$$

(b) Aplicando el método de ortogonalización de Gram-Schmidt a la base de $\mathbb{A}^{\perp}$ hallada en el apartado anterior,

$$\begin{aligned}
\boldsymbol{v}_1 &= \frac{1}{\sqrt{6}}\boldsymbol{b}_1 = \frac{1}{\sqrt{6}}(1, 1, -2, 0, 0), \\
\boldsymbol{v}_2' &= \boldsymbol{b}_2 - \frac{1}{6}\langle \boldsymbol{b}_1, \boldsymbol{b}_2 \rangle \boldsymbol{b}_1 = (2, 0, 0, 0, 1, 0) - \frac{1}{3}(1, 1, -2, 0, 0) = \frac{1}{3}(5, -1, 2, 3, 0) \implies \\
\boldsymbol{v}_2 &= \frac{1}{\sqrt{39}}(5, -1, 2, 3, 0), \\
\boldsymbol{v}_3' &= \boldsymbol{b}_3 - \langle \boldsymbol{b}_3, \boldsymbol{v}_1 \rangle \boldsymbol{v}_1 - \langle \boldsymbol{b}_3, \boldsymbol{v}_2 \rangle \boldsymbol{v}_2 = (0, 0, -1, 0, 1) - \frac{1}{3}(1, 1, -2, 0, 0) + \frac{2}{39}(5, -1, 2, 3, 0) \\
&= \frac{1}{13}(-1, -5, -3, 2, 13) \\
\boldsymbol{v}_3 &= \frac{1}{\sqrt{39}}(-1, -5, -3, 2, 13).
\end{aligned}$$

Los vectores $\boldsymbol{v}_1, \boldsymbol{v}_2, \boldsymbol{v}_3$ forman una base ortonormal de $\mathbb{A}^{\perp}$.

8.19 En el espacio vectorial $\mathbb{P}_3$, se considera la aplicación $\phi : \mathbb{P}_3 \times \mathbb{P}_3 \mapsto \mathbb{R}$ dada por

$$\phi(p, q) = \int_{-1}^{1} p(t)q(t)dt + \int_{-1}^{1} p'(t)q'(t)dt.$$

(a) Comprobar que ϕ define un producto escalar en $\mathbb{P}_3$.

(b) Si $\mathbb{A} = L[1, t]$, determinar $\mathbb{A}^{\perp}$.

(c) Encontrar bases ortonormales de los subespacios $\mathbb{A}$ y $\mathbb{A}^{\perp}$.

Resolución.

(a) La comprobación de que (8.10) cumple todas las condiciones que definen un producto escalar es análoga a la realizada en el problema 8.5 para el producto escalar (8.5).

(b) $\mathbb{A}^\perp = \{p \in \mathbb{P}_3 : \phi(p,1) = \phi(p,t) = 0\}$. Si $p(t) = a + bt + ct^2 + dt^3$, la anterior condición se convierte en

$$\begin{cases} 2a + \dfrac{2c}{3} = 0, \\ \\ \dfrac{2b}{3} + \dfrac{2d}{5} + 2b + 2d = 0. \end{cases}$$

Esto significa que

$$\begin{cases} a + \dfrac{c}{3} = 0 \implies c = -3a\,, \\ \\ \dfrac{4b}{3} + \dfrac{6d}{5} = 0 \implies d = -\dfrac{10}{9}b\,. \end{cases}$$

Por tanto, $p \in \mathbb{A}^\perp$ si y sólo si

$$p(t) = a + bt - 3at^2 - \frac{10}{9}bt^3 = a(1-3t^2) + b\left(t - \frac{10}{9}t^3\right).$$

Es decir,

$$\mathbb{A}^\perp = L\left[1 - 3t^2, t - \frac{10}{9}t^3\right].$$

(c) Aplicando el método de ortogonalización de Gram-Schmidt a la base $\{1, t\}$ de $\mathbb{A}$, se tiene

$$\begin{aligned} \boldsymbol{a}_0 &= \frac{1}{[\phi(1,1)]^{1/2}} = \frac{1}{\sqrt{2}}, \\ \boldsymbol{a}_1' &= t - \phi\left(t, \frac{1}{\sqrt{2}}\right)\frac{1}{\sqrt{2}} = t - \frac{1}{2}\phi(t,1) = t \\ \boldsymbol{a}_1 &= \frac{t}{[\phi(t,t)]^{1/2}} = \frac{1}{2}\sqrt{\frac{3}{2}}t\,. \end{aligned}$$

Así pues, $\{\boldsymbol{a}_0, \boldsymbol{a}_1\}$ es una base ortonormal de $\mathbb{A}$.

Aplicando el método de ortogonalización de Gram-Schmidt a la base $\left\{1 - 3t^2, t - \frac{10}{9}t^3\right\}$ de $\mathbb{A}^\perp$, se tiene

$$\begin{aligned} \boldsymbol{a}_2 &= \frac{1 - 3t^2}{[\phi(1-3t^2, 1-3t^2)]^{1/2}} = \frac{1}{8}\sqrt{\frac{5}{2}}(1 - 3t^2)\,, \\ \boldsymbol{a}_3' &= t - \frac{10}{9}t^3 - \phi\left(t - \frac{10}{9}t^3, \boldsymbol{a}_2\right)\boldsymbol{a}_2 = t - \frac{10}{9}t^3 \\ \boldsymbol{a}_3 &= \frac{t - \frac{10}{9}t^3}{\left[\phi\left(t - \frac{10}{9}t^3, t - \frac{10}{9}t^3\right)\right]^{1/2}} = \frac{9}{2}\sqrt{\frac{7}{302}}\left(t - \frac{10}{9}t^3\right). \end{aligned}$$

Así pues, $\{\boldsymbol{a}_2, \boldsymbol{a}_3\}$ es una base ortonormal de $\mathbb{A}^\perp$.

8.20 Determinar un producto escalar en $\mathbb{P}_n$ de manera que

$$\left\{1, t, \frac{t^2}{2}, \ldots, \frac{t^n}{n!}\right\}$$

sea una base ortonormal.

Resolución. Sea ϕ un producto escalar en $\mathbb{P}_n$ respecto del que la anterior base es ortonormal. Si

$$p(t) = \sum_{k=0}^{n} a_k \frac{t^k}{k!}, \quad q(t) = \sum_{j=0}^{n} b_j \frac{t^j}{j!},$$

entonces

$$\phi(p,q) = a_0b_0 + a_1b_1 + \cdots + a_nb_n = p(0)q(0) + p'(0)q'(0) + \cdots + p^{(n)}(0)q^{(n)}(0),$$

sin más que considerar la fórmula de Taylor.

8.21 Calcular la factorización QR de la matriz

$$\mathcal{A} = \begin{pmatrix} 1 & 2 \\ 0 & 1 \\ 1 & 4 \end{pmatrix}.$$

Resolución. Sean

$$\boldsymbol{a}_1 = (1,0,1), \quad \boldsymbol{a}_2 = (2,1,4).$$

Entonces, aplicando a estos vectores el método de ortogonalización de Gram-Schmidt,

$$\begin{aligned} \boldsymbol{b}_1 &= \frac{\boldsymbol{a}_1}{\sqrt{2}} = \frac{1}{\sqrt{2}}(1,0,1), \\ \boldsymbol{b}_2' &= \boldsymbol{a}_2 - 3\boldsymbol{a}_1 = (2,1,4) - 3(1,0,1) = (-1,1,1), \\ \boldsymbol{b}_2 &= \frac{1}{\sqrt{3}}(-1,1,1). \end{aligned}$$

Obsérvese que

$$\boldsymbol{a}_1 = \sqrt{2}\,\boldsymbol{b}_1, \quad \boldsymbol{a}_2 = \frac{6}{\sqrt{2}}\,\boldsymbol{b}_1 + \sqrt{3}\,\boldsymbol{b}_2,$$

de donde se sigue que

$$\mathcal{A} = (\boldsymbol{a}_1|\boldsymbol{a}_2) = (\boldsymbol{b}_1|\boldsymbol{b}_2) \begin{pmatrix} \sqrt{2} & \frac{6}{\sqrt{2}} \\ 0 & \sqrt{3} \end{pmatrix}.$$

Por tanto, $\mathcal{A} = \mathcal{QR}$ con

$$\mathcal{Q} = \begin{pmatrix} \frac{1}{\sqrt{2}} & -\frac{1}{\sqrt{3}} \\ 0 & \frac{1}{\sqrt{3}} \\ \frac{1}{\sqrt{2}} & \frac{1}{\sqrt{3}} \end{pmatrix}, \quad \mathcal{R} = \begin{pmatrix} \sqrt{2} & \frac{6}{\sqrt{2}} \\ 0 & \sqrt{3} \end{pmatrix}.$$

8.22 Determinar la factorización QR de la matriz

$$\mathcal{A} = \begin{pmatrix} 1 & -5 & 1 \\ 1 & 1 & 1 \\ -1 & 5 & -2 \\ 3 & -7 & 8 \end{pmatrix}.$$

Resolución. Sean

$$\boldsymbol{a}_1 = (1, 1, -1, 3)\,, \quad \boldsymbol{a}_2 = (-5, 1, 5, -7)\,, \quad \boldsymbol{a}_3 = (1, 1, -2, 8)\,.$$

Entonces, aplicando a estos vectores el método de ortogonalización de Gram-Schmidt,

$$\begin{aligned}
\boldsymbol{b}_1 &= \frac{1}{2\sqrt{3}}\boldsymbol{a}_1 = \frac{1}{2\sqrt{3}}(1, 1, -1, 3)\,,\\
\boldsymbol{b}_2' &= \boldsymbol{a}_2 - \langle \boldsymbol{a}_2, \boldsymbol{b}_1\rangle\, \boldsymbol{b}_1 = \boldsymbol{a}_2 + \frac{15}{\sqrt{3}}\boldsymbol{b}_1 = \frac{1}{2}\,(-5, 7, 5, 1)\,,\\
\boldsymbol{b}_2 &= \frac{\boldsymbol{b}_2'}{5} = \frac{1}{10}\,(-5, 7, 5, 1)\,,\\
\boldsymbol{b}_3' &= \boldsymbol{a}_3 - \langle \boldsymbol{a}_3, \boldsymbol{b}_1\rangle\, \boldsymbol{b}_1 - \langle \boldsymbol{a}_3, \boldsymbol{b}_2\rangle\, \boldsymbol{b}_2\,,\\
\boldsymbol{b}_3 &= \frac{1}{\sqrt{42}}(-4, -4, 1, 3)\,.
\end{aligned}$$

Así pues,

$$\mathcal{Q} = \begin{pmatrix} \frac{1}{2\sqrt{3}} & -\frac{1}{2} & -\frac{4}{\sqrt{42}} \\ \frac{1}{2\sqrt{3}} & \frac{7}{10} & -\frac{4}{\sqrt{42}} \\ -\frac{1}{2\sqrt{3}} & \frac{1}{2} & \frac{1}{\sqrt{42}} \\ \frac{3}{2\sqrt{3}} & \frac{1}{10} & \frac{3}{\sqrt{42}} \end{pmatrix}, \qquad \mathcal{R} = \mathcal{Q}^{\mathrm{T}}\mathcal{A} = \begin{pmatrix} 2\sqrt{3} & -5\sqrt{3} & \frac{28}{\sqrt{3}} \\ 0 & 5 & 0 \\ 0 & 0 & \frac{14}{\sqrt{42}} \end{pmatrix}.$$

8.23 Determinar la factorización QR de la matriz

$$\mathcal{A} = \begin{pmatrix} -1 & 6 & 6 \\ 3 & -8 & 3 \\ 1 & -2 & 6 \\ 1 & -4 & -3 \end{pmatrix}.$$

Resolución. Sean

$$\boldsymbol{a}_1 = (-1, 3, 1, 1)\,, \quad \boldsymbol{a}_2 = (6, -8, -2, -4)\,, \quad \boldsymbol{a}_3 = (6, 3, 6, -3)\,.$$

Entonces, aplicando a estos vectores el método de ortogonalización de Gram-Schmidt,

$$\begin{aligned}
\boldsymbol{b}_1 &= \frac{1}{2\sqrt{3}}\boldsymbol{a}_1 = \frac{1}{2\sqrt{3}}(-1, 3, 1, 1)\,,\\
\boldsymbol{b}_2' &= \boldsymbol{a}_2 - \langle \boldsymbol{a}_2, \boldsymbol{b}_1\rangle\, \boldsymbol{b}_1 = (3, 1, 1, -1)\,,\\
\boldsymbol{b}_2 &= \frac{1}{2\sqrt{3}}(3, 1, 1, -1)\,,\\
\boldsymbol{b}_3' &= \boldsymbol{a}_3 - \langle \boldsymbol{a}_3, \boldsymbol{b}_1\rangle\, \boldsymbol{b}_1 - \langle \boldsymbol{a}_3, \boldsymbol{b}_2\rangle\, \boldsymbol{b}_2 = (-1, -1, 3, -1)\,,\\
\boldsymbol{b}_3 &= \frac{1}{2\sqrt{3}}(-1, -1, 3, -1)\,.
\end{aligned}$$

Así pues,

$$\mathcal{Q} = \frac{1}{2\sqrt{3}}\begin{pmatrix} -1 & 3 & -1 \\ 3 & 1 & -1 \\ 1 & 1 & 3 \\ 1 & -1 & -1 \end{pmatrix}, \qquad \mathcal{R} = \mathcal{Q}^{\mathrm{T}}\mathcal{A} = \sqrt{3}\begin{pmatrix} 2 & -6 & 1 \\ 0 & 2 & 3 \\ 0 & 0 & 2 \end{pmatrix}.$$

8.24 Determinar la factorización QR de la matriz

$$\mathcal{A} = \begin{pmatrix} 1 & 3 & 5 \\ -1 & -3 & 1 \\ 0 & 2 & 3 \\ 1 & 5 & 2 \\ 1 & 5 & 8 \end{pmatrix}.$$

Resolución. Sean

$$\boldsymbol{a}_1 = (1,-1,0,1,1)\,, \quad \boldsymbol{a}_2 = (3,-3,2,5,5)\,, \quad \boldsymbol{a}_3 = (5,1,3,2,8)\,.$$

Entonces, aplicando a estos vectores el método de ortogonalización de Gram-Schmidt,

$$\begin{aligned} \boldsymbol{b}_1 &= \frac{1}{2}\boldsymbol{a}_1 = \frac{1}{2}(1,-1,0,1,1)\,, \\ \boldsymbol{b}_2' &= \boldsymbol{a}_2 - \langle \boldsymbol{a}_2, \boldsymbol{b}_1\rangle\, \boldsymbol{b}_1 = (-1,1,2,1,1)\,, \\ \boldsymbol{b}_2 &= \frac{1}{2\sqrt{2}}(-1,1,2,1,1)\,, \\ \boldsymbol{b}_3' &= \boldsymbol{a}_3 - \langle \boldsymbol{a}_3, \boldsymbol{b}_1\rangle\, \boldsymbol{b}_1 - \langle \boldsymbol{a}_3, \boldsymbol{b}_2\rangle\, \boldsymbol{b}_2 = (3,3,0,-3,3)\,, \\ \boldsymbol{b}_3 &= \frac{1}{2}(1,1,0,-1,1)\,. \end{aligned}$$

Así pues,

$$\mathcal{Q} = \frac{1}{2}\begin{pmatrix} 1 & -\frac{1}{\sqrt{2}} & 1 \\ -1 & \frac{1}{\sqrt{2}} & 1 \\ 0 & \sqrt{2} & 0 \\ 1 & \frac{1}{\sqrt{2}} & -1 \\ 1 & \frac{1}{\sqrt{2}} & 1 \end{pmatrix}, \qquad \mathcal{R} = \mathcal{Q}^{\mathrm{T}}\mathcal{A} = \begin{pmatrix} 2 & 8 & 7 \\ 0 & 2\sqrt{2} & 3\sqrt{2} \\ 0 & 0 & 6 \end{pmatrix}.$$

8.25 En $\mathbb{R}^4$ se considera el subespacio vectorial $\mathbb{A}$ cuyas coordenadas respecto a la base canónica satisfacen el sistema de ecuaciones lineales

$$\begin{cases} x_1 + x_2 + 2x_3 + x_4 = 0, \\ \qquad x_1 - x_2 - 2x_4 = 0. \end{cases}$$

(a) Hallar una base ortonormal de $\mathbb{A}$.

(b) Determinar las ecuaciones de $\mathbb{A}^\perp$.

(c) Hallar una base ortonormal de $\mathbb{A}^\perp$.

(d) Descomponer el vector (1,1,1,1) como suma de un vector de $\mathbb{A}$ y un vector de $\mathbb{A}^\perp$.

(e) Utilizando los resultados anteriores, calcular la factorización QR de la matriz

$$\mathcal{M} = \begin{pmatrix} 1 & 0 & 3 & -2 \\ -3 & -4 & 1 & 0 \\ 0 & 1 & 4 & -2 \\ 2 & 2 & 0 & 1 \end{pmatrix}.$$

(f) Resolver el sistema $\mathcal{M}\boldsymbol{x} = (1,1,1,1)$ utilizando el apartado (e).

Resolución.

(a) Del sistema de ecuaciones lineales deducimos que

$$x_1 = -x_3 + \frac{1}{2}x_4\,, \quad x_2 = -x_3 - \frac{3}{2}x_4\,.$$

Así pues, un vector genérico de $\mathbb{A}$ es

$$\left(-x_3 + \frac{1}{2}x_4, -x_3 - \frac{3}{2}x_4, x_3, x_4\right) = x_3(-1,-1,1,0) + \frac{1}{2}x_4\,(1,-3,0,2)\ .$$

En conclusión,

$$\mathbb{A} = L\left[(-1,-1,1,0),(1,-3,0,2)\right]\ .$$

Denotemos por $\boldsymbol{a}_1$ y $\boldsymbol{a}_2$ a los vectores de la base de $\mathbb{A}$ que acabamos de hallar. Utilizando el método de ortogonalización de Gram-Schmidt,

$$\boldsymbol{b}_1 = \frac{1}{\sqrt{3}}\boldsymbol{a}_1 = \frac{1}{\sqrt{3}}(-1,-1,1,0)\,,$$

$$\boldsymbol{b}_2' = \boldsymbol{a}_2 - \langle \boldsymbol{a}_2, \boldsymbol{b}_1\rangle\,\boldsymbol{b}_1 = (1,-3,0,2) - \frac{2}{3}(-1,-1,1,0) = \frac{1}{3}(5,-7,-2,6)\,,$$

$$\boldsymbol{b}_2 = \frac{1}{\sqrt{114}}(5,-7,-2,6)\,,$$

siendo $\{\boldsymbol{b}_1, \boldsymbol{b}_2\}$ una base ortonormal de $\mathbb{A}$.

(b) Dos vectores de $\mathbb{A}^\perp$ que son linealmente independientes se deducen del sistema de ecuaciones que define $\mathbb{A}$:

$$\boldsymbol{c}_1 = (1,1,2,1)\,, \quad \boldsymbol{c}_2 = (1,-1,0,-2)\,.$$

(c) Aplicando el método de ortogonalización de Gram-Schmidt a los dos vectores del apartado anterior,

$$\boldsymbol{d}_1 = \frac{1}{\sqrt{7}}\boldsymbol{c}_1 = \frac{1}{\sqrt{7}}(1,1,2,1)\,,$$

$$\boldsymbol{d}_2' = \boldsymbol{c}_2 - \langle \boldsymbol{c}_2, \boldsymbol{d}_1\rangle\,\boldsymbol{d}_1 = (1,-1,0,-2) + \frac{2}{7}(1,1,2,1) = \frac{1}{7}(9,-5,4,-12)\,,$$

$$\boldsymbol{d}_2 = \frac{1}{\sqrt{266}}(9,-5,4,-12)\,,$$

siendo $\{\boldsymbol{d}_1, \boldsymbol{d}_2\}$ una base ortonormal de $\mathbb{A}^\perp$.

(d) Teniendo en cuenta que $\{\boldsymbol{b}_1, \boldsymbol{b}_2, \boldsymbol{d}_1, \boldsymbol{d}_2\}$ es una base ortonormal de $\mathbb{R}^4$, podemos escribir

$$(1,1,1,1) = \lambda_1 \boldsymbol{b}_1 + \lambda_2 \boldsymbol{b}_2 + \mu_1 \boldsymbol{d}_1 + \mu_2 \boldsymbol{d}_2\,.$$

Entonces,

$$\lambda_1 = \langle (1,1,1,1), \boldsymbol{b}_1\rangle = -\frac{1}{\sqrt{3}}\,, \quad \lambda_2 = \langle (1,1,1,1), \boldsymbol{b}_2\rangle = -\frac{2}{\sqrt{114}}\,,$$

$$\mu_1 = \langle (1,1,1,1), \boldsymbol{d}_1\rangle = -\frac{5}{\sqrt{7}}\,, \quad \mu_2 = \langle (1,1,1,1), \boldsymbol{d}_2\rangle = -\frac{4}{\sqrt{266}}\,.$$

Así pues,

$$
\begin{aligned}
(1,1,1,1) &= -\frac{1}{3}(-1,-1,1,0)+\frac{2}{114}(5,-7,-2,6)+\frac{5}{7}(1,1,2,1)-\frac{4}{266}(9,-5,4,-12)\\
&= \frac{1}{19}(8,4,-7,2)+\frac{1}{19}(11,15,26,17)\,,
\end{aligned}
$$

donde el primer vector pertenece a $\mathbb{A}$ y el segundo a $\mathbb{A}^{\perp}$.

(e) Aplicando el método de ortogonalización de Gram-Schmidt a los vectores columna de la matriz $\mathcal{M}$,

$$
\begin{aligned}
\boldsymbol{v}_1 &= \frac{1}{\sqrt{14}}(1,-3,0,2)\,,\\
\boldsymbol{v}_2' &= (0,-4,1,2)-\frac{1}{14}16(1,-3,0,2)=\frac{1}{7}(-8,-4,7,-2)\,,\\
\boldsymbol{v}_2 &= \frac{1}{\sqrt{133}}(-8,-4,7,-2)\,,\\
\boldsymbol{v}_3' &= (3,1,4,0)\,,\\
\boldsymbol{v}_3 &= \frac{1}{\sqrt{26}}(3,1,4,0)\,,
\end{aligned}
$$

sin más que observar que es de norma unidad y pertenece a $\mathbb{A}^{\perp}$,

$$
\begin{aligned}
\boldsymbol{v}_4' &= (-2,0,-2,1)+\frac{7}{13}(3,1,4,0)=\frac{1}{13}(-5,7,2,13)\,,\\
\boldsymbol{v}_4 &= \frac{1}{\sqrt{247}}(-5,7,2,13)\,.
\end{aligned}
$$

Así pues, $\mathcal{M}=\mathcal{Q}\mathcal{R}$ con

$$
\mathcal{Q}=\begin{pmatrix}
\frac{1}{\sqrt{14}} & -\frac{8}{\sqrt{133}} & \frac{3}{\sqrt{26}} & -\frac{5}{\sqrt{247}}\\
-\frac{3}{\sqrt{14}} & -\frac{4}{\sqrt{133}} & \frac{1}{\sqrt{26}} & \frac{7}{\sqrt{247}}\\
0 & \frac{7}{\sqrt{133}} & \frac{4}{\sqrt{26}} & \frac{2}{\sqrt{247}}\\
\frac{2}{\sqrt{14}} & -\frac{2}{\sqrt{133}} & 0 & \frac{13}{\sqrt{247}}
\end{pmatrix},
$$

$$
\mathcal{R}=\mathcal{Q}^{\mathrm{T}}\mathcal{A}=\begin{pmatrix}
\sqrt{14} & \frac{8\sqrt{14}}{7} & 0 & 0\\
0 & \frac{\sqrt{133}}{7} & 0 & 0\\
0 & 0 & \sqrt{26} & -\frac{7\sqrt{26}}{13}\\
0 & 0 & 0 & \frac{\sqrt{247}}{13}
\end{pmatrix}.
$$

(f) Utilizando la factorización QR de $\mathcal{M}$,

$$
\begin{aligned}
\mathcal{M}\boldsymbol{x}=(1,1,1,1) \quad &\Longleftrightarrow \quad \mathcal{Q}\mathcal{R}\boldsymbol{x}=(1,1,1,1)\\
&\Longleftrightarrow \quad \mathcal{R}\boldsymbol{x}=\mathcal{Q}^{\mathrm{T}}(1,1,1,1)=\left(0,\frac{-7}{\sqrt{133}},\frac{8}{\sqrt{26}},\frac{17}{\sqrt{247}}\right).
\end{aligned}
$$

Por tanto, el sistema se reduce a

$$\begin{cases} \sqrt{14}\,x_1 + \dfrac{8\sqrt{14}}{7}\,x_2 = 0\,, \\[2ex] \dfrac{\sqrt{133}}{7}\,x_2 = -\dfrac{7}{\sqrt{133}}\,, \\[2ex] \sqrt{26}\,x_3 - \dfrac{7\sqrt{26}}{13}\,x_4 = \dfrac{8}{\sqrt{26}}\,, \\[2ex] \dfrac{\sqrt{247}}{13}\,x_4 = \dfrac{17}{\sqrt{247}}\,, \end{cases}$$

cuya solución es

$$\boldsymbol{x} = (x_1, x_2, x_3, x_4) = \frac{1}{19}(8, -7, 15, 17)\,.$$

Problemas Propuestos

8.1 Dado un vector $\boldsymbol{v} = (v_1, v_2, v_3, v_4)$ de $\mathbb{R}^4$, considérese la aplicación $\phi : \mathbb{R}^4 \times \mathbb{R}^4 \mapsto \mathbb{R}$ definida mediante

$$\phi(\boldsymbol{x}, \boldsymbol{y}) = \sum_{j=1}^{4} v_j x_j y_j, \qquad \boldsymbol{x}, \boldsymbol{y} \in \mathbb{R}^4.$$

(a) ¿Para qué vector $\boldsymbol{v}$, del conjunto $\{(0,0,0,0), (-1,-1,1,1), (1,2,3,4), (-1,-1,0,0)\}$, la aplicación anterior define un producto escalar en $\mathbb{R}^4$?

(b) ¿Cuál sería la condición general para que un vector $\boldsymbol{v} \in \mathbb{R}^n$ garantice que $\phi(\boldsymbol{x}, \boldsymbol{y}) = \sum_{j=1}^{n} v_j x_j y_j$, con $\boldsymbol{x}, \boldsymbol{y} \in \mathbb{R}^n$, defina un producto escalar?

8.2 Sea $\mathcal{A} \in \mathbb{R}^{(3,3)}$. Considérese la aplicación $\phi : \mathbb{R}^3 \times \mathbb{R}^3 \mapsto \mathbb{R}$ dada por

$$\phi(\boldsymbol{x}, \boldsymbol{y}) = \boldsymbol{y}^{\mathrm{T}} \mathcal{A} \boldsymbol{x}, \quad \boldsymbol{x}, \boldsymbol{y} \in \mathbb{R}^3,$$

donde $\boldsymbol{y}^{\mathrm{T}}$ denota un vector fila.

(a) ¿Para qué matriz $\mathcal{A}$, de las que se indican a continuación, la aplicación anterior define un producto escalar en $\mathbb{R}^3$?

$$\begin{pmatrix} 0 & 1 & 0 \\ 1 & 0 & 0 \\ 0 & 0 & 1 \end{pmatrix}, \quad \begin{pmatrix} 1 & 1/2 & 0 \\ 1/2 & 1 & 0 \\ 0 & 0 & 1 \end{pmatrix}, \quad \begin{pmatrix} 1 & 0 & 0 \\ 0 & -1 & 0 \\ 0 & 0 & 2 \end{pmatrix}, \quad \begin{pmatrix} 1 & 0 & 0 \\ 0 & 1 & 0 \\ 0 & -1 & 0 \end{pmatrix}.$$

(b) Dar una condición suficiente sobre la matriz $\mathcal{A} \in \mathbb{R}^{(n,n)}$ que garantice que $\phi(\boldsymbol{x}, \boldsymbol{y})$, con $\boldsymbol{x}, \boldsymbol{y} \in \mathbb{R}^n$, sea un producto escalar en $\mathbb{R}^n$.

8.3 Demostrar la desigualdad de Cauchy-Schwarz (8.9) para vectores de un espacio vectorial $\mathbb{E}$ complejo.

8.4 Calcular la norma y el ángulo formado por las matrices

$$\mathcal{A} = \begin{pmatrix} 1 & 1 & 1 \\ 0 & 1 & 1 \\ 0 & 0 & 1 \end{pmatrix} \quad \text{y} \quad \mathcal{B} = \begin{pmatrix} 0 & 0 & 1 \\ 0 & 1 & 0 \\ 1 & 0 & 0 \end{pmatrix},$$

respecto al producto escalar definido en el problema resuelto 8.6.

8.5 Probar que, si ϕ es un producto escalar en un espacio vectorial complejo, entonces $\boldsymbol{v}$ y $\boldsymbol{w}$ son ortogonales si y sólo si $\|\boldsymbol{v}+\boldsymbol{w}\|^2 = \|\boldsymbol{v}\|^2 + \|\boldsymbol{w}\|^2$. Este resultado se conoce como *teorema de Pitágoras*.

8.6 ¿Cuál de los siguientes conjuntos forma una base ortogonal de $\mathbb{R}^3$ respecto al producto escalar usual $\langle \boldsymbol{x}, \boldsymbol{y} \rangle = \sum_{i=1}^{3} x_i y_i$ con $\boldsymbol{x} = (x_1, x_2, x_3)$ e $\boldsymbol{y} = (y_1, y_2, y_3)$?

$$\{(1,1,1),(0,1,-1),(2,-1,-1)\}, \ \{(1,1,1),(0,1,-1),(1,2,-1)\}, \ \{(1,1,1),(2,-1,-1),(1,2,2)\}$$
$$\{(1,1,1),(0,-1,-1),(1,2,2)\}.$$

8.7 Probar que todo sistema ortogonal de vectores $\mathbb{A} \subset \mathbb{E}$ es linealmente independiente.

8.8 Utilizando el método de ortogonalización de Gram-Schmidt, respecto al producto escalar definido en el problema 8.6, determinar la base ortonormal de $\mathbb{R}^{(2,2)}$ asociada a la base

$$\{\mathcal{A}_1, \mathcal{A}_2, \mathcal{A}_3, \mathcal{A}_4\},$$

donde

$$\mathcal{A}_1 = \begin{pmatrix} 1 & 0 \\ 0 & 0 \end{pmatrix}, \quad \mathcal{A}_2 = \begin{pmatrix} 0 & 1 \\ 1 & 0 \end{pmatrix}, \quad \mathcal{A}_3 = \begin{pmatrix} 0 & 0 \\ 0 & 1 \end{pmatrix}, \quad \mathcal{A}_4 = \begin{pmatrix} 0 & -1 \\ 1 & 0 \end{pmatrix}.$$

8.9 Considérese el espacio vectorial $\mathbb{R}^{(2,2)}$ dotado con el producto escalar $\langle \mathcal{A}, \mathcal{B} \rangle = \text{traza}\left(\mathcal{A}\mathcal{B}^{\text{T}}\right)$, donde $\mathcal{A}, \mathcal{B} \in \mathbb{R}^{(2,2)}$. Sea $\mathbb{W}$ el subespacio de $\mathbb{R}^{(2,2)}$ definido mediante la siguiente clausura lineal

$$\mathbb{W} = L\left[\begin{pmatrix} 1 & 0 \\ 1 & 1 \end{pmatrix}, \begin{pmatrix} 1 & 1 \\ 0 & 1 \end{pmatrix}, \begin{pmatrix} 0 & -1 \\ 1 & 0 \end{pmatrix}\right].$$

(a) Hallar una base ortonormal de $\mathbb{W}$.

(b) Determinar el complemento ortogonal de $\mathbb{W}$, esto es, $\mathbb{W}^{\perp}$.

8.10 Considérese el espacio vectorial formado por las funciones continuas definidas en $[-\pi, \pi]$ con valores reales.

(a) Comprobar que

$$\langle f, g \rangle = \int_{-\pi}^{\pi} f(x) g(x)\, dx,$$

define un producto escalar en dicho espacio.

(b) Indicar si los vectores del subespacio vectorial $\mathbb{B}$, generado por la clausura lineal del conjunto

$$\{1,\ \cos(x),\ \cos(2x),\ \ldots,\ \cos(mx),\ \text{sen}\,(x),\ \text{sen}\,(2x),\ \ldots,\ \text{sen}\,(mx)\}, \quad m \in \mathbb{N}, \quad m \geq 1,$$

constituyen una base ortogonal de $\mathbb{B}$.

8.11 Probar que $\mathbb{A}^{\perp}$ es un subespacio vectorial de $\mathbb{E}$ para todo $\mathbb{A} \subset \mathbb{E}$ con $\mathbb{A} \neq \emptyset$.

8.12 Estudiar la relación existente entre $\mathbb{A}$ y $(\mathbb{A}^{\perp})^{\perp}$.

8.13 Calcular $(\mathbb{A} \cup \mathbb{B})^{\perp}$ y $(\mathbb{A} \cap \mathbb{B})^{\perp}$ en términos de $\mathbb{A}^{\perp}$ y $\mathbb{B}^{\perp}$.

8.14 Probar que si $\mathcal{M}$ es una matriz unitaria de $\mathbb{C}^{(n,n)}$, entonces $\langle \mathcal{M}\boldsymbol{x}, \mathcal{M}\boldsymbol{y} \rangle = \langle \boldsymbol{x}, \boldsymbol{y} \rangle$ para todo $\boldsymbol{x}, \boldsymbol{y} \in \mathbb{C}^n$.

8.15 Probar que si $\mathcal{M}, \mathcal{N}$ son matrices unitarias de $\mathbb{C}^{(n,n)}$, entonces $\mathcal{M}\mathcal{N}$ es también una matriz unitaria de $\mathbb{C}^{(n,n)}$.

8.16 Sea la matriz

$$\mathcal{A} = \begin{pmatrix} 1 & 0 & 2 \\ 0 & 0 & 1 \\ 1 & -1 & 1 \end{pmatrix}.$$

¿Cuál de las siguientes matrices corresponde a la matriz $\mathcal{Q}$ de la factorización QR de $\mathcal{A}$?

$$\frac{\sqrt{2}}{2}\begin{pmatrix} 1 & 1 & 0 \\ 0 & 1 & \sqrt{2} \\ 1 & -1 & 0 \end{pmatrix}, \quad \begin{pmatrix} 1 & 1 & -1 \\ 0 & 0 & 1 \\ 1 & -1 & -1 \end{pmatrix}, \quad \frac{1}{2}\begin{pmatrix} 1 & 0 & 2 \\ 0 & 0 & 1 \\ 1 & -1 & 1 \end{pmatrix}, \quad \frac{1}{\sqrt{2}}\begin{pmatrix} 1 & 1 & 0 \\ 0 & 0 & \sqrt{2} \\ 1 & -1 & 0 \end{pmatrix}.$$

8.17 Sean las matrices

$$\mathcal{A} = \begin{pmatrix} 1 & -1 & 1 \\ 2 & 1 & 0 \\ 2 & 4 & 1 \end{pmatrix} \quad \text{y} \quad \widetilde{\mathcal{A}} = \begin{pmatrix} 4 & 2 & 1 \\ -2 & 1 & 1 \\ 4 & 6 & 1 \end{pmatrix}.$$

(a) Comprobar que los siguientes factores corresponden a la factorización QR de $\mathcal{A}$ y $\widetilde{\mathcal{A}}$, respectivamente.

$$\mathcal{Q} = \frac{1}{3}\begin{pmatrix} 1 & -2 & 2 \\ 2 & -1 & -2 \\ 2 & 2 & 1 \end{pmatrix}, \quad \mathcal{R} = \begin{pmatrix} 3 & 3 & 1 \\ 0 & 3 & 0 \\ 0 & 0 & 1 \end{pmatrix}$$

y

$$\widetilde{\mathcal{Q}} = \frac{1}{3}\begin{pmatrix} 2 & -1 & 2 \\ -1 & 2 & 2 \\ 2 & 2 & -1 \end{pmatrix}, \quad \widetilde{\mathcal{R}} = \begin{pmatrix} 6 & 5 & 1 \\ 0 & 4 & 1 \\ 0 & 0 & 1 \end{pmatrix}.$$

(b) Escribir los correspondientes sistemas triangulares superiores para $\mathcal{A}\boldsymbol{x} = \boldsymbol{b}$ y $\widetilde{\mathcal{A}}\boldsymbol{y} = \boldsymbol{c}$, con $\boldsymbol{b} = (0, 9, 9)$ y $\boldsymbol{c} = (4, -2, 4)$, respectivamente.

(c) Comprobar, utilizando el apartado anterior, que los vectores $\boldsymbol{x} = (4, 1, -3)$ e $\boldsymbol{y} = (1, 0, 0)$ son soluciones de los sistemas $\mathcal{A}\boldsymbol{x} = \boldsymbol{b}$ y $\widetilde{\mathcal{A}}\boldsymbol{y} = \boldsymbol{c}$.

8.18 Efectuar la factorización QR de las matrices

$$\mathcal{A} = \begin{pmatrix} -1 & 1 & 2 \\ 0 & 0 & 2 \\ -2 & 0 & 2 \\ 1 & 1 & 2 \end{pmatrix}, \quad \mathcal{B} = \begin{pmatrix} 2 & 1 & 1 \\ 1 & -1 & 0 \\ 2 & 4 & 1 \end{pmatrix}, \quad \mathcal{C} = \begin{pmatrix} 1 & 0 & 0 \\ -1 & 1 & 1 \\ -1 & 2 & 2 \\ 1 & -2 & -2 \\ 1 & 0 & -4 \end{pmatrix}.$$

8.19 Sea

$$\mathcal{A} = \begin{pmatrix} 2 & -1 & 1 \\ 4 & 1 & 1 \\ 4 & 4 & 3 \end{pmatrix}.$$

(a) Determinar la factorización QR de $\mathcal{A}$.

(b) Encontrar, utilizando el apartado anterior, la solución del sistema $\mathcal{A}\boldsymbol{x} = \boldsymbol{b}$ con $\boldsymbol{b} = (-3, 3, 3)$.

8.20 En el espacio vectorial $\mathbb{P}$, se considera la aplicación $\phi : \mathbb{P} \times \mathbb{P} \mapsto \mathbb{R}$ dada por

$$\phi(p, q) = \int_{-1}^{1} p(t)q(t)\sqrt{1-t^2}dt\ . \tag{8.11}$$

(a) Probar que ϕ es un producto escalar.

(b) Demostrar que

$$P_n(t) = \frac{\operatorname{sen}(n+1)\theta}{\operatorname{sen}\theta}, \qquad n \geq 0,$$

donde $t = \cos\theta$ es un polinomio de grado n en la variable t.

(c) Comprobar que la familia $\{P_n\}$ es ortogonal respecto a (8.11).

8.21 En el espacio vectorial $\mathbb{P}$ se considera la aplicación $\phi : \mathbb{P} \times \mathbb{P} \mapsto \mathbb{R}$ dada por

$$\phi(p, q) = \int_{-\infty}^{\infty} p(t)q(t)e^{-t^2}dt\ . \tag{8.12}$$

(a) Probar que ϕ es un producto escalar.

(b) Demostrar que $P_n(t) = e^{t^2}\frac{\mathrm{d}^n}{\mathrm{d}x^n}(e^{-t^2})$, donde $\frac{\mathrm{d}^n}{\mathrm{d}x^n}$ denota la enésima derivada, es un polinomio de grado n en la variable t.

(c) Comprobar que la familia $\{P_n\}$ es ortogonal respecto a (8.12).

8.22 En el espacio vectorial $\mathbb{P}$ se considera la aplicación $\phi : \mathbb{P} \times \mathbb{P} \mapsto \mathbb{R}$ dada por

$$\phi(p, q) = \sum_{x=0}^{\infty} p(x)q(x)\frac{a^x}{x!}, \qquad a > 0. \tag{8.13}$$

(a) Probar que ϕ es un producto escalar.

(b) Demostrar que $P_n(x) = \frac{x!}{a^x}\nabla^n\frac{a^{x+n}}{x!}$, donde ∇^n denota la enésima diferencia finita regresiva, es un polinomio de grado n en la variable x. Nótese que $\nabla f(x) = f(x) - f(x-1)$.

(c) Comprobar que la familia $\{P_n\}$ es ortogonal respecto a (8.13).

8.23 Probar que si $\mathbb{A} = \{\boldsymbol{b}_1, \boldsymbol{b}_2, \ldots, \boldsymbol{b}_n\}$ es una familia ortonormal en un espacio vectorial $\mathbb{E}$ de dimensión $m > n$, entonces

$$\sum_{k=1}^{n} |\langle \boldsymbol{v}, \boldsymbol{b}_k\rangle|^2 \leq \|\boldsymbol{v}\|^2\ ,$$

para todo vector $\boldsymbol{v} \in \mathbb{E}$. Este resultado se conoce como *desigualdad de Bessel.*

8.24 Probar que si $\mathbb{A} = \{\boldsymbol{b}_1, \boldsymbol{b}_2, \ldots, \boldsymbol{b}_n\}$ es una base ortonormal en un espacio vectorial $\mathbb{E}$, entonces

$$\langle \boldsymbol{v}, \boldsymbol{w} \rangle = \sum_{k=1}^{n} \langle \boldsymbol{v}, \boldsymbol{b}_k \rangle \langle \boldsymbol{b}_k, \boldsymbol{w} \rangle \ ,$$

cualesquiera que sean los vectores $\boldsymbol{v}, \boldsymbol{w} \in \mathbb{E}$.

8.25 Sea $\mathbb{E}$ un espacio vectorial sobre un cuerpo $\mathbb{K}$ ($\mathbb{R}$ ó $\mathbb{C}$). Una norma (no necesariamente euclídea) es una aplicación $\|\cdot\|$ de $\mathbb{E}$ en $\mathbb{K}$ que satisface las siguientes propiedades

(i) $\|\boldsymbol{v}\| > 0$, $\forall \boldsymbol{v} \in \mathbb{E} \setminus \{\boldsymbol{0}_{\mathbb{E}}\}$.

(ii) $\|\boldsymbol{v} + \boldsymbol{w}\| \leq \|\boldsymbol{v}\| + \|\boldsymbol{w}\|$, $\boldsymbol{v}, \boldsymbol{w} \in \mathbb{E}$.

(iii) $\|\lambda \boldsymbol{v}\| = |\lambda| \, \|\boldsymbol{v}\|$, $\lambda \in \mathbb{K}$, $\boldsymbol{v} \in \mathbb{E}$.

Un espacio vectorial dotado de una norma se denomina espacio vectorial normado o simplemente normado.
Probar que un espacio normado $\mathbb{E}$ es euclídeo si y sólo si se cumple la siguiente igualdad:

$$\|\boldsymbol{x} + \boldsymbol{y}\|^2 + \|\boldsymbol{x} - \boldsymbol{y}\|^2 = 2\left[\|\boldsymbol{x}\|^2 + \|\boldsymbol{y}\|^2\right], \quad \forall \boldsymbol{x}, \boldsymbol{y} \in \mathbb{E}.$$

Capítulo 9

Proyección ortogonal. Mínimos cuadrados

En este capítulo analizaremos la aproximación de vectores de un espacio vectorial mediante vectores de un subespacio vectorial prefijado. En la literatura matemática este problema se conoce como problema de mejor aproximación. Aquí, para el desarrollo de dicho problema utilizaremos la norma euclídea introducida en el capítulo 8. Como aplicación, se presenta la solución del problema clásico de mínimos cuadrados tanto en su versión discreta como continua.

■ DEFINICIÓN 9.1 Dado un subespacio vectorial $\mathbb{A}$ de un espacio vectorial (real o complejo) $\mathbb{E}$ dotado de la norma euclídea y un vector $\boldsymbol{v} \in \mathbb{E} \setminus \mathbb{A}$, llamaremos vector de mejor aproximación a $\boldsymbol{v}$ en el subespacio $\mathbb{A}$, si existe, a un vector $\boldsymbol{v}_0$ del subespacio $\mathbb{A}$ tal que

$$\|\boldsymbol{v} - \boldsymbol{v}_0\| = \inf \{\|\boldsymbol{v} - \boldsymbol{a}\|, \quad \boldsymbol{a} \in \mathbb{A}\}. \tag{9.1}$$

La búsqueda de condiciones necesarias y suficientes para la existencia y unicidad de soluciones es un problema de gran interés que vamos a presentar a continuación bajo la hipótesis de que la dimensión de $\mathbb{A}$ es finita.

■ PROPOSICIÓN 9.1 Si $\dim \mathbb{A} = n$, existe un único vector $\boldsymbol{v}_0 \in \mathbb{A}$ tal que se satisface (9.1). Más aún, fijada una base ortonormal $\{\boldsymbol{a}_1, \boldsymbol{a}_2, \ldots, \boldsymbol{a}_n\}$ de $\mathbb{A}$, el vector $\boldsymbol{v}_0$ se obtiene explícitamente mediante la siguiente combinación lineal de los vectores de dicha base

$$\boldsymbol{v}_0 = \sum_{k=1}^{n} \langle \boldsymbol{v}, \boldsymbol{a}_k \rangle \, \boldsymbol{a}_k. \tag{9.2}$$

■ OBSERVACIÓN 9.1 Los coeficientes $\{\langle \boldsymbol{v}, \boldsymbol{a}_k \rangle\}_{k=1}^{n}$ de la combinación lineal (9.2) son, precisamente, los únicos que garantizan la solución al problema de mejor aproximación (9.1), también conocido como problema de mínimos cuadrados.

✎ Obsérvese que $(\boldsymbol{v} - \boldsymbol{v}_0) \in \mathbb{A}^{\perp}$. Dicho vector se denomina vector de error en la aproximación y se representa mediante $\boldsymbol{e} = \boldsymbol{v} - \boldsymbol{v}_0$.

■ DEFINICIÓN 9.2 La aplicación que a cada vector $\boldsymbol{v} \in \mathbb{E} \setminus \mathbb{A}$ le asocia el vector $\boldsymbol{v}_0 \in \mathbb{A}$ dado en (9.2) se denomina proyección ortogonal de $\boldsymbol{v}$ sobre el subespacio $\mathbb{A}$. Además, dicho subespacio se denomina subespacio de proyección ortogonal.

✎ Denotaremos mediante $\Pi_{\mathbb{A}}(\boldsymbol{v})$ la proyección ortogonal de $\boldsymbol{v} \in \mathbb{E}$ sobre el subespacio $\mathbb{A}$. O sea,

$$\Pi_{\mathbb{A}} \ : \ \mathbb{E} \mapsto \mathbb{A}.$$

Así pues, según esta notación $\boldsymbol{v}_0 = \Pi_{\mathbb{A}}(\boldsymbol{v})$. Por otra parte, si el vector $\boldsymbol{v} \in \mathbb{A}$, su proyección ortogonal en $\mathbb{A}$ es él mismo, esto es, $\Pi_{\mathbb{A}}(\boldsymbol{v}) = \boldsymbol{v}$.

A continuación plantearemos el problema de mejor aproximación o mínimos cuadrados cuando en lugar de tener una base ortonormal de $\mathbb{A}$ se tiene una base cualquiera $\{\boldsymbol{b}_1, \boldsymbol{b}_2, \dots, \boldsymbol{b}_n\}$. Lógicamente, se puede aplicar el proceso de ortogonalización de Gram-Schmidt y obtener una base ortonormal en función de la cual ya hemos determinado la proyección ortogonal de $\boldsymbol{v} \in \mathbb{E} \setminus \mathbb{A}$ sobre el subespacio $\mathbb{A}$, esto es,

$$\Pi_{\mathbb{A}}(\boldsymbol{v}) = \sum_{k=1}^{n} \langle \boldsymbol{v}, \boldsymbol{a}_k \rangle \, \boldsymbol{a}_k.$$

Sin embargo, es importante hacer notar algunas consideraciones que resultan del tratamiento general.

Sea $\{\boldsymbol{b}_1, \boldsymbol{b}_2, \dots, \boldsymbol{b}_n\}$ una base arbitraria de $\mathbb{A}$ y $\boldsymbol{v} \in \mathbb{E} \setminus \mathbb{A}$. Bajo esta suposición necesitamos determinar el vector de proyección ortogonal $\Pi_{\mathbb{A}}(\boldsymbol{v}) \in \mathbb{A}$ con $\Pi_{\mathbb{A}}(\boldsymbol{v}) = x_1 \boldsymbol{b}_1 + x_2 \boldsymbol{b}_2 + \cdots + x_n \boldsymbol{b}_n$, esto es, los coeficientes $x_1, x_2, \dots, x_n$ tales que se verifica

$$\|\boldsymbol{v} - \Pi_{\mathbb{A}}(\boldsymbol{v})\| = \min\left\{\|\boldsymbol{v} - \boldsymbol{a}\|, \quad \boldsymbol{a} \in \mathbb{A}\right\}. \tag{9.3}$$

Para ello hacemos uso del resultado obtenido anteriormente que establece que el vector de error es ortogonal al subespacio de proyección ortogonal. Así,

$$\boldsymbol{v} - \Pi_{\mathbb{A}}(\boldsymbol{v}) \in \mathbb{A}^{\perp} \iff \langle \boldsymbol{v} - \Pi_{\mathbb{A}}(\boldsymbol{v}), \boldsymbol{b}_j \rangle = 0 \iff \sum_{k=1}^{n} x_k \langle \boldsymbol{b}_k, \boldsymbol{b}_j \rangle = \langle \boldsymbol{v}, \boldsymbol{b}_j \rangle, \quad j = 1, 2, \dots, n,$$

o, equivalentemente,

$$\begin{pmatrix} \langle \boldsymbol{b}_1, \boldsymbol{b}_1 \rangle & \langle \boldsymbol{b}_2, \boldsymbol{b}_1 \rangle & \cdots & \langle \boldsymbol{b}_n, \boldsymbol{b}_1 \rangle \\ \langle \boldsymbol{b}_1, \boldsymbol{b}_2 \rangle & \langle \boldsymbol{b}_2, \boldsymbol{b}_2 \rangle & \cdots & \langle \boldsymbol{b}_n, \boldsymbol{b}_2 \rangle \\ \vdots & \vdots & \ddots & \vdots \\ \langle \boldsymbol{b}_1, \boldsymbol{b}_n \rangle & \langle \boldsymbol{b}_2, \boldsymbol{b}_n \rangle & \cdots & \langle \boldsymbol{b}_n, \boldsymbol{b}_n \rangle \end{pmatrix} \begin{pmatrix} x_1 \\ x_2 \\ \vdots \\ x_n \end{pmatrix} = \begin{pmatrix} \langle \boldsymbol{v}, \boldsymbol{b}_1 \rangle \\ \langle \boldsymbol{v}, \boldsymbol{b}_2 \rangle \\ \vdots \\ \langle \boldsymbol{v}, \boldsymbol{b}_n \rangle \end{pmatrix}. \tag{9.4}$$

■ DEFINICIÓN 9.3 El anterior sistema (9.4) de n ecuaciones lineales para la determinación de las n incógnitas $x_1, x_2, \dots, x_n$ se denomina ecuación normal del problema de mínimos cuadrados. La matriz de entradas

$$\mathcal{G} = \begin{pmatrix} \langle \boldsymbol{b}_1, \boldsymbol{b}_1 \rangle & \langle \boldsymbol{b}_2, \boldsymbol{b}_1 \rangle & \cdots & \langle \boldsymbol{b}_n, \boldsymbol{b}_1 \rangle \\ \langle \boldsymbol{b}_1, \boldsymbol{b}_2 \rangle & \langle \boldsymbol{b}_2, \boldsymbol{b}_2 \rangle & \cdots & \langle \boldsymbol{b}_n, \boldsymbol{b}_2 \rangle \\ \vdots & \vdots & \ddots & \vdots \\ \langle \boldsymbol{b}_1, \boldsymbol{b}_n \rangle & \langle \boldsymbol{b}_2, \boldsymbol{b}_n \rangle & \cdots & \langle \boldsymbol{b}_n, \boldsymbol{b}_n \rangle \end{pmatrix} \stackrel{\text{def}}{=} \left(\langle \boldsymbol{b}_k, \boldsymbol{b}_j \rangle\right)_{k,j=1}^{n},$$

se denomina matriz de Gram respecto a la base $\{\boldsymbol{b}_1, \boldsymbol{b}_2, \dots, \boldsymbol{b}_n\}$.

Nótese que para una base ortonormal del subespacio $\mathbb{A}$ su matriz de Gram es la matriz identidad $\mathcal{I}_n$. Por otra parte, si el espacio vectorial $\mathbb{E}$ es de dimensión finita m, podemos asociar a la base $\{\boldsymbol{b}_1, \boldsymbol{b}_2, \dots, \boldsymbol{b}_n\}$ de $\mathbb{A}$ una matriz $\mathcal{M} = (\boldsymbol{b}_1 | \boldsymbol{b}_2 | \cdots | \boldsymbol{b}_n) \in \mathbb{K}^{(m,n)}$ ($\mathbb{K} = \mathbb{R}$ ó $\mathbb{C}$) de manera que $\mathcal{M}$ es de rango completo y $\mathcal{G} = \mathcal{M}^* \mathcal{M}$.

Teniendo en cuenta la terminología matricial el sistema (9.4) se expresa mediante la siguiente ecuación matricial

$$\mathcal{M}^*(\boldsymbol{v} - \mathcal{M}\boldsymbol{x}) = \boldsymbol{0}_m,$$

donde $\boldsymbol{v} = (v_1, v_2, \ldots, v_m)$ es la representación coordenada de $\boldsymbol{v}$ respecto a la base

$$\{\boldsymbol{b}_1, \boldsymbol{b}_2, \ldots, \boldsymbol{b}_n, \boldsymbol{b}_{n+1}, \ldots, \boldsymbol{b}_m\},$$

de $\mathbb{E}$ que resulta de completar la base de $\mathbb{A}$ inicialmente dada. Así pues, deducimos que el problema de mínimos cuadrados se puede reformular como

$$\mathcal{M}^*\mathcal{M}\boldsymbol{x} = \mathcal{M}^*\boldsymbol{v}. \tag{9.5}$$

Puesto que $\mathcal{M}$ es de rango completo, sea $\mathcal{M} = \mathcal{Q}\mathcal{R}$ su factorización QR introducida en el capítulo precedente. Entonces (9.5) se reduce a

$$\mathcal{R}^*\mathcal{Q}^*\mathcal{Q}\mathcal{R}\boldsymbol{x} = \mathcal{R}^*\mathcal{Q}^*\boldsymbol{v},$$

o, equivalentemente,

$$\mathcal{R}^*\mathcal{R}\boldsymbol{x} = \mathcal{R}^*\mathcal{Q}^*\boldsymbol{v}.$$

Dado que $\mathcal{R}$ es triangular superior con elementos diagonales positivos, esto es, no singular, deducimos que

$$\mathcal{R}\boldsymbol{x} = \mathcal{Q}^*\boldsymbol{v} = \mathcal{Q}^{-1}\boldsymbol{v}.$$

Así pues, de la factorización QR de la matriz $\mathcal{M}$ asociada a la base $\{\boldsymbol{b}_1, \boldsymbol{b}_2, \ldots, \boldsymbol{b}_n\}$ del subespacio vectorial $\mathbb{A} \subset \mathbb{E}$ podemos deducir la solución de la ecuación normal a través de un sistema lineal cuya matriz de coeficientes es triangular superior y no singular.

■ OBSERVACIÓN 9.2 El problema de mínimos cuadrados antes descrito se formuló sobre el sistema lineal $\mathcal{M}^*\mathcal{M}\boldsymbol{x} = \mathcal{M}^*\boldsymbol{v}$, o equivalentemente, $\mathcal{M}\boldsymbol{x} = \boldsymbol{v}$ que, en general, es incompatible si el vector $\boldsymbol{v} \notin \mathbb{A}$. El imponer que $\mathcal{M}$ sea de rango completo se traduce en la existencia y unicidad de la solución al problema (9.3), que análogamente se formula como la búsqueda del siguiente mínimo:

$$\min\{\|\boldsymbol{v} - \mathcal{M}\boldsymbol{x}\| \ : \ \boldsymbol{x} \in \mathbb{K}^n\}.$$

✎ Finalmente, basándose en (9.5), la proyección ortogonal de $\boldsymbol{v} \in \mathbb{E} \setminus \mathbb{A}$ sobre el subespacio $\mathbb{A}$ se puede dar a través de la matriz de proyección ortogonal

$$\mathcal{P}_{\mathbb{A}} \overset{\text{def}}{=} \mathcal{M}\,(\mathcal{M}^*\mathcal{M})^{-1}\,\mathcal{M}^*,$$

esto es, $\Pi_{\mathbb{A}}(\boldsymbol{v}) = \mathcal{P}_{\mathbb{A}}\boldsymbol{v}$, donde $\boldsymbol{v}$ denota el vector columna de entradas $v_1, v_2, \ldots, v_n$.

¿Qué ocurre si $\mathcal{M}$ no es una matriz de rango completo, esto es, si los vectores columna de $\mathcal{M}$ no son linealmente independientes? Veremos que aún así es posible dar sentido a la factorización QR de $\mathcal{M}$. O sea, daremos cumplida respuesta a dicha pregunta a través de la factorización QR de $\mathcal{M}$ mediante matrices de Householder.

■ DEFINICIÓN 9.4 Sea $\boldsymbol{v} \in \mathbb{K}^m \setminus \{\boldsymbol{0}_m\}$. Denominaremos matriz de Householder asociada a $\boldsymbol{v}$ a la matriz $\mathcal{H}_{\boldsymbol{v}} \in \mathbb{K}^{(m,m)}$ dada por

$$\mathcal{H}_{\boldsymbol{v}} = \mathcal{I}_m - \frac{2}{\langle \boldsymbol{v}, \boldsymbol{v}\rangle}\boldsymbol{v}\boldsymbol{v}^*.$$

Geométricamente, $\mathcal{H}_{\boldsymbol{v}}$ representa una simetría respecto al subespacio vectorial de dimensión $m-1$ (un hiperplano) ortogonal al vector $\boldsymbol{v}$.

✎ Obsérvese que $\mathcal{H}_{\boldsymbol{v}}$ es una matriz unitaria.

■ PROPOSICIÓN 9.2 Sea $\boldsymbol{x} \in \mathbb{K}^m \setminus \{\mathbf{0}_m\}$. Existe una matriz de Householder $\mathcal{H}_{\boldsymbol{v}}$ tal que

$$\mathcal{H}_{\boldsymbol{v}}\boldsymbol{x} = \|\boldsymbol{x}\|\, \boldsymbol{e}_1,$$

donde $\boldsymbol{e}_1 = (1, 0, \ldots, 0) \in \mathbb{K}^m$.

■ PROPOSICIÓN 9.3 Dada una matriz $\mathcal{M} \in \mathbb{K}^{(m,n)}$, $m \geq n$ y $\operatorname{rang}\mathcal{M} = p \leq n$, existen una matriz unitaria $\mathcal{Q} \in \mathbb{K}^{(m,m)}$ y una matriz $\mathcal{R} \in \mathbb{K}^{(m,n)}$ de rango p con submatriz principal de dimensión n triangular superior y elementos diagonales no negativos, tales que

$$\mathcal{M} = \mathcal{Q}\mathcal{R}. \tag{9.6}$$

La factorización (9.6) se conoce como factorización QR mediante matrices de Householder. La construcción efectiva de la matriz $\mathcal{Q}$ se realiza como máximo en $n-1$ pasos, en cada uno de los cuales se construye una matriz de Householder. Ejemplos ilustrativos de este proceso se muestran como ejercicios resueltos.

Problemas Resueltos

9.1 Se considera la aplicación $\Pi_{\mathbb{A}} : \mathbb{E} \mapsto \mathbb{E}$ que asocia a cada vector su proyección ortogonal en el subespacio vectorial $\mathbb{A} \subset \mathbb{E}$.

(a) Probar que $\Pi_{\mathbb{A}}$ es aplicación lineal.

(b) Calcular el núcleo y la imagen de $\Pi_{\mathbb{A}}$.

(c) Demostrar que $\Pi_{\mathbb{A}}^2 = \Pi_{\mathbb{A}}$.

(d) Probar que $i_{\mathbb{E}} - \Pi_{\mathbb{A}}$ es la proyección ortogonal en el subespacio vectorial $\mathbb{A}^{\perp}$.

Resolución.

(a) Si $\boldsymbol{v}_1 \in \mathbb{E}$, $\Pi_{\mathbb{A}}(\boldsymbol{v}_1)$ es el único vector de $\mathbb{A}$ tal que $\boldsymbol{r}_1 = \boldsymbol{v}_1 - \Pi_{\mathbb{A}}(\boldsymbol{v}_1) \in \mathbb{A}^{\perp}$. Luego, $\boldsymbol{v}_1 = \Pi_{\mathbb{A}}(\boldsymbol{v}_1) + \boldsymbol{r}_1$. Análogamente, si $\boldsymbol{v}_2 \in \mathbb{E}$ se tiene $\boldsymbol{v}_2 = \Pi_{\mathbb{A}}(\boldsymbol{v}_2) + \boldsymbol{r}_2$.

Por tanto,

$$\lambda\boldsymbol{v}_1 + \mu\boldsymbol{v}_2 = \underbrace{\lambda\Pi_{\mathbb{A}}(\boldsymbol{v}_1) + \mu\Pi_{\mathbb{A}}(\boldsymbol{v}_2)}_{\boldsymbol{w}_1} + \lambda\boldsymbol{r}_1 + \mu\boldsymbol{r}_2, \quad \forall\lambda, \mu \in \mathbb{K}, \tag{9.7}$$

de donde $\boldsymbol{w}_1 \in \mathbb{A}$ y $(\lambda\boldsymbol{r}_1 + \mu\boldsymbol{r}_2) \in \mathbb{A}^{\perp}$ dado que $\mathbb{A}$ y $\mathbb{A}^{\perp}$ son subespacios vectoriales de $\mathbb{E}$. Por otra parte, el vector $\boldsymbol{r}_0 = \lambda\boldsymbol{v}_1 + \mu\boldsymbol{v}_2 - \Pi_{\mathbb{A}}(\lambda\boldsymbol{v}_1 + \mu\boldsymbol{v}_2) \in \mathbb{A}^{\perp}$, de donde

$$\lambda\boldsymbol{v}_1 + \mu\boldsymbol{v}_2 = \underbrace{\Pi_{\mathbb{A}}(\lambda\boldsymbol{v}_1 + \mu\boldsymbol{v}_2)}_{\boldsymbol{w}_2} + \boldsymbol{r}_0. \tag{9.8}$$

Así, de (9.7)-(9.8) se sigue

$$0 = \Pi_{\mathbb{A}}(\lambda\boldsymbol{v}_1 + \mu\boldsymbol{v}_2) - \lambda\Pi_{\mathbb{A}}(\boldsymbol{v}_1) - \mu\Pi_{\mathbb{A}}(\boldsymbol{v}_2) + \underbrace{\boldsymbol{r}_0 - \lambda\boldsymbol{r}_1 - \mu\boldsymbol{r}_2}_{\boldsymbol{r}\in\mathbb{A}^{\perp}}.$$

Luego,

$$0 = \Pi_{\mathbb{A}}(\boldsymbol{r}) = \Pi_{\mathbb{A}}(\boldsymbol{w}_2 - \boldsymbol{w}_1) = \boldsymbol{w}_2 - \boldsymbol{w}_1,$$

o, equivalentemente,

$$\Pi_{\mathbb{A}}(\lambda\boldsymbol{v}_1 + \mu\boldsymbol{v}_2) = \lambda\Pi_{\mathbb{A}}(\boldsymbol{v}_1) + \mu\Pi_{\mathbb{A}}(\boldsymbol{v}_2),$$

de donde se sigue que $\Pi_{\mathbb{A}}$ es una aplicación lineal.

(b) $\ker \Pi_{\mathbb{A}} = \{\boldsymbol{v} \in \mathbb{E} : \Pi_{\mathbb{A}}(\boldsymbol{v}) = \mathbf{0}_{\mathbb{E}}\}$. Esto significa que $\boldsymbol{v} = \Pi_{\mathbb{A}}(\boldsymbol{v}) + \boldsymbol{r} = \boldsymbol{r}$, esto es, $\boldsymbol{v} \in \mathbb{A}^{\perp}$. Por tanto, $\ker \Pi_{\mathbb{A}} \subset \mathbb{A}^{\perp}$. Por otra parte, si $\boldsymbol{v} \in \mathbb{A}^{\perp}$, entonces $\Pi_{\mathbb{A}}(\boldsymbol{v}) = \mathbf{0}_{\mathbb{E}}$. Así pues, $\mathbb{A}^{\perp} \subset \ker \Pi_{\mathbb{A}}$. De aquí se sigue que $\mathbb{A}^{\perp} = \ker \Pi_{\mathbb{A}}$. Ahora pasamos a calcular la imagen de $\Pi_{\mathbb{A}}$, esto es, $\operatorname{Im} \Pi_{\mathbb{A}} = \{\boldsymbol{v} \in \mathbb{E} : \exists \boldsymbol{w} \in \mathbb{E} \text{ con } \boldsymbol{v} = \Pi_{\mathbb{A}}(\boldsymbol{w})\}$. Por tanto, $\operatorname{Im} \Pi_{\mathbb{A}} \subset \mathbb{A}$. Por otra parte, $\mathbb{A} \subset \operatorname{Im} \Pi_{\mathbb{A}}$, puesto que si $\boldsymbol{a} \in \mathbb{A}$, $\Pi_{\mathbb{A}}(\boldsymbol{a}) = \boldsymbol{a}$. Así pues, $\mathbb{A} = \operatorname{Im} \Pi_{\mathbb{A}}$.

(c) $\Pi_{\mathbb{A}}^2(\boldsymbol{v}) = \Pi_{\mathbb{A}}(\Pi_{\mathbb{A}}(\boldsymbol{v})) = \Pi_{\mathbb{A}}(\boldsymbol{v})$, $\forall \boldsymbol{v} \in \mathbb{E}$, dado que $\Pi_{\mathbb{A}}(\boldsymbol{v}) \in \mathbb{A}$.

(d) $(i_{\mathbb{E}} - \Pi_{\mathbb{A}})(\boldsymbol{v}) = \boldsymbol{v} - \Pi_{\mathbb{A}}(\boldsymbol{v}) \in \mathbb{A}^{\perp}$. Además, $\boldsymbol{v} - (i_{\mathbb{E}} - \Pi_{\mathbb{A}})\boldsymbol{v} = \Pi_{\mathbb{A}}(\boldsymbol{v}) \in \mathbb{A}$. Por consiguiente, $\boldsymbol{v} - (i_{\mathbb{E}} - \Pi_{\mathbb{A}})\boldsymbol{v} \in (\mathbb{A}^{\perp})^{\perp}$, esto es, $i_{\mathbb{E}} - \Pi_{\mathbb{A}} = \Pi_{\mathbb{A}^{\perp}}$.

9.2 Sea $\mathbb{A}$ un subespacio vectorial de dimensión n en un espacio vectorial $\mathbb{E}$ de dimensión m $(m \geq n)$. Determinar la matriz de la proyección ortogonal $\mathcal{P}_{\mathbb{A}}$ respecto a una base de $\mathbb{E}$.

Resolución. Utilizando la notación de la introducción teórica, sea $\mathcal{M} = (\boldsymbol{a}_1|\boldsymbol{a}_2|\cdots|\boldsymbol{a}_n) \in \mathbb{K}^{(m,n)}$ la matriz cuyos vectores columna son las coordenadas de $\{\boldsymbol{a}_1, \boldsymbol{a}_2, \ldots, \boldsymbol{a}_n\}$ respecto a una base $\{\boldsymbol{b}_1, \boldsymbol{b}_2, \ldots, \boldsymbol{b}_m\}$ de $\mathbb{E}$. De acuerdo con (9.5),

$$\boldsymbol{x} = (\mathcal{M}^*\mathcal{M})^{-1}\,\mathcal{M}^*\boldsymbol{v},$$

y, por tanto, el vector de proyección viene dado por

$$\boldsymbol{v}_0 = \Pi_{\mathbb{A}}(\boldsymbol{v}) = \mathcal{M}\boldsymbol{x} = \mathcal{M}\,(\mathcal{M}^*\mathcal{M})^{-1}\,\mathcal{M}^*\boldsymbol{v},$$

siendo $\boldsymbol{v}$ el vector columna de coordenadas $(v_1, v_2, \ldots, v_m)$ respecto a la base $\{\boldsymbol{b}_1, \boldsymbol{b}_2, \ldots, \boldsymbol{b}_m\}$. Así pues, la matriz de la proyección ortogonal en dicha base $\{\boldsymbol{b}_1, \boldsymbol{b}_2, \ldots, \boldsymbol{b}_m\}$ es

$$\mathcal{P}_{\mathbb{A}} = \mathcal{M}\,(\mathcal{M}^*\mathcal{M})^{-1}\,\mathcal{M}^*.$$

Obsérvese que esta matriz es hermítica en el caso complejo y simétrica en el caso real.

Por otra parte, si $\{\boldsymbol{a}_1, \boldsymbol{a}_2, \ldots, \boldsymbol{a}_n\}$ es una base de $\mathbb{A}$, se puede completar hasta tener una base de $\mathbb{E}$. Una manera natural es mediante una base de $\mathbb{A}^{\perp}$. Así pues, si $\{\boldsymbol{a}_1, \ldots, \boldsymbol{a}_n, \boldsymbol{a}_{n+1}, \ldots, \boldsymbol{a}_m\}$ es una base de $\mathbb{E}$ siendo $\{\boldsymbol{a}_{n+1}, \ldots, \boldsymbol{a}_m\}$ una base de $\mathbb{A}^{\perp}$, se tiene como matriz de la proyección ortogonal

$$\mathcal{P}_{\mathbb{A}} = \left(\begin{array}{c|c} \mathcal{I}_n & \mathcal{O}_{n,m-n} \\ \hline \mathcal{O}_{m-n,n} & \mathcal{O}_{m-n,m-n} \end{array}\right).$$

9.3 En $\mathbb{E} = \mathbb{R}^4$, dotado del producto escalar usual, determinar la matriz de la proyección ortogonal sobre el subespacio $\mathbb{A} = L[\boldsymbol{a}_1, \boldsymbol{a}_2] \subset \mathbb{R}^4$, donde los vectores $\boldsymbol{a}_1 = (1, 1, -1, 0)$ y $\boldsymbol{a}_2 = (0, 0, 2, 1)$ están expresados en términos de la base canónica.

Resolución. De acuerdo con el ejercicio anterior,

$$\mathcal{M} = (\boldsymbol{a}_1|\boldsymbol{a}_2) = \begin{pmatrix} 1 & 0 \\ 1 & 0 \\ -1 & 2 \\ 0 & 1 \end{pmatrix}.$$

Por tanto, si consideramos la base canónica, la matriz de la proyección ortogonal $\mathcal{P}_{\mathbb{A}}$ vendrá dada por

$$\begin{aligned} \mathcal{P}_{\mathbb{A}} &= \mathcal{M}\left(\mathcal{M}^{\mathrm{T}}\mathcal{M}\right)^{-1}\mathcal{M}^{\mathrm{T}} \\ &= \begin{pmatrix} 1 & 0 \\ 1 & 0 \\ -1 & 2 \\ 0 & 1 \end{pmatrix} \begin{pmatrix} \frac{5}{11} & \frac{2}{11} \\ \frac{2}{11} & \frac{3}{11} \end{pmatrix} \begin{pmatrix} 1 & 1 & -1 & 0 \\ 0 & 0 & 2 & 1 \end{pmatrix} = \frac{1}{11} \begin{pmatrix} 5 & 5 & -1 & 2 \\ 5 & 5 & -1 & 2 \\ -1 & -1 & 9 & 4 \\ 2 & 2 & 4 & 3 \end{pmatrix}. \end{aligned}$$

9.4 En el espacio vectorial $\mathbb{R}^{(3,3)}$ se considera el producto escalar definido en el problema resuelto 8.6

(a) Determinar una base ortonormal del subespacio de las matrices simétricas.

(b) Hallar la proyección ortogonal de

$$\mathcal{A} = \begin{pmatrix} 1 & 2 & 3 \\ 2 & 1 & 3 \\ 3 & 1 & 2 \end{pmatrix}$$

en el subespacio de las matrices simétricas.

Resolución.

(a) La expresión general de una matriz simétrica de dimensión 3 es

$$\begin{pmatrix} a & b & c \\ b & d & e \\ c & e & f \end{pmatrix}.$$

Por tanto, un sistema que es base del subespacio de las matrices simétricas es

$$\mathcal{A}_1 = \begin{pmatrix} 1 & 0 & 0 \\ 0 & 0 & 0 \\ 0 & 0 & 0 \end{pmatrix}, \quad \mathcal{A}_2 = \begin{pmatrix} 0 & 1 & 0 \\ 1 & 0 & 0 \\ 0 & 0 & 0 \end{pmatrix}, \quad \mathcal{A}_3 = \begin{pmatrix} 0 & 0 & 0 \\ 0 & 1 & 0 \\ 0 & 0 & 0 \end{pmatrix},$$

$$\mathcal{A}_4 = \begin{pmatrix} 0 & 0 & 1 \\ 0 & 0 & 0 \\ 1 & 0 & 0 \end{pmatrix}, \quad \mathcal{A}_5 = \begin{pmatrix} 0 & 0 & 0 \\ 0 & 0 & 1 \\ 0 & 1 & 0 \end{pmatrix}, \quad \mathcal{A}_6 = \begin{pmatrix} 0 & 0 & 0 \\ 0 & 0 & 0 \\ 0 & 0 & 1 \end{pmatrix}.$$

Aplicando el método de ortogonalización de Gram-Schmidt,

$$\begin{aligned}
\langle \mathcal{A}_1, \mathcal{A}_1 \rangle &= \text{traza}\, \mathcal{A}_1^{\mathrm{T}} \mathcal{A}_1 = 1, \\
\mathcal{B}_1 &= \frac{\mathcal{A}_1}{\|\mathcal{A}_1\|} = \mathcal{A}_1, \\
\mathcal{B}_2' &= \mathcal{A}_2 - \langle \mathcal{A}_2, \mathcal{B}_1 \rangle \mathcal{B}_1 = \mathcal{A}_2, \\
\mathcal{B}_2 &= \frac{\mathcal{B}_2'}{\|\mathcal{B}_2'\|} = \frac{1}{\sqrt{2}} \mathcal{A}_2, \\
\mathcal{B}_3' &= \mathcal{A}_3 - \langle \mathcal{A}_3, \mathcal{B}_1 \rangle \mathcal{B}_1 - \langle \mathcal{A}_3, \mathcal{B}_2 \rangle \mathcal{B}_2 = \mathcal{A}_3, \\
\mathcal{B}_3 &= \frac{\mathcal{B}_3'}{\|\mathcal{B}_3'\|} = \mathcal{A}_3, \\
\mathcal{B}_4' &= \mathcal{A}_4 - \langle \mathcal{A}_4, \mathcal{B}_1 \rangle \mathcal{B}_1 - \langle \mathcal{A}_4, \mathcal{B}_2 \rangle \mathcal{B}_2 - \langle \mathcal{A}_4, \mathcal{B}_3 \rangle \mathcal{B}_3 = \mathcal{A}_4, \\
\mathcal{B}_4 &= \frac{\mathcal{B}_4'}{\|\mathcal{B}_4'\|} = \frac{1}{\sqrt{2}} \mathcal{A}_4, \\
\mathcal{B}_5' &= \mathcal{A}_5 - \langle \mathcal{A}_5, \mathcal{B}_1 \rangle \mathcal{B}_1 - \langle \mathcal{A}_5, \mathcal{B}_2 \rangle \mathcal{B}_2 - \langle \mathcal{A}_5, \mathcal{B}_3 \rangle \mathcal{B}_3 - \langle \mathcal{A}_5, \mathcal{B}_4 \rangle \mathcal{B}_4 = \mathcal{A}_5, \\
\mathcal{B}_5 &= \frac{\mathcal{B}_5'}{\|\mathcal{B}_5'\|} = \frac{1}{\sqrt{2}} \mathcal{A}_5, \\
\mathcal{B}_6' &= \mathcal{A}_6 - \langle \mathcal{A}_6, \mathcal{B}_1 \rangle \mathcal{B}_1 - \langle \mathcal{A}_6, \mathcal{B}_2 \rangle \mathcal{B}_2 - \langle \mathcal{A}_6, \mathcal{B}_3 \rangle \mathcal{B}_3 - \langle \mathcal{A}_6, \mathcal{B}_4 \rangle \mathcal{B}_4 \\
&\quad - \langle \mathcal{A}_6, \mathcal{B}_5 \rangle \mathcal{B}_5 = \mathcal{A}_6, \\
\mathcal{B}_6 &= \frac{\mathcal{B}_6'}{\|\mathcal{B}_6'\|} = \mathcal{A}_6.
\end{aligned}$$

(b) La proyección ortogonal de la matriz $\mathcal{A}$ viene dada por

$$\sum_{i=1}^{6} \langle \mathcal{A}, \mathcal{B}_i \rangle \mathcal{B}_i = 1\mathcal{B}_1 + \frac{4}{\sqrt{2}}\mathcal{B}_2 + 1\mathcal{B}_3 + \frac{6}{\sqrt{2}}\mathcal{B}_4 + \frac{4}{\sqrt{2}}\mathcal{B}_5 + 2\mathcal{B}_6 = \begin{pmatrix} 1 & 2 & 3 \\ 2 & 1 & 2 \\ 3 & 2 & 2 \end{pmatrix}.$$

Obsérvese que esta matriz simétrica es $\dfrac{\mathcal{A} + \mathcal{A}^{\mathrm{T}}}{2}$.

9.5 Consideremos $\mathbb{R}^4$ dotado del producto escalar usual. Sea $\mathbb{A}$ el subespacio cuya ecuación en la base canónica es

$$x_1 - 2x_2 + 2x_3 + x_4 = 0.$$

Calcular la proyección ortogonal sobre $\mathbb{A}$ del vector $(1, 1, 1, 1)$.

Resolución. El subespacio ortogonal a $\mathbb{A}$ está generado por el vector $(1, -2, 2, 1)$. Utilizando un vector de norma unidad en esa dirección, $\boldsymbol{a} = \frac{1}{\sqrt{10}}(1, -2, 2, 1)$, deducimos que la proyección ortogonal del vector $\boldsymbol{v} = (1, 1, 1, 1)$ en $\mathbb{A}^{\perp}$ viene dada por

$$\Pi_{\mathbb{A}^{\perp}}(\boldsymbol{v}) = \langle \boldsymbol{v}, \boldsymbol{a} \rangle\, \boldsymbol{a} = \frac{1}{5}(1, -2, 2, 1).$$

Por consiguiente,

$$\Pi_{\mathbb{A}}(\boldsymbol{v}) = \boldsymbol{v} - \Pi_{\mathbb{A}^{\perp}}(\boldsymbol{v}) = (1, 1, 1, 1) - \frac{1}{5}(1, -2, 2, 1) = \frac{1}{5}(4, 7, 3, 4).$$

9.6 Se considera el espacio vectorial $\mathbb{P}_5$ dotado del producto escalar

$$\langle p(t), q(t) \rangle = \sum_{k=-2}^{3} p(k)q(k).$$

Sean r, s dos polinomios de $\mathbb{P}_5$ tales que

$$r(-2) = 0, \quad r(-1) = 40, \quad r(0) = -27, \quad r(1) = -2, \quad r(2) = 20, \quad r(3) = 0,$$
$$s(t) = 3 - 2t + t^2.$$

(a) Estudiar si $r(t) - s(t) \in \mathbb{P}_2^{\perp}$.

(b) Hallar el polinomio $u(t) \in \mathbb{P}_2$ que minimiza $\displaystyle\sum_{k=-2}^{3} [r(k) - u(k)]^2$.

Resolución.

(a) Bastará ver si $r(t) - s(t)$ es ortogonal a los polinomios que constituyen la base canónica de $\mathbb{P}_2$, $\{1, t, t^2\}$. Se encuentra que

$$\begin{aligned}
\langle r(t) - s(t), 1 \rangle &= \sum_{k=-2}^{3} [r(k) - s(k)] \\
&= (0-6) + (20-3) + (-2-2) + (-27-3) + (40-6) + (0-11) = 0, \\
\langle r(t) - s(t), t \rangle &= \sum_{k=-2}^{3} k\,[r(k) - s(k)] \\
&= 3(0-6) + 2(20-3) + 1(-2-2) + 0(-27-3) - (40-6) - 2(0-11) = 0, \\
\langle r(t) - s(t), t^2 \rangle &= \sum_{k=-2}^{3} k^2\,[r(k) - s(k)] \\
&= 9(0-6) + 4(20-3) + 1(-2-2) + 0(-27-3) + 1(40-6) + 4(0-11) = 0,
\end{aligned}$$

luego efectivamente $r(t) - s(t) \in \mathbb{P}_2^{\perp}$.

(b) El polinomio $u(t) \in \mathbb{P}_2$ que minimiza $\sum_{k=-2}^{3} [r(k) - u(k)]^2$ es la proyección ortogonal sobre $\mathbb{P}_2$ del polinomio $r(t)$. Esto significa que $r(t) - u(t) \in \mathbb{P}_2^{\perp}$. De acuerdo con el apartado anterior,

$$u(t) = s(t) = 3 - 2t + t^2.$$

9.7 Determinar los valores y vectores propios del proyector ortogonal $\Pi_{\mathbb{A}}$ sobre un subespacio vectorial $\mathbb{A} \subset \mathbb{E}$.

Resolución. Dado que λ es un valor propio de $\Pi_{\mathbb{A}}$ si existe $\boldsymbol{v} \neq \boldsymbol{0}_{\mathbb{E}}$ tal que $\Pi_{\mathbb{A}}(\boldsymbol{v}) = \lambda \boldsymbol{v}$, teniendo en cuenta que $\boldsymbol{v} = \Pi_{\mathbb{A}}(\boldsymbol{v}) + \Pi_{\mathbb{A}^{\perp}}(\boldsymbol{v})$, deducimos que

$$(\lambda - 1)\Pi_{\mathbb{A}}(\boldsymbol{v}) + \lambda \Pi_{\mathbb{A}^{\perp}}(\boldsymbol{v}) = \boldsymbol{0}_{\mathbb{E}}.$$

Por tanto,

$$\begin{cases} (\lambda - 1)\Pi_{\mathbb{A}}(\boldsymbol{v}) = \boldsymbol{0}_{\mathbb{E}}, \\ \lambda \Pi_{\mathbb{A}^{\perp}}(\boldsymbol{v}) = \boldsymbol{0}_{\mathbb{E}}, \end{cases}$$

esto es, $\lambda = 0$ ó $\lambda = 1$. Se tiene que

$$\begin{cases} \text{si } \lambda = 0, \text{ entonces } \Pi_{\mathbb{A}}(\boldsymbol{v}) = \boldsymbol{0}_{\mathbb{E}}, \text{ esto es, } \boldsymbol{v} = \Pi_{\mathbb{A}^{\perp}}(\boldsymbol{v}) \in \mathbb{A}^{\perp}. \\ \text{si } \lambda = 1, \text{ entonces } \Pi_{\mathbb{A}^{\perp}}(\boldsymbol{v}) = \boldsymbol{0}_{\mathbb{E}}, \text{ esto es, } \boldsymbol{v} = \Pi_{\mathbb{A}}(\boldsymbol{v}) \in \mathbb{A}. \end{cases}$$

9.8 Dado un vector $\boldsymbol{v} \in \mathbb{R}^m \setminus \{\boldsymbol{0}_{\mathbb{E}}\}$, probar:

(a) La matriz de Householder $\mathcal{H}_{\boldsymbol{v}}$ es una matriz ortogonal.

(b) $\mathcal{H}_{\lambda \boldsymbol{v}} = \mathcal{H}_{\boldsymbol{v}}, \forall \lambda \in \mathbb{R} \setminus \{0\}$.

Resolución.

(a) Puesto que $\mathcal{H}_{\boldsymbol{v}} = \mathcal{I}_m - 2\dfrac{\boldsymbol{v}\boldsymbol{v}^{\mathrm{T}}}{\boldsymbol{v}^{\mathrm{T}}\boldsymbol{v}}$, hemos de probar que $\mathcal{H}_{\boldsymbol{v}}^{\mathrm{T}}\mathcal{H}_{\boldsymbol{v}} = \mathcal{I}_m$. Ahora bien,

$$\mathcal{H}_{\boldsymbol{v}}^{\mathrm{T}}\mathcal{H}_{\boldsymbol{v}} = \left(\mathcal{I}_m - 2\frac{\boldsymbol{v}\boldsymbol{v}^{\mathrm{T}}}{\boldsymbol{v}^{\mathrm{T}}\boldsymbol{v}}\right)\left(\mathcal{I}_m - 2\frac{\boldsymbol{v}\boldsymbol{v}^{\mathrm{T}}}{\boldsymbol{v}^{\mathrm{T}}\boldsymbol{v}}\right) = \mathcal{I}_m - 4\frac{\boldsymbol{v}\boldsymbol{v}^{\mathrm{T}}}{\boldsymbol{v}^{\mathrm{T}}\boldsymbol{v}} + 4\frac{\boldsymbol{v}\left(\boldsymbol{v}^{\mathrm{T}}\boldsymbol{v}\right)\boldsymbol{v}^{\mathrm{T}}}{\left(\boldsymbol{v}^{\mathrm{T}}\boldsymbol{v}\right)^2} = \mathcal{I}_m.$$

(b) $\mathcal{H}_{\lambda \boldsymbol{v}} = \mathcal{I}_m - 2\dfrac{(\lambda \boldsymbol{v})(\lambda \boldsymbol{v})^{\mathrm{T}}}{(\lambda \boldsymbol{v})^{\mathrm{T}}(\lambda \boldsymbol{v})} = \mathcal{I}_m - 2\dfrac{\boldsymbol{v}\boldsymbol{v}^{\mathrm{T}}}{\boldsymbol{v}^{\mathrm{T}}\boldsymbol{v}} = \mathcal{H}_{\boldsymbol{v}}$, con $\lambda \in \mathbb{R} \setminus \{0\}$.

9.9 Calcular los valores y vectores propios de la matriz de Householder asociada a un vector $\boldsymbol{v}$.

Resolución. Dado que λ es un valor propio de $\mathcal{H}_{\boldsymbol{v}}$ si existe un $\boldsymbol{w} \neq \boldsymbol{0}_m$ tal que $\mathcal{H}_{\boldsymbol{v}}\boldsymbol{w} = \lambda \boldsymbol{w}$, de la definición de $\mathcal{H}_{\boldsymbol{v}}$ se sigue que

$$\boldsymbol{w} - \frac{2}{\langle \boldsymbol{v}, \boldsymbol{v} \rangle}\boldsymbol{v}\left(\boldsymbol{v}^{\mathrm{T}}\boldsymbol{w}\right) = \lambda \boldsymbol{w},$$

esto es,

$$(1 - \lambda)\boldsymbol{w} = 2\frac{\langle \boldsymbol{w}, \boldsymbol{v} \rangle}{\langle \boldsymbol{v}, \boldsymbol{v} \rangle}\boldsymbol{v}.$$

Por tanto, caben dos posibilidades:

1. $\lambda = 1$ y entonces $\langle \boldsymbol{w}, \boldsymbol{v} \rangle = \boldsymbol{v}^{\mathrm{T}}\boldsymbol{w} = 0$, lo que implica que $\boldsymbol{w} \in L[\boldsymbol{v}]^{\perp}$.

2. $\lambda \neq 1$ y entonces $\boldsymbol{w} = \mu \boldsymbol{v}$. Sin embargo,

$$(1-\lambda)\mu = 2\mu,$$

de donde $\lambda = -1$, y $\boldsymbol{w} \in L[\boldsymbol{v}]$.

9.10 En el espacio vectorial $\mathbb{P}_3$, dotado con el producto escalar

$$\langle p, q\rangle = \int_{-1}^{1} p(t)q(t)dt,$$

calcular la proyección ortogonal de t^3 en $\mathbb{P}_2$.

Resolución. Si $r(t) = at^2 + bt + c$ es la proyección ortogonal de t^3 en $\mathbb{P}_2$, se deben satisfacer las ecuaciones normales

$$a\left\langle t^2, 1\right\rangle + b\left\langle t, 1\right\rangle + c\left\langle 1, 1\right\rangle = \left\langle t^3, 1\right\rangle,$$

$$a\left\langle t^2, t\right\rangle + b\left\langle t, t\right\rangle + c\left\langle 1, t\right\rangle = \left\langle t^3, t\right\rangle,$$

$$a\left\langle t^2, t^2\right\rangle + b\left\langle t, t^2\right\rangle + c\left\langle 1, t^2\right\rangle = \left\langle t^3, t^2\right\rangle.$$

Por tanto,

$$\begin{cases} \frac{2}{3}a + 2c = 0, \\ \frac{2}{3}b = \frac{2}{5}, \\ \frac{2}{5}a + \frac{2}{3}c = 0, \end{cases}$$

de donde $a = c = 0$ y $b = \frac{3}{5}$. Así pues, $r(t) = \frac{3}{5}t$.

Obsérvese que, de acuerdo con el anterior resultado, el polinomio $t^3 - \frac{3}{5}t$ es ortogonal al subespacio $\mathbb{P}_2$.

9.11 En el espacio vectorial $\mathbb{P}_3$, dotado del producto escalar

$$\langle p, q\rangle = \int_{-1}^{1} p(t)q(t)\frac{dt}{\sqrt{1-t^2}},$$

calcular la proyección ortogonal de t^3 en $\mathbb{P}_2$.

Resolución. Análogamente a como hemos procedido en el ejercicio anterior, tomamos un polinomio genérico de grado 2, por ejemplo $r(t) = at^2 + bt + c$, y consideramos que $r(t)$ es la proyección ortogonal de t^3 sobre $\mathbb{P}_2$. Así pues, las ecuaciones normales

$$a\left\langle t^2, 1\right\rangle + b\left\langle t, 1\right\rangle + c\left\langle 1, 1\right\rangle = \left\langle t^3, 1\right\rangle,$$

$$a\left\langle t^2, t\right\rangle + b\left\langle t, t\right\rangle + c\left\langle 1, t\right\rangle = \left\langle t^3, t\right\rangle,$$

$$a\left\langle t^2, t^2\right\rangle + b\left\langle t, t^2\right\rangle + c\left\langle 1, t^2\right\rangle = \left\langle t^3, t^2\right\rangle,$$

nos conducen al siguiente sistema para la determinación de los coeficientes de $r(t)$,

$$\begin{cases} \frac{\pi}{2}a + \pi c = 0, \\ \frac{\pi}{2}b = \frac{3\pi}{8}, \\ \frac{3\pi}{8}a + \frac{\pi}{2}c = 0. \end{cases}$$

Luego, $a = c = 0$ y $b = \frac{3}{4}$. Por tanto, $r(t) = \frac{3}{4}t$.
Nótese que de este resultado se sigue que el polinomio $t^3 - \frac{3}{4}t$ es ortogonal al subespacio $\mathbb{P}_2$.

9.12 En el espacio vectorial $\mathbb{P}_4$, dotado del producto escalar

$$\langle p, q\rangle = \int_{-\infty}^{\infty} p(t)q(t)e^{-t^2}\,dt,$$

calcular la proyección ortogonal de t^4 en $\mathbb{P}_3$.

Resolución. Sea $r(t) = at^3 + bt^2 + ct + d$ la proyección ortogonal de t^4 en $\mathbb{P}_3$. Según el esquema desarrollado anteriormente, deben verificarse las ecuaciones normales

$$a\left\langle t^3, 1\right\rangle + b\left\langle t^2, 1\right\rangle + c\left\langle t, 1\right\rangle + d\left\langle 1, 1\right\rangle = \left\langle t^4, 1\right\rangle,$$

$$a\left\langle t^3, t\right\rangle + b\left\langle t^2, t\right\rangle + c\left\langle t, t\right\rangle + d\left\langle 1, t\right\rangle = \left\langle t^4, t\right\rangle,$$

$$a\left\langle t^3, t^2\right\rangle + b\left\langle t^2, t^2\right\rangle + c\left\langle t, t^2\right\rangle + d\left\langle 1, t^2\right\rangle = \left\langle t^4, t^2\right\rangle,$$

$$a\left\langle t^3, t^3\right\rangle + b\left\langle t^2, t^3\right\rangle + c\left\langle t, t^3\right\rangle + d\left\langle 1, t^3\right\rangle = \left\langle t^4, t^3\right\rangle.$$

Por tanto, teniendo en cuenta la propiedad de simetría del producto escalar real y las siguientes relaciones,

$$\langle 1, 1\rangle = \sqrt{\pi}, \quad \left\langle t^2, 1\right\rangle = \frac{\sqrt{\pi}}{2}, \quad \left\langle t^4, 1\right\rangle = \frac{3\sqrt{\pi}}{4}, \quad \left\langle t^6, 1\right\rangle = \frac{15\sqrt{\pi}}{8},$$

el sistema para la determinación de los coeficientes de $r(t)$ queda así:

$$\begin{cases} \frac{\sqrt{\pi}}{2}b + \sqrt{\pi}d = \frac{3\sqrt{\pi}}{4}, \\ \frac{3\sqrt{\pi}}{4}a + \frac{\sqrt{\pi}}{2}c = 0, \\ \frac{3\sqrt{\pi}}{4}b + \frac{\sqrt{\pi}}{2}d = \frac{15\sqrt{\pi}}{8}, \\ \frac{15\sqrt{\pi}}{8}a + \frac{3\sqrt{\pi}}{4}c = 0. \end{cases}$$

Luego, $a = c = 0$, $b = 3$ y $d = -\frac{3}{4}$. Así pues, $r(t) = 3t^2 - \frac{3}{4}$.
Obsérvese que, de acuerdo con el anterior resultado, el polinomio $t^4 - 3t^2 + \frac{3}{4}$ es ortogonal al subespacio $\mathbb{P}_3$.

9.13 Obtener la solución del problema de mínimos cuadrados

$$\begin{pmatrix} 1 & 1 & 1 \\ 0 & 0 & -1 \\ -1 & 0 & 0 \\ 1 & 1 & 0 \end{pmatrix} \begin{pmatrix} x_1 \\ x_2 \\ x_3 \end{pmatrix} = \begin{pmatrix} 1 \\ 2 \\ -3 \\ -1 \end{pmatrix}.$$

Resolución. Dado que la matriz de coeficientes es de rango completo, bastará resolver el sistema

$$\begin{pmatrix} 1 & 0 & -1 & 1 \\ 1 & 0 & 0 & 1 \\ 1 & -1 & 0 & 0 \end{pmatrix} \begin{pmatrix} 1 & 1 & 1 \\ 0 & 0 & -1 \\ -1 & 0 & 0 \\ 1 & 1 & 0 \end{pmatrix} \begin{pmatrix} x_1 \\ x_2 \\ x_3 \end{pmatrix} = \begin{pmatrix} 1 & 0 & -1 & 1 \\ 1 & 0 & 0 & 1 \\ 1 & -1 & 0 & 0 \end{pmatrix} \begin{pmatrix} 1 \\ 2 \\ -3 \\ -1 \end{pmatrix},$$

$$\begin{pmatrix} 3 & 2 & 1 \\ 2 & 2 & 1 \\ 1 & 1 & 2 \end{pmatrix} \begin{pmatrix} x_1 \\ x_2 \\ x_3 \end{pmatrix} = \begin{pmatrix} 3 \\ 0 \\ -1 \end{pmatrix}.$$

Por tanto, el vector solución es $(x_1, x_2, x_3) = (3, -\frac{8}{3}, -\frac{2}{3})$ sin más que utilizar el método de Gauss.

9.14 Obtener la solución del problema de mínimos cuadrados

$$\begin{pmatrix} 1 & 1 & 3 \\ -1 & 0 & 5 \\ 0 & 1 & -2 \\ 1 & -1 & 1 \\ 1 & 0 & 1 \end{pmatrix} \begin{pmatrix} x_1 \\ x_2 \\ x_3 \end{pmatrix} = \begin{pmatrix} 1 \\ -1 \\ 3 \\ -2 \\ 0 \end{pmatrix}.$$

Resolución. De manera análoga al ejercicio anterior, dado que la matriz de coeficientes es de rango máximo, bastará resolver el sistema

$$\begin{pmatrix} 1 & -1 & 0 & 1 & 1 \\ 1 & 0 & 1 & -1 & 0 \\ 3 & 5 & -2 & 1 & 1 \end{pmatrix} \begin{pmatrix} 1 & 1 & 3 \\ -1 & 0 & 5 \\ 0 & 1 & -2 \\ 1 & -1 & 1 \\ 1 & 0 & 1 \end{pmatrix} \begin{pmatrix} x_1 \\ x_2 \\ x_3 \end{pmatrix} = \begin{pmatrix} 1 & -1 & 0 & 1 & 1 \\ 1 & 0 & 1 & -1 & 0 \\ 3 & 5 & -2 & 1 & 1 \end{pmatrix} \begin{pmatrix} 1 \\ -1 \\ 3 \\ -2 \\ 0 \end{pmatrix},$$

$$\begin{pmatrix} 4 & 0 & 0 \\ 0 & 3 & 0 \\ 0 & 0 & 40 \end{pmatrix} \begin{pmatrix} x_1 \\ x_2 \\ x_3 \end{pmatrix} = \begin{pmatrix} 0 \\ 6 \\ -10 \end{pmatrix}.$$

Por tanto, el vector solución es $(x_1, x_2, x_3) = (0, 2, -\frac{1}{4})$.

9.15 En $\mathbb{R}^4$ se considera el subespacio vectorial $\mathbb{A}$ cuyas coordenadas respecto a la base canónica satisfacen las ecuaciones

$$\begin{cases} x_1 + x_2 + 2x_3 + x_4 = 0, \\ x_1 - x_2 - x_4 = 0. \end{cases}$$

(a) Hallar una base ortonormal de $\mathbb{A}$.

(b) Calcular $\mathbb{A}^\perp$, así como una base ortonormal de dicho subespacio.

(c) Determinar la matriz del proyector ortogonal $\Pi_{\mathbb{A}}$ respecto a la base de $\mathbb{R}^4$ resultado de considerar las bases de $\mathbb{A}$ y $\mathbb{A}^\perp$ obtenidas en los apartados (a) y (b).

(d) Determinar la matriz de $\Pi_{\mathbb{A}}$ respecto a la base canónica.

Resolución.

(a) Un vector genérico de $\mathbb{A}$ es

$$(x_1, x_2, -x_1, x_1 - x_2) = x_1(1, 0, -1, 1) + x_2(0, 1, 0, -1).$$

Por tanto, una base ortonormal de $\mathbb{A}$ resulta de aplicar el método de ortogonalización de Gram-Schmidt a los vectores $(1,0,-1,1)$, $(0,1,0,-1)$. O sea,

$$\boldsymbol{a}_1 = \frac{1}{\sqrt{3}}(1,0,-1,1),$$

$$\boldsymbol{a}_2' = (0,1,0,-1) + \frac{1}{3}(1,0,-1,1) = \frac{1}{3}(1,3,-1,-2),$$

$$\boldsymbol{a}_2 = \frac{1}{\sqrt{15}}(1,3,-1,-2).$$

(b) $\mathbb{A}^{\perp}$ está generado por los vectores $(1,1,2,1)$ y $(1,-1,0,-1)$. Aplicando el método de ortogonalización de Gram-Schmidt a la familia anterior, se tiene:

$$\boldsymbol{a}_3 = \frac{1}{\sqrt{7}}(1,1,2,1),$$

$$\boldsymbol{a}_4' = (1,-1,0,-1) + \frac{1}{7}(1,1,2,1) = \frac{1}{7}(8,-6,2,-6),$$

$$\boldsymbol{a}_4 = \frac{1}{\sqrt{35}}(4,-3,1,-3).$$

(c) La matriz $\mathcal{P}_{\mathbb{A}}$ del proyector ortogonal $\Pi_{\mathbb{A}}$ respecto a la base $\{\boldsymbol{a}_1, \boldsymbol{a}_2, \boldsymbol{a}_3, \boldsymbol{a}_4\}$ es

$$\mathcal{P}_{\mathbb{A}} = \begin{pmatrix} 1 & 0 & 0 & 0 \\ 0 & 1 & 0 & 0 \\ 0 & 0 & 0 & 0 \\ 0 & 0 & 0 & 0 \end{pmatrix}.$$

(d) La matriz $\widetilde{\mathcal{P}}_{\mathbb{A}}$ del proyector ortogonal $\Pi_{\mathbb{A}}$ respecto a la base canónica se puede obtener bien mediante el cambio de base, bien calculando

$$\Pi_{\mathbb{A}}(\boldsymbol{e}_1) = \frac{1}{3}(1,0,-1,1) + \frac{1}{15}(1,3,-1,-2) = \frac{1}{5}(2,1,-2,1),$$

$$\Pi_{\mathbb{A}}(\boldsymbol{e}_2) = \frac{3}{15}(1,3,-1,-2) = \frac{1}{5}(1,3,-1,-2),$$

$$\Pi_{\mathbb{A}}(\boldsymbol{e}_3) = -\frac{1}{3}(1,0,-1,1) - \frac{1}{15}(1,3,-1,-2) = \frac{1}{5}(-2,-1,2,-1),$$

$$\Pi_{\mathbb{A}}(\boldsymbol{e}_4) = \frac{1}{3}(1,0,-1,1) - \frac{2}{15}(1,3,-1,-2) = \frac{1}{5}(1,-2,-1,3).$$

Luego,

$$\widetilde{\mathcal{P}}_{\mathbb{A}} = \frac{1}{5}\begin{pmatrix} 2 & 1 & -2 & 1 \\ 1 & 3 & -1 & -2 \\ -2 & -1 & 2 & -1 \\ 1 & -2 & -1 & 3 \end{pmatrix}.$$

9.16 Calcular la factorización QR de la matriz

$$\mathcal{A} = \begin{pmatrix} 1 & 1 & 1 \\ 0 & 0 & -1 \\ -1 & 0 & 0 \\ 1 & 1 & 0 \end{pmatrix}.$$

Como aplicación, resolver el problema de mínimos cuadrados $\mathcal{A}\boldsymbol{x} = \boldsymbol{b}$, donde $\boldsymbol{b} = (1, 1, 1, 1)$.

Resolución. Considerando el método de ortogonalización de Gram-Schmidt para los vectores columna de la matriz $\mathcal{A}$,

$$\begin{aligned}
\boldsymbol{v}_1 &= \frac{1}{\sqrt{3}}(1, 0, -1, 1), \\
\boldsymbol{v}_2' &= (1, 0, 0, 1) - \frac{2}{3}(1, 0, -1, 1) = \frac{1}{3}(1, 0, 2, 1), \\
\boldsymbol{v}_2 &= \frac{1}{\sqrt{6}}(1, 0, 2, 1), \\
\boldsymbol{v}_3' &= (1, -1, 0, 0) - \frac{1}{3}(1, 0, -1, 1) = -\frac{1}{6}(1, 0, 2, 1), \\
\boldsymbol{v}_3 &= \frac{1}{\sqrt{6}}(1, -2, 0, -1).
\end{aligned}$$

Por tanto,

$$\mathcal{Q} = \begin{pmatrix} \frac{1}{\sqrt{3}} & \frac{1}{\sqrt{6}} & \frac{1}{\sqrt{6}} \\ 0 & 0 & -\frac{2}{\sqrt{6}} \\ -\frac{1}{\sqrt{3}} & \frac{2}{\sqrt{6}} & 0 \\ \frac{1}{\sqrt{3}} & \frac{1}{\sqrt{6}} & -\frac{1}{\sqrt{6}} \end{pmatrix}.$$

De aquí se sigue que

$$\mathcal{R} = \mathcal{Q}^{\mathrm{T}}\mathcal{A} = \begin{pmatrix} \frac{1}{\sqrt{3}} & 0 & -\frac{1}{\sqrt{3}} & \frac{1}{\sqrt{3}} \\ \frac{1}{\sqrt{6}} & 0 & \frac{2}{\sqrt{6}} & \frac{1}{\sqrt{6}} \\ \frac{1}{\sqrt{6}} & -\frac{2}{\sqrt{6}} & 0 & -\frac{1}{\sqrt{6}} \end{pmatrix} \begin{pmatrix} 1 & 1 & 1 \\ 0 & 0 & -1 \\ -1 & 0 & 0 \\ 1 & 1 & 0 \end{pmatrix} = \begin{pmatrix} \sqrt{3} & \frac{2}{\sqrt{3}} & \frac{1}{\sqrt{3}} \\ 0 & \frac{2}{\sqrt{6}} & \frac{1}{\sqrt{6}} \\ 0 & 0 & \frac{3}{\sqrt{6}} \end{pmatrix}.$$

La solución del problema de mínimos cuadrados $\mathcal{A}\boldsymbol{x} = \boldsymbol{b}$ viene dada por

$$\mathcal{R}\boldsymbol{x} = \mathcal{Q}^{\mathrm{T}}\boldsymbol{b},$$

esto es,

$$\begin{pmatrix} \sqrt{3} & \frac{2}{\sqrt{3}} & \frac{1}{\sqrt{3}} \\ 0 & \frac{2}{\sqrt{6}} & \frac{1}{\sqrt{6}} \\ 0 & 0 & \frac{3}{\sqrt{6}} \end{pmatrix} \begin{pmatrix} x_1 \\ x_2 \\ x_3 \end{pmatrix} = \begin{pmatrix} \frac{1}{\sqrt{3}} & 0 & -\frac{1}{\sqrt{3}} & \frac{1}{\sqrt{3}} \\ \frac{1}{\sqrt{6}} & 0 & \frac{2}{\sqrt{6}} & \frac{1}{\sqrt{6}} \\ \frac{1}{\sqrt{6}} & -\frac{2}{\sqrt{6}} & 0 & -\frac{1}{\sqrt{6}} \end{pmatrix} \begin{pmatrix} 1 \\ 1 \\ 1 \\ 1 \end{pmatrix} = \begin{pmatrix} \frac{1}{\sqrt{3}} \\ \frac{4}{\sqrt{6}} \\ -\frac{2}{\sqrt{6}} \end{pmatrix}.$$

Por tanto,

$$\boldsymbol{x} = \begin{pmatrix} x_1 \\ x_2 \\ x_3 \end{pmatrix} = \frac{1}{3}\begin{pmatrix} -3 \\ 7 \\ -2 \end{pmatrix}.$$

9.17 Calcular la factorización QR de la matriz

$$\mathcal{A} = \begin{pmatrix} 1 & 0 \\ 0 & 1 \\ 1 & 1 \end{pmatrix},$$

y usarla para determinar la solución del problema de mínimos cuadrados $\mathcal{A}\boldsymbol{x} = \boldsymbol{b}$, donde $\boldsymbol{b} = (0, 0, 1)$.

Resolución. Considerando el método de ortogonalización de Gram-Schmidt para los vectores columna de $\mathcal{A}$,

$$\begin{aligned} \boldsymbol{v}_1 &= \frac{1}{\sqrt{2}}(1,0,1), \\ \boldsymbol{v}_2' &= (0,1,1) - \frac{1}{2}(1,0,1) = \frac{1}{2}(-1,2,1), \\ \boldsymbol{v}_2 &= \frac{1}{\sqrt{6}}(-1,2,1). \end{aligned}$$

Así pues,

$$\mathcal{Q} = \begin{pmatrix} \frac{1}{\sqrt{2}} & -\frac{1}{\sqrt{6}} \\ 0 & \frac{2}{\sqrt{6}} \\ \frac{1}{\sqrt{2}} & \frac{1}{\sqrt{6}} \end{pmatrix}.$$

Por tanto,

$$\mathcal{R} = \mathcal{Q}^{\mathrm{T}}\mathcal{A} = \begin{pmatrix} \frac{1}{\sqrt{2}} & 0 & \frac{1}{\sqrt{2}} \\ -\frac{1}{\sqrt{6}} & \frac{2}{\sqrt{6}} & \frac{1}{\sqrt{6}} \end{pmatrix} \begin{pmatrix} 1 & 0 \\ 0 & 1 \\ 1 & 1 \end{pmatrix} = \begin{pmatrix} \sqrt{2} & \frac{1}{\sqrt{2}} \\ 0 & \frac{3}{\sqrt{6}} \end{pmatrix}.$$

La solución del problema de mínimos cuadrados $\mathcal{A}\boldsymbol{x} = \boldsymbol{b}$ viene dada por

$$\mathcal{R}\boldsymbol{x} = \mathcal{Q}^{\mathrm{T}}\boldsymbol{b},$$

esto es,

$$\begin{pmatrix} \sqrt{2} & \frac{1}{\sqrt{2}} \\ 0 & \frac{3}{\sqrt{6}} \end{pmatrix} \begin{pmatrix} x_1 \\ x_2 \end{pmatrix} = \begin{pmatrix} \frac{1}{\sqrt{2}} & 0 & \frac{1}{\sqrt{2}} \\ -\frac{1}{\sqrt{6}} & \frac{2}{\sqrt{6}} & \frac{1}{\sqrt{6}} \end{pmatrix} \begin{pmatrix} 0 \\ 0 \\ 1 \end{pmatrix} = \begin{pmatrix} \frac{1}{\sqrt{2}} \\ \frac{1}{\sqrt{6}} \end{pmatrix}.$$

Así pues,

$$\boldsymbol{x} = \begin{pmatrix} x_1 \\ x_2 \end{pmatrix} = \frac{1}{3}\begin{pmatrix} 1 \\ 1 \end{pmatrix}.$$

9.18 Utilizando la transformación de Householder, determinar la factorización QR de la matriz

$$\mathcal{A} = \begin{pmatrix} 1 & 1 & 1 \\ 1 & 1 & 1 \\ 1 & 1 & 1 \end{pmatrix}.$$

Estudiar la compatibilidad del sistema de ecuaciones asociado al problema de mínimos cuadrados $\mathcal{A}\boldsymbol{x} = \boldsymbol{b}$, donde $\boldsymbol{b} = (-1, 1, 1)$.

Resolución. Sea $\mathcal{H}_{\boldsymbol{v}_1}$ la transformación de Householder que transforma el vector $\boldsymbol{x} = (1, 1, 1)$ en el vector $\sqrt{3}(1, 0, 0)$. Basándonos en la proposición 9.2 tenemos que el vector $\boldsymbol{v}_1 = (1 - \sqrt{3}, 1, 1)$ es tal que $\mathcal{H}_{\boldsymbol{v}_1}(\boldsymbol{x}) = \sqrt{3}(1, 0, 0)$.

Pasemos a construir la matriz $\mathcal{H}_{\boldsymbol{v}_1}$. Para ello necesitamos $\langle \boldsymbol{v}_1, \boldsymbol{v}_1 \rangle = (6 - 2\sqrt{3})$. Luego,

$$\mathcal{H}_{\boldsymbol{v}_1} = \mathcal{I}_3 - 2\frac{\boldsymbol{v}_1 \boldsymbol{v}_1^{\mathrm{T}}}{\langle \boldsymbol{v}_1, \boldsymbol{v}_1 \rangle} = \begin{pmatrix} \frac{1}{\sqrt{3}} & \frac{1}{\sqrt{3}} & \frac{1}{\sqrt{3}} \\ \frac{1}{\sqrt{3}} & 1 + \frac{1}{\sqrt{3}-3} & \frac{1}{\sqrt{3}-3} \\ \frac{1}{\sqrt{3}} & \frac{1}{\sqrt{3}-3} & 1 + \frac{1}{\sqrt{3}-3} \end{pmatrix} = \begin{pmatrix} \frac{\sqrt{3}}{3} & \frac{\sqrt{3}}{3} & \frac{\sqrt{3}}{3} \\ \frac{\sqrt{3}}{3} & \frac{3-\sqrt{3}}{6} & -\frac{3+\sqrt{3}}{6} \\ \frac{\sqrt{3}}{3} & -\frac{3+\sqrt{3}}{6} & \frac{3-\sqrt{3}}{6} \end{pmatrix}.$$

Si denotamos $\mathcal{H}_{\boldsymbol{v}_1}$ mediante $\mathcal{H}_1$ y calculamos el producto

$$\mathcal{H}_1\mathcal{A} = \begin{pmatrix} \sqrt{3} & \sqrt{3} & \sqrt{3} \\ 0 & 0 & 0 \\ 0 & 0 & 0 \end{pmatrix},$$

tenemos el resultado. Aquí, la estructura simple de la matriz $\mathcal{A}$ nos ha permitido determinar la factorización QR en el primer paso. Nótese que $\mathcal{H}_1\mathcal{A}$ es una matriz triangular superior. Por otra parte, como $\mathcal{H}_1$ es una matriz ortogonal y simétrica se sigue

$$\mathcal{A} = \mathcal{Q}\mathcal{R} = \begin{pmatrix} \frac{\sqrt{3}}{3} & \frac{\sqrt{3}}{3} & \frac{\sqrt{3}}{3} \\ \frac{\sqrt{3}}{3} & \frac{3-\sqrt{3}}{6} & -\frac{3+\sqrt{3}}{6} \\ \frac{\sqrt{3}}{3} & -\frac{3+\sqrt{3}}{6} & \frac{3-\sqrt{3}}{6} \end{pmatrix} \begin{pmatrix} \sqrt{3} & \sqrt{3} & \sqrt{3} \\ 0 & 0 & 0 \\ 0 & 0 & 0 \end{pmatrix}.$$

Finalmente, para el estudio de la compatibilidad del sistema lineal utilizamos la factorización QR obtenida, esto es,

$$\mathcal{A}\boldsymbol{x} = \boldsymbol{b} \Longleftrightarrow \mathcal{Q}\mathcal{R}\boldsymbol{x} = \boldsymbol{b} \Longleftrightarrow \mathcal{R}^{\mathrm{T}}\mathcal{R}\boldsymbol{x} = \mathcal{R}^{\mathrm{T}}\mathcal{Q}^{\mathrm{T}}\boldsymbol{b},$$

o, equivalentemente,

$$\begin{pmatrix} 3 & 3 & 3 \\ 3 & 3 & 3 \\ 3 & 3 & 3 \end{pmatrix} \begin{pmatrix} x_1 \\ x_2 \\ x_3 \end{pmatrix} = \begin{pmatrix} 1 \\ 1 \\ 1 \end{pmatrix}.$$

De la expresión anterior se sigue

$$x_1 + x_2 + x_3 = \frac{1}{3}.$$

Luego el sistema es compatible e indeterminado y su conjunto de soluciones lo constituyen los vectores $\boldsymbol{x} \in \mathbb{R}^3$ de la forma

$$\boldsymbol{x} = \left(\frac{1}{3} - x_2 - x_3, x_2, x_3\right) = \frac{1}{3}(1,0,0) - x_2(1,-1,0) - x_3(1,0.-1).$$

9.19 Se pide:

(a) Utilizando la transformación de Householder, determinar la factorización QR de la matriz

$$\mathcal{A} = \begin{pmatrix} 1 & 1 & 1 \\ 1 & 1 & 0 \\ 1 & 1 & 0 \end{pmatrix}.$$

(b) Estudiar la solución del problema de mínimos cuadrados $\mathcal{A}\boldsymbol{x} = \boldsymbol{b}$, donde $\boldsymbol{b} = (0,0,1)$. ¿Es única?

Resolución.

(a) Dado que el primer vector columna de $\mathcal{A}$ coincide con el vector columna del ejercicio anterior, obtenemos la misma matriz $\mathcal{H}_1$ calculada allí. Luego,

$$\mathcal{H}_1\mathcal{A} = \begin{pmatrix} \frac{\sqrt{3}}{3} & \frac{\sqrt{3}}{3} & \frac{\sqrt{3}}{3} \\ \frac{\sqrt{3}}{3} & \frac{3-\sqrt{3}}{6} & -\frac{3+\sqrt{3}}{6} \\ \frac{\sqrt{3}}{3} & -\frac{3+\sqrt{3}}{6} & \frac{3-\sqrt{3}}{6} \end{pmatrix} \begin{pmatrix} 1 & 1 & 1 \\ 1 & 1 & 0 \\ 1 & 1 & 0 \end{pmatrix} = \begin{pmatrix} \sqrt{3} & \sqrt{3} & \frac{\sqrt{3}}{3} \\ 0 & 0 & \frac{\sqrt{3}}{3} \\ 0 & 0 & \frac{\sqrt{3}}{3} \end{pmatrix}.$$

Al igual que en el ejemplo anterior hemos obtenido la matriz triangular superior $\mathcal{R}$ en el primer paso de la factorización QR, esto es, $\mathcal{H}_1\mathcal{A} = \mathcal{R}$. Por tanto,

$$\mathcal{A} = \mathcal{Q}\mathcal{R} = \begin{pmatrix} \frac{\sqrt{3}}{3} & \frac{\sqrt{3}}{3} & \frac{\sqrt{3}}{3} \\ \frac{\sqrt{3}}{3} & \frac{3-\sqrt{3}}{6} & -\frac{3+\sqrt{3}}{6} \\ \frac{\sqrt{3}}{3} & -\frac{3+\sqrt{3}}{6} & \frac{3-\sqrt{3}}{6} \end{pmatrix} \begin{pmatrix} \sqrt{3} & \sqrt{3} & \frac{\sqrt{3}}{3} \\ 0 & 0 & \frac{\sqrt{3}}{3} \\ 0 & 0 & \frac{\sqrt{3}}{3} \end{pmatrix}$$

$$= \begin{pmatrix} 1 & 1 & 1 \\ 1 & 1 & 0 \\ 1 & 1 & 0 \end{pmatrix}.$$

(b) Finalmente, el estudio de la solución al problema de mínimos cuadrados $\mathcal{A}\boldsymbol{x} = \boldsymbol{b}$ conduce, mediante la factorización QR, al sistema

$$\mathcal{R}^{\mathrm{T}}\mathcal{R}\boldsymbol{x} = \mathcal{R}^{\mathrm{T}}\mathcal{Q}^{\mathrm{T}}\boldsymbol{b},$$

o, equivalentemente,

$$\begin{pmatrix} 3 & 3 & 1 \\ 3 & 3 & 1 \\ 1 & 1 & 1 \end{pmatrix} \begin{pmatrix} x_1 \\ x_2 \\ x_3 \end{pmatrix} = \begin{pmatrix} 1 \\ 1 \\ 0 \end{pmatrix}.$$

De la expresión anterior se sigue

$$\begin{cases} 3x_1 + 3x_2 + x_3 = 1, \\ x_1 + x_2 + x_3 = 0. \end{cases}$$

Luego el sistema es compatible e indeterminado y su conjunto de soluciones lo constituyen los vectores $\boldsymbol{x} \in \mathbb{R}^3$ de la forma

$$\boldsymbol{x} = \left(\frac{1}{2} - x_2, x_2, -\frac{1}{2}\right) = \frac{1}{2}(1, 0, -1) - x_2(1, -1, 0).$$

9.20 Utilizando la transformación de Householder, determinar la factorización QR de la matriz

$$\mathcal{A} = \begin{pmatrix} 1 & 2 & 5 \\ 1 & 4 & 7 \\ 1 & 3 & 6 \end{pmatrix}.$$

Resolución. El vector columna $(1, 1, 1)$ coincide con los dos ejercicios anteriores. Por consiguiente,

$$\mathcal{H}_1\mathcal{A} = \left(\begin{array}{c|cc} \sqrt{3} & 3\sqrt{3} & 6\sqrt{3} \\ \hline 0 & \frac{1-\sqrt{3}}{2} & \frac{1-\sqrt{3}}{2} \\ 0 & -\frac{1+\sqrt{3}}{2} & -\frac{1+\sqrt{3}}{2} \end{array}\right).$$

Ahora trabajamos con la matriz

$$\widetilde{\mathcal{A}} = \begin{pmatrix} \frac{1-\sqrt{3}}{2} & \frac{1-\sqrt{3}}{2} \\ -\frac{1+\sqrt{3}}{2} & -\frac{1+\sqrt{3}}{2} \end{pmatrix}.$$

El vector columna $\boldsymbol{x}_2 = \left(\frac{1-\sqrt{3}}{2}, -\frac{1+\sqrt{3}}{2}\right)$ hay que transformarlo en

$$\boldsymbol{v}_2 = \boldsymbol{x}_2 - \|\boldsymbol{x}_2\|\, \boldsymbol{e}_1 = \left(\frac{1-2\sqrt{2}-\sqrt{3}}{2}, -\frac{1+\sqrt{3}}{2}\right), \quad \boldsymbol{e}_1 = (1,0).$$

Además, $\langle \boldsymbol{v}_2, \boldsymbol{v}_2\rangle = 4 - \sqrt{2} + \sqrt{6}$. A continuación se debe calcular la matriz de Householder, o sea,

$$\mathcal{H}_{\boldsymbol{v}_2} = \mathcal{I}_2 - 2\frac{\boldsymbol{v}_2\boldsymbol{v}_2^{\mathrm{T}}}{\langle \boldsymbol{v}_2, \boldsymbol{v}_2\rangle} = \begin{pmatrix} \frac{\sqrt{2}-\sqrt{6}}{4} & \frac{-\sqrt{2+\sqrt{3}}}{2} \\ \frac{-\sqrt{2+\sqrt{3}}}{2} & \frac{\sqrt{6}-\sqrt{2}}{4} \end{pmatrix}.$$

Nótese que

$$\mathcal{H}_{\boldsymbol{v}_2}\widetilde{\mathcal{A}} = \begin{pmatrix} \frac{\sqrt{2}-\sqrt{6}}{4} & \frac{-\sqrt{2+\sqrt{3}}}{2} \\ \frac{-\sqrt{2+\sqrt{3}}}{2} & \frac{\sqrt{6}-\sqrt{2}}{4} \end{pmatrix} \begin{pmatrix} \frac{1-\sqrt{3}}{2} & \frac{1-\sqrt{3}}{2} \\ -\frac{1+\sqrt{3}}{2} & -\frac{1+\sqrt{3}}{2} \end{pmatrix} = \begin{pmatrix} \sqrt{2} & \sqrt{2} \\ 0 & 0 \end{pmatrix}.$$

Por tanto,

$$\mathcal{H}_2 = \left(\begin{array}{c|cc} 1 & 0 & 0 \\ \hline 0 & \frac{\sqrt{2}-\sqrt{6}}{4} & \frac{-\sqrt{2+\sqrt{3}}}{2} \\ 0 & \frac{-\sqrt{2+\sqrt{3}}}{2} & \frac{\sqrt{6}-\sqrt{2}}{4} \end{array}\right).$$

Así pues,

$$\mathcal{R} = \mathcal{H}_2\mathcal{H}_1\mathcal{A} = \begin{pmatrix} \sqrt{3} & 3\sqrt{3} & 6\sqrt{3} \\ 0 & \sqrt{2} & \sqrt{2} \\ 0 & 0 & 0 \end{pmatrix}.$$

Finalmente, dado que $\mathcal{H}_1$ y $\mathcal{H}_2$ son matrices ortogonales y simétricas se tiene

$$\mathcal{Q} = \left(\begin{array}{c|cc} 1 & 0 & 0 \\ \hline 0 & \frac{\sqrt{2}-\sqrt{6}}{4} & \frac{-\sqrt{2+\sqrt{3}}}{2} \\ 0 & \frac{-\sqrt{2+\sqrt{3}}}{2} & \frac{\sqrt{6}-\sqrt{2}}{4} \end{array}\right) \left(\begin{array}{c|cc} \sqrt{3} & 3\sqrt{3} & 6\sqrt{3} \\ \hline 0 & \frac{1-\sqrt{3}}{2} & \frac{1-\sqrt{3}}{2} \\ 0 & -\frac{1+\sqrt{3}}{2} & -\frac{1+\sqrt{3}}{2} \end{array}\right) = \begin{pmatrix} \frac{1}{\sqrt{3}} & -\frac{1}{\sqrt{2}} & -\frac{1}{\sqrt{6}} \\ \frac{1}{\sqrt{3}} & \frac{1}{\sqrt{2}} & -\frac{1}{\sqrt{6}} \\ \frac{1}{\sqrt{3}} & 0 & \sqrt{\frac{2}{3}} \end{pmatrix}.$$

Luego,

$$\mathcal{A} = \mathcal{Q}\mathcal{R} = \begin{pmatrix} \frac{1}{\sqrt{3}} & -\frac{1}{\sqrt{2}} & -\frac{1}{\sqrt{6}} \\ \frac{1}{\sqrt{3}} & \frac{1}{\sqrt{2}} & -\frac{1}{\sqrt{6}} \\ \frac{1}{\sqrt{3}} & 0 & \sqrt{\frac{2}{3}} \end{pmatrix} \begin{pmatrix} \sqrt{3} & 3\sqrt{3} & 6\sqrt{3} \\ 0 & \sqrt{2} & \sqrt{2} \\ 0 & 0 & 0 \end{pmatrix} = \begin{pmatrix} 1 & 2 & 5 \\ 1 & 4 & 7 \\ 1 & 3 & 6 \end{pmatrix}.$$

Tiempo en minutos	30	60	90	120
Posición en kilómetros	22	45	65	87

9.21 Encontrar la recta $y = at+b$ de mejor ajuste mediante mínimos cuadrados para los siguientes datos experimentales relativos a la posición de un ciclista respecto a la línea de partida:

Resolución. El sistema de ecuaciones lineales a resolver es

$$\begin{pmatrix} 22 \\ 45 \\ 65 \\ 87 \end{pmatrix} = a \begin{pmatrix} \frac{1}{2} \\ 1 \\ \frac{3}{2} \\ 2 \end{pmatrix} + b \begin{pmatrix} 1 \\ 1 \\ 1 \\ 1 \end{pmatrix},$$

o, equivalentemente,

$$\begin{pmatrix} 1 & \frac{1}{2} \\ 1 & 1 \\ 1 & \frac{3}{2} \\ 1 & 2 \end{pmatrix} \begin{pmatrix} b \\ a \end{pmatrix} = \begin{pmatrix} 22 \\ 45 \\ 65 \\ 87 \end{pmatrix}.$$

Planteando las ecuaciones normales,

$$\begin{pmatrix} 4 & 5 \\ 5 & \frac{15}{2} \end{pmatrix} \begin{pmatrix} b \\ a \end{pmatrix} = \begin{pmatrix} 219 \\ \frac{655}{2} \end{pmatrix}.$$

Por tanto,

$$\begin{pmatrix} b \\ a \end{pmatrix} = \begin{pmatrix} 1 \\ 43 \end{pmatrix}.$$

Así pues, la recta de regresión viene dada por

$$y = 43t + 1,$$

donde y denota la posición en kilómetros y t el tiempo en horas.

9.22 Una empresa ha obtenido beneficios (en millones de euros) distribuidos por años de la siguiente manera:

Años	2008	2009	2010	2011	2012	2013
Beneficios	1	1.5	0.5	2.5	3.5	5.5

Sean y el beneficio en millones de euros y t el tiempo medido en años con $t = 0$ en 2008.

(a) Hallar el ajuste lineal $y = at + b$ por mínimos cuadrados.

(b) Estudiar la posible predicción de los beneficios para 2014.

Resolución.

(a) El sistema de ecuaciones lineales a resolver es

$$\frac{1}{2}\begin{pmatrix} 2 \\ 3 \\ 1 \\ 5 \\ 7 \\ 11 \end{pmatrix} = a\begin{pmatrix} 0 \\ 1 \\ 2 \\ 3 \\ 4 \\ 5 \end{pmatrix} + b\begin{pmatrix} 1 \\ 1 \\ 1 \\ 1 \\ 1 \\ 1 \end{pmatrix},$$

o, equivalentemente,

$$\begin{pmatrix} 1 & 0 \\ 1 & 1 \\ 1 & 2 \\ 1 & 3 \\ 1 & 4 \\ 1 & 5 \end{pmatrix}\begin{pmatrix} b \\ a \end{pmatrix} = \frac{1}{2}\begin{pmatrix} 2 \\ 3 \\ 1 \\ 5 \\ 7 \\ 11 \end{pmatrix}.$$

Planteando las ecuaciones normales,

$$\begin{pmatrix} 6 & 15 \\ 15 & 55 \end{pmatrix}\begin{pmatrix} b \\ a \end{pmatrix} = \frac{1}{2}\begin{pmatrix} 29 \\ 103 \end{pmatrix}.$$

Por tanto,

$$\begin{pmatrix} b \\ a \end{pmatrix} = \begin{pmatrix} \frac{5}{21} \\ \frac{61}{70} \end{pmatrix}.$$

Así pues, la recta de regresión viene dada por

$$y = \frac{61}{70}t + \frac{5}{21}.$$

(b) El valor de la predicción para $t = 6$ es

$$\tilde{y} = \frac{61}{70}6 + \frac{5}{21} = \frac{183}{35} + \frac{5}{21} = \frac{82}{15} \approx 5.5 \text{ millones de euros.}$$

9.23 La evolución del peso de un niño en sus primeros cuatro años de vida ha sido la siguiente:

Edad (años)	1	2	3	4
Peso (kg)	7	10	15	18

(a) Calcular la parábola $y = at^2+bt+c$ que mejor ajusta estos datos mediante mínimos cuadrados.

(b) Utilizando el apartado anterior, estimar el peso del niño cuando tenga 8 años.

Resolución.

(a) El sistema de ecuaciones lineales a resolver es

$$\begin{pmatrix} 7 \\ 10 \\ 15 \\ 18 \end{pmatrix} = a\begin{pmatrix} 1 \\ 4 \\ 9 \\ 16 \end{pmatrix} + b\begin{pmatrix} 1 \\ 2 \\ 3 \\ 4 \end{pmatrix} + c\begin{pmatrix} 1 \\ 1 \\ 1 \\ 1 \end{pmatrix},$$

o, equivalentemente,

$$\begin{pmatrix} 1 & 1 & 1 \\ 1 & 2 & 4 \\ 1 & 3 & 9 \\ 1 & 4 & 16 \end{pmatrix} \begin{pmatrix} c \\ b \\ a \end{pmatrix} = \begin{pmatrix} 7 \\ 10 \\ 15 \\ 18 \end{pmatrix}.$$

Planteando las ecuaciones normales,

$$\begin{pmatrix} 4 & 10 & 30 \\ 10 & 30 & 100 \\ 30 & 100 & 354 \end{pmatrix} \begin{pmatrix} c \\ b \\ a \end{pmatrix} = \begin{pmatrix} 50 \\ 144 \\ 470 \end{pmatrix}.$$

Por tanto,

$$\begin{pmatrix} c \\ b \\ a \end{pmatrix} = \begin{pmatrix} 3 \\ \frac{19}{5} \\ 0 \end{pmatrix}.$$

Vemos que en este caso la parábola de regresión se reduce a una recta,

$$y = \frac{19}{5}t + 3,$$

donde y denota el peso del niño en kilogramos y t su edad en años.

(b) El valor de la predicción para $t = 8$ es

$$\tilde{y} = \frac{19}{5}8 + 3 = \frac{152}{5} + 3 = \frac{167}{5} = 33.4 \text{ kg}.$$

9.24 Se tienen los siguientes datos relativos al porcentaje del PIB dedicado a la investigación en cierto país:

Año	2000	2002	2005	2007	2009	2011
Porcentaje	0.85	0.91	0.81	0.82	0.88	0.96

Sean y el porcentaje del PIB dedicado a la investigación y t el tiempo medido en años con $t = 0$ en 2000.

(a) Determinar la parábola $y = at^2 + bt + c$ que mejor ajusta estos datos mediante mínimos cuadrados.

(b) Utilizando el apartado anterior, estimar el porcentaje del PIB dedicado a la investigación en el año 2015.

Resolución.

(a) El sistema de ecuaciones lineales a resolver es

$$\frac{1}{100}\begin{pmatrix} 85 \\ 91 \\ 81 \\ 82 \\ 88 \\ 96 \end{pmatrix} = a\begin{pmatrix} 0 \\ 4 \\ 25 \\ 49 \\ 81 \\ 121 \end{pmatrix} + b\begin{pmatrix} 0 \\ 2 \\ 5 \\ 7 \\ 9 \\ 11 \end{pmatrix} + c\begin{pmatrix} 1 \\ 1 \\ 1 \\ 1 \\ 1 \\ 1 \end{pmatrix},$$

o, equivalentemente,

$$\begin{pmatrix} 1 & 0 & 0 \\ 1 & 2 & 4 \\ 1 & 5 & 25 \\ 1 & 7 & 49 \\ 1 & 9 & 81 \\ 1 & 11 & 121 \end{pmatrix} \begin{pmatrix} c \\ b \\ a \end{pmatrix} = \frac{1}{100} \begin{pmatrix} 85 \\ 91 \\ 81 \\ 82 \\ 88 \\ 96 \end{pmatrix}.$$

Planteando las ecuaciones normales,

$$\begin{pmatrix} 6 & 34 & 280 \\ 34 & 280 & 2536 \\ 280 & 2536 & 24244 \end{pmatrix} \begin{pmatrix} c \\ b \\ a \end{pmatrix} = \frac{1}{100} \begin{pmatrix} 523 \\ 3009 \\ 25151 \end{pmatrix}.$$

Este sistema puede resolverse de manera exacta usando un programa de cálculo simbólico, encontrándose así que

$$c = \frac{1659543}{1873000}, \quad b = -\frac{18742}{702375}, \quad a = \frac{32953}{11238000}.$$

En la práctica, sin embargo, resulta más conveniente resolver el sistema numéricamente con la precisión deseada. Trabajando con dos cifras decimales significativas, por ejemplo, la solución aproximada del sistema es

$$\begin{pmatrix} c \\ b \\ a \end{pmatrix} \approx \begin{pmatrix} 0.89 \\ -0.027 \\ 0.0029 \end{pmatrix}$$

y, por tanto, la parábola de regresión es

$$y \approx 0.0029\, t^2 - 0.027\, t + 0.89\,.$$

(b) El valor de la predicción para $t = 15$ es

$$\tilde{y} = \begin{pmatrix} 1 & 15 & 225 \end{pmatrix} \begin{pmatrix} c \\ b \\ a \end{pmatrix} = \frac{4291201}{3746000} \approx 1.15\,,$$

donde la expresión exacta se ha obtenido de nuevo mediante un programa de cálculo simbólico.

9.25 Los datos relativos al personal investigador empleado en actividades de I+D (en tanto por ciento de la población activa de cierto país) son los siguientes:

Año	2001	2003	2005	2007	2009	2011
Porcentaje	4.7	4.8	4.9	5.7	5.9	6.9

Sean y el porcentaje de personal investigador y t el tiempo medido en años con $t = 0$ en 2001.

(a) Determinar la recta $y = \alpha t + \beta$ que mejor ajusta los anteriores datos por mínimos cuadrados.

(b) Determinar la parábola $y = at^2 + bt + c$ que mejor ajusta los mismos datos por mínimos cuadrados.

(c) Comparar los errores que tienen lugar en ambos ajustes.

Resolución.

(a) El sistema de ecuaciones lineales a resolver es

$$\frac{1}{10}\begin{pmatrix} 47 \\ 48 \\ 49 \\ 57 \\ 59 \\ 69 \end{pmatrix} = \alpha \begin{pmatrix} 0 \\ 2 \\ 4 \\ 6 \\ 8 \\ 10 \end{pmatrix} + \beta \begin{pmatrix} 1 \\ 1 \\ 1 \\ 1 \\ 1 \\ 1 \end{pmatrix},$$

o, equivalentemente,

$$\begin{pmatrix} 1 & 0 \\ 1 & 2 \\ 1 & 4 \\ 1 & 6 \\ 1 & 8 \\ 1 & 10 \end{pmatrix} \begin{pmatrix} \beta \\ \alpha \end{pmatrix} = \frac{1}{10}\begin{pmatrix} 47 \\ 48 \\ 49 \\ 57 \\ 59 \\ 69 \end{pmatrix}.$$

Planteando las ecuaciones normales,

$$\begin{pmatrix} 6 & 30 \\ 30 & 220 \end{pmatrix} \begin{pmatrix} \beta \\ \alpha \end{pmatrix} = \frac{1}{10}\begin{pmatrix} 329 \\ 1796 \end{pmatrix}.$$

Resolviendo el sistema se encuentra que

$$\beta = \frac{185}{42} \approx 4.4\,, \quad \alpha = \frac{151}{700} \approx 0.22$$

y, por tanto, la recta de regresión es

$$y = \frac{151}{700}\,t + \frac{185}{42} \approx 0.22\,t + 4.4\,.$$

(b) El sistema de ecuaciones lineales a resolver es ahora

$$\frac{1}{10}\begin{pmatrix} 47 \\ 48 \\ 49 \\ 57 \\ 59 \\ 69 \end{pmatrix} = a \begin{pmatrix} 0 \\ 4 \\ 16 \\ 36 \\ 64 \\ 100 \end{pmatrix} + b \begin{pmatrix} 0 \\ 2 \\ 4 \\ 6 \\ 8 \\ 10 \end{pmatrix} + c \begin{pmatrix} 1 \\ 1 \\ 1 \\ 1 \\ 1 \\ 1 \end{pmatrix},$$

o, equivalentemente,

$$\begin{pmatrix} 1 & 0 & 0 \\ 1 & 2 & 4 \\ 1 & 4 & 16 \\ 1 & 6 & 36 \\ 1 & 8 & 64 \\ 1 & 10 & 100 \end{pmatrix} \begin{pmatrix} c \\ b \\ a \end{pmatrix} = \frac{1}{10}\begin{pmatrix} 47 \\ 48 \\ 49 \\ 57 \\ 59 \\ 69 \end{pmatrix}.$$

Planteando las ecuaciones normales

$$\begin{pmatrix} 6 & 30 & 220 \\ 30 & 220 & 1800 \\ 220 & 1800 & 15664 \end{pmatrix} \begin{pmatrix} c \\ b \\ a \end{pmatrix} = \frac{1}{10}\begin{pmatrix} 329 \\ 1796 \\ 13704 \end{pmatrix}.$$

Resolviendo el sistema se encuentra que

$$c = \frac{263}{56} \approx 4.7\,, \quad b = -\frac{17}{5600} \approx -0.0030\,, \quad a = \frac{7}{320} \approx 0.022$$

y, por tanto, la parábola de regresión es

$$y = \frac{7}{320}\,t^2 - \frac{17}{5600}\,t + \frac{263}{56} \approx 0.022\,t^2 - 0.0030\,t + 4.7\,.$$

(c) El error de la aproximación lineal hallada en (a) viene dado por $\|\boldsymbol{y} - \tilde{\boldsymbol{y}}_a\|$, donde $\boldsymbol{y}$ es el vector de datos

$$\boldsymbol{y} = \frac{1}{10}\begin{pmatrix} 47\\ 48\\ 49\\ 57\\ 59\\ 69 \end{pmatrix},$$

mientras que

$$\tilde{\boldsymbol{y}}_a = \alpha\begin{pmatrix} 0\\ 2\\ 4\\ 6\\ 8\\ 10 \end{pmatrix} + \beta\begin{pmatrix} 1\\ 1\\ 1\\ 1\\ 1\\ 1 \end{pmatrix} = \frac{151}{700}\begin{pmatrix} 0\\ 2\\ 4\\ 6\\ 8\\ 10 \end{pmatrix} + \frac{185}{42}\begin{pmatrix} 1\\ 1\\ 1\\ 1\\ 1\\ 1 \end{pmatrix}.$$

Por otra parte, el error de la aproximación cuadrática hallada en (b) viene dado por $\|\boldsymbol{y} - \tilde{\boldsymbol{y}}_b\|$, donde $\boldsymbol{y}$ es el mismo vector de datos pero ahora

$$\tilde{\boldsymbol{y}}_b = a\begin{pmatrix} 0\\ 4\\ 16\\ 36\\ 64\\ 100 \end{pmatrix} + b\begin{pmatrix} 0\\ 2\\ 4\\ 6\\ 8\\ 10 \end{pmatrix} + c\begin{pmatrix} 1\\ 1\\ 1\\ 1\\ 1\\ 1 \end{pmatrix} = \frac{7}{320}\begin{pmatrix} 0\\ 4\\ 16\\ 36\\ 64\\ 100 \end{pmatrix} - \frac{17}{5600}\begin{pmatrix} 0\\ 2\\ 4\\ 6\\ 8\\ 10 \end{pmatrix} + \frac{263}{56}\begin{pmatrix} 1\\ 1\\ 1\\ 1\\ 1\\ 1 \end{pmatrix}.$$

Numéricamente, trabajando con dos cifras significativas, se tiene que

$$\boldsymbol{y} - \tilde{\boldsymbol{y}}_a \approx \begin{pmatrix} 0.30\\ -0.036\\ -0.37\\ 0.00095\\ -0.23\\ 0.34 \end{pmatrix}, \quad \boldsymbol{y} - \tilde{\boldsymbol{y}}_b \approx \begin{pmatrix} 0.0036\\ 0.022\\ -0.13\\ 0.23\\ -0.17\\ 0.046 \end{pmatrix}.$$

Los errores son, por tanto,

$$\|\boldsymbol{y} - \tilde{\boldsymbol{y}}_a\| \approx 0.63\,, \quad \|\boldsymbol{y} - \tilde{\boldsymbol{y}}_b\| \approx 0.32\,.$$

Vemos que, como era de esperar, el error de la aproximación cuadrática es sustancialmente inferior (casi exactamente la mitad) al de la aproximación lineal.

Problemas Propuestos

9.1 Hallar la proyección ortogonal del vector $\boldsymbol{v} = (3, 1, 0, -2, 5, -1)$ sobre el subespacio vectorial $\mathbb{A} = L[(1, 1, 1, 1, 1, 1), (1, 1, 0, 0, 0, 0), (0, 0, 1, 1, 0, 0), (0, 0, 0, 0, 1, 1)] \subset \mathbb{R}^6$.

9.2 En el espacio vectorial $\mathbb{P}_3$ se considera el producto escalar

$$\langle p, q\rangle = \int_{-1}^{1} p(t)q(t)dt + p(0)q(0).$$

Hallar la proyección ortogonal del polinomio t^3 en el subespacio $\mathbb{P}_2$.

9.3 Hallar la proyección ortogonal del vector $\boldsymbol{v} = (1, 2, 3)$ sobre el subespacio vectorial

$$\mathbb{A} = \{(x_1, x_2, x_3) \in \mathbb{R}^3 \;:\; x_1 - x_2 + x_3 = 0\}.$$

9.4 Hallar la proyección ortogonal del vector $\boldsymbol{v} = (2, 3, 4, 5)$ sobre el subespacio

$$\mathbb{A} = L[(1,1,1,1), (1,1,1,0), (1,1,0,0)] \subset \mathbb{R}^4.$$

Calcular el vector de error.

9.5 Calcular la proyección ortogonal del vector $\boldsymbol{v} = (1, 1, 1, 1)$ sobre el subespacio vectorial

$$\mathbb{A} = \{(x_1, x_2, x_3, x_4) \in \mathbb{R}^4 \;:\; x_1 + x_2 + x_3 = 0,\; x_2 + x_3 + x_4 = 0\}.$$

9.6 Considérese el subespacio de $\mathbb{R}^4$ formado por los vectores (x_1, x_2, x_3, x_4) tales que

$$\begin{cases} 3x_1 - x_3 + 2x_4 = 0, \\ x_1 - 2x_2 + 3x_4 = 0. \end{cases}$$

(a) Hallar unas ecuaciones paramátricas del subespacio.

(b) Determinar la proyección ortogonal del vector $(0, \frac{1}{7}, \frac{1}{7}, 0)$ sobre dicho subespacio.

9.7 En el espacio vectorial $\mathbb{R}^{(2,2)}$, dotado con el producto escalar definido en el problema resuelto 8.6, calcular la proyección ortogonal de la matriz $\begin{pmatrix} 1 & 1 \\ 1 & 1 \end{pmatrix}$ en el subespacio formado por las matrices diagonales.

9.8 Calcular la matriz de la simetría respecto al plano de $\mathbb{R}^3$ definido mediante la ecuación $x_1 + x_2 = 0$, donde x_1, x_2 denotan las coordenadas de $\boldsymbol{x} = (x_1, x_2, x_3) \in \mathbb{R}^3$.

9.9 Sea $\boldsymbol{x} = \left(\frac{\sqrt{6}}{2}, 0, 0\right)$ y $\boldsymbol{v}$ un vector ortogonal al hiperplano $\mathbb{A}$, generado por los vectores $\left(0, \frac{1}{\sqrt{2}}, -\frac{1}{\sqrt{2}}\right)$ y $\left(-\frac{2}{\sqrt{6}}, \frac{1}{\sqrt{6}}, \frac{1}{\sqrt{6}}\right)$. Calcular la matriz de Householder $\mathcal{H}_{\boldsymbol{v}}$ asociada al vector $\boldsymbol{v}$ así como el producto $\mathcal{H}_{\boldsymbol{v}}(\boldsymbol{x})$, o sea la acción de dicha matriz sobre $\boldsymbol{x}$.

9.10 Encontrar un vector $\boldsymbol{v} \in \mathbb{R}^2$ tal que su matriz asociada de Householder $\mathcal{H}_{\boldsymbol{v}}$ transforme el vector $\boldsymbol{u} = (1, 2)$ en el vector $\boldsymbol{w} = (2, 1)$. Determinar el conjunto de vectores $\boldsymbol{v} \in \mathbb{R}^n$ tal que para $\boldsymbol{u} = (u_1, u_2, \ldots, u_n) \in \mathbb{R}^n$, $\mathcal{H}_{\boldsymbol{v}}\boldsymbol{u} = (u_n, u_{n-1}, \ldots, u_1)$.

9.11 Utilizando la transformación de Householder, determinar la factorización QR de las siguientes matrices

$$\mathcal{A} = \begin{pmatrix} 1 & 2 & 3 \\ 0 & 1 & 1 \\ 1 & 4 & 6 \end{pmatrix}, \quad \mathcal{B} = \begin{pmatrix} 1 & 1 & 1 \\ 1 & 1 & 1 \\ 1 & 1 & 0 \\ 1 & 1 & 0 \end{pmatrix}, \quad \mathcal{C} = \begin{pmatrix} 1 & 1 & 1 & 1 \\ 1 & 1 & 1 & 1 \\ 1 & 1 & 1 & 1 \\ 1 & 1 & 1 & 1 \end{pmatrix}.$$

9.12 Sea $\mathcal{A} = \mathcal{QR}$ la factorización QR de $\mathcal{A} \in \mathbb{R}^{(m,n)}$ con $m > n$. Si $\mathcal{Q}_1 \in \mathbb{R}^{(m,n)}$ denota la matriz cuyas n primeras columnas son las de $\mathcal{Q}$ (vectores ortogonales en $\mathbb{R}^m$) ¿tiene lugar la siguiente factorización reducida? $\mathcal{A} = \mathcal{Q}_1\mathcal{R}_1$, donde $\mathcal{R}_1 \in \mathbb{R}^{(n,n)}$ es la matriz triangular superior que se obtiene suprimiendo las $m-n$ últimas filas de $\mathcal{R}$.

9.13 En el espacio vectorial $\mathbb{P}_4$ se considera el producto escalar

$$\langle p, q\rangle = \frac{1}{\pi}\int_{-1}^{1} p(t)q(t)\sqrt{1-t^2}dt.$$

Determinar el polinomio $r(t) \in \mathbb{P}_4$ con $r(0) = 0$ que minimiza la expresión $\|1 - s(t)\|$ sobre todos los posibles polinomios $s(t) \in \mathbb{P}_4$ con $s(0) = 0$.

9.14 En el espacio vectorial $\mathbb{P}_4$ se considera el producto escalar

$$\langle p, q\rangle = \frac{1}{\pi}\int_{-1}^{1} p(t)q(t)\frac{1}{\sqrt{1-t^2}}dt.$$

Determinar un polinomio $r(t) \in \mathbb{P}_4$ con $r(1) = r(-1) = 0$ tal que satisfaga la condición optimal

$$\inf\left\{\left\|t^4 - p(t)\right\| \ : \ p(t) \in \mathbb{P}_4,\ p(1) = p(-1) = 0\right\}.$$

9.15 En el espacio vectorial $\mathbb{P}_4$ se considera el producto escalar definido mediante la relación (8.13). Determinar la proyección ortogonal de la función $f(x) = x^4$ en el subespacio $\mathbb{P}_2$, en términos de los momentos, esto es,

$$m_n = \sum_{x=0}^{\infty} x^n \frac{a^x}{x!}, \quad a > 0, \quad n \in \mathbb{N}, \quad m_0 = e^a.$$

En particular, considérese que

$$\begin{aligned} m_4 &= a\left(a^3 + 6a^2 + 7a + 1\right) m_0, \\ m_5 &= a\left(a^4 + 10a^3 + 25a^2 + 15a + 1\right) m_0, \\ m_6 &= a\left(a^5 + 15a^4 + 65a^3 + 90a^2 + 31a + 1\right) m_0. \end{aligned}$$

9.16 En el espacio vectorial de las funciones continuas en $[-1, 1]$ se considera el producto escalar

$$\langle f, g\rangle = \frac{1}{2}\int_{-1}^{1} f(t)g(t)dt.$$

(a) Calcular la proyección ortogonal de la función $f(t) = \operatorname{sen} \pi t$ en el subespacio vectorial $\mathbb{P}_3$.

(b) Calcular la proyección ortogonal de la función $f(t) = t$ en el subespacio vectorial generado por las funciones $\operatorname{sen} \pi t$, $\operatorname{sen} 2\pi t$, $\operatorname{sen} 3\pi t$.

9.17 En el espacio vectorial de las funciones continuas definidas en $[-\pi, \pi]$ con valores reales y dotado con el producto escalar

$$\langle f, g\rangle = \int_{-\pi}^{\pi} f(x)g(x)\, dx,$$

calcular la proyección ortogonal de la función $f(x) = x$ sobre el subespacio

$$\mathbb{B} = L[1,\ \cos(x),\ \cos(2x),\ \ldots,\ \cos(mx),\ \operatorname{sen}(x),\ \operatorname{sen}(2x),\ \ldots,\ \operatorname{sen}(mx)], \quad m \in \mathbb{N}, \quad m \geq 1.$$

9.18 Sea $\mathbb{E}$ el espacio de las funciones continuas a trozos en $\mathbb{R}$.

(a) Probar que la familia $(h_n)_{n\in\mathbb{Z}}$, donde

$$h_n(t) = \begin{cases} 1, & t \in (n, n+1), \\ 0, & \text{en el resto de } \mathbb{R}, \end{cases}$$

es una familia ortogonal respecto al producto escalar

$$\langle f, g \rangle = \int_{-\infty}^{\infty} f(t)g(t)e^{-t^2}\,dt.$$

(b) Calcular la proyección ortogonal de la función $f(t) = t$ en el subespacio vectorial generado por $\{h_n\}_{n\in\mathbb{Z}}$.

9.19 En $\mathbb{P}_4$ se considera el producto escalar

$$\langle p, q \rangle = \sum_{k=-1}^{2} p(k)q(k).$$

Determinar la matriz de proyección ortogonal sobre el subespacio $\mathbb{P}_3$ respecto a la base $\{1, t, t^2, t^3\}$.

9.20 En el espacio vectorial $\mathbb{R}^{(2,2)}$, dotado del producto escalar definido en el problema resuelto 8.6, calcular la matriz del proyector ortogonal sobre el subespacio de las matrices simétricas respecto a la base

$$\begin{pmatrix} 0 & 1 \\ 1 & 0 \end{pmatrix}, \quad \begin{pmatrix} 1 & 0 \\ 0 & -1 \end{pmatrix}, \quad \begin{pmatrix} 1 & 1 \\ 1 & 1 \end{pmatrix}.$$

9.21 En el espacio vectorial $\mathbb{R}^{(2,2)}$ se considera el producto escalar $\langle \mathcal{A}, \mathcal{B} \rangle = \text{traza}\left(\mathcal{A}\mathcal{B}^{\mathrm{T}}\right)$, donde $\mathcal{A}, \mathcal{B} \in \mathbb{R}^{(2,2)}$. Sean

$$\mathcal{D} = \begin{pmatrix} 1 & 2 \\ 3 & 4 \end{pmatrix} \in \mathbb{R}^{(2,2)} \quad \text{y} \quad \mathbb{W} = L\left[\begin{pmatrix} 1 & 0 \\ 1 & 1 \end{pmatrix}, \begin{pmatrix} 1 & 1 \\ 0 & 1 \end{pmatrix}, \begin{pmatrix} 0 & -1 \\ 1 & 0 \end{pmatrix}\right] \subset \mathbb{R}^{(2,2)}.$$

(a) Calcular la distancia mínima de la matriz $\mathcal{D}$ al subespacio $\mathbb{W}$.

(b) Determine la aplicación que genera una simetría respecto al hiperplano de $\mathbb{R}^{(2,2)}$ ortogonal al vector $\mathcal{D}$.

9.22 Hallar la solución del problema de mínimos cuadrados

$$\begin{cases} x + y = 1, \\ x + y = -1, \\ -2x + y = 1. \end{cases}$$

9.23 Calcular la recta de regresión correspondiente a los valores de la función $\operatorname{sen} x$ en los nodos $x_j = \frac{\pi}{2} + 2\pi j$, $j = -2, -1, 0, 1, 2$.

9.24 Los datos relativos al consumo de combustible que realiza un vehículo durante 5 horas para un trayecto dado son:
Sean y el consumo en litros y t el tiempo medido en horas.

(a) Plantear el sistema lineal asociado al problema de mínimos cuadrados para la parábola de regresión $y = at^2 + bt + c$.

Hora	1	2	3	4	5
Litros	3	2	1	5	10

(b) Calcular la factorización QR de la matriz de coeficientes del anterior sistema lineal.

(c) Comprobar que la parábola $y = \frac{17}{14}t^2 - \frac{391}{70}t + \frac{38}{5}$ es la que mejor ajusta los anteriores datos por mínimos cuadrados.

9.25 Los datos relativos al porcentaje de revalorización de una cartera de valores son los siguientes:

Año	2001	2003	2005	2007	2009	2011
Porcentaje	5.2	4.8	6.8	8.8	10.2	10.4

Sean y el porcentaje de revalorización y t el tiempo medido en años con $t = 0$ en 2001.

(a) Determinar la recta $y = \alpha t + \beta$ que mejor ajusta los anteriores datos por mínimos cuadrados.

(b) Determinar la parábola $y = at^2 + bt + c$ que mejor ajusta los mismos datos por mínimos cuadrados.

(c) Comparar los errores que tienen lugar en ambos ajustes.

Capítulo 10

Factorización de Schur. Teoría espectral de matrices normales

En este capítulo se estudiará la teoría espectral de matrices normales. En particular, se analizan las matrices simétricas (hermíticas en el caso complejo) y ortogonales (unitarias en el caso complejo).

■ DEFINICIÓN 10.1 Una matriz $\mathcal{A} \in \mathbb{C}^{(n,n)}$ se dice hermítica (hermitiana) si $\mathcal{A} = \mathcal{A}^*$. Si ocurre que $\mathcal{A} = -\mathcal{A}^*$ decimos que $\mathcal{A}$ es antihermítica

Para el caso de las matrices reales se introdujo anteriormente el concepto de matriz simétrica (véase la definición 2.4).

■ DEFINICIÓN 10.2 Una matriz $\mathcal{A} \in \mathbb{C}^{(n,n)}$ se dice unitaria si $\mathcal{A}^*\mathcal{A} = \mathcal{I}_n$. En el caso de que las entradas sean reales, la matriz unitaria se denomina ortogonal real.

■ DEFINICIÓN 10.3 Toda matriz $\mathcal{A} \in \mathbb{C}^{(n,n)}$ que verifique $\mathcal{A}^*\mathcal{A} = \mathcal{A}\mathcal{A}^*$ se dice normal.

✎ Obsérvese que tanto las matrices hermíticas como unitarias son matrices normales.

Un primer resultado de interés teórico para el análisis espectral de matrices normales es la denominada factorización de Schur. Dicha factorización constituye un caso particular de la factorización por semejanza con el condicionamiento de que la matriz de cambio de base es unitaria.

■ TEOREMA 10.1 (FACTORIZACIÓN DE SCHUR) Toda matriz $\mathcal{A} \in \mathbb{C}^{(n,n)}$ admite la factorización $\mathcal{A} = \mathcal{U}\mathcal{T}\mathcal{U}^*$, donde $\mathcal{U} \in \mathbb{C}^{(n,n)}$ es una matriz unitaria y $\mathcal{T} = \mathcal{U}^*\mathcal{A}\mathcal{U}$ es triangular superior.

Obsérvese que esta factorización no es única y, además, las matrices $\mathcal{A}$ y $\mathcal{T}$ son semejantes, por lo que los elementos diagonales de $\mathcal{T}$ son los valores propios de $\mathcal{A}$. Si, en particular, la matriz $\mathcal{A}$ posee entradas reales, la factorización de Schur con matrices ortogonales se torna un tanto más engorrosa respecto al caso complejo.

■ PROPOSICIÓN 10.1 Si $\mathcal{A} \in \mathbb{R}^{(n,n)}$, entonces $\mathcal{A} = \mathcal{Q}\mathcal{T}\mathcal{Q}^{\mathrm{T}}$, siendo $\mathcal{Q} \in \mathbb{R}^{(n,n)}$ ortogonal y

$$\mathcal{T} = \begin{pmatrix} \mathcal{A}_1 & * & * & \dots & * \\ 0 & \mathcal{A}_2 & * & \dots & * \\ 0 & 0 & \mathcal{A}_3 & \ddots & \vdots \\ \vdots & \vdots & \ddots & \ddots & * \\ 0 & 0 & \dots & 0 & \mathcal{A}_k \end{pmatrix} \in \mathbb{R}^{(n,n)},$$

donde el símbolo $*$ indica la posición de elementos en general no nulos, mientras que cada $\mathcal{A}_j$, $j = 1, 2, \ldots, k$ ($k \leq n$), indica o bien una matriz real de dimensión 1 o una matriz real de dimensión 2 del tipo

$$\begin{pmatrix} a & -b \\ b & a \end{pmatrix} \in \mathbb{R}^{(2,2)}.$$

■ TEOREMA 10.2 $\mathcal{A} \in \mathbb{C}^{(n,n)}$ es normal si y sólo si existen $\mathcal{U} \in \mathbb{C}^{(n,n)}$, unitaria, y $\mathcal{D} \in \mathbb{C}^{(n,n)}$, diagonal, tales que $\mathcal{A} = \mathcal{U}\mathcal{D}\mathcal{U}^*$ o, equivalentemente, existe una base ortonormal de $\mathbb{C}^n$ formada por vectores propios de $\mathcal{A}$.

■ TEOREMA 10.3 *$\mathcal{A} \in \mathbb{R}^{(n,n)}$ es normal si y sólo si existen $\mathcal{Q} \in \mathbb{R}^{(n,n)}$, ortogonal, y*

$$\mathcal{D} = \begin{pmatrix} \mathcal{A}_1 & 0 & 0 & \ldots & 0 \\ 0 & \mathcal{A}_2 & 0 & \ldots & 0 \\ 0 & 0 & \mathcal{A}_3 & \ddots & \vdots \\ \vdots & \vdots & \ddots & \ddots & 0 \\ 0 & 0 & \ldots & 0 & \mathcal{A}_k \end{pmatrix} \in \mathbb{R}^{(n,n)},$$

donde cada $\mathcal{A}_j$, $j = 1, 2, \ldots, k$, indica o bien una matriz real de dimensión 1 o una matriz real de dimensión 2 del tipo

$$\begin{pmatrix} a & -b \\ b & a \end{pmatrix} \in \mathbb{R}^{(2,2)},$$

de manera que $\mathcal{A} = \mathcal{Q}\mathcal{D}\mathcal{Q}^{\mathrm{T}}$.

Problemas Resueltos

10.1 Estudiar la factorización de Schur de la matriz

$$\mathcal{A} = \begin{pmatrix} 1 & \frac{1}{\sqrt{2}} & 0 \\ 0 & 2 & 0 \\ 0 & -\frac{1}{\sqrt{2}} & 1 \end{pmatrix}.$$

Resolución. Podemos escribir $\mathcal{A}$ por bloques como

$$\mathcal{A} = \left(\begin{array}{c|c} 1 & \boldsymbol{d}^{\mathrm{T}} \\ \hline \mathbf{0}_2 & \mathcal{A}_1 \end{array}\right), \quad \text{donde} \quad \boldsymbol{d} = \begin{pmatrix} \frac{1}{\sqrt{2}} \\ 0 \end{pmatrix}, \quad \mathcal{A}_1 = \begin{pmatrix} 2 & 0 \\ -\frac{1}{\sqrt{2}} & 1 \end{pmatrix}.$$

La matriz $\mathcal{A}_1$ es 2×2, y, por tanto, su factorización de Schur se calcula fácilmente. Al ser $\mathcal{A}_1$ triangular, vemos de manera inmediata que sus valores propios son $\lambda_1 = 1$ y $\lambda_2 = 2$ (simples). Un vector propio de norma 1 correspondiente a $\lambda_1 = 1$ es $\boldsymbol{v}_1 = (0, 1)$, y un vector $\boldsymbol{v}_2 \in \mathbb{C}^2 \setminus \{\mathbf{0}_2\}$ de norma 1 y ortogonal a $\boldsymbol{v}_1$ es $\boldsymbol{v}_2 = (1, 0)$. Por tanto, $\mathcal{A}_1 = \mathcal{U}_1\mathcal{T}_1\mathcal{U}_1^*$ con

$$\mathcal{U}_1 = (\boldsymbol{v}_1|\boldsymbol{v}_2) = \begin{pmatrix} 0 & 1 \\ 1 & 0 \end{pmatrix}, \qquad \mathcal{T}_1 = \mathcal{U}_1^*\mathcal{A}_1\mathcal{U}_1 = \begin{pmatrix} 1 & -\frac{1}{\sqrt{2}} \\ 0 & 2 \end{pmatrix}.$$

Tomando

$$\mathcal{T} = \left(\begin{array}{c|c} 1 & \boldsymbol{d}^{\mathrm{T}}\mathcal{U}_1 \\ \hline \mathbf{0}_2 & \mathcal{T}_1 \end{array}\right) = \begin{pmatrix} 1 & 0 & \frac{1}{\sqrt{2}} \\ 0 & 1 & -\frac{1}{\sqrt{2}} \\ 0 & 0 & 2 \end{pmatrix}, \qquad \mathcal{U} = \left(\begin{array}{c|c} 1 & \mathbf{0}_2^{\mathrm{T}} \\ \hline \mathbf{0}_2 & \mathcal{U}_1 \end{array}\right) = \begin{pmatrix} 1 & 0 & 0 \\ 0 & 0 & 1 \\ 0 & 1 & 0 \end{pmatrix},$$

vemos que

$$\mathcal{U}\mathcal{T}\mathcal{U}^* = \left(\begin{array}{c|c} 1 & \mathbf{0}_2^{\mathrm{T}} \\ \hline \mathbf{0}_2 & \mathcal{U}_1 \end{array}\right)\left(\begin{array}{c|c} 1 & \boldsymbol{d}^{\mathrm{T}}\mathcal{U}_1 \\ \hline \mathbf{0}_2 & \mathcal{T}_1 \end{array}\right)\left(\begin{array}{c|c} 1 & \mathbf{0}_2^{\mathrm{T}} \\ \hline \mathbf{0}_2 & \mathcal{U}_1^* \end{array}\right) = \left(\begin{array}{c|c} 1 & \boldsymbol{d}^{\mathrm{T}} \\ \hline \mathbf{0}_2 & \mathcal{A}_1 \end{array}\right) = \mathcal{A},$$

es decir, $\mathcal{A} = \mathcal{U}\mathcal{T}\mathcal{U}^*$ es una factorización de Schur de $\mathcal{A}$.

10.2 Utilizando la factorización de Schur, probar que

(a) Los valores propios de una matriz hermitiana $\mathcal{A}$ son números reales.

(b) Toda matriz hermitiana $\mathcal{A}$ es diagonalizable por semejanza.

(c) Existe una base ortonormal de $\mathbb{C}^n$ formada por vectores propios de $\mathcal{A}$.

(d) $\mathcal{A}$ admite una descomposición

$$\mathcal{A} = \sum_{j=1}^{k} \lambda_j \mathcal{P}_j,$$

donde $\{\lambda_j\}_{j=1}^k$ son los valores propios (distintos) de $\mathcal{A}$ y $\mathcal{P}_j$ son matrices de proyección ortogonal sobre el subespacio generado por los vectores propios asociados a λ_j.

Resolución.

(a) Sea $\mathcal{A} = \mathcal{U}\mathcal{T}\mathcal{U}^*$ la factorización de Schur de la matriz $\mathcal{A}$. Puesto que $\mathcal{A}$ es hermitiana, $\mathcal{A} = \mathcal{A}^*$. Por tanto, $\mathcal{U}\mathcal{T}\mathcal{U}^* = \mathcal{U}\mathcal{T}^*\mathcal{U}^*$. Como $\mathcal{U}$ es unitaria, deducimos que $\mathcal{T} = \mathcal{T}^*$. Esto significa que $\mathcal{T}$ es diagonal con elementos diagonales reales, esto es, los valores propios de $\mathcal{A}$ son reales.

(b) $\mathcal{A} = \mathcal{U}\mathcal{T}\mathcal{U}^* = \mathcal{U}\mathcal{T}\mathcal{U}^{-1}$, donde $\mathcal{T}$ es diagonal. Por tanto, $\mathcal{A}$ es diagonalizable por semejanza.

(c) $\mathcal{U}$ es una matriz unitaria. Por tanto, sus vectores columna son ortonormales. Al ser $\mathcal{T}$ diagonal, la relación

$$\mathcal{A}\mathcal{U} = \mathcal{U}\mathcal{T}$$

implica que los vectores columna de $\mathcal{U}$ son vectores propios de $\mathcal{A}$.

(d) Sean $\{\boldsymbol{u}_1^{(j)}, \dots, \boldsymbol{u}_{p_j}^{(j)}\}_{j=1}^k$ los vectores propios asociados a los valores propios $\{\lambda_j\}_{j=1}^k$, donde $p_1 + \dots + p_k = n$ (dimensión de $\mathcal{A}$). Podemos escribir $\mathcal{U} = (\mathcal{U}^{(1)}|\mathcal{U}^{(2)}|\dots|\mathcal{U}^{(k)})$, donde $\mathcal{U}^{(j)} = (\boldsymbol{u}_1^{(j)}|\dots|\boldsymbol{u}_{p_j}^{(j)})$. Entonces,

$$\begin{aligned}
\mathcal{A} &= (\mathcal{U}^{(1)}|\mathcal{U}^{(2)}|\dots|\mathcal{U}^{(k)})\mathcal{T}(\mathcal{U}^{(1)}|\mathcal{U}^{(2)}|\dots|\mathcal{U}^{(k)})^* \\
&= (\lambda_1\mathcal{U}^{(1)}|\lambda_2\mathcal{U}^{(2)}|\dots|\lambda_k\mathcal{U}^{(k)})(\mathcal{U}^{(1)}|\mathcal{U}^{(2)}|\dots|\mathcal{U}^{(k)})^* \\
&= \lambda_1\mathcal{U}^{(1)}\mathcal{U}^{(1)*} + \lambda_2\mathcal{U}^{(2)}\mathcal{U}^{(2)*} + \dots + \lambda_k\mathcal{U}^{(k)}\mathcal{U}^{(k)*} \\
&= \lambda_1\mathcal{P}_1 + \dots + \lambda_k\mathcal{P}_k.
\end{aligned}$$

Obsérvese que

$$\mathcal{P}_i\mathcal{U}^{(j)} = \begin{cases} \mathcal{U}^{(i)}\mathcal{U}^{(i)*}\mathcal{U}^{(j)} = \mathcal{O}_{n,p_j}, & \text{si } i \neq j, \\ \mathcal{U}^{(i)}\mathcal{U}^{(i)*}\mathcal{U}^{(i)} = \mathcal{U}^{(i)}, & \text{si } i = j. \end{cases}$$

Por tanto, $\mathcal{P}_i$ es la matriz de proyección ortogonal sobre el subespacio generado por los vectores del sistema $\{\boldsymbol{u}_1^{(i)}, \dots, \boldsymbol{u}_{p_i}^{(i)}\}$.

10.3 Se considera la matriz simétrica

$$\mathcal{A} = \frac{1}{6}\begin{pmatrix} 11 & -4 & -1 \\ -4 & 14 & -4 \\ -1 & -4 & 11 \end{pmatrix}.$$

(a) Hallar los valores y vectores propios de $\mathcal{A}$.

(b) Comprobar que existe una base ortonormal de vectores propios y descomponer $\mathcal{A}$ como combinación lineal de proyecciones ortogonales.

Resolución.

(a) El polinomio característico de $\mathcal{A}$ es

$$\det(\lambda \mathcal{I}_3 - \mathcal{A}) = \lambda^3 - 6\lambda^2 + 11\lambda - 6 = (\lambda - 1)(\lambda - 2)(\lambda - 3).$$

Por tanto, los valores propios de $\mathcal{A}$ son $\lambda_1 = 1$, $\lambda_2 = 2$, $\lambda_3 = 3$. Los correspondientes vectores propios son, respectivamente, los múltiplos no nulos de

$$\boldsymbol{v}_1 = (1,1,1), \quad \boldsymbol{v}_2 = (-1,0,1), \quad \boldsymbol{v}_3 = (1,-2,1).$$

(b) Comprobamos fácilmente que los vectores $\{\boldsymbol{v}_1, \boldsymbol{v}_2, \boldsymbol{v}_3\}$ son ortogonales y por tanto forman una base ortogonal de $\mathbb{R}^3$. Normalizándolos encontramos la base ortonormal $\{\boldsymbol{u}_1, \boldsymbol{u}_2, \boldsymbol{u}_3\}$ con

$$\boldsymbol{u}_1 = \frac{1}{\sqrt{3}}(1,1,1), \quad \boldsymbol{u}_2 = \frac{1}{\sqrt{2}}(-1,0,1), \quad \boldsymbol{u}_3 = \frac{1}{\sqrt{6}}(1,-2,1).$$

Podemos escribir $\mathcal{A} = \lambda_1 \mathcal{P}_1 + \lambda_2 \mathcal{P}_2 + \lambda_3 \mathcal{P}_3 = \mathcal{P}_1 + 2\mathcal{P}_2 + 3\mathcal{P}_3$, donde

$$\mathcal{P}_1 = \boldsymbol{u}_1 \boldsymbol{u}_1^{\mathrm{T}} = \frac{1}{3}\begin{pmatrix} 1 & 1 & 1 \\ 1 & 1 & 1 \\ 1 & 1 & 1 \end{pmatrix}, \qquad \mathcal{P}_2 = \boldsymbol{u}_2 \boldsymbol{u}_2^{\mathrm{T}} = \frac{1}{2}\begin{pmatrix} 1 & 0 & -1 \\ 0 & 0 & 0 \\ -1 & 0 & 1 \end{pmatrix},$$

$$\mathcal{P}_3 = \boldsymbol{u}_3 \boldsymbol{u}_3^{\mathrm{T}} = \frac{1}{6}\begin{pmatrix} 1 & -2 & 1 \\ -2 & 4 & -2 \\ 1 & -2 & 1 \end{pmatrix}.$$

10.4 Se considera la matriz simétrica

$$\mathcal{A} = \begin{pmatrix} 1 & \sqrt{2} & -\sqrt{6} \\ \sqrt{2} & 2 & \sqrt{3} \\ -\sqrt{6} & \sqrt{3} & 0 \end{pmatrix}.$$

(a) Hallar los valores y vectores propios de $\mathcal{A}$.

(b) Comprobar que existe una base ortonormal de vectores propios de $\mathcal{A}$.

(c) Descomponer $\mathcal{A}$ como combinación lineal de proyecciones ortogonales.

Resolución.

(a) El polinomio característico de $\mathcal{A}$ es

$$\det(\lambda \mathcal{I}_3 - \mathcal{A}) = \lambda^3 - 3\lambda^2 - 9\lambda + 27 = (\lambda + 3)(\lambda - 3)^2.$$

Por tanto, los valores propios de $\mathcal{A}$ son $\lambda_1 = -3$ (simple) y $\lambda_2 = 3$ (doble). Los vectores propios correspondientes a λ_1 son los múltiplos no nulos de

$$\boldsymbol{v}_1 = \left(\sqrt{2}, -1, \sqrt{3}\,\right),$$

mientras que los vectores propios correspondientes a λ_2 son las combinaciones lineales no nulas de los vectores

$$\boldsymbol{v}_2 = \left(-\sqrt{3}, 0, \sqrt{2}\,\right), \quad \boldsymbol{v}_3 = \left(1, \sqrt{2}, 0\right).$$

(b) Comprobamos fácilmente que el vector $\boldsymbol{v}_1$ es ortogonal tanto a $\boldsymbol{v}_2$ como a $\boldsymbol{v}_3$, pero estos dos últimos vectores no son ortogonales entre sí. Aplicando el método de ortogonalización de Gram-Schmidt hallamos el vector

$$\boldsymbol{v}_3' = \boldsymbol{v}_3 - \frac{\langle \boldsymbol{v}_3, \boldsymbol{v}_2\rangle}{\|\boldsymbol{v}_2\|^2}\boldsymbol{v}_2 = \left(1, \sqrt{2}, 0\right) + \frac{\sqrt{3}}{5}\left(-\sqrt{3}, 0, \sqrt{2}\,\right) = \frac{1}{5}\left(2, 5\sqrt{2}, \sqrt{6}\,\right),$$

que además de ser ortogonal a $\boldsymbol{v}_1$ lo es también a $\boldsymbol{v}_2$. Los vectores $\{\boldsymbol{v}_1, \boldsymbol{v}_2, \boldsymbol{v}_3'\}$ forman así una base ortogonal de $\mathbb{R}^3$. Normalizándolos a la unidad encontramos la base ortonormal $\{\boldsymbol{u}_1, \boldsymbol{u}_2, \boldsymbol{u}_3\}$ con

$$\boldsymbol{u}_1 = \frac{1}{\sqrt{6}}\left(\sqrt{2}, -1, \sqrt{3}\,\right), \quad \boldsymbol{u}_2 = \frac{1}{\sqrt{5}}\left(-\sqrt{3}, 0, \sqrt{2}\,\right), \quad \boldsymbol{u}_3 = \frac{1}{\sqrt{30}}\left(\sqrt{2}, 5, \sqrt{3}\,\right).$$

(c) Podemos escribir $\mathcal{A} = \lambda_1\mathcal{P}_1 + \lambda_2\mathcal{P}_2 = 3(-\mathcal{P}_1 + \mathcal{P}_2)$, donde

$$\mathcal{P}_1 = \boldsymbol{u}_1\boldsymbol{u}_1^{\mathrm{T}} = \frac{1}{6}\begin{pmatrix} 2 & -\sqrt{2} & \sqrt{6} \\ -\sqrt{2} & 1 & -\sqrt{3} \\ \sqrt{6} & -\sqrt{3} & 3 \end{pmatrix},$$

$$\mathcal{P}_2 = \boldsymbol{u}_2\boldsymbol{u}_2^{\mathrm{T}} + \boldsymbol{u}_3\boldsymbol{u}_3^{\mathrm{T}} = \frac{1}{5}\begin{pmatrix} 3 & 0 & -\sqrt{6} \\ 0 & 0 & 0 \\ -\sqrt{6} & 0 & 2 \end{pmatrix} + \frac{1}{30}\begin{pmatrix} 2 & 5\sqrt{2} & \sqrt{6} \\ 5\sqrt{2} & 25 & 5\sqrt{3} \\ \sqrt{6} & 5\sqrt{3} & 3 \end{pmatrix}$$

$$= \frac{1}{6}\begin{pmatrix} 4 & \sqrt{2} & -\sqrt{6} \\ \sqrt{2} & 5 & \sqrt{3} \\ -\sqrt{6} & \sqrt{3} & 3 \end{pmatrix}.$$

10.5 Utilizando la factorización de Schur, probar que

(a) Los valores propios de una matriz unitaria $\mathcal{A}$ son números complejos de módulo unidad.

(b) Toda matriz unitaria es diagonalizable por semejanza.

(c) Existe una base ortonormal de $\mathbb{C}^n$ formada por vectores propios de $\mathcal{A}$.

(d) $\mathcal{A}$ admite una descomposición

$$\mathcal{A} = \sum_{j=1}^{k} \lambda_j \mathcal{P}_j,$$

donde $\{\lambda_j\}_{j=1}^{k}$ son los valores propios (distintos) de $\mathcal{A}$ y $\mathcal{P}_j$ son matrices de proyección ortogonal sobre el subespacio generado por los vectores propios asociados a λ_j.

Resolución.

(a) Sea $\mathcal{A} = \mathcal{U}\mathcal{T}\mathcal{U}^*$ la factorización de Schur de la matriz $\mathcal{A}$. Puesto que $\mathcal{A}$ es unitaria,

$$\mathcal{A}^*\mathcal{A} = \mathcal{U}\mathcal{T}^*\mathcal{U}^*\mathcal{U}\mathcal{T}\mathcal{U}^* = \mathcal{U}\mathcal{T}^*\mathcal{T}\mathcal{U}^* = \mathcal{I}_n.$$

Dado que $\mathcal{U}$ es unitaria, $\mathcal{T}^*\mathcal{T} = \mathcal{I}_n$. Ahora bien, como $\mathcal{T}$ es triangular superior, es fácil probar que $\mathcal{T}$ es diagonal con entradas de módulo unidad.

(b) $\mathcal{A} = \mathcal{U}\mathcal{T}\mathcal{U}^* = \mathcal{U}\mathcal{T}\mathcal{U}^{-1}$, donde $\mathcal{T}$ es diagonal. Por tanto, $\mathcal{A}$ es diagonalizable por semejanza.

(c) Del apartado anterior se sigue que

$$\mathcal{A}\mathcal{U} = \mathcal{U}\mathcal{T}$$

donde $\mathcal{U}$ es unitaria, esto es, sus vectores columna son ortonormales. La relación anterior, al ser $\mathcal{T}$ diagonal, implica que los vectores columna de $\mathcal{U}$ son vectores propios de $\mathcal{A}$.

(d) Sean $\{\boldsymbol{u}_1^{(j)}, \ldots, \boldsymbol{u}_{p_j}^{(j)}\}_{j=1}^{k}$ los vectores propios asociados a los valores propios $\{\lambda_j\}_{j=1}^{k}$, donde $p_1 + \cdots + p_k = n$ (dimensión de $\mathcal{A}$). Podemos escribir $\mathcal{U} = \left(\mathcal{U}^{(1)}|\mathcal{U}^{(2)}|\ldots|\mathcal{U}^{(k)}\right)$, donde $\mathcal{U}^{(j)} = \left(\boldsymbol{u}_1^{(j)}|\ldots|\boldsymbol{u}_{p_j}^{(j)}\right)$. Entonces, al igual que en el ejercicio 10.2, $\mathcal{A} = \lambda_1\mathcal{P}_1 + \cdots + \lambda_k\mathcal{P}_k$, donde

$$\mathcal{P}_i\mathcal{U}^{(j)} = \begin{cases} \mathcal{U}^{(i)}\mathcal{U}^{(i)*}\mathcal{U}^{(j)} = \mathcal{O}_{n,p_j}, & \text{si } i \neq j, \\ \mathcal{U}^{(i)}\mathcal{U}^{(i)*}\mathcal{U}^{(i)} = \mathcal{U}^{(i)}, & \text{si } i = j. \end{cases}$$

$\mathcal{P}_i$ es la matriz de proyección ortogonal sobre el subespacio generado por $\{\boldsymbol{u}_1^{(i)}, \ldots, \boldsymbol{u}_{p_i}^{(i)}\}$.

10.6 Se considera la matriz

$$\mathcal{A} = -\frac{1}{2}\begin{pmatrix} 1 & 1 & -\sqrt{2} \\ 1 & 1 & \sqrt{2} \\ -\sqrt{2} & \sqrt{2} & 0 \end{pmatrix}.$$

(a) Probar que $\mathcal{A}$ es ortogonal.

(b) Determinar los valores y vectores propios de $\mathcal{A}$.

(c) Descomponer $\mathcal{A}$ como combinación lineal de proyecciones ortogonales.

Resolución.

(a) Basta observar que las columnas de $\mathcal{A}$ forman un conjunto ortonormal de vectores de $\mathbb{R}^3$. Alternativamente, puede comprobarse mediante cálculo directo que $\mathcal{A}\mathcal{A}^{\mathrm{T}} = \mathcal{A}^{\mathrm{T}}\mathcal{A} = \mathcal{I}_3$.

(b) El polinomio característico de $\mathcal{A}$ es

$$\det(\lambda\mathcal{I}_3 - \mathcal{A}) = \lambda^3 + \lambda^2 - \lambda - 1 = (\lambda - 1)(\lambda + 1)^2.$$

Por tanto, los valores propios de $\mathcal{A}$ son $\lambda_1 = 1$ (simple) y $\lambda_2 = -1$ (doble). Los vectores propios correspondientes a λ_1 son los múltiplos no nulos de

$$\boldsymbol{v}_1 = \left(1, -1, \sqrt{2}\,\right),$$

mientras que los vectores propios correspondientes a λ_2 son las combinaciones lineales no nulas de los vectores

$$\boldsymbol{v}_2 = (1, 1, 0), \quad \boldsymbol{v}_3 = \left(-\sqrt{2}, 0, 1\right).$$

(c) Comprobamos fácilmente que el vector $\boldsymbol{v}_1$ es ortogonal tanto a $\boldsymbol{v}_2$ como a $\boldsymbol{v}_3$, pero estos dos últimos vectores no son ortogonales entre sí. Aplicando el método de ortogonalización de Gram-Schmidt, hallamos el vector

$$\boldsymbol{v}_3' = \boldsymbol{v}_3 - \frac{\langle \boldsymbol{v}_3, \boldsymbol{v}_2 \rangle}{\|\boldsymbol{v}_2\|^2}\boldsymbol{v}_2 = \left(-\sqrt{2}, 0, 1\right) + \frac{\sqrt{2}}{2}(1, 1, 0) = \frac{1}{\sqrt{2}}\left(-1, 1, \sqrt{2}\,\right),$$

que además de ser ortogonal a $\boldsymbol{v}_1$ lo es también a $\boldsymbol{v}_2$. Los vectores $\{\boldsymbol{v}_1, \boldsymbol{v}_2, \boldsymbol{v}_3'\}$ forman así una base ortogonal de $\mathbb{R}^3$. Normalizándolos encontramos la base ortonormal $\{\boldsymbol{u}_1, \boldsymbol{u}_2, \boldsymbol{u}_3\}$, con

$$\boldsymbol{u}_1 = \frac{1}{2}\big(1, -1, \sqrt{2}\,\big), \quad \boldsymbol{u}_2 = \frac{1}{\sqrt{2}}(1, 1, 0), \quad \boldsymbol{u}_3 = \frac{1}{2}\big(-1, 1, \sqrt{2}\,\big).$$

Podemos escribir entonces $\mathcal{A} = \lambda_1 \mathcal{P}_1 + \lambda_2 \mathcal{P}_2 = \mathcal{P}_1 - \mathcal{P}_2$, donde

$$\mathcal{P}_1 = \boldsymbol{u}_1 \boldsymbol{u}_1^{\mathrm{T}} = \frac{1}{4}\begin{pmatrix} 1 & -1 & \sqrt{2} \\ -1 & 1 & -\sqrt{2} \\ \sqrt{2} & -\sqrt{2} & 2 \end{pmatrix},$$

$$\mathcal{P}_2 = \boldsymbol{u}_2 \boldsymbol{u}_2^{\mathrm{T}} + \boldsymbol{u}_3 \boldsymbol{u}_3^{\mathrm{T}} = \frac{1}{2}\begin{pmatrix} 1 & 1 & 0 \\ 1 & 1 & 0 \\ 0 & 0 & 0 \end{pmatrix} + \frac{1}{4}\begin{pmatrix} 1 & -1 & -\sqrt{2} \\ -1 & 1 & \sqrt{2} \\ -\sqrt{2} & \sqrt{2} & 2 \end{pmatrix}$$

$$= \frac{1}{4}\begin{pmatrix} 3 & 1 & -\sqrt{2} \\ 1 & 3 & \sqrt{2} \\ -\sqrt{2} & \sqrt{2} & 2 \end{pmatrix}.$$

10.7 Se considera la matriz

$$\mathcal{A} = \frac{1}{2}\begin{pmatrix} \sqrt{3} & -1 & 0 \\ 1 & \sqrt{3} & 0 \\ 0 & 0 & 2 \end{pmatrix}.$$

(a) Probar que $\mathcal{A}$ es una matriz ortogonal.

(b) Calcular sus valores y vectores propios.

(c) Interpretar geométricamente la transformación en $\mathbb{R}^3$ asociada a la matriz $\mathcal{A}$.

Resolución.

(a) Basta observar que las columnas de $\mathcal{A}$ forman un conjunto ortonormal de vectores de $\mathbb{R}^3$. Alternativamente, puede comprobarse mediante cálculo directo que $\mathcal{A}\mathcal{A}^{\mathrm{T}} = \mathcal{A}^{\mathrm{T}}\mathcal{A} = \mathcal{I}_3$.

(b) El polinomio característico de $\mathcal{A}$ es

$$\det(\lambda \mathcal{I}_3 - \mathcal{A}) = \lambda^3 - \big(1 + \sqrt{3}\,\big)\lambda^2 + \big(1 + \sqrt{3}\,\big)\lambda - 1 = (\lambda - 1)\big(\lambda^2 - \sqrt{3}\lambda + 1\big).$$

Se deduce de aquí que $\mathcal{A}$ tiene tres valores propios simples:

$$\lambda_1 = 1, \quad \lambda_2 = \frac{\sqrt{3} + i}{2} = e^{\pi i/6}, \quad \lambda_3 = \frac{\sqrt{3} - i}{2} = e^{-\pi i/6}.$$

Los correspondientes vectores propios son, respectivamente, los múltiplos no nulos de

$$\boldsymbol{v}_1 = (0, 0, 1), \quad \boldsymbol{v}_2 = (i, 1, 0), \quad \boldsymbol{v}_3 = (-i, 1, 0).$$

Se comprueba fácilmente que los vectores $\{\boldsymbol{v}_1, \boldsymbol{v}_2, \boldsymbol{v}_3\}$ forman una base ortogonal de $\mathbb{C}^3$.

(c) $\mathcal{A}$ es la matriz de rotación de ángulo $\pi/6$ alrededor del eje z. Obsérvese que los vectores propios correspondientes al valor propio $\lambda_1 = 1$, que cumplen $\mathcal{A}\boldsymbol{v}_1 = \boldsymbol{v}_1$ y, por tanto, son invariantes por la transformación, están en el eje z.

10.8 Dadas las matrices simétricas

$$\mathcal{A}(b,c) = \begin{pmatrix} 0 & b & c \\ b & c & 0 \\ c & 0 & b \end{pmatrix} \in \mathbb{R}^{(3,3)},$$

(a) Determinar los valores de b y c para que sean matrices ortogonales.

(b) Calcular, en el supuesto del apartado (a), los valores propios y los subespacios de vectores propios de $\mathcal{A}$.

Resolución.

(a) La matriz $\mathcal{A}(b,c)$ es ortogonal si y sólo si se satisfacen las siguientes condiciones:

$$\begin{cases} b^2 + c^2 = 1, \\ bc = 0. \end{cases}$$

Por tanto, o bien $b = 0$ y $c = \pm 1$ o bien $c = 0$ y $b = \pm 1$.

(b) Consideraremos los casos anteriores:

Caso 1: $b = 0$, $c = 1$.

$$\mathcal{A}(0,1) = \begin{pmatrix} 0 & 0 & 1 \\ 0 & 1 & 0 \\ 1 & 0 & 0 \end{pmatrix}.$$

Los valores propios son $\lambda_1 = 1$ (doble) y $\lambda_2 = -1$ (simple). El subespacio de vectores propios correspondiente a $\lambda_1 = 1$ tiene por ecuación

$$x_1 - x_3 = 0.$$

El subespacio de vectores propios correspondiente a $\lambda_2 = -1$ tiene por ecuaciones

$$\begin{cases} x_2 = 0, \\ x_1 + x_3 = 0. \end{cases}$$

Caso 2: $b = 0$, $c = -1$.

$$\mathcal{A}(0,-1) = \begin{pmatrix} 0 & 0 & -1 \\ 0 & -1 & 0 \\ -1 & 0 & 0 \end{pmatrix} = -\mathcal{A}(0,1).$$

Los valores propios son $\lambda_1 = -1$ (doble) y $\lambda_2 = 1$ (simple). El subespacio de vectores propios correspondiente a $\lambda_1 = -1$ tiene por ecuación

$$x_1 - x_3 = 0.$$

El subespacio de vectores propios correspondiente a $\lambda_2 = 1$ tiene por ecuaciones

$$\begin{cases} x_2 = 0, \\ x_1 + x_3 = 0. \end{cases}$$

Caso 3: $c = 0$, $b = 1$.

$$\mathcal{A}(1,0) = \begin{pmatrix} 0 & 1 & 0 \\ 1 & 0 & 0 \\ 0 & 0 & 1 \end{pmatrix}.$$

Los valores propios son $\lambda_1 = 1$ (doble) y $\lambda_2 = -1$ (simple). El subespacio de vectores propios correspondiente a $\lambda_1 = -1$ tiene por ecuación

$$x_1 - x_2 = 0.$$

El subespacio de vectores propios correspondiente a $\lambda_2 = 1$ tiene por ecuaciones

$$\begin{cases} x_1 + x_2 = 0, \\ \qquad x_3 = 0. \end{cases}$$

Caso 4: $c = 0$, $b = -1$.

$$\mathcal{A}(-1,0) = \begin{pmatrix} 0 & -1 & 0 \\ -1 & 0 & 0 \\ 0 & 0 & -1 \end{pmatrix} = -\mathcal{A}(1,0).$$

Los valores propios son $\lambda_1 = -1$ (doble) y $\lambda_2 = 1$ (simple). El subespacio de vectores propios correspondiente a $\lambda_1 = -1$ tiene por ecuación

$$x_1 - x_2 = 0.$$

El subespacio de vectores propios correspondiente a $\lambda_2 = 1$ tiene por ecuaciones

$$\begin{cases} x_1 + x_2 = 0, \\ \qquad x_3 = 0. \end{cases}$$

10.9 Dada la matriz

$$\mathcal{A} = \frac{1}{\sqrt{2}} \begin{pmatrix} 1 & 0 & 0 & 1 \\ 0 & 1 & -1 & 0 \\ 0 & 1 & 1 & 0 \\ -1 & 0 & 0 & 1 \end{pmatrix},$$

(a) Probar que $\mathcal{A}$ es ortogonal.

(b) Calcular los valores y vectores propios de $\mathcal{A}$.

Resolución.

(a) Basta observar que las columnas de $\mathcal{A}$ forman un conjunto ortonormal de vectores de $\mathbb{R}^4$. Alternativamente, puede comprobarse mediante cálculo directo que $\mathcal{A}\mathcal{A}^{\mathrm{T}} = \mathcal{A}^{\mathrm{T}}\mathcal{A} = \mathcal{I}_4$.

(b) El polinomio característico de $\mathcal{A}$ es

$$\det(\lambda \mathcal{I}_4 - \mathcal{A}) = \lambda^4 - 2\sqrt{2}\lambda^3 + 4\lambda^2 - 2\sqrt{2}\lambda + 1 = \left(\lambda^2 - \sqrt{2}\lambda + 1\right)^2.$$

Se deduce de aquí que $\mathcal{A}$ tiene dos valores propios dobles:

$$\lambda_+ = \frac{1+i}{\sqrt{2}} = e^{\pi i/4}, \quad \lambda_- = \frac{1-i}{\sqrt{2}} = e^{-\pi i/4}.$$

Los vectores propios correspondientes a λ_+ son las combinaciones lineales no nulas de los vectores

$$\boldsymbol{v}_1 = (-i, 0, 0, 1), \quad \boldsymbol{v}_2 = (0, i, 1, 0),$$

mientras que los vectores propios correspondientes a λ_- son las combinaciones lineales no nulas de los vectores

$$\boldsymbol{v}_3 = (i, 0, 0, 1), \quad \boldsymbol{v}_4 = (0, -i, 1, 0).$$

10.10 Dada la matriz

$$\mathcal{A} = \frac{1}{2}\begin{pmatrix} 1 & 1 & 1 & 1 \\ 1 & i & -1 & -i \\ 1 & -1 & 1 & -1 \\ 1 & -i & -1 & i \end{pmatrix},$$

(a) Probar que $\mathcal{A}$ es unitaria.

(b) Determinar los valores y vectores propios de $\mathcal{A}$.

Resolución.

(a) Basta observar que las columnas de $\mathcal{A}$ forman un conjunto ortonormal de vectores de $\mathbb{C}^4$ respecto al producto escalar usual $\langle \boldsymbol{x}, \boldsymbol{y}\rangle = \boldsymbol{y}^*\boldsymbol{x}$. Alternativamente, puede comprobarse mediante cálculo directo que $\mathcal{A}\mathcal{A}^* = \mathcal{A}^*\mathcal{A} = \mathcal{I}_4$.

(b) El polinomio característico de $\mathcal{A}$ es

$$\det(\lambda\mathcal{I}_4 - \mathcal{A}) = \lambda^4 - (1+i)\lambda^3 - (1-i)\lambda^2 + (1+i)\lambda - i = (\lambda - i)(\lambda+1)(\lambda-1)^2.$$

Se deduce de aquí que los valores propios de $\mathcal{A}$ son $\lambda_1 = i$ (simple), $\lambda_2 = -1$ (simple), $\lambda_3 = 1$ (doble). Los vectores propios correspondientes a los valores propios simples λ_1, λ_2 son, respectivamente, los múltiplos no nulos de

$$\boldsymbol{v}_1 = (0,-1,0,1), \quad \boldsymbol{v}_2 = (-1,1,1,1),$$

mientras que los vectores propios correspondientes a λ_3 son las combinaciones lineales no nulas de los vectores

$$\boldsymbol{v}_3 = (2,1,0,1), \quad \boldsymbol{v}_4 = (1,0,1,0).$$

10.11 Responder los siguientes apartados:

(a) Determinar las matrices de $\mathbb{R}^{(2,2)}$ que son simultáneamente ortogonales y simétricas.

(b) Interpretar geométricamente el resultado anterior.

Resolución.

(a) La matriz simétrica

$$\begin{pmatrix} a & b \\ b & c \end{pmatrix}$$

es ortogonal si y sólo si

$$\begin{cases} a^2 + b^2 = 1, \\ b^2 + c^2 = 1, \\ (a+c)b = 0. \end{cases}$$

Por tanto, $a^2 = c^2$ y se pueden dar dos posibilidades:

(i) $a = c \neq 0$, en cuyo caso $b = 0$, esto es, $a = c = 1$, $a = c = -1$.

(ii) $a = -c$, en cuyo caso $b = \pm\sqrt{1-a^2}$. De esta forma, las matrices resultantes son

$$\begin{pmatrix} a & \sqrt{1-a^2} \\ \sqrt{1-a^2} & -a \end{pmatrix} \quad \text{o} \quad \begin{pmatrix} a & -\sqrt{1-a^2} \\ -\sqrt{1-a^2} & -a \end{pmatrix}.$$

(b) De acuerdo con el apartado anterior, en el caso (i) tenemos la identidad o la simetría respecto al origen. En el caso (ii) tenemos una simetría respecto a una recta (dado que los valores propios son ± 1); dicha recta corresponde al vector propio asociado al valor propio 1.

10.12 Un endomorfismo $h : \mathbb{E} \longmapsto \mathbb{E}$ en el espacio vectorial euclídeo $\mathbb{E}$ se denomina isometría si $\|h(\boldsymbol{v})\| = \|\boldsymbol{v}\|$ para todo $\boldsymbol{v} \in \mathbb{E}$.

(a) Probar que si h es una isometría, entonces $\langle h(\boldsymbol{v}), h(\boldsymbol{w})\rangle = \langle \boldsymbol{v}, \boldsymbol{w}\rangle$ cualesquiera sean $\boldsymbol{v}, \boldsymbol{w} \in \mathbb{E}$.

(b) Suponiendo que $\mathbb{E}$ es de dimensión finita, demostrar que si $\mathbb{A} = \{\boldsymbol{b}_1, \boldsymbol{b}_2, \ldots, \boldsymbol{b}_n\}$ es una base ortonormal de $\mathbb{E}$, la matriz de h respecto a la base $\mathbb{A}$ es una matriz ortogonal.

(c) Si $g = h - i_{\mathbb{E}}$, probar que $\operatorname{Im} g$ y $\ker g$ son subespacios vectoriales ortogonales en $\mathbb{E}$ y, por tanto, $\operatorname{Im} g \oplus \ker g = \mathbb{E}$.

(d) Sea $h_n = \frac{1}{n}\left(i_{\mathbb{E}} + h + \cdots + h^{n-1}\right)$. Probar que $\lim_{n\to\infty} h_n(\boldsymbol{x}) = \Pi_{\ker g}(\boldsymbol{x})$, donde, al igual que en el capítulo anterior, $\Pi_{\ker g}$ denota la proyección ortogonal en el subespacio $\ker g$.

Resolución.

(a) Utilizando un ejercicio precedente, sabemos que

$$\langle \boldsymbol{v}, \boldsymbol{w}\rangle = \frac{\|\boldsymbol{v}+\boldsymbol{w}\|^2 - \|\boldsymbol{v}-\boldsymbol{w}\|^2}{4}.$$

Por tanto,

$$\langle h(\boldsymbol{v}), h(\boldsymbol{w})\rangle = \frac{\|h(\boldsymbol{v})+h(\boldsymbol{w})\|^2 - \|h(\boldsymbol{v})-h(\boldsymbol{w})\|^2}{4}.$$

Utilizando la linealidad de h en el segundo miembro de la anterior igualdad,

$$\langle h(\boldsymbol{v}), h(\boldsymbol{w})\rangle = \frac{\|h(\boldsymbol{v}+\boldsymbol{w})\|^2 - \|h(\boldsymbol{v}-\boldsymbol{w})\|^2}{4}.$$

Finalmente, puesto que h es una isometría,

$$\langle h(\boldsymbol{v}), h(\boldsymbol{w})\rangle = \frac{\|\boldsymbol{v}+\boldsymbol{w}\|^2 - \|\boldsymbol{v}-\boldsymbol{w}\|^2}{4} = \langle \boldsymbol{v}, \boldsymbol{w}\rangle.$$

(b) Basta tener en cuenta que la matriz $\mathcal{M} = [h(\boldsymbol{b}_1)|h(\boldsymbol{b}_2)|\ldots|h(\boldsymbol{b}_n)]$ tiene sus vectores columna ortonormales. Por tanto, $\mathcal{M}$ es una matriz ortogonal.

(c) $\operatorname{Im} g = \{\boldsymbol{z} \in \mathbb{E}$ tal que existe $\boldsymbol{y} \in \mathbb{E}$ con $\boldsymbol{z} = h(\boldsymbol{y}) - \boldsymbol{y}\}$, $\ker g = \{\boldsymbol{x} \in \mathbb{E}$ tal que $h(\boldsymbol{x}) = \boldsymbol{x}\}$.

Por tanto, si $\boldsymbol{z} \in \operatorname{Im} g,\ \boldsymbol{x} \in \ker g$,

$$\langle \boldsymbol{z}, \boldsymbol{x}\rangle = \langle h(\boldsymbol{y}) - \boldsymbol{y}, \boldsymbol{x}\rangle = \langle h(\boldsymbol{y}), \boldsymbol{x}\rangle - \langle \boldsymbol{y}, \boldsymbol{x}\rangle = \langle h(\boldsymbol{y}), h(\boldsymbol{x})\rangle - \langle \boldsymbol{y}, \boldsymbol{x}\rangle = \langle \boldsymbol{y}, \boldsymbol{x}\rangle - \langle \boldsymbol{y}, \boldsymbol{x}\rangle = 0.$$

Así pues, $\operatorname{Im} g$ es ortogonal a $\ker g$. Teniendo en cuenta que $\dim \operatorname{Im} g + \dim \ker g = \dim \mathbb{E}$, se sigue el resultado.

(d) Si $\boldsymbol{x}_1 \in \ker g$, entonces $h(\boldsymbol{x}_1) = \boldsymbol{x}_1$ y, por tanto, $h^k(\boldsymbol{x}_1) = \boldsymbol{x}_1\ \forall\, k \in \mathbb{N}$. Esto significa que

$$h_n(\boldsymbol{x}_1) = \frac{1}{n}(\boldsymbol{x}_1 + \cdots + \boldsymbol{x}_1) = \boldsymbol{x}_1.$$

Por consiguiente, si $\boldsymbol{x}_1 \in \ker g$,

$$\lim_{n\to\infty} h_n(\boldsymbol{x}_1) = \boldsymbol{x}_1 = \Pi_{\ker g}(\boldsymbol{x}_1).$$

Sea $\boldsymbol{x} \in \mathbb{E}$. Teniendo en cuenta que

$$(h_n \circ g)(\boldsymbol{x}) = (g \circ h_n)(\boldsymbol{x}) = \frac{1}{n}\big(h^n - i_{\mathbb{E}}\big)(\boldsymbol{x}) = \frac{1}{n}\big[h^n(\boldsymbol{x}) - \boldsymbol{x}\big], \tag{1}$$

deducimos que $\lim_{n\to\infty}(h_n \circ g)(\boldsymbol{x}) = \mathbf{0}_{\mathbb{E}}$, puesto que la norma del segundo miembro de (1) está acotada superiormente por $2\|\boldsymbol{x}\|/n$ teniendo en cuenta que h es isometría. Esto significa que si $\boldsymbol{z} \in \operatorname{Im} g$, entonces $\lim_{n\to\infty} h_n(\boldsymbol{z}) = \mathbf{0}_{\mathbb{E}}$. Por tanto, si $\boldsymbol{x} \in \mathbb{E}$, $\boldsymbol{x} = \boldsymbol{x}_1 + \boldsymbol{x}_2$ con $\boldsymbol{x}_1 \in \ker g$, $\boldsymbol{x}_2 \in \operatorname{Im} g$. De acuerdo con los resultados anteriores, $h_n(\boldsymbol{x}) = \boldsymbol{x}_1 + h_n\boldsymbol{x}_2$, esto es, $\|h_n(\boldsymbol{x}) - \boldsymbol{x}_1\| \longrightarrow 0$, de donde se sigue el resultado.

10.13 Sea $\mathbb{E}$ un espacio vectorial euclídeo cuyo producto escalar denotamos $\langle\cdot,\cdot\rangle$.

(a) Probar que la aplicación $\phi : \mathbb{E}^2 \times \mathbb{E}^2 \longmapsto \mathbb{R}$ definida mediante $\phi\big((\boldsymbol{x},\boldsymbol{y}),(\boldsymbol{x}',\boldsymbol{y}')\big) = \langle\boldsymbol{x},\boldsymbol{x}'\rangle + \langle\boldsymbol{y},\boldsymbol{y}'\rangle$ con $\boldsymbol{x},\boldsymbol{x}',\boldsymbol{y},\boldsymbol{y}' \in \mathbb{E}$ es un producto escalar en $\mathbb{E}^2$.

(b) Demostrar que la aplicación $h : \mathbb{E}^2 \longmapsto \mathbb{E}^2$ dada por $h\big((\boldsymbol{x},\boldsymbol{y})\big) = (-\boldsymbol{y},\boldsymbol{x})$, $\boldsymbol{x},\boldsymbol{y} \in \mathbb{E}$, es una isometría.

Resolución.

(a)
1. $\phi\big((\boldsymbol{x},\boldsymbol{y}),(\boldsymbol{x},\boldsymbol{y})\big) = \langle\boldsymbol{x},\boldsymbol{x}\rangle + \langle\boldsymbol{y},\boldsymbol{y}\rangle > 0$ si y sólo si $\langle\boldsymbol{x},\boldsymbol{x}\rangle$ e $\langle\boldsymbol{y},\boldsymbol{y}\rangle$ no son simultáneamente nulos, esto es, si $(\boldsymbol{x},\boldsymbol{y}) \neq (\mathbf{0}_{\mathbb{E}},\mathbf{0}_{\mathbb{E}})$.
2. $\phi\big((\boldsymbol{x},\boldsymbol{y}),(\boldsymbol{x}',\boldsymbol{y}')\big) = \langle\boldsymbol{x},\boldsymbol{x}'\rangle + \langle\boldsymbol{y},\boldsymbol{y}'\rangle = \langle\boldsymbol{x}',\boldsymbol{x}\rangle + \langle\boldsymbol{y}',\boldsymbol{y}\rangle = \phi\big((\boldsymbol{x}',\boldsymbol{y}'),(\boldsymbol{x},\boldsymbol{y})\big)$.
3. Por último, tenemos que

$$\begin{aligned}
\phi\big(\lambda(\boldsymbol{x}_1,\boldsymbol{y}_1)+\mu(\boldsymbol{x}_2,\boldsymbol{y}_2),(\boldsymbol{x}',\boldsymbol{y}')\big) &= \phi\big((\lambda\boldsymbol{x}_1+\mu\boldsymbol{x}_2,\lambda\boldsymbol{y}_1+\mu\boldsymbol{y}_2),(\boldsymbol{x}',\boldsymbol{y}')\big)\\
&= \langle\lambda\boldsymbol{x}_1+\mu\boldsymbol{x}_2,\boldsymbol{x}'\rangle + \langle\lambda\boldsymbol{y}_1+\mu\boldsymbol{y}_2,\boldsymbol{y}'\rangle\\
&= \lambda\big(\langle\boldsymbol{x}_1,\boldsymbol{x}'\rangle + \langle\boldsymbol{y}_1,\boldsymbol{y}'\rangle\big) + \mu\big(\langle\boldsymbol{x}_2,\boldsymbol{x}'\rangle + \langle\boldsymbol{y}_2,\boldsymbol{y}'\rangle\big)\\
&= \lambda\phi\big((\boldsymbol{x}_1,\boldsymbol{y}_1),(\boldsymbol{x}',\boldsymbol{y}')\big) + \mu\phi\big((\boldsymbol{x}_2,\boldsymbol{y}_2),(\boldsymbol{x}',\boldsymbol{y}')\big).
\end{aligned}$$

(b) De acuerdo con el ejercicio 10.12, basta probar que

1. h es lineal.

$$\begin{aligned}
h\big(\lambda(\boldsymbol{x}_1,\boldsymbol{y}_1)+\mu(\boldsymbol{x}_2,\boldsymbol{y}_2)\big) &= h\big((\lambda\boldsymbol{x}_1+\mu\boldsymbol{x}_2,\lambda\boldsymbol{y}_1+\mu\boldsymbol{y}_2)\big)\\
&= (-\lambda\boldsymbol{y}_1-\mu\boldsymbol{y}_2,\lambda\boldsymbol{x}_1+\mu\boldsymbol{x}_2)\\
&= \lambda(-\boldsymbol{y}_1,\boldsymbol{x}_1)+\mu(-\boldsymbol{y}_2,\boldsymbol{x}_2)\\
&= \lambda h\big((\boldsymbol{x}_1,\boldsymbol{y}_1)\big)+\mu h\big((\boldsymbol{x}_2,\boldsymbol{y}_2)\big).
\end{aligned}$$

2. h preserva normas euclídeas en $\mathbb{E}^2$. En efecto, si denotamos mediante $\|\cdot\|$ la norma inducida por h,

$$\begin{aligned}
\|(\boldsymbol{x},\boldsymbol{y})\|^2 &= \|\boldsymbol{x}\|^2 + \|\boldsymbol{y}\|^2,\\
\|h(\boldsymbol{x},\boldsymbol{y})\|^2 &= \|(-\boldsymbol{y},\boldsymbol{x})\|^2 = \|\boldsymbol{y}\|^2 + \|\boldsymbol{x}\|^2,
\end{aligned}$$

de donde se sigue el resultado.

10.14 En el espacio vectorial euclídeo $\mathbb{E}$, se consideran un vector $\boldsymbol{a}$ con $\|\boldsymbol{a}\| = 1$ y la aplicación $h : \mathbb{E} \longmapsto \mathbb{E}$ definida mediante

$$h(\boldsymbol{x}) = k\,\langle\boldsymbol{x},\boldsymbol{a}\rangle\,\boldsymbol{a} + \boldsymbol{x}, \quad k \in \mathbb{R}\setminus\{-1\}.$$

(a) Probar que h es lineal e inyectiva. Determinar h^{-1}.

(b) ¿Para qué valores de k la aplicación h es una isometría?

(c) Determinar los valores y vectores propios de h.

Resolución.

(a) El carácter lineal de h es consecuencia inmediata de la linealidad del producto escalar. En efecto,

$$h(\lambda \boldsymbol{x} + \mu \boldsymbol{x}') = k \langle \lambda \boldsymbol{x} + \mu \boldsymbol{x}', \boldsymbol{a} \rangle \boldsymbol{a} + \lambda \boldsymbol{x} + \mu \boldsymbol{x}' = \lambda[k \langle \boldsymbol{x}, \boldsymbol{a} \rangle \boldsymbol{a} + \boldsymbol{x}] + \mu[k \langle \boldsymbol{x}', \boldsymbol{a} \rangle \boldsymbol{a} + \boldsymbol{x}']$$
$$= \lambda h(\boldsymbol{x}) + \mu h(\boldsymbol{x}').$$

Para probar que h es inyectiva hacemos uso de la proposición 6.1. La condición $h(\boldsymbol{x}) = \boldsymbol{0}_{\mathbb{E}}$ equivale a $k \langle \boldsymbol{x}, \boldsymbol{a} \rangle \boldsymbol{a} + \boldsymbol{x} = \boldsymbol{0}_{\mathbb{E}}$, esto es, $\boldsymbol{x} = -k \langle \boldsymbol{x}, \boldsymbol{a} \rangle \boldsymbol{a}$. Tomando el producto escalar por $\boldsymbol{x}$ de los dos miembros de esta igualdad y teniendo en cuenta que $\langle \boldsymbol{a}, \boldsymbol{a} \rangle = \|\boldsymbol{a}\|^2 = 1$, se encuentra que $\langle \boldsymbol{x}, \boldsymbol{a} \rangle = -k \langle \boldsymbol{x}, \boldsymbol{a} \rangle$. Al ser $k \neq -1$, la igualdad anterior implica que $\langle \boldsymbol{x}, \boldsymbol{a} \rangle = 0$, y por tanto $\boldsymbol{x} = \boldsymbol{0}_{\mathbb{E}}$.

Nótese que h es la aplicación que asocia a cada vector $\boldsymbol{x} \in \mathbb{E}$ la suma del propio vector $\boldsymbol{x}$ con su proyección ortogonal sobre $L[\boldsymbol{a}]$, dilatada en un factor k. Por tanto, la aplicación inversa h^{-1} será la que asocia a $\boldsymbol{x} \in \mathbb{E}$ el propio vector $\boldsymbol{x}$ menos un cierto múltiplo de su proyección ortogonal sobre $L[\boldsymbol{a}]$. Es decir, h^{-1} debe tener la forma

$$h^{-1}(\boldsymbol{x}) = -k' \langle \boldsymbol{x}, \boldsymbol{a} \rangle \boldsymbol{a} + \boldsymbol{x}.$$

Usando el hecho de que h es lineal,

$$h\big(h^{-1}(\boldsymbol{x})\big) = h\left(-k' \langle \boldsymbol{x}, \boldsymbol{a} \rangle \boldsymbol{a} + \boldsymbol{x}\right) = -k' \langle \boldsymbol{x}, \boldsymbol{a} \rangle h(\boldsymbol{a}) + h(\boldsymbol{x})$$
$$= -k' \langle \boldsymbol{x}, \boldsymbol{a} \rangle (k+1)\boldsymbol{a} + k \langle \boldsymbol{x}, \boldsymbol{a} \rangle \boldsymbol{a} + \boldsymbol{x} = \big(-k'(k+1) + k\big) \langle \boldsymbol{x}, \boldsymbol{a} \rangle \boldsymbol{a} + \boldsymbol{x}.$$

La condición $h\big(h^{-1}(\boldsymbol{x})\big) = \boldsymbol{x}$, $\forall \boldsymbol{x} \in \mathbb{E}$ impone que $-k'(k+1) + k = 0$ y el valor de k' queda así determinado como $k' = k/(k+1)$. Por tanto,

$$h^{-1}(\boldsymbol{x}) = -\frac{k}{k+1} \langle \boldsymbol{x}, \boldsymbol{a} \rangle \boldsymbol{a} + \boldsymbol{x}, \quad k \in \mathbb{R} \setminus \{-1\}.$$

(b) $\|h(\boldsymbol{x})\|^2 = \langle h(\boldsymbol{x}), h(\boldsymbol{x}) \rangle = k^2 \left|\langle \boldsymbol{x}, \boldsymbol{a} \rangle\right|^2 + \|\boldsymbol{x}\|^2 + 2k \left|\langle \boldsymbol{x}, \boldsymbol{a} \rangle\right|^2 = \|\boldsymbol{x}\|^2 + \left|\langle \boldsymbol{x}, \boldsymbol{a} \rangle\right|^2 k(k+2).$

La aplicación será isometría cuando $k = 0$, en cuyo caso h es la identidad, o cuando $k = -2$, esto es, $h(\boldsymbol{x}) = \boldsymbol{x} - 2 \langle \boldsymbol{x}, \boldsymbol{a} \rangle \boldsymbol{a}$. Obsérvese que en este caso tenemos una simetría respecto al hiperplano $\{\boldsymbol{a}\}^{\perp}$.

(c) Si $h(\boldsymbol{x}) = \lambda \boldsymbol{x}$ con $\boldsymbol{x} \neq 0_{\mathbb{E}}$, entonces

$$k \langle \boldsymbol{x}, \boldsymbol{a} \rangle \boldsymbol{a} = (\lambda - 1)\boldsymbol{x}.$$

Si $\lambda = 1$, esto significa que $\boldsymbol{x} \in \{\boldsymbol{a}\}^{\perp}$. En otro caso, $\boldsymbol{x} = \mu \boldsymbol{a}$ con $\mu \neq 0$ y $\mu k = (\lambda - 1)\mu$, esto es, $\lambda = k + 1$; el correspondiente subespacio de vectores propios es $L[\boldsymbol{a}]$.

10.15 En $\mathbb{R}^3$ dotado del producto escalar usual, se considera la aplicación lineal h tal que $h(\boldsymbol{e}_1) = \boldsymbol{e}_2$, $h(\boldsymbol{e}_2) = \boldsymbol{e}_3$, $h(\boldsymbol{e}_3) = \boldsymbol{e}_1$, donde $\{\boldsymbol{e}_1, \boldsymbol{e}_2, \boldsymbol{e}_3\}$ denota la base canónica de $\mathbb{R}^3$.

(a) Determinar la matriz de h respecto a la base canónica. ¿Es ortogonal?

(b) Calcular los valores y vectores propios de h.

(c) Interpretar geométricamente h.

Resolución.

(a) La matriz de h respecto a la base canónica es

$$\mathcal{M} = \begin{pmatrix} 0 & 0 & 1 \\ 1 & 0 & 0 \\ 0 & 1 & 0 \end{pmatrix}.$$

Entonces $\mathcal{M}$ es ortogonal sin más que observar que los vectores columna son ortonormales.

(b) El polinomio característico de $\mathcal{M}$ es $\lambda^3 - 1$. Por tanto, los valores propios son $\lambda_1 = 1$, $\lambda_2 = e^{\frac{2\pi i}{3}}$, $\lambda_3 = e^{-\frac{2\pi i}{3}}$.

Los vectores propios correspondientes a λ_1, λ_2 y λ_3 son, respectivamente,

$$(1,1,1), \quad \left(1, e^{-\frac{2\pi i}{3}}, e^{\frac{2\pi i}{3}}\right) \quad \text{y} \quad \left(1, e^{\frac{2\pi i}{3}}, e^{-\frac{2\pi i}{3}}\right).$$

(c) Se trata de un giro de ángulo $2\pi/3$ en torno a la recta $(1,1,1)$.

10.16 En $\mathbb{R}^3$, dotado del producto escalar usual y respecto de la base $\{\boldsymbol{a}_1, \boldsymbol{a}_2, \boldsymbol{a}_3\}$ dada por $\boldsymbol{a}_1 = \boldsymbol{e}_1$, $\boldsymbol{a}_2 = \boldsymbol{e}_2$, $\boldsymbol{a}_3 = \boldsymbol{e}_1 + \boldsymbol{e}_2 + \boldsymbol{e}_3$, donde $\{\boldsymbol{e}_1, \boldsymbol{e}_2, \boldsymbol{e}_3\}$ denota la base canónica de $\mathbb{R}^3$, se considera la aplicación lineal h cuya matriz es

$$\mathcal{A} = \begin{pmatrix} 1 & 0 & 0 \\ 0 & 1 & 0 \\ -\frac{2}{3} & -\frac{2}{3} & -1 \end{pmatrix}.$$

(a) Estudiar si h es una isometría.

(b) Determinar los valores y vectores propios de h. ¿Es diagonalizable?

(c) Interpretar geométricamente h.

Resolución.

(a) Hallaremos la matriz de h en la base canónica de $\mathbb{R}^3$,

$$\boldsymbol{e}_1 = \boldsymbol{a}_1, \quad \boldsymbol{e}_2 = \boldsymbol{a}_2, \quad \boldsymbol{e}_3 = -\boldsymbol{e}_1 - \boldsymbol{e}_2 + \boldsymbol{a}_3 = -\boldsymbol{a}_1 - \boldsymbol{a}_2 + \boldsymbol{a}_3.$$

Para ello hemos de calcular las imágenes por h de los vectores de la base canónica y expresarlas en términos de esa misma base. Teniendo en cuenta que $\mathcal{A}$ es la matriz de h en la base $\{\boldsymbol{a}_1, \boldsymbol{a}_2, \boldsymbol{a}_3\}$, se obtiene que

$$\begin{aligned}
h(\boldsymbol{e}_1) &= h(\boldsymbol{a}_1) = \boldsymbol{a}_1 - \frac{2}{3}\boldsymbol{a}_3 = \boldsymbol{e}_1 - \frac{2}{3}(\boldsymbol{e}_1 + \boldsymbol{e}_2 + \boldsymbol{e}_3) = \frac{1}{3}(\boldsymbol{e}_1 - 2\boldsymbol{e}_2 - 2\boldsymbol{e}_3), \\
h(\boldsymbol{e}_2) &= h(\boldsymbol{a}_2) = \boldsymbol{a}_2 - \frac{2}{3}\boldsymbol{a}_3 = \boldsymbol{e}_2 - \frac{2}{3}(\boldsymbol{e}_1 + \boldsymbol{e}_2 + \boldsymbol{e}_3) = \frac{1}{3}(-2\boldsymbol{e}_1 + \boldsymbol{e}_2 - 2\boldsymbol{e}_3), \\
h(\boldsymbol{e}_3) &= h(-\boldsymbol{a}_1 - \boldsymbol{a}_2 + \boldsymbol{a}_3) = -h(\boldsymbol{a}_1) - h(\boldsymbol{a}_2) + h(\boldsymbol{a}_3) = -h(\boldsymbol{a}_1) - h(\boldsymbol{a}_2) - \boldsymbol{a}_3 \\
&= -\frac{1}{3}(\boldsymbol{e}_1 - 2\boldsymbol{e}_2 - 2\boldsymbol{e}_3) - \frac{1}{3}(-2\boldsymbol{e}_1 + \boldsymbol{e}_2 - 2\boldsymbol{e}_3) - (\boldsymbol{e}_1 + \boldsymbol{e}_2 + \boldsymbol{e}_3) = \frac{1}{3}(-2\boldsymbol{e}_1 - 2\boldsymbol{e}_2 + \boldsymbol{e}_3).
\end{aligned}$$

La matriz de h respecto a la base canónica de $\mathbb{R}^3$ es, por tanto,

$$\mathcal{A}_c = \frac{1}{3}\begin{pmatrix} 1 & -2 & -2 \\ -2 & 1 & -2 \\ -2 & -2 & 1 \end{pmatrix},$$

y al ser una matriz ortogonal se tiene que h es una isometría. Es decir, $\|h(\boldsymbol{v})\| = \|\boldsymbol{v}\|$, $\forall\, \boldsymbol{v} \in \mathbb{R}^3$.

(b) Los valores propios de h son los de su matriz respecto a una base cualquiera de $\mathbb{R}^3$. Puesto que $\mathcal{A}$ es una matriz triangular inferior, es inmediato deducir de ella que los valores propios de h son $\lambda_1 = -1$ (simple) y $\lambda_2 = 1$ (doble).

Los vectores propios de h son los de $\mathcal{A}_c$, su matriz en la base canónica. Los vectores propios correspondientes a λ_1 son los múltiplos no nulos de

$$\boldsymbol{v}_1 = (1, 1, 1),$$

mientras que los vectores propios correspondientes a λ_2 son las combinaciones lineales no nulas de los vectores

$$\boldsymbol{v}_2 = (-1, 0, 1), \quad \boldsymbol{v}_3 = (-1, 1, 0).$$

Puesto que h es un endomorfismo de $\mathbb{R}^3$ y tiene 3 vectores propios linealmente independientes, es diagonalizable.

(c) Respecto a la base de $\mathbb{R}^3$ formada por los vectores propios $\{\boldsymbol{v}_1, \boldsymbol{v}_2, \boldsymbol{v}_3\}$ la matriz de h es

$$\mathcal{A}_p = \begin{pmatrix} -1 & 0 & 0 \\ 0 & 1 & 0 \\ 0 & 0 & 1 \end{pmatrix}.$$

Geométricamente, esta matriz representa una reflexión respecto del plano generado por los vectores $\boldsymbol{v}_2$ y $\boldsymbol{v}_3$.

10.17 En el espacio vectorial $\mathbb{R}^{(n,n)}$ dotado del producto escalar $\langle \mathcal{A}, \mathcal{B} \rangle = \text{traza}\,(\mathcal{A}\mathcal{B}^{\mathrm{T}})$, demostrar que la aplicación lineal $h : \mathbb{R}^{(n,n)} \longmapsto \mathbb{R}^{(n,n)}$ dada por $h(\mathcal{A}) = \mathcal{A}\mathcal{C}$, con $\mathcal{C} \in \mathbb{R}^{(n,n)}$ prefijada, es una isometría si y sólo si $\mathcal{C}$ es una matriz ortogonal.

Resolución. Escogiendo $\mathcal{A} = \mathcal{Z}_{ij}$, donde $\mathcal{Z}_{ij}$ denota la matriz de orden n y entradas nulas salvo en el lugar (i, j) que es 1, tendremos

$$h(\mathcal{Z}_{ij}) = \mathcal{Z}_{ij}\mathcal{C} = \sum_{k=1}^{n} c_{jk}\mathcal{Z}_{ik},$$

donde c_{jk} representa la entrada (j, k) de la matriz $\mathcal{C}$. La matriz de h respecto a la base canónica es la matriz diagonal por bloques

$$\mathcal{M} = \left(\begin{array}{c|c|c|c} \mathcal{C}^{\mathrm{T}} & \mathcal{O}_{n,n} & \cdots & \mathcal{O}_{n,n} \\ \hline \mathcal{O}_{n,n} & \mathcal{C}^{\mathrm{T}} & \cdots & \mathcal{O}_{n,n} \\ \hline \vdots & \vdots & \ddots & \vdots \\ \hline \mathcal{O}_{n,n} & \mathcal{O}_{n,n} & \cdots & \mathcal{C}^{\mathrm{T}} \end{array}\right).$$

Puesto que h es isometría si y sólo si $\mathcal{M}$ es ortogonal, esto se traduce en que $\mathcal{M}^{\mathrm{T}}\mathcal{M} = \mathcal{I}_{n^2}$ si y sólo si $\mathcal{C}\mathcal{C}^{\mathrm{T}} = \mathcal{I}_n$, esto es, $\mathcal{C}$ es una matriz ortogonal.

10.18 En el espacio vectorial $\mathbb{R}^{(n,n)}$, dotado del producto escalar $\langle \mathcal{A}, \mathcal{B} \rangle = \text{traza}\,(\mathcal{A}\mathcal{B}^{\mathrm{T}})$, se considera la aplicación $h : \mathbb{R}^{(n,n)} \longmapsto \mathbb{R}^{(n,n)}$ dada por $h_{\mathcal{C}}(\mathcal{A}) = \mathcal{C}\mathcal{A}\mathcal{C}^{\mathrm{T}}$, donde $\mathcal{C}$ es una matriz ortogonal prefijada.

(a) Probar que $h_{\mathcal{C}}$ es una isometría.

(b) Calcular la matriz de h respecto a la base canónica de $\mathbb{R}^{(n,n)}$.

(c) Demostrar que si $\mathcal{C}_1$, $\mathcal{C}_2$ son matrices ortogonales, $h_{\mathcal{C}_2} \circ h_{\mathcal{C}_1} = h_{\mathcal{C}_2\mathcal{C}_1}$.

Resolución.

(a) $\|h_{\mathcal{C}}(\mathcal{A})\|^2 = \text{traza}\left[h_{\mathcal{C}}(\mathcal{A})\left[h_{\mathcal{C}}(\mathcal{A})\right]^{\mathrm{T}}\right] = \text{traza}\left[(\mathcal{C}\mathcal{A}\mathcal{C}^{\mathrm{T}})(\mathcal{C}\mathcal{A}^{\mathrm{T}}\mathcal{C}^{\mathrm{T}})\right] = \text{traza}\left[\mathcal{C}(\mathcal{A}\mathcal{A}^{\mathrm{T}})\mathcal{C}^{\mathrm{T}}\right]$.

Puesto que $\mathcal{C}$ es ortogonal, $\mathcal{C}^{\mathrm{T}} = \mathcal{C}^{-1}$, y puesto que las matrices semejantes tienen la misma traza, el último miembro de las anteriores igualdades es traza$(\mathcal{A}\mathcal{A}^{\mathrm{T}}) = \|\mathcal{A}\|^2$.

(b) Utilizando la notación del ejercicio precedente,

$$h_{\mathcal{C}}(\mathcal{Z}_{ij}) = \mathcal{C}\mathcal{Z}_{ij}\mathcal{C}^{\mathrm{T}} = \left(\mathcal{O}_{n,j-1}|\boldsymbol{c}_i|\mathcal{O}_{n,n-j}\right)\mathcal{C}^{\mathrm{T}},$$

donde $\boldsymbol{c}_i$ denota la i-ésima columna de la matriz $\mathcal{C}$; este vector ocupa la j-ésima columna del producto $\mathcal{C}\mathcal{Z}_{ij}$. Mediante una sencilla multiplicación de matrices deducimos que

$$h_{\mathcal{C}}(\mathcal{Z}_{ij}) = \sum_{k,l=1}^{n} c_{ki}c_{lj}\mathcal{Z}_{kl}.$$

Por tanto, la matriz de $h_{\mathcal{C}}$ respecto a la base canónica viene dada por el denominado producto de Kronecker, $\mathcal{C} \otimes \mathcal{C} = [\mathcal{C}_{ij}]$, donde $\mathcal{C}_{ij} = c_{ij}\mathcal{C}$.

(c) $(h_{\mathcal{C}_2} \circ h_{\mathcal{C}_1})(\mathcal{A}) = \mathcal{C}_2(\mathcal{C}_1\mathcal{A}\mathcal{C}_1^{\mathrm{T}})\mathcal{C}_2^{\mathrm{T}} = (\mathcal{C}_2\mathcal{C}_1)\mathcal{A}(\mathcal{C}_2\mathcal{C}_1)^{\mathrm{T}} = h_{\mathcal{C}_2\mathcal{C}_1}(\mathcal{A})$.

10.19 En $\mathbb{R}^3$ se considera el plano $\mathbb{A}$ de ecuación $x_1 - x_2 = 0$.

(a) Determinar la matriz $\mathcal{M}$ de la simetría $S_{\mathbb{A}}$ respecto al plano $\mathbb{A}$ en la base canónica de $\mathbb{R}^3$.

(b) ¿Es $\mathcal{M}$ una matriz ortogonal?

(c) Calcular los valores y vectores propios de $\mathcal{M}$.

Resolución.

(a) Una base del plano dado está formada por los vectores $(1,1,0)$ y $(0,0,1)$, que son ortogonales entre sí. Considerándolos con la normalización, denotaremos

$$\boldsymbol{v}_1 = \frac{1}{\sqrt{2}}(1,1,0), \quad \boldsymbol{v}_2 = (0,0,1), \quad \boldsymbol{v}_3 = \frac{1}{\sqrt{2}}(1,-1,0)$$

una base ortonormal de $\mathbb{R}^3$.

$S_{\mathbb{A}}(\boldsymbol{x}) = 2p_A(\boldsymbol{x}) - \boldsymbol{x} = 2\langle \boldsymbol{x}, \boldsymbol{v}_1\rangle \boldsymbol{v}_1 + 2\langle \boldsymbol{x}, \boldsymbol{v}_2\rangle \boldsymbol{v}_2 - \boldsymbol{x}$. Así pues,

$$\begin{aligned} S_{\mathbb{A}}(\boldsymbol{e}_1) &= \frac{2}{\sqrt{2}}\boldsymbol{v}_1 - \boldsymbol{e}_1 = (0,1,0),\\ S_{\mathbb{A}}(\boldsymbol{e}_2) &= \frac{2}{\sqrt{2}}\boldsymbol{v}_1 - \boldsymbol{e}_2 = (1,0,0),\\ S_{\mathbb{A}}(\boldsymbol{e}_3) &= 2\boldsymbol{v}_2 - \boldsymbol{e}_3 = (0,0,1). \end{aligned}$$

Por tanto, la matriz de $S_{\mathbb{A}}$ respecto a la base canónica es

$$\mathcal{M} = \begin{pmatrix} 0 & 1 & 0 \\ 1 & 0 & 0 \\ 0 & 0 & 1 \end{pmatrix}.$$

(b) Claramente $\mathcal{M}^{\mathrm{T}}\mathcal{M} = \mathcal{I}_3$, luego $\mathcal{M}$ es una matriz ortogonal.

(c) El polinomio característico de $\mathcal{M}$ es $(\lambda-1)^2(\lambda+1)$. Así, $\lambda=1$ es un valor propio doble, y el subespacio de vectores propios asociado tiene por ecuación $x_1-x_2=0$, mientras que $\lambda=-1$ es un valor propio simple y el subespacio de vectores propios está generado por el vector $(1,-1,0)$.

10.20 En $\mathbb{R}^3$ se considera la recta de ecuación

$$r \equiv \begin{cases} x_1 - x_2 = 0 \\ x_1 + x_2 + x_3 = 0 \end{cases}$$

(a) Determinar la matriz $\mathcal{N}$ de la simetría S_r respecto a la recta r en la base canónica de $\mathbb{R}^3$.

(b) ¿Es $\mathcal{N}$ una matriz ortogonal?

(c) Determinar los valores propios y los subespacios de vectores propios de $\mathcal{N}$.

Resolución.

(a) La simetría viene dada por $S_r(\boldsymbol{x}) = 2\Pi_r(\boldsymbol{x}) - \boldsymbol{x}$. El vector normalizado que genera la recta r es $\boldsymbol{v}_1 = \frac{1}{\sqrt{6}}(1,1,-2)$. Por tanto, $S_r(\boldsymbol{x}) = 2\langle \boldsymbol{x}, \boldsymbol{v}_1\rangle \boldsymbol{v}_1 - \boldsymbol{x}$. Esto implica que

$$\begin{aligned} S_r(\boldsymbol{e}_1) &= \frac{2}{\sqrt{6}}\boldsymbol{v}_1 - \boldsymbol{e}_1 = \frac{1}{3}(-2,1,-2), \\ S_r(\boldsymbol{e}_2) &= \frac{2}{\sqrt{6}}\boldsymbol{v}_1 - \boldsymbol{e}_2 = \frac{1}{3}(1,-2,-2), \\ S_r(\boldsymbol{e}_3) &= -\frac{4}{\sqrt{6}}\boldsymbol{v}_1 - \boldsymbol{e}_3 = \frac{1}{3}(-2,-2,1). \end{aligned}$$

La matriz de la simetría S_r respecto a la base canónica es

$$\mathcal{N} = \frac{1}{3}\begin{pmatrix} -2 & 1 & -2 \\ 1 & -2 & -2 \\ -2 & -2 & 1 \end{pmatrix}.$$

(b) Claramente $\mathcal{N}$ es una matriz ortogonal, pues $\mathcal{N}^{\mathrm{T}}\mathcal{N} = \mathcal{I}_3$.

(c) El polinomio característico de la matriz $\mathcal{N}$ es $(\lambda+1)^2(\lambda-1)$. Así, $\lambda=-1$ es un valor propio doble. El subespacio de vectores propios tiene por ecuación $x_1+x_2-2x_3=0$. Por otra parte, $\lambda=1$ es un valor propio simple y el subespacio de vectores propios tiene por ecuaciones

$$\begin{cases} x_1 - x_2 = 0, \\ x_1 + x_2 + x_3 = 0. \end{cases}$$

10.21 En $\mathbb{R}^4$, dotado del producto escalar usual, se pide:

(a) Calcular la matriz $\mathcal{P}$ de la simetría respecto al hiperplano $\mathbb{A}$ de ecuación $x_1+x_2+x_3+x_4=0$ en la base canónica $\{\boldsymbol{e}_1, \boldsymbol{e}_2, \boldsymbol{e}_3, \boldsymbol{e}_4\}$. ¿Es $\mathcal{P}$ una matriz ortogonal?

(b) Calcular los valores propios y los subespacios de vectores propios de $\mathcal{P}$.

Resolución.

(a) La simetría respecto al hiperplano $\mathbb{A}$ viene dada por $S_{\mathbb{A}}(\boldsymbol{x}) = \boldsymbol{x} - 2\Pi_{\mathbb{A}^\perp}(\boldsymbol{x})$. Obsérvese que $\mathbb{A}^\perp$ está generado por el vector normalizado $\boldsymbol{v} = \frac{1}{2}(1,1,1,1)$. Así pues, $S_{\mathbb{A}}(\boldsymbol{x}) = \boldsymbol{x} - 2\langle \boldsymbol{x}, \boldsymbol{v}\rangle \boldsymbol{v}$. Por tanto,

$$S_{\mathbb{A}}(\boldsymbol{e}_1) = \frac{1}{2}(1,-1,-1,-1), \qquad S_{\mathbb{A}}(\boldsymbol{e}_2) = \frac{1}{2}(-1,1,-1,-1),$$
$$S_{\mathbb{A}}(\boldsymbol{e}_3) = \frac{1}{2}(-1,-1,1,-1), \qquad S_{\mathbb{A}}(\boldsymbol{e}_4) = \frac{1}{2}(-1,-1,-1,1).$$

La matriz de $S_{\mathbb{A}}$ respecto a la base canónica es

$$\mathcal{P} = \frac{1}{2}\begin{pmatrix} 1 & -1 & -1 & -1 \\ -1 & 1 & -1 & -1 \\ -1 & -1 & 1 & -1 \\ -1 & -1 & -1 & 1 \end{pmatrix}.$$

Claramente $\mathcal{P}$ es una matriz ortogonal, pues $\mathcal{P}^{\mathrm{T}}\mathcal{P} = \mathcal{I}_4$.

(b) El polinomio característico de la matriz $\mathcal{P}$ es $(\lambda-1)^3(\lambda+1)$. Así, el subespacio de vectores propios asociado al valor propio triple $\lambda_1 = 1$ es $x_1 + x_2 + x_3 + x_4 = 0$. Por otro lado, el subespacio de vectores propios asociado al valor propio simple $\lambda_2 = -1$ está generado por el vector $(1,1,1,1)$.

10.22 En el espacio euclídeo $\mathbb{R}^4$, dotado del producto escalar usual, se considera una aplicación $f : \mathbb{R}^4 \longmapsto \mathbb{R}^4$ tal que $\langle f(\boldsymbol{x}), \boldsymbol{y}\rangle = -\langle \boldsymbol{x}, f(\boldsymbol{y})\rangle$.

(a) Probar que f es lineal y que su matriz respecto a una base ortonormal es antisimétrica.

(b) Demostrar que las matrices antisimétricas constituyen un espacio vectorial y determinar su dimensión.

(c) Probar que $\ker f = (\operatorname{Im} f)^\perp$, deduciendo que $\mathbb{R}^4 = \operatorname{Im} f \oplus \ker f$.

(d) Demostrar que f^2 admite valores propios negativos o nulos.

(e) Si λ es un valor propio no nulo de f^2, demostrar que $\mathbb{A} = \ker\left(f^2 - \lambda i_{\mathbb{R}^4}\right)$, donde $i_{\mathbb{R}^4}$ denota la aplicación identidad en $\mathbb{R}^4$, satisface $f(\mathbb{A}) \subset \mathbb{A}$.

(f) Estudiar las representaciones canónicas de las matrices antisimétricas en bases ortonormales de $\mathbb{R}^4$.

Resolución.

(a) Dados $\boldsymbol{x}_1, \boldsymbol{x}_2 \in \mathbb{R}^4$ y $\alpha_1, \alpha_2 \in \mathbb{R}$ arbitrarios, se tiene que

$$\begin{aligned}\langle f(\alpha_1\boldsymbol{x}_1 + \alpha_2\boldsymbol{x}_2), \boldsymbol{y}\rangle &= -\langle \alpha_1\boldsymbol{x}_1 + \alpha_2\boldsymbol{x}_2, f(\boldsymbol{y})\rangle = -\alpha_1\langle \boldsymbol{x}_1, f(\boldsymbol{y})\rangle - \alpha_2\langle \boldsymbol{x}_2, f(\boldsymbol{y})\rangle \\ &= \alpha_1\langle f(\boldsymbol{x}_1), \boldsymbol{y}\rangle + \alpha_2\langle f(\boldsymbol{x}_2), \boldsymbol{y}\rangle = \langle \alpha_1 f(\boldsymbol{x}_1) + \alpha_2 f(\boldsymbol{x}_2), \boldsymbol{y}\rangle.\end{aligned}$$

Puesto que esta igualdad debe cumplirse para todo $\boldsymbol{y} \in \mathbb{R}^4$, concluimos que

$$f(\alpha_1\boldsymbol{x}_1 + \alpha_2\boldsymbol{x}_2) = \alpha_1 f(\boldsymbol{x}_1) + \alpha_2 f(\boldsymbol{x}_2),$$

esto es, f es lineal. Por otra parte, si $\{\boldsymbol{u}_1, \boldsymbol{u}_2, \boldsymbol{u}_3, \boldsymbol{u}_4\}$ es una base ortonormal cualquiera de $\mathbb{R}^4$ y denotamos por $\mathcal{A}$ la matriz de f respecto a la misma, se tiene que

$$a_{ij} = \langle f(\boldsymbol{u}_i), \boldsymbol{u}_j\rangle = -\langle \boldsymbol{u}_i, f(\boldsymbol{u}_j)\rangle = -\langle f(\boldsymbol{u}_j), \boldsymbol{u}_i\rangle = -a_{ji},$$

es decir, $\mathcal{A}$ es antisimétrica.

(b) En el espacio vectorial $\mathbb{R}^{(n,n)}$, denotamos por $\mathbb{A}_n$ el subconjunto de las matrices antisimétricas. Se tiene que

$$(\mathcal{A}+\mathcal{B})^{\mathrm{T}} = \mathcal{A}^{\mathrm{T}} + \mathcal{B}^{\mathrm{T}} = -\mathcal{A} - \mathcal{B} = -(\mathcal{A}+\mathcal{B}), \quad \forall\, \mathcal{A}, \mathcal{B} \in \mathbb{A}_n,$$
$$(\alpha\mathcal{A})^{\mathrm{T}} = \alpha\mathcal{A}^{\mathrm{T}} = \alpha(-\mathcal{A}) = -(\alpha\mathcal{A}), \quad \forall\, \mathcal{A} \in \mathbb{A}_n,\ \alpha \in \mathbb{R}.$$

Esto es, $\mathbb{A}_n$ es cerrado respecto a la suma y al producto por escalares y, por tanto, constituye un subespacio vectorial de $\mathbb{R}^{(n,n)}$.

Si $\mathcal{A} \in \mathbb{A}_n$, la condición $a_{ij} = -a_{ji}$ implica que las n entradas de la diagonal principal $(i = j)$ son nulas y de las $n^2 - n = n(n-1)$ entradas restantes sólo la mitad se pueden elegir arbitrariamente. Por tanto,

$$\dim \mathbb{A}_n = \frac{n(n-1)}{2},$$

y, en particular, $\dim \mathbb{A}_4 = 6$.

(c) Para $\boldsymbol{x} \in \mathbb{R}^4$, se tiene que

$$\begin{aligned}
\boldsymbol{x} \in \ker f &\iff f(\boldsymbol{x}) = \mathbf{0}_4 \\
&\iff \langle f(\boldsymbol{x}), \boldsymbol{y} \rangle = 0 \ \ \forall\, \boldsymbol{y} \in \mathbb{R}^4 \\
&\iff \langle \boldsymbol{x}, f(\boldsymbol{y}) \rangle = 0 \ \ \forall\, \boldsymbol{y} \in \mathbb{R}^4 \\
&\iff \langle \boldsymbol{x}, \boldsymbol{z} \rangle = 0 \ \ \forall\, \boldsymbol{z} \in \operatorname{Im} f \\
&\iff \boldsymbol{x} \in (\operatorname{Im} f)^{\perp},
\end{aligned}$$

es decir, $\ker f = (\operatorname{Im} f)^{\perp}$.

Debido a la descomposición ortogonal, $\mathbb{R}^4 = \mathbb{A} \oplus \mathbb{A}^{\perp}$ para todo subespacio $\mathbb{A} \in \mathbb{R}^4$. Aplicando esta fórmula con $\mathbb{A} = \operatorname{Im} f$ y teniendo en cuenta el resultado anterior, se deduce que $\mathbb{R}^4 = \operatorname{Im} f \oplus \ker f$.

(d) Tomando $\boldsymbol{y} = f(\boldsymbol{x})$ en la condición que define el producto escalar, se tiene

$$\langle f(\boldsymbol{x}), f(\boldsymbol{x}) \rangle = -\left\langle \boldsymbol{x}, f^2(\boldsymbol{x}) \right\rangle.$$

Si $\boldsymbol{x}$ es un valor propio de f^2 correspondiente al valor propio λ, $f^2(\boldsymbol{x}) = \lambda\boldsymbol{x}$, y por tanto

$$\langle f(\boldsymbol{x}), f(\boldsymbol{x}) \rangle = -\langle \boldsymbol{x}, \lambda\boldsymbol{x} \rangle = -\lambda \langle \boldsymbol{x}, \boldsymbol{x} \rangle \implies \lambda = -\frac{\langle f(\boldsymbol{x}), f(\boldsymbol{x}) \rangle}{\langle \boldsymbol{x}, \boldsymbol{x} \rangle}.$$

Teniendo en cuenta que $\langle \boldsymbol{x}, \boldsymbol{x} \rangle > 0$ por ser $\boldsymbol{x} \neq \mathbf{0}_4$ (al tratarse de un vector propio), mientras que $\langle f(\boldsymbol{x}), f(\boldsymbol{x}) \rangle \geq 0$, concluimos que $\lambda \leq 0$.

(e) Sean $\lambda \neq 0$ un valor propio de f^2 y $\boldsymbol{x} \in \mathbb{A}$. Se tiene que

$$\boldsymbol{x} \in \mathbb{A} \iff f^2(\boldsymbol{x}) - \lambda\boldsymbol{x} = \mathbf{0}_4 \iff f^2(\boldsymbol{x}) = \lambda\boldsymbol{x}.$$

Sustituyendo $\boldsymbol{x}$ por $f^2(\boldsymbol{x})$ en la condición que define el producto escalar y teniendo en cuenta la relación anterior, vemos que para todo $\boldsymbol{y} \in \mathbb{R}^4$,

$$\begin{aligned}
\left\langle f(f^2(\boldsymbol{x})), \boldsymbol{y} \right\rangle &= -\left\langle f^2(\boldsymbol{x}), f(\boldsymbol{y}) \right\rangle = -\left\langle f(\boldsymbol{y}), f^2(\boldsymbol{x}) \right\rangle = -\langle f(\boldsymbol{y}), \lambda\boldsymbol{x} \rangle = -\lambda \langle f(\boldsymbol{y}), \boldsymbol{x} \rangle \\
&= \lambda \langle \boldsymbol{y}, f(\boldsymbol{x}) \rangle = \lambda \langle f(\boldsymbol{x}), \boldsymbol{y} \rangle = \langle \lambda f(\boldsymbol{x}), \boldsymbol{y} \rangle.
\end{aligned}$$

Se deduce de aquí que $f(f^2(\boldsymbol{x})) = \lambda f(\boldsymbol{x})$. Equivalentemente, $f^2(f(\boldsymbol{x})) = \lambda f(\boldsymbol{x})$, es decir, $f(\boldsymbol{x}) \in \mathbb{A}$. Puesto que esta relación se cumple para todo $\boldsymbol{x} \in \mathbb{A}$, concluimos que $f(\mathbb{A}) \subset \mathbb{A}$.

(f) Una matriz $\mathcal{A} \in \mathbb{R}^{(n,n)}$ antisimétrica es una matriz normal, puesto que $\mathcal{A}\mathcal{A}^{\mathrm{T}} = \mathcal{A}^{\mathrm{T}}\mathcal{A} = -\mathcal{A}^2$. Aplicando la proposición 10.1, podemos escribir $\mathcal{A} = \mathcal{Q}\mathcal{D}\mathcal{Q}^{\mathrm{T}}$ con $\mathcal{Q} \in \mathbb{R}^{(n,n)}$ ortogonal y $\mathcal{D} \in \mathbb{R}^{(n,n)}$ diagonal por bloques,

$$\mathcal{D} = \operatorname{diag}(\mathcal{A}_1, \mathcal{A}_2, \ldots, \mathcal{A}_k),$$

donde cada $\mathcal{A}_j$ ($j = 1, 2, \ldots, k$) es o bien un número real (matriz real de dimensión 1) o bien una matriz 2×2 de la forma

$$\begin{pmatrix} a & -b \\ b & a \end{pmatrix}, \quad a, b \in \mathbb{R}.$$

Teniendo en cuenta que $\mathcal{Q}$ es ortogonal, la igualdad $\mathcal{A} = \mathcal{Q}\mathcal{D}\mathcal{Q}^{\mathrm{T}}$ equivale a $\mathcal{D} = \mathcal{Q}^{\mathrm{T}}\mathcal{A}\mathcal{Q}$. De aquí se deduce que si $\mathcal{A}$ es antisimétrica, $\mathcal{D}$ lo es también, dado que

$$\mathcal{D}^{\mathrm{T}} = (\mathcal{Q}^{\mathrm{T}}\mathcal{A}\mathcal{Q})^{\mathrm{T}} = \mathcal{Q}^{\mathrm{T}}\mathcal{A}^{\mathrm{T}}\mathcal{Q} = -\mathcal{Q}^{\mathrm{T}}\mathcal{A}\mathcal{Q} = -\mathcal{D}.$$

La condición de que $\mathcal{D}$ sea antisimétrica equivale a que lo sean todos y cada uno de los bloques $\mathcal{A}_j$. Por tanto, si $\mathcal{A}_j$ es un número debe ser necesariamente 0, mientras que si es una matriz 2×2 debe tener la forma

$$\begin{pmatrix} 0 & -b \\ b & 0 \end{pmatrix}, \quad b \in \mathbb{R}.$$

Así, en el caso particular $n = 4$, para la matriz $\mathcal{D}$ existen las siguientes tres posibilidades (únicas salvo permutaciones de los bloques):

(i) $\mathcal{A}_1 = \mathcal{A}_2 = \mathcal{A}_3 = \mathcal{A}_4 = 0$.

(ii) $\mathcal{A}_1 = \mathcal{A}_2 = 0, \quad \mathcal{A}_3 = \begin{pmatrix} 0 & -b \\ b & 0 \end{pmatrix}, \quad b \in \mathbb{R}.$

(iii) $\mathcal{A}_1 = \begin{pmatrix} 0 & -b \\ b & 0 \end{pmatrix}, \quad \mathcal{A}_2 = \begin{pmatrix} 0 & -c \\ c & 0 \end{pmatrix}, \quad b, c \in \mathbb{R}.$

10.23 En el espacio euclídeo $\mathbb{R}^n$ ($n \geq 2$), dotado del producto escalar usual, se consideran las aplicaciones $f : \mathbb{R}^n \longmapsto \mathbb{R}^n$ tales que $\langle f(\boldsymbol{x}), \boldsymbol{y} \rangle = \langle \boldsymbol{x}, f(\boldsymbol{y}) \rangle$ cualesquiera sean $\boldsymbol{x}, \boldsymbol{y} \in \mathbb{R}^n$.

(a) Probar que f es lineal.

(b) Demostrar que la matriz de f respecto a una base ortonormal de $\mathbb{R}^n$ es una matriz simétrica.

(c) Demostrar que $\ker f = (\operatorname{Im} f)^{\perp}$ y, en consecuencia, $\mathbb{R}^n = \ker f \oplus \operatorname{Im} f$.

(d) Probar que $\ker f = \ker f^2$, $\operatorname{Im} f = \operatorname{Im} f^2$.

Resolución.

(a) La demostración es análoga a la del apartado (a) del problema anterior. Dados $\boldsymbol{x}_1, \boldsymbol{x}_2 \in \mathbb{R}^n$ y $\alpha_1, \alpha_2 \in \mathbb{R}$ arbitrarios, se tiene que

$$\begin{aligned}\langle f(\alpha_1\boldsymbol{x}_1 + \alpha_2\boldsymbol{x}_2), \boldsymbol{y} \rangle &= \langle \alpha_1\boldsymbol{x}_1 + \alpha_2\boldsymbol{x}_2, f(\boldsymbol{y}) \rangle = \alpha_1 \langle \boldsymbol{x}_1, f(\boldsymbol{y}) \rangle + \alpha_2 \langle \boldsymbol{x}_2, f(\boldsymbol{y}) \rangle \\ &= \alpha_1 \langle f(\boldsymbol{x}_1), \boldsymbol{y} \rangle + \alpha_2 \langle f(\boldsymbol{x}_2), \boldsymbol{y} \rangle = \langle \alpha_1 f(\boldsymbol{x}_1) + \alpha_2 f(\boldsymbol{x}_2), \boldsymbol{y} \rangle .\end{aligned}$$

Puesto que esta igualdad debe cumplirse para todo $\boldsymbol{y} \in \mathbb{R}^n$, concluimos que

$$f(\alpha_1\boldsymbol{x}_1 + \alpha_2\boldsymbol{x}_2) = \alpha_1 f(\boldsymbol{x}_1) + \alpha_2 f(\boldsymbol{x}_2),$$

esto es, f es lineal.

(b) De nuevo procedemos como en el apartado (a) del problema anterior. Si $\{\boldsymbol{u}_1, \boldsymbol{u}_2, \ldots, \boldsymbol{u}_n\}$ es una base ortonormal cualquiera de $\mathbb{R}^n$ y denotamos por $\mathcal{A}$ la matriz de f respecto a la misma, se tiene que

$$a_{ij} = \langle f(\boldsymbol{u}_i), \boldsymbol{u}_j \rangle = \langle \boldsymbol{u}_i, f(\boldsymbol{u}_j) \rangle = \langle f(\boldsymbol{u}_j), \boldsymbol{u}_i \rangle = a_{ji},$$

es decir, $\mathcal{A}$ es simétrica.

(c) La demostración es análoga a la del apartado (c) del problema anterior. Para $\boldsymbol{x} \in \mathbb{R}^n$, se tiene que

$$\begin{aligned} \boldsymbol{x} \in \ker f &\iff f(\boldsymbol{x}) = \mathbf{0}_n \\ &\iff \langle f(\boldsymbol{x}), \boldsymbol{y} \rangle = 0 \ \ \forall\, \boldsymbol{y} \in \mathbb{R}^n \\ &\iff \langle \boldsymbol{x}, f(\boldsymbol{y}) \rangle = 0 \ \ \forall\, \boldsymbol{y} \in \mathbb{R}^n \\ &\iff \langle \boldsymbol{x}, \boldsymbol{z} \rangle = 0 \ \ \forall\, \boldsymbol{z} \in \operatorname{Im} f \\ &\iff \boldsymbol{x} \in (\operatorname{Im} f)^{\perp}, \end{aligned}$$

es decir, $\ker f = (\operatorname{Im} f)^{\perp}$.

Debido a la descomposición ortogonal, $\mathbb{R}^n = \mathbb{A} \oplus \mathbb{A}^{\perp}$ para todo subespacio $\mathbb{A} \in \mathbb{R}^n$. Aplicando esta fórmula con $\mathbb{A} = \operatorname{Im} f$ y teniendo en cuenta el resultado anterior, se deduce que $\mathbb{R}^n = \operatorname{Im} f \oplus \ker f$.

(d) Como hemos visto en el apartado (a), la aplicación f es lineal. Por tanto se cumple que $f(\mathbf{0}_n) = \mathbf{0}_n$ y en consecuencia

$$\boldsymbol{x} \in \ker f \implies f(\boldsymbol{x}) = \mathbf{0}_n \implies f^2(\boldsymbol{x}) = f(\mathbf{0}_n) = \mathbf{0}_n \implies \boldsymbol{x} \in \ker f^2,$$

es decir, $\ker f \subseteq \ker f^2$. Por otra parte,

$$\begin{aligned} \boldsymbol{x} \in \ker f^2 &\iff f^2(\boldsymbol{x}) = \mathbf{0}_n \\ &\iff \left\langle f^2(\boldsymbol{x}), \boldsymbol{y} \right\rangle = 0 \ \ \forall\, \boldsymbol{y} \in \mathbb{R}^n \\ &\iff \langle f(f(\boldsymbol{x})), \boldsymbol{y} \rangle = 0 \ \ \forall\, \boldsymbol{y} \in \mathbb{R}^n \\ &\iff \langle f(\boldsymbol{x}), f(\boldsymbol{y}) \rangle = 0 \ \ \forall\, \boldsymbol{y} \in \mathbb{R}^n. \end{aligned}$$

En particular, tomando $\boldsymbol{y} = \boldsymbol{x}$,

$$\boldsymbol{x} \in \ker f^2 \implies \langle f(\boldsymbol{x}), f(\boldsymbol{x}) \rangle = 0 \implies f(\boldsymbol{x}) = \mathbf{0}_n \implies \boldsymbol{x} \in \ker f,$$

es decir, $\ker f^2 \subseteq \ker f$ y, por tanto, $\ker f^2 = \ker f$.

Para un endomorfismo f cualquiera, $\operatorname{Im} f^2 \subseteq \operatorname{Im} f$, puesto que

$$\boldsymbol{z} \in \operatorname{Im} f^2 \implies \boldsymbol{z} = f^2(\boldsymbol{x}) = f(f(\boldsymbol{x})) \implies \boldsymbol{z} \in \operatorname{Im} f.$$

Por otro lado, si la aplicación f cumple la condición $\langle f(\boldsymbol{x}), \boldsymbol{y} \rangle = \langle \boldsymbol{x}, f(\boldsymbol{y}) \rangle$, $\forall\, \boldsymbol{x}, \boldsymbol{y} \in \mathbb{R}^n$, entonces f^2 cumple esa misma condición, pues

$$\left\langle f^2(\boldsymbol{x}), \boldsymbol{y} \right\rangle = \langle f(f(\boldsymbol{x})), \boldsymbol{y} \rangle = \langle f(\boldsymbol{x}), f(\boldsymbol{y}) \rangle = \left\langle \boldsymbol{x}, f^2(\boldsymbol{y}) \right\rangle.$$

Aplicando a f^2 el resultado del apartado anterior, se tiene que

$$(\operatorname{Im} f^2)^{\perp} = \ker f^2 = \ker f = (\operatorname{Im} f)^{\perp}.$$

Se deduce de aquí que $\dim \operatorname{Im} f^2 = \dim \operatorname{Im} f$ y, por tanto, $\operatorname{Im} f^2 = \operatorname{Im} f$.

10.24 En el espacio vectorial euclídeo $\mathbb{R}^n$ $(n \geq 2)$, dotado del producto escalar usual, se considera una aplicación lineal $f : \mathbb{R}^n \longmapsto \mathbb{R}^n$.

(a) Probar que para cada $\boldsymbol{y} \in \mathbb{R}^n$, podemos definir un único $\boldsymbol{y}' \in \mathbb{R}^n$ tal que $\langle f(\boldsymbol{x}), \boldsymbol{y} \rangle = \langle \boldsymbol{x}, \boldsymbol{y}' \rangle$ cualquiera sea $\boldsymbol{x} \in \mathbb{R}^n$.

(b) Demostrar que la aplicación $g : \mathbb{R}^n \longmapsto \mathbb{R}^n$ tal que $g(\boldsymbol{y}) = \boldsymbol{y}'$, en los términos del apartado anterior, es lineal.

(c) Si $\mathcal{M}$ denota la matriz de f respecto a una base ortonormal de $\mathbb{R}^n$, probar que $\mathcal{M}^{\mathrm{T}}$ es la matriz de g respecto a dicha base ortonormal.

Resolución.

(a) Si $\mathcal{A} \in \mathbb{R}^{(n,n)}$ denota la matriz de f en la base canónica de $\mathbb{R}^n$, entonces

$$\langle f(\boldsymbol{x}), \boldsymbol{y} \rangle = \langle \mathcal{A}\boldsymbol{x}, \boldsymbol{y} \rangle = (\mathcal{A}\boldsymbol{x})^{\mathrm{T}}\boldsymbol{y} = \boldsymbol{x}^{\mathrm{T}}\mathcal{A}^{\mathrm{T}}\boldsymbol{y} = \left\langle \boldsymbol{x}, \mathcal{A}^{\mathrm{T}}\boldsymbol{y} \right\rangle.$$

Por tanto, el vector $\boldsymbol{y}' = \mathcal{A}^{\mathrm{T}}\boldsymbol{y}$ cumple la condición pedida en el enunciado. La unicidad puede demostrarse suponiendo que existe otro vector $\boldsymbol{y}''$ tal que

$$\langle f(\boldsymbol{x}), \boldsymbol{y} \rangle = \langle \boldsymbol{x}, \boldsymbol{y}' \rangle = \langle \boldsymbol{x}, \boldsymbol{y}'' \rangle, \quad \forall\, \boldsymbol{x} \in \mathbb{R}^n.$$

Esto implicaría que

$$\begin{aligned} \langle \boldsymbol{x}, \boldsymbol{y}' \rangle - \langle \boldsymbol{x}, \boldsymbol{y}'' \rangle = 0 \;\; \forall\, \boldsymbol{x} \in \mathbb{R}^n &\iff \langle \boldsymbol{x}, \boldsymbol{y}' - \boldsymbol{y}'' \rangle = 0 \;\; \forall\, \boldsymbol{x} \in \mathbb{R}^n \iff \boldsymbol{y}' - \boldsymbol{y}'' = \boldsymbol{0}_n \\ &\iff \boldsymbol{y}'' = \boldsymbol{y}', \end{aligned}$$

esto es, $\boldsymbol{y}'$ es único.

(b) La aplicación g queda definida por la condición

$$\langle f(\boldsymbol{x}), \boldsymbol{y} \rangle = \langle \boldsymbol{x}, g(\boldsymbol{y}) \rangle, \quad \forall\, \boldsymbol{x} \in \mathbb{R}^n.$$

Dados $\boldsymbol{y}_1, \boldsymbol{y}_2 \in \mathbb{R}^n$ y $\alpha_1, \alpha_2 \in \mathbb{R}$ arbitrarios, se tiene que

$$\begin{aligned} \langle \boldsymbol{x}, g(\alpha_1\boldsymbol{y}_1 + \alpha_2\boldsymbol{y}_2) \rangle &= \langle f(\boldsymbol{x}), \alpha_1\boldsymbol{y}_1 + \alpha_2\boldsymbol{y}_2 \rangle = \alpha_1 \langle f(\boldsymbol{x}), \boldsymbol{y}_1 \rangle + \alpha_2 \langle f(\boldsymbol{x}), \boldsymbol{y}_2 \rangle \\ &= \alpha_1 \langle \boldsymbol{x}, g(\boldsymbol{y}_1) \rangle + \alpha_2 \langle \boldsymbol{x}, g(\boldsymbol{y}_2) \rangle = \langle \boldsymbol{x}, \alpha_1 g(\boldsymbol{y}_1) + \alpha_2 g(\boldsymbol{y}_2) \rangle. \end{aligned}$$

Puesto que esta igualdad debe cumplirse para todo $\boldsymbol{x} \in \mathbb{R}^n$, concluimos que

$$g(\alpha_1\boldsymbol{y}_1 + \alpha_2\boldsymbol{y}_2) = \alpha_1 g(\boldsymbol{y}_1) + \alpha_2 g(\boldsymbol{y}_2),$$

esto es, g es lineal.

(c) En el apartado (a) ya hemos probado el resultado para el caso particular de la base canónica. En general, si $\{\boldsymbol{u}_1, \boldsymbol{u}_2, \ldots, \boldsymbol{u}_n\}$ es una base ortonormal cualquiera de $\mathbb{R}^n$, y denotamos por $\mathcal{M}$ y $\mathcal{M}'$, respectivamente, las matrices de f y g respecto a la misma, se tiene que

$$m_{ij} = \langle f(\boldsymbol{u}_i), \boldsymbol{u}_j \rangle = \langle \boldsymbol{u}_i, g(\boldsymbol{u}_j) \rangle = \langle g(\boldsymbol{u}_j), \boldsymbol{u}_i \rangle = m'_{ji},$$

es decir, $\mathcal{M}' = \mathcal{M}^{\mathrm{T}}$.

10.25 Dada $\mathcal{A} \in \mathbb{C}^{(n,n)}$ hermitiana, sean $\{\lambda_i\}_{i=1}^n$ los valores propios de $\mathcal{A}$ (teniendo en cuenta su multiplicidad algebraica) y $\{\boldsymbol{a}_i\}_{i=1}^n$ una base ortonormal de vectores propios.

(a) Si $\lambda \neq \lambda_i$ $(i = 1, 2, \ldots, n)$ y $\boldsymbol{b} \in \mathbb{C}^n$, demostrar que el vector

$$\boldsymbol{v} = \sum_{i=1}^{n} \frac{\langle \boldsymbol{b}, \boldsymbol{a}_i \rangle}{\lambda_i - \lambda}\boldsymbol{a}_i$$

es solución de la ecuación $\left(\mathcal{A} - \lambda\mathcal{I}_n\right)\boldsymbol{x} = \boldsymbol{b}$. ¿Existen otras soluciones de dicha ecuación?

(b) Sea $\mathcal{A} \in \mathbb{R}^{(3,3)}$ tal que

$$\mathcal{A}\begin{pmatrix} 0 \\ -1 \\ 2 \end{pmatrix} = \begin{pmatrix} 0 \\ 0 \\ 0 \end{pmatrix}, \quad \mathcal{A}\begin{pmatrix} 0 \\ 2 \\ 1 \end{pmatrix} = \begin{pmatrix} 0 \\ -2 \\ -1 \end{pmatrix}, \quad \mathcal{A}\begin{pmatrix} 1 \\ 0 \\ 0 \end{pmatrix} = \begin{pmatrix} 2 \\ 0 \\ 0 \end{pmatrix}.$$

Utilizando el apartado anterior, resolver la ecuación

$$(\mathcal{A} - \mathcal{I}_3)\boldsymbol{x} = \begin{pmatrix} 1 \\ 1 \\ 1 \end{pmatrix}.$$

Resolución.

(a) $(\mathcal{A} - \lambda\mathcal{I}_n)\boldsymbol{v} = \mathcal{A}\boldsymbol{v} - \lambda\boldsymbol{v} = \sum_{i=1}^{n} \frac{\langle \boldsymbol{b}, \boldsymbol{a}_i\rangle}{\lambda_i - \lambda}\lambda_i \boldsymbol{a}_i - \lambda\sum_{i=1}^{n} \frac{\langle \boldsymbol{b}, \boldsymbol{a}_i\rangle}{\lambda_i - \lambda}\boldsymbol{a}_i = \sum_{i=1}^{n} \langle \boldsymbol{b}, \boldsymbol{a}_i\rangle \boldsymbol{a}_i = \boldsymbol{b}.$

Así pues, el vector $\boldsymbol{v}$ es una solución particular de la ecuación $(\mathcal{A} - \lambda\mathcal{I}_n)\boldsymbol{x} = \boldsymbol{b}$. Además es única, dado que $\ker(\mathcal{A} - \lambda\mathcal{I}_n) = \mathbf{0}_n$ cuando $\lambda \neq \lambda_i$, $i = 1, 2, \ldots, n$.

(b) De acuerdo con la actuación de la matriz $\mathcal{A}$ sobre los vectores $(0, -1, 2)$, $(0, 2, 1)$ y $(1, 0, 0)$, que son ortogonales dos a dos, deducimos que:

$\lambda_1 = 0$ es valor propio simple con vector propio normalizado $\boldsymbol{a}_1 = \frac{1}{\sqrt{5}}(0, -1, 2)$, $\lambda_2 = -1$ es valor propio simple con vector propio normalizado $\boldsymbol{a}_2 = \frac{1}{\sqrt{5}}(0, 2, 1)$, $\lambda_3 = 2$ es valor propio simple con vector propio normalizado $\boldsymbol{a}_3 = (1, 0, 0)$.

De acuerdo con el apartado (a), la solución del sistema $(\mathcal{A} - \mathcal{I}_3)\boldsymbol{x} = (1, 1, 1)$ es

$$\boldsymbol{v} = \frac{\langle \boldsymbol{b}, \boldsymbol{a}_1\rangle}{0 - 1}\boldsymbol{a}_1 + \frac{\langle \boldsymbol{b}, \boldsymbol{a}_2\rangle}{-1 - 1}\boldsymbol{a}_2 + \frac{\langle \boldsymbol{b}, \boldsymbol{a}_3\rangle}{2 - 1}\boldsymbol{a}_3 = -\frac{1}{\sqrt{5}}\boldsymbol{a}_1 - \frac{3}{2\sqrt{5}}\boldsymbol{a}_2 + \boldsymbol{a}_3 = \left(1, -\frac{2}{5}, -\frac{7}{10}\right).$$

Problemas Propuestos

10.1 ¿Son las siguientes matrices ortogonales?

$$\mathcal{A} = \begin{pmatrix} 1 & 0 & 0 \\ 0 & 1 & 0 \\ 0 & 0 & -1 \end{pmatrix}, \qquad \mathcal{B} = \begin{pmatrix} 1 & 0 & 0 \\ 0 & -1 & 0 \\ 0 & 0 & -1 \end{pmatrix},$$

$$\mathcal{C} = \begin{pmatrix} -1 & 0 & 0 \\ 0 & -1 & 0 \\ 0 & 0 & -1 \end{pmatrix}, \qquad \mathcal{D} = \begin{pmatrix} 1 & 0 & 0 \\ 0 & \cos\alpha & -\sin\alpha \\ 0 & \sin\alpha & \cos\alpha \end{pmatrix}, \quad \alpha \in \mathbb{R}.$$

¿Qué transformación representa cada una de ellas en el espacio $\mathbb{R}^3$ respecto a los ejes cartesianos x, y, z?

10.2 Probar que una matriz $\mathcal{A} \in \mathbb{R}^{(n,n)}$ es ortogonal si y sólo si $\langle \mathcal{A}\boldsymbol{x}, \mathcal{A}\boldsymbol{y}\rangle = \langle \boldsymbol{x}, \boldsymbol{y}\rangle$ cualesquiera sean $\boldsymbol{x}, \boldsymbol{y} \in \mathbb{R}^n$.

10.3 Sea la aplicación lineal $h : \mathbb{R}^n \longmapsto \mathbb{R}^n$ y $\mathcal{H}$ la matriz asociada a h respecto a la base canónica de $\mathbb{R}^n$ tal que $\det \mathcal{H} = 1$. ¿Para $n \in \mathbb{N}$, impar, es $\lambda = 1$ un valor propio de h?

10.4 Sea $\mathcal{A} \in \mathbb{R}^{(n,n)}$ una matriz ortogonal y $\lambda = -1$ un valor propio de multiplicidad k. Calcular $\det \mathcal{A}$.

10.5 Responda sobre la falsedad o veracidad de los siguientes apartados, justificando en cada caso su respuesta:

(a) Los valores propios de una matriz hermítica son números reales.

(b) Las matrices hermíticas no son diagonalizables por semejanza.

(c) Si $\mathcal{A}$ es una matriz hermítica, entonces los vectores propios correspondientes a valores propios distintos son linealmente dependientes.

(d) Sea $\mathcal{A} \in \mathbb{C}^{(n,n)}$ una matriz hermítica. Entonces existe una base de vectores propios de la matriz $\mathcal{A}$ en $\mathbb{C}^n$ que es ortonormal.

10.6 Sean $\mathbb{A}$ y $\mathbb{B}$ dos bases ortonormales del espacio euclídeo $\mathbb{E}$ de dimensión finita n. ¿Existe una matriz de cambio de base $\mathcal{P}_{\mathbb{A}\to\mathbb{B}}$ que sea unitaria?

10.7 Mostrar que si $\mathcal{A} \in \mathbb{C}^{(n,n)}$ es unitaria y hermítica, entonces $\mathcal{A}^2 = \mathcal{I}_n$.

10.8 Determinar bajo qué condiciones en $a, b \in \mathbb{R}$ la matriz

$$\mathcal{A} = \begin{pmatrix} 0 & a & 0 & ib \\ a & 0 & ib & 0 \\ 0 & ib & 0 & a \\ ib & 0 & a & 0 \end{pmatrix}$$

es unitaria.

10.9 Sea $\mathcal{A} \in \mathbb{R}^{(n,n)}$ una matriz antisimétrica.

(a) Probar que $\mathcal{I}_n + \mathcal{A}$ es una matriz no singular.

(b) Como aplicación, deducir que $(\mathcal{I}_n - \mathcal{A})(\mathcal{I}_n + \mathcal{A})^{-1} = (\mathcal{I}_n + \mathcal{A})^{-1}(\mathcal{I}_n - \mathcal{A})$.

(c) Probar que $\mathcal{U} = (\mathcal{I}_n - \mathcal{A})(\mathcal{I}_n + \mathcal{A})^{-1}$ es una matriz ortogonal.

10.10 Sea $\mathcal{A} \in \mathbb{C}^{(n,n)}$ una matriz antihermítica.

(a) Probar que $(\mathcal{I}_n - \mathcal{A})$ y $(\mathcal{I}_n + \mathcal{A})$ son no singulares.

(b) Deducir que $(\mathcal{I}_n - \mathcal{A})(\mathcal{I}_n + \mathcal{A})^{-1}$ es una matriz unitaria.

10.11 Sean $\mathcal{A} \in \mathbb{C}^{(n,n)}$ una matriz unitaria tal que $(\mathcal{I}_n + \mathcal{A})$ es no singular, probar que $(\mathcal{I}_n - \mathcal{A})(\mathcal{I}_n + \mathcal{A})^{-1}$ es antihermítica.

10.12 Sean $\mathcal{A} \in \mathbb{C}^{(n,n)}$ una matriz hermítica.

(a) Probar que $(\mathcal{A} - i\mathcal{I}_n)$ es no singular.

(b) Probar que $(\mathcal{A} - i\mathcal{I}_n)^{-1}(\mathcal{A} + i\mathcal{I}_n)$ es una matriz unitaria.

10.13 Sea w un número complejo tal que $w^4 = 1$. Se considera la matriz de Fourier de dimensión 4,

$$\mathcal{F}_4 = \begin{pmatrix} 1 & 1 & 1 & 1 \\ 1 & w & w^2 & w^3 \\ 1 & w^2 & w^4 & w^6 \\ 1 & w^3 & w^6 & w^9 \end{pmatrix}.$$

(a) Probar que $\mathcal{F}_4$ es una matriz no singular.

(b) Calcular la matriz inversa de $\mathcal{F}_4$.

10.14 Sea $\mathcal{Q}_n$ la matriz circulante dada por

$$\mathcal{Q}_n = \begin{pmatrix} 0 & 0 & 0 & \dots & 0 & 1 \\ 1 & 0 & 0 & \dots & 0 & 0 \\ 0 & 1 & 0 & \dots & 0 & 0 \\ \vdots & \vdots & \vdots & \ddots & \vdots & \vdots \\ 0 & 0 & 0 & \dots & 1 & 0 \end{pmatrix} \in \mathbb{R}^{(n,n)}.$$

(a) Probar que la matriz de Fourier $\mathcal{F}_4$ diagonaliza $\mathcal{Q}_4$, en el sentido que

$$\mathcal{F}_4\mathcal{Q}_4\mathcal{F}_4^{-1} = \begin{pmatrix} 1 & 0 & 0 & 0 \\ 0 & w & 0 & 0 \\ 0 & 0 & w^2 & 0 \\ 0 & 0 & 0 & w^3 \end{pmatrix}.$$

(b) Si

$$\mathcal{A}_4 = \begin{pmatrix} a_0 & a_3 & a_2 & a_1 \\ a_1 & a_0 & a_3 & a_2 \\ a_2 & a_1 & a_0 & a_3 \\ a_3 & a_2 & a_1 & a_0 \end{pmatrix},$$

probar que $\mathcal{A}_4 = a_0\mathcal{I}_4 + a_1\mathcal{Q}_4 + a_2\mathcal{Q}_4^2 + a_3\mathcal{Q}_4^3$.

(c) Deducir del apartado anterior que

$$\mathcal{F}_4\mathcal{C}_4\mathcal{F}_4^{-1} = \begin{pmatrix} p(1) & 0 & 0 & 0 \\ 0 & p(w) & 0 & 0 \\ 0 & 0 & p(w^2) & 0 \\ 0 & 0 & 0 & p(w^3) \end{pmatrix},$$

donde $p(t) = a_0 + a_1t + a_2t^2 + a_3t^3$.

(d) Si $\mathcal{A}_4$, $\mathcal{B}_4$ son matrices circulantes, probar que $\mathcal{A}_4\mathcal{B}_4 = \mathcal{B}_4\mathcal{A}_4$.

10.15 Responda a los siguientes apartados:

(a) Si $\mathcal{A} \in \mathbb{C}^{(n,n)}$ es una matriz normal y $p(t)$ es un polinomio con coeficientes complejos, probar que $p(\mathcal{A})$ es normal.

(b) Si $\mathcal{A} \in \mathbb{C}^{(n,n)}$ es tal que, para algún polinomio $q(t)$, la matriz $q(\mathcal{A})$ es normal, ¿es $\mathcal{A}$ normal?

(c) Probar que $\mathcal{A}$ es normal si y sólo si $\mathcal{A} + a\mathcal{I}_n$ es normal, donde $a \in \mathbb{C}$.

(d) Si $\mathcal{A}$ es normal y nilpotente, probar que $\mathcal{A} = \mathcal{O}_{n,n}$.

10.16 Dada $\mathcal{A} \in \mathbb{C}^{(n,n)}$, probar que $\mathcal{A}$ es normal si y sólo si existe un polinomio de grado a lo más $n-1$ tal que $\mathcal{A}^* = p(\mathcal{A})$.

10.17 Sean

$$\mathcal{A} = \begin{pmatrix} \frac{1}{2} & -\frac{1}{\sqrt{6}} & -\frac{1}{2\sqrt{3}} \\ -\frac{1}{\sqrt{6}} & 0 & \frac{1}{\sqrt{2}} \\ -\frac{1}{2\sqrt{3}} & \frac{1}{\sqrt{2}} & -\frac{1}{2} \end{pmatrix} \quad \text{y} \quad \mathcal{B} = \begin{pmatrix} \frac{1}{\sqrt{2}} & \frac{1}{2} & \frac{1}{2} \\ -\frac{1}{\sqrt{2}} & \frac{1}{2} & \frac{1}{2} \\ 0 & \frac{1}{\sqrt{2}} & -\frac{1}{\sqrt{2}} \end{pmatrix}.$$

Responda a los siguientes apartados:

(a) Calcular los valores y vectores propios de la matriz simétrica $\mathcal{A}$.

(a) Probar que $\mathcal{B}$ es unitaria.

(b) Calcular los valores y vectores propios de $\mathcal{B}$.

10.18 Calcular la matriz de la simetría respecto al plano de ecuación $x_1 + 2x_2 + 3x_3 = 0$ en $\mathbb{R}^3$, en términos de la base canónica.

10.19

(a) Calcular la matriz de la simetría $S_{\mathbb{A}}$ respecto al plano $\mathbb{A} = \{\boldsymbol{x} \in \mathbb{R}^3 \ : \ x_1 - x_2 + 2x_3 = 0\}$ en la base canónica.

(b) Calcular la matriz de la simetría $S_{\mathbb{B}}$ respecto al plano $\mathbb{B} = \{\boldsymbol{x} \in \mathbb{R}^3 \ : \ x_1 - x_2 - x_3 = 0\}$ en la base canónica.

(c) Identificar la transformación $S_{\mathbb{B}} \circ S_{\mathbb{A}}$ utilizando los valores y vectores propios de la matriz de $S_{\mathbb{B}} \circ S_{\mathbb{A}}$ respecto a la base canónica.

(d) ¿Es $S_{\mathbb{B}} \circ S_{\mathbb{A}} = S_{\mathbb{A}} \circ S_{\mathbb{B}}$?

10.20 En el espacio $\mathbb{R}^3$ se consideran las rectas r_1 y r_2 generadas, respectivamente, por los vectores $(1,1,0)$ y $(1,-1,0)$.

(a) Calcular la matriz de la simetría S_{r_1} en la base canónica.

(b) Calcular la matriz de la simetría S_{r_2} en la base canónica.

(c) Identificar la transformación $S_{r_2} \circ S_{r_1}$ utilizando los valores y vectores propios de la matriz de $S_{r_2} \circ S_{r_1}$ respecto a la base canónica.

10.21 En $\mathbb{R}^3$ se considera la recta r generada por el vector $(1,1,1)$.

(a) Determinar la ecuación de la rotación de ángulo $\pi/2$ en torno a la recta r.

(b) Determinar los valores y vectores propios de la matriz de la rotación anterior respecto a la base canónica de $\mathbb{R}^3$.

10.22 En $\mathbb{R}^3$ se consideran el plano $\mathbb{A}$ de ecuación $x_1 - x_2 - x_3 = 0$ y la recta r generada por el vector $(1,-1,-1)$.

(a) Calcular las matrices de $S_{\mathbb{A}}$ y del giro G_r de ángulo $\pi/4$ respecto de la recta r en términos de la base canónica de $\mathbb{R}^3$.

(b) Determinar la matriz $\mathcal{M}$ de la transformación $G_r \circ S_{\mathbb{A}}$ respecto a la base canónica.

(c) Determinar los valores y vectores propios de la matriz $\mathcal{M}$.

10.23 Sea $\mathcal{A} \in \mathbb{C}^{(m,n)}$.

(a) Probar que las matrices $\mathcal{A}\mathcal{A}^*$ y $\mathcal{A}^*\mathcal{A}$ son hermitianas.

(b) Demostrar que, si $m \geq n$ y $\operatorname{rang} \mathcal{A} = n$, entonces los valores propios de $\mathcal{A}^*\mathcal{A}$ son estrictamente positivos. ¿Qué se puede decir de los valores propios de $\mathcal{A}\mathcal{A}^*$?

10.24 Sean $\mathbb{F}$ un espacio euclídeo sobre el cuerpo $\mathbb{C}$ y $\mathbb{E} \subset \mathbb{F}$ un subespacio de $\mathbb{F}$. La aplicación lineal $f : \mathbb{E} \longmapsto \mathbb{F}$ se dice hermítica si

$$\langle f(\boldsymbol{x}), \boldsymbol{y} \rangle = \langle \boldsymbol{x}, f(\boldsymbol{y}) \rangle, \quad \forall \boldsymbol{x}, \boldsymbol{y} \in \mathbb{E}.$$

En particular, sea $\mathbb{F} = C[a, b]$ el espacio lineal de las funciones reales y continuas, definidas en el intervalo $[a, b] \subset \mathbb{R}$, y $\mathbb{E}$ el subespacio lineal de las funciones reales $f(x)$ con derivada segunda continua en $[a, b]$ tales que

$$f(a)\phi(a) = 0, \quad f(b)\phi(b) = 0,$$

donde $\phi(x)$ es una función de $C[a, b]$ con derivada continua. Se define la aplicación (operador de *Sturm-Liouville*) $h : \mathbb{E} \longmapsto \mathbb{F}$ tal que

$$h(f(x)) = (\phi(x)f'(x))' + \psi(x)f(x),$$

donde $\psi(x) \in C[a, b]$ es una función prefijada.

(a) Probar que h es una aplicación hermítica. Considérese que

$$\langle f, h(g) \rangle = \int_a^b f(x)h(g(x))dx.$$

(b) Encontrar las soluciones de la ecuación $h(f(x)) = \lambda f(x)$ para $a = 0$, $b = \pi$, $\phi(x) = 1$, $\psi(x) = 0$ y $\lambda = -k^2$ con $k \neq 0$.

(c) ¿Cuál es la solución de la ecuación $h(f(x)) = \lambda f(x)$ para $\lambda = const$?

10.25 Sea

$$P_n(x) = \frac{(-1)^n}{2^n n!} \frac{d^n}{dx^n}(1 - x^2)^n, \quad n = 0, 1, \ldots.$$

Estos polinomios se denominan polinomios de Legendre.

(a) Probar que $P_n(x)$, $n \geq 0$, es autofunción (vector propio) de la ecuación $h(f(x)) = \lambda f(x)$ definida en el problema propuesto 10.24 con $a = -1$, $b = 1$, $\phi(x) = (1 - x^2)$ y $\psi(x) = 0$.

(b) Determinar los autovalores (valores propios) de h correspondientes a $P_n(x)$, $n \geq 0$.

(c) Deducir que $P_n(x)$, $n \geq 0$, constituye una base ortogonal de $\mathbb{P}_n$.

Glosario de términos

$C(\mathbb{R})$ espacio de las funciones continuas en $\mathbb{R}$, 139
$C^1(\mathbb{R})$, espacio de las funciones derivables en $\mathbb{R}$ con derivada continua, 154
$C^2(\mathbb{R})$, espacio de las funciones dos veces derivables en $\mathbb{R}$, con segunda derivada continua, 154
$C^\infty(\mathbb{R})$, espacio de las funciones infinitamente diferenciables en $\mathbb{R}$, 157
$\#\mathbb{A}$, número de elementos del conjunto $\mathbb{A}$, 131
$\mathbb{A}(z)$, conjunto de argumentos de z, 7
$\mathbb{A} \oplus \mathbb{B} = \mathbb{E}$, suma directa, 131
$\mathbb{A}_1 \cap \mathbb{A}_2$, intersección de dos conjuntos, 3
$\mathbb{A}_1 \cup \mathbb{A}_2$, unión de dos conjuntos, 3
$\mathbb{A}_1 \setminus \mathbb{A}_2$, diferencia de dos conjuntos, 3
$\mathbb{A}_1 \times \mathbb{A}_2$, producto cartesiano, 4
$\mathbb{C}$, conjunto de los números complejos, 6
$\mathbb{I}$, conjunto de los números irracionales, 2
$\Im z$, parte imaginaria de z, 7
$\mathbb{K}$, cuerpo ($\mathbb{R}$ ó $\mathbb{C}$), 25
$\mathbb{K}^{(n,m)}$, matriz $n \times m$ sobre $\mathbb{K}$, 25
$\mathbb{N}$, conjunto de los números naturales, 1
$\mathbb{N}_n$, conjunto $\mathbb{N}_n = \{1, 2, \ldots, n\}$, 2
$\mathbb{P}$, espacio de los polinomios, 128
$\mathbb{P}_n$, espacio de los polinomios de grado a lo más n, 129
$\mathbb{Q}$, conjunto de los números racionales, 2
$\mathbb{R}$, conjunto de los números reales, 2
$\Re z$, parte real de z, 7
$\mathbb{Z}$, conjunto de los números enteros, 2
$\mathbb{Z}^+$, conjunto de los enteros no negativos, 2
$|\mathcal{A}|$, determinante de la matriz $\mathcal{A}$, 102
$|z|$, módulo de z, 7
$\arg(z)$, argumento principal de z, 7
$\chi_{\mathbb{B}}$, función característica de $\mathbb{B}$, 23
$\deg p(t)$, grado de un polinomio, 190
$\delta_{k,j}$, delta de Kronecker, 32
$\det \mathcal{A}$, determinante de la matriz $\mathcal{A}$, 102
$\operatorname{diag}(a_{1,1}, a_{2,2}, \ldots, a_{n,n})$, matriz diagonal, 26
$\dim \mathbb{E}$, dimensión del espacio vectorial $\mathbb{E}$, 131
$\emptyset$, conjunto vacío, 2
$\mathcal{I}_n$, matriz identidad $n \times n$, 32
$\mathcal{A}(1, 2, \ldots, k)$, submatriz principal de dimensión k de la matriz $\mathcal{A}$, 27
$\mathcal{A}^*$, matriz transpuesta conjugada de $\mathcal{A}$, 223
$\mathcal{A}^{\mathrm{T}}$, matriz transpuesta de $\mathcal{A}$, 26
$\mathcal{O}_{m,n}$, matriz nula $m \times n$, 28
$\mathcal{P}_{\mathbb{A}}$, matriz de proyección ortogonal, 249
$\operatorname{Im}(f)$, imagen de una aplicación, 158
$\ker(f)$, núcleo de una aplicación, 158
$\mathbb{R}^+$, conjunto de los reales positivos, 141
$\overline{z}$, complejo conjugado de z, 7
$\sigma(h)$, espectro del endomorfismo h, 189
σ_i $(i = 1, 2, 3)$, matrices de Pauli, 62
$f : \mathbb{A} \longmapsto \mathbb{B}$, aplicación, 4
$g \circ f$, composición de las aplicaciones f y g, 4
i, unidad imaginaria, 6
$\mathcal{P}_{\mathbb{A} \to \mathbb{A}'}$, matriz de cambio de base, 132
$\mathcal{P}(\mathbb{A})$, conjunto potencia de $\mathbb{A}$, 3
$\operatorname{graf}(f)$, grafo o gráfica de f, 4

Índice alfabético

Índice alfabético

Bibliografía

[1] ARVESÚ J., ÁLVAREZ R., MARCELLÁN F. *Álgebra Lineal y aplicaciones.* Síntesis, Madrid, 1999.

[2] ARVESÚ J., MARCELLÁN F., SÁNCHEZ J. *Problemas Resueltos de Álgebra Lineal.* Thomson, Madrid, 2005.

[3] BELLMAN R. *Introduction to Matrix Analysis.* Society for Industrial and Applied Mathematics, Philadelphia, 1997.

[4] BURGOS J. *Álgebra Lineal y Geometría Cartesiana.* McGraw-Hill/ Interamericana de España, Madrid, 2006.

[5] CIARLET P. G., MIARA B., THOMAS J. M. *Introduction to Numerical Linear Algebra and Optimisation.* Cambridge University Press, Cambridge, 1989.

[6] CHATELIN F. *Eigenvalues of Matrices.* SIAM, Philadelphia, 2012.

[7] GANTMACHER F. R. *The Theory of Matrices.* American Mathematical Society-Chelsea, 1998.

[8] GOLDBERG J. L. *Matrix Theory with Applications.* McGraw-Hill, New York 1991.

[9] GOLOVINA L. I. *Álgebra Lineal y algunas de sus aplicaciones.* Mir, Moscú, 1980.

[10] HORN R. A. y JOHNSON C. R. *Matrix Analysis.* Cambridge University, Cambridge (segunda edición), 2013.

[11] HORN R. A. y JOHNSON C. R. *Topics in Matrix Analysis.* Cambridge University, Cambridge, 1994.

[12] IKRAMOV H. D. *Linear Algebra. Problems book.* Mir, Moscú, 1990.

[13] LANG S. *Introducción al Álgebra Lineal.* Addison-Wesley, Reading, 1990.

[14] LASCAUX P., THÉODOR R. *Analyse numérique matricielle appliquée à l'art de l'ingenieur.* Masson, Paris, 1986.

[15] LAY D. C. *Álgebra lineal y sus aplicaciones.* (3.ª ed.) Pearson, Madrid, 2007.

[16] MEYER C. D. *Matrix Analysis and Applied Linear Algebra.* SIAM. Philadelphia, 2000.

[17] NOBLE B. y DANIEL J. W. *Álgebra Lineal aplicada.* (3.ª ed.) Prentice Hall Iberoamericana, México, 1990.

[18] PRASOLOV V. V. *Theorems in Linear Algebra.* Translations of Mathematical Monographs. American Mathematical Society, Providence, Rhode Island, 1994.

[19] PROSKURIAKOV I. V. *2000 problemas de Álgebra Lineal.* Editorial Reverté, Barcelona, 1991.

[20] STRANG G. *Álgebra Lineal y sus aplicaciones.* Addison-Wesley Iberoamericana, Madrid, 1990.

[21] TREFETHEN L. N., BAU D. *Numerical Linear Algebra.* SIAM, Philadelphia, 1997.